真空工程技术丛书

真空工艺与实验技术

张以忱　编著

北　京
冶　金　工　业　出　版　社
2018

内 容 提 要

全书共分 8 章，主要内容有：真空材料的表面净化处理、真空材料的除气、真空系统的检测技术、真空系统内残余气体的分析与测量、真空系统的操作与维护、真空工程用焊接技术、真空工程封接技术、真空器件的电击穿及预防措施。

本书集基础理论和实践应用技术于一体，理论与工程实践有机结合，适合于真空技术、薄膜与表面工程、材料工程、低温工程、应用物理、机械设计等行业从事研究、设计、设备操作与维护的技术人员，也适用于进行与真空技术相关的科学研究及实验的技术人员和学生，还可作为大专院校相关专业师生的教材及参考书。

图书在版编目(CIP)数据

真空工艺与实验技术/张以忱编著. —北京：冶金工业出版社，2006. 8（2018. 7 重印）

（真空工程技术丛书）

ISBN 978-7-5024-4020-6

Ⅰ. ①真…　Ⅱ. ①张…　Ⅲ. ①真空技术　Ⅳ. ①TB7

中国版本图书馆 CIP 数据核字(2014)第 062328 号

出 版 人　谭学余

地　　址　北京市东城区嵩祝院北巷 39 号　邮编　100009　电话　(010)64027926

网　　址　www. cnmip. com. cn　　电子信箱　yjcbs@ cnmip. com. cn

责任编辑　杨　敏　宋　良　美术编辑　李　新

责任校对　王贺兰　李文彦　责任印制　李玉山

ISBN 978-7-5024-4020-6

冶金工业出版社出版发行；各地新华书店经销；三河市双峰印刷装订有限公司印刷

2006 年 8 月第 1 版，2018 年 7 月第 3 次印刷

148mm×210mm；16. 375 印张；519 千字；509 页

55. 00 元

冶金工业出版社　投稿电话　(010)64027932　投稿信箱　tougao@cnmip. com. cn

冶金工业出版社营销中心　电话　(010)64044283　传真　(010)64027893

冶金书店　地址　北京市东四西大街 46 号(100010)　电话　(010)65289081(兼传真)

冶金工业出版社天猫旗舰店　yjgycbs. tmall. com

前　言

本书是在多年教学与科研实践的基础上编著的，内容包括了真空表面净化处理和除气；真空系统的检测技术及残余气体分析技术；各种真空系统的组成应用与操作维护；真空工程焊接与封接技术；真空器件的放电击穿理论与应用等方面的内容。书中既论述了基础理论知识，又叙述了在实际工艺操作中的实用技术，特别是一些新技术，具有很强的实际应用性。书中还提供了大量相关的图表数据，是从事真空技术与科学研究、真空工程设计及真空应用领域的技术人员及学生所需的实用性很强的参考书。

该书的部分内容曾连载发表在由杨乃恒教授主持的《真空》杂志中的真空技术讲座上。在这次编著过程中，又进行了大量的修改和补充，使得基础理论知识更加系统，实践应用方面的内容更加丰富充实。本书可供从事真空技术与工程、表面与薄膜技术、材料工程、低温工程、航空航天技术等领域的科学研究及工程技术人员在真空实验、真空系统与设备设计、真空工艺操作及设备的维护检修时参考，也可作为真空与表面技术、应用物理、过程装备与控制、流体机械、低温工程等专业学生（本科和研究生）的教材或参考书。

在本书编写过程中，得到了东北大学杨乃恒、张树林两位教授的指导和支持，《真空》杂志编辑部也为该书的编写提供了大力帮助，同时还得到东北大学真空教研室及不少同行专家的支持，在此深致谢意。

由于理论水平和实践经验所限，书中如有不妥之处，恳请读者指正。

张以忱

2006年3月

目　录

1 真空材料的表面净化处理

1.1 材料表面的污染与净化

1.1.1 材料表面常见的污染形式

暴露于大气中的材料表面普遍会受到污染，表面上任何一种无用的物质或能量都是污染物。在工业生产和社会生活过程中，将会产生大量的热、湿、尘埃、有害气体和蒸汽等。这些有害物质都会对由于处理和存放不当的真空材料表面造成污染。清洁材料表面最常见的有害污染物是尘埃、碳氢化物、氯化物、硫化物和氟化物。表面污染就其物理状态来看可以是气体，也可以是液体或固体，它们以膜或散粒形式存在。就其化学特征来看，它可以处于离子态或共价态，可以是无机物或有机物。污染的来源有多种，最初的污染常常是表面本身形成过程中的一部分。吸附现象、化学反应、浸析和干燥过程、机械处理以及扩散和离析过程都会使各种成分的表面污染物增加。

比较常见的真空材料表面上的污染物有以下几种类型：

(1) 环境空气中的尘埃和抛光残渣及其他有机物等。空气中悬浮着大大小小的尘埃，空气中尘埃粒子的含量与尘埃粒子在材料表面上的凝聚速率成正比关系。普通实验室和真空生产车间采用一般净化环境，对室内空气的含尘浓度没有具体要求，或只要求对送入房间的空气进行一般粗过滤净化处理，此时主要滤掉了大于1～5μm的粗粒，更小的尘粒仍能大量存在，成为污染源。悬浮在空气中的微尘作不停的布朗运动并通过如下两种途径沾污到零部器件表面上：一种是高气压下的辐射计效应，如：在H_2炉中烧氢时或清洗后对材料表面用大功率红外灯进行干燥处理时，辐射计力的作用将尘埃由高温区推向温度较低的零部件表面上。另一种是零部件附近的气流扰动，使夹杂的尘埃由于惯性作用而碰撞粘附在零部件表面上。

尘埃在器件或真空系统中的迁移主要通过两种途径。一种是搬运或安装放置过程中的机械迁移；另一种是低气压下的上述辐射计效应。

尘埃对器件和真空系统的危害有：增加出气；使器件或真空系统的性能变坏，如：碳化颗粒的沉积可引起高真空镀膜设备中小间隙的极间短路或跳火等。

(2) 水基类：操作时的手汗、吹气时的水汽、唾液等。操作人员手上的汗液是真空材料表面的碳氢化物和氯化物的重要来源。汗液的主要成分是水（98%～99%），其中主要溶解物是氯化钠、氯化钙、硫酸盐、碳酸盐、尿素、氨基酸和其他有机物。氯化物与金属发生置换反应。可形成该金属的氯化物。氯化物的其他来源还有：零件吸附空气中的氯；清洗液三氯乙烯；水、酒精及玻壳中常包含的少量氯化物杂质等。

(3) 表面形成的化合物。材料长期放置在空气中或放置在潮湿空气中可形成表面氧化物。如有的金属零件直接选用板材或管材制成。材料表面要受到轧制、压延、焊接温度的影响，使表面形成氧化层、氮化层。这种氧化物、氮化物材质疏松，并有龟裂，再加之存在缺陷，很容易吸附大量气体、水汽，以及隐藏污染物。这种表面暴露在真空中后，吸附的气体便会缓慢地释放出来，使之成为获得极限真空度的限制因素。即便是清洗得十分干净的碳钢表面，在空气中停留 10min 后，也会形成厚 $20\times10^{-4}\mu m$ 的氧化层。它的真实表面比几何表面大 1000 倍，这就意味着吸附的气体量大了 1000 倍。

很多金属氯化物的蒸气压高，热稳定性差，在高温或电子轰击下易蒸发、分解而迁移。氯化物的最大危害是使真空发射阴极中毒，因为它熔点低，容易使阴极氧化物层烧结或发灰而降低发射率。

电真空器件中氯化物的迁移方向一般是从受电子轰击或加热的部位迁移到冷的部位上。含氯的玻壳在高温烘烤除气时，也会把氯迁移到阴极上。由于氯化物的高挥发性，所以很容易在加热时去除。如果在排气过程中，所有的部位均能加热，就可将氯化物有效地排除。

像氯一样，硫也极易与几乎所有的金属结合而形成硫酸盐和硫化物。零部件表面在与清洗液、润滑油和乳胶等物质的接触中会被这些化合物污染。工业城市的空气中含有 0.08～0.20mg/m^3 的 SO_2，它能被零件表面所吸附。

各种金属的硫酸盐和硫化物的化学稳定性相差很大。不稳定的硫化物在较低温度下就能升华或分解，这对真空器件很有害，尤其是其中的黑色硫化物，化学稳定性较差，会使电真空器件的阴极发灰。对器件危害最大的是硫的气态化合物或蒸气。因为硫是氧族元素，它们能与氧化物阴极中的盈余 Ba 发生反应，其毒害作用与 O_2类似。

氟和氯同属卤族元素，性质相似。因此，当电真空器件内存在氟污染或含氟的材料时，就有可能使阴极中毒。

（4）酸、碱、盐类物质：清洗时的残余物质、手汗、水中的矿物质等。

（5）油脂：加工、装配、操作时沾染上的润滑剂、切削液、真空油脂等。

（6）在真空设备的使用过程中，造成的真空系统再污染。

如扩散泵油、机械泵油、润滑脂等返流进到真空室中，在室壁形成油膜，污染真空室。又如真空蒸发镀铝时，会在真空室内壁上形成氧化铝层，这些都需要定期清洗，否则系统的真空度会抽不上去。即使是真空室壁上镀上了质密的氮化钛膜，若时间长了不清除也会影响系统的真空度。

真空泵返流后形成的碳氢化物也是电真空器件的重要的污染源，它在热表面（如电极）上分解后，碳残留物会使材料表面发灰。当电子轰击碳氢化物污染层时，复杂的碳氢化物分子被裂解成若干种小的气体分子，于是气相中的离子猛增，造成过量的离子轰击阴极和其他低电位电极，加速了物质迁移过程。

碳氢化物在表面上的吸附强度，一般取决于它的化学成分和吸附剂的表面状态。如果碳氢化物与金属反应生成对表面有弱吸附键的化合物，则迁移速率将显著增加。

1.1.2 材料表面净化

表面净化定义为在真空工艺进行前，先从工件或系统材料表面清除所不期望的物质的过程。真空零部件的表面净化处理是很必要的，因为由污染物所造成的气体、蒸气源会使真空系统不能获得所要求的真空度。此外，由于污染物的存在，还会影响真空部件连接处的强度和密封性能。

净化处理的目的是为了改进真空系统中所有器壁和其他组件表面在

各种工作条件下的工作稳定性。这些工作条件包括：高温、低温，以及电子、离子、光子或重粒子的发射和轰击。

净化处理后要求得到的表面可分为两类：原子级清洁表面和工艺技术上的清洁表面。

原子级清洁表面仅能在超高真空下实现。它需要在严格控制的环境条件下进行，一般通过较长的时间过程，采用如烘烤加热、粒子轰击、溅射、气体反应等技术手段在特定的表面区域获得原子级清洁表面。在实际应用中，一般并不要求获得原子级清洁表面，仅要求工艺技术上的清洁或较好的表面质量，即保证所有的表面尽可能没有微观结构物质，并且使净化处理后表面的各种分子约束得更紧密，在基体相上没有明显的化学物质。

一般情况下，在一切需要使用溶剂的清洗净化工作都不能在真空中进行。如果在真空中进行净化处理（通常采用加热、轰击等手段），那么净化处理通常是在真空工艺系统内部进行的（如镀膜室、分析室等）。

1.2 表面净化处理的基本方法

1.2.1 溶剂清洗

1.2.1.1 清洗液（剂）

用溶剂清洗是一种应用最普遍的方法。在该方法中使用各种清洗液，它们分为：（1）软化水或含水系统：例如含洗涤剂的水，稀酸或碱；（2）无水有机溶剂：如乙醇、乙二醇、异丙醇、甲酮、丙酮等；（3）石油分馏物、氯化或氟化碳氢化物；（4）乳状液或溶剂蒸气；（5）金属清洗剂（市售商品）。

A 软化水或纯水

水是真空清洗工艺中不可缺少的溶液，无论是配制溶剂，还是冲洗，都要用到水。真空清洗中所应用的水有自来水、蒸馏水和纯水。自来水虽然消除了天然水中的悬浮物和微生物，但水中还存在着可溶解的无机盐类及有机物。因此，自来水仅用于真空零部件的初步清洗及化学清洗后的冲洗。蒸馏水是自来水经蒸馏后制成的，含极微量的有机物、固态物、氢化物及二氧化碳等，金属杂质也很少。为了提高水的纯度，可作多次蒸馏。普通水中除悬浮物、溶解物和微生物外，还有许多离子杂质。如 Na^+、K^+、Ca^{2+}、Mg^{2+}、Fe^{2+}、Al^{3+}、Zn^{2+}、Cu^{2+}、Ni^{2+}、Mn^{2+}、H^+、$NH_4{}^+$、SO_4^+、Cl^-、NO_3^-、HCO_3^-、CO_3^-、PO_4^{3-}、OH^-、$SiO_3{}^{2-}$等。阳离子和阴离子结合为可溶性盐类存在于水中，这些离子杂质会对特殊性能要求的材料表面（如半导体材料、光学玻璃、导电玻璃等）造成污染。要保证更高质量的化学清洗，需应用除掉水中离子杂质的高纯水。目前已制备出的高纯水，其纯度可达 99.9999%，其电阻率达 $18\times10^6\,\Omega\cdot cm$ 以上。高纯水还常用于配制溶液、清洗液等。

纯水主要是利用它的溶解性、水分子的极性和水的冲刷作用而达到去污目的。因为水分子是有极性的，其正负电中心不重合，一端显示出正电性，另一端显示出负电性，对带电离子有吸引作用。正是由于这种作用，能将浸入纯水中的物体表面所吸附的离子杂质拉下水，进而达到清除离子杂质目的。

利用纯水较强的溶解能力，可以将化学清洗后材料表面上残留的碱、酸等清洗剂溶于水中，使表面清洁。

B 无水有机溶剂

无水有机溶剂主要有无水乙醇、乙二醇、丙酮、异丙醇、甲酮、甲苯、航空汽油、松节油等。这些有机溶剂的特点为：(1) 挥发性强，吸附热小，不易吸附在物品表面上，这是真空应用所期望的；(2) 溶剂沸点低，一般在 100℃以下，只要将被清洗过的零件、物品稍用热风吹一下，溶剂就能蒸发完毕；(3) 有较强的溶解性，对油脂、树脂、石蜡等有较强的溶除能力；(4) 多数有机溶剂都有一定毒性，使用现场注意通风，最好不与手接触；(5) 有机溶剂对光和热都比较敏感，存放时注意避光和热。其蒸气与空气混合后，遇光、火可能燃烧或爆炸。例如，空气中甲苯蒸气含量为 1.6%～6.8%时就可能爆炸。

经过加工的零件表面常有污染物——油脂，它是油和脂肪的总称。在室温下呈液态的称之为油；呈固态或半固态则称之为脂肪。油脂蒸气压很高，是抽真空所忌讳的。油脂不能溶于水，但可以溶于有机溶剂中。有机溶剂的去污原理就是根据溶质在溶剂中的溶解遵循“物质结构相似者相溶”的原则，只要两者结构相似，溶解就易进行。

油脂种类很多。但它的主要成分是多种高级脂肪酸甘油酯的混合物。油脂的分子通式为 $(RCOO)_3C_3H_5$，甲苯分子式为 $C_6H_5CH_3$，丙

酮分子式为 CH_3COCH_3，乙醇分子式为 C_2H_5OH。我们比较一下可以发现，它们分子中都含有烷基，其通式为 C_nH_{2n+1}，烷基依次为 CH_3、CH_3、C_2H_5。这说明油脂与甲苯、丙酮、乙醇分子结构相似，符合“物质结构相似者相溶”原则，故甲苯、丙酮、乙醇均能溶解油脂。另外，油脂、甲苯、丙酮都是极性物质，极性物质易互溶。故甲苯和丙酮是溶解油脂的极好溶剂。

真空中常用除油脂的无水有机溶剂有：

(1) 甲苯：甲苯能溶于丙酮、乙醇、乙醚等有机溶剂中，溶解性很强。是较好的溶剂。可以用它来清除材料表面上的油脂、钎焊料、石蜡、胶、松香等。被清洗零件可以直接用甲苯浸泡，也可以用它直接擦洗，或者用甲苯再加超声波清洗，或者加热甲苯清洗。超声或加热的作用是加速油污等有机杂质的溶解速度。

(2) 丙酮：它能与水、乙醇、乙醚、氯仿等有机溶剂混溶，具有很强的溶解性。能溶解油类、脂肪、树脂、橡胶、蜡、胶、有机玻璃等有机物质，是优良的有机溶剂。使用方法可采取擦洗、浸泡、水浴加热、超声等方式清洗物品。

(3) 乙醇：乙醇能与水、乙醚、甲醇、氯仿混溶。乙醇分两种：普通乙醇，纯度为 95%；无水乙醇，纯度为 99.5%，真空清洗使用的是后者。乙醇去油污能力不如甲苯和丙酮。加热后的无水乙醇除油能力较强。

为加速溶解油脂效果，可用乙醇加超声，或者水浴加热来清洗．也可以直接用乙醇擦洗或者浸洗。由于乙醇有较好的脱水性，所以物品清洗好后、可用乙醇进行最后脱水。某些金属材料，如铝丝、钨丝、钼片清洗干净后，可放到酒精中保存，以防氧化及灰尘污染。

(4) 汽油：汽油有较强的溶解性，能溶除油污、油漆等有机杂质。特别是航空汽油（如 120 号），无毒性，去污能力强，是清洗常用有机溶剂。汽油易燃，使用时应注意安全。

(5) 松节油：松节油与乙醚、乙醇、氯仿等有机溶剂互溶，是一种无毒溶剂。对有机杂质有较好的溶解能力，能溶解油类、脂肪、蜡和各种树脂。

松节油是一种极性溶剂，不仅能溶解有机杂质，对金属杂质也有一定的吸附能力。像黑胶这种含金属杂质的有机杂质，使用松节油效果较好。

(6) 石油分馏物、氯化或氟化碳氢化物：例如石油醚是一种轻质石油产品，无毒性，不溶于水，但能与大多数有机溶剂互溶。能溶解脂肪和油污等有机杂质，其溶解性与甲苯、丙酮、乙醇相似。

C 碱和酸类

a 碱类

真空清洗中常用碱来除掉油脂。按能否皂化，油脂可分两类：皂化类是由动植物体制备的油，如猪油、羊油、豆油、花生油、菜油，以人体皮肤分泌出来的油腻或者呼吸时所带有的油等；非皂化类，是指矿物油类，如机械泵油、扩散泵油、润滑油、汽油、煤油、凡士林、石蜡等。它们与碱不能起皂化反应。

皂化类油是一种复杂有机化合物的混合物，主要成分是脂肪，即甘油三酸酯。它与碱（KOH、NaOH、$Ca(OH)_2$）在高温和催化剂的作用下，发生化学反应，生成溶于水的脂肪酸盐和甘油。通过这种皂化反应，即可除掉零件表面上粘附的油脂。

各种矿物油不能与碱起皂化反应，用碱不能使其化学分解，但它们可以与碱液形成乳浊液，从物体表面清除。其原理是因为碱溶液对金属表面的浸润力要比矿物油强，碱液的结构中有两个基团：一种是憎水的；另一种是亲水的。所以当金属零件浸入碱溶液的除油过程中，碱分子首先吸附于油和碱液的分界面上，使得零件表面的油膜遭到破坏，憎水基团与油污亲和，亲水基团与碱液亲和，产生一个指向液体的拉力。与此同时，碱分子会使油污分子与物体间的表面张力大为降低，这样便把油污分子较容易地拉到液体中，而聚集形成微小的油滴，虽然不溶解于碱液，但悬浮在溶液中成为乳浊液（即乳化作用）。当然乳化作用的去油效果不如皂化作用好。用碱液清洗后再用纯水冲洗，就可以除掉油污。

为了加速碱除油脂效果，可采取下述方法：

(1) 室温下碱液除油速度慢，需将碱类液体加热到70～100℃，就可以较快地除掉皂化类和不皂化类油污。提高温度有两个作用，其一增强碱性盐类的分解；其二是可提高溶液中碱度，从而加快了皂化反应及促进乳化过程；

(2) 搅拌溶液，使物品表面周围的乳化层不断更新。又由于搅拌时的机械力作用，可以从物体表面带走部分油液，从而加速了除油过程；

(3) 小型零件除油，可在碱液中加上超声波，由于声波振动，可以提高除油效果，缩短除油时间。

如要检查除油效果，可在物体表面上涂水，产生连续水膜，说明除油效果好。若出现水滴，说明除油不佳。

b　酸类

金属零件表面上的氧化层、氮化层、半导体器件上的金属杂质、玻璃表面的腐蚀层，可以通过酸类与其发生化学反应而除掉。有机物质也可以通过酸与其发生化学作用被清除，常用的酸有盐酸、硫酸、硝酸、氢氟酸等。

(1) 盐酸：盐酸能与碱性氧化物，两性氧化物进行化学反应，产生金属氯化物。如铝和钢表面上的氧化铝和氧化铁，可用盐酸除掉。金属杂质能与盐酸发生化学反应生成氯化物而被清除。

(2) 硫酸：若物品表面存在着金属杂质，可利用硫酸的强氧化作用除掉。可以利用硫酸的强酸性除掉金属表面上的氧化物或者氢氧化物。浓硫酸不仅能直接吸收水，而且能按水的组成比例，夺取有机物分子里的氧原子和氢原子，使之碳化后被清除。例如，糖（$C_{12}H_{22}O_{11}$）与浓硫酸作用，变成碳和水。物品表面沾污油脂、松香、纤维、有机灰尘等均可用浓硫酸处理消除。

在真空清洗中，常用浓硫酸和重铬酸钾制成铬酸清洗液来浸泡玻璃、塑料制品，除掉其表面沾污的油类等杂质。

(3) 硝酸：硝酸具有强酸性及强氧化性，以化学反应方式除掉物体表面金属杂质。硝酸不仅能与金属活动顺序表中氢以前的金属发生作用，而且能与氢以后的铜、汞、银发生反应，生成硝酸盐、氮化物和水。酸洗后，用大量纯水冲洗，就可以除掉杂质。

利用硝酸的强酸性，也可除掉金属表面碱性氧化物、氢氧化物及两性氧化物。硝酸具有强氧化性，与非金属发生化学反应，将其除掉。酸洗后，用纯水冲洗，便可除掉杂质。

(4) 氢氟酸：氢氟酸是氟化氢的水溶液，常温下为无色易流动液体，具有强烈刺激性气体，与空气接触，形成白烟。可与金属氧化物、氢氧化钠和碳酸盐反应生成金属氟盐，具有溶解硅和硅酸盐的性质，与三氧化硫或氯磺酸生成氟磺酸，与卤代芳烃、醇、烯、烃类反应生成含氟有机物，溶于水生成腐蚀性很强的酸。有强烈的腐蚀性和毒性，能侵蚀玻璃，需贮于铅制、蜡制或塑料容器中。可用于清除不锈钢及玻璃表面的氧化层。

D 金属清洗剂（市售商品）

这种清洗剂分为酸性、碱性和中性偏碱三类。其用途分别为：

(1) 酸性：多用于清洗氧化物、锈和腐蚀物。酸性清洗剂在清洗过程中，由于氢吸附会使被清洗材料出现氢脆现象，因此，在清洗后应尽可能地采用喷砂处理工艺。

(2) 碱性：含有表面活性剂，用于清除轻质油污，中和酸性清洗剂薄膜以及除锈。

(3) 中性偏碱：可避免酸碱对表面的损伤。

1.2.1.2 擦洗和浸洗

除去表面污物的最简单方法是用脱脂棉（或干净软纱布）浸溶剂擦拭表面。这种方法最适宜作预清洗，即清洗程序的第一步。

浸泡清洗也是一种简单而常用的清洗技术。浸泡清洗所用的基本设备，结构简单，价格便宜。一个用玻璃、塑料或不锈钢制成的开口容器，装满清洗液，将被清洗的零件放入清洗液中，搅动或不搅动均可，浸泡一段时间后，从容器中取出擦干或晾干。可重复上述过程。

除了水基和有机溶剂清洗液外，还可以用各种强度的酸（从弱酸到强酸）及其混合物；苛性碱溶液等。下面介绍几种常见的浸洗方法：

A 碱液去油

将零件浸入碱液时，由于碱液与油脂的化学作用可使动植物油转化为脂肪酸盐类（皂化作用），这些盐类能溶解于水，从而能使零件除去油脂达到净化的目的。以氢氧化钠（苛性钠）为例，其反应方程如下：

$$(C_{17}H_{35}COO)_3C_3H_5 + 3NaOH = C_3H_5(OH)_3 + 3C_{17}H_{35}COONa \quad (1\text{-}1)$$

硬脂酸酯　　氢氧化钠　　甘油　　硬脂酸钠（肥皂）

矿物油与氢氧化钠不起皂化作用，但可通过乳化作用达到部分去油的目的。其原理是因为碱溶液对金属表面的浸润力要比矿物油强，所以当金属零件浸入碱溶液时，零件表面的油膜遭到破坏，而聚集形成很小的油滴，虽然不溶解于碱液，但可悬浮在溶液中（即乳化作用）。当然乳化作用的去油效果不如皂化作用好。

常用的碱溶液有氢氧化钠（NaOH）或氢氧化钾（KOH）（浓度为

50～100g/L)、碳酸钠（Na_2CO_3）、碳酸钾（K_2CO_3）（浓度 100～150g/L）。清洗时溶液的浓度不宜过高，浓度过高会使金属零件表面生成氧化膜，并且使生成的肥皂不易溶解而凝聚在零件表面上。

如果将溶液加热到 70～80℃，可提高所生成肥皂的溶解度，并能促使碱液循环，大大加强去油效果。另外搅拌也能促进去油过程，搅拌可使围绕金属表面的溶液经常更新，而且由于机械力量的作用，能从金属表面搅去个别油滴。零件在碱液中的停留时间取决于零件表面油污情况及金属性质。一般为 3～5min，多的可达 30～40min。有的金属成分容易在碱液中溶解（如钠），因此清洗时不但时间宜短，而且溶液的浓度与温度亦应降低。

金属零件从碱液中取出后应立即在温水中彻底清洗，洗净碱液，然后再用冷水清洗。若清洗后金属表面不全被水浸润（表面有水滴），则表示油污尚未除净，应再次进行处理。去油后的零件不能在空气中露置时间过长，以免表面氧化。

目前已普遍采用合成清洗剂去油。用合成清洗剂与水以一定比例配成溶液，将待去油的零件放入溶液中加热到沸腾，煮 10～15min（或用超声波振动 20～30min），可获得良好的去油效果。

B 有机溶剂去油

有机溶剂能够溶解矿物油和动植物油，通常可与碱液去油配合使用。该方法经常用于真空零件清洗工序中的第一次去油，然后再用碱溶液去油，这样可以缩短零件在碱液中的去油时间。也可以在碱液去油后重新用有机溶剂去油，使矿物油经乳化后更彻底地去除。常用的有机溶剂有：三氯乙烯（C_2HCl_3）、四氯化碳（CCl_4）、丙酮（C_3H_6O）、乙醇（C_2H_5OH）、汽油、乙醚等。

三氯乙烯不燃烧，比汽油安全，它能很好地溶解矿物油、石蜡、树脂、橡胶等。其缺点是加热时（125℃以上）容易分解出氯化氢、氯气和一氧化碳等有毒气体。此外三氯乙烯不能直接用火焰加热，如与火焰接触会分解出非常有毒的光气（$COCl_2$）。光照亦会加速三氯乙烯的分解，因此存放三氯乙烯时要采用暗色玻璃瓶。湿空气、酸和铝与三氯乙烯接触时也能促使三氯乙烯分解，因此零件表面上若有酸性物质时应经过中和处理，而沾水零件必须烘干后再用三氯乙烯清洗。铝零件和碱金属、碱土金属零件不能用三氯乙烯清洗。零件用三氯乙烯清洗后可在去离子水中清洗，最后用无水乙醇脱水，再用温度为70～80℃的烘箱烘干。

四氯化碳几乎不溶于水，但溶解于乙醇及其他有机溶剂。四氯化碳有毒，清洗时应注意到这一点。

丙酮是易燃的有机熔剂，使用时需注意安全。它的去油能力较强，能和水及乙醇以任意比例混合。零件经丙酮去油后，应再用无水乙醇浸洗，然后烘干。

汽油易燃烧，使用时必须注意安全。它可用来清洗不耐碱的零件，如铝制的零件等。通常可应用含杂质少的航空汽油作为清洗剂。

甲醇可以和水以及其他溶剂很好地混合，它的沸点低，易挥发，所以零件清洗后可用它来进行二次清洗、脱水和加速干燥。

乙醇可与水及其他溶剂很好地混合，用于零件的二次清洗、脱水和加速干燥。通常使用无水乙醇。

乙醚能很好地溶解油脂和其他有机化合物。它的沸点很低，极易挥发，但难溶于水，其蒸气进入机械泵后很难被抽走。

C 化学侵蚀

一般零件可在去油后进行化学侵蚀处理，侵蚀的溶液通常采用酸或碱，目的是去除金属表面的氧化物。侵蚀的原理为：大多数金属的氧化物以及金属本身能被适当的酸碱溶液所溶解（起化学反应）。侵蚀溶液的选择需根据金属材料的性质决定。大多数金属的侵蚀处理在酸性溶液中进行，但是某些金属材料则适用碱性溶液进行侵蚀处理。氧化物与酸反应生成盐和水，金属与酸作用生成盐与氢气。在处理中为了避免金属表面吸收氢气变脆和过度腐蚀，可以在侵蚀溶液中加入缓蚀剂，而且侵蚀时溶液的浓度、温度以及侵蚀时间都需要作适当的控制。

根据侵蚀的程度，侵蚀可分为两种：（1）弱侵蚀：多数在稀溶液中进行。主要溶去的是金属表面的氧化物，而金属本身侵蚀很少。因此金属表面结构没有改变，去掉杂质后就可以显露出光洁的表面。（2）强侵蚀：多数在浓溶液中进行。侵蚀时，除了金属表面的氧化物外，还可将金属表面层溶解掉，因此侵蚀后金属表面比较粗糙而无光泽。在工件表面进行表面涂覆处理时，一般用强侵蚀处理，因为洁净的粗糙表面可以增加涂层的附着性。

一般经过热处理的零件，因其表面上的油污已在处理中除掉，所以可以直接进行侵蚀处理，以去除退火后形成的氧化层。

几种配制化学侵蚀溶液的常用的酸有：盐酸、硫酸及硝酸等，它们都具有强氧化性和强酸性。

1.2.1.3 漂洗与脱水

水是各种无机物和其他物质的良好溶剂。凡经水溶性清洗剂处理后的零件，在初级清洗油污、灰尘等污物后，都需经过清水漂洗的过程。通常可用加热后的自来水（加热目的是去除自来水中的氯离子）清洗电镀后和用酸、碱腐蚀过的零件。当零件表面要求较高时，可采用蒸馏水或去离子水对表面进行仔细地漂洗，以便使零件表面不残留任何水溶性清洗剂的余液。

为了防止零件用水漂洗后生锈和污染，必须使零件表面尽快脱水，常用的脱水剂有如下几种：

（1）醇类：目前在实验室中普遍采用醇类脱水，如无水乙醇、异丙醇、乙二醇及丙酮等。醇类脱水主要是饱和性吸收，待饱和后便无法脱水。而且由于醇类的沸点高不能从水混合液中很快蒸馏回收，因此没有重复利用的价值。在工业批量生产中，不适于采用醇类脱水，再加上醇类具有闪点低、易燃、不安全等因素，因而在实际生产中不宜采用。

（2）TDFC及其代替物：由于这种脱水剂具有独特的“油”包水，水分离的优异性能，因此对真空零件清洗后的脱水起了重要的作用。TDFC及其替代物不但具有无毒、不燃、比重大、沸点低、能迅速脱水等特点，而且还能迅速分离，使脱水剂能循环回收使用，并且只要添加即可，无需排放。这样即节约了工时又降低了成本。因此是工业生产中较为理想的清洗脱水剂。

1.2.1.4 喷射（淋）清洗

喷射清洗过程是利用运动流体施加于小粒子上的剪切力来破坏粒子与表面间的粘附力，促使粒子悬浮于湍流流体中，从而被流体从表面带走。通常用于浸泡清洗的溶剂也可用于喷射清洗。增加清洗介质的喷射压力和相应的液流速度可使清洗效率提高，所用的喷射压力约350kPa。高压液体喷射对清除小到5μm的粒子是非常有效的方法。在某些情况下，高压空气或气体的喷射清洗也很有效。

1.2.1.5 超声波清洗

超声波清洗提供了一种清除较强粘附污染物的技术方法。这种清洗工艺可产生很强的物理清洗作用，因而是振松与表面强黏合污染物的非常有效的技术。在超声波清洗工艺中，可以根据污染物种类的不同，选择纯水、有机溶剂清洗液或无机酸性、碱性和中性清洗液作为清洗介质。为了强化清洗效果，有时还在清洗液中加入金刚砂研磨剂。清洗液可按以下原则选取：(1) 表面张力小；(2) 对声波的衰减小；(3) 对油脂的溶解能力大；(4) 无毒、无害物质。

超声波清洗设备由超声波发生器（换能器）和清洗槽组成。超声波清洗是在盛有清洗液的不锈钢槽中进行的，清洗槽底部或侧壁装有换能器，这些换能器将输入的电振荡转换成机械振动输出。清洗用超声波的工作频率一般在 20～40kHz 之间。

A 超声波清洗原理

超声波用于清洗的主要原理是超声空隙作用（见图 1-1）。弹性介质的机械振动，超声波在清洗介质中传播时使介质质点产生相互交替的疏密的分布变化，介质中的压力也交替变化。介质液体在稀疏处受到拉力而形成大量瞬时的空隙气泡，介质液体在稠密处受到压力使气泡闭合，振动的频率很高，压密和拉疏过程在极快地变动，使得大量空隙气泡在瞬间破碎，产生很强的爆破冲击波，波谱为连续谱加上离散谱。这种由小的内向爆裂气泡所产生的瞬时压力可大到几个大气压甚至几十个大气压。正是利用这个巨大的瞬时压力产生的强大冲击力量及气泡瞬时闭合所产生的局部高温作用，破坏工件表面的油膜等污染物，使之脱离表面被冲落到清洗溶液中，从而使工件表面达到净化。

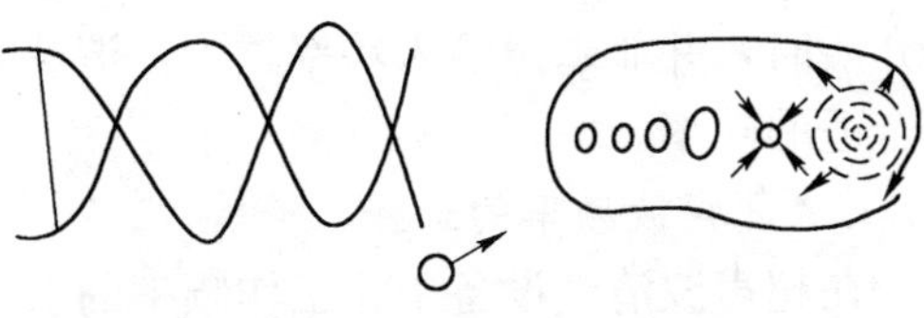

图 1-1 超声空隙作用原理

由于声波本身具有能进入复杂构造异形孔道的特点，所以超声波清洗可以清除复杂有孔零件内部的污染物，这是一般清洗方法所无法实现的。

B 超声波清洗的功率

超声空化作用在物理本质上是声场中产生的空波的非线性振动以及破灭的二次辐射冲击波。从宏观的能量转换关系来说，换能器系统将吸收的电功率，转换成清洗介质中的声功率，其电声功率间的关系如图 1-2 所示。

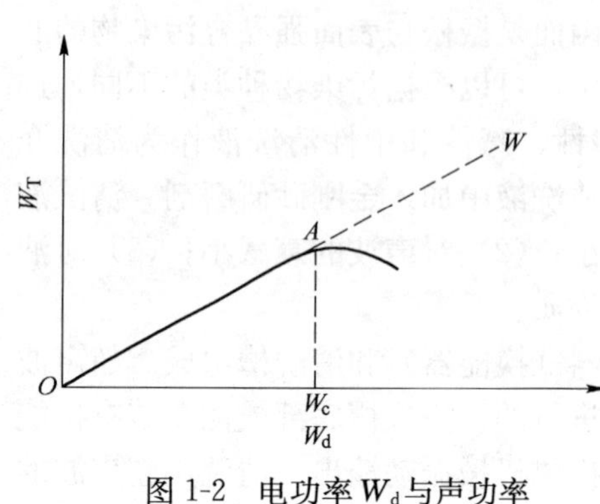

图 1-2 电功率 W_d 与声功率 W_T 的关系

从图中可以看出，在一定的范围内，声功率随着输入电功率的增加而增加，即输入功率的增加将在清洗介质中（界面处）产生较高的气泡成穴密度，这反过来又提高了清洗效率。但是在声空化达到一定程度（W_c）时，电功率再增加，声功率也不再增加，而且还有下降的趋势。因此，在同样规格的清洗槽中，使用相同的清洗介质时，并非超声输入功率越大，清洗效果就越好，而是应该选择一个合适的功率。

C 超声波频率的选择

在超声波清洗设备中，工作频率的选择会直接影响到清洗效果。从超声波清洗机理而言，所选择的频率要有利于气泡的产生、发育和破灭，保证一定的空化效应。就声场而言，必须保证获得均匀声场。对于不同的清洗对象而言，必须保证一定的空化声场。如果选择的工作频率过高，则不利于绝大多数气泡的形成发育，气泡不破灭或虽破灭但产生的冲击波太小；但是如果工作频率选得过低，虽然低频产生的气泡半径及冲击波大，但是噪声也大，对工作环境有较大影响。根据实践，常用的工作频率为 20～40kHz，一般在真空镀膜工艺中，基片清洗所用超声波的工作频率约在 20kHz 到 30kHz 左右为最佳。

1.2.1.6 蒸气清洗

蒸气清洗主要适用于清除基片表面油脂膜和类脂膜等碳氢化物，对于带有牢固附着污染物和污染很严重的基片，当用擦洗和浸洗或超声波清洗方法清洗以后，再用蒸气清洗会得到很好的清洗效果。

A 蒸气脱脂清洗

这种方法经常用于玻璃清洗工序的最后一步。蒸气脱脂设备可由底部具有加热元件和顶部周围绕有水冷蛇形管的容器组成。清洗液可以是异丙基乙醇、三氯乙烯或某种氟化的碳水化合物。溶剂被加热蒸发，形成热的高密度蒸气，顶部的水冷管用来凝结清洗剂的蒸气。将待清洗的零件，用夹具夹住，浸入浓蒸气中20s至几分钟，纯净的清洗液蒸气对多种油脂有高溶解性，它在冷的零件表面上凝结形成带有污染物的溶液后滴落，而后被更纯的凝结溶剂代替。这种过程一直进行到玻璃过热不再发生蒸气凝结为止。零件的热容量越大，蒸气不断凝结清洗浸泡零件表面的时间就越长。

蒸气脱脂清洗操作方法简单，可大批量清洗，是得到高质量清洁表面的好方法。对于玻璃基片来说，其清洗效率可用测定摩擦系数的方法来检验，另外还有暗场检验、接触角和薄膜附着力测量等方法，这些值越高，所清洁的表面质量越好。

B 氟利昂蒸气冲洗

为了降低超高真空系统中零部件的表面放气率，在真空的零部件安装之前，往往要对所有真空零件表面按照不同的材料，采用一定的工艺规范，进行严格的清洗处理。用三氟三氯乙烷（简称R113）蒸气去油清洗是一种安全有效的清洗方法，这种清洗方法是1970年以后发展起来的一种真空材料表面清洗方法，与三氯乙烯蒸气去油法相比，其最大的优点是安全无毒、对操作人员的身体健康无不良影响。

三氟三氯乙烷的分子式为$CCl_2F \cdot CCl_2F_2$，其沸点为47.6℃（在0.1MPa大气压下），凝固点为－35℃，密度（30℃）为1.553g/mL，酸值为中性。R113清洗剂是一种无色透明、易挥发、无毒、不燃的液体。它又是一种卤化的乙烷，其电绝缘性能好，化学性能稳定，在常温下不被水解，对常见的表面污物，如润滑油和其他油脂类的溶解性良好。对像钢、铝、铜、镍、钛、铍等金属无腐蚀性。它与一般的化学试剂不起反应。对一般高分子化合物如塑料、橡胶无作用。真空零件表面在用R113清洗剂蒸气清洗后，零件表面光亮洁净而且没有残留物。

日本KEK的高能回旋粒子加速器的真空盒就是采用R113蒸气去油清洗，清洗后经材料放气率测定，在3h的真空抽气后，材料放气率小于1×10^{-7} Pa·L/cm^2。在欧洲原子核研究中心（CERN）和德国电子对撞机（DESY）上的真空零件也广泛采用R113溶剂蒸气去油和氟利昂液体清洗。

用R113蒸气去油法清洗真空零件的装置如图1-3所示。清洗容器的材料为不锈钢，容器的上法兰盖带有冷却水管，工作时通冷却水，加热装置用碳棒（或电炉）将水加热，再用水将清洗容器内的R113溶剂

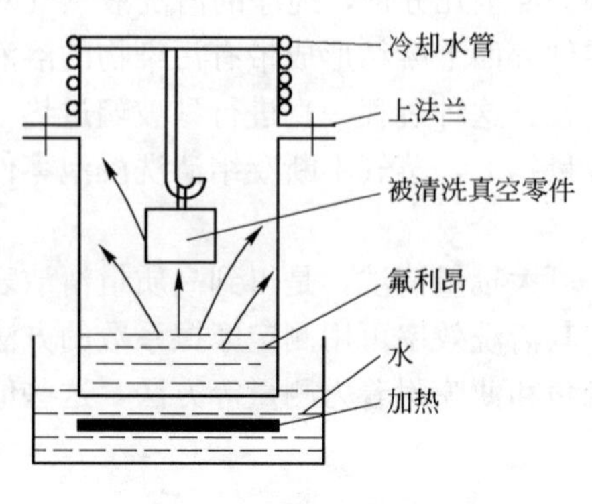

图 1-3 氟利昂清洗装置

加热，这种间接加热方式可以使R113 清洗剂的温度均匀而且容易控制。

清洗时把被清洗的真空零件吊入到容器内，将上法兰盖盖上，通电加热 R113 溶液使其蒸发，真空零件在 R113 蒸气中置放几分钟取出即可，此时零件表面原被污染的脏物油脂即被R113 蒸气溶解掉，零件表面呈现出光亮洁净的表面。真空零件表面的机械泵油，扩散泵油以及机械加工的润滑油，经过 R113 蒸气去油清洗后都可得到良好的效果。

除了用 R113 蒸气清洗外，用 R113 溶剂液体本身清洗零件表面，也可以取得很好的效果。但是由于 R113 溶剂易挥发，在用液体清洗时费料多，而蒸气去油可以在密封容器中进行，因而可以节省清洗剂。此外蒸气去油清洗与液体清洗相比还有两个优点：一是蒸气去油清洗，避免了液体清洗时零件出现的清洗死角；其次是用液体第一次清洗时，有些污物会留在清洗液中，当进行以后的零件清洗时，这些污物又会沾污在其他零件上，而用蒸气去油就可以避免这种现象。

1.2.2 电化学清洗处理

将待清洗的金属零件放在某种溶液中，并将零件接在电源的正极或负极，另外再用某一材料制作成的极板接电源的另一极，调节电源电压，获得一定电流密度，达到去油和去除金属表面氧化层的目的。

1.2.2.1 电解侵蚀

采用电解侵蚀方法可以缩短侵蚀时间及减少溶液的消耗，并可以得到化学侵蚀所不易得到的侵蚀效果。如不锈钢采用化学侵蚀方法，需用强硝酸和盐酸侵蚀，所产生的气体对人体有害，而用电解侵蚀则用弱酸即可。

电解去油的原理是：电解时在作为零件的电极上剧烈地产生气泡（阳极产生氧气，阴极产生氢气），零件上附着的油脂薄层因受气泡机械力的冲击而破坏，同时油脂亦和碱液起皂化和乳化作用，加速了去油过程。电解侵蚀分为阳极侵蚀和阴极侵蚀两种。阳极侵蚀是将被清洗的金属零件放在某种溶液中，并将零件接在电源的正极，阴极板材料可用铅、钢或铁。电解时在阳极产生氧气，由于受氧气气泡的机械冲击作用从而将氧化物剥离。侵蚀通常在室温下进行，也可加热至 50 ～ 60℃，侵蚀时间需根据工件表面状况而定。阴极侵蚀是把工件接至阴极，用铅、铅锑合金或硅铁作阳极。侵蚀时在阴极上产生氢气将氧化物还原并消除氧化层。同时也由于氢气逸出时的机械力量使氧化层脱落。

电解侵蚀常用的是阳极侵蚀法。阳极侵蚀法需注意侵蚀过度及侵蚀不均匀的问题，尤其是形状复杂的零件。阴极侵蚀不会产生过度侵蚀，但零件容易产生渗氢发脆现象。电解侵蚀的效果取决于金属表面氧化层的状态，如果氧化层厚且密集，则电解侵蚀较难去除，疏松而多孔的氧化层则容易去除。在其他条件相同的情况下，调节电解侵蚀中的电流大小，就可以调节侵蚀的强弱。得到不同光洁度的表面。

电解侵蚀所用的电源电压通常为 2 ～ 12V，极间距离为 50 ～ 150mm。可通过调节电压和极间距离来达到去除金属表面氧化层的目的。

如果用电解侵蚀方法去油，则效率比化学去油高好几倍。可以用碱液作为电解液，电源可用交流或直流。直流电解的去油速率比交流快。如用直流电源进行电解去油时，常把被清洗的零件接至阴极。

电解去油常用的碱液配方如下（与碱液去油相同）：

烧碱（NaOH）60 g/L；纯碱（Na_2CO_3）20g/L；

氰化钠（NaCH）20 g/L；水玻璃（Na_2SiO_3）8g/L。

工艺参数为：温度：25℃；电压：6～10V（零件接阴极，阳极材料用不锈钢）；电流密度：40～80mA/cm^2；处理时间：1～2 min 。

一般电解去油的时间应短一些。对铜及其合金，只能用阴极去油，如果用阳极去油，则铜的表面将形成厚而牢固的黑色氧化膜，不易清除。

电解去油后，零件应先在温水（约 60℃）中洗涤，以溶解金属表面上所形成的肥皂，然后在冷水中冲洗。

由于在去油清洗过程中（尤其是阴极电解），所产生的氢气可溶解在工件中，成为工作中附加的放气率。因此，在零件总装之前，需用真空高温烘烤（用于超高真空的不锈钢烘烤温度为 900℃）除去大部分氢气。

1.2.2.2 电化学抛光

电化学抛光表面处理的原理与电解侵蚀相同，但是所用的电解液与电解侵蚀液不同。对于大部分金属来说，都可以采用电化学抛光方法清洗。该方法为电镀的逆过程，抛光时，工件接阳极被“退镀”，阴极通常用紫铜、铅、钢等金属制成，其面积为阳极面积的5倍以上，阴、阳极距离为50～120mm。由于电场集中于高点处，致使处于高点的金属被迅速地除掉，使金属表面变得很均匀，结果获得了理想的光洁表面。

在抛光过程中零件的损耗极少，抛光后可得到光洁度很高的表面。抛光前零件的表面粗糙度以 R_a1.6～0.8 为宜，并需彻底去油。其电解液配方如下：

正磷酸（H_3PO_4） 65%（质量百分数）

硫 酸（H_2SO_4） 15%

铬 酐（CrO_3） 6%

去离子水 14%

电化学抛光表面处理的工艺参数见表 1-1

表 1-1 不同金属材料的电化学抛光工艺参数

材 料	电流密度/$A \cdot cm^{-2}$	电压/V	时间/min	抛光液温度/℃
不锈钢（小件）	0.2～0.5	6～12	2～10	25～50
不锈钢（大件）				80～90
钼				25～50
镍				25～50
康 铜				25～50
可 伐				25～50

电化学抛光后，需将零件放入到2%～5%的氨水内中和15～20s，然后再用水清洗，用无水乙醇脱水并烘干。

1.2.3 加热和辐照清洗

1.2.3.1 加热清洗

加热清洗就是将工件置于常压或真空中加热，促使其表面上的挥发杂质蒸发，从而达到清洗目的的一种方法。这种方法的清洗效果与工件的环境压力、在真空中保留时间的长短、加热温度、污染物的类型及工件材料有关。加热工件的目的是促使其表面吸附的水分子和各种碳氢化合物分子的解吸作用增强。解吸增强的程度与温度有关，在超高真空环境下，为了得到原子级清洁表面，加热温度必须高于 450℃才能保证得到良好的清洗效果。

对于在较高温度的衬底上沉积薄膜的情况（制备特殊性质的薄膜），加热清洗的方法特别有效。

但有时这种处理方法也会产生副作用。由于加热的结果，可能发生某些碳氢化合物聚合成较大的团粒，并同时分解成碳渣。然而，用高温火焰加热处理（如氢-空气火焰）方法可以很好地解决这个问题。通过实验，人们发现火焰的清洁作用与辉光放电作用相类似。在辉光放电中，靠离子化的高能粒子撞击工件表面来除去表面上的杂质。虽然在高温火焰方法的加热过程中，工件表面温度仅约 100℃，但是在火焰中存在着各种离子、杂质及高热能分子，火焰中的高能粒子把能量交给吸附污物使之脱离表面。另外，粒子轰击和表面上的粒子复合将释放热量，也有助于污物分子的解吸。

1.2.3.2 辐照清洗

辐照清洗方法操作方便，能够在短时间内高效率地去除吸附在材料表面上的碳氢化合物等污染物。相对于化学溶剂的湿法清洗，该方法可称作干法清洗。

一种新的清洁表面技术是利用紫外辐照来分解表面上的碳氢化合物。例如，在空气中照射 15h 就可产生清洁的玻璃表面。如果把经过适当预清洗的表面放在一个产生臭氧的紫外线源中，要不了 1min 就可以形成清洁表面（工艺清洁表面）。

A 紫外辐照表面清洗机理

紫外辐照清洗主要是依靠紫外光对表面污染物分子所起的光敏氧化作用达到表面污物清除净化目的。在紫外线照射下，污物分子受激发并离解，由于臭氧的生成和存在而产生高活性的原子态氧，致使受激的污物分子和由污物离解产生的自由基与原子态氧的作用，形成较简单易挥发的分子，如 H_2O、CO_2 和 N_2，其反应速率随温度的增加而增加。

图 1-4 给出利用紫外光/臭氧辐照清洁表面的过程，其中 $h\nu_1$ 和 $h\nu_2$ 分别表示光电子能量不同的两个光源，$h\nu_2 > h\nu_1$。$h\nu_1$ 的作用是激发、分解（敏化）污染物的分子。$h\nu_2$ 则促使氧分子分解成原子氧（O）和臭

氧（O_3）。臭氧在吸收了能量为 $h\nu_1$ 的光子后又能分解出原子氧，由于这些原子氧的强烈氧化作用，使被激发的污染物分子以及由污染物分子分解产生的游离碳原子等反应生成 CO_2、H_2O 和 N_2 等可挥发的气体。当这些气体逸出表面后，就留下一个清洁的表面。

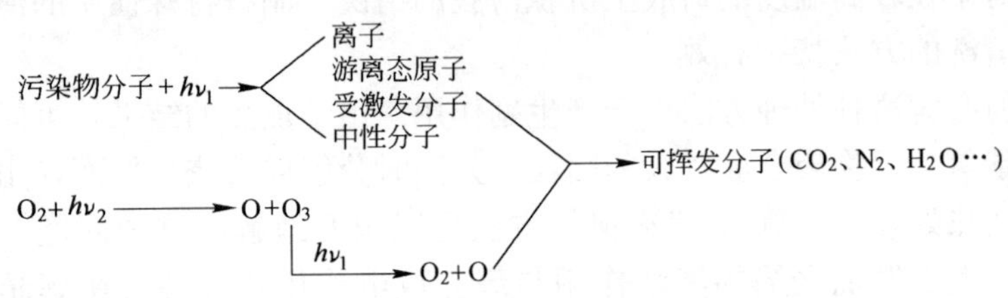

图 1-4 紫外光/臭氧辐照清洁表面的过程

大多数碳氢化合物对于波长在 200～300nm 之间的紫外光有较高的吸收系数。因此，选择波长在这个范围内的紫外光作为光源有利于分解碳氢化合物。把一个氧分子分解成两个基态氧原子所需要的能量相当于波长为 245.4nm 的紫外光的能量，把臭氧分解成原子氧所要求的能量相当于波长为 114nm 的光子能量。但是，在此临界波长上，它们的分解作用是有限的。随着波长的缩短，光子能量增高，它们的分解作用迅速增加。

B 紫外光/臭氧辐照清洁装置

紫外光/臭氧对表面的清洁处理过程可在大气中进行或在氧气压力为 1.3×10^{-2}Pa 左右的真空系统中进行。

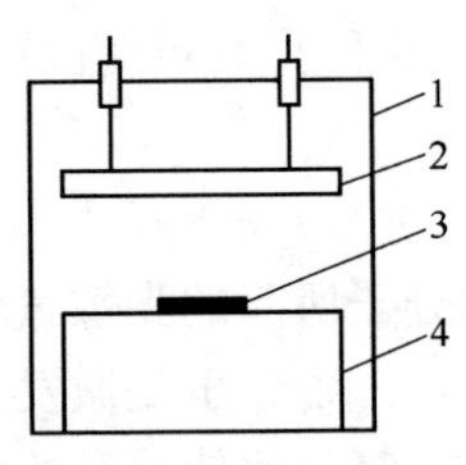

图 1-5 辐照清洁装置示意图

1—密闭容器；2—低压汞灯；3—被处理样品；4—样品架

如图 1-5 所示的装置为在大气中工作的实际装置。采用石英管壳低压汞灯作为辐照光源，它的峰值辐射波长为 253.7nm，而且在波长 184.9nm 处有一定比例的辐射。石英管低压汞灯的辐射光谱波长 253.7nm 和 184.9nm 对应于上面提到的光子能量 $h\nu_1$ 和 $h\nu_2$。波长为 253.7nm 的紫外光既能激发、分解污染物的分子，也能促使臭氧分解为原子氧。而波长为 184.9nm 的紫外光适于产生臭氧。因此，石英管低压汞灯是一个较为理想的紫外光源。

低压汞灯非常适宜于激发和分解污染物的分

子，有助于臭氧的发生和把臭氧分解为原子氧。此外，它又是一个冷光源，即使长时间工作，管子的工作温度仍接近室温。因此，无需顾忌它对被处理物体表面的热辐射影响。为了使样品得到足够的紫外光辐射，把样品放在距离汞灯 5mm 处的样品架上。此时，样品表面接受到的波长为 253.7nm 的光子辐射，功率约为 0.3mW/cm^2。这种汞灯能产生波长为 184.9nm 的紫外光，可以使装置中省去臭氧发生器，使得辐照清洁装置结构简单。利用这个装置对各类材料，例如金属（银）、半导体（砷化镓）和介质（陶瓷）等进行表面进行清洁处理，都能取得令人满意的结果。

C 紫外光/臭氧辐照方法的应用

紫外光/臭氧辐照表面清洁方法的应用范围极为广泛，对以下所述的各种污染物都有良好的清除效果：(1) 人体油脂；(2) 由于长期暴露在大气中而产生的污染；(3) 机械切削用的润滑油；(4) 蜂蜡和松香的混合物；(5) 研磨液；(6) 机械泵油；(7) 硅扩散泵油；(8) 硅真空树脂；(9) 焊料；(10) 铅锡焊条中的松香焊剂；(11) 集成电路中的感光胶；(12) 炭膜；(13) 有机膜。

但是紫外光/臭氧对无机物，如尘埃和盐类的清除是无能为力的。必须通过预清洁处理把这些物质去除才能达到彻底的清洁效果。例如，人体油脂中的无机盐是不会产生光敏氧化反应的物质，即使把这些盐类长期暴露在紫外光/臭氧气氛中也不会起作用。为了充分发挥紫外光/臭氧的表面清洁作用，在某些情况下，对被处理的表面进行预清洁处理是必要的。预清洁的方式应按照材料本身的性质和特点来选择。归纳起来，预处理的目的有以下两点：

(1) 去除那些不能转换为挥发性气体的物质，如尘埃和无机盐类；

(2) 去除吸附在物体表面上的那层阻碍紫外光和臭氧渗透到污染物分子中去的厚膜，提高表面清洁的速率。

紫外光对人体和眼睛均有灼伤作用。工作时必须避免皮肤和眼睛直接接触紫外光。臭氧是一种有毒的气体，操作时应把处理装置放在通风良好的地方，确保人身安全。

紫外光/臭氧表面清洁方法不仅能作为清洁器去除吸附在表面上的污染物，而且可以作为贮存器长期保持被贮存物体的清洁度，使其不再受大气的污染。由于它的工作机理建立在紫外光对被处理物体表面上的污染物分子所起的光敏氧化作用，所以对于一些易于氧化或不允许氧化的材料在选用这种清洁技术时，应谨慎考虑它的后果。

1.2.4 气体加热还原分解净化表面

1.2.4.1 金属化合物的分解与还原

化合物的分解与还原在真空技术中有重要意义。例如，许多金属材料表面都或多或少存在一层氧化膜，在真空气氛中氧化物的分解将成为一种气体来源，金属材料的表面氧化物因结构比本体疏松，往往成为气体在真空系统中的储库；吸气剂材料可以与某些气体发生化学反应并以化合物的形式吸气，因而所形成的化合物的分解压力可能是真空系统极限压力的限制因素；真空泵油热分解形成的低分子量碳氢化物蒸气也将影响真空系统的极限真空度；某些高分解压力的污染物亦是影响系统真空度和气氛的不利因素等等。金属材料经烧氢处理可还原其表面氧化物达到净化表面的目的。

金属氧化物的分解问题在真空技术中是比较重要的，令 M 代表任意金属，其氧化物分解反应的通式可写成

$$M_{n_1}O_{2n_2} \rightleftharpoons n_1 M + n_2 O_2 \tag{1-2}$$

式中，n_i 为参与反应物质的摩尔数。

在多相化学分解反应中，整个反应体系中只有一种组分是气体，在平衡时这种气体产物的压力称为分解压力。质量作用定律指出，在化学平衡时，化学反应中各物质的分压（或浓度）是彼此相联系的，因而某一物质的分压（或浓度）发生变化后，其余物质的分压（或浓度）也要相应地发生变化。

根据化学反应的质量作用定律，在式（1-2）所示的多相化学反应中，平衡常数 K_p 可以用反应体系中气体组元的分压力（即分解压力）来表示

$$K_p = p_{O_2}^{n_2} \tag{1-3}$$

由于 K_p 只与温度有关，因此分解压力 $p_{O_2}^{n_2}$ 也只与温度有关。

分解压力是衡量化合物稳定性的标志，当环境氧气的分压力小于分解压力时，金属氧化物分解。金属氧化物处于某些还原性气体中时，则

会发生氧化物的还原反应。在真空技术中最重要的还原性气体是氢气和一氧化碳。真空规和电真空器件中电极材料的烧氢处理，实质上就是还原处理过程，用氢气还原金属氧化物的反应通式为

$$2n_1 H_2 + M_{n_2} O_{2n_1} \rightleftharpoons 2n_1 H_2O + n_2 M \tag{1-4}$$

1.2.4.2 表面烧氢净化

采用烧氢处理工艺可以还原去除大多数的金属氧化物（Mg、Al、Si 等的氧化物除外）。一般，烧湿氢（露点＞－10℃）有助于金属脱碳和去除表面有机物。在湿氢的氧化气氛中，碳杂质以 CO、CO_2 的形式被除掉。图 1-6 给出了相同尺寸的可伐合金、Ni 与不锈钢试样的 CO 出气率与烧湿氢时间的关系。烧湿氢 0.5h 后，可伐的 CO 出气率降低 45％以上，Ni 降低约 32％。只有不锈钢例外，尽管它含碳量较高，但烧湿氢并不能减小不锈钢的 CO 出气率，这说明不锈钢的出气机制与其他的材料不同。

烧湿氢会大大增加被处理材料的含气量，尤其是氧。因此，含碳量少的材料应当烧干氢（露点低于－50℃）。烧干氢有利于氧化物的还原，露点越低、含氧量越少，效果越好。例如，蒙乃尔合金烧干氢（露点－65℃）后，在真空中的出气量显著降低，若在露点－35℃氢中处理，在真空中将放出大量 CO 与 CO_2。这是因为金属表面被水汽氧化所致。在很多情况下，烧干氢的效果与真空除气相当，但烧氢的成本低并且生产效率要高得多。关键在于要保证烧氢炉内氢气的纯净。

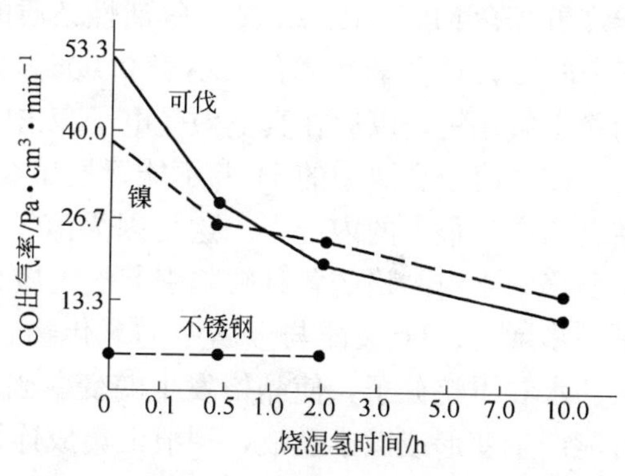

图 1-6 可伐、镍与不锈钢在真空中 800℃时 CO 出气率与烧湿氢时间的关系

在烧氢工艺操作中，应采取以下措施来防止外界气氛及烧氢炉内脱附水汽对炉内气氛的污染：

（1）尽量减少盛放工件托盘的面积（例如做成网篮状），工件最好

采用分开悬挂方式，这样便于氢气流冲洗，工件周围的水汽浓度也不会突然增大。

(2) 对处理的工件采取分步加热法。先将盛工件的托盘在烧氢炉的低温区（300℃左右）维持一定时间，这时零件吸附的水汽等很容易被 H_2 “洗净”，而且又不会氧化。Ni、Cu、可伐等材料用此法烧氢后的放气量要比通常的一步加热法（从冷区直接推入热区）几乎减少 4/5。

工件烧氢后的冷却速度关系到烧氢处理后工件的含氢量。氢溶解度随温度升高而增大的金属，如 Ni、Fe、Cu 等（在 800℃、0.1MPa 压力下的 H_2 中，100g Ni 可溶解 7.75cm^3 的 H_2），烧氢后若冷却过快，将有大量的 H_2 被“冻结”在工件体内。例如，1100℃时 H_2 在 Fe 中的溶解度是 20℃时的 10000 倍，若冷却过快，H_2 来不及放出，Fe 中 H_2 的浓度将远大于正常平衡浓度。

金属材料烧氢时，应注意以下问题：

(1) Ta、Ti、Zr、V 等金属高温时能与 H_2 形成脆性化合物，故不能烧氢。含 Mg、Al、Cr、Ti 等活性杂质的金属，只能烧干氢（露点小于−60℃，氧含量（体积）小于 0.005%），否则表面会生成这些杂质的稳定氧化物，以后在真空中受电子轰击时会分解并放出 H_2。

(2) 溶于金属中的 H_2 并不能置换出金属内部的任何气体。却可能使金属产生很大的内应力。这是因为溶解氢在金属体内的分布不均匀，主要集中于由晶格的各种缺陷引起的内应力较大的区域，从而导致应力进一步增大。H_2 又能与金属中的氧化物、碳和碳化物作用，生成体积大的水和甲烷分子，使晶格发生畸变。当这种内应力超过晶格强度时，可能产生变形或微小裂痕，裂痕汇集成连续裂纹后会引起慢漏。这种应力对管壳及焊接部位产生的危害最大。

(3) 氢的还原作用。H_2 特别是原子氢的还原作用很强，在较低温度下便能还原许多金属氧化物。因此，当不同金属同时在 H_2 中加热时，H_2 就会从与它亲和力小的金属跑向与它亲和力大的金属，例如 Cu 和 Mo 在一起烧氢时，Cu 的氧化物容易还原，导致烧氢炉内水汽增加使 Mo 氧化。而氧的迁移速率在 H_2 中最高，在惰性气体中最低。氢也能使碳从碳浓度高的金属（碳钢、碳化的零件等）迁往碳浓度低的金属（Mo、W 等），造成零件发脆或表面性质改变。

(4) 阴极部件烧氢有助于减轻活性气体对阴极的危害甚至起激活作

用。但是这只对普通氧化物阴极及 LaB_6 阴极有效，对其他阴极并无明显作用甚至有害（例如 Th-W 阴极等）。

一般情况下，工件烧氢的温度采用材料的退火温度，这样可以在保证工件具有良好真空表面性能的同时，消除掉加工过程中造成的内应力。常用材料的烧氢和真空退火规范见表 1-2。表中所列的干氢，是指露点低于－50℃，水汽分压力小于 10^{-1} Pa 的氢气，适用于含碳量少，需要去除表面氧化物而不增加含氧量的材料。对于支架和弹簧等预应力零件，其烘烤温度应低于退火温度。铝零件因熔点较低，其烘烤温度一般不超过 500℃。对于厚壁或直径大的工件，则应适当延长退火时间。

表 1-2 常用材料的烧氢及退火规范

<table>
<tr><th rowspan="2">材料</th><th colspan="3">烧氢处理</th><th colspan="3">真空退火</th></tr>
<tr><th>温度/℃</th><th colspan="2">保温时间/min</th><th>温度/℃</th><th>保温时间/min</th><th>真空度/Pa</th></tr>
<tr><td>无氧铜</td><td>600～800</td><td colspan="2">15～30</td><td>700～850</td><td>10～120</td><td>$1\times10^{-2}\sim1\times10^{-3}$</td></tr>
<tr><td>可伐</td><td>800～880</td><td colspan="2">干氢 30</td><td>800～880</td><td>30</td><td>$3\times10^{-2}\sim5\times10^{-3}$</td></tr>
<tr><td>镍、蒙乃尔</td><td>800～900</td><td colspan="2">10～20</td><td>800～900</td><td>5～10</td><td>$3\times10^{-2}\sim5\times10^{-3}$</td></tr>
<tr><td>钼</td><td>900～1100</td><td colspan="2">5～20</td><td>950～1000</td><td>5～10</td><td>$3\times10^{-2}\sim1\times10^{-3}$</td></tr>
<tr><td>钨</td><td>850～900</td><td colspan="2">干氢 10～15</td><td></td><td></td><td></td></tr>
<tr><td>不锈钢</td><td>950～1000</td><td colspan="2">干氢 15～20</td><td>950～1000</td><td>20～90</td><td>$5\times10^{-2}\sim5\times10^{-3}$</td></tr>
<tr><td>纯铁</td><td></td><td colspan="2"></td><td>900～1000</td><td>10～30</td><td>$1\times10^{-2}\sim1\times10^{-3}$</td></tr>
<tr><td>铁镍合金</td><td>900～1000</td><td colspan="2">干氢 15～20</td><td>750～800</td><td>5～10</td><td>$1\times10^{-2}\sim1\times10^{-3}$</td></tr>
<tr><td>康铜</td><td>800～850</td><td colspan="2">5～15</td><td>800</td><td>5～15</td><td>$1\times10^{-2}\sim1\times10^{-3}$</td></tr>
<tr><td>覆镍铁</td><td>900～950</td><td colspan="2"></td><td></td><td></td><td></td></tr>
<tr><td>覆铝铁</td><td>550～600</td><td colspan="2"></td><td></td><td></td><td></td></tr>
<tr><td>银基焊料</td><td>500～550</td><td colspan="2">10～15</td><td></td><td></td><td></td></tr>
<tr><td>陶瓷</td><td></td><td colspan="2"></td><td>1100</td><td></td><td>$5\times10^{-4}\sim1\times10^{-4}$</td></tr>
<tr><td rowspan="2">钛</td><td rowspan="2"></td><td rowspan="6">厚度/mm</td><td>≥0.5</td><td>900～1000</td><td>15～30</td><td rowspan="2">1×10^{-3}</td></tr>
<tr><td>≤0.3</td><td>700</td><td>10～15</td></tr>
<tr><td rowspan="2">钽、铌</td><td rowspan="2"></td><td>≥0.5</td><td>1200</td><td>10～15</td><td rowspan="2">$1\times10^{-3}\sim1\times10^{-4}$</td></tr>
<tr><td>≤0.3</td><td>1100</td><td>10～15</td></tr>
<tr><td rowspan="2">锆</td><td rowspan="2"></td><td>≥0.5</td><td>700</td><td>10～15</td><td rowspan="2">$\leqslant5\times10^{-2}$</td></tr>
<tr><td>≤0.3</td><td>650</td><td>10～15</td></tr>
</table>

1.2.4.3 表面烧氩净化

氩是惰性气体，其原子量比氢大 40 倍。这使得烧氩具有如下特点：

（1）能有效地去除金属表面氧化物及体内杂质。金属烧氩时，金属中的杂质将向氩中蒸发。因为金属中的任何杂质都有力图与外部同种物质达到平衡的倾向。在大气压下、800℃时。Ar 的平均自由程（12.6×10^{-6}cm）比杂质原子直径大 500 多倍，故杂质原子能顺利脱附到氩气流中。脱附原子离开的速度受气体互扩散定律限制，显然要低于在真空中流走的速率。但由于杂质原子从体内向表面扩散的速率远小于它们从表面向氩中扩散的速率，故零件除气速率不受影响，这一点与烧 H_2 基本相同。Ar 虽然不能像 H_2 那样迅速还原金属氧化物，但因为在相同温度下，Ar 的动能比 H_2 大得多，与零件表面碰撞时也可以使氧化膜很快地分解并脱附。

氧化膜分解时。只要氧在金属中的溶解度没有达到饱和，则大部分氧将溶于金属体内。进入体内的氧对材料的真空性能几乎没有影响。例如，面积 $1cm^2$、厚 1mm 的无氧铜片（含氧量为 3×10^{-6}（质量）），含有 10^{17} 个氧原子。在铜片表面厚为 40nm 的氧化膜中也含有同样数目的氧原子，当它们全部溶于铜片中时，含氧量只不过增大到 4×10^{-6}，而且铜片在真空中加热时，溶解的氧也不会放出，因此不影响材料的真空性能。

（2）零件烧氩不会被氩饱和。因为在实际应用的除气温度下，氩原子的能量 E 不足以使它侵入到金属晶格内。理论上，Ar 侵入铜晶格结点和空位所需的能量分别为 11.9eV 和 3.5eV。根据 $E=3kT/2$（k 为玻耳兹曼常数，等于 8.6×10^{-5}eV/K），可求出 Ar 具有该能量时的温度分别为 92000K 和 27000K，而在零件的烧氩工艺中是不可能达到这个温度的。所以，零件烧氩不会产生氩大量侵入的问题。实际上，在真空技术中的某些利用 Ar 进行的工序，例如离子溅射净化、镀膜、氩弧焊等，倒可能会使 Ar 侵入到固体内部或被禁锢在表面上。

由于烧氩既不会造成金属材料的显著蒸发（与真空除气相比），也不会被气体饱和（与烧氢相比），更不会形成任何化合物。因此，烧氩适用于任何材料，而且其温度可以比烧氢及真空除气更高。

表 1-3 中列出了几种金属在纯度为 99.999%的 Ar 中和在 $10^{-4}\sim10^{-5}$Pa 无油清洁真空中退火后的出气实验数据。可见，烧氩优于真空退火，不仅生产效率高，放出的含氧气体少，而且材料的力学性能也有改善。烧氩的最大缺点在于 Ar 的价格较贵，烧氩炉必须装置 Ar 循环再生系统，让烧过的 Ar 除尽杂质后重复利用。

表 1-3 金属在 Ar 与清洁真空下退火 30min 后在真空中的出气

材料与退火温度	退火条件	总出气量		出气成分与数量 /Pa · cm^3 · g^{-1}				材料总含气量/大气压 · cm^3/100g	含气成分与数量 /大气压 · cm^3/100g			含碳量(质量) /%
		大气压·cm^3/100g	Pa · cm^3/g	H_2	$CO+N_2$	CO_2	H_2O		H_2	N_2	O_2	
Cu800℃	未退火	0.65	4.90	3.70	0.85	0.10	0.25	0.95	0.80		0.15	1.8×10^{-3}
	退　火	0.12	0.90	0.40	0.50			0.45	0.35		0.10	1.3×10^{-3}
	烧　氩	0.05	0.40	0.20	0.20			0.40	0.30		0.10	0.8×10^{-3}
Ni900℃	未退火	3.50	26.70	24.50	0.50	0.05	1.65	4.35	3.60	0.25	0.50	59×10^{-3}
	退　火	0.11	0.85	0.35	0.40		0.10	0.60	0.30		0.30	57×10^{-3}
	烧　氩	0.14	1.10	0.80	0.25		0.05	0.70	0.30		0.40	56×10^{-3}
Mo1000℃	未退火	0.61	4.60	3.70	0.40	0.05	0.45	2.10	1.0	0.25	0.85	
	退　火	0.08	0.60	0.30	0.30			2.30	0.70		1.60	
	烧　氩	0.07	0.50	0.30	0.20			1.40	0.60		0.80	

1.2.5 放电清洗

这种清洗方法在高真空、超高真空系统的清洗除气中应用得非常广泛，尤其是在真空镀膜设备中用得最多。

利用热丝或电极作为电子源，在其上相对于待清洗的表面加负偏压可以实现电子轰击的气体解吸及某些碳氢化合物的去除。清洗效果取决于电极材料、几何形状及其与表面的关系，即取决于单位表面积上的电子数和电子能量，从而取决于有效电功率。

在真空室中充入适当分压力的惰性气体（典型的如 Ar 气），可以利用两个适当的电极间的低压下的辉光放电产生的离子轰击来达到清洗的目的。在该方法中，惰性气体被离化并轰击真空室内壁、真空室内的其他结构件及被镀基片，它可以使某些真空系统免除被高温烘烤。如果在充入的气体中加入 10％的氧气，对某些碳氢化合物可以获得更好的清洗效果，因为氧气可以使某些碳氢化合物氧化生成易挥发性气体而容易被真空系统排除。

采用不锈钢材料制造的高真空和超高真空容器表面上杂质的主要成分是碳和碳氢化合物。一般情况下，其中的碳不能单独挥发，经化学清洗后，需要引入 Ar 或 $Ar+O_2$混合气体进行辉光放电清洗，使表面上的杂质和由于化学作用被束缚在表面上的气体得到清除。

在辉光放电清洗中，最重要的参数是外加电压的类型（交流或直流）、放电电压大小、电流密度、充入气体种类和压力、轰击的持续时间、电极的形状和排列以及待清洗零件的材料和位置等。放电电极可用纯铝（一般纯度在 99.9％以上）棒，放电电压在 500～5000V 之间，放电时的气体压力可在 1～10Pa 之间。采用辉光放电法清洗时，真空系统中的残余气体主要为氢和充入的惰性放电气体。

1.2.6 剥去覆盖涂层清洗

利用可剥去粘附层或喷漆层以清除表面尘埃粒子的方法，是一种非常特殊的清洗方法。利用这种方法清洁小片玻璃（如激光镜衬底）更为可取。从文献中可知，甚至非常小的、已嵌入粘附涂层的尘埃，也能用这种方法从表面中清除。在目前所应用的各种剥离涂层中，醋酸戊酯最适合于剥离尘埃，而不会留下任何残渣。

1.2.7 气体冲洗

1.2.7.1 氮气冲洗

氮气在材料表面吸附时，由于吸附热小，因而吸留表面的时间极短。即便吸附在器壁上，也很容易被抽走。利用氮气的这种性质冲洗真空系统，可以大大缩短系统的抽气时间。如真空镀膜机在放入大气之前，先用干燥氮气充入真空室冲刷一下再充入大气，则下一个抽气循环的抽气时间可缩短近一半。其原因为氮分子的吸附能远比水气分子小，在真空下充入氮气后，氮分子先被真空室壁吸附了。吸附位是一定的，先被氮分子所占满，使其吸附的水分子减少，因而可使抽气时间缩短。

如果系统被扩散泵油喷溅污染了，还可以利用氮气冲洗法来清洗被污染的系统。一般是一边对系统进行烘烤加热，一边用氮气冲洗系统，可将油污染消除。

1.2.7.2 反应气体冲洗

这种方法特别适用于大型不锈钢材料制造的超高真空系统内部去除碳氢化合物污染的清洗。通常对于某些大型超高真空系统（如粒子加速器等）的真空室和真空元件，为了获得原子态的清洁表面，消除其表面污染的标准方法是化学清洗、真空炉焙烧、辉光放电清洗及原位烘烤真空系统等方法。以上的清洗和除气方法常用于真空系统安装前及装配期间。在真空系统安装完毕或系统运行后，由于真空系统内的各种零部件已经被固定，这时再对它们进行除气处理就很困难，一旦系统受到（偶然）污染（主要是大原子数的分子如碳氢化合物的污染），通常要拆卸后重新处理再安装。而用反应气体清洗（RGC）工艺，可以进行原位在线除气处理，有效地除去不锈钢真空室内的碳氢化合物的污染。

其清洗机理：在系统中引进氧化性气体（O_2、NO）和还原性气体（H_2、NH_3）对金属表面进行化学反应清洗，消除污染，以便获得原子态的清洁金属表面。表面氧化/还原的速率取决于污染的情况及金属表面的材质，表面反应速率的大小通过调整反应气体的压力和温度来控制。对于每一种基材而言，精确的参数要通过实验来确定。对于不同结晶取向的材料表面，这些参数是不同的。

对反应清洗来说，可以用 O_2 或 NO 作为反应清洗气体。实践表明，对于不锈钢或镍基钢材料制作的真空系统，NO 对污染物的分离作

用要大于 O_2 分子。此外，对某些材料来说（例如铬），在较高温度下，反应气体用氧气容易导致被清洗材料表面形成很稳定的不易去除的表面氧化物。因此，对不锈钢真空系统，最好选用 NO 作为反应气体，因为它能够在相对低的温度（不大于 200℃）下产生化学反应，而这对于大型真空系统来说是容易做到的。

用 NO 反应气体清洗不锈钢真空系统，所产生的化学反应如下：

$$NO + CO \longrightarrow \frac{1}{2}N_2 + CO_2$$

$$2NO + C \longrightarrow N_2 + CO_2$$

$$NO + C \longrightarrow \frac{1}{2}N_2 + CO$$

$$NO + 2H \longrightarrow \frac{1}{2}N_2 + H_2O$$

清洗处理前后真空容器的清洁度可以通过测量热脱附（TD）和光子诱导脱附（PSD）的产额来评估。

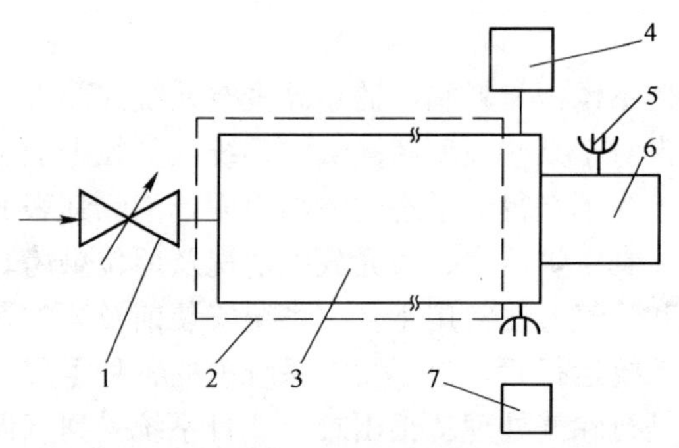

图 1-7 用 NO 清洗的真空装置示意图

1—气体微调阀；2—烘烤炉；3—真空容器；4—四极质谱仪；5—B-A 规；6—抽气系统；7—NO 气体检测器

用 NO 反应气体清洗的真空装置见图 1-7。气体清洗系统包括将 NO 气体引入真空室的充气系统；测量压力的 B-A 裸规，用来监控分压力和清洗过程的残余气体分析器；另外最好还要有 NO 气体检测器，其灵敏度应达到 1×10^{-6} 级，其作用是监控任何微量 NO 气体向真空系统周围环境的泄漏并报警。冲洗前真空室在 200℃下烘烤 24h，本底压力一般应达到 6.7×10^{-5} Pa 左右。NO 气体（纯度 99%）通过微调阀进入真空室内。真空室的温度保持在 200℃。NO 气体的压力被控制在 10^{-3} Pa 范围（一般大于本底压力的 10～100 倍）。为了维持真空度，在清洗处理期间用涡轮分子泵与钛升华泵和溅射离子泵联合抽气，用四极质谱仪分析真空室内的残余气体成分。

一般当四极质谱仪检测不到碳氢化合物的谱峰时或者 NO 的谱峰高

度是CO峰高的3倍或更大时，可以结束清洗过程。通常，这个过程至少需要几个小时。

实验表明，用NO气体从不锈钢真空容器表面除去碳氢化合物污染的效果与用辉光放电处理方法得到的效果相近（用热脱附和光诱导脱附判断），但气体清洗所用的装置要比辉光放电清洗的装置简单，而且不需要把被清洗的容器从系统上拆下。但是用NO作为反应气体的缺点是NO气体对人体有害，因此在清洗工艺进行之前，必须对清洗装置做安全检查，以确定无微量泄漏。

1.3 清洗的基本程序

1.3.1 污染物的确定

清洗前了解和确定被清洗零件表面污染物的性质是清洗工艺中的第一步。根据污染物和基体材料的性质，确定采用哪种清洗方法，或采用多种方法进行多级清洗，以达到最佳清洗效果。

以经过机械加工的零件为例，存在的典型油污物是：冷拔与冲压工序的润滑油，切削液、无机和有机油脂等。污染物主要有：抛光氧化物残渣的水、蜡、膏、热处理起皮、氧化物、指纹及沙尘灰粒等。因此，根据这些污物的性质来确定采用何种清洗液和溶剂，而且可以考虑通过采用多种机械和化学的手段进行多级清洗工序，借以达到清洗的最佳效果。

1.3.2 清洗方法的确定

材料的表面清洗可以采用如前所述的各种方法来完成，如用溶剂清洗、加热、剥离和放电清洗等。每一种方法都有其适用范围。其中溶剂清洗的适用范围较大，但是在许多情况下，特别是对某种真空工艺来说，当溶剂本身就是污染物时，它就不适用了。另外，多数有机溶剂都不适于用在超高真空系统中，在超高真空系统中，最后的冲洗液的合理选择以高纯水为佳。因为，水可以从系统的器壁上迅速地放气，并且很容易被真空泵抽走。加热清洗在待清洗材料的表面所能承受的温度极限内是有效的。辉光放电等离子体清洗方法则在污染物的黏合强度超过系统温度极限的情况下适用。从微观上，等离子体（放电）的能量可远超过系统加热得到的能量，但因其热通量低，所以并不破坏清洗表面。

然而，没有一种方法具有人们所希望的全部特点（简单、成本低、有效等），经常为了达到材料表面的最佳清洗效果，必须联合使用多种清洗方法。例如：有些材料常在喷射清洗之前进行蒸气脱脂，蒸气脱脂可清除油膜但对颗粒状物质无效，而喷射清洗对清除这些颗粒状物质却十分有效，但如果表面留有残余油膜，则效果不佳，只有在清除表面的油膜之后，喷射清洗才能获得最好的效果。

1.3.3 清洗溶剂的选择

根据被清洗材料及污染物的性质来选择合适、有效的清洗剂和溶剂是溶剂清洗工艺方法中的一个关键问题。

由于清洗溶剂常常是彼此不相容的，所以在使用另一种清洗液前，必须先从表面上完全清除刚用过的清洗液。在清洗过程中，清洗液的顺序必须是化学上相容的和可混溶的，而且在各阶段都没有沉淀。

目前常用的清洗剂和溶剂主要有金属清洗剂、水溶性清洗剂和有机溶剂。

金属清洗剂和水溶性清洗剂分为酸性、碱性和中性偏碱三类。其用途见 1.2.1.1 节。

有机溶剂清洗剂包括：

(1) 汽油、煤油：这类溶剂易燃易爆，使用过程中应注意安全，采用汽油、煤油进行有机油污的清洗，仅适用于油污污染较重的零件或低真空零件的初级清洗，一般对真空零件的镀膜前的清洗处理是不能采用的。

(2) 三氯乙烯、四氯乙烯、三氯甲烷：这类溶剂溶解性能好，也能用于蒸气清洗，尤其在清除重油污染方面能起到较好的作用。但是由于这类溶剂毒性大，对人体易造成危害，对环境污染严重，如果排气系统一旦发生故障，后果十分严重。因此这类溶剂也不宜采用。

(3) 三氟三氯乙烷（R113）及其共沸物：这类溶剂由于它具有无毒、不燃、溶解性强、化学性能稳定、密度大、沸点低、闪点高、蒸发速率快、蒸气密度大、便于循环回收使用、无需排放等一系列优点，因此在真空镀膜工艺中是零件镀前清洗工序的理想清洗剂。目前已普遍用于真空镀膜零件的最后一道清洗和蒸气清洗工艺中。但是由于这种氟氢类溶剂对大气臭氧层产生破坏作用，因此目前已进一步开发与这类溶剂性能相当的价格适宜的清洗替代物。

所采用的溶剂类型取决于污染物的本质。例如：表面上的动植物类油可用碱溶液化学去油；矿物油类可用有机溶剂去除。但实际上两类油脂经常同时存在，所以在清洗时往往需要先后采用数种不同的溶剂。

1.3.4 清洗程序及注意事项

不管采用何种清洗方法,清洗时必须按一定的顺序进行操作。但是同一种清洗方法的清洗程序也并不一定相同。要根据达到的清洁等级程度来确定具体的清洗程序。对批量清洗处理的零件,可建立清洗工艺流程图。

必须注意一些特殊步骤的处理。例如，在清洗中，当清洗剂由酸性溶液改为碱性溶液时，其间需要用纯水冲洗，当含水溶液换成有机溶液时，需要用一种溶混的助溶剂（如无水乙醇、丙酮等脱水剂）进行中间处理。清洗过程中的化学腐蚀剂以及腐蚀性清洁剂只允许在表面上停留很短的时间。清洗程序的最后一步必须小心完成。当用湿法清洗时，最后所用的冲洗液必须尽可能的纯，通常它应该是易挥发的。最后需注意的是，已经清洁的表面不要放置在无保护处，如果清洗后的零件再次受到污染，清洗就失去了意义。

1.4 非金属材料的清洗

1.4.1 玻璃陶瓷的清洗

玻璃及陶瓷件最常用的清洗方法是溶剂清洗法。

玻璃陶瓷部件的清洗，通常先从在清洗液中的浸泡预清洗开始，并辅以刷洗、擦拭或超声波搅动，然后用去离子水（软化纯净水）或无水乙醇（酒精）冲洗。重要的是，当清洗后的部件干燥时，不允许溶液沉淀物留在零件表面上，因为去除沉淀物常常是困难的。对于表面清洁度要求很高的玻璃陶瓷部件，最后的清洗工序往往是在真空环境中进行烘烤加热处理或等离子体辉光放电处理等。

1.4.2 塑料与橡胶的清洗

1.4.2.1 有机玻璃及塑料的清洗

有机玻璃和塑料的清洁需要特殊的技术处理，因为它们的热稳定性和机械稳定性都低。低分子量碎粒、表面油脂、手汗指纹等，都可能覆盖在有机玻璃表面上。

大多数污染物可以用含水的洗涤剂洗掉，或者用其他的溶剂清除。应注意的是，用洗涤剂或溶剂清洗的时间不能过长，以免它们被吸附到聚合物结构中，促使其膨胀，并可能在干燥时开裂。因此，在清洗中应尽可能伴以软性液体浸泡和冲洗。

另外，恰当的辉光放电轰击及辐射处理对塑料和有机玻璃的表面有好处，这种处理除了使表面产生微观粗糙外，还可以引起表面的化学活化作用和交联作用。特别是交联作用对表面有利，它即可增加聚合物的表面强度，又可减少有害的低分子量成分的量。

因此，选择适当的清洗液，较短的清洗时间，以及在粒子轰击或辐射中仔细地确定能量限度和恰当的剂量，对取得最佳清洗结果都是重要的。

1.4.2.2 橡胶材料的清洗

真空橡胶一般不受稀酸溶液、碱溶液和酒精的腐蚀，但会受到硝酸、盐酸、丙酮以及电子轰击的严重损害。所以真空橡胶件一般可用无水乙醇清洗，然后放在干净处自然干燥。如果油污较重或部件体积较大，则可在20%的氢氧化钠溶液中煮30～60min，取出后用自来水冲洗，然后再用去离子水（或蒸馏水）冲洗，最后用洁净的空气吹干或烘干。

1.5 清洁零件的存放

已净化完成的零部件必须妥善存放，否则有重新污染的危险。清洁的零件经过在大气中很短时间的放置，表面便会形成几纳米厚的氧化膜。例如，新清洗的Fe表面在室温空气中放置10min即可覆盖一层2nm厚的氧化膜；在200℃会形成由γ-Fe_2O_3和Fe_3O_4组成的数十纳米厚的氧化膜；在潮湿环境中会形成多孔性的锈层（γ-Fe_2O_3-H_2O或2FeO（OH））。

氧化膜增生的速度与环境条件有关。若环境温度低于40℃并且不存在腐蚀性成分（如SO_2、酸蒸气、氯化物等），则氧化膜的膜厚增长较慢，反之氧化膜的厚度随温度升高而迅速增加，当存在腐蚀性气体时，严重时甚至会出现各种氧化色。肉眼可看出颜色的氧化膜厚度一般在 50nm 以上。肉眼看不出的薄氧化膜危害更大，例如，影响焊料的流散和浸润，使焊缝内出现孔隙造成慢漏等。氧化膜在电子轰击下容易分解。如果在金属 $1cm^2$ 表面上的 5nm 厚氧化膜中的氧（见表 1-4）全部放出，可使 1L 容积的器件内的氧分压上升到 10^{-2} Pa。疏松的氧化膜中含有大量的微孔，能使表面吸附容量增大几十到几百倍，而且，吸附在深井般窄孔中的气体分子很难释放出来。

表 1-4 在 $1cm^2$ Cu、Ni、Fe 表面积上 5nm 厚氧化膜中的含氧量

氧化物	熔点/℃	摩尔体积/cm^3	氧化膜中的含氧量	
			原子数	气体量/Pa · L
Cu_2O	1230	23.3	1.3×10^{16}	5.3×10^{-2}
NiO	1960	10.9	2.8×10^{16}	11.5×10^{-2}
Fe_3O_4	1594	44.7	1.9×10^{16}	8×10^{-2}

空气中悬浮的尘埃和微粒，无论是有机的或无机的，通常均包有一层油脂物膜，极易吸附在清洁零件上造成污染。要完全避免清洁零件形成吸附层和氧化膜是不可能的。清洁零件存放的主要要求就是要避免外来杂质的污染和减慢氧化膜的生长速度。这要求严格的卫生环境条件，应尽可能地减少零件暴露大气的时间和采用合适的贮存容器。

贮存容器必须与所要贮存的零件一样清洁，这对要求超清洁的零件尤为重要。通常使用的依靠涂油磨砂面密封的玻璃真空干燥瓶易受油蒸气的污染，而且很难清洗。用聚苯乙烯、聚乙烯材料制作的容器也不宜使用，因为它们在室温下就会放出许多由复杂有机物组成的气态物质，放气速率约为 10^{-3} cm^3 · Pa/（cm^2 · s）。不难算出，在容积为 3L、表面积为 $1200cm^2$ 的这种容器内，其有机蒸气的分压在 1h 内便可达到 1Pa 左右。这样，零件表面将覆盖上 1 到几个有机物分子层。虽然膜层附着不很牢，在真空中加热 100℃即会迅速挥发，但仍可能有难排除的化学物质残留下来。

抽真空的清洁玻璃管适于存放易氧化和多孔性的材料，如消气剂、陶瓷件等。但须注意防止玻璃熔封时放出的气体及其他杂质的污染，可以在玻璃管内放上一只清洁的细丝金属塞作为滤污器。

清洁零件如果用普通纸张包装，易受纸本身及它夹带的各种尘屑的污染。较好的存放容器是带有耐热密封垫、易清洗并可加热到 200～

300℃的搪瓷、玻璃或铝制器皿。玻璃容器经下述处理后可达到十分清洁的程度：

（1）在超声波搅动的去污剂溶液中去除物理污物；

（2）在 H_2O_2溶液（30%H_2O_2 : H_2O=3 : 97）中煮沸 20min 去除有机污物；

（3）在去离子水中去除水溶性污物；

（4）在 150℃温度下烘干 15min 并在降温之前将容器密封。

玻璃用异丙醇超声波清洗的效果也很好，接近于较理想的（但不适于大量生产）惰性气体辉光放电清洁法的清洗效果。容器内充入干燥氮气或放置活性炭、硅胶、活性氧化铝之类的吸附剂，可减缓零件氧化速度，延长存放时间。吸附剂在使用前需经高温活化（在空气中加热到500～600℃，加热数小时），在使用过程中应定期加热再生（在空气中加热到 300～400℃，加热数小时），而且应该不等吸附剂冷却就装入到密封容器中，这样可以在容器密封以后，吸附剂才开始吸除水汽并造成负压。据报道，用带干燥剂的不涂脂磨口玻璃瓶存放阴极的有效期是十天，用充有正压干燥氮气的特种塑料袋（如对苯二甲酸与二乙醇聚酯）保存清洗处理后的零件，也可以存放更长时间。用机械真空泵抽气的真空贮存柜，常受到泵油蒸气的严重污染。在泵入口管路上设置带旁通管道的吸附阱，并定期更换吸附剂，可使污染大大降低。

图 1-8　金属表层微观结构示意图

已经净化完成的零件严禁用手触摸，否则会造成严重污染使出气量大大增加。因为从微观上来说，任何的金属表面层都是凹凸不平的（见图 1-8），而且表面的氧化作用使它变得疏松。烧氢或真空高温除气处理，不但赶走了其中的气体，也改变了表面层的结构。例如，烧氢后的材料表面形成被氢充满空隙的缺氧还原层。当用手触摸时，手上的油腻汗液等便以毛细凝缩方式吸附在孔穴中，使脱附能显著增大。在高温真空中，这些污物又逸出孔穴并在表面分解，从而产生大量的气体和有机杂质。材料经手触摸前、后的由高温放气引起的压力变化见图1-9。

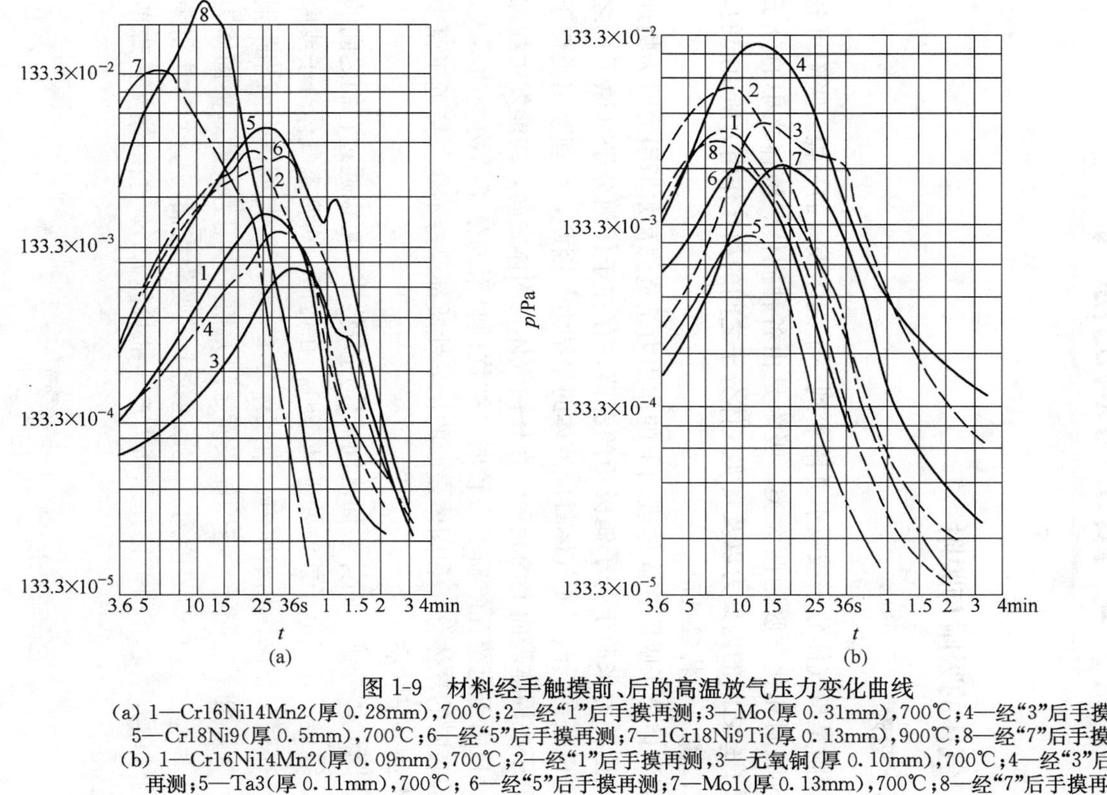

图 1-9 材料经手触摸前、后的高温放气压力变化曲线

(a) 1—Cr16Ni14Mn2(厚 0.28mm)，700℃；2—经“1”后手摸再测；3—Mo(厚 0.31mm)，700℃；4—经“3”后手摸再测；5—Cr18Ni9(厚 0.5mm)，700℃；6—经“5”后手摸再测；7—1Cr18Ni9Ti(厚 0.13mm)，900℃；8—经“7”后手摸再测

(b) 1—Cr16Ni14Mn2(厚 0.09mm)，700℃；2—经“1”后手摸再测，3—无氧铜(厚 0.10mm)，700℃；4—经“3”后手摸再测；5—Ta3(厚 0.11mm)，700℃；6—经“5”后手摸再测；7—Mo1(厚 0.13mm)，700℃；8—经“7”后手摸再测

2 真空材料的除气

2.1 气体的吸附与脱附

2.1.1 吸附

吸附是指气体分子被吸引并附着到一个固体表面的过程。吸附可分为物理吸附和化学吸附两大类。吸附是由各种固体、液体之中的分子（或原子）之间的内聚力以及真实气体分子之间的相互作用力所引起的。

2.1.1.1 物理吸附

当气体分子吸附在固体表面上的作用力是范德瓦尔斯引力时为物理吸附。这种力来源于分子偶极矩的涨落，存在于任何分子（原子）之间。它也是在低温下使气体凝成液体的聚结力。因此，物理吸附类似于气体分子在固体表面上的凝聚。在任何气体与固体之间，均能发生物理吸附，且由于范德瓦尔斯引力较弱，被物理吸附的分子结构变动不大，所以被吸附的气体分子和固体表面的化学性质都保持不变，接近于原来气体中的分子状态。

吸附气体分子与固体表面之间的作用力特征，可以通过它们之间的势能曲线显示，当电子能量处于基态时，在任何一对常态气体分子或原子之间都存在着范德瓦尔斯力。当气体分子（原子）与固体表面相距很远时，气体分子（原子）与固体表面之间无相互作用力，取远离固体表面的分子（$r=\infty$）的势能为 0，则理论上，吸附表面与一个与其相距为 r 的气体分子之间由范德瓦尔斯力产生的势能 $E(r)$ 可由伦纳德-琼斯（Lennard-Jones）公式表示

$$E_{(r)} = \pi E_{\mathrm{p}} N r_{\mathrm{p}}^{3} \left[\frac{1}{45} \left(\frac{r_{\mathrm{p}}}{r} \right)^{9} - \frac{1}{3} \left(\frac{r_{\mathrm{p}}}{r} \right)^{3} \right] \tag{2-1}$$

式中 N——固体的原子密度，个/cm^3；

r_{p}——气体分子与固体表面原子之间的吸附平衡位置；

E_p——吸附平衡位置时的气体分子与固体原子之间的束缚能量（势能）。

式（2-1）所表示的吸附位能曲线如图 2-1 所示，图中 A_2 系指双原子气体分子。当 $r=r_0$ 时，势能 $E_{(r_0)}$ 为零。当 $r>r_0$ 时，势能 $E_{(r)}$ 基本上随 $-\frac{1}{r^3}$ 变化，数值为负，并在 $r=r_p$ 处有最低值 $E_{(r_p)}=-E_p$。E_p 是分子与表面间的最大束缚能量。当 $r<r_0$ 时，位能变为正值，且随 r 的减小而单调上升。这里分子与表面间的相互作用力 $F_{(r)}$ 与势能 $E_{(r)}$ 之间的关系是保守力场中的关系。势能最低处为气体分子的平衡位置。

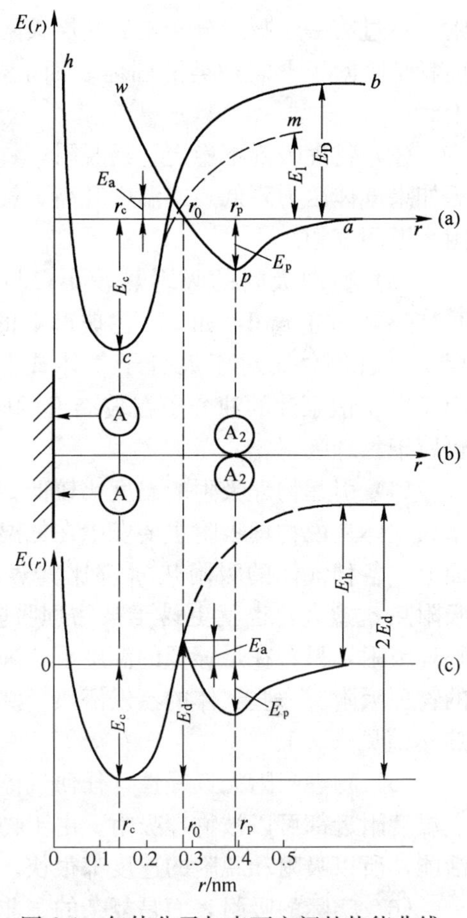

图 2-1 气体分子与表面之间的势能曲线

由图 2-1 中的（a）、（b）可知，在 $r>r_p$ 部分，位能曲线沿 ap 段下降，$F_{(r)}<0$，是吸引力；在 $r<r_p$ 部分，位能曲线沿 pw 段上升，$F_{(r)}$ 为排斥力。因此，当气体分子由远处接近表面时，很容易被吸引到 r_p 处落入 E_p 的势阱之中，这便是物理吸附的位置。

当气体分子被吸引落入势阱时，多余的能量以热量的形式释出，称作物理吸附的吸附热 q_p，且 $q_p=E_p$。所以表面吸附是一种放热过程。吸附热愈大，气体分子落入的势阱愈深，吸附也愈牢固，表现为吸附时间 τ 较长。对于各种分子-固体表面的组合，物理吸附时分子离表面较远，约为 0.2～0.4nm。

物理吸附及其吸附热，有下列特点：

（1）由于范德瓦尔斯力普遍存在于任何分子之间，且具有可加性，因此物理吸附可以是单分子层也可以是多分子层，当在固体表面上吸附了一层气体分子之后，还可再吸附第二层、第三层……，形成多层吸附。不过第一层吸附分子与后几层吸附分子的吸附热数值不相同。因为前者是吸附于不同种类的固体表面上，而后者却是吸附于同种分子之上。

（2）物理吸附不稳定，易脱附，具有吸附过程的可逆性，即在吸附后如果气体压力降低，或温度升高，气体分子可以离开固体表面（即脱附）返回气相。

（3）物理吸附的吸附热较小，与气体的液化热接近，一般 $q_p<4.1868\times10^4$ J/mol，如 He 在玻璃上的吸附热只有 1.675×10^2 J/mol。但是也有例外，对于大分子气体或蒸汽，q_p 可超过这个数值。例如 DC705 扩散泵油的油分子在玻璃上的吸附热高达 1.18×10^5 J/mol，但仍属于物理吸附。

（4）引起物理吸附的温度比较低，一般接近于气体的沸点温度，对永久气体来说物理吸附主要发生在低温下。在表面覆盖度很小的清洁表面上，各种气体的吸附热 q_p 都比其蒸发潜热 q_v 大。沸点愈高的气体，吸附热 q_p 愈大，也就更易于被物理吸附。相反，沸点低的气体难以被物理吸附，只有在足够低的温度下，Ne、H_2、He 等气体才可能有明显的物理吸附。一些气体的蒸发潜热、沸点及其在某些表面上的物理吸附热 q_p 值见表 2-1。

（5）物理吸附无选择性，任何气体在任何固体表面上，在气体的沸点温度附近都可以被物理吸附。由于物理吸附类似于凝聚现象，无需激活能，所以吸附和脱附的速度都很快。

（6）实际的吸附表面是复杂的、非均匀的多相表面，吸附情况十分复杂。即使是完整的理想晶体表面，因各个晶面的结构不同，各晶面与吸附气体分子之间的作用力不同，相应的吸附热 q_p 也不同。通常给出的 q_p 值只是其平均值。对于有缺陷或断纹的不完整表面，由于局部缺陷部分有较大的表面能，吸附分子受到一些额外作用力（如极化力）的作用，其局部的 q_p 值可以很大，情况也很复杂。只有在温度较高或覆盖度较低的情况下才可以得到一个有效的 q_p 值，该值一般比同样气体分子在均匀完整表面上的 q_p 值约大 2 倍。

表 2-1 一些气体的蒸发潜热、沸点及其在某些固体表面上的物理吸附热 q_p 值

气 体	He	H_2	Ne	N_2	Ar	O_2	CH_4	Kr	Xe	H_2O	CCl_4	乙醚
沸点/K	4.2	20.4	27.3	77.4	87.4	90.2	111.7	120.3	165.1			
蒸发潜热 /kJ · mol^{-1}	0.0837	0.9	1.8045	5.581	6.523	6.824	8.353	9.035	12.648			
固体表面	吸附热 q_p/kJ · mol^{-1}											
W					约 7.955			18.84	33.494～37.68			
Mn									约 33.494			
Ta									22.19			
Al					11.723			14.486				
硼硅玻璃										29.3～41.868		
多孔玻璃	2.847	8.248	6.448	17.836	15.826	17.124						
活性炭	2.638	7.829	5.359	15.491	15.407		19.427					
炭黑	2.512		5.694		18.17							
5A 分子筛				17.459	6.322	8.54	16.747	13.188				11.304
聚四氟乙烯				6.28	7.118							
聚丙烯		1.884～3.349		7.222	6.699						14.235	
不锈钢 (77～90K)				7.955	5.4		6.238	6.49				

（7）在实际表面上吸附分子有向台阶、裂缝等缺陷迁移的倾向。因为在这些地方它可以与较多的表面原子接触，能以较高的吸附能量吸附。吸附将首先发生在吸附热 q_p 较大的部位，然后再发生在 q_p 较小的部位。吸附热 q_p 随着表面覆盖度的增加而逐渐变小，难以用单一数值的吸附热来表征其吸附特性。

另一方面，当表面覆盖度很小时，吸附分子之间的相互作用可忽略不计。在高温及低覆盖度下，物理吸附热一般都较高。随着覆盖度的增加，分子之间的作用力增大，有可能使吸附能量增加，但因表面不均匀的因素往往是主要的，吸附热 q_p 通常仍将随覆盖度增加而减少，但当覆盖度进一步增高时，平均束缚能将下降，直至吸附了多层之后，吸附热 q_p 便过渡为蒸发热或升华热。这种过渡现象对所有气体分子都存在。这时吸附现象就完全取决于温度，不再与表面的性质有关。最后相当于气体分子凝聚在液相或固相吸附层上。这种过渡在真空技术中常遇到，例如在超高真空下，表面经常是处于低覆盖度下，这时吸附热较高。但是当表面吸附了大量气体或蒸汽后，如同在低温泵的低温表面上那样，吸附热就转化为蒸发热或升华热，气体附着时所放出的热量下降。如氩在铝上的吸附，开始温度较高时，吸附热为 11.723kJ/mol，充分吸附后，最后过渡到 6.523kJ/mol，即为蒸发热。

2.1.1.2 化学吸附

化学吸附由表面剩余价键力引起的，可视为松弛的化学反应。因此只有在一定条件下，具有一定化学活性的分子（原子）才能与表面发生化学吸附。

A 化学吸附力

化学吸附力分为：离子键力和共价键力，统称为价键力。

a 离子键力

当金属原子与气体原子相互接近时，前者倾向于失去最外层的电子而变成正离子，后者获得电子使电子层充满而变成负离子。库仑力作用而使正负离子之间互相吸引的力称为离子键力。离子键力是没有饱和性和方向性的，即一个离子可以同时和几个电荷相反的离子相结合。根据库仑定律，两个相距为 r 的异性点电荷 q_1 和 q_2 之间的位能为

$$E_{xi} = -\frac{q_1 \cdot q_2}{r} \tag{2-2}$$

当两个离子相距很近时，它们的电子云之间将产生排斥作用。这种排斥作用在 r 较大时可以忽略不计，在 r 很小时则迅速增加。由此可以判定，当 r 等于某一距离 r_c 时，吸引力与排斥力恰好相等，此时正负离子之间可以形成稳定的离子键，位能具有最小值。

b 共价键力

非金属元素的原子一般都倾向于夺取电子，因而非金属原子之间不能形成离子键，但可以共用电子形成共价键。假若原子 A 和原子 B 各有一个成单电子（未成对的电子），且自旋相反，则可以互相配对构成共价单键；如果 A 或 B 各有两个或三个成单电子，则可以两两配对构成共价双键或三键。图 2-2 表示的 H—H，H—Cl，Cl—Cl 等分子都是以单键相结合的。图 2-3 所示的乙烯和乙炔的分子则是以双键或三键相结合的。

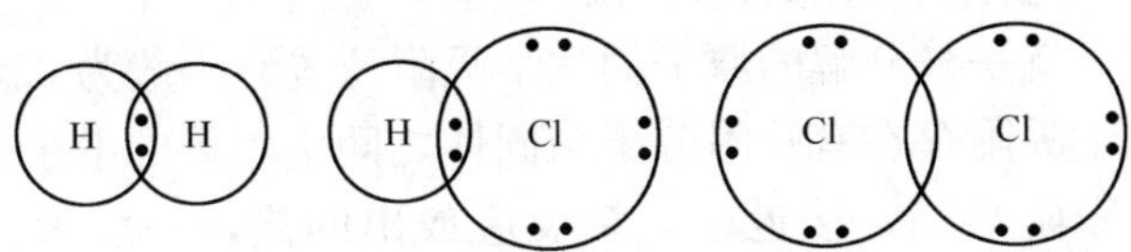

图 2-2 单键结合的分子

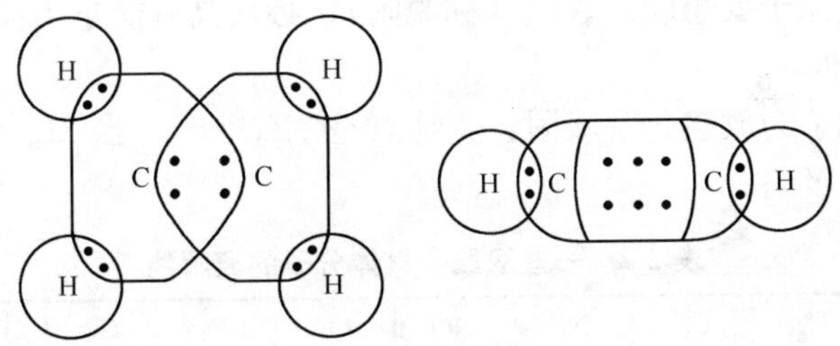

图 2-3 双键或三键结合的分子

一个电子一旦和另一个电子配对，就不能再与第三个电子配对了。例如，两个 H 原子各有一个成单电子，它们能配对构成 H_2 分子，若第三个 H 原子趋近 H_2，就不能再结合成为 H_3 分子。这种性质叫做共价键的饱和性。

此外，共价键是有方向性的，即一个原子与另一个原子只有在某一方向上接近时才能够结合成稳固的分子。而在其他方向接近时则不能结合成稳固的分子。

一般来说，化学吸附的作用力都属于上述价键力，但以共价键吸附为主，纯离子键吸附较少，通常是在吸附键中含有一定的离子键成分。

B 吸附位能曲线

气体分子与固体表面之间的相互吸引力，在吸附表面上形成的位能 E 随距离 r 而改变，其吸附位能曲线（见图 2-1）反映了吸附过程的能量变化和状态。

设某种活性双原子气体分子 A_2 在远离表面时已获得相当于其离解能 E_h 的能量，A_2 分解为 2A 然后接近表面（参见图 2-1（b））。这时它与表面的位能关系如图 2-1（a）中 hcb 曲线所示，吸附时放出的吸附热为 E_D+q_c（E_D 是离解能，q_c 为化学吸附热），表 2-2 给出一些双原子气体分子离解为原子态时所需的能量。由 hcb 曲线表示的吸附力作用距离比物理吸附的范德瓦尔斯力的作用距离短，位阱 E_c 更深也更靠近表面。位阱的位置 r_c 就是被分解的原子的化学吸附位置，一般为 0.1～0.3nm。

由于化学吸附存在有吸附分子与固体之间不均等的电子交换，其吸附热比物理吸附热高，接近于化学反应放出的热，一般为几至 400 多 kJ/mol。因此化学吸附需要分子预先有足够的能量 E_a 才能发生，称 E_a 为激活能，如图 2-1（c）所示，图中 E_c 等于化学吸附热 q_c。被化学吸附的分子或原子要想脱离表面（称脱附），必须具有能量 E_d，$E_d=E_a+q_c$ 称为脱附能。

上述例子为放热化学吸附，其特点是 $2E_d>E_h$。当 $2E_d<E_h$ 时，则为吸热化学吸附。

表 2-2 一些双原子气体分子的离解能

气 体	H_2	CO	N_2	NO	O_2	F_2	Cl_2	Br_2	I_2
离解能 /kJ · mol^{-1}	432.08	1072.66	711.76	510.79	490.27	<265.44	238.94	190.29	148.84

通常，化学吸附过程并非一定是气相分子先离解为原子态然后再吸附，常态气体分子 A_2 在接近表面时也可以被化学吸附。此时，气体分子 A_2 首先沿 wpa 曲线作物理吸附被吸引到 r_p 位置，放出物理吸附热 q_p。若为被物理吸附的分子提供适当的能量，则物理吸附的分子在 p 点一边振动，一面沿表面移动，一部分分子返回气相，其余越过 wpa 和

hcb 曲线相交处的位垒 E_a（E_a近似等于吸附分子的两个原子之间的振动能与沿表面移动能之和），进入 r_c处的位垒阱，同时离解成两个原子，放出两个原子的吸附热 q_c，形成分解状的化学吸附，此时 E_a的数值在 0 ～E_d之间。这说明化学吸附是和物理吸附同时进行的，且后者往往是前者的预备阶段。

在非离解化学吸附的情况下，分子 A_2不完全离解，而是变成 $\dot{A}-\dot{A}$ 状态。此时，吸附过程对应于图 2-1（a）中的 *mch* 曲线，而且 $E_1<E_D$。

C 化学吸附的不同形式

a 活化吸附与非活化吸附

以吸附激活能来分，化学吸附可分为活化吸附与非活化吸附两种。

通常将需要较大活化激活能 E_a值的化学吸附称为活化吸附，把 E_a值很小或趋于零的化学吸附称为非活化吸附；由于活化吸附的 $E_a>0$，所以吸附过程进行得较慢。而非活化吸附无需激活能，所以吸附过程进行的较快。一般情况下，双原子气体分子在过渡族金属上的吸附过程比较快，属于非活化吸附，例如真空技术中常用的吸气剂材料 Ti、Zr、Ta 等对气体的吸附。

b 放热吸附与吸热吸附

以吸附的热效应来分，化学吸附又可分为放热吸附和吸热吸附。一般的化学吸附多为放热过程，吸热吸附只有个别现象，如氢在ⅠB族金属以及镉上的吸附、氧在银上的吸附。氢在玻璃上的吸附也是吸热型的，其化学吸附热 $q_c=62.80$kJ/mol，吸附激活能 $E_a=167.47$kJ/mol，脱附激活能 $E_d=104.67$kJ/mol。

吸热吸附的特点是，在常温时气体分子碰撞于表面上时几乎完全不吸附，如果先把分子离解并给予一定的能量，则发生吸附。对吸热吸附来说，即使表面温度不高，吸附原子也容易脱附。

c 均匀吸附与非均匀吸附

如果吸附剂表面上的原子在能量上都一样，则在吸附时，所有的吸附质分子和表面原子间形成的吸附键，都有相同的键能，这就是均匀吸附。由于吸附剂表面的不均匀性致使表面的各处能量不同，在吸附时，形成具有不同吸附键能的吸附键，则为非均匀吸附。例如，氢在铁的不同吸附中心上吸附时，将产生两种吸附键，一种吸附键只包含铁原子的d轨道，另一种吸附键则包含铁原子的dsp杂化轨道。

实验研究还发现化学吸附的吸附态与不同的单晶面有关。由于实际吸附剂表面都是多晶面，而且还存在着位错、缺陷等因素，因此，固体表面状态一般都是不均匀的，吸附也多为非均匀吸附。

D 化学吸附的特点

化学吸附有如下特点：(1) 吸附具有选择性，一般一种固体表面只能吸附某几种气体，而对某些气体则不吸附，例如，惰性气体不存在化学吸附。而且化学吸附仅限于单分子层吸附。(2) 化学吸附比较稳定，不易脱附。在常温下，很难或根本不可能发生逆效应。(3) 由于化学吸附类似于化学反应，所以吸附的温度较高，一般情况下吸附时需要一定的激活能，因而吸附、脱附的速度要比物理吸附慢。

2.1.1.3 吸附量

表面上吸附气体的量，决定于单位时间碰撞表面的分子数 φ 及其在表面上停留的时间。若单位时间内分子碰撞到单位表面上的吸附时间（又称平均停留时间）为 τ，则单位表面上的吸附量 σ（即表面上吸附分子的密度）为

$$\sigma = \varphi\tau \quad 分子数/\mathrm{cm}^2 \tag{2-3}$$

式中，φ 正比于空间气相分子密度 n（或压力 p）；τ 依气体分子与固体表面相互作用性质和条件的不同而有很大差别。

由于在一定压力下，有一定数量的气体分子连续不断地碰在界面上，而分子在重新逸回空间之前总要在固体表面停留一段时间，因此，气体在界面上的浓度必将高于它在气相中的浓度，即使在真空度很高的情况下也是如此。

2.1.1.4 吸附速率 u 及吸附速率方程

单位固体表面在单位时间内吸附的气体数量（分子数或气体体积数）称为吸附速率。置于气体中的任何新鲜表面对气体都有吸附作用，直至达到饱和为止。不同的材料，其表面对各种气体的吸附速率是不同的，因此，对于吸附速率的研究都是就特定材料及特定气体进行的。

气体能被固体表面吸附的首要条件是气体分子必须碰撞到表面上。因此，吸附速率 u 正比于碰撞频度 ν，可表示为

$$u=\frac{\mathrm{d}\sigma}{\mathrm{d}t}=\nu\cdot a=\frac{n}{4}\bar{v}a=\frac{aP}{\sqrt{2\pi mkT}}\quad \text{分子数}/(\mathrm{cm}^2\cdot\mathrm{s})\tag{2-4}$$

式中，ν 为气体分子对固体表面的碰撞频度（单位时间碰撞到单位表面上的分子数）；$\bar{v}$ 为气体分子的平均速率；n 为空间气相分子的密度；a 为比例系数，称做吸附几率。其意义是吸附表面吸附的分子数与碰撞到吸附表面上的分子数之比，表示入射到固体表面的气体分子一次碰撞时能够被吸附的几率，其值小于或等于 1。

若为物理吸附，则 a 称为凝聚几率，以 a_p 表示；若为化学吸附，a 称为粘附几率，以 a_c 表示。a 的大小取决于如下因素：

（1）吸附激活能（活化能）。对于物理吸附或非活性吸附，不需要吸附激活能，其吸附几率。与吸附激活能无关；若为活性化学吸附，E_a 越小吸附几率 a 越大，即越容易被吸附。

（2）表面覆盖度 θ。伴随着吸附的进行，固体表面吸附气体的能力将逐渐降低。被气体分子占据的吸附中心数和总吸附中心数之比称为“覆盖度”。若固体单位表面所具有的吸附中心数为 N_A，其中有 N 个吸附中心被气体分子占据，则表面覆盖度 θ 为

$$\theta=N/N_A\tag{2-5}$$

对于物理吸附，由于固体表面各部位的吸附作用力（或吸附热）的不同，以及吸附在表面第一层和吸附在气体吸附层（以后各层）上的差别，其吸附几率随 θ 而变化。在化学吸附中，固体单位表面上的吸附中心数是一定的，一个吸附中心被气体分子占据，该吸附中心就不再具有吸附其他分子的能力。因此，对于化学吸附，只有入射在表面“吸附空位”上的分子才能够被吸附。一般认为碰撞在被吸附分子上的分子都返回气相。

在吸附过程中，当表面覆盖度 θ 逐渐增大时，吸附空位将不断减少。于是吸附几率 a 将随 θ 增加而减少。对于某些情况，虽然碰撞能形成弱吸附的第二层，弱吸附分子再通过迁移找到空位而形成吸附，不过毕竟最终还是要有空位，否则仅能在第二层做短暂停留后即脱附返回气相。因此，这种情况不能改变 a 随 θ 增加而减小的规律。

在单层吸附时，覆盖度即是被吸附气体覆盖的面积和整个固体表面积之比。物理吸附中不存在吸附中心的概念，但单位表面可能吸附气体的总数也是一定的。若把这总数也用 N_A 表示，则同样可引入覆盖度的

概念。

(3) 吸附成功率。具有一定能量的气体分子并非一定能被吸附，还存在一个吸附成功率的问题。对于物理吸附和非活性化学吸附，在气体分子与表面碰撞过程中，存在着是否能与表面发生能量交换的问题，即气体分子能否将吸附热释放出来的问题，若不能，则气体分子将弹性折回空间，不被吸附；对于化学吸附，即使气体分子具有吸附激活能 E_a 的能量，且直接落在吸附空位上，也不一定能被吸附。这是因为分子通过物理吸附达到位能曲线 E_a 位垒顶峰时，它有可能向左落入化学吸附位阱中被牢固吸附，也有可能向右返回物理吸附的位阱而易于脱附，吸附成功率的大小主要取决于碰撞情况。

考虑上述 3 种因素的影响，可将吸附几率 a 表达为

$$a = cf(\theta)\exp\left(-\frac{E_a}{RT}\right) \tag{2-6}$$

式中，c 为吸附成功率的系数；$f(\theta)$ 为覆盖度影响的函数；$\exp\left(-\frac{E_a}{RT}\right)$ 为吸附激活能的影响，表示入射气体分子中能量达到或超过 E_a 的分子所占的比率。根据式（2-4）有

$$u = \frac{1}{4}n\bar{v}cf(\theta)\exp\left(-\frac{E_a}{RT}\right) = \frac{p}{\sqrt{2\pi mkT}}cf(\theta)\exp\left(-\frac{E_a}{RT}\right) \tag{2-7}$$

式（2-7）为通用吸附速率方程。

若是物理吸附，则 $E_a=0 \quad a_p = cf(\theta)$

$$u_{ap} = a_p \cdot \nu = \frac{p}{\sqrt{2\pi mkT}}cf\ (\theta) \tag{2-8}$$

若是化学吸附，则 $E_a\neq 0 \quad a_c= cf(\theta)\exp(-E_a/RT)$

$$u_{ac} = a_c \cdot \nu = \frac{p}{\sqrt{2\pi mkT}}cf\ (\theta)\exp\left(\frac{-E_a}{RT}\right) \tag{2-9}$$

式中，u_{ap}、u_{ac}分别为物理吸附速率和化学吸附速率。

由上述各式可知，只有在 $E_a=0$，所有入射分子都完全被凝聚，且与表面覆盖度 θ 无关，即 $c=1$、$f\ (\theta)\ =1$ 时，吸附几率 a 才等于 1，

这时的吸附速率达最大，其值等于 $\frac{1}{4}n\bar{v}$，否则 a 都小于1。

实际上，影响吸附几率的因素都比较复杂，且相互之间又交错影响。即使是均匀表面，c 和 E_a 本身也可能因吸附分子之间的相互作用而随覆盖度 θ 变化，即 $c=c(\theta)$，$E_a=E_a(\theta)$。至于非均匀表面，则在各个局部都将有不同的 $c(\theta)$ 和 $f(\theta)$、$E_a(\theta)$ 值，情况更为复杂，难以确切计算，多数都是由实验测得 a_p、a_c 值。这些实测数据一般都是宏观平均值或一些经验规律。

2.1.1.5 影响凝聚几率 a_p 的因素

凝聚几率 a_p 是碰撞到固体表面上的气体分子被物理吸附的几率，凝聚几率的大小主要取决于与表面碰撞的气体分子在表面上散失能量的难易程度，而被吸附分子散失的动能又是由表面晶格的振动来吸收。因此，凝聚几率除了与表面性质、气体种类有关外，还与固体表面温度、气体温度、覆盖度和碰撞频度等有关。凝聚几率 a_p 目前主要由实验来测定。表 2-3～表 2-5 列出了一些气体在不同固体表面上的凝聚几率。

表 2-3 气体在玻璃表面上的凝聚几率 a_p

气 体	0℃	50℃	100℃
He	0.24	0.17	0.13
Ne	0.484	0.408	0.340
H_2	0.638	0.567	0.495
N_2	0.812	0.761	0.704
O_2	0.857	0.816	0.766
Ar	0.890	0.855	0.815

表 2-4 气体在 5A 分子筛上（77K）的凝聚几率 a_p

气 体	空 气	N_2	O_2	Ar	CO_2
凝聚几率 a_p	3.5×10^{-3}	3.9×10^{-3}	4.8×10^{-3}	2.1×10^{-3}	约0.4

由表 2-3～表 2-5 各表数据可得出下列规律：

（1）表面温度越低，凝聚几率越大。这是由于表面温度越低，碰撞到低温吸附表面的分子能量越容易传递给表面之故。

（2）沸点越高的气体，凝聚几率越大。

表 2-5 气体在其本身冷冻霜层上的凝聚几率 a_p

气体	气体温度/K	冷冻霜层表面温度/K							
		10	12.5	15	17.5	20	22.5	25	27
H_2	100～700	0.7～0.99（表面温度 3.2～3.9K）							
N_2	77	1.0	0.99	0.96	0.90	0.84	0.80	0.79	
	300	0.65	0.63	0.62	0.61	0.60	0.60	0.60	
	400	0.49	0.49	0.49	0.49	0.49	0.49	0.49	
Ar	77	1.0	1.0	0.90	0.81	0.80	0.79	0.79	
	300	0.68	0.68	0.67	0.66	0.66	0.66	0.66	
	400	0.50	0.50	0.50	0.50	0.50	0.50	0.50	
O_2	77					1.0			
	300					0.86			
CO	77	1.0	1.0	1.0	1.0	1.0	1.0	1.0	
	300	0.90	0.85	0.85	0.85	0.85	0.85	0.85	
	400	0.73	0.73	0.73	0.73	0.73	0.73	0.73	
CO_2	195	1.0	0.98	0.96	0.92	0.90	0.87	0.85	0.85
	300	0.75	0.70	0.67	0.65	0.63	0.63	0.63	0.63
	400			0.50	0.49	0.49		0.49	0.49
N_2O	195	1.0		0.94		0.86		0.85	
	300	0.63	0.62	0.62	0.61	0.61	0.61	0.61	0.61
	400	0.50	0.50	0.50	0.50	0.50	0.50	0.50	0.50
Kr	147～221	0.95～1（表面温度 4.3～8K）							
Xe	124～230	0.95～1（表面温度 4.2～8K）							

(3) 气体温度越低，凝聚几率越大，可达 1.0。这是由于低温表面上可形成多分子层物理吸附，冷冻层的疏松表面上也可吸附同种气体的缘故，因此可以利用低温冷冻气体的方法来获得真空。

上述性质也可由衡量气体分子与表面能量交换程度的参量——适应系数来表示。当气体分子的分子量愈大，沸点愈高时，适应系数越大，凝聚几率也愈大。

2.1.1.6 俘获系数

吸附几率只表示入射分子一次碰撞时被俘获的几率，表面的实际俘获效率还应考虑到已经被俘获分子的不断再蒸发，这可由俘获系数来描述。将表面俘获分子的速率与分子撞击表面的速率之比定义为俘获系数 c，它与气体种类、压力、气体温度、低温表面的温度和几何形状等都有关。图 2-4 给出了 Heald 等人所做的 CO_2、N_2 在固体表面上俘获系数的实测结果。从图 2-4 可知，俘获系数在初始阶段有近似为 1 的一段恒值；但随着温度的升高，俘获系数迅速减小，直至接近于零。由此可见，俘获系数对低温表面的温度十分敏感。相反，如图 2-4（b）所示，只要固体表面保持足够低的温度，则气体温度再高对俘获系数的影响也是很轻微的。影响俘获系数的另一个因素是分子对表面的撞击频率，即固体表面附近气体的压力。随着气体分子对固体表面撞击频率的增大，俘获系数将增高。表 2-6 给出了压力为 $10^{-3}\sim10^{-4}$ Pa 时一些气体的俘获系数。

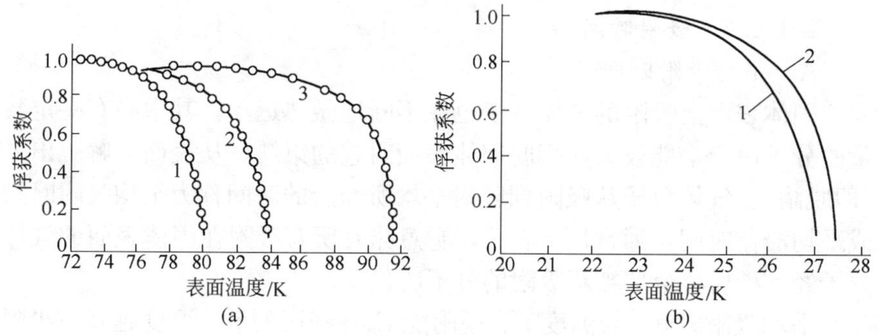

图 2-4 俘获系数与温度的关系

(a) 各种撞击频率下 CO_2 的俘获系数：1—$2\times10^{14}\,cm^{-2}\cdot s^{-1}$；2—$4\times10^{15}\,cm^{-2}\cdot s^{-1}$
3—$4\times10^{6}\,cm^{-2}\cdot s^{-1}$；(b) 不同温度下 N_2 的俘获系数：1—300K；2—1400K

表 2-6 压力为 10^{-3}～10^{-4}Pa 时气体的俘获系数

气 体	固体表面温度/K	气体温度/K			
		77	300	1500	2500
N_2	15	1.0	1.0	1.0	0.10
	20	0.98	0.9	0.98	0.15
	25	0.9	0.85	0.8	0.10
	30	<0.10	<0.01	<0.01	<0.01
	77	0	0	0	0
Ar	15	1.0	0.98	0.85	0.50
	20	0.98	0.98	0.80	0.25
	25	0.98	0.98	0.75	<0.10
	30	0.20	0.10	<0.01	<0.01
	77	0	0	0	0
CO	15	1.0	0.85		
	20	1.0	0.85		
	25	1.0	0.80		
	30	<0.1	<0.1		
	77	0	0		
CO_2	20		1.0	分 解	
	70		1.0		
	77		0.90		
	80		0.75		
	85		0.1		

2.1.1.7 吸附时间

A 平均吸附时间

固体表面上吸附的气体分子也在不断地做热运动，其中必有一定数量的分子由于动能较大而摆脱固体表面对它的束缚，从表面上解脱出来(即脱附)。气体分子从吸附到脱附平均所经历的时间称为平均吸附时间或平均滞留时间，通常用 $\bar{\tau}$ 表示，它意味着所有吸附在固体表面的气体分子经 $\bar{\tau}$ 秒后将全部被新吸附的分子所代替。

平均吸附时间 $\bar{\tau}$ 与温度 T、脱附能 E_d 有密切关系。温度越高，吸附分子的动能越大，则易于离开表面，因而吸附时间就短。脱附能越大，吸附就越牢固，分子越难离开，吸附时间就越长。$\bar{\tau}$ 与 E_d、T 的关系遵从费朗克尔（Frenkel）方程

$$\bar{\tau} = \tau_0 \exp(E_d/RT) \tag{2-10}$$

式中，τ_0 为被吸附的气体分子在垂直固体表面方向上的振动周期（平均值），一般认为与表面材料的原子或分子的振动周期具有相同数量级，即 $10^{-12} \sim 10^{-13}$ s；E_d为脱附能；R 为理想气体普适常数；T 为绝对温度。

由于 $\bar{\tau}$ 与 T 具有指数关系，所以 T 略有改变，$\bar{\tau}$ 将大大改变。

表 2-7 列出了某些气体和蒸气一些表面上实际测得的 τ_0 值。当表面非均匀时，τ_0 值差异很大。例如在玻璃表面，N_2 的 τ_0 值为 $10^{-15} \sim 10^{-16}$ s，Ar 的 τ_0 值约为 10^{-14} s，He 的 τ_0 值约为 10^{-9} s，相差极其悬殊。表 2-8 给出惰性气体在石墨（碳）表面的平均吸附时间和脱附能数据。

表 2-7 一些气体和蒸气在某些表面上实际测得的 τ_0 值

气体/蒸气	表 面	τ_0/s	E_d/kJ·mol^{-1}	备 注
Ar	玻 璃	1.7×10^{-14}	16	
He	玻 璃	10^{-9}	0.958	
Kr	玻 璃	8×10^{-14}	18	
Xe	玻 璃	1.2×10^{-13}	22.6	
D. O. P 油	玻 璃	1.1×10^{-16}	93.7	一种扩散泵油
L_{nom}A 油	玻 璃	4.5×10^{-15}	91.6	一种扩散泵油
DC-704 油	玻 璃	0.8×10^{-19}	113.4	一种扩散泵油
DC-705 油	玻 璃		118	一种扩散泵油
聚苯醚	玻 璃		118	一种扩散泵油
C_2H_3	Pt	5.0×10^{-9}	11.9	
C_2H_4	Pt	7.1×10^{-10}	14.2	
O	W	2.0×10^{-16}	678	
K^+	W	1.3×10^{-13}	234	以正离子形式脱附
H_2	Ni	2.2×10^{-12}	48.1	
F^-	Ta	2×10^{-11}	374.8	以负离子形式脱附
Cl	Ta	1.5×10^{-12}	339	以负离子形式脱附

表 2-8 一些惰性气体在石墨（碳）表面的平均吸附时间脱附能

气 体	温度/K	平均吸附时间 $\bar{\tau}$/s	脱附能 E_d / kJ · mol^{-1}	$\tau_0=\bar{\tau}\exp(-E_d/RT)$
Ne	78.611	1.0×10^{-10}	3171	7.9×10^{-13}
Ar	166.135	5.3×10^{-10}	9205	6.8×10^{-13}
Ke	285.119	1.5×10^{-10}	12133	9.2×10^{-13}
Xe	295.052	6.9×10^{-10}	15924	10.4×10^{-13}

B 表面形成单分子层的时间

前已提及，单分子层布满 1cm^2 表面的分子数约为 10^{15} 个，假定每次分子入射都能形成吸附，则在 1cm^2 表面上可形成单分子层吸附的时间为

$$t=\frac{10^{15}}{\nu}=\frac{10^{15}\sqrt{2\pi\mu RT}}{N_0 p} \tag{2-11a}$$

式中，ν 为单位时间内碰撞到单位表面上的气体分子数，个/（cm^2 · s）；p 为气体压力，Pa。

对室温下的空气

$$t=\frac{3.5\times10^{-4}}{p}\quad \text{s} \tag{2-11b}$$

上式表明：真空度越高，表面形成单分子层的时间越长，即超高真空环境可保证表面“清洁”。

2.1.1.8 朗谬尔吸附等温线

由于吸附量与吸附剂的温度和周围气体的压力有关，对于既定的固体吸附剂和气体分子，处于吸附平衡态时，吸附量是固体吸附剂温度和空间气体压力的函数，可表示为

$$\sigma=f(p,T) \tag{2-12}$$

该式的物理意义是，吸附量由平衡态时的温度及压力所决定。与平衡前的温度或压力无关。上式共有 3 个变量，为了测量方便，常常固定一个变量，求出其他两个变量之间的关系，即

$T=$ 常数，$\sigma=f_1(p)$，吸附等温线；

$p=$ 常数，$\sigma=f_2(T)$，吸附等压线；

$\sigma=$ 常数，$p=f_3(T)$，吸附等量线。

因为真空技术中的实际吸附过程多为等温过程，所以吸附等温线最

有用，对等温吸附过程讨论如下。

对覆盖度为 θ 的吸附表面，单位面积上已吸附有 $N_A \cdot \theta$ 个分子，每 1mol 气体有 $N_0 = 6.023\times10^{23}$ 个分子，故吸附表面上吸附的气体摩尔数为

$$\sigma = \frac{N_A \cdot \theta}{N_0} = a\frac{p}{N_0\sqrt{2\pi mkT}}\tau_0\exp\left(\frac{-E_d}{RT}\right) \tag{2-13}$$

式中，N_A 为固体单位表面积所具有的吸附中心数。式（2-13）即为式（2-12）所要求的函数形式。但函数式中的 τ_0、a、E_d 都不能直接以实验测定，不便指导实践，故首先由朗谬尔把它改写成便于实验并能直接进行比较的形式，即朗谬尔吸附公式。

朗谬尔吸附理论的主要观点如下：形成固体的分子，相互之间以静电力作用着。在固体内部，每个原子都受到周围相同原子的作用，故作用力相互抵消；但在最表层的原子其向外的一面的作用力未能得到抵消，形成剩余价力，这个剩余价力就可产生吸附作用。凡可产生吸附作用的表面原子都是一个吸附中心（或称吸附位）。因剩余价力的作用距离只有（2～3）$\times10^{-10}$m，即约一个分子直径的距离，故最多只能吸附一个单分子层。

洁净表面上的每个吸附中心都是空着的，气体分子碰到表面就被吸附中心吸附住。吸附初期的吸附快，但后来吸附减慢。已吸附的分子，在表面停留一定时间后，由于从固体表面获得能量，有一些可以克服吸附能位垒，开始脱附。平衡时的脱附数目等于吸附数目，固体表面上维持一个恒定的吸附量 σ。

为了推导吸附等温线，朗谬尔提出吸附模型的简化假设：

（1）吸附只能发生在吸附中心，并且只有当分子与空着的吸附中心碰撞时才发生吸附，因此吸附为单分子层。

（2）每个吸附中心只能吸附一个分子，被吸附分子之间无相互作用。

（3）表面上所有吸附中心对分子的吸附能都相等，而且吸附能不受邻近是否吸附有分子的影响。

朗谬尔是针对化学吸附的情况来推导的。他把固体单位表面分为两部分：一部分是被气体覆盖的，其面积即为覆盖度 θ，其吸附系数 $a=0$；另一部分是未被气体分子覆盖，其面积为（$1-\theta$），其吸附系数为 a_1。据此，当吸附和脱附速率达到动平衡时，即单位时间内单位面积上吸附的分子数和脱附的分子数相等时，有

$$a\frac{p}{\sqrt{2\pi mkT}}=\frac{N_{\mathrm{A}}\theta}{\tau_0}\exp\left(-E_{\mathrm{d}}/RT\right) \tag{2-14}$$

则根据上述的朗谬尔吸附理论，式（2-14）可改写为

$$a_1\frac{p}{\sqrt{2\pi mkT}}(1-\theta)=\frac{N_{\mathrm{A}}\theta}{\tau_0}\exp\left(-E_{\mathrm{d}}/RT\right)$$

把上式中的 $\frac{N_{\mathrm{A}}}{\tau_0}\exp\left(-E_{\mathrm{d}}\Big/RT\right)$ 改用 β 表示，并令 $b=a_1\beta^{-1}(2\pi mkT)^{-1/2}$ 可得到

$$\theta=\frac{bp}{1+bp} \tag{2-15}$$

这就是朗谬尔吸附理论所给出的覆盖度 θ 与压力 p 的关系式，称为朗谬尔吸附等温式。显然 b 的单位是压力单位的倒数，并和温度有关。因考虑等温线，故 b 可看作是与气-固特性有关的常数。根据朗谬尔吸附等温式绘出的理论吸附等温线见图 2-5。

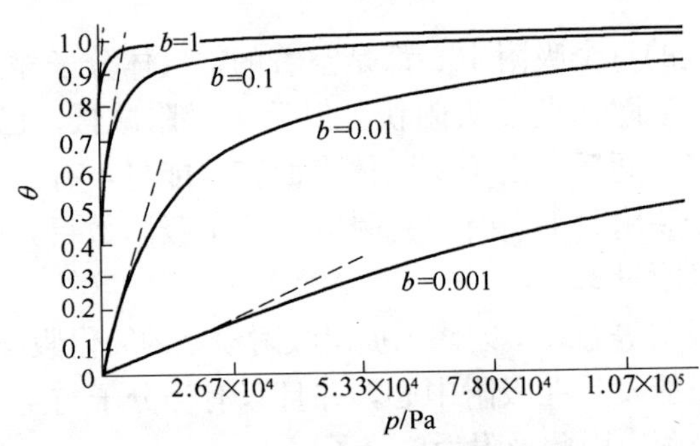

图 2-5 朗谬尔等温线

在低压情况下，$bp\ll 1$，则 $\theta=bp$，即覆盖度与气体压力成正比，这个定律称为亨利定律，这是吸附等温线的最简单的形式，适用于高真空、超高真空下的单分子层吸附，相当于图 2-5 中吸附等温线最初的直线部分。在真空技术和工程中的一些实际问题中，由于环境气压比较低，吸附的覆盖度也低，所以亨利定律仍能满足许多固-气吸附的情况，例如，氮在钨上的离解吸附（见图 2-7），水蒸气在硼硅玻璃上的吸附（见图 2-8）等。

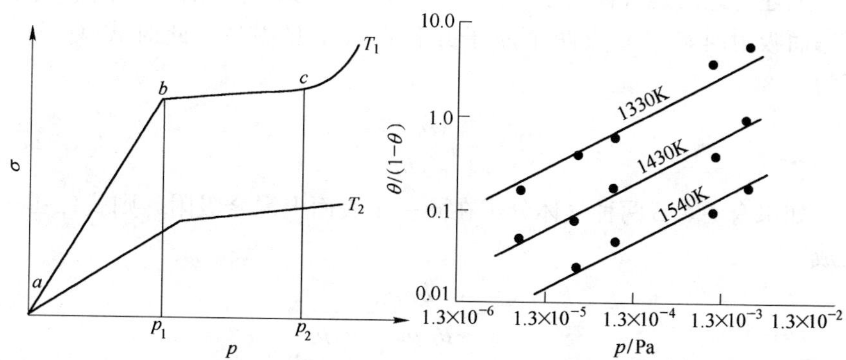

图 2-6 实测的吸附等温线　　图 2-7 氮在钨表面上的吸附等温线

在高压力时，$bp \gg 1$，则 $\theta \approx 1$，吸附达到饱和，表面上布满了一个单分子层，等温线末端趋于 $\theta = 1$ 的渐近线。

由于 b 与 $T^{-1/2}\exp(E_d/RT)$ 成正比，故 θ 随温度升高、b 迅速减小而降低，即随着温度的不断升高，吸附量越来越少。

若 N_A/N_0 用 A 表示，则根据式（2-13）和式（2-15），吸附表面上吸附的气体摩尔数为

$$\sigma = A \cdot \theta = \frac{A \cdot bp}{1 + bp} \quad (2\text{-}16)$$

上式为朗谬尔吸附公式的又一种形式。

在压力很小时，$bp \ll 1$，$\sigma \approx Abp$，$\sigma = f(p)$ 的等温线是一通过原点斜率一定的直线，就是说单位面积上吸附气体的摩尔数和压力成线性关系。压力很高时，$bp \gg 1$，$\sigma \approx A$，$\sigma = f(p)$ 的等温线是平行于 p 轴的水平线。

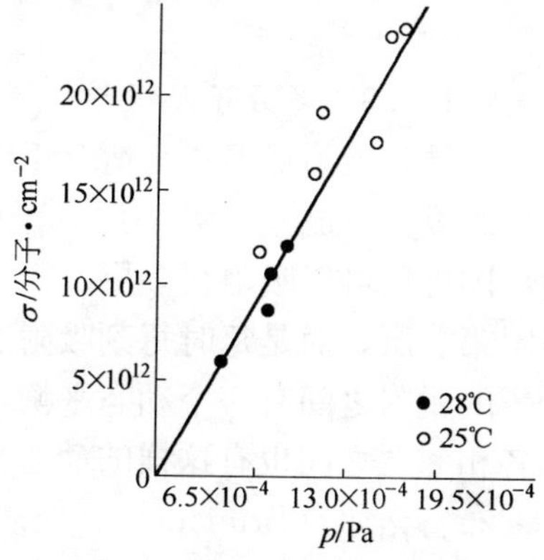

图 2-8 水蒸气在硼硅玻璃上的吸附等温线

如图 2-6 所示，实验得出的吸附等温线与理论的吸附等温线基本一致，差别仅在于在实测曲线中，在 c 点后尚有一段向上弯曲的线段，而理论曲线中没有。这是由于当压力很大时被吸附的气体液化所造成的。

上述讨论的是气体分子不离解的吸附，当双原子气体分子离解成原子态而吸附时，它分成两个原子并各占一个吸附位，此时式（2-15）变为

$$\theta = \frac{(bp)^{\frac{1}{2}}}{1+(bp)^{1/2}} \tag{2-17}$$

如果有 A、B 两种气体分子在同一个表面上混合吸附，则式(2-15)变成

$$\theta_A = \frac{b_A p_A}{1+b_A p_A + b_B p_B}$$
$$\theta_B = \frac{b_B p_B}{1+b_A p_A + b_B p_B} \tag{2-18}$$

式中，θ_A、θ_B分别为气体分子 A、B 的覆盖度；p_A、p_B分别为气体 A、B 的分压；b_A、b_B分别为气体 A、B 吸附的系数。从式（2-18）可以看出，p_B增加使 θ_A减小，即 B 气体的存在会使 A 气体的吸附受到阻碍，反之亦然。

朗谬尔吸附公式属于单分子层吸附理论，对物理吸附和化学吸附均适用。

2.1.1.9　多分子层吸附等温线

朗谬尔吸附等温式只适合于单层分子的吸附，而在许多情况下，朗谬尔假设并不成立，第一层分子吸附之后还可以产生第二层分子的吸附，同理还可以吸附很多层。而且吸附不一定要等到第一层吸满之后再吸附第二层，而是每时每刻吸附在吸附中心上的分子与来自第一层吸附分子的脱附之间有一个动态平衡，同样在第一层与第二层之间以及所有的各相邻层之间也有这样的动态平衡关系。

布鲁诺尔（Brunauer）、埃麦特（Emmett）以及特勒（Teller）将吸附理论扩大到多分子层吸附的情况，推导出了多层吸附等温线方程，简称 BET 等温吸附方程。

BET 理论做如下假设：（1）吸附层建立时，同层吸附分子彼此间没有相互影响，而且吸附表面是均匀的，故吸附热是常数；（2）第一层吸附分子的吸附热由气体与吸附表面之间的范德瓦尔斯力决定，而第二层以上的吸附热取决于气体分子之间的相互作用力，所以第一层分子的吸附热与第二层以上的吸附热不同，气体分子在第二层以上的吸附热应

当相等。

当处于吸附平衡态时，各层吸附的分子数都维持一定，BET 方程式可表达如下

$$\theta = \frac{bp}{(p_s - p)[1 + (b-1)p/p_s]} \tag{2-19}$$

式中 p——吸附气体分子的平衡压力；

p_s——同温下气体的饱和蒸汽压；

b——与吸附热和气化热有关的常数；

θ——覆盖度，对于多层吸附，θ 大于 1。

由式（2-19）可知，当气体压力 p 接近于其饱和蒸汽压 p_s 时，$\theta \to \infty$，即可得到最大的吸附量，此时，相当于气体的凝结现象。

图 2-9 示出多分子层吸附时，θ 随 p 变化趋势的曲线，当 $\theta < 1$ 时，吸附曲线与朗谬尔等温线相似；当 p 在某一压力范围内时，$\theta \approx 1$；当 p 超过一定值时，θ 再次随 p 增高而增大，当 p 接近于 p_s 时，θ 趋于∞。

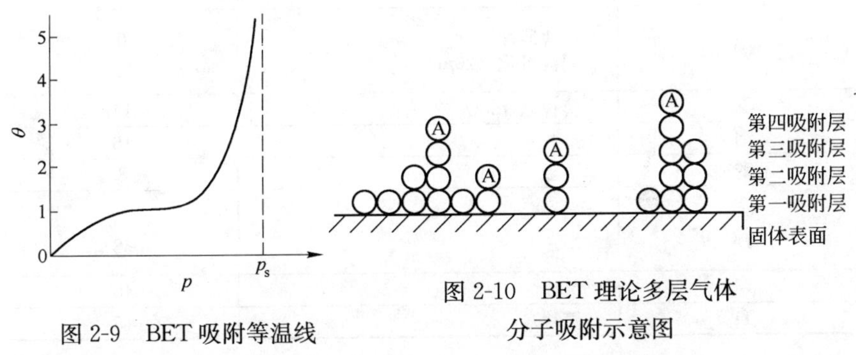

图 2-9 BET 吸附等温线

图 2-10 BET 理论多层气体分子吸附示意图

图 2-10 给出多分子层吸附的示意图。显而易见，图中 A 位置处的气体分子只受到一个分子的直接吸引，所以其吸附时间必然很短，以致该吸附可以忽略。只有当第一层的吸附分子相互靠得很紧时，才有可能在它们之上吸附分子。因为这时第一层有几个分子同时吸附这个分子，使得它有足够吸附的时间。所以二维凝结（即在表面形成较密集的一层吸附分子）是形成下一层吸附的先决条件。

2.1.1.10 固体表面几何特性

通常，任何固体表面对气体分子都有一定的吸附作用，而且作用情

况是复杂的，其中一个重要影响因素是固体表面的大小及光滑程度，另外也随表面材料的不同而异。一般用真实表面（即物理表面）A_p和视在表面（即几何表面）A_g之比来表示固体表面的几何特征。一些金属的表面特性列于表 2-9。

表 2-9　一些金属的物理表面 A_p与几何表面 A_g之比

金　属	表面形式及特性	A_p / A_g
Pt	光滑箔片 光滑箔片、酸洗、火烧 镀铂	2.2 3.3 1830
Ni	新抛光 旧抛光 氧化与还原 新轧制	75 9.7 46 5.8
Ag	稀硝酸新腐蚀 腐蚀 20h 后 最后夹纸	51 37 16
Al	很薄薄片 阳极氧化（20μm）	6 900
Cu	薄板（1mm）	14
钢		16
不锈钢	薄板（1mm）	8
Mo Ta	箔片 箔片	173 38
W	箔片	40
Ti	箔片	15

2.1.2　脱附

脱附是指被吸附的粒子由于吸附键破裂而离开表面。脱附可以通过不同的方式来实现，如果系统的温度足够高，以至于有相当大的一部分吸附粒子由于其能量高于麦克斯威分布中的脱附能而可以离开表面，我们称之为热脱附（TD）。电子碰撞可以使吸附粒子跃迁到吸附物的激发态或离子态，激发态或离子态的粒子在基态的平衡距离下，其势能比自由粒子的势能要高，所以离子或中性粒子可以从吸附表面脱附，此过程称为电子碰撞脱附（EID）或电子激发脱附（ESD）。光激发亦可引起类似过程，称为光致脱附（PD）。离子或快速中性粒子的碰撞可以通过不同的途径使吸附粒子移开，这些过程称为离子碰撞脱附（IID）。此外，非常强的电场（ 1V/0.1nm 的数量级）也可以使吸附的粒子发生由基态到离子态的隧道效应，使吸附物离子立即从表面离开。该过程称为场致脱附（FD）。

在真空材料表面除气中常用的方法是热脱附（TD）和离子碰撞脱附（IID）。

2.1.2.1 热脱附（TD）及能量

热脱附是指吸附分子在热能作用下脱离表面的过程。当被吸附的分子脱离表面重新释出时，必须从表面的热能涨落中取得足够的动能，使其与表面垂直方向的动能分量超过一定的数值，以使其能够克服表面分子对它的吸引力而释回气相空间。因此，脱附是吸热过程。并且在这个过程中伴随着气体分子在吸附表面上的迅速抖动现象。从图 2-1 中的吸附位能曲线得知，通常大多数双原子分子的脱附过程沿着与吸附相反的过程进行，在返回气相时（或之前）重新结合为分子态。化学吸附时脱附能量的大小至少等于能够克服化学吸附热 q_c 和吸附活化能 E_a 两者所形成的总位垒能量。称这个能量为脱附活化能 E_d。即

$$E_d = q_c + E_a \tag{2-20}$$

当吸附为物理吸附或非活化化学吸附时，$E_a = 0$，所以其脱附能量只要等于其吸附热 q 即可。

直接以原子态脱附的粒子（沿图 2-1 中的 hcb 曲线）则需要较高的脱附激活能，因此占常温表面上所吸附的粒子的比例很小，但是在高温表面上直接以原子态脱附的比例就较大。例如，在阴极热钨丝表面上，氢原子的离解脱附就有较高比例。

2.1.2.2 脱附速率

A 脱附速率方程

覆盖着气体分子的表面，如果处在真空中，则吸附的分子将由于热运动而逐渐脱附，这就是热脱附。在覆盖度为 θ 的固体表面上，其单位面积上共吸附有 $N_A\theta$ 个气体分子，这些分子经过平均吸附时间 $\bar{\tau}$ 秒后将全部被新吸附的分子所代替，故单位时间单位固体表面上脱附的分子数为

$$v_d = N_A\theta/\bar{\tau} = \frac{N_A\theta}{\tau_0}\exp\left(-E_d/RT\right) \tag{2-21}$$

式（2-21）为分析脱附的基本公式。可见 v_d 与 T 有关，T 越高，则单位时间从单位固体表面脱附的分子数 v_d 越多，这就是高真空系统和超高真空系统烘烤除气的理论根据。

吸附和脱附总是同时进行的，若单位时间内单位面积上吸附的分子数和脱附的分子数相等即形成了动态平衡，有

$$a\frac{p}{\sqrt{2\pi mkT}} = \frac{N_A\theta}{\tau_0}\exp\left(-E_d/RT\right) \tag{2-22}$$

B　脱附动力学

根据统计规律，从热能涨落中得到能量 E_d 的分子数在任何瞬时都与 $\exp\left(-\frac{E_d}{RT}\right)$ 成正比，所以脱附速率正比于 $\exp\left(-\frac{E_d}{RT}\right)$；当假定每个吸附分子占领一个吸附空位，吸附分子间无相互作用（如无结合、解离）时，脱附速率还与表面上已吸附的净分子数 σ 成比例，因此

$$-\left.\frac{d\sigma}{dt}\right|_{des} = k\sigma\exp\left(-\frac{E_d}{RT}\right) \tag{2-23}$$

式中，k 为比例常数；t 为时间。

由式（2-23）得知，脱附速率主要取决于指数项中的脱附活化能 E_d 和温度 T。在一定温度下，脱附活化能越大，则平均吸附的时间越长。例如，一些吸附热比较大的扩散泵油分子，如 DC705、聚苯醚等，它们通过真空管道的延迟时间较长，可以使经过彻底烘烤的超高真空系统，不易再受到扩散泵返油的污染。一般情况下，脱附能（或吸附热）较小的吸附分子脱附速率很快；而脱附能（或吸附热）足够大的吸附分子在常温下的脱附速率极慢，以致它们对真空系统的抽气速率和极限真空几乎没什么影响。只有脱附能居于中间某一范围的吸附分子在超高真空技术的实际问题中才具有重要意义。如果假定各种具有不同吸附热的吸附分子都保持稳定状态（即在高温时不发生化学反应）；并且不考虑固体内部溶解的气体向外扩散，则在常温下（即在 300K 下），当吸附分子的 E_d＜62.8kJ/mol 时，吸附分子在几分钟内就几乎脱附干净；而当 E_d＞104.67kJ/mol 时，吸附分子可以使气相分压力长期维持在 1.33×10^{-9}Pa 以下。E_d 在 62.8～104.67kJ/mol 范围内的吸附分子对真空系

统的抽气效果有显著影响，其中以 $E_d \approx 83.736$kJ/mol 时影响最大。

如果将温度由 300K 提高到 573K，则这类分子可在很短时间内迅速脱附。故加热烘烤或增大系统的抽气速率对于提高极限真空和缩短抽气过程都是极有效的。

此外，脱附激活能 E_d 与表面覆盖度 θ 有紧密关系，一般总是随覆盖度 θ 降低而增大，所以开始时脱附较快，愈往后脱附愈慢。

脱附激活能还与气体在表面上的吸附状态（即吸附态）有关。如 N_2 在钨表面上有 α、β、γ 三种吸附态，其脱附激活能分别为 83.736kJ/mol、334.944kJ/mol、37.68kJ/mol。其中 α、γ 两种吸附态是分子吸附，束缚较弱，脱附激活能就小；而 β 吸附态是原子吸附，脱附时原子必须首先在表面发生碰撞结合为分子，然后才能脱附。

必须指出，公式（2-23）只适用于物理吸附或非解离化学吸附之脱附。上述 β 吸附态是属于气体分子在被吸附时解离成原子的吸附，因而公式（2-23）不再适用。

在真空技术中，大多数化学性能活泼的气体都是双原子气体，如 H_2、N_2、O_2 等。由于它们的分解热比原子吸附热小 2 倍，在它们吸附于金属表面时全都发生解离。当它们脱附时原子必须首先在表面碰撞结合为分子，然后才能脱离表面。发生解离吸附时的脱附速率方程如下

$$\frac{d\sigma_2}{dt} = -\sigma_1^2 V_s \exp(-E_d/RT) \quad 分子数/(cm \cdot s) \tag{2-24}$$

式中 σ_1——单位面积上吸附的原子数，原子数/cm，两个原子在表面上碰撞的几率正比于 $\sigma_1{}^2$；

σ_2——单位面积上脱附的分子数，分子数/cm；

V_s——二级脱附速率常数。其值列于表 2-10。

表 2-10　二级脱附速率常数及脱附能

气　体	相	固体表面	V_s/ $cm^{-2} \cdot s^{-1}$	E_d/$kJ \cdot mol^{-1}$
N_2	β	W	1.4×10^{-2}	339.13
H_2	β	W	5×10^{-3}	129.7908
O_2	第一层	W	3×10^{-3}	443.8
O_2	第二层	W	2.5×10^{-3}	221.9

该方程又称二级脱附速率方程。

2.1.2.3 脱附与吸附时间 τ 的关系

被吸附分子在吸附表面上停留的时间，称吸附时间，一般用平均停留时间 τ 表示。τ 依气体分子与表面相互作用的性质和条件不同而有很大差别，其数值可在 10^{-14}s 到无穷长时间的宽广范围内变化。

单位吸附表面吸附的净分子数 σ（又称表面上吸附气体分子的密度或单位表面积的吸附量）与单位时间碰撞表面的分子数及其在表面上停留的时间 τ 有关。当吸附几率为 1 时，有

$$\sigma = \frac{1}{4} n\bar{v}\tau \tag{2-25}$$

实际上吸附与脱附是气体与表面相互作用中相互矛盾的两个方面，它们在固-气界面上同时存在。在一定条件下，当单位时间吸附在表面上的分子数大于自表面脱附的分子数时，宏观上就呈现出气体在表面上的吸附现象；反之，则宏观上呈现出脱附现象。当单位时间内吸附在表面上的分子数与自表面脱附的分子数相等时，即吸附速率与脱附速率相等时，就达到了吸附平衡，这是一种动平衡。由此可得

$$\left.\frac{\mathrm{d}\sigma}{\mathrm{d}t}\right|_{\mathrm{ads}} = -\left.\frac{\mathrm{d}\sigma}{\mathrm{d}t}\right|_{\mathrm{des}} \tag{2-26}$$

由式（2-25）知

$$\left.\frac{\mathrm{d}\sigma}{\mathrm{d}t}\right|_{\mathrm{ads}} = \frac{1}{4} n\bar{v} = \frac{\sigma}{\tau}$$

所以脱附速率为

$$-\left.\frac{\mathrm{d}\sigma}{\mathrm{d}t}\right|_{\mathrm{des}} = \frac{\sigma}{\tau} \tag{2-27}$$

与脱附速率方程（2-23）相比较得

$$\frac{1}{\tau} = k\exp\left(-\frac{E_{\mathrm{d}}}{RT}\right) \tag{2-28}$$

1924 年弗兰克尔给出 τ 的理论公式为

$$\tau = \tau_0 \exp\left(\frac{E_{\mathrm{d}}}{RT}\right) \tag{2-29}$$

比较式（2-28）与式（2-29）得

$$k = \frac{1}{\tau_0} \tag{2-30}$$

式中，τ_0 是吸附态分子垂直于表面的振动周期，并可假定它相当于构成吸附表面的原子或分子的振动周期，对于晶体来说，则是表面晶格的振

动周期。τ_0可按下式计算

$$\tau_0 = 4.75 \times 10^{-13} \sqrt{\frac{\mu V^{2/3}}{T_m}} \quad \text{s} \tag{2-31}$$

式中 μ——表面分子的平均分子量；

V——摩尔体积；

T_m——固体的熔点。

由以上各式可知，吸附时间 τ 主要取决于吸附热和温度，而脱附的快慢又与吸附时间 τ 有关，τ 越长，脱附越慢。对于金属或金属氧化物，按式（2-31）计算的 τ_0值一般为 10^{-12}s（对常用的氧化铝、氧化硅等熔点较高的吸附剂 τ_0约为 10^{-14}s)。用此值代入式（2-29）并计算出 τ 随E_d和 T 变化的数据，可知，在室温下，当 $E_d<41.868$kJ/mol 时，吸附分子 τ 极短，迅速脱附；而当 $E_d>209.34$kJ/mol 时，τ 很长，吸附分子几乎可视为永不脱附。

对于E_d在 41.868～209.34kJ/mol 范围内的吸附分子，当温度升高到 500℃时 τ 值就很小了。所以通过预先加热烘烤使表面吸附的分子脱附来获得超高真空是不难做到的，当然要得到一个没有吸附气体分子的完全清洁表面是十分困难的。

例如，有一个体积为 1L 的玻璃球泡，内表面面积为 48.5cm^{2}的理想光滑曲面，内装压力为 1.33×10^{-7}Pa 的（在 25℃时）氮气，气相中共有 3.24×10^{10}个氮分子。此时，气体的平均自由程达几十千米以上，气体分子之间的碰撞可以忽略。气体分子的行为主要表现为它与固体表面的相互作用而呈现的气相和吸附相之间的相互转化。如果这些氮分子被全部吸附在内表面上，在表面上形成的覆盖度仅为 10^{-7}。实际上在超高真空系统中表面覆盖度一般为 10^{-3}，可见被表面吸附，覆盖于表面上的吸附相密度要比气相密度约高 10^4倍。即表面吸附的分子数在很高的真空度下仍能远多于空间的气相分子数。如果全部脱附将使真空度急剧下降。这说明，为了获得尽量高的真空度，必须预先设法除去表面吸附分子或抑制其脱附逸回空间。当然，干净表面上吸附大量气体分子的能力又可被积极地利用作为重要的抽气手段。

2.1.2.4 电子碰撞脱附

电子碰撞脱附又称电子诱导脱附（EID)。当电子轰击表面时，能够引起靶面升温，使吸附物质产生热脱附现象。电子入射固体表面时，由于电子的质量比较小，直接靠动量交换打出的吸附分子几率很小，电子碰撞脱附，是指吸附分子因受电子碰撞激发或离解而引起的脱附现象(而不是简单的动量传递和热效应)。脱附的产物除了中性的分子、原子或离解碎片外，还可能有激发态的中性粒子及正、负离子。

电子碰撞脱附通常同时伴随着热脱附效应，因为即使电子轰击的功率较小，表面温度也有所升高，这就是真空系统中金属元件（如电极）常用的电子轰击除气方法。由于轰击电子使吸附分子（或原子）激发的效率较高，所以在同样的升温情况下，它比将金属直接通电流产生焦耳热的去气方法更为有效和彻底。只有在电子轰击功率很小（小于 1mW/cm^2）的情况下，中性分子或原子的脱附才能排除热脱附而归因于电子碰撞脱附。

A 电子碰撞脱附形态

由图 2-1 的吸附位能曲线可知，根据吸附分子得到的能量不同，它可以以分子态、原子态、电离的分子形式脱附，所需的脱附阈能分别是 E_d、q_c+E_D和 q_c+E_I。其中物理吸附的脱附最容易，而离子脱附较难，而且还会发生分解现象。电子碰撞脱附的机理比较复杂，对于离解吸附的气体分子以离子或中性原子形式脱附的情况，可以用图 2-11 所示的简化位能曲线来示意说明，图中的曲线（1）为在表面上作离解吸附的中性原子的位能曲线。吸附原子处在相距表面为 r_c的位阱之中（曲线 A 点）。曲线（2）则是这种原子的正离子位能曲线。两条曲线在无穷远处相差为电离能 E_i，如果吸附原子由轰击电子得到的能量 E_e满足

$$E_e=E_d+E_i+E_k \tag{2-32}$$

则处于 A 点的中性基态原子将被激发至曲线（2）的 B 点而成为吸附离子。式（2-32）中的 E_d为吸附原子的脱附活化能；E_k为吸附离子的动能。B 点的正离子处在曲线（2）上斜率为负的位置，使它与表面之间的作用力是排斥力，因此将沿曲线（2）向右运动远离表面，并以正离子状态脱附。正离子在离开表面的过程中有可能被通过隧道效应来自金属表面的电子所中和，此时就在某个位置跃回基态，如由曲线（2）的 C 点跃回曲线（1）的 D 点，释放出的能量传递给表面。在 D 点的原子既可能向右离开表面以原子状态脱附，也可能向左落回到 A 点恢复原有吸附原子的状态。

对于非离解分子的吸附，例如 CO 吸附在金属 Mo 表面上，电子诱

导脱附的产物常是 O^+。吸附过程的模型如图 2-12 所示意。CO 分子直立吸附在 Mo 的表面上，它的 C 原子在下面与 Mo 接触。当受电子轰击时（能量约 100eV），CO 分解，释出 O^+ 离子，C 原子仍留在表面上。

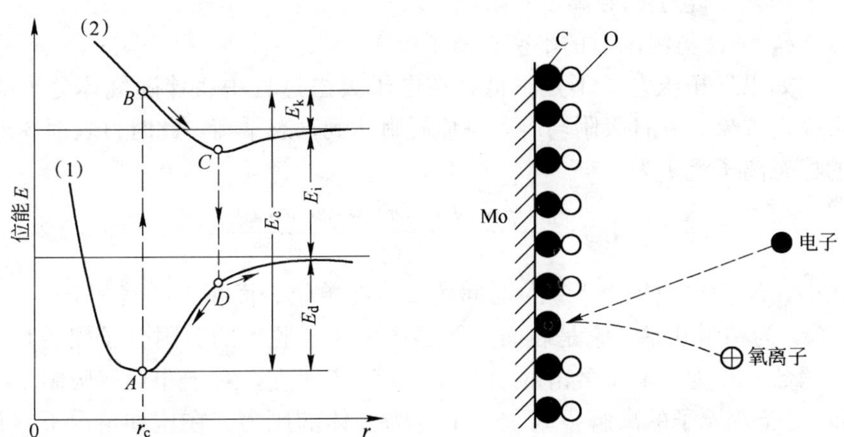

图 2-11 电子碰撞脱附位能曲线 图 2-12 CO 在 Mo 表面上的电子碰撞脱附

B 电子碰撞脱附参数的表达

a 电子碰撞脱附速率

电子碰撞脱附的总脱附截面 Q 可通过实验测定，设表面吸附层只有一种吸附态，而且单位表面积上初始覆盖的分子数 σ 为已知，在 $\mathrm{d}t$ 时间内电子碰撞脱附的分子数为 $\mathrm{d}\sigma$，则电子碰撞脱附速率为

$$\frac{\mathrm{d}\sigma}{\mathrm{d}t}=-\frac{\sigma\cdot Q\cdot J}{e} \tag{2-33}$$

式中，σ 为单位面积上某一吸附态的分子数；J 为电子流密度，e 为电子电荷（J/e 为单位时间单位面积上的轰击电子数）；Q 为总脱附截面。对式（2-33）积分可得

$$\frac{\sigma(t)}{\sigma_0}=\exp\left[-\left(\sigma\frac{J}{e}\right)\cdot t\right] \tag{2-34}$$

上式说明表面上能被电子碰撞脱附的吸附分子数量 $\sigma(t)$ 随时间指数衰降（忽略气体分子的再吸附）。通过 $\sigma(t)\sim t$（实测时是利用质谱计测量 $\Delta p\sim t$）的测量可以确定 σ 值。

b 以离子态脱附的离子流

实验表明，在轰击电子流不很大的情况下，如分子的再吸附可以忽略，则单位表面积上电子碰撞脱附的离子流 I_i 与轰击电子流 I_e 成正比

$$I_i = I_e \cdot Q^+ \cdot \sigma \tag{2-35}$$

式中，Q^+ 为电子诱导离子脱附截面。

c 考虑再吸附时的平衡态离子流

如果气相压力 p 不是很低，在电子轰击过程中将伴随气体分子的再吸附现象，并且吸附与电子碰撞脱附达到动态平衡，此时自表面释出的稳态离子流 I_i 为

$$I_i = \frac{j \cdot p \cdot N \cdot s(\sigma) \cdot A \cdot e \cdot Q^+}{Q} \tag{2-36}$$

式中，N 为单位压力下单位时间碰撞落在单位表面积上的气相分子数；s（σ）为粘附几率，它是表面上能够产生离子脱附的吸附分子覆盖量 σ 的函数；A 为被电子轰击的表面积；j 为离解度，对于非离解吸附 $j=1$，对于双原子的离解吸附 $j=2$；p 为气体的压力。在这种情况下，I_i 主要取决于气相压力 p 和表面覆盖量 σ，而与入射电子流 I_e 无关。

d 有热脱附时，动态平衡下的脱附离子流

若吸附分子的同时还有热脱附（如弱束缚态下的 α 相 CO 在室温下的电子诱导脱附过程），则平衡态下的脱附离子流同时与 p 和 I_e 有关

$$I_i = \frac{I_e \cdot Q^+ \cdot N \cdot p \cdot s(\sigma)}{[v_1 \exp(-E_d/RT) + QJ/e]} \tag{2-37}$$

式中，v_1 为一级脱附速率常数；E_d 为热脱附激活能，$v_1 \exp$（$-E_d/RT$）取决于热脱附速率。

C 电子碰撞脱附的特点

低能量的电子轰击（小于 500eV）产生的电子碰撞脱附现象有如下特点：

（1）电子碰撞脱附是否发生取决于吸附分子的种类，某些吸附分子没有可觉察的电子碰撞脱附。

经常出现电子碰撞脱附现象的分子有 O_2、CO、H_2、CO_2、Cl_2、H_2O 和扩散泵硅油分子在 Mo、W、Ni、Pt、Al、Cu 和不锈钢等金属表面上的吸附。这些吸附配组的脱附截面较大，其总截面约为 10^{-16}～$10^{-21}cm^2$（物理吸附除外）。例如，在油扩散泵超高真空系统中，如果表面上有扩散泵油分子吸附层，可出现显著的电子碰撞脱附效应，释放

出 H_2、CH_4和一些碳氢化合物碎片。而在金属表面上吸附的 N_2、CH_4则几乎不存在电子碰撞脱附，它们的脱附截面往往小到可检测水平以下。

（2）中性分子的脱附和离子脱附都存在着入射电子的能量阈值，一般约为 5～20eV 之间，这个阈值高于相应的气相分子的电离电位。中性分子脱附的电子能量阈值通常要低一些，一些电子诱导脱附的能量阈值的测量值见表 2-11。

表 2-11　一些电子碰撞脱附的入射电子能量阈值测量值

气体/表面	脱附产物	入射电子的能量阈值/eV
O_2/W	O^+离子	21.8 19.3
CO/W	O^+离子	18.7 16.2 20.0
	CO^+离子	15.1 14.6
	CO 中性分子	5
CO/Mo	O^+离子	20.0
	CO^+离子	14.6
CO/Cu	O^+离子	17.4
H_2/Ni	H^+离子	15.0
H_2+CO/W	H^+离子	约 9.5
	H_2中性分子	约 2.7

（3）表面状态对脱附有很大影响。一般情况下，原子级清洁表面上的脱附小到可以忽略，一般的气体吸附表面主要是脱附和离解作用，其中复杂的气体分子，如 H_2O、CO、CO_2，由于其内部原子之间的结合键能不只一种，往往优先从薄弱环节把键撕裂。例如，α 吸附态的 CO 直立吸附于金属表面上（如图 2-12 所示），M—C 键能较强，C—O 键能较弱，因而容易打出 O^+；H_2O 则能脱出 H^+、O^+、O_2、O、H_2、H_2O 各种形式的原子、分子或离子。氧化表面的脱附主要是分解作用，如金属表面氧化物上的电子轰击分解释出 O^+，在 90eV 轰击下的离子产额约 10^{-5}离子/电子（$Q^+ \approx 10^{-20}$）。氧化物阴极轰击分解的成分比较复杂，例如，在 400eV 下轰击氧化锶可释出 Sr^+、S^{2+}、O^+、Cl^+、Cl^-、CO^+，产额约 10^{-7}离子/电子（$Q^+ \approx 10^{-22}$）。真空泵油大分子污染表面的分解产物更为复杂，有氢、甲烷及其他碳氢化合物碎片。而

且，电子轰击油分子吸附层的另一后果是在这种有机油膜的表面还能发生聚合反应，其中硅油膜易形成接近绝缘的有机膜层，聚苯醚油膜易形成导电膜，这将破坏一些电极的工作性能。

(4) 脱附截面和分子的吸附态有关。电子碰撞脱附截面的大小取决于吸附分子的束缚态，不同吸附态分子的束缚能不同。显然，弱束缚态的脱附较易，而强束缚态的脱附较难。例如，CO—W，CO—Mo 的 Q 值，α 态比 β 态大三个数量级；O_2—W 的 Q^+ 值，β_1 态比 β_2 态大三个数量级。在 Mo 表面上束缚较弱的 α 相 CO 的 Q 值最高可达 $10^{-16}cm^2$，在 W 表面吸附的 α 相 CO 的 Q 值也有 $10^{-17}\sim10^{-18}cm^2$，而在这两种情况下，相应的 β 相 CO 的 Q 值都不大于 $10^{-20}cm^2$。其他气体如 H_2、O_2 和 H_2O 在 Mo 表面上的电子碰撞脱附也都至少各有两种 Q 值（数量级与上述 CO 的相当）。在低温下（20～100K）的 W 表面上 O_2 的 Q 值可高达约 $7\times10^{-15}cm^2$，这是因为 O_2 处于物理吸附状态，束缚能很弱。

不同吸附相态的上述差别，使实际观测到的电子碰撞脱附速率要受到表面状态和气相压力的影响。环境气压 p 越高，弱吸附态的吸附分子也越多，表面上束缚较弱的吸附相经常处于饱和状态，脱附速率保持平衡，所以 Q 值也越大。此外，实测的脱附必然包括有再吸附和热脱附效应，那么根据式（2-36）、式（2-37），Q 值也正比于 p。当环境压强降低时，由于表面上束缚较弱的吸附相逐渐减少，因此脱附速率也随之衰降。

(5) 电子碰撞脱附截面与入射电子的能量有关。实验观测到的电子诱导脱附截面随入射电子能量的变化有三种类型（见图 2-13）。大多数情况下为第一种类型（图 2-13 中的曲线 a），这种类型曲线的函数关系与气相分子的电离截面曲线相似，脱附截面先随电子能量的增大而上升，一般在 70～150eV 范围升到最大值，随后随着入射电子能量的增加又缓慢下降；第二种类型在达到极大值后基本保持不变（见图 2-13 曲线 b）；第三种类型是电子入射的能量到 500eV 时，脱附截面仍继续增大（图 2-13 曲线 c）。

一般情况下，电子碰撞脱附截面都远小于相应的气相分子的电离截面，而且脱附的能量阈值也比相应的气相分子电离能大。

(6) 离子脱附截面 Q^+ 比总脱附截面 Q 小得多，一般只占 Q 很小的比例，一般 Q^+ 约比 Q 小 1～3 个数量级，这是因为以离子形式脱附比

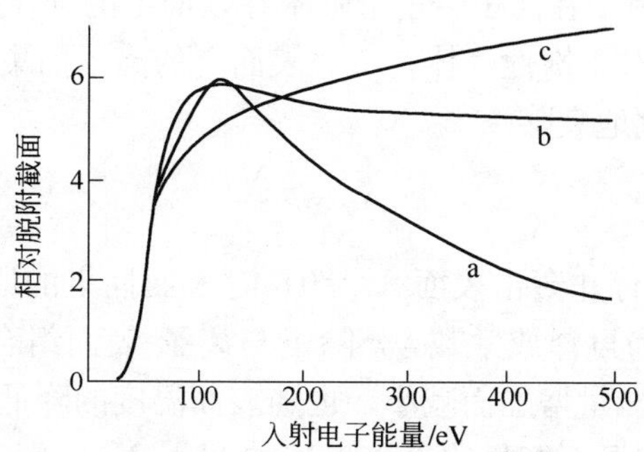

图 2-13 电子碰撞脱附截面曲线的三种类型

以中性分子形式脱附时所需的阈能比较大的缘故。大多数吸附分子的 $Q^{+} \approx 10^{-20}\,\mathrm{cm}^2$，而 $Q \approx 10^{-18}\,\mathrm{cm}^2$，这说明电子诱导脱附的离子至多只有中性脱附分子（或原子）的百分之几。离子脱附截面 Q^{+} 一般比相应的气相分子电离截面小。但是电子碰撞脱附产生的正离子具有可观的动能，而且自表面脱附的离子的能量要比气相电离的离子大得多。例如从 W 或 Mo 表面上的 O_2 吸附层上由电子诱导脱附释出的 O^{+} 离子可有高达 7～9eV 左右的平均动能，并有约 3～4eV 的分布宽度。因此，进一步的次级离子轰击效应不容忽视。

2.1.2.5 离子溅射脱附

当存在电场时，气相分子（或原子）被电离后成为具有一定能量的离子，离子轰击表面也将在表面上产生溅射现象。溅射出来的产物是表面吸附的气体分子、已中和了的被捕集离子和表面本身的原子。吸附分子的溅射称为离子溅射脱附。与此同时，它又能够被它所轰击的表面所捕获（又称电清除）而滞留在表面上。在离子轰击过程中和停止轰击以后，已中和了的被捕集离子本身也存在借助热运动的能量重新释回空间的现象，这就是被捕集离子的再释放，再释放是一种热脱附过程，通常在室温下就可以发生。实际上在离子轰击表面时，表面气体的再释放可有如下 4 种情况：

(1) 自发再释。荷能离子轰击表面停止后发生的再释现象；

(2) 热再释。表面升温或因离子轰击而使表面升温所产生的再释；

(3) 离子轰击再释。离子轰击时改变了原先俘获的粒子的束缚能和距表面的距离而产生的再释；

(4) 溅射脱附。在离子轰击下吸附在表面上的气体的脱附。

实验表明，对于惰性气体在金属表面上的离子捕集，其再释放速率q_j与时间t成反比地衰降

$$q_j(t) = k\frac{N_0}{t} \tag{2-38}$$

式中，N_0为离子停止轰击表面（$t=0$）时表面捕集的原子数，个/cm²；t为时间，s；k为再释放常数，k除了与离子-表面组合的种类有关外，还随入射离子的能量增加而减小，也随表面温度的降低而减小（再释放趋于更慢）。在室温下能量约为200eV的He、Ne、Ar和Kr离子在Mo和Ni表面上的k值大多为$10^{-2}\sim10^{-3}$的数量级（见表2-12），其中Ar、Kr在Mo表面上的k值较大。这种再释的机理可能是表面因离子轰击造成局部升温，内部结构被破坏到一定深度，在以后的退火过程中内部被捕集离子通过扩散释出表面。也可能是表面层具有不同束缚能态的捕集位置，束缚弱的较快地先脱附，束缚强的则可延续较长的时间后再脱附。

表2-12 He、Ne、Ar、Kr离子在Mo和Ni表面上的再释放常数k

再释放气体	表面温度/K	入射离子能量/eV	表面	k值	表面	k值
He	约300	200	Mo	0.013±0.0005	Ni	0.044±0.0005
Ne	约300	200	Mo	0.040±0.003	Ni	0.052±0.046
Ar	约300	200	Mo	0.150±0.05	Ni	0.0057±0.007
Kr	约300	200	Mo	0.140±0.01	Ni	0.0032±0.0016
He	约300	150	Mo	0.015		
He	约300	1100	Mo	0.0059		
He	约77	200	Mo	<0.001		

由于玻璃具有非均匀结构，所以惰性气体离子轰击玻璃表面被捕集后的再释放速率随时间变化的规律较为复杂。能量约为50～200eV的He、Ar和Xe离子被捕集后的再释放速率随t^{-m}的变化为

$$q_b(t) = k\frac{N_0}{t^m} \tag{2-39}$$

式中，指数m与离子轰击玻璃表面的时间长短有关，$m\leqslant1$。如果轰击的时间较短（约1min），则在较长时间内（约100min）m接近于1，与离子轰击金属的规律类似，长时间轰击（大于250min）后，m减小为

0.5～0.8 之间。

在通常的低能量离子轰击过程中，表面气体的溅射率随入射离子的能量而变化，脱附的气体主要是中和了的被捕集离子，而表面上被化学吸附的气体分子的脱附率很低。在同时存在两种或多种离子或者不同离子依序先后轰击表面的情况下，将出现离子置换效应，即一种已被捕集的离子被另一种轰击离子所取代。设表面上已被捕集的是 A 粒子，覆盖度为 θ_A，则在受到 B^+ 离子轰击时，A 粒子的脱附速率为

$$N_A = Y_i \times N_{B^+} \times \theta_A \cdots \tag{2-40}$$

式中，N_{B^+} 为单位时间内入射的 B^+ 离子数；Y_i 是气体溅射率，相当于 $\theta=1$ 时每一个入射离子溅射出的气体粒子的数目。表 2-13 是入射能量为 230eV 的 Ar^+ 离子被捕集在玻璃表面上，然后受到 Kr^+ 离子轰击时，Ar 原子的 Y_i（最大值）随 Kr^+ 离子入射能量的变化。各种惰性入射离子对玻璃表面上自身捕集原子的最大溅射率见表 2-14。能量为 230eV 的 He^+、Ne^+、Ar^+、Kr^+、Xe^+ 等离子相互之间的最大溅射率在 5～40 原子/离子之间，约相当于最大脱附截面为 10^{-14}～10^{-15} cm^2。由式 (2-40) 可见，在 $\theta \approx 1$ 时将发生显著的置换效应，而 $\theta \approx 0$ 时，此效应可忽略。对于有离子轰击的真空系统，如电离规、溅射离子泵等，这种表面上的离子置换效应可能导致气相组分的变化。

表 2-13 在 Kr^+ 离子轰击下被捕集 Ar 原子的溅射率

Kr^+ 离子轰击能量 /eV	Ar 原子的溅射率 Y_i/ 原子·离子$^{-1}$
110	16.0
230	18.0
450	27.0
950	40.0

表 2-14 惰性气体的自身溅射率

离子 (230eV)	自身溅射率 Y_i/ 原子·离子$^{-1}$
He	5.5
Ne	20.5
Ar	22.0
Kr	11.5
Xe	63.0

如上所述，当吸附层为 A 粒子，入射为 B^+ 离子时，可能发生以 B 粒子置换 A 粒子的溅射脱附现象，此时 A 粒子的溅射脱附的产额（溅射脱附系数）Y_G可由下式表示

$$Y_G = \frac{N_A}{N_B^+ \cdot \theta_A} \tag{2-41}$$

式中，N_A为 A 粒子的释出数（即 A 粒子的脱附速率）；N_{B^+}为单位时间内入射的 B^+ 离子数；θ_A为 A 粒子在表面上的吸附覆盖度。表 2-15 列出了在玻璃上吸附惰性气体时的溅射脱附产额。

高能量离子的溅射脱附率可达到 10^4 原子/离子的巨大数值，这在粒子加速器中构成了限制粒子束流的主要因素。

表 2-15 在玻璃上吸附的惰性气体的溅射脱附产额

（入射离子的能量为约 230eV）

吸附层 \ 入射离子	He	Ne	Ar	Kr	Xe
He	5.5	12.0	50.0	40.0	5.0
Ne	9.0	20.5	35.0	33.0	10.0
Ar	10.0	35.0	22.0	18.0	12.5
Kr	7.5	38.0	12.0	11.5	6.0
Xe	13.0	24.0	40.0	62.0	63.0

2.1.2.6 光致脱附、场致脱附

在超高真空系统中具有一定能量的光子投射在固体表面的吸附层上也可能引起显著的脱附效应——光致脱附。光子的能量与其波长有以下的关系

$$h\nu = \frac{12.378 \times 10^4}{\lambda} \quad (\text{eV}) \tag{2-42}$$

式中，ν 为入射光的频率；λ 为光的波长，nm；h 为普朗克常数。光致脱附截面 Q^p 或光致脱附率 γ^p 随光子的能量而变化，并存在最小的能量阈（最长的波长阈）和对应于最大 Q^p_{max} 或 γ^p_{max} 的光子能量（或波长）值。但这些参量与吸附分子的脱附活化能 E_d之间并无简单明确的关系，而且除非大功率的激光光束入射引起的热效应之外，并非所有的气-固界面都有可觉察的光致脱附现象。因此光致脱附的机理与热脱附不同，而与电子诱导脱附类似，表面吸附的分子需要被光子所激发，使其处于

与表面相拒斥的能态才能释离表面。

根据已有的实验结果，在波长为 200～600nm（光子能量约为 2.1～6.2eV）范围内的光投射在金属表面上，可能出现的光致脱附（如 Ni、Zr、Fe 表面上 CO 的脱附）的最大 Q^{p}_{max} 值比电子诱导脱附截面小。吸附在 Ni 表面上的 CO 在入射光波长为 320nm（3.9eV）时出现的 Q^{p}_{max} 约为 10^{-22} cm^2。在同样的波长范围内，吸附在 Ni、Zr、Fe 表面上的 N_2、H_2、CO_2 则未观察到光致脱附效应。

对玻璃（Pyrex）表面上吸附的 CO 曾测出有约 10^{-20} cm^2 的 Q^{p}_{max} 值，相应的入射光波长为 230nm（5.4eV），而在石英表面上的 Q^{p} 极小。

在低温不锈钢表面（小于 3K）上物理吸附的 H_2 分子受到波长大于 1000nm（能量小于 1.2eV）的光子轰击时能够产生显著的光致脱附现象。这会对低温冷凝泵的吸气工作造成不利后果，需要采取屏蔽辐射的措施。如果表面上先吸附有 Ne、Ar、O_2 等吸附热较大的分子，则这一效应明显减弱。

可以利用激光脉冲的光致脱附效应作为在超高真空中获得洁净表面的一种手段。例如用 20mμs 的脉冲的红宝石激光（$\lambda =$ 690nm，$hv =$ 1.8eV）照射含有 O_2 和 S 杂质的 Ni，当轰击功率为 10～40MW/cm^2 时，表面上吸附的 N_2、CO、H_2、CO_2 和 H_2O 等分子可被脱附而不引起表面永久性的破坏。为了清除内部的 O_2 和 S 杂质，则功率需增加到 100MW/cm^2，但这将会造成表面结构难以恢复的损伤。功率为 30MW/cm^2 的激光可去掉 Si（111）晶面上 7×7 的表层结构而不引起破坏，在 1000℃温度下退火 5min 后，表面仍可恢复原状。

一般来说，光致脱附作用远比电子、离子脱附作用轻微，所以，迄今的实验结果较少，而且误差也大。例如，N_2、H_2、O_2 的脱附无法察觉，CO-Ni 的光致脱附截面仅为 10^{-22}～10^{-20} cm^2。

当然，高量子能量的光子，如 γ 射线或高强度的光束（如激光），确能导致可观的脱附。半导体上发生光致吸附或光致脱附效应的原因是由于入射光子的能量激发出电子-空穴偶，即产生了具有很强氧化能力的空穴和很强还原能力的电子。实验观察发现，经氧预处理过的 ZnO 有氧的光致脱附现象。CdS 上氧的光致脱附实验发现，光致脱附速率与光的强度成正比。

此外脱附还能由光致分解、光致离解作用产生。如果能量和频率分别与靶物质的电子能级差和其原子、分子的固有振动频率相当，则光辐射能量可被物质吸收。如果二者频率不合，靶物质也能通过某种中介物——敏化剂，吸收其辐射的能量。例如，波长为 253.75nm、228.87nm、213.93nm 的紫外辐射均超过了氢分子的离解能（约 431kJ/mol，相当于 275.9nm 的光量子能量），因此不能直接被氢分子所共振吸收。但是，若氢分子吸附于有汞、镉、锌原子的固体表面时，由于这三种原子能够分别吸收上述波长的辐射，因而可起到敏化剂的作用，使氢分子离解并脱附。

2.2　材料除气的基本方法

2.2.1　加热烘烤除气

真空中的“烘烤”系指在抽气循环的某一阶段中，将真空系统升温，随后又使之降到环境温度的过程。烘烤的目的是使吸附的气体从被加热的表面上解吸，而且其解吸速率要远远大于在环境温度下的解吸速率，对解吸出的气体，用真空泵从系统中排除。

烘烤的优点在于能在规定的抽气时间内达到较低的压力；或为达到规定的压力，所用的总抽气时间较短。

在很多情况下，只需烘烤真空系统的某些局部部位即可达到目的。常见的例子有：电离计（规管）在烘烤去气后，能更精确地进行真空测量；超高真空系统大部分需要进行烘烤除气，以减少抽空时间；表面研究（分析）中的试件及其固定装置也要烘烤去气。在整个系统中，由烘烤而引起的系统最终的总压力的下降一般是很小的，但就烘烤的实质来看，是使结合能较低的吸附气体被有选择地从研究的表面上除去，使得在真空气氛中的被除气的部位成为比较“干净新鲜”的表面。

2.2.2　电子束轰击除气

2.2.2.1　电子束轰击除气特点

利用热丝或电极作为电子发射源，在其上相对于待除气的表面加负偏压，电子在位差为 U 的电场作用下，获得动能打到被除气的器件表面上，电子可进入固体表面较深处，电子束具有的大部分能量以热能形式传给固体，使吸附在表面上的原子从表面上释放出来，同时电子束轰击将表面加热，促使内部原子向表面扩散并从表面解吸。电子束轰击除气的电子能量一般在 10keV 以上，电子束轰击加热可以使工件表面加热到 500℃，其温度可由电气控制系统调整控制。

电子轰击除气与烘烤加热除气的机理并没有本质的区别，二者的出气速率最终都受材料体内杂质原子向表面扩散速率的限制。二者不同的是，加热除气对材料表面氧化膜的破坏很小，因为大多数金属氧化物的化学稳定性较好，一般不易热离解。当加热除气时氧化膜主要依靠从金属体内扩散出来的碳原子的还原作用来清除。由于碳原子的扩散系数很小，因而这种还原过程很慢。许多金属在真空中经过 1000℃ 的长时间加热后，表面仍留有氧化膜。只有一些活性金属（如 Zr、Ti、Ba 等）在加热过程中，其表面的氧化膜通过氧向体内扩散而逐渐消失。

与加热不同，电子轰击对氧化膜的破坏非常迅速。材料表面的氧化膜在电子轰击下很快离解并被清除，体内的氧随之向表面扩散补充。与加热除气相比，电子轰击除气的起始出气速率很高，一般要比热除气大几到十几倍。除气开始阶段放出的含氧气体占大多数，约占总出气量的 90%～95%。当被轰击金属的温度超过 400℃ 时，放出的气体中 H_2 的量增大到 20%～30%。

2.2.2.2 电子轰击固体表面时的基本过程

电子轰击固体表面时会产生许多复杂的现象（参见图 2-14），具体如下：

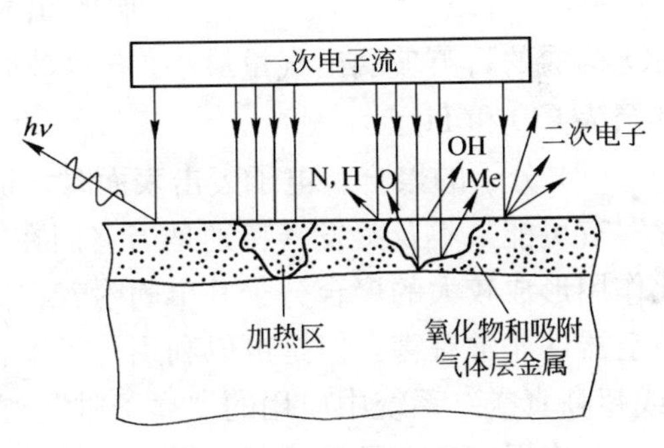

图 2-14 电子轰击固体表面产生的物理现象

（1）表面化合物离解。固体表面化合物，主要是氧化物，在电子轰击下很容易离解，因为它们的分解能阈较低，表 2-16 给出一些化合物的分解能阈值。化合物在离解时要放出大量的气体离子或分子，例如，氧化的 Cu、Ni、Mo、Ti、Ta 和 W 阳极（厚度为 0.13mm）受到能量为 90eV、密度为 $10mA/cm^2$ 的电子流轰击时，放出大量的 O^+，产额高达 10^{-5} 离子/电子。

表 2-16 电子轰击时一些化合物的分解能阈值

化合物	BaO	SrO	MgO	NaCl	KCl	NiO	MoO_3	$BaCl_2$
分解能阈值 /eV	4～9.5	14.0	16.9	4.5	4.0	2.5	8.0	5.0
形成能阈值/eV	5.5	6.14	6.28	4.25	4.5	2.5	7.4	8.9

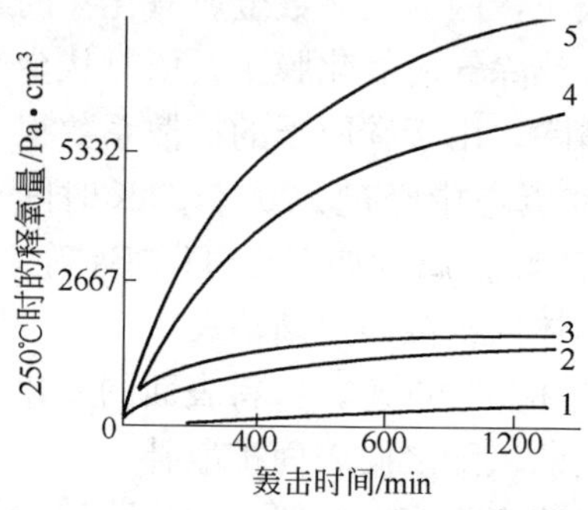

图 2-15 玻璃释氧量随电子轰击时间的变化

1—石英玻璃；2—硼硅玻璃；3—钾钠铅玻璃；4—钠钙玻璃；5—锂玻璃

要避免氧化的 Mo、Ta、W 放出 O^+，则需在 1000℃以上加热很长时间，但是氧化的 Cu、Ni 虽经高温加热后，仍有 O^+放出。

当玻璃受到电子轰击时，其成分中的低稳定的氧化物很容易分解。图 2-15 给出 5 种玻璃在 20keV 的电子（电流 200μA）轰击下，释氧量随时间的变化情况。20keV 的电子在玻璃中的穿透深度约为 2μm。由图可见，含有大量低稳定氧化物（如 LiO_2、Na_2O、K_2O 等）的锂玻璃与钠钙玻璃的出气量最大，而由稳定氧化物 SiO_2构成的石英玻璃出气量最小。5 种玻璃的出气成分 95％以上是 O_2，其余为 CO 和 H_2。

（2）分子的聚合。电子轰击表面时，被激活和电离的分子及其“碎片”有可能来不及蒸发（特别是当它们在表面的覆盖度较大时），而彼此作用形成较大的聚合分子并牢固附着在固体表面上。这种聚合膜对电真空器件非常有害，但是可以利用分子聚合现象的机理制成无油高真空（或超高真空）系统中应用的“离子阱”。在真空系统中，离子阱利用磁控放电作用产生离子将沉积在阱壁上的油分子轰击成碎片，并产生聚合物吸附在阱的内壁上变为固态聚合膜，以阻止它们进入无油高真空侧。

当轰击的电子能量在 250～300eV 时，聚合物的形成速度最高。在此能量下，在很小的电流密度（30～40μA/cm^2）下便可观察到聚合现象。

（3）二次电子发射。电子轰击固体时会产生一定数量的二次电子，其产额取决于一次电子能量和固体的二次发射系数。二次电子产额开始随一次电子在固体中穿透深度的增加而增大，并在某一深度处达到最大值。但当电子穿透深度更大时，激发的二次电子难以脱出，产额又逐步减少。

由于二次电子的飞出方向是任意的，凡电位高于阴极的电极都可能受到轰击。而绝缘材料的二次发射系数均大于 1，当其受到高能电子轰击时，表面往往带正电位，因而招致更多的电子轰击，使氧化物不断分解并释放出 O_2。应当注意的是二次电子发射现象对电真空器件（特别是高电压器件）中的绝缘材料是有害的。

(4) 热效应。电子穿入固体后，通过与固体中的电子多次碰撞释放出自身能量，使固体温度上升。这种能量交换的效率随轰击电子速度的增加而增大，但是当电子速度过大时，由于相互作用时间短，交换效率反而下降。固体受电子轰击时，其最大发热部位不在表面，而是在体内的某一深度处。

另外，电子能量转换成热的效率随固体元素原子序数的增大而减小。对 Fe、Mo、W、Ta 等金属约为 60%～90%。

(5) 固体原子的蒸发。轰击入射的电子能够传递给固体原子的动能 ΔE 可近似表达为

$$\Delta E \approx 4Em_e/m \tag{2-43}$$

式中，E 为电子能量；m_e、m 分别为电子和原子的质量。

例如，能量为 500eV 的电子轰击 Cu 原子时，可传递的能量 $\Delta E \approx 1.7\times10^{-2}$ eV。

理论计算表明，要移出原子量为 10 和 200 的金属晶格原子，电子轰击能量应不低于 1×10^5 eV 和 1.1×10^6 eV。所以除非在高压电场下，一般真空器件的电子轰击除气可以不考虑固体原子的蒸发问题。

(6) X 射线辐射。被外来电子激发的电子或电子群在返回其原始正常能态时，常以光量子形式辐射出多余的能量。其振荡频率一般位于 X 光谱区。光量子频率越高，能量越大。由电子流能量转变为 X 射线辐射能的效率约为百分之几。

这种 X 射线辐射仅在高电压的真空器件中产生除气作用。在高压器件中，光量子能量较高，被周围电极吸收后会造成表面气体迅速脱附及某些化合物分解。

2.2.2.3 电子轰击除气的运用

电子轰击除气方法在纯金属阴极真空器件（X光管、振荡管等）中应用较多。它能除掉表面氧化膜和微突起，对改善器件尤其是高压电真空器件的特性好处很大。但是，对活性气体作用比较敏感的氧化物阴极器件，采用电子轰击要谨慎。因为电子轰击时放出的O^+、O和O_2活性很强，极易与其他不被轰击的金属形成氧化物和溶入金属体内，导致表面特性改变，阴极发射下降。因此，对此类器件进行电子轰击除气时，应注意控制除气时器件内的真空度，使放出的气体及时抽走。

电子轰击能够获得具有高吸附活性的清洁表面。但轰击一停止，它即迅速吸附空间的气体，造成真空度上升的假象。当器件再工作时，这部分气体又很快放出使真空度下降。这种现象在大功率电真空器件中最为明显，因此应在除气终了时使器件保持较高的本底真空度。

电子轰击除气有两种放电方式：低压直流电子轰击和高压脉冲电子轰击。常用的是低压直流轰击方式。低压直流电子轰击的缺点是电子能量（1×10^4 eV）与穿透深度小，除气效率较低。高能电子脉冲轰击中，高能电子可以沿着曲折的路径穿过氧化膜，从而增大氧化物分子的离解几率。因此，在电极耗散的平均功率相同时，高能电子脉冲轰击的除气效率可显著提高。另外，其最大特点是轰击时产生的热量进入金属的深度小，当脉冲宽度达到毫秒级时，深度才能增加到1mm。一般为提高效率，在开始轰击时可用较高的电压，随着氧化膜的去除，放气率的逐渐减小，轰击电压也要相应降低。

2.2.3 离子轰击除气

离子轰击固体工件表面不仅能加热工件表面，而且能溅射去除表面层，清洁表面。利用离子源或空间辉光放电而产生的气体离子轰击工件材料的表面，使吸附在材料表面层的污染物（吸附气体、氧化物等）发生溅射作用而分解解吸出来。由于重离子的溅射作用比较强烈，因此常将惰性气体离化作为轰击离子。用于离子轰击除气的离子能量一般为200～1000eV。

一般离子与金属组合的溅射阈能约为15～30eV，这个阈能随轰击离子质量的增加而降低，同时阈能与被溅射金属的升华热并无严格的对应关系。表2-17给出了某些真空常用金属材料的溅射阈能与升华热。

表 2-17 在离子轰击下某些金属材料的溅射阈能及升华热

金属材料	溅射阈能/eV				升华热/eV
	Ar^+ 轰击	He^+ 轰击	Ne^+ 轰击	Xe^+ 轰击	
Ni	21		23	20	4.41
Cu	17		17	15	3.53
Al	13		13	18	
Fe	20		22	23	4.12
Co	25		20	22	4.40
Cr	22		22	20	4.03
Ti	20		22	18	4.40
W	30	20	33	28	8.80
Mo	24		24	27	6.15
Ta	25		26	30	8.02
Ag	15	12	12	17	2.84
Au	20		20	18	3.90
Zr	22	15	23	25	6.14
Pt	25		27	22	5.60

离子溅射率（产额）与入射离子的能量、质量、入射角和被轰击材料的种类及温度等多种因素有关。常用真空材料的离子溅射率递增顺序是：Ta、Al、Mo、W、Ni、Fe、Pt、Cu、Au、Ag 。溅射率还和金属的晶格结构及其表面状态有关。具有六方晶格（如 α-Fe、Mg、Zn、Ti、α-Zr、α-Ce、α-Co）和氧化表面的金属，要比面心立方晶格（如 Sr、Th、γ-Fe、β-Co、Ni、Pt、Ir、Cu、Ag、Au、Al、Pb）和清洁表面的金属溅射率值低。

表 2-18 给出了相对于不同能量的 Ar、Ne 离子对不同材料的溅射率。

表 2-18 各种材料的溅射率

材 料	Ar^+					Ne^+				
	轰击离子能量/eV									
	100	200	300	600	1000	100	200	300	600	1000
Al	0.11	0.35	0.65	1.24	1.0（111 面）	0.031	0.24	0.43	0.83	
Si	0.07	0.18	0.31	0.53		0.034	0.13	0.25	0.54	
Ti	0.081	0.22	0.33	0.58		0.08	0.22	0.30	0.45	
Cr	0.30	0.67	0.87	1.30		0.18	0.49	0.73	1.05	
Fe	0.20	0.53	0.76	1.26	1.33	0.18	0.38	0.62	0.97	0.85

续表 2-18

材料	Ar⁺					Ne⁺				
	轰击离子能量/eV									
	100	200	300	600	1000	100	200	300	600	1000
Co	0.15	0.57	0.81	1.36		0.084	0.41	0.64	0.99	
Ni	0.28	0.66	0.95	1.52	2.21	0.22	0.46	0.65	1.34	1.22
Cu	0.48	1.10	1.59	2.30	2.85	0.26	0.84	1.20	2.00	1.88
Zr	0.12	0.28	0.41	0.75		0.054	0.17	0.27	0.42	
Nb	0.068	0.25	0.40	0.65		0.051	0.16	0.23	0.42	
Mo	0.13	0.40	0.58	0.93	1.13	0.10	0.24	0.34	0.54	0.49
Ag	0.63	1.58	2.20	3.40	3.80	0.27	1.00	1.30	1.98	2.40
Ta	0.10	0.28	0.41	0.62		0.056	0.13	0.18	0.30	
W	0.068	0.29	0.40	0.62		0.038	0.13	0.18	0.32	
V	0.11	0.31	0.41	0.70		0.06	0.17	0.36	0.55	
Be	0.074	0.18	0.29	0.80		0.012	0.10	0.26	0.56	
Au	0.32	1.07	1.65	2.43(500 eV)	3.60	0.20	0.56	0.84	1.18	2.10
Pt	0.20	0.63	0.95	1.56		0.12	0.31	0.44	0.70	

离子轰击的溅射产物主要是中性原子，但也有氧化物及正或负的离子。离子轰击金属氧化物的溅射率比纯金属低得多。另外，离子轰击除气方法一般不能用在电真空器件中，因为离子轰击对器件阴极的危害很大。

2.3 玻璃及陶瓷材料的除气

2.3.1 玻璃材料的除气

对玻璃高真空系统或超高真空系统中的玻璃元件材料来说，将其所含的气体从其中排除是非常重要的。只要对材料施加一定的能量并且能量被其所含的气体吸收，就会使材料产生某种程度的放气。放出的主要气体种类取决于所加能量的形式：烘烤加热主要放出水，电子轰击放出氧，紫外线和 γ 射线照射放出氢和水，对硼玻璃进行中子轰击可放出氦。

虽然在常温下玻璃本身固有的蒸气压很低（$10^{-13}\sim10^{-23}$ Pa），但是在玻璃的制备过程中，气体被捕获于玻璃内部成为合成产物，而且还被吸附在表面上，这些气体主要由 H_2O（约 90%）、CO_2 和 O_2 组成。特别是当玻璃处于蒸汽中时，其表面的硅胶呈海绵状，大量的水蒸气吸附在其中。因而在真空环境中使用的玻璃至少应该在其最高工作温度下进行彻底的烘烤除气。

玻璃在烘烤加热时的气源主要来自表面、表层和内部3个方面。

A 表面

玻璃表面存在大量的OH^-，对水的亲和力很强，因此玻璃表面吸附了大量的水分子（包括少量的CO_2）。这部分气体与表面的结合力较小，属于物理吸附和弱化学吸附，吸附热约为20.93～46.06kJ/mol。一般在真空中加热到150～200℃时，这些吸附气体在几分钟之内即可从大部分玻璃上解吸。

B 风化表层

玻璃存在一个独特的风化表面层。含碱性氧化物越多的玻璃（钠玻璃、铅玻璃等）因其碱性氧化物化学稳定性差，易受水汽侵蚀，所以越容易风化。风化层厚度一般为几微米，所含气体主要是H_2O，其气体量约为10^{-2}Pa·L/cm^2。玻璃如果长时间处于高温、潮湿的环境中，风化层还会加厚，甚至使玻璃失去透明性，这时的含气量将显著增大。在常用的玻璃中，只有铝硅玻璃由于其成分中含有较多的Al_2O_3，使其抗水性能大大增强，因此没有风化层。

除掉表层内的气体需要在300～400℃的温度下加热1h左右。玻璃表层中的水分子的扩散激活能约为83.74kJ/mol，当玻璃在真空中加热到300～400℃左右时，水可从Si—OH—OH—Si结构中平稳脱出，形成了Si—O—Si + H_2O，并使玻璃的风化层复原。

玻璃风化层是玻璃的重要气源，如能预先除掉，则排气时的出气量可显著降低。已风化的玻璃在相对湿度小于60%的干燥空气中加热到450℃，约1h后可以除去风化层，其效果与真空除气相当。玻璃的风化层也可以用浓度为1%的HF酸去除。但氟会被玻璃吸收，当电真空器件除气烘烤时，氟会释出使阴极中毒。因此电真空器件不能用该方法。

C 体内

玻璃体内含有大量的气体，主要是H_2O及少量的CO_2、O_2和SO_2。这些气体是在玻璃熔炼和热加工期间溶解进去的，其浓度与碱金属含量有关，普通玻璃的含气浓度约在10Pa·L/cm^{3}以下，无碱玻璃（难熔玻璃）只有该值的1/100。玻璃体内的OH^-主要靠替位式扩散向表面迁移，扩散速率很低而且需要很高的扩散激活能。只有当加热温度高于

450℃时，玻璃体内才产生缓慢放气现象，而且放气过程与温度成指数关系。因此为使在真空环境下工作的玻璃得到彻底地除气，一般要将玻璃元件加热到玻璃的应变点（即黏度为 $10^{13.5}$ Pa · s 时的温度）以下几十度进行较长时间的烘烤除气。如果玻璃的工作温度不超过 300℃，则体内放气对器件的真空度几乎没有影响，可以不考虑。

表 2-19 给出了几种常用玻璃加热时各部位的出气比例及出气总量。由表中可以看出，玻璃加热时的出气主要来自表面和表层，内部出气的比例较小。其中铝硅玻璃的出气几乎全部来自表面。这种玻璃能烘烤到 600 ～ 650℃，其出气量和渗气率远低于其他玻璃，是一种优良的真空材料。

表 2-19　几种常用玻璃加热时的出气量与各部位出气比例

玻璃种类	加热参数	出气总量 (H_2O+CO_2) /Pa · L · cm^{-2}	各部位出气比例/%		
			表　面	表　层	内　部
钠钙玻璃	380℃，2h	3.46×10^{-2}	58	31	11
硼硅玻璃	380℃，2h	11.04×10^{-2}	60	32	8
铝硅玻璃	380℃，2h	1.60×10^{-2}	约 100		约 10^{-3}

图 2-16 示出了几种玻璃出气量随温度的变化。由图可见，每种玻璃都有一个明显的出气量峰值，主要是由表面和表层的出气所造成的。其特点是出气量较大，但持续时间较短。当温度继续升高（硼硅玻璃约

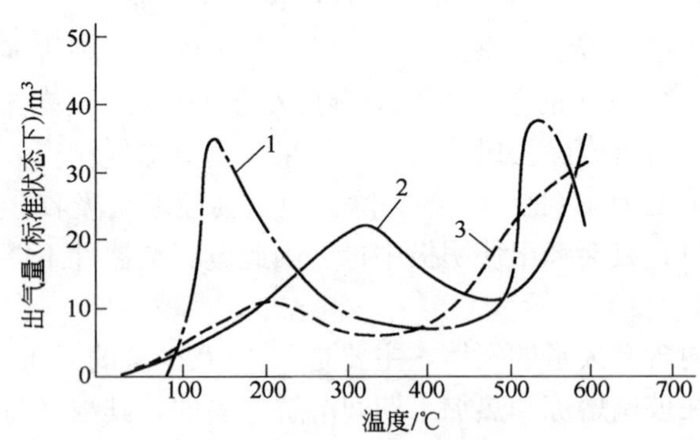

图 2-16　几种玻璃出气量随温度的变化曲线

1—钠钙玻璃；2—硼硅玻璃；3—铅玻璃

（试样面积 350cm²，在每个温度下的加热时间为 3h）

为480℃，钠钙玻璃约为420℃，铅玻璃约为330℃），出气量逐渐下降并达到某一最低点 A，此时出气量较低，但持续时间很长。玻璃在该温度下的出气特性符合 Fick 扩散定律。当玻璃的除气温度进一步升高超过 A 点所对应的温度后，出气率又迅速增大，这是玻璃开始发生热分解的标志。因此玻璃的最高除气温度一般不应超过 A 点的温度。

如果想要去除玻璃元件中的氧或表面的氧化物，则可在高真空下烘烤除气的同时进行电子轰击除气。电子的轰击能量为10～25keV，电子轰击时玻璃所放出气体的95％是氧气，其余的主要是二氧化碳和氢。当在350℃下进行电子轰击时，会加速氧在玻璃中的扩散放出。

2.3.2 陶瓷材料的除气

陶瓷烘烤加热时的出气量和气体成分与陶瓷的组成和结构有关。几乎任何陶瓷都有微孔，能吸收一定量的水分。陶瓷中的玻璃相与玻璃一样亲水，故玻璃相百分比高和粗糙多孔的陶瓷，在加热时均会放出大量的水汽。在同一温度下，多孔陶瓷（烧结温度1550℃）的出气率比相同成分的真空密实瓷（烧结温度1750℃）高几倍，其出气成分主要是水、二氧化碳和一氧化碳。两者的比较见表2-20。

表2-20 相同成分的多孔陶瓷与真空密实陶瓷在500℃烘烤时的出气量

陶瓷种类	出气量/Pa·L·g^{-1}				出气总量 /Pa·L·g^{-1}
	H_2	$CO + N_2$	CO_2	H_2O	
多孔陶瓷	1.12×10^{-1}	2.53×10^{-1}	1.27×10^{-1}	7.31×10^{-1}	12.23×10^{-1}
密实陶瓷	0.15×10^{-1}	0.17×10^{-1}	0.21×10^{-1}	0.97×10^{-1}	1.50×10^{-1}

陶瓷零件在装配前可预先在真空室内烘烤除气，烘烤温度800～1000℃。装入真空系统内的陶瓷件的除气温度一般选为450～500℃，保温几小时，可使材料的表面出气率减少到 10^{-11} Pa·m^3/（m^2·s）。

对于在真空封闭环境中使用的器件（如真空管等），可以用多孔陶瓷做内部构件。在其排气时进行严格的烘烤加热除气，在器件封离后，多孔陶瓷的表面能吸附大量气体，有助于保持器件内的真空度。但是对于不能进行充分烘烤除气的器件，最好采用真空密实陶瓷。

陶瓷经研磨后可以降低出气率。但陶瓷研磨后要彻底洗净，否则出气量会大大增加。研磨后，一般用纯净溶剂加超声波去除油污和粘附的微粒，再在真空或干燥空气中进行800～1000℃的焙烧。这样，陶瓷件在真空中的出气量可大大降低。经过以上处理的陶瓷件在真空中经450℃或更高温度下烘烤数小时后，室温出气率可降至 10^{-13} Pa·L/(cm²·s)。

相同尺寸的氧化铝陶瓷、滑石陶瓷、镁橄榄石瓷棒，经过去污、丙酮清洗、空气焙烧及真空中800℃除气10min的预处理后，再在400℃温度下长时间（40h）除气时的出气成分与出气量（Pa·L/g）为：H_2，1×10^{-3}；$CO+N_2$，1×10^{-4}；CO_2，2.5×10^{-4}；O_2，2.5×10^{-5}。这几种陶瓷如果不经预处理，则加热到900℃时的出气量约为2.4～3.3Pa·L/g。

总的说来，陶瓷的出气率要远远低于玻璃的出气率。陶瓷件经过清洁处理与除气后，应存放在真空或干燥清洁环境中。在器件的装配过程中，要严防陶瓷件受到污染，特别是有机物的污染，否则出气量会显著增大并降低其表面绝缘性能。

2.4 金属材料的除气

金属材料在熔炼与加工过程中会溶解和吸收一定量的气体。当金属处于真空状态下时，这些气体就会不断放出，其放气速率取决于气体与金属的结合能、烘烤加热温度（或粒子轰击能量）及金属的含气量。

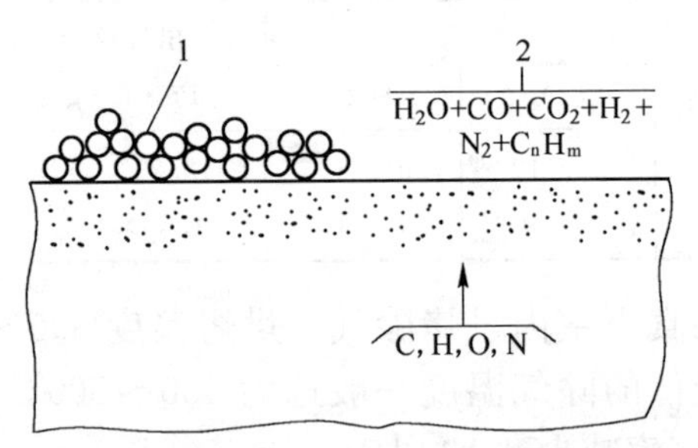

图 2-17 金属出气示意图

1—表面吸附气体；2—表面化学反应产生的气体

金属的出气主要来自两个方面（参见图2-17）：表面脱附的气体和表面化学反应产生的气体。

2.4.1 表面吸附气体的除气

金属表面上所吸附的气体包括物理吸附和化学吸附两种气体。物理吸附的吸附热一般小于42kJ/mol，相当于气体分子在表面的凝聚。化学吸附的作用力是化学键力，比物理吸附力强得多，气体分子与固体表面原子间发生化合作用，或分子离解成离子被化学键吸附在表面上。

表面气体量的多少主要与表面状况，如粗糙度、氧化层的性质与厚度、污物种类和数量等有关。表面越粗糙或形成疏松多孔的氧化层，则吸附的气体量将显著增大。通常金属表面都会生成厚度为 10～1000nm 的多孔性氧化膜。面积为 $1cm^2$，厚 100nm 的氧化膜可以吸附相当于 100 个水分子层的水汽量（25℃时，一个分子层相当于 $1cm^2$ 表面有 10^{14} 个分子或 10^{-3} Pa · L 气体）。

金属在真空中加热时，在 200℃以内主要是水及其他易挥发物质的脱附。在 200～250℃，表面的水很快（一般在几分钟之内）便全部放出，同时处于氧化层中的吸附水也开始释放，释放速率决定于水分子通过不同长度与直径的微孔或晶格与晶界（氧化物是多晶体时）的扩散速率。为加快这部分水汽的放出，需要烘烤到 300～400℃。

去除化学吸附气体所需的脱附温度 T_d，可按下面的经验公式计算：

$$T_d \approx 20E_d \quad K \tag{2-44}$$

式中，E_d是化学吸附激活能，它表征气体分子与表面结合的牢固程度。表 2-21 给出不同气-固组合的 T_d和 E_d值。由表可见，从不同金属上完全除掉同一种气体或从同一种金属上完全除掉不同的气体，其 T_d值相差很大。其中，O_2最难去除，需要很高温度，甚至远远超过金属的熔点。这表明氧与金属的结合非常牢固。因此，尽管 O_2在金属中的溶解度与 H_2相近，但金属加热时极少有 O_2放出。

表 2-21 不同气-固组合的 T_d和 E_d值

气-固组合		T_d/ ℃	E_d/kJ · mol^{-1}
金 属①	气 体		
Fe (1535)	O_2	1227	314
	N_2	527	167.5
	H_2	367	134
	CH_4	1087	285
	CO	367	134
Ni (1455)	O_2	2327	544
	CO	427	146.5
	H_2	327	126
	C_2H_4	887	243
W (3380)	O_2	3607	812
	N_2	1427	356
	H_2	627	188
	CH_4	1767	427
	CO	1727	419
	CO_2	2267	511

续表 2-21

气-固组合		T_d/ ℃	E_d/kJ·mol^{-1}
金 属[①]	气 体		
Ta (3030)	N_2 H_2 CH_4	2527 627 2487	586 188 578
Mo (2630)	H_2	527	167

① 括号内数字为金属熔点，℃。

2.4.2 表面化学反应产生的气体去除

金属加热到 600℃以上时，溶解在金属体内的各种杂质（如在金属熔炼过程中溶解的气体、坩埚材料及添加剂等）原子以不同速率向表面扩散。它们在表面复合成分子，或与表面氧化膜作用，生成 CO、CO_2、H_2O、H_2、N_2及 C_nH_m 等并脱附到真空容器空间中。CO、CO_2是由体内扩散到表面的碳原子与表面氧化物或气相中的 O_2 和 H_2O 反应生成的。

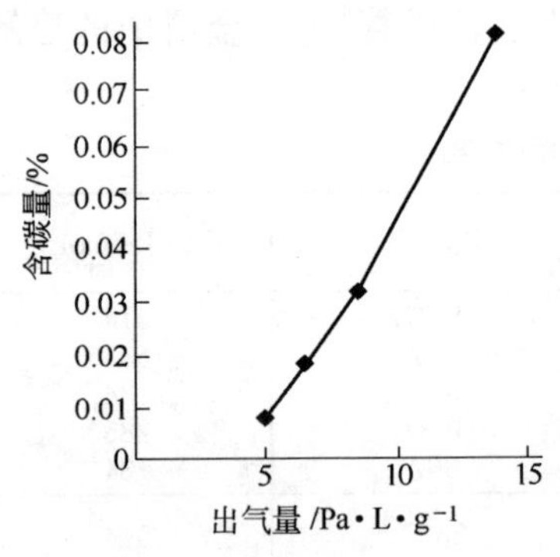

图 2-18 钢片在 850℃温度下加热 4 min 时放出的 CO 和 CO_2 量与含碳量的关系

Ti、Ta、Al 等金属几乎在任何温度下都放出 H_2（出气总量的 90%～99%），Ni、Cu、Mo、钢等主要放出含氧气体，其量随温度升高而增大，在 1000～1200℃时能达到出气总量的 80%～90%。生成气体的种类和数量与反应物的种类和浓度有关。例如，富氧表面主要放出 CO_2，当表面碳原子浓度大于氧原子浓度时（碳原子扩散速度比氧原子约大 100 倍），主要放出 CO。表面氧化层及气相中的氧量如大于金属体内碳和氢的含量，则由表面反应造成的出气过程将一直进行到碳、氢耗尽为止。图 2-18 的试验曲线表明，Fe 和 Ni 的出气量与其含碳量有密切关系。

2.4.3 金属件除气的一般方法及工艺参数

一般情况下，真空系统中的金属件及真空室壳体可以用真空烘烤方法除气。除气在真空中进行时可以更容易地去除金属表面的易挥发杂质、氧化物和清洗后残留的各种有机和无机污物；可以借助于真空环境下的扩散作用去除金属体内的杂质原子，减少材料中的含气量。因为金属表面的解吸出气量和体内扩散出气量，都随温度的升高而增大，所以烘烤有助于除去金属材料吸附和溶解的气体。通常将金属材料加热到它能承受得住的最高温度下进行除气。

一般零件在装入真空系统之前应当在真空烘箱内进行除气。零件在除气前首先应进行表面去油；化学清洗去除表面的氧化物层和其他污染物，然后在真空内加热除气。真空除气通常在气体压力为 $10^{-2}\sim10^{-3}$ Pa 的真空室内进行。金属零件真空除气的最高温度，一般可选为材料的退火温度，这样在保证零件具有良好真空性能的同时，还可以消除掉零件加工过程中造成的内应力。常用材料的退火温度见表 2-22。对于支架和弹簧等预应力零件，烘烤温度应低于退火温度；铝零件因熔点较低，所以烘烤温度不能超过 500℃；对于厚壁或直径大的零件，则应适当延长烘烤（退火）时间。

表 2-22 常用材料的最高烘烤除气（退火）温度

<table>
<tr><th colspan="3">材料名称</th><th>最高烘烤（退火）温度/℃</th><th>保温时间/min</th><th>真空度/Pa</th></tr>
<tr><td colspan="3">无氧铜</td><td>700～800</td><td>10～120</td><td>$1\times10^{-2}\sim1\times10^{-3}$</td></tr>
<tr><td colspan="3">可伐</td><td>800～880</td><td>30</td><td>$3\times10^{-2}\sim5\times10^{-3}$</td></tr>
<tr><td colspan="3">镍</td><td>800～900</td><td>5～10</td><td>$3\times10^{-2}\sim5\times10^{-3}$</td></tr>
<tr><td colspan="3">钼</td><td>950～1000</td><td>5～10</td><td>$3\times10^{-2}\sim1\times10^{-3}$</td></tr>
<tr><td colspan="3">不锈钢</td><td>950～1000</td><td>20～90</td><td>$5\times10^{-3}\sim1\times10^{-3}$</td></tr>
<tr><td colspan="3">纯铁</td><td>900～1000</td><td>10～30</td><td>$1\times10^{-2}\sim1\times10^{-3}$</td></tr>
<tr><td colspan="3">铁镍合金</td><td>750～800</td><td>5～10</td><td>$1\times10^{-2}\sim1\times10^{-3}$</td></tr>
<tr><td colspan="3">康铜</td><td>800</td><td>5～15</td><td>$1\times10^{-2}\sim1\times10^{-3}$</td></tr>
<tr><td rowspan="2">钛</td><td rowspan="6">厚度/mm</td><td>≥0.5</td><td>900～1000</td><td>15～30</td><td rowspan="2">1×10^{-3}</td></tr>
<tr><td>≤0.3</td><td>700</td><td>10～15</td></tr>
<tr><td rowspan="2">钽、铌</td><td>≥0.5</td><td>1200</td><td>10～15</td><td rowspan="2">$1\times10^{-3}\sim1\times10^{-4}$</td></tr>
<tr><td>≤0.3</td><td>1100</td><td>10～15</td></tr>
<tr><td rowspan="2">锆</td><td>≥0.5</td><td>700</td><td>10～15</td><td rowspan="2">$\leqslant5\times10^{-2}$</td></tr>
<tr><td>≤0.3</td><td>650</td><td>10～15</td></tr>
</table>

试验表明，对于真空工程中常用的不锈钢及铝（或铝合金）材料来说，烘烤加热除气和辉光放电除气后的出气率大致相同，但是解吸物的组分却不相同。在烘烤除气中的试件样品的残余气体主要由 CO_2、CO、H_2O 及 H 组成，而辉光放电除气试样的残余气体主要成分则为 H（不小于 95%）。

2.5 电真空器件的除气

将总装封焊好的器件抽真空并对外壳、电极及消气剂等进行适当处理，使之达到一定的真空要求的过程称为除气。各种长寿命、高可靠性器件的除气，不仅要求较高的真空度，而且要求控制残余气体的组分。

除气是电真空器件制造过程中的关键工序之一，在器件制造工艺中存在的一系列问题，如材料质量、零件热处理、清洗工艺等，都将通过除气工序综合反映出来。除气不良对器件质量的影响主要表现在：

（1）残余气体中的某些成分与阴极发生有害的化学反应，损害阴极的发射能力；

（2）残余气体电离形成大量的正离子使空间的电子电荷部分中和，造成电位分布畸变，影响器件的特性，如使栅流增高、噪声增大等；另外，正离子在电场作用下飞向低电位电极（特别是阴极），使电极表面产生溅射，溅射物沉积到其他电极和绝缘体上，可能引起漏电、打火、二次发射等现象；

（3）某些残余气体会加快器件内的物质迁移过程。实验表明，器件内侵蚀性气体（SO_2、Cl_2、O_2 等）的分压力较高时，某些金属（如 Cu）在低温下即能迅速蒸发。

电真空器件除气的目的就在于获得并保持器件能正常工作的良好真空环境。电真空器件本身是一个非常复杂的物理-化学系统，在它里面同时进行许多物理、化学过程，包括吸附和脱附、扩散及迁移、化合与分解等等。这些过程的进行方式与程度与除气工艺关系很大。因此，在制订除气工艺规范时，必须根据器件的结构特点、性能和寿命要求，综合考虑如下因素：

（1）器件所用材料的理化及真空性能，以及真空中的物质迁移过程；

（2）阴极、消气剂与各种气体组分的相互作用，以及它们在除气过程中发生的物理、化学变化；

(3) 真空排气系统的正确选择与使用。

2.5.1 器件外壳的除气

玻璃外壳的器件，一般可用高温烘烤除气。

玻璃在高温下容易发生热分解现象，热分解产物对电极的损害很大，例如，硼硅玻璃的热分解产物会显著降低电极间的击穿电压；含卤素化合物的玻璃在高温下会放出 F、Cl 等元素使阴极中毒从而丧失发射能力。热分解产物的放出量与它们在玻璃中的含量和烘烤温度有关。因此，从减少热分解和保证除气效果来考虑，玻璃在除气时不能进行长时间的高温烘烤。

一般硬玻璃在 450℃下烘烤 1～2h 即可，为了防止玻璃在排气期间再吸气，可以在排气期间将温度保持在 250～300℃。陶瓷中的某些氧化物杂质在高温下也会分解，如硅酸盐陶瓷中普遍含有 Fe_2O_3，在 800℃时分解压高达 10^{-4}Pa，可以持续不断地放出氧气。因此在一般情况下，陶瓷器件的烘烤温度不宜超过 650℃。

通常，金属外壳器件的烘烤温度不大于 550℃。

烘烤除气装置一般采用真空烘箱，烘烤时的真空度一般应高于 10^{-2}Pa。采用真空烘烤除气即可以避免大气下烘烤除气时产生的腐蚀开裂现象，又可以加速金属管壳的除气。

2.5.2 器件内部电极的除气

玻璃外壳的器件，其阳极一般用高频感应加热法除气。阳极构成高频线圈的次级回路，感生的涡流使阳极温度迅速升高从而使吸附的气体放出。

金属外壳的器件由于不能用高频加热方法对内部电极除气，常利用电子轰击对电极（主要是阳极）进行除气。由于除气是在阴极激活后进行的，因此在除气时必须保持高真空状态，严格控制出气速率，以免损伤阴极。

电子轰击除气过程中，器件空间的气体分子受电子撞击形成正离子，在电场中被加速并轰击负电位电极，使电极的表面膜和材料本身发生溅射。当电子轰击的能量在 250～300eV 时，分子的聚合作用比较明显，这种聚合作用常使表面有机物生成稳定的半导体膜或绝缘膜，造成电极间漏电或因电子逸出功改变导致电参数不稳定。在电真空器件中，离子轰击对阴极危害最大。阴极涂层因离子轰击溅射产生凸凹不平的离子斑，造成发射不均匀，电子聚焦特性变坏（如行波管、显像管等），严重的可将涂层局部打光甚至将基体金属打穿。离子也可能轰击负电位的控制栅及电子束管中电子枪的调制极，破坏电极表面的 Au、Ag、Pt 等涂层，导致栅放增大。

离子轰击吸附有氧或卤素的电极时，会产生大量的负离子，负离子轰击高电位电极（栅控管内屏栅，显像管荧光屏等）时同样能形成离子斑，对电极表面造成破坏。

2.6 超高真空系统的烘烤除气

2.6.1 除气加热方法

一般超高真空系统的加热除气可以采用以下 4 种方法：（1）烘烤炉（箱）加热；（2）内部直接通电加热；（3）高频感应涡流加热；（4）电子束或离子束轰击加热。

方法（1）是最典型的均匀加热超高真空系统的方法。它限于 500℃以下的烘烤除气。

但要注意的是，一般超高真空系统是由导热性较差的材料（例如 304L 不锈钢的热导率仅为 0.16W/（cm·℃），而铜的热导率是 3.94 W/（cm·℃））制造和由热质量差别很大的许多分离的部件组成的，所以在烘烤时应注意，不要因为系统中的真空室和法兰的非均匀加热，而造成系统的温度均匀性很差，或者出现极端情况——真空室及其周边产生热变形。因此，为了保证其最佳工作性能，必须对如大法兰之类的部件采用辅助加热的方法，辅助加热所需的最佳功率应靠实验来确定。

如考虑经济原因，可为系统做一个简单的烘烤罩（最好是带有玻璃纤维棉的隔热保温体）。对于较大的系统部件，特别是金属壳体，即使是没有隔热体的烘烤罩，如使用绝缘加热带缠绕在壳体外部进行烘烤。也能大大改善系统的烘烤效果。最不好的方法是将某些加热片用螺栓直接与系统的主真空室相连加热，即浪费能量又不均匀。此时，可将加热器从该系统的器壁上移开一段距离，只要该距离有几个垫片的厚度，则薄壁真空室温度严重不均匀的问题可以得到很大改善。

方法（2)、(3）和（4）限于较小的零件，允许加热到很高的温度。高频感应加热限于加热处在玻璃或其他绝缘壳体内的零件。直接通电加热限于灯丝和高电阻零件，零件加热温度应高于其工作温度。电子束轰击加热可以使零件加热到超过 500℃，温度可由轰击的电参数所控制。离子束加热不仅能加热系统内的零件，而且还能溅射去除表面层原子，清洁表面。

另外，还可以使用惰性气体（常用氩气）辉光放电离子溅射来处理金属壳体，例如粒子加速器壳体。处理时氩气的分压力为 10^{-2} Pa。

2.6.2 烘烤温度与时间的选择

在所有的高真空系统中，特别是超高真空系统的应用中，将气体从构成真空系统的材料中放出并排除掉是非常重要的。在超高真空条件下，器壁表面实际上并未与环境气氛处于平衡状态，而是覆盖着一层可凝性气体，其含量远远超过平衡状态下的含量，所以在超高真空区域，器壁的放气率只取决于抽气时间和表面的经历，而与系统的总压力无关。

一般情况下，不锈钢超高真空系统的极限烘烤温度为 450℃左右，但是某些试验研究表明：在系统的除气过程中，烘烤温度不需要特别严格规定，而系统各处温度的均匀性要比烘烤温度重要得多。最好的方法是尽可能均匀地烘烤整个系统，而烘烤温度在 150～250℃比较合适。图 2-19 所示的是系统保留的不同比例的未烘烤部分对整个系统极限压力所产生的影响效果（烘烤温度 300℃)。由图 2-19 可见保留的未烘烤的表面积虽然仅占整个系统的百分之几，但对系统的最终压力的影响却很大。

如果在系统内部的某种材料不能承受 150℃的温度或者某些重要部件的热膨胀可能引起麻烦时，就应选择较低的烘烤温度，但一定要对系统所有的部件都要尽可能地均匀烘烤，而且烘烤所持续的时间应加长。

如果系统表面上附有高结合能的物质，则需要较高的烘烤温度才能有比较理想的放气率。当无法对系统整体进行均匀烘烤，例如，当真空室内装有热容量大的法兰或有绝热的装置时，对它们进行均匀烘烤十分困难，则需要选择较高的烘烤温度。

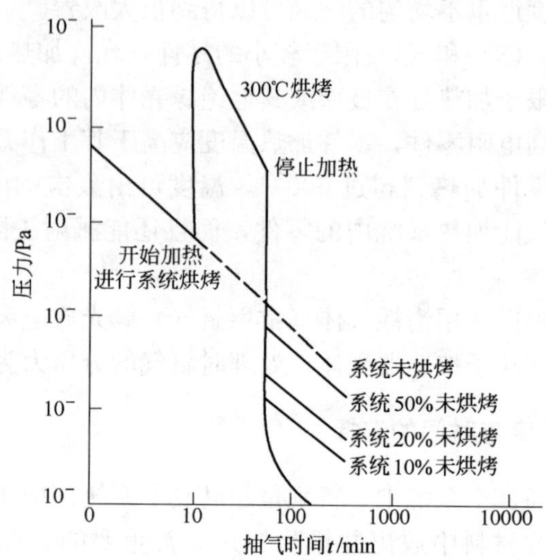

图 2-19 真空系统烘烤均匀性对系统压力的影响

2.6.3 循环使用的超高真空系统的除气

在必须有效且频繁、循环使用的超高真空系统中，最好的办法是利用真空转换室（锁）将工件引入到真空工作室中，以避免整个系统全部暴露在大气中。

当真空工作室必须暴露在湿度较大的大气环境中时，吸附在系统器壁上的气体主要是水蒸气，建议：(1) 真空室敞开的时间应尽量短，最好少于 2min；(2) 在抽气开始时，应该用干燥的氮气或干燥空气对系统进行充气，使干燥气体从系统内向外流动，以达到冲刷携带水蒸气的目的；(3) 若系统对大气敞开的时间较长时（几分钟至 1h），最好在敞开时将真空室的器壁加热，以减少气体的凝结。而且在抽气时应再对系统进行烘烤加热除气，去除表面的吸附气体，否则系统达不到超高真空。

2.6.4 高能粒子轰击除气

高能粒子包括具有一定能量的电子、光子和重粒子（质子、中子、离子和原子），当高能粒子轰击真空室内的表面时，都可能引起吸附于表面的气体释放出来，甚至会引起表面物质的溅射，这也是超高真空容器内的气体源。

高能粒子轰击除气现象有某些实际应用。例如：辉光放电氩离子轰击真空容器表面除气，电子轰击电极表面除气和电极块除气；重粒子对材料表面溅射剥蚀和清洁表面，溅射粒子沉积到其他表面的镀膜，活性金属溅射粒子沉积过程中的吸附抽气；重粒子对材料表面的掺杂和刻蚀等等。

在有些场合下，高能粒子轰击除气会破坏真空室内的工作真空条件。例如，正负粒子对撞机的环形真空室即贮存环的器壁，遭受加速粒子的轰击后会放气破坏已达到的极限压力，其出气率高于热烘烤除气率，会使系统压力升高 2～3 个数量级。同步辐射器电子贮存环的壁，在高速转圈电子产生的电磁辐射的辐照下会出气破坏已达到的极限压力，系统压力会升高 1～2 个量级；可控核聚变反应真空室壁，受从等离子体中逃逸出的高能粒子轰击会产生杂质气体，严重影响等离子体的浓度和温度等等。因此，高能粒子轰击表面引起的除气现象，在超高真空技术的工作中必须引起充分的重视。

2.7 烘烤除气装置

烘烤除气装置常用电阻丝及红外管加热器作为加热元件。红外管加热器使用安全可靠、寿命长，但被烘烤真空系统的形状受到一定限制。电阻丝使用方便、价格低廉，而且被烘烤设备的形状不受限制。

烘烤除气装置根据被烘烤对象的形式可大致分成下面几种类型：

(1) 整体真空烘箱。整体式真空烘箱适用于玻璃真空系统、小型部件及电子器件的烘烤除气。

常用的真空烘箱有两种结构：加热器放在真空罩中的内热式烘箱和放在真空罩外部的外热式烘箱，其示意图见图 2-20。内热式烘箱的加热器不能使用普通电炉丝，因为它们在真空中容易蒸发。所以常用钨或钼丝作加热器。外热式烘箱利用不锈钢钟罩将加热器与被加热部件隔开，部件依靠钟罩加热后产生的辐射热加温。其优点是加热温度均匀，避免了加热器直接面对部件带来的蒸发物污染问题。此外，由于加热器可以从钟罩上取走，因此被加热部件冷却快，使用方便。

真空烘箱的真空度一般应高于 10^{-2} Pa。真空度过低会影响除气效

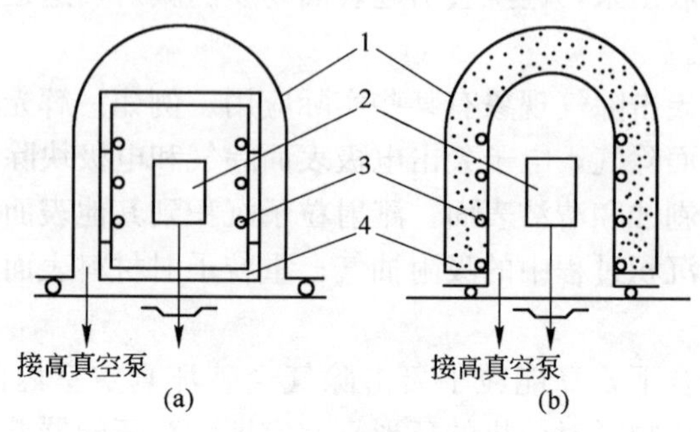

图 2-20 真空烘箱结构示意图

(a) 内热式；(b) 外热式

1—烘箱钟罩；2—被加热器件；3—加热器；4—隔热屏（保温套）

果，还容易产生放电甚至电弧现象，另外发热材料容易氧化并蒸发污染被加热部件。

真空烘箱的一个附带用途是通过改变烘箱内的气压对被加热器件进行高灵敏度的快速检漏。

（2）分离式烘箱。即将整体烘箱分成几块电热板，使用时通过连接件组合起来。这种烘箱对被烘烤对象的形状适应性强，适用于形状复杂的真空设备的烘烤。

（3）用电阻丝和玻璃纤维布做成“烘烤带”，包在被烘烤设备的外部对设备进行加热除气。这种形式适用于形状复杂真空系统及设备的临时性烘烤或局部烘烤。

（4）在真空设备外部敷上红外管加热器对设备进行加热。适用于大型、中型真空设备的烘烤。

3 真空系统的检测技术

3.1 真空测量仪表与规管的选用和安装

3.1.1 真空仪表的选用

由于低于大气压的气体全压力测量的范围很广，而且存在着各种气体成分组合、各种气流状态、不同环境条件等因素，情况比较复杂。因此应根据实际情况，从以下几个方面考虑选用适用的真空测量仪表和测量方法。

(1) 测量范围：应具有足够的测量范围。一般要求真空仪表的测量范围至少比被测真空度范围宽 1～2 个数量级以上。

(2) 测量精度：真空计及测量方法应具有足够的测量精度，有些场合还需要考虑重复性和可靠性。

(3) 所选真空规与被测气体间的相互作用：真空规的吸气与放气量小，尽量减少对被测系统的影响。

(4) 被测气体成分的性质：被测气体的种类对测量结果的影响小，气体对仪表应无损害。

(5) 被测气体的状态：根据需要应能测量气体和蒸汽的全压力。

(6) 应能连续指示和测量，必要时还需考虑自动控制和远距离测量。

(7) 仪表和规管应反应速度快、反应时间短、稳定可靠、结构牢固、寿命长。

(8) 安装使用方便、维修简单、对操作人员无害。

各种类型真空计（规）的性能比较见表 3-1。表 3-2 给出在不同真空应用区域内真空测量仪表的选用。

在真空设备中，有时往往不是用一种测量仪表就能解决问题的，而需要根据具体情况来决定选用两种或两种以上的测量仪表以互补彼此的不足和满足所需要的真空测量范围。

表 3-1 各种真空规的性能比较

名 称	量程/Pa	测量精度/%	反应时间	备 注
汞U形压力计	$10^5 \sim 10^2$	10	数 秒	灵敏度与气体种类无关。
油U形压力计	$2\times10^3 \sim 1$	1	数秒～数分钟	绝对真空计，可作为标准
压缩式真空计	$10^3 \sim 10^{-3}$	<3	测一次数分钟	绝对真空计，可作为高真空标准
布尔登规 机械膜盒规 电容薄膜规	$10^5 \sim 10^3$ $10^5 \sim 10^2$ $10^3 \sim 10^{-2}$	<10 <10 <1	数秒 数秒 <1s	灵敏度与气体种类无关，要进行校准
电阻计 热偶计 热敏电阻计	$10^4 \sim 10^{-2}$ $10^2 \sim 10^{-1}$ $10^2 \sim 10^{-1}$	10～100	定温型约1s 数秒 数秒	灵敏度与气体种类有关，容易变化
电离规 B-A规	$10^{-1} \sim 10^{-5}$ $10^{-1} \sim 10^{-8}$	10～20	0.001s	灵敏度与气体种类有关
α-规	$10^5 \sim 10^{-2}$	10	0.1s	灵敏度与气体种类有关
潘宁规 磁控规	$1 \sim 10^{-5}$ $10^{-1} \sim 10^{-4}$	20～50 超高真空下仅有指示意义	0.1s	灵敏度与气体种类有关，规对气体的抽速大
克努曾规	$10^{-1} \sim 10^{-5}$	百分之几	数秒～数十秒	理想情况下（$\alpha=1$）为绝对真空规，灵敏度与气体种类无关
黏滞性规	$10 \sim 10^{-4}$	百分之几十		灵敏度与气体种类有关

表 3-2 真空仪表的选用

真空应用区域	真空测量仪表	备 注
粗真空 （<101325～1000Pa）	1. 普通真空应用设备可用弹簧管真空表； 2. 有腐蚀性气体场合可用电容式薄膜真空计； 3. 较精密的测量场合可用U形真空计	同时要求测量粗真空到低真空范围时可用： 1. 振膜式真空计； 2. 电容式薄膜真空计； 3. 放射性电离真空计（需采取防护措施）
低真空 （$10^3 \sim 10^{-1}$Pa）	1. 仅用作粗略指示时，可用电火花真空指示器； 2. 一般场合下可用热偶真空计或电阻真空计； 3. 较精密测量时可用： (1) 压缩式真空计； (2) 电容式薄膜真空计	

续表 3-2

真空应用区域	真空测量仪表	备　注
高真空 (10^{-1}～10^{-6}Pa)	1. 主要用电离真空计； 2. 压缩式真空计； 3. 对放气量较大的真空设备及要求不高的场合，可用冷阴极电离真空计	在要求同时测量低真空和高真空时可用： 1. 复合真空计； 2. 高压力电离真空计
超高真空 (10^{-6}～10^{-10}Pa)	1. B-A 式电离真空计； 2. 冷阴极磁控式电离真空计	同时测量低真空到超高真空时，可用宽量程超高真空计或复合式超高真空计
极高真空 (低于 10^{-10} Pa)	1. 冷阴极磁控式电离真空计； 2. 热阴极磁控式电离真空计； 3. 改进型 B-A 电离真空计	

3.1.2 真空规管的安装

真空计中测量真空度的传感元件是规管，真空规管的安装位置和方法是否正确，对测量精度有很大的影响，特别是在测量存在定向气流和温度不均匀等非静态平衡状态下的气体压力时更是如此，严重时会造成数量级的误差。安装规管时，需要注意下面问题：

(1) 真空规管的安装位置应尽量接近所要测量的部位，这一点对于大型真空设备来说尤为重要。原则上讲，规管安装到所需要测量真空度的位置上最好，但有时由于真空设备的结构及生产工艺的限制，例如真空冶炼中的尘埃和高温，真空蒸馏中的油蒸气，真空装置中的离子、热辐射、电磁场、低温以及金属蒸气等因素，都会沾污或严重影响真空计的测量结果。这样则不能将规管安装到所希望的位置上，真空规管就只能安装在离开真空容器一定距离的管道中（如图 3-1 中的位置 1 和 2）。

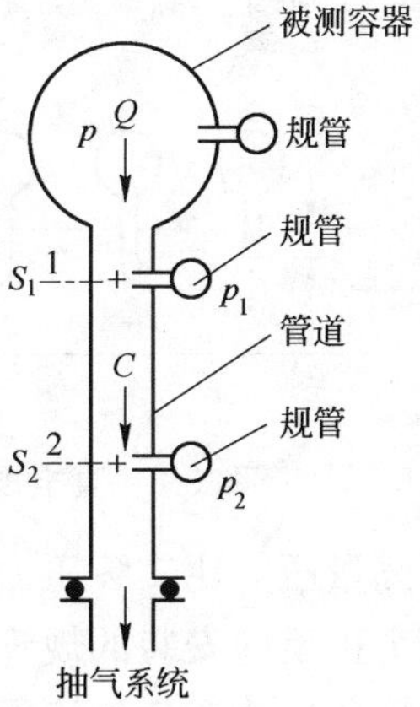

图 3-1 管路流阻形成的测量误差

若真空规管离开应测点较远时，就会因连接管道的气流阻力而造成测量误差。如图 3-1 所示的情况，显然在容器以及出口处 1 和远离容器的 2 处的测量结果各不相同，其中以接在容器上测得的压力为最高，即容器的实际压力为 p。但 1 处测得的结果 p_1 与 p 较为接近，而 2 处的压力 p_2 就较 p 和 p_1 为低。此时，应该考虑对测量结果进行修正。

设从容器中被抽走的气体流量为 Q，由于 1、2 位置间的管道的流阻的影响，1、2 位置间的压差为

$$\Delta p = p_1 - p_2 = \frac{S_2}{C} p_2$$

此处 C 为 1、2 点之间管道的流导，S_2、p_2 分别为位置 2 处的抽速和压力。

气体流阻的影响还与气体压力的高低（即气体分子运动状态）有关，在低压力（分子流状态）下的流导与管道直径的三次方成正比；在高压力（黏滞流状态）下的流导与管道直径的四次方成正比，同时气体的流导与管道的长度成反比。

因此，应该使真空规管的安装位置尽可能地接近被测点的位置。此外还应注意，在真空系统中存在气源的地方，一般不适宜安装规管。

（2）真空规管测量的压力为静压力（不能承受气体的流动压力），因而，规管的进气口方向应与真空管道内的气流方向垂直，见图 3-2 中规管 1 和 4。

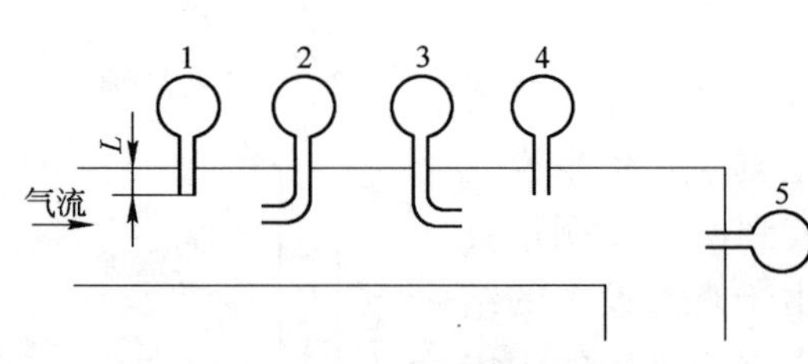

图 3-2　真空规管的安装方法

如果规管的进气口对着气流方向（见图 3-2 规管 2），气流流速造成的动压力，使测得的压力较实际压力高；但如果规管的进气口背对着气流方向（见图 3-2 规管 3），将使得测量压力比实际压力低。当气体压力较高，气流较大时，如图 3-2 中两个正反向安装的规管的测量结果可以相差 2 倍左右。

（3）为避免气流阻力（流导）和涡流的影响，真空规管不应该设置在管道的拐弯处，如图 3-2 规管 5。

（4）根据气体压力的高低来决定真空规管的导管在真空系统内是否

应该伸出或缩进。

当管道内为高真空及超高真空（低于 10^{-1} Pa）时，由于器壁的放气，可使靠近器壁处的压力高于管道中心位置的气体压力，为避免器壁放气对测量精度的影响，在系统设计时，应该使真空规管的接管超出器壁 10mm，见图 3-3（a）；但是在高压力（低真空）下（高于 10^{-1} Pa），由于气流速度一般较大，如果接管过长，会产生规管内的气体被吸出的现象（毛细管作用），使得测点的实际压力值高于测量值，造成测量误差。所以低真空计规管一般都采用图 3-3（b）所示的安装方法。

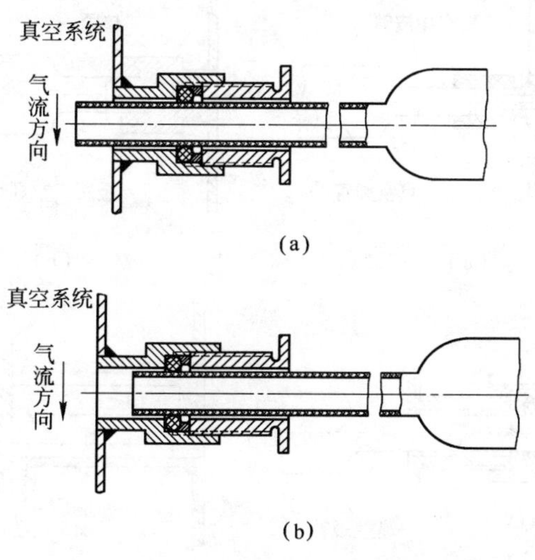

图 3-3 不同工作压力下规管的安装

(a) 低压力下的规管安装；(b) 高压力下的规管安装

（5）规管的测量入口应该避开气源以及热辐射和粒子（电子、离子）的直接入射。

（6）普通热阴极电离计规管，应该垂直安装，否则，栅极和灯丝产生变形，影响测量精度及使用寿命。

（7）为避免测量接管流导的影响，规管的接管管道要尽可能短而粗，接管内径不得小于规管尾部直径且长度不大于 10cm。

3.1.3 规管与被测系统的连接形式

通常根据被测系统内的压力高低来选择规管与真空系统的连接和密

封方式。

带有玻璃外壳的商品规管有热偶规、电阻规、电离规、B-A 规等。它们与金属真空系统的连接有 3 种方式，见图 3-4。其中图 3-4（a）是通过真空橡胶管与系统相接；图 3-4（c）通过橡胶密封与系统相接；图 3-4（e）通过玻璃-金属封接与系统相接。

此外，还有一种没有外壳的规管，称做裸规。常用于超高真空系统上，采用金属-陶瓷封接，见图 3-4（f）。裸规的陶瓷-金属封接结构，常用于超高真空系统的标准测试罩上。在测量静态平衡系统的气体压力

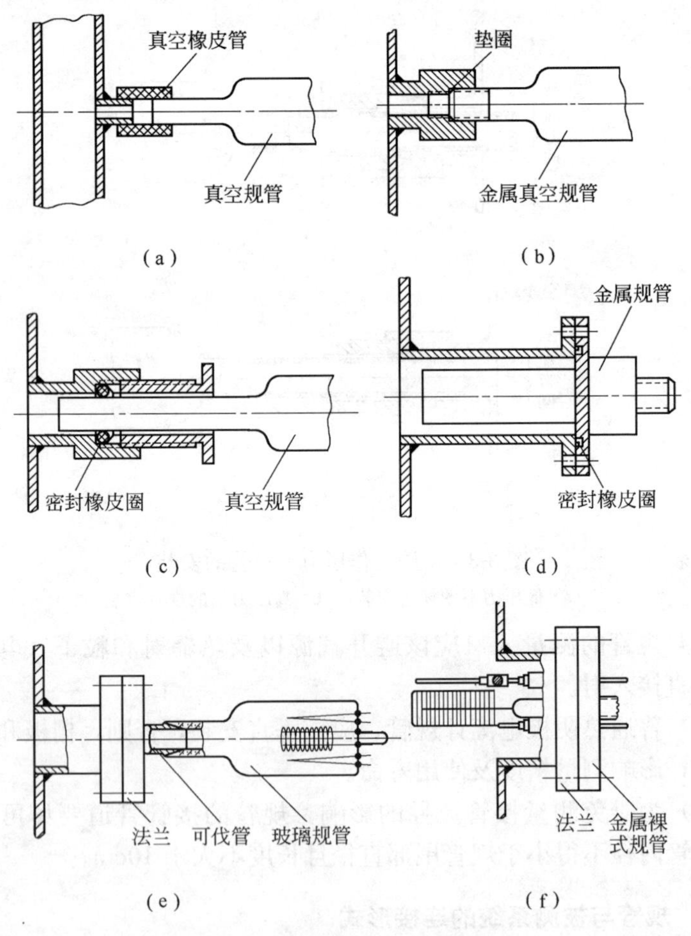

图 3-4 常用的规管安装连接结构

时，裸规的读数能比管规更真实地反映出被测系统的压力。

图 3-4（a）结构，用于低真空及中真空系统临时安装的热偶规或电阻规。安装时橡胶管暴露于真空中的面积越小越好。

在低真空、中真空及高真空装置中，最常用的是图 3-4（c）的结构。这种连接拆卸方便，密封可靠。超高真空系统常用图 3-4 中（d）、（e）、（f）所示的结构。

对应不同的真空度应用范围的规管连接方式见表 3-3。

表 3-3 不同真空度下的规管连接与密封方法

所应用的真空区域	玻璃规管与真空系统的连接和密封	金属规管与真空系统的连接和密封
粗真空与低真空	1. 用真空橡胶管连接，见图 3-4（a）； 2. 用真空橡胶密封圈，见图 3-4（c）	1. 用螺纹直接连接，见图 3-4（b）； 2. 用金属法兰连接，真空胶圈密封，见图 3-4（d）
高真空	1. 真空橡胶圈密封，见图 3-4（c）； 2. 玻璃规管的导管与可伐管的一端封接，可伐管的另一端与金属法兰焊接，用氟橡胶或金属垫圈密封，见图 3-4（e）	1. 用金属法兰连接，真空胶圈密封，见图 3-4（d）； 2. 用金属法兰连接，金属垫圈或氟橡胶密封，见图 3-4（d）
超高真空 极高真空	玻璃规管的导管与可伐管的一端封接，可伐管的另一端与金属法兰焊接，用金属垫圈（或氟橡胶）密封，见图 3-4（e）	用金属法兰连接，金属垫圈（或氟橡胶）密封，见图 3-4（d）

3.2 真空规管的使用

3.2.1 温度差对规管的测量影响

真空室有时具有冷壁、冷阱或热源，这样会产生规管处于室温，而真空室空间温度处于低温或高温下；或者真空规管在校正与测量时的温度不一样的情况，在以上的两种情况下，都会造成误差，而且这种影响与压力的高低有关。

3.2.1.1 压力较高（$p>130\text{Pa}$，$\lambda\ll d$）的情况下

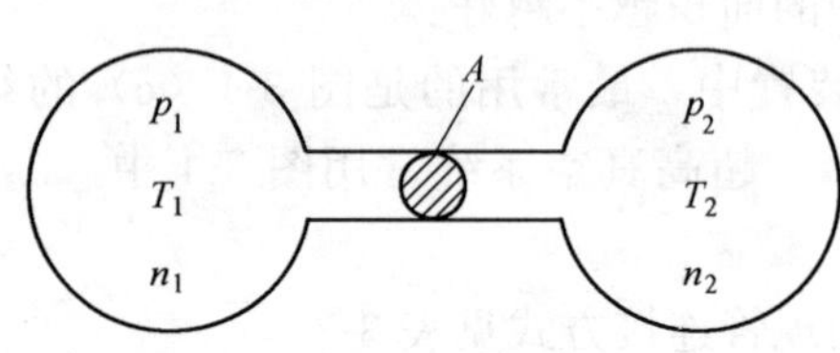

图 3-5 温度对测量影响的示意图

严格地讲，当压力较高时，只要两个相连容器处于平衡状态，则无论其两者的温度是否相等，其压力应该是相等的。如图 3-5，根据气体压力公式 $p=nkT$，有 $n_1k\ T_1=n_2k\ T_2$，如 $T_1\neq T_2$，$n_1\neq n_2$，则有

$$\frac{n_1}{n_2}=\frac{T_1}{T_2} \tag{3-1}$$

即在高压力情况下，处于平衡状态下的真空系统内存在温度不均匀时，其分子密度与绝对温度成反比。

以上情况对于直接测量压力的真空仪表（如 U 形计、压缩式真空计、薄膜式真空计）是没有影响的，但对于根据气体分子密度的大小来测量真空度的真空仪表（如高压力电离真空计）就会产生误差。如果这些真空仪表在校准和测量时的温度不一样的话，其测量结果应该用下式进行修正

$$p_2=\frac{T_2}{T_1}p_1 \tag{3-2}$$

式中，p_1 为温度为 T_1 时的校准压力值；p_2 为温度为 T_2 时的校准压力值。

由于 T_1 和 T_2 都为绝对温度，如 T_1 与 T_2 均在常温范围内，即使 $T_1\neq T_2$，其影响也是不太大的，因此，只有在作精密测量时，才需要用式（3-2）进行修正。

3.2.1.2 低压力（$\lambda\gg d$）情况下

当容器处在低压力状态下时，其余情况与图 3-5 相同，这时就存在着热流逸现象。因为这时气体分子的运动状态处于分子态，处于平衡状态下的两个相连容器，在单位时间内气体分子从容器 1 进入到容器 2 的分子数和从容器 2 进入到容器 1 的分子数分别为 $\frac{1}{4}n_1\bar{v}_1A$ 和 $\frac{1}{4}n_2\bar{v}_2A$。

此处，$\bar{v}_1$、$\bar{v}_2$ 分别为气体分子相应于温度 T_1 和 T_2 时的平均速度，A 为连接两容器管道的截面积。

从容器 1 进入到容器 2 的净分子数为

$$N=\frac{1}{4}A(n_1\bar{v}_1-n_2\bar{v}_2)$$

因为 $\bar{v}=\sqrt{\frac{8kT}{\pi m}}$，上式可写成

$$N=\frac{A}{\sqrt{2k\pi m}}\left(\frac{p_1}{\sqrt{T_1}}-\frac{p_2}{\sqrt{T_2}}\right) \tag{3-3}$$

由于处于平衡状态，$N=0$，上式可简化为

$$\frac{p_1}{p_2}=\sqrt{\frac{T_1}{T_2}} \tag{3-4}$$

式（3-4）说明，当气体处于分子态时，真空系统即使处于平衡状态，如系统内部存在温度不均匀时，也将引起压力和密度的不同，这就是热流逸现象。因此，在高真空仪表的校准时要尽量使真空校准系统和真空计处于相同的温度。

这种情况对于直接测量压力的真空仪表可按式（3-4）进行修正。对于根据气体分子密度测量真空度的电离真空计可按下式进行修正

$$p=\sqrt{\frac{T'_2}{T_2}}\sqrt{\frac{T'_1}{T_1}}p_2 \tag{3-5}$$

式中，T_1、T_2分别为校准时的真空规管和校准系统的温度；T'_1、T'_2 分别为测量时的真空规管和被测真空系统的温度；p、p_2分别为真空规管在测量时和校准时的压力读数值。

真空规管测得的压力 p 与真空室中实际达到的压力 p_s也可用如下近似关系表示

$$\frac{p_s}{p}=\sqrt{\frac{T_1}{T_2}} \tag{3-6}$$

式中，T_1为测量时的真空室空间温度；T_2为测量时的规管周围环境温度。

3.2.2 气体及蒸气对真空计测量的影响

利用真空计去测量稀薄气体的压力时，不仅常用的相对真空计与被测气体种类有关，而且不同种类的气体对真空计的影响也不同。如果被测气体是氮气或惰性气体，则基本无影响。但多数情况下，真空系统中

的气体是氮、氧、氢、水蒸气、甲烷、油蒸气等多种气体和蒸气的不同组合，其中尤其是氧、水蒸气、油蒸气等组分会给真空计规管带来很大的影响。因此在选择真空计时，需要考虑被测气体成分对规管的寿命及测量准确性带来的影响。

3.2.2.1 氧气的影响

氧气是理想气体，可以用麦氏真空计进行测量，但是当氧分压过高时，会使水银表面发生氧化，影响水银的表面张力，使水银在毛细管中移动时位置不准确，造成测量误差。

普通的热传导真空计（例如电阻计）的灯丝在高温下会氧化，改变热丝的表面状态，引起规管零点漂移和灵敏度的改变，应采用抗氧化热丝的规管。热阴极电离规的灯丝亦容易氧化，使其寿命缩短。

对于氧分压较高的气体氛围，在粗、低真空范围内可用薄膜真空计测量；高真空时可使用辐射真空计或冷阴极规管。

3.2.2.2 水蒸气的影响

水蒸气是可凝性气体，用压缩式真空计测量时会使被测气体压缩，使水蒸气凝结，因此在一般情况下不能用压缩式真空计进行测量。水蒸气对热传导真空计的影响与氧气一样，会使规管零点漂移和灵敏度发生变化。

电阻真空计和钨阴极热阴极电离计规管灯丝的材料为钨，钨丝温度较高，高温灯丝与水蒸气发生氧化作用，水蒸气会被高温钨表面分解并与钨反应生成氧化钨和原子态氢，氧化钨蒸发后便附着在规管的玻璃壁上。原子态氢则从管壁上的氧化钨中夺取氧再变成水蒸气。这样循环下去，水蒸气就起着“运输”钨的作用。其反应式如下

$$W + H_2O \longrightarrow WO_3 + H$$

$$WO_3 + H \longrightarrow W + H_2O$$

这种反应过程会在规管内壁形成极薄的金属导电层，导致内壁污染漏电，引起电极间绝缘破坏，此外也会引起钨丝过度蒸发，不仅使发射极寿命大大缩短，而且会使灯丝迅速损坏，而且会导致各种测量故障。

特别是水蒸气分压大于 10^{-2} Pa 时，规管的使用寿命很短，因此电离规不适用于测量水蒸气。在通常情况下，对水蒸气的测量可采用 U 形压力计、薄膜规、辐射真空计、黏滞规和克努曾真空计等。

冷阴极规管不会发生氧化问题，也可以用于水蒸气分压高的真空系

统的测量。

3.2.2.3 油蒸气的影响

在采用有油的抽气系统（机械泵、油扩散泵系统）抽气时，系统中存在大量的有机油蒸气及其分裂物，它们的蒸气压都比较低，因此不能用压缩式真空计进行测量。如用压缩式真空计测量机械泵的极限真空度时，要比用热传导真空计测得的数据高一个数量级。用U形压力计测量油蒸气时。因工作油可以溶解油蒸气，所以也不能得到正确的指示。

用热传导真空计或电离真空计测量油蒸气时，会因油蒸气污染灯丝或在高温阴极上分解生成碳氢化合物，严重地污染电极和管壁，使热传导的情况改变，而使规管的灵敏度和特性发生明显的变化，造成测量误差。

在油蒸气分压高的系统中，低真空时用薄膜真空计测量；高真空时使用辐射真空计进行测量。

3.2.3 环境热辐射与安装方位对热偶真空规管的影响

当热偶规管处于均匀的光热辐射场中（如阳光或较强灯光直射）时，热偶真空规管的热电势由两部分叠加而成，前一部分正比于加热丝与环境的温差，后一部分正比于环境辐射的强度。实验表明，以未开封的DL-3型规管和RO-1型热偶规管（规管内的环境气压在10^{-2} Pa以下）为试样，在加热电流I_f=0（即不加热）时和I_f=90mA时测得的典型热电势输出值如图3-6所示。由图3-6可见，规管的热电势输出基本上与辐射通量强度L成线性关系。当在阳光直射且有背景反射时进行实测时，环境热辐射所引起的误差项可达1.5～2mV。在热偶规管的测量下限附近时，这将造成达2个数量级的真空度测量误差，远远超过了

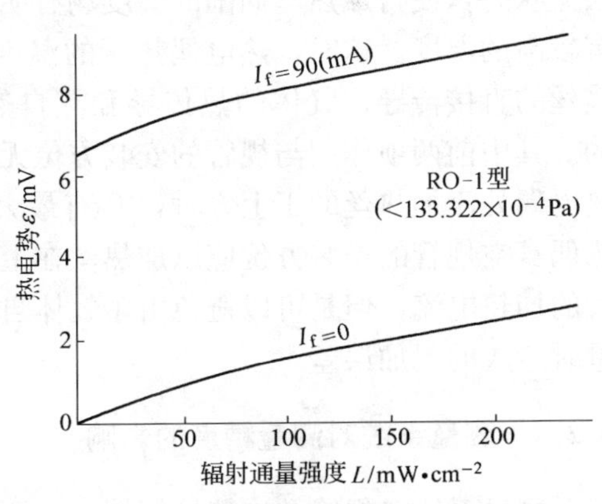

图3-6 热偶真空规管热电势与辐射通量强度的关系

真空规管的标称误差。用同样的方法可测得加热电流标定受环境辐射的影响，其典型曲线如图 3-7 所示。由图 3-7 可见，当封闭规管的热电势为 10mV 时，加热电流的标定值 I_f 随辐射通量强度 L 线性递减。显然，如工作测量时的环境辐射较加热电流标定时有较大的变化，将造成很大的测量误差。因此，热偶真空规管在校验和使用时应该避免诸如大功率灯源或阳光等光热的辐射。当真空规管存在热辐射源影响时，建议将规管壁涂上黑色，以达到光屏蔽的作用。

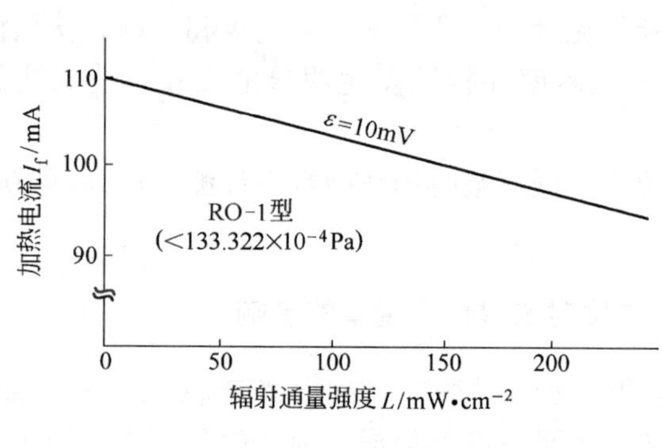

图 3-7 加热电流标定与辐射通量强度的关系

当气压在 133～13.33Pa 及以上时，气体的热传导成为主要的热损耗方式。这时环境热辐射对热电势输出的影响被大大减弱了。然而，由于加热丝周围气体介质的密度分布与温度场有关，存在着不均匀性，从而形成自然对流。所以加热丝周围的气流将保持由下至上的层流状态，使得加热丝周围的温度场有明显的方向性，在丝的垂直上方有较高的温度。这时，热电偶热端的温度 T_1 可认为是由热偶短金属过渡丝的直接传导、气体的热传导和热自然对流引起的温度场共同决定的。其中前两项作用与规管的安装方位无关，而由于第三项的作用，当热电偶处于加热丝的正上方时，T_1 有最大值。所以为了保证测量稳定，热偶真空规管的安装方位应以加热丝在上方为合理，虽然此时需要有较大的加热电流，但是可以避免由于气体自然对流的影响而在低真空度测量时造成的附加误差。

3.2.4 测量系统对测量精度的影响

测量系统（规管及连接导管等）对测量精度的影响，包括规管的抽气（气沉效应）和放气（气源效应）两种动态作用的综合效应及规管内电极的漏放电性能的影响。

在对很低压力（超高真空）的测量中，气沉和气源效应对真空规管的影响是十分严重的。例如用两支 B-A 规管通过各自的连接管接到静态真空系统上，用来测量系统内的压力。假如其中规管 1 的放气严重（气源效应强），而规管 2 的气源效应弱，那么规管 1 将比规管 2 指示出较高的压力。也可以假设规管 1 中气沉效应小（抽气作用小），而规管 2 气沉效应大，同样可得到规管 1 比规管 2 指示出较高压力的结果。要做出哪支规管的测量值更正确的判断，必须研究规管及其连接管中“气沉”和“气源”的位置、大小及其形成的原因。

在不同形式的真空规管中，要属电离真空计规管的抽气和放气效应最严重，其余各种规管则很小，可以忽略不计，下面仅就电离规管测量系统进行讨论。

3.2.4.1 电离规管的抽气作用

A 电清除抽气作用

电子碰撞气体分子使其电离成离子，具有一定能量的离子（约 100eV）打到规管壁上或被收集极接收，这些离子被束缚在固体表面或被埋入表层下面而被清除掉。束缚得最牢的分子，要经过 300℃下的烘烤才能再释放出来。如果规管内壁存在溅射的金属薄膜，则对氦气有较强的抽气作用。

电清除抽气速率的大小与电子流、各电极电位、有无磁场、规管壁温度等因素有关。若电子流增加，离子流就随之呈线性增加，所以电清除抽速与电子流近似地呈线性关系。栅极（加速极）电位的变化将引起电离几率和离子能量的改变，因此电清除作用的抽速也随之变化。

在冷磁控规管中因有磁场存在，故电离效率更高。所以冷磁控规管中的电清除作用也就更大。

减少电清除抽气作用的方法是降低电子流和栅极电位。

B 化学清除抽气作用

化学清除抽气作用通常有以下 3 种：（1）活性气体（H_2、N_2、CO_2、CO 等）在规管壁等表面上的化学吸附效应；（2）氧与高温钨丝作用生成 WO_3，WO_3蒸发沉积在规管壁上形成黑色膜层，此效应随着钨丝阴极温度的升高而增大；（3）气体在高温钨丝表面的热分解作用。H_2在高温钨丝表面上可分解为 H，H 很容易被吸附在规管及导管壁上，O_2也能在热钨丝表面上分解为 O，并被吸附在规管壁上。在 $T_W=$

1475K 时，对氢的抽速 $S_{cH}=0.1$L/s；在 $T_W=1700$K 时，对氧的抽速 $S_{cO}=4\times10^{-2}$L/s。

3.2.4.2 电离规管的放气作用

A 热解吸作用

电离规管的高温热阴极本身就是气源。它的高温热量辐射到其他电极和规管壁上时，将引起气体的热解吸。此外，在栅极接收电子，收集极收集离子时，也会因发热使吸附的气体解吸。

在超高真空测量时，必须对规管各电极和管壁进行充分地加热去气（采用烘烤、电子轰击、高频加热等方法），否则将产生很大的测量误差。

B 电子碰撞解吸作用

当电子打在规管加速极上时，会使其上吸附的气体解吸或先在其表面上将气体电离后再以离子形式解吸出来。

电子碰撞解吸作用是影响电离计测量下限的重要因素。

C 光解吸作用

规管内的金属表面受光辐射时，其表面上吸附的分子解吸和分解出来。光解吸现象主要对超高真空的测量产生影响。

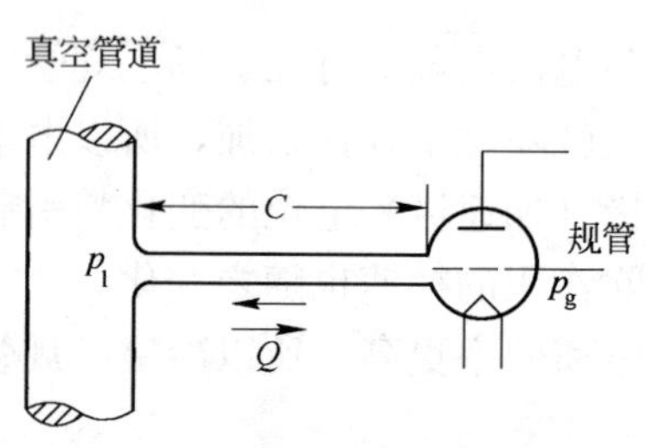

图 3-8 规管的放气与吸气作用的影响

如图 3-8 所示，由于规管与真空系统连接的管道有一定的流阻，当规管存在吸气和放气作用时，就会使规管与真空系统内的压力不一样。设规管接至真空系统管道的气体流导为 C，规管的导管口的压力为 p_1，而规管的放气或吸气量为 Q，这时规管内的压力 p_g应为

$$p_g = p_1 \pm \frac{Q}{C} \tag{3-7}$$

式中，放气用＋，吸气用－。

由此可见，吸气或放气量愈大，造成的测量误差愈大，当然如果导管的流导愈大，其影响也就愈小。如果采用裸式金属规管直接装在真空系统内，就可消除影响。

一般规管的导管流导大约为 2L/s，未经烘烤除气的规管管壁的放

气量 $Q=10^{-4}\sim10^{-5}$ Pa · L/s，因此，在高真空测量时这种影响十分显著。在经过充分的除气之后，其放气量就可降低至 $10^{-10}\sim10^{-11}$ Pa · L/s，此时放气的影响就可大为减少。

在实际使用时，规管的放气和吸气量也随着时间发生变化。如热阴极电离规管在开始工作时，它的放气量随管壁和电极温度的逐渐上升导致吸附的气体解吸而增大，但以后随着时间的增长，放气量就逐渐减小，至某一时刻，规管的吸气作用反而占主要地位。因此，测试结果的误差也随着时间在变化。

3.2.4.3 阴极灯丝的损耗变形影响

若电离规管阴极灯丝除气不当，会引起钨丝的过渡蒸发和变形，从而使灯丝的发射电流和强度降低，并引起极间漏电现象；或规管使用日久后，由于阴极灯丝长期加热而导致电极变形，而使规管的灵敏度改变，可使电离真空计产生显著的非线性而使指示误差变得很大。

如图 3-9 所示，若电离规管的发射极和加速极之间发生漏电，会造

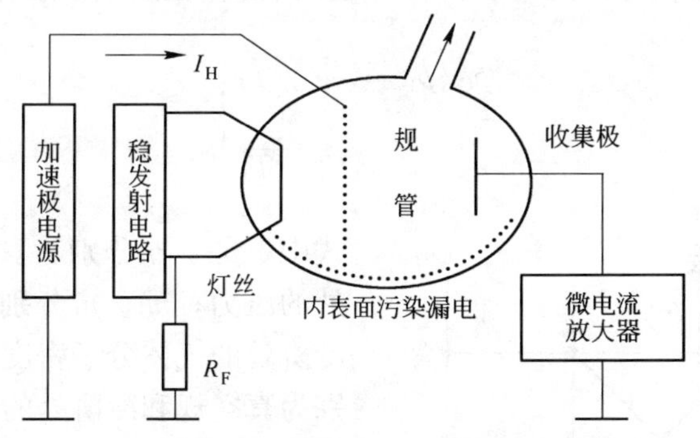

图 3-9 真空电离规管的控制电路原理图

成实际的阴极发射电流不足，而使真空计指示值比实际的情况好。如漏电发生在收集极与其他电极之间，以及灵敏度非线性改变时，则可能出现真空计指示的真空度总是停在较低的指示值处。这些因规管工作不正常而出现的问题常常使操作人员误认为是由于真空系统密封泄漏或抽气故障，致使系统的真空抽不上去，从而导致对于真空系统工作条件的调节控制错误，造成不应有的损失，枉费许多时间和精力。为了避免这些不必要的查找和损失，在启动真空系统后，首先应对真空规管的工作是

否正常进行检验。

3.2.4.4 冷阱对测量精度的影响

为了消除蒸气对真空规测量的影响，可在真空系统与真空规之间安装一个冷阱，但是在真空规与被测系统之间安置冷阱后，真空规就测不出可凝蒸气的分压。假设真空规与被测系统的温度相等，则测量系统会出现下面的问题：

(1) 当系统在高压力下平衡时，系统各处的全压力相等，冷阱的存在会引起各处理想气体和可凝蒸气分压分布的变化，如图 3-10 所示。

真空规中测出的理想气体的压力等于被测系统中的理想气体和可凝性气体的分压之和。虽然此时真空规测不出可凝蒸气的分压，但各处的全压力保持恒定。这时能测全压力的真空规不会引起误差，但对与气体成分有关的真空规来说将引起很大的测量误差。

(2) 当系统处在低压力下平衡时，系统各处的压力是由热流逸效应决定的。因真空规和被测系统中的温度相等，所以两处理想气体的分压和分子密度都相等，但由于它们相对冷阱处存在温差，故有如下关系

$$\left.\begin{aligned} p_G/p_J &= \sqrt{T_G/T_J} \\ n_G/n_J &= \sqrt{T_G/T_J} \end{aligned}\right\} \tag{3-8}$$

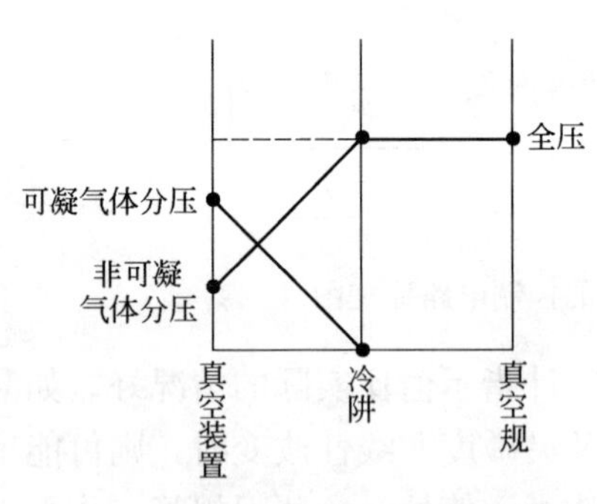

图 3-10 高压下冷阱引起的分压分布变化

式中，p_G、p_J分别为真空规和冷阱处的压力；n_G、n_J分别为真空规和冷阱处的气体分子密度；T_G、T_J分别为真空规和冷阱处的温度。

对于可凝性蒸气（其分压小于 10^{-2} Pa），由于冷阱的捕集作用，其分压力在系统中呈衰减分布，它在真空规中的分压为零（见图 3-10）。在此情况下，能测全压的真空规也只能测出理想气体的分压力。

(3) 当可凝性蒸气的分压为 10^{-1} Pa 时，可凝性蒸气的气流流向冷阱，因可凝蒸气对系统中理想气体的碰撞和拖曳作用，将导致理想气体

聚集在冷阱处，因此冷阱处的理想气体的分压力要比真空规指示的略高，如图 3-11 所示。

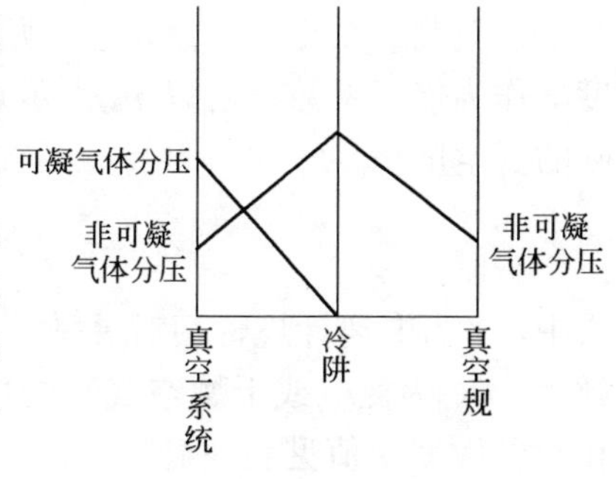

图 3-11 低压下冷阱引起的分压分布变化

当用电离规测量水银扩散泵系统的极限压力时，如果在规管与系统中间安置一个冷阱，则水银蒸气流的拖曳效应会使电离规指示的非可凝气体的分压偏高（见图 3-12）。

3.2.5 其他因素对被测系统的影响

超高真空系统需要加热烘烤，真空规管烘烤后，表面除气很好，易吸附气体。此时，规管相当于一个小真空泵，有抽气作用。结果会造成规管测出的真空度比真空室中实际真空度高的假象。

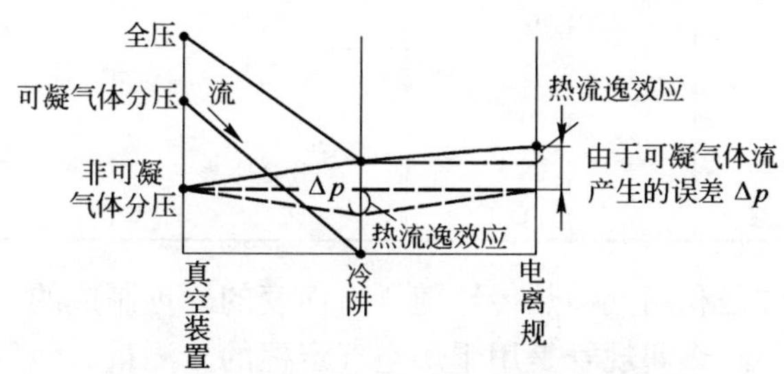

图 3-12 用电离规测水银扩散泵系统时的压力关系

真空规管如果装在管路上，这时由于管道阻力影响，管路中各点压力不同。规管安装距真空泵越近，测得的压力越低；反之，离泵越远测得的压力越高。因而，要注意对测量结果的修正。

真空系统暴露大气后，电离规管会吸附很多气体，在真空环境下，气体又释放出来，影响测量结果。为消除这种影响，电离规管使用前要彻底除气（或利用电离计的除气功能）。

电离规的工作原理是根据阴极发射电子，使气体分子电离，通过测得离子流的大小来表示真空度。电子对不同气体的电离效果不同，一般真空规以干燥空气或氮气为测量对象来进行定标，如果测量其他气体，则必须对测量结果进行修正，否则将造成测量误差。通常采用相对灵敏度 γ 作为修正系数，若以 p_{ce} 表示真空计指示的真空度，那么真空中实际的真空度 p_s 为

$$p_s = \frac{p_{ce}}{\gamma} \tag{3-9}$$

式中，γ 为电离计规管相对灵敏度，$\gamma = \Gamma/\Gamma_{N_2}$；$\Gamma$ 为被测气体的规管灵敏度，Γ_{N_2} 为氮（或干燥空气）的规管灵敏度，电离规管对不同气体的相对灵敏度 γ 值见表 3-4。

表 3-4　电离规管对不同气体的相对灵敏度 γ（以氮为测量基准定标）

气　体	$\gamma = \Gamma/\Gamma_{N_2}$	气　体	$\gamma = \Gamma/\Gamma_{N_2}$
H_2	0.46	CO_2	1.53
He	0.17	干燥空气	1.00
Ne	0.25	H_2O	0.90
Ar	1.31	Hg	3.4
Kr	1.98	HCl	0.38
Xe	2.71	CH_4	1.26
N_2	1.00	CCl_4	0.70
O_2	0.95	扩散泵油蒸气	9～13
CO	1.11		

热偶规管是利用气体热传导随压力而变的原理制成的。热传导与气体种类有关，而热偶规管是用干燥空气定标的。测量其他气体同样需要修正，表头指示 p_e 与系统中气体的实际压力 p_r 的关系如式（3-9）所示。

3.3 特定条件下的真空测量技术

3.3.1 热偶真空计对不同气体成分的真空测量

热偶真空计对不同气体的测量结果是不同的，这是由于不同气体分子的导热系数不同引起的。通常以干燥空气（或氮气）的相对灵敏度为 1，在测量不同气体的压力时，可根据干燥空气（或氮气）刻度的压力读数，再乘以相应的被测气体的相对灵敏度，就可得到该气体的实际压

力，即

$$p_e = S_k . p_r \tag{3-10}$$

式中 p_r——以干燥空气（或氮气）为测量定标系统的真空计指示读数，Pa；

p_e——被测气体的实际压力，Pa；

S_k——被测气体对空气的相对灵敏度（气体修正系数）。

相对灵敏度表明了气体热传导的性质，一些真空系统中常见气体和蒸气的相对灵敏度如表 3-5 所示。从表 3-5 中可以看出，对于气体分子中具有相同原子数的气体或蒸气，其相对灵敏度（修正系数）随被测气体分子量的增大而增大。

表 3-5 常用气体和蒸气的相对灵敏度

气体或蒸气	S_r	气体或蒸气	S_r
空 气	1	CO	0.97
H_2	0.67	CO_2	0.94
He	1.12	SO_2	0.77
Ne	1.31	CH_4	0.61
Ar	1.56	C_2H_4	0.86
Kr	2.30	C_2H_2	0.60

3.3.2 热导式真空计对已知成分的混合气体系统的真空测量

用热导式真空计对混合气体的真空系统测试时，只要事先知道混合气体中各种气体的体积百分数 V_i（$i=1, 2, 3, \cdots, n$，表示第 i 种气体），就可用下列公式算出混合气体对空气的相对灵敏度 S_{ki}，即

$$\frac{100}{S_{ki}} = \sum_{i=1}^{n} \frac{V_i}{S_{ki}}$$

式中，S_{ki} 为第 i 种气体的相对灵敏度；V_i 为第 i 种气体的体积百分数。

由此可得

$$S_{ki} = \frac{100}{\sum_{i=1}^{n} \frac{V_i}{S_{ki}}} \tag{3-11}$$

在计算出 S_{ki} 之后，就可根据测得的 p_r，再乘以 S_{ki}，就得到混合气体系统的实际真空度 p_e。

3.3.3 真空放电指示管及高频真空火花计的应用

放电指示管实际上是一种原始的冷阴极电离真空规管。其结构原理如图 3-13 所示，在一定长度和直径的玻璃管的两端封有一对平板电极，使用时将它与被测真空系统相接，并在电极上施加数千伏直流高电压，随着放电管内的气体压力逐渐降低，电极间就有放电现象出现，根据电极间气体放电的形状与压力的关系，真空放电指示管能对被测真空系统的真空度作粗略的测量。根据操作经验的熟练程度，用它来判断几千 Pa 至 10^{-1}Pa 范围的压力，可以做到数量级的精确度。同时它还具有结构简单和使用方便等特点。

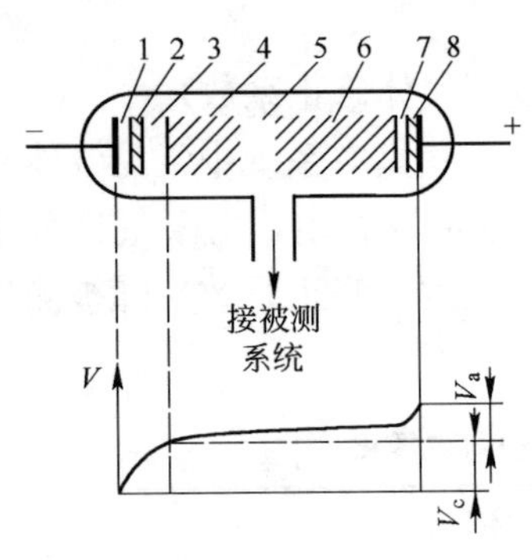

图 3-13 真空放电指示管的辉光放电现象

1—阿斯顿暗区；2—阴极辉区；3—阴极暗区；4—负辉区；5—法拉第暗区；6—正辉区；7—阳极暗区；8—阳极辉区；V_a—阳极电位；V_c—阴极电位

真空放电管还具有一个其他真空仪表所没有的特点，那就是不同气体在放电时会产生不同颜色的辉光，根据这个特点，可以用来鉴别真空系统中的气体种类或检漏。表 3-6 为一些气体与蒸气在辉光放电时呈现的颜色。

表 3-6 某些气体和蒸气在放电时的辉光颜色

气体或蒸气	阴极辉区	负辉区	正 辉 区
空气	玫瑰红	蓝到粉红	粉红（在较低压力时为蓝色）
氮	金黄红	蓝或紫	橙 红
氧	淡黄红	紫	淡（柠檬）黄（中心略带红色）
氢	棕—粉红	淡 蓝	红—粉红
氦	紫 红	淡 绿	紫—红到黄—淡红
氖	红	深 红	红
氩	玫瑰红—淡红	蓝	紫
水蒸气	蓝 白	蓝	淡 蓝
一氧化碳	白		白

续表 3-6

气体或蒸气	阴极辉区	负辉区	正 辉 区
二氧化碳	白—蓝		蓝 绿
汞	绿—蓝	蓝 绿	淡 绿
氨	淡黄蓝	绿 黄	蓝
有机化合物蒸气		略带蓝的白色	略带蓝的白色

由于气体辉光放电的颜色随压力的变化而不同，因而对于带有玻璃部分的真空系统，可使用高频火花检测计产生的高频电压使真空系统内产生低气压放电，然后根据低压气体放电时产生的辉光颜色，粗略地估计出真空系统或器件的真空度。通常可大概估计出 $1000\sim5\times10^{-1}$Pa 范围内的真空度。以空气为例，其辉光放电的颜色和压力的关系如表 3-7 所示。

表 3-7 空气在不同压力时放电的特征辉光颜色

压力/Pa	大气	1000～100	13	10～1	约 0.1	10^{-2}	$<10^{-2}$
辉光颜色及形态	无色	紫色细放电束	紫红色充满放电区域	红色到淡粉红色	灰白色	玻璃管壁荧光	无 色

由表可以看出，系统在大气或压力为 10^{-2}Pa 以下的高真空时，其辉光均无颜色。那么如何判别一个密闭器件（如电子管）是大气还是 10^{-2}Pa 以下的高真空呢？这只需将其一个电极接地，用高频火花检漏仪放电尖端碰上另一个电极。在大气时，两个电极间将产生强烈的脉络跳火现象；在压力为 10^{-2}Pa 以下的高真空时，则不产生跳火现象。

3.3.4 极高真空测量技术

极高真空测量技术仍是一个有待突破的课题。随着极高真空技术的不断发展，相继出现了许多类型的极高真空规，但是至今为止，在实际应用中几乎所有的极高真空规都不能真正可靠地测量压力不大于 10^{-12} Pa 的压力。目前，在现有的各类极高真空仪表中较为可靠的可达到的最低测量压力约为 10^{-11}Pa 水平，在 $10^{-11}\sim10^{-13}$Pa 压力区间的测量技术还有待于进行继续研究。

3.3.4.1 极高真空测量仪器

实际应用的极高真空测量仪器主要有以下3种：1）改进型的B-A式电离真空计；2）冷阴极磁控电离真空计；3）热阴极磁控电离真空计。

提高3种常用的极高真空测量仪器的测量下限所采取的措施及测量下限见表3-8。

表3-8 提高极高真空测量仪器的测量下限所采取的措施及测量下限

测量仪器	测量规	提高测量下限的措施	理论测量下限/Pa	实际达到的测量下限/Pa
改进型的B-A电离真空计	细丝规	减少收集极接受软X射线的面积	10^{-10}	10^{-9}
	调制规	用测量方法消除光电流的影响	10^{-10}	$10^{-9} \sim 10^{-10}$
	抑制规	用电场抑制收集极的光电子发射	10^{-10}	10^{-10}
	弯注抑制规	减少软X射线对收集极的照射并抑制其光电子的发射	10^{-12}	10^{-11}
	提取规	减少软X射线对收集极的照射	10^{-11}	$10^{-9} \sim 10^{-10}$
冷阴极磁控电离真空计	正磁控规	磁场内冷阴极放电，增高了电离灵敏度	10^{-12}	10^{-11}
	反磁控规	磁场内冷阴极放电，增高了电离灵敏度	10^{-12}	10^{-11}
	放射性磁控规	用放射性带电粒子或射线代替电子去电离气体，剂量稳定，能量大，增加电离灵敏度	10^{-12}	10^{-9}
	触发放电规		10^{-12}	10^{-8}
热阴极磁控电离真空计	热阴极磁控规	用磁场增大热规电离灵敏度	10^{-12}	4×10^{-11}
	抑制式热阴极磁控规	用磁场增大热规电离灵敏度，并用电场抑制收集极的光电子发射	10^{-13}	10^{-11}
	倍增器热磁控规	测量电路中采用高增益（$G \geqslant 10^{7}$）倍增器，精确测量微小离子流	10^{-15}	4×10^{-11}

3.3.4.2 限制极高真空测量仪下限的因素

限制真空仪器测量下限水平进一步提高的主要因素，主要有如下 4 个方面：

（1）真空规管的限制。

1）在热阴极电离规管中，除了软 X 射线产生的光电流以及电解吸等影响外，温度很高的热阴极产生了较高的金属蒸气压，如一般规管的钨阴极在通常工作温度为 2000K 时，其蒸气压相当于氮的 10^{-10} Pa。

2）冷阴极电离规管在低压力时存在着放电不稳定、非线性、滞后现象以及电清除能力大等影响。

3）规管电极和管壳内壁的放气和吸气影响。

4）大气中氦对玻璃管壳的渗透，氢对不锈钢管壳的渗透。

5）收集极与其他各电极间的漏电。

6）在热阴极电离规管中，热阴极对收集极和玻璃管壳引起的光电发射；在冷阴极电离规管中，对收集极引起的场致发射，二次发射等。

（2）测量仪表线路的限制。

1）受弱电流测量技术上的限制，目前微电流测量放大器直接测量最低电流的稳定水平只达 10^{-16} A 左右。

2）热磁控式电离规管的低发射电流（不大于 10^{-7} A）稳定技术上的问题。

（3）缺乏不大于 10^{-12} Pa 可靠的真空校准系统，影响到对真空仪表的极高真空性能进行深入的研究。

（4）小于 10^{-12} Pa 极高真空获得水平缺乏可靠的测量证明。

以上 4 个方面又是相辅相成的，这些都给极高真空测量技术的进展带来困难。

根据极高真空计本身所存在的限制因素，今后在极高真空测量上有待解决的技术关键和研究方向为：

（1）改进型 B-A 式真空计应对高温阴极进行改进，并开发低温阴极。

（2）冷磁控式真空计应着重研究规管的放电机理，解决存在的工作非线性、放电不稳定性等影响测量精度的现象。

（3）热磁控式真空计应改进阴极和研究开发工作线性及放电稳定性好的规管。

(4) 进行稳定可靠的微小电流（小于 10^{-16} A）的测量技术的研究。

对于能适用于小于 10^{-11} Pa 测量规管的低温阴极性能的要求如下：

(1) 阴极温度要低，最好小于100℃。

(2) 阴极材料的蒸气压要低，一般应不大于 10^{-14}Pa。

(3) 阴极材料的出气率要低，一般应小于 10^{-13}Pa·L/s。

(4) 阴极应具有尽可能大的发射能力，最好达到 mA 数量级。

(5) 规管能在“正常”和“出气”两种状态下工作，并不怕暴露于大气。

完全满足以上条件的低温阴极很少，比较有希望的低温阴极有半导体阴极（如硅 P-N 结半导体阴极）、薄膜阴极、场致发射阴极和光电发射阴极等。

对解决稳定可靠的超微电流的测量问题，目前主要的发展方向有如下两个方面。

(1) 研制适用于小于 10^{-11}Pa 测量的电子倍增器，这种倍增器应具有下列性能：

1）具有不小于 10^8 的高增益；

2）应能经得起高温（400℃左右）烘烤、极高真空以及暴露于大气等条件和长时间使用的考验，且能保持稳定的增益；

3）倍增器材料应具有足够低的蒸气压（不大于 10^{-14} Pa）和出气速率（不大于 10^{-13}Pa·L/s）；

4）体积小、结构简单。

目前，基本能满足以上条件的只有通道式电子倍增器，它具有结构简单、体积小、重量轻、使用方便和高增益（可达 10^8 左右）等特点。

(2) 研究脉冲计数法测量微弱离子流的新方法，如进行单个粒子探测的研究。

从广义的角度看，极高真空测量技术的突破还有待于新原理、新技术以及新概念的提出和应用。例如把气体压力定义为真空度，是以气体不流动为条件的，即以各向同性的流体静力学的物理概念为基础的。由于应用电离原理测得的离子流是与气体分子密度有密切关系的，但在极高真空下存在着定向流动和不等温情况，在这种情况下，压力与密度之间的关系还应进一步探讨清楚。

3.4 真空测量仪表的使用维护与故障检测

3.4.1 真空测量仪表的基本维护

真空仪表的正确维护是保证测量结果的准确、可靠以及延长使用寿命的重要环节。在应用中，通常应注意如下几点：

(1) 在使用前应进行的检查：

1) 外观检查：检查规管电极是否变形、脱焊和污染，管壳玻璃是否有裂纹。仪器的表面是否有锈蚀，这在仪器长期存放时更应注意，仪表的机械零点是否正确等。对于玻璃真空仪表则检查是否有破裂、工作液是否氧化等。

2) 基本电性能检查：一般可用一只预先封于一定真空度（或未开封）的规管进行检查，检查的步骤基本与真空测量时一样。通过这种检查，大致可明确仪表的电性能是否正常，它对于新真空仪表尤为重要，通过检查还能熟悉和掌握测量的操作技术。

3) 必要时可进行校准，以检查准确度。

4) 对长期存放不用的仪器，必要时应先进行内部检查，然后再检查基本性能或准确度。如带磁钢的，还应检查其磁性有否消失以及其装在规管上的位置是否变动。对于超高真空和极高真空规管的收集极应检查与其他电极之间的漏电是否增大。

(2) 仪器在使用过程中应注意如下 3 点：

1) 应正确操作，并加以必要的维护，以防止灰尘、油污以及潮气的侵入和超过容许的振动。

2) 应注意仪器的稳定性（如零点漂移、发射电流及阳极高压等的稳定性）是否变坏以及其他不正常情况的出现，以便及时检修。

3) 经长期使用后，应对规管和仪器部分进行内部检查，以清除可能集积的尘污，必要时可进行基本性能的检查和校准。

(3) 真空测量仪表的贮存环境：一般温度为＋10～40℃；相对湿度小于 80％（10～25℃时）；无腐蚀性气体；通风良好；无强烈机械振动和强烈电磁场。

3.4.2 电离真空计的故障检测和测量值的修正

3.4.2.1 传统电离真空计的故障检测及修正

许多电离真空计都配备有发射电流调节和指示机构，在打开电离计电源使灯丝预热后，接通灯丝时（事先应将发射电流控制钮调到零），请注意发射电流的指示值也应为零，否则表明发射回路漏电。在排除电离计机内、引线、规管外漏电后（一般这些地方很少发生漏电现象，所以不难排除），即可怀疑为规管内部漏电。验证如下：关闭电源，拔掉规管上对应的电极引线，然后重新打开电源（因为此时电流很小，不关电源而小心地拔掉引线也是可以的，注意引线上有电压，不要接触短路），此时即可见发射电流指示回零，进一步的断定可以用万用表的高电阻挡直接测量规管加速极与发射极之间的电阻值，如非无穷大，即为漏电。此时最好停机更换规管。

如果检测到电离规管有漏电现象，但是由于某些原因不能立即更换规管，而要继续工作，可将规管引线重新接好开机，记下灯丝冷态时的漏电电流值 I_L，然后开灯丝加热，并调节发射电流到额定值 I_E，以下操作则与正常使用相同，不过应对读得的真空度 p_L做如下修正

$$p_S = \frac{p_L}{1 - \dfrac{(U_H - U_E) \cdot I_L / I_E}{U_H - U_E \cdot I_L / I_E}} \tag{3-12}$$

式中，p_S为实际真空度；U_H、U_E分别为规管加速极和发射极电压。上式是利用热阴极电离规收集的离子流与实际的发射电流成正比这一线性特性而得到的，其推导如下：设加速极与发射极之间的漏电电阻为 R_L，则冷态漏电电流 $I_L = U_H/(R_L + R_F)$，式中 R_F为发射极电阻，而热态的有效发射电流为 $I_{ef} = I_E - (U_H - U_E)/R_L$，这里 $I_E = U_E/R_F$为额定稳发射电流，由于真空计的指示值与 I_{ef}成比例，所以我们有 $p_S/p_L = I_E/I_{ef}$，经代换即得上式。

如果遇到电离规管内的漏电很大或漏电电流不稳定等问题，则不宜采用上式进行修正，而应及时更换规管。

3.4.2.2 新型电离真空计的故障检测

对于现在应用的一些新型真空计（如数字式真空计），由于其接通阴极灯丝后即自动将发射电流稳定到额定值，因此难以由其指示确定

I_L值，此时可采用下述的方法进行修正。

实验表明，判断热阴极电离规管工作是否正常的基本方法就是检验该电离规是否保持良好的线性特性。热阴极电离规在其正常测量范围内的收集极电流 I_C应满足下列线性特性方程

$$I_C = S_E \cdot p_S \cdot I_E \tag{3-13}$$

式中，S_E为额定极间电压下的规管标定灵敏度常数，对不同的气体有相应的修正系数；p_S和 I_E意义同前，可见真空计指示（$\propto I_C$）与 p_S、I_E均成正比。因此在保持规管极间电压不变而被测气压稳定的情况下，在适当的范围内改变发射电流，正常规管给出的测量指示值应基本按比例改变（$I_C \propto I_E$），否则便意味着存在故障。不过现有真空计电路结构，一般都是采用固定发射电流值和十进制量程变换的离子流测量。即使具有发射电流调节钮，但并不能任意选定测量时的发射电流值，因为这将导致规管各极间相对电位的改变，而偏离其正常工作条件。

采用下述简单变动规管发射电流回路的方法，可在不改变规管工作电压的情况下，改变发射电流值，从而检验规管线性。方法 1 是在规管的加速极和发射极之间并联上一个适当的电阻，其阻值为

$$R_C = 2(U_H - U_E)/I_E \tag{3-14}$$

即可使规管的实际发射电流减半。在正常情况下，此时的真空计指示值也应减半。如发现不正常，应仔细观察玻璃规管的内部情况，测量各极间电压和拔去引线后的极间电阻，即可最终确定规管的故障所在。该方法的优点是可在真空计外的规管电极引出端上进行。

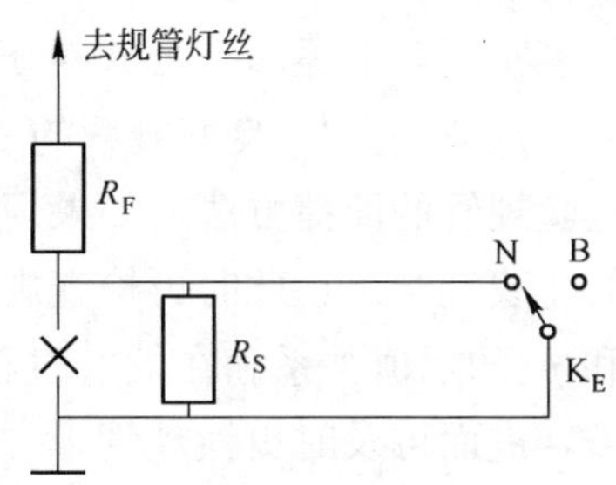

图 3-14 附加电阻接入电路

如果要经常开关机接线做检查，上述方法就不太方便。此时最好采用下述固定开关方法：打开真空计机箱，根据说明书或凭经验找到发射极限流电阻 R_F（其值通常为几十到几百kΩ）的位置，如图 3-14 所示，焊开 R_F一端的引线，接入一个附加电阻 R_S（最好采用高精度电阻），取值为 $R_S = U_E/I_E$。用引线将图示各端引到一个小型钮子开关 K_E上焊好。开关 K_E可以固定在机箱前后面板任何

适当的位置上，开关在 N 位是常规测量，扳到 B 位置时发射电流减半。

K_E也可采用如图 3-15 所示的带中间断开停挡的 ON-OFF-ON 型三位钮子开关，R_S值如前述，R_P取值为 $2U_E/3L_E$。K_E在 B 位时，情况如前述，而当 K_E在 N 位的真空度指示不超过满度值的一半时，可以将 K_E打到 G 位，此时发射电流将加倍，由真空计指示值是否与发射电流相应成比例的减半或加倍变化，以及对抽气过程中指示值变化规律的观察，就可以判断规管的工作是否正常。设 p_N、p_B、p_G分别为 K_E开关在 N、B、G 位，将真空度量程保持在同一十进挡位上时，对同一气体状态进行度量的读数，则当 p_B小于 $p_N/2$ 可以怀疑加速极与发射极之间漏电，此时的实际压力可由下式确定

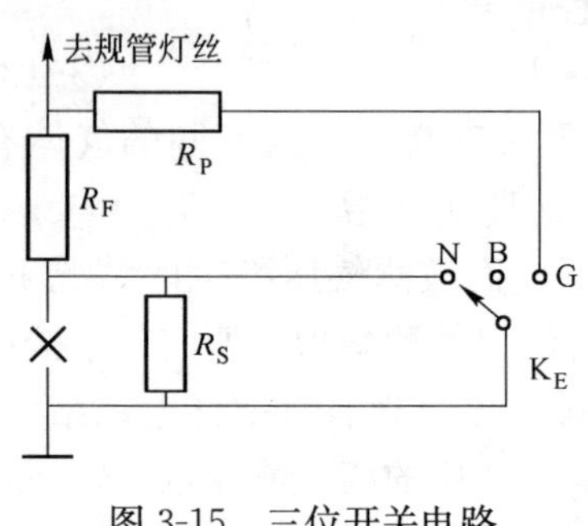

图 3-15　三位开关电路

$$p_S = 2(p_N - p_B) \tag{3-15}$$

此外，漏电时也有 $p_G > 2p_N$，此时有

$$p_S = p_G - p_N \tag{3-16}$$

如果 p_B超过 $p_N/2$，则应怀疑收集极回路存在故障，同样可仿照上述原则分析解决。

事实上，上述两个公式对于正常规管的测量也适用，此时有 $p_S = p_N = 2p_B$或 $p_G/2$。良好规管的 p_B和 p_G示值为 4 倍之比，这就提供了一种检验规管的简捷方法，如果规管的灵敏度不再保持为常数，也会有显著的非线性结果，此时再检查规管极间有无漏电，以及观察真空计 p_N、p_B和 p_G的示值关系和在抽气过程中的变化规律有无反常，也不难发现故障，进而可及时更换规管。

需要指出的是附加开关 K_E也为正常规管的测量使用提供了下述方便，即不通过十进式的微电流放大器换挡（这种换挡往往伴随零点失调的麻烦），而使实际真空度量程加倍（K_E在 B 位）或减半（K_E在 G 位），并无需重新调零。这一实际量程的扩缩构成了对真空度测量在任一十进挡位按 0.5、1、2 三挡的更细致选择，为真空度的更好分辨提供了便利条件。

3.4.3 冷阴极磁控电离真空计的使用和维护

冷阴极电离计也和热阴极电离计的工作机理一样，都是基于气体放电的原理。在规管内少量的初始自由电子，受加速电场和磁场的作用，使电子运动的轨迹加长，增大了电子和气体分子碰撞的机会，使气体分子电离的几率增大。所产生的正离子流与气体的压力有关，从而可测量系统的真空度。

冷阴极磁控电离规在扫描电子显微镜、高能加速器、质谱计、真空镀膜设备等方面，得到了广泛的应用。尤其是作为真空自动控制和经常进行充放气的真空应用设备上，更体现了它的优越性，不会因误操作或元器件的失灵使大气入侵而烧毁灯丝。

3.4.3.1 冷阴极电离规的故障分析

在工作中冷阴极电离真空计指示不稳是最常见的问题之一。可根据表针的摆动现象来区分判断故障产生的原因，并决定所采取的维护手段。

(1) 冷阴极电离规刚装上系统时，即出现有规律的摆动，一般为真空系统漏气，需要进行检漏，可采用喷洒酒精检漏方法。

(2) 冷阴极电离真空计指示值出现大的摆动。表针向高压力端摆，检查两电极间是否短路；如向低压力端摆，则可拆下清洗。

(3) 冷阴极电离规用过一段时间后显示无规律的摆动。

1) 可能是连接部位松动，接触不良。可检查一下中间电极和密封处的连接螺纹是否可靠;点火器和电极杆连接是否松动;高压插头是否插牢。

2) 规管被污染所致。如果真空系统采用机械泵和扩散泵机组抽气，则可能受到油蒸气的污染，油的裂化残物，受到电子的轰击，吸附在冷规的内表面上，随着时间增长，最后使得电极上结成一层黄褐色的薄膜，它是造成冷规工作不稳，甚至不激发的直接原因。

总之，在测量过程中外来物质在冷规内的沉积对于冷规的测量精度具有决定性的影响。在一定压力下，随着污染的增加，规管的放电电流逐步下降，最终变得不稳定。

冷规的电气线路十分简单，有直接测量的，有加放大器的，关键是要做到绝缘和注意变压器漏电。

冷阴极电离规真空测量仪表的刻度是由平均校准曲线定标的，新规管和刚清洗之后的规管的指示压力值稍偏高，而污染的规管的指示压力则偏低。指示表针的摆动，表明冷阴极磁控电离规工作到了一定的寿命阶段，应该定期拆下冷规进行清洗。

3.4.3.2 冷阴极电离计的使用

（1）它与热阴极电离计一样，在测量不同的气体时，因各种气体的电离电位不同其测量结果也不同，所以在测量其他气体（非干燥空气或氮气）或特殊混合气体时，必须对真空计进行相应气体的校准或进行换算。

（2）冷阴极电离计比热阴极电离计有较大的电清除作用，即在测量过程中它伴随着较大的抽气作用，使被测系统的局部压力发生变化，造成较大的测量误差，一般测量误差最大可达到±50%。尤其当连接管路的流导由 1L/s 降到 0.01L/s 时，冷阴极电离计规管内的真空度与被测系统中的真空度可差一个数量级。

（3）规管长期工作后应进行清洗，这是因规管在较高压力下或某些蒸气条件下工作时间过长之后，会因电极的溅射或规管内壁上附有分解的碳水化合物而导致管壁漏电增大，当电极间的绝缘电阻小于 1000MΩ 时，就应进行清洗。可用酒精、苯、丙酮、四氯化碳、乙醚等溶剂清洗油污；对电极部分的污染可先用浓度为 10%的稀盐酸擦洗，直至露出金属光泽为止。清洗后最好对规管进行老化处理，即在 $10^{-1}\sim10^{-2}$ Pa 的真空度下通电老化 3h 以上，再在真空校准系统上重新校准，绘制出新的校准曲线。

（4）因真空计的工作电压较高，其外壳必须接地良好，以防高压漏电造成事故。

3.4.3.3 冷阴极电离规的清洗方法

（1）将真空系统置于停机放气状态下，取下规管电缆连线，把规管从系统上取下。一般冷规与系统之间的密封连接方式有如下几种：法兰盘连接，压金属垫圈或金属丝圈的密封连接；螺母压橡皮圈密封连接；卡箍压橡皮圈密封连接。

（2）拆下挡圈，将冷规的磁钢轻轻取下后，让它与铁磁性材料相吸，以免因其磁场较强而猛吸其他东西或本身碰碎。套在冷规外的磁钢，大部分可以拆卸。清洗后应按原位放好、用定位卡或挡圈锁紧。装磁钢时手要把紧，以防碰碎。

（3）卸下规管的插入电极，胀圈和挡油片。

（4）清洗规管的测量室内壁、密封面及插入电极，用高标号细砂纸擦拭，或用质量优良的洗涤剂，调合成膏涂于被清洁的表面上，然后用一块布抛光、要小心保护表面质量，不要形成划痕。

（5）不同型号的冷规电极不一样，对于具有细长杆电极针的规管，应注意不得将杆碰弯。点火器的位置要保持不变，不得碰弯陶瓷引线。

（6）用酒精或丙酮漂洗全部零件，并用烘箱或吹风机烘干。

（7）按照顺序依次恢复安装。

（8）装完用眼睛看，电极是否对中，如果偏离中心要加以校正。

（9）检查：外壳和插入电极应作到绝缘。加上高压后如发现测量室和点火器之间有打火现象时，要取下规管连接电缆，然后用镊子轻轻调整放电间隙，使其稍稍变大。

冷规的清洗周期建议如下：如果真空系统每天开机，一般2～3个月可清洗一次，如果系统清洁，周期时间更长一些也可。在低真空情况下应尽量避免应用冷规进行测量，这样可降低污染深度，延长清洗周期。也可按照操作者的经验判断，当认为指示不精确时便可进行清洗。

3.4.3.4 磁钢对冷阴极电离规测量的影响

冷规的测量精度也和其磁场有关，当磁场变化较大时，也会影响冷规的测量精度。

磁钢是冷规的三个主要组成部分之一，磁场起着改变电子运动轨迹的作用，使电子运动轨迹加长，增大被测气体分子的电离几率。用于冷规上的磁钢会随着使用时间的延长，磁性有所减退。这样就改变了冷规在一定电、磁场下激发的最佳区域，冷规内磁场分布的变化，影响着被测量离子流的大小。所以，磁场的减退不仅对激发带来影响，而且对测量的相对精度造成误差。检查方法是用特斯拉计测量一下中心场强，与说明书或相关资料上的额定数值相比，若磁场太低，则需更换磁钢或对其进行充磁。

3.4.4 电阻真空计应用中的误差分析

3.4.4.1 电阻真空计的测量原理与特点

电阻真空计俗称皮喇尼真空计，其一般压力测量范围为10^4～10^{-1}Pa。它是凭借热丝电阻的变化反映压力的，采用一根电阻温度系数较大的金属丝（常用的有钨、铂、镍丝）制成规管，在其两端施加电

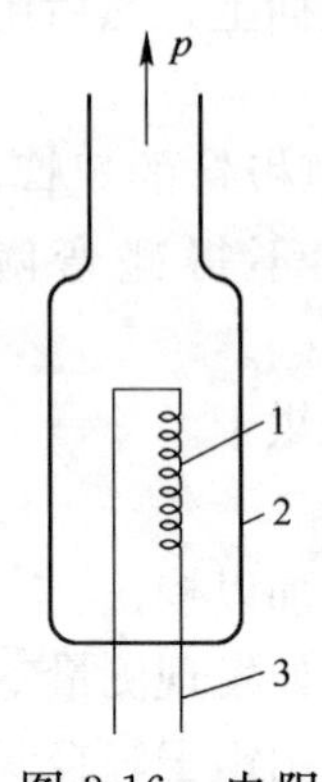

图 3-16 电阻式规管的结构
1—电阻丝；2—管壳；3—引线

压，通过测量电气参量来反映出真空度。电阻真空计主要由规管和测量线路两部分组成。电阻式规管的结构如图 3-16 所示，在规管壳内封装一个用电阻温度系数高的电阻丝绕制的圆柱螺旋形热丝，热丝两端用引线引出规管，接测量线路。

实用的电阻真空计测量线路常采用惠氏电桥或文氏电桥。根据测量热丝电阻变化的方法不同，可分为 3 种模式：

(1) 定电压法。保持电桥两端电压不变，观察失平衡电流与压力的关系；

(2) 定电流法。保持热丝电流（或电桥电流）不变，观察失平衡电压与压力的关系；

(3) 定温度法（即定电阻法）。在任何压力下都用改变电桥电压的方法，保持电桥处于平衡状态。电桥电压与压力的关系即为核准曲线。在此方法中，热丝电阻及其温度基本为定值，具有热辐射及边杆导热均为恒定的优点。

在以上 3 种模式中，常用的是定电压法和定温度法。

定电压型电阻真空计的测量线路原理如图 3-17 所示。此为一惠氏电桥，规管 R_w 为电桥一臂，其邻臂有一个补偿管 R_c，以进行温度补偿。补偿管 R_c 的结构尺寸与规管 R_w 相同，并预先抽真空至 $10^{-2} \sim 10^{-4}$ Pa 后封离。由于 R_c 与 R_w 性能一致，且两者处于电桥相邻两臂，因此环境温度的影响相互抵消，在指示仪表 CB 中反映不出来。电桥其他两臂由电阻 R_1、R_2 及可变电阻 R_v 组成，电桥由可调稳压电源 E 供电。此真空计一般在高真空下用可变电阻 R_v。调节电桥平衡，即调零点。当规管内的压力变化时，由于被气体传导走的热量不同于开始时的平衡状态，因而热丝的温度发生变化，引起其电阻值改变，电桥失去平衡。压力的变化由指示仪表 CB 读出，CB 指示的电流值与压力的关系，通过校准曲线

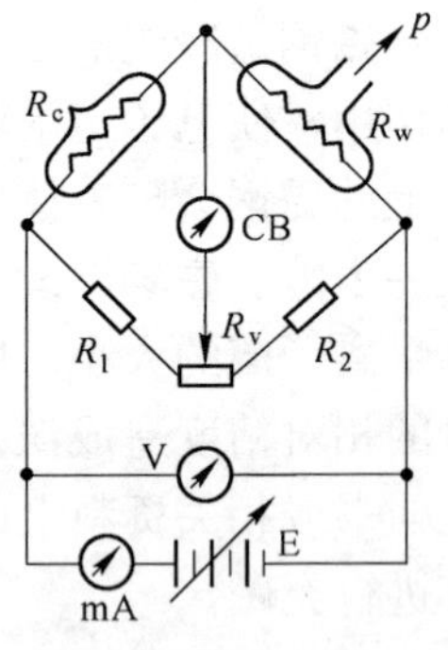

图 3-17 定电压型电阻真空计测量线路原理图
R_w—电阻式规管；R_c—补偿管；R_1，R_2—电阻；R_v—可变电阻；CB—指示仪表；V—电压表；mA—毫安表；E—可调稳压电源

给出。一种定电压型电阻真空计的校准曲线（对空气），如图3-18所示。规管热丝用半径 $r_1=0.01\text{mm}$ 的钨丝绕制成圆柱螺旋形，其室温下电阻 $R_w=200\Omega$。由于各种气体的导热系数不同，因此，对不同种类气体的校准曲线是不同的。

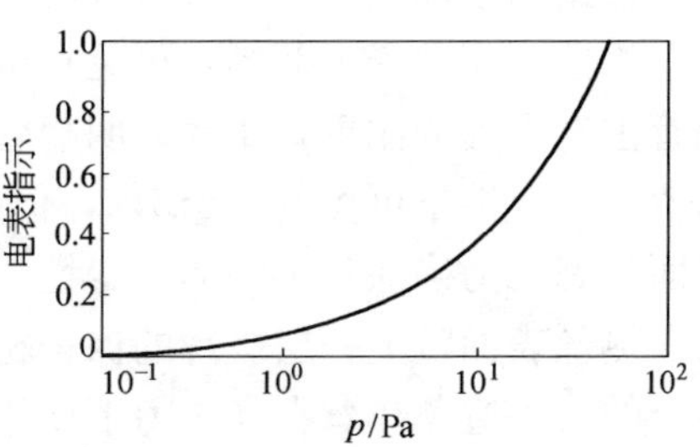

图 3-18 定压型电阻真空计校准曲线（对空气）

定电压型测量线路的优点是结构简单，不足之处是由于电桥电压是固定的，故在被测环境的气体压力高时，由于气体导热快，热丝温度降低，导致规管灵敏度下降，测量高于100Pa的压力就甚为困难。实际上，定电压型测量线路的测量上限并未达到规管的理论值（即 $\lambda \approx r_1$ 所对应的压力）。为了保证高压力时有较高的灵敏度，此时必须使热丝处于足够高的温度。然而在压力变低时它的温度将增高到有可能使热丝氧化或烧毁的危险。

定温度型电阻真空计的测量线路原理如图3-19所示。其工作原理是：先在 $10^{-2}\sim10^{-3}\text{Pa}$ 真空度时，将电桥调于一定的电压 V_0（使热丝温度为一定值）。并改变电阻 R_v 使电桥平衡，即指示仪表CB指零。当压力增高时，热损耗大，热丝温度降低，电阻变小，电桥失去平衡，CB有指示。此时，增高电桥输入电压至 V 使电桥再次平衡，则热丝温度及电阻回复原值。

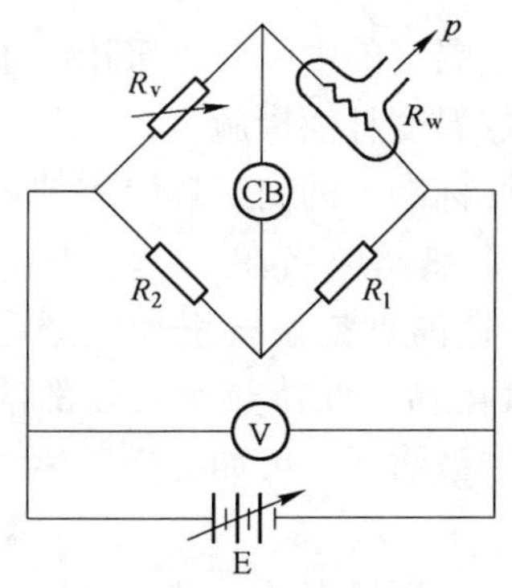

图 3-19 定温型电阻真空计测量线路原理图

R_w—规管；R_v—可变电阻；R_1，R_2—电阻；CB—指示仪表；E—可调稳压电源

3.4.4.2 电阻真空计的使用条件与规管引起的误差

电阻真空计的电源电压低，而且频繁地波动，或受外界的干扰以及放大器电子元器件的质量（比如晶体管、线性放大器温度特性不良），都会直接造成较大的测量误差。

根据国家标准，单只规管校准曲线在测量范围内与标准曲线的偏差其平均值不应大于±25%，可见在电阻真空计中若要缩小测量误差，则规管占有很大的比重，实践表明规管的零散性较大，规管电阻丝冷态电阻值的零散性虽可控制在±2%，但更主要的是在于电阻丝的材质以及表面状态，为确保其工作的稳定性，除对热丝表面进行清洁处理外，有的在热丝表面敷上一层极薄的保护材料，如铷、石英、玻璃、甚至也有涂金的，以避免热丝在高压力下使用时被氧化或污染，但这又将会导致热惯性增大。

环境温度变化直接影响到测量误差，因此一般采用电阻温度系数较大的金属丝以及温度补偿方法，以减小环境温度的影响，温度误差的补救方法一般采用多种补偿措施得以弥补，如加补偿管、电子恒温装置、或将补偿电阻丝绕在规管的边杆上，简单的还可以用水冷套等。

环境温度的变化，对电阻真空计来说影响是很大的，甚至对于微弱的光与热和振动都很灵敏，因此，所引起的测量误差也比较明显。不同类型的电阻真空计，温度影响也各不相同。现假设 δ_V 为由于环境温度的改变所导致输出电压的变化量，ΔV 是仪表全量程输出电压的变化量，其误差公式为

$$误差 = \left|\frac{\delta_V}{\Delta V}\right|\%$$

对于定压式电阻真空计，为了克服环境温度的影响，可采用电子恒温器法以及在惠氏电桥电路的另外一臂上加温度补偿措施。

定压式电阻真空计规管的热丝一般采用标准式的白炽灯泡用的钨灯丝（即 220V，15W），为保证稳定性工作，热丝应当在 $10^{-3} \sim 10^{-4}$ Pa 真空炉中进行热处理，而且最好将热丝放在高真空系统里加以通电除气，以便能除去热丝表面的石墨或者是氧化物，保持热丝表面的清洁度。为了进一步免除规管热丝在使用过程中被沾污，可如上面所述，采用在热丝表面敷涂等措施。

电阻真空计的规管使用时间长了也会导致测量误差，其主要原因是规管的热丝发生了疲劳现象，有的是属于暂时性的，有的则属于永久性的，暂时性的可以设法恢复，永久性的则无法挽回其疲劳。例如在真空镀膜或离子氮化工艺装置中测量真空度时，当金属蒸气不断地向工件蒸镀时，在规管的热丝表面上也会被蒸镀上金属物，这样便改变了电阻温

度系数而引起误差，最后促使规管严重失效，造成无法测量。

再一种情况是：规管热丝（钨丝）的温度较高，如果经常工作在很低的真空度下，则热丝将会被氧化，适应系数被改变，也造成极大的误差，严重的时候钨丝会被烧断。

3.4.4.3 电阻真空计的标定与误差表示方法

电阻真空计是相对真空计，因此不能根据测量所获得的物理量直接得出测量的绝对压力值，其所测得的数字且与气体种类有关。因而必须与可靠的U形管、麦克劳真空计进行直接比较及校准，特别是当要确定准确度时就一定得校准，只有这样才能定出电阻真空计的误差值。

误差是表示仪表指示值与其被测量的实际值之间的差异程度，相对误差越小，则准确程度也就越高。目前所用的电阻真空计都实现了数字化，常用的误差表示方法是读数 $a\%\pm$满量程的 $b\%$（其中：a 是由仪表中的内部基准源和控制单元的传递系数稳定性所决定的；b 是由放大器的零点漂移，热电势等引起的误差值。），并且还应标注出使用温度，保证精确度的时间和使用量限。

3.4.5 压缩式真空计（麦氏计）的测量误差分析与使用

3.4.5.1 压缩式真空计（麦氏计）的测量误差分析

压缩式真空计（麦氏计）是一种绝对真空计，尽管压缩式真空计具有较高的可靠性，但是还存在许多产生测量误差的因素，压缩式真空计在测量时的误差源有：可凝性蒸汽影响、不稳定的毛细作用、水银蒸气流效应、静电效应、温度变化影响、结构尺寸误差、偏离理想气体波义耳定律误差和测量操作误差等。

下面就几个主要因素进行分析。

A 蒸气对测量的影响

通常在被测量的真空系统中，总是有些蒸气存在，如压缩式真空计工作液本身就是一个蒸气源，此外还有部分水蒸气和其他蒸气源等。由于该种真空计是基于理想气体波义耳定律工作的，由于波义耳定律仅适用于理想气体，对真实气体则应该采用范德瓦尔方程

$$\left(p+\frac{a}{V^2}\right)(V-b)=RT \tag{3-17}$$

式中，a、b 分别为与被测量气体性质有关的常数；p 为被测气体的压

力。

当用压缩式真空计测量真实气体压力时，如果按照玻义耳定律进行计算，将引起如下误差

$$\frac{\Delta p}{p}=\frac{p}{RT}\left(\frac{a}{RT}-b\right) \tag{3-18}$$

式中，R、T 分别为气体常数和被测气体温度。

任何蒸气被压缩到其饱和蒸气压时，压力就不再因压缩而增高，因此压缩式真空计显然不能正确测出蒸气的压力，不同性质的蒸气对压力测量的影响也不同，具体分析如下：

(1) 对于工作液水银来说，在室温下其饱和蒸气压约为 10^{-1}Pa 左右，同时存在于测量毛细管和比较毛细管水银面上，故不能造成任何水银柱的高度差，这就意味着压缩式真空计任何时候都不能反映出它本身工作液的蒸气压。但是，这种蒸气压却能扩散到真空系统中去，因此必须在真空系统和压缩式真空计之间安装一个冷阱，用来消除水银蒸气对真空系统的影响，这时进入真空系统的水银蒸气只相当于冷凝温度的水银饱和蒸气压，如用液氮冷阱。其值低于 10^{-3}Pa。

(2) 对于饱和蒸气压小于 30Pa 的未饱和蒸气，压缩后在测量毛细管中达到饱和蒸气压，而在比较毛细管中仍为未饱和蒸气，故二者之间就会出现小于 0.2mm 的水银面高度差。这个高度差用肉眼很难读出，故这类蒸气的压力就不能在测量中反映出来。机械泵油（饱和蒸气压在 10^{-2}～10^{-3}Pa）、扩散泵油（饱和蒸气压在 10^{-4}～10^{-8}Pa）即属于这种情况。

(3) 对于饱和蒸气压大于 5×10^{2}Pa 的未饱和蒸气，压缩后测量毛细管中达到饱和蒸气压，而比较毛细管中尚未达到饱和蒸气压，就会使水银面出现 0.2mm 以上的高度差，已可以用肉眼观察出来，这时的读数可认为是饱和蒸气压值。真空系统中残存的一些水蒸气即属此种情况。

真空系统中最典型的情况是永久性气体和某些蒸气的混合体，而且其比例无法确定，那么用压缩式真空计测量时，读出的数值究竟是永久性气体的分压、蒸气的饱和蒸气压还是全压（永久性气体分压和蒸气分压之和），就要按上述情况做具体分析。因此，为了排除蒸气给测量带来的麻烦，常在真空系统和压缩式真空计之间安装一个冷阱，这样测得

的为永久性气体分压。所以通常所说的压缩式真空计是测量气体的分压力，就是指带冷阱的测量系统而言的。

B 水银蒸气流拖曳效应引起的误差

在被测的系统与压缩式真空计之间安装一个冷阱，可消除蒸气对测量的影响，但是这给测量又带来一个新的误差来源，这就是水银蒸气流拖曳效应。它是由于冷阱的存在，当可凝蒸气的分压为 10^{-1} Pa 时，导致压缩式真空计中的水银蒸气不断向冷阱方向流动形成一个稳定的水银蒸气流，这个稳定的水银蒸气流在流向冷阱的过程中会与理想气体相碰撞，把压缩式真空计压缩球泡中的被测气体分子拖曳到冷阱方向，并聚集在冷阱处，使理想气体沿管路产生浓度梯度，这就是所谓的水银蒸气流拖曳效应。

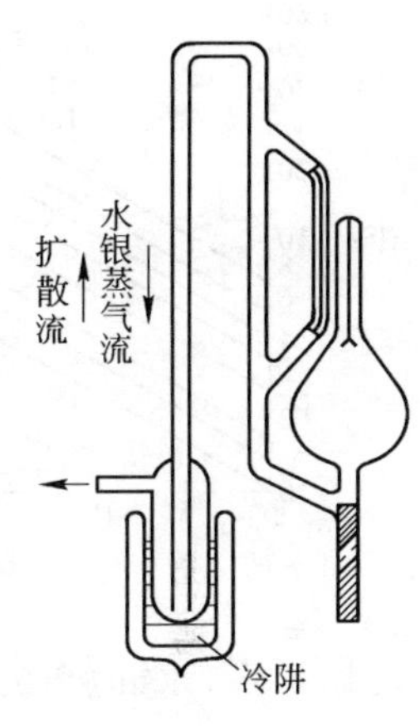

图 3-20 压缩式真空计中的汞蒸气流

当平衡时，存在如图 3-20 所示的两个相反方向的气流——理想气体的扩散流和汞蒸气流。这一效应造成压缩式真空计中的压力低于真空系统（或冷阱处）的实际压力，其压力误差可用下式表示

$$\frac{\Delta p}{p} = \exp\left(A \cdot \frac{r \cdot p' \sqrt{T}}{D_0}\right) - 1 \tag{3-19}$$

式中 Δp——冷阱与压缩式真空计之间的压力差，Pa；

p——平均压力，Pa；

r——连接管半径，cm；

p'——汞蒸气分压，Pa；

T——导管温度，K；

D_0——理想气体在汞蒸气中的扩散系数，cm^2/s，例如 N_2-Hg 的 D_0 为 0.105 cm^2/s；

A——常数（对 Hg 为 0.905）。

图 3-21 是式（3-18）的计算结果。当连接管很粗并在压力测量的下限时，该效应将引起 10%～20%的测量误差，使压缩式真空计的指示压力偏低。

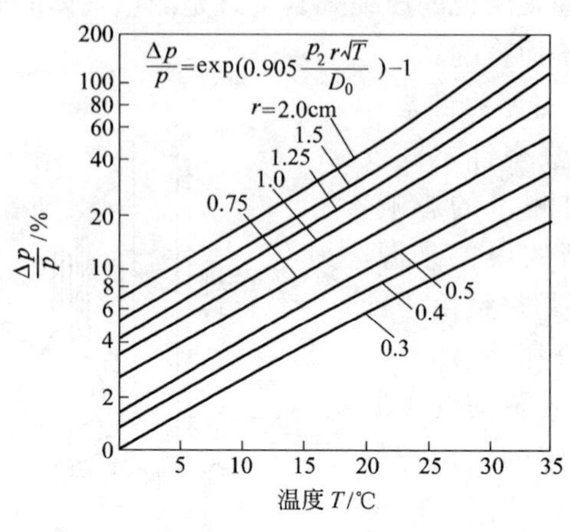

图 3-21 水银蒸气流引起的测量误差

为了克服这一现象，一般在压缩式真空计连接管口处安置一个阀门，在进行测量读数前先将该阀门关上，切断水银蒸气流与冷阱间的气路。

C 不稳定的毛细作用

由于压缩式真空计测量毛细管和比较毛细管内径的不均匀性、表面状况不同等原因，致使毛细管中水银不规则运动所引起的一系列异常现象，给测量带来误差。为了减小其影响，最早采用的方法是对毛细管内径进行磨毛加工，提高毛细管内径的均匀性。也有文献提出摩擦阻力是引起毛细管中水银不规则运动的主要原因的假设，并建议采用涂油润滑的方法，即在毛细管内表面涂一层厚度约为 3μm 的均匀油膜（DC-704 硅油），可较好地消除毛细管中发生的一系列异常现象。

D 测量操作方法和取值范围的影响

压缩式真空计（麦氏计）测量之所以出现较大的误差，除了上述影响因素以外，还与操作方法和取值范围有关。

在测量时，当水银刚进入毛细管时，因麦氏计储汞球内外的气体压差较大（相当于 200mmHg），故比较毛细管内的水银上升速度较快，它依靠惯性冲破毛细管内壁对水银的黏滞力，而且由于惯性作用，使上升高度超过了实际高度。当惯性消失后，毛细管内壁对水银的黏滞力和水银的表面张力成为主要阻力，迫使水银柱保持了这一虚假高度。而此时测量毛细管内已汇集了压缩球体内的全部气体，具有较大的压力，惯性作用已不显著，那么它的示值应认为是真实的。这样，测量毛细管与比较毛细管水银柱之高度差就会变大，超过了实际上水银柱应有的高差，造成了测量值偏高。

当比较毛细管水银柱上升到相当的高度（相当测量毛细管外封顶）

后，此时麦氏计的储汞球内的气体压力已很高了（接近一个大气压），而比较毛细管内的水银柱上升很慢，惯性已很小，可以忽略，而毛细管内壁对水银的黏滞力和水银的表面张力作为上升的阻力，使水银柱达不到应有的高度，造成了测量值偏低。

综上所述，在使用麦氏计测量时应注意以下 4 点（测量标尺置放情况如图 3-22 所示）：

（1）提升水银时，在水银将要进入毛细管前，应尽量降低上升速度，避免因体积突然变化而引起的较大测试误差。

（2）比较毛细管内的水银柱不宜升至测量毛细管外封顶之上，以避免测量值偏低。采用数值的跨度大些，可抵消测量偏差。

（3）根据所估计的 pV 值大小，选择合理的测试部位。pV 值愈大，麦氏计的测量区越应远离标尺零点。适当提高待测样品的 pV 值，可减少误差。

（4）缩小视差影响。根据测量相对误差计算公式

$$\frac{\mathrm{d}\theta}{\theta}=\frac{\mathrm{d}h_{\mathrm{C}}}{h_{\mathrm{C}}}+\frac{\mathrm{d}h_{\mathrm{C}}+\mathrm{d}h_{\mathrm{A}}}{h_{\mathrm{A}}} \quad (3\text{-}20)$$

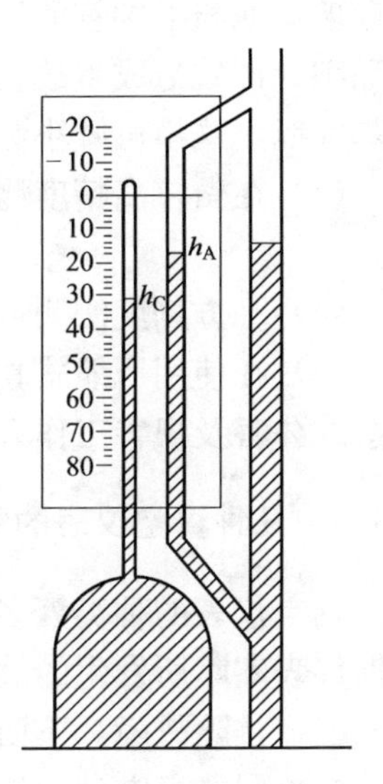

图 3-22 测量标尺置放情况

由上式可以看到，当 h_{C} 和 h_{A} 越大，所测气体的相对误差愈小，所以欲缩小视差引进的相对误差，应适当增大用样量（即增大待测的气体量）。在有条件的情况下，应配备测高仪，以减少由于视差所引起的误差。

3.4.5.2 使用压缩式真空计应注意的问题

（1）首先应根据待测量的对象选择适当量程的压缩式真空计，才能保证较高的测量精度。

（2）压缩式真空计在装入水银之前，要对压缩式真空计和水银分别进行严格的清洗处理。对压缩式真空计的清洗方法是：先用清洁的水充分地冲洗，再将重铬酸钾与浓硫酸的饱和溶液灌入真空计中。为使溶液能进入到毛细管中去，需先用真空泵进行抽空后再将溶液压入到毛细管

中，至少需要浸泡 24h 以上。经过浸泡后的真空计再用蒸馏水多次清洗，最后放入温度为 70～100℃的烘箱中烘干。水银要选用 99.9%化学纯的水银，并用浓度为 5%的稀硝酸充分清洗，然后用蒸馏水清洗，最后用无水乙醇清洗后方可使用。最好用经过真空蒸馏的水银装入压缩式真空计。

(3) 在进行测量时，提升水银时要缓慢平稳，严禁振动，当水银面接近玻璃泡与毛细管的过渡截面时，要稍停一会再提升水银，以免水银将毛细管冲破造成事故。另外在水银面接近基准线时更要平稳地慢慢对准基准线，这样可减小测量误差。

(4) 在做较高精度测量时，目测不能满足要求应采用测高仪进行读数。

(5) 平方刻度法测量值偏低，一般不宜采用。

(6) 在使用压缩式真空计的场所，要采取防止水银污染的措施，免得造成公害及损害工作人员的健康。

3.4.6 几种真空仪表的常见故障及检修方法

真空仪表的种类繁多，结构不一，因此检修工作比较复杂。一般应根据仪表实际所发生的故障现象以及仪表的结构进行具体分析，才能找出原因，排除故障。下面列出 6 种用得较多的真空仪表（定温型电阻真空计、热偶式真空计、热阴极电离真空计、冷阴极电离真空计、B-A 超高真空电离计和冷阴极极高磁控电离真空计）的常见故障、可能产生的原因及检修方法（分别见表 3-9～表 3-14），以供参考。

至于热偶、电离复合式真空计和热偶、B-A 复合宽量程超高真空计的检修，可分别参阅下述各表有关部分。

表 3-9 电阻真空计（定温式）的故障诊断及检修方法

故障现象	可能产生的原因	维修方法
电源开关接通后，指示灯不亮	1. 无供电电压； 2. 电源线断路； 3. 电源保险丝烧断； 4. 指示灯灯丝烧断或接触不良	1. 检查电源插座有无供电电压； 2. 检查电源线或插头接线是否断路； 3. 检查电源部分（主要为电源变压器与整流器部分）是否短路。排除故障后，更换保险丝； 4. 检查电源电压后，更换指示灯或紧固灯座

续表 3-9

故障现象	可能产生的原因	维修方法
电源接通后，表头无指示	1. 指示电表的动圈部分断路或卡牢； 2. 无直流电源电压，直流稳压电源部分损坏，无电压输出； 3. 量程转换开关接触不良或损坏； 4. 规管断丝或规管插座接触不良	1. 更换指示电表； 2. 更换或修理直流稳压电源； 3. 更换量程转换开关； 4. 更换规管或规管插座
当规管处于大气状态时，指示表超过满度或有较大的固定偏转	1. 规管断丝或规管插座接触不良； 2. 量程转换开关部分接触不良； 3. 无直流补偿电压； 4. 满度调节电位器松动	1. 更换规管或规管管座； 2. 更换量程转换开关； 3. 检修直流补偿电压电源； 4. 重调并紧固满度电位器
指示表反偏超过零位	1. 低频振荡电路工作不正常或停止振荡； 2. 量程转换开关损坏	1. 其晶体管损坏或工作点失调等； 2. 更换量程转换开关
指示表有较大幅度的摆动	1. 转换开关、管座接触不良或低频振荡器产生寄生振荡或间歇振荡； 2. 外界干扰； 3. 电源电压低而波动频繁	1. 检修转换开关、管座以及低频振荡电路； 2. 检查仪器周围是否存在火花检漏仪、电动机等反复启动等干扰源； 3. 检查供电电源
真空度变化时反应不灵敏或指示不变	1. 规管电阻丝污染； 2. 规管断丝、转换开关或管座接触不良； 3. 低频振荡电路产生高频振荡	1. 清洗规管； 2. 更换规管，更换转换开关或管座； 3. 检修低频电路
量程换挡衔接不好	补偿电位器松动	重调并紧固补偿电位器
多只规管测量同一系统，结果不一样	1. 规管补偿电位器松动； 2. 规管转换开关接触不良	1. 重调并紧固规管补偿电位器； 2. 更换转换开关
零点漂移过大	1. 规管电阻丝表面状态变化； 2. 低频振荡电路的晶体管工作不正常或温度特性不良	1. 清洗规管电阻丝或更换规管； 2. 更换有关晶体管

表 3-10 热偶真空计的故障诊断及检修方法

故障现象	可能产生的原因	维修方法
电源开关接通后，指示灯不亮	1. 无供电电压； 2. 电源线断路； 3. 电源保险丝烧断； 4. 指示灯灯丝烧断或接触不良	1. 检查电源插座有无供电电压； 2. 检查电源线或插头接线是否断路； 3. 检查电源部分（主要为电源变压器与整流器部分）是否短路。排除故障后，更换保险丝； 4. 检查电源电压后，更换指示灯或紧固灯座
电源接通后，加热电流和测量均无指示	1. 指示表动圈部分断路（指针显示式仪器）； 2. 热偶规管灯丝断路或规管连接电缆部分断路； 3. 无加热电流； 4. 加热电流调节电位器断路； 5. 与指示表串联的电阻断路	1. 更换指示表； 2. 更换热偶规管及检修规管连接电缆； 3. 检查稳流电源有无电压输出； 4. 检修调节电位器及其线路； 5. 更换电阻
有热偶电流指示而无测量读数	1. 规管断丝； 2. 规管电缆、插座及量程开关等部分接触不良； 3. 真空度太低（远远大于 133Pa）	1. 更换规管； 2. 线锈或更换有问题部分； 3. 检查被测系统真空度
有热偶电流指示而测量读数很小	1. 真空度较低（大于 133Pa）； 2. 热电偶部分被污染	1. 检查被测系统真空度； 2. 更换或清洗规管
无热偶电流指示而有测量读数	分流器中与指示电表串联的电阻断路	更换电阻，重新校准电流值
加热电流失控： 1. 加热电流过大，且不能调小； 2. 加热电流过小，且不能调大或无法调节	1. 调节晶体管击穿（晶体管式）； 2. 调节晶体管与散热器之间的绝缘破坏； 3. 加热电流调节电位器一端断路	1. 更换调节晶体管； 2. 检修绝缘部分； 3. 更换电位器或检修调节电位器电路
加热电流不稳定	1. 线路板接插件、规管管座或电缆接头等接触不良； 2. 稳压电源失效； 3. 交流供电电压低而且波动大	1. 检修相关部分； 2. 检修稳压电源； 3. 检查供电电源电压

续表 3-10

故障现象	可能产生的原因	维修方法
一挡量程能正常工作，另一挡工作不正常或无指示	1. 量程转换开关损坏或接触不良； 2. 另一量程的加热电路或热偶测量电路的元件损坏	1. 更换转换开关； 2. 检修相关电路及更换损坏元件

表 3-11 电离真空计的故障诊断及检修方法

故障现象	可能产生的原因	维修方法
电源开关接通后，指示灯不亮	1. 无供电电压； 2. 电源线断路； 3. 电源保险丝烧断； 4. 指示灯灯丝烧断或接触不良	1. 检查电源插座有无供电电压； 2. 检查电源线或插头接线是否断路； 3. 检查电源部分（主要为电源变压器与整流器部分）是否短路。排除故障后，更换保险丝； 4. 检查电源电压后，更换指示灯或紧固灯座
规管电源接通后，灯丝不亮	1. 真空度过低，规管灯丝烧断； 2. 规管插座、开关、电缆或管座等损坏或接触不良； 3. 规管保险丝断或由于真空度远低于被测量程，规管自动过载保护装置已经动作； 4. 规管灯丝电路继电器的触头接触不良； 5. 规管稳发射电流装置损坏，无电压输出	1. 更换规管； 2. 维修或更换相关部件； 3. 更换保险丝，检查和调整离子流测量放大器零位及过载保护灵敏度； 4. 维修或更换继电器； 5. 检修稳发射电路及其元件
规管灯丝很暗，无发射电流	1. 电源变压器短路； 2. 晶体管稳流器的检出放大管无集电极辅助电压； 3. 检测放大器或基准参考电压部分损坏； 4. 过流保护电路晶体管损坏或元件变值，致使稳流器过流保护装置非正常工作	1. 检修电源变压器； 2. 检修集电极辅助电源； 3. 维修检测放大器和比较基准电路； 4. 更换有关元件

续表 3-11

故障现象	可能产生的原因	维修方法
规管灯丝较暗，发射电流调不到额定值（小于 5mA）	1. 电源变压器短路； 2. 规管灯丝氧化或发射能力不足； 3. 规管被油蒸气污染； 4. 真空度过低（大于 10^{-1}Pa）； 5. 交流供电电压过低（远低于 200V）	1. 检修电源变压器； 2. 更换规管； 3. 清洗或更换规管； 4. 检查被测系统真空度； 5. 检查供电电压，采用交流稳压器供电
规管灯丝超过正常亮度又无发射电流	无加速极电压	检修高压部分有无电压输出并更换有关元件
调节发射电流时规管灯丝亮度有变化，但是无发射指示	1. 发射电流指示表动圈断路或卡表； 2. 分流器中与指示表串联的电阻断路	1. 更换指示表； 2. 更换分流器电阻，并重新校准电流值
发射电流指示超过满度，但又无法调节	1. 调整管击穿或其集电极与散热器短路； 2. 检出放大器的采样电位器断路； 3. 规管加速极与阴极发生短路； 4. 分流器断路； 5. 阻抗变压器短路	1. 更换调整管及检修散热器绝缘部分； 2. 维修检出采样电路，更换有关元件； 3. 检修管路电路、更换规管； 4. 更换分流器并重新校准电流值； 5. 检修或更换阻抗变压器
发射电流不稳定	1. 电源供电电压过低且波动剧烈； 2. 滤波电容器容量衰减； 3. 电路板及其接插件、规管管座或连接电缆接头等接触不良	1. 检查供电电压，采用交流稳压器供电； 2. 更换电容器； 3. 检修或更换有关部件
规管除气时加速极不红	除气电源开关或继电器以及电缆接头、规管管座等损坏或接触不良	检修或更换有关部件
离子流测量放大器无法调零，指示表指针超过满度或反偏	1. 差分放大电路晶体管损坏或严重不对称； 2. 差分放大电路元件损坏	1. 更换晶体管； 2. 检查并更换有关元件

续表 3-11

故障现象	可能产生的原因	维修方法
在“校准”或“满度”挡上调不到满度	1. 离子流测量放大器的直流工作电压过低； 2. 差分放大电路晶体管放大倍数降低； 3. 发射电流降低； 4. 满度电位器损坏	1. 检修供电电源； 2. 更换晶体管； 3. 查找发射电流降低原因并调至额定值； 4. 更换电位器
测量时指示表无指示	1. 离子收集极电路断路或对地短路； 2. 离子收集极无负偏压； 3. 真空度过高（小于 10^{-5}Pa）； 4. 指示表或测量挡转换开关损坏	1. 检修有关故障； 2. 检修离子收集极电路，恢复额定偏压值（约−25V）； 3. 检查被测真空度； 4. 更换指示表或转换开关
测量时指示表指针反偏	1. 离子收集极无负偏压，在高量程挡上因电子打到收集极上形成负电流； 2. 规管中出现高频电子正栅振荡； 3. 外界干扰	1. 检修离子收集极负偏压电路； 2. 改变电缆长度或在离子收集极电路中串接 5～6 匝线圈加以消除； 3. 查找干扰源或对规管收集极加以金属屏蔽
零点漂移显著	1. 离子流测量放大器的输入管栅流增大； 2. 离子流测量放大器的晶体管工作特性不稳定； 3. 收集极接线的绝缘性能变坏； 4. 电源供电电压波动剧烈； 5. 离子流测量放大器的直流工作电源的滤波系数增大	1. 检查输入电路或更换输入管； 2. 更换有关晶体管； 3. 检修并改进绝缘性能； 4. 采用交流稳压器供电； 5. 改善直流稳压器的工作性能或加大滤波电容器的容量
高量程挡（$\times10^{-6}\sim\times10^{-8}$）的栅流影响加大	输入管表面或高输入阻抗零件（量程开关、电缆接头及管座等）受潮或损坏	检修或更换有关器件

表 3-12 冷阴极电离真空计的故障诊断及检修方法

故障现象	可能产生的原因	维修方法
电源开关接通后，指示灯不亮	1. 无供电电压； 2. 电源线断路； 3. 电源保险丝烧断； 4. 指示灯灯丝烧断或接触不良	1. 检查电源插座有无供电电压； 2. 检查电源线或插头接线是否断路； 3. 检查电源部分（主要为电源变压器与整流器部分）是否短路。排除故障后，更换保险丝； 4. 检查电源电压后，更换指示灯或紧固灯座
接通电源后，无高压或高压很低	1. 高压整流管损坏或衰老； 2. 高压变压器绕组断路或局部短路； 3. 高压滤波电容器被击穿； 4. 高压输出限流电阻烧断	1. 更换整流管； 2. 更换高压变压器； 3. 更换滤波电容器； 4. 更换限流电阻
测量指示表无指示	1. 无高压或高压很低； 2. 规管的高压电缆断路； 3. 指示表断路； 4. 真空度过高（小于 10^{-5}Pa）	1. 更换整流管或高压变压器，更换滤波电容器或限流电阻； 2. 检修或更换高压电缆或接头； 3. 检修或更换指示表； 4. 检测被测系统真空度
指示表的偏转过大	1. 真空度过低（大于 10^{-1}Pa）； 2. 指示表分流器断路； 3. 规管电极短路	1. 检测被测系统真空度； 2. 更换分流器，并重新校准电流值； 3. 更换规管
测量指示表明显错误	规管损坏	更换规管
测量指示不稳定	1. 规管高压电极接触不良，产生局部放电； 2. 规管损坏； 3. 高压稳压电源损坏； 4. 交流供电电压过低且波动剧烈； 5. 在某压力下出现 CM 点或放电不稳定	1. 检修规管高压电极接头； 2. 更换规管； 3. 维修高压稳压电源； 4. 采用交流稳压器供电； 5. 检测系统真空度及规管性能

表 3-13 B-A 式超高电离真空计的故障诊断及检修方法

故障现象	可能产生的原因	维修方法
电源开关接通后，指示灯不亮	1. 无供电电压； 2. 电源线断路； 3. 电源保险丝烧断； 4. 指示灯灯丝烧断或接触不良	1. 检查电源插座有无供电电压； 2. 检查电源线或插头接线是否断路； 3. 检查电源部分（主要为电源变压器与整流器部分）是否短路。排除故障后，更换保险丝； 4. 检查电源电压后，更换指示灯或紧固灯座
规管灯丝接通后，灯丝不亮	1. 真空度过低，规管灯丝烧断； 2. 规管插座、开关、电缆或管座等损坏或接触不良； 3. 规管保险丝断或由于真空度远低于被测量程，规管自动过载保护装置已经动作； 4. 规管灯丝电路继电器的触头接触不良； 5. 规管稳发射电流装置损坏，无电压输出	1. 更换规管； 2. 维修或更换相关部件； 3. 更换保险丝，检查和调整离子流测量放大器零位及过载保护灵敏度； 4. 维修或更换继电器； 5. 检修稳发射电路及其元件
规管灯丝很暗，无发射电流	1. 电源变压器短路； 2. 晶体管稳流器的检出放大管无集电极辅助电压； 3. 检测放大器或基准参考电压部分损坏； 4. 过流保护电路晶体管损坏或元件变值，致使稳流器过流保护装置非正常工作	1. 检修电源变压器； 2. 检修集电极辅助电源； 3. 维修检测放大器和比较基准电路； 4. 更换有关元件
规管灯丝较暗，发射电流调不到额定值（小于5mA）	1. 电源变压器短路； 2. 规管灯丝氧化或发射能力不足； 3. 规管被油蒸气污染； 4. 真空度过低（大于 10^{-1}Pa）； 5. 交流供电电压过低（远低于 200V）	1. 检修电源变压器； 2. 更换规管； 3. 清洗或更换规管； 4. 检查被测系统真空度； 5. 检查供电电压，采用交流稳压器供电

续表 3-13

故障现象	可能产生的原因	维修方法
规管灯丝超过正常亮度且无发射电流	无加速极电压	检修高压部分有无电压输出并更换有关元件
规管灯丝亮度正常但无发射电流指示	1. 发射电流指示表损坏； 2. 指示表的转换开关损坏或分流器中串联电阻断路	1. 更换指示表； 2. 更换转换开关或分流器电路，并重新校准电流值
发射电流指示超过满度，但又无法调节	1. 晶体管式稳流器的整流滤波电容器损坏或其外壳与机壳短路； 2. 其余同表 3-12 相应项内容	1. 更换电容器或消除短路现象； 2. 其余同表 3-12 相应项内容
发射电流不稳定	1. 电源供电电压过低且波动剧烈； 2. 滤波电容器容量衰减； 3. 电路板及其接插件、规管管座或连接电缆接头等接触不良	1. 检查供电电压，采用交流稳压器供电； 2. 更换电容器； 3. 检修或更换有关部件
规管灯丝亮度闪烁，发射电流指针随之摇摆	1. 晶体管式稳流器的检出放大级的高频去耦电容变值； 2. 基准电压稳压管电路故障； 3. 整流滤波电容器外壳漏电	1. 更换电容器； 2. 检修基准稳压电路并更换有关元件； 3. 更换电容器
规管除气时加速极不够红，除气电源不稳定	1. 电源供电电压过低； 2. 倍压整流的除气高压部分故障	1. 检查供电电压，采用交流稳压器供电； 2. 检修倍压整流电路及更换有关元件
有发射电流指示，但无除气电流指示	1. 转换开关损坏； 2. 除气高压电路故障； 3. 除气电流分流器中与指示表连接的电阻断路	1. 更换转换开关； 2. 检修除气高压电路及更换有关元件； 3. 更换分流器电阻并重新校准电流值

续表 3-13

故障现象	可能产生的原因	维修方法
离子流测量放大器无法调零，指示表指针超过满度或反偏	1. 离子流测量放大器中有一级或一级以上放大电路失衡或损坏； 2. 工作直流电压过低或一组损坏； 3. 静电计管衰老	1. 检修有关电路及更换元件； 2. 检修直流电源及更换有关元件； 3. 更换静电计管及施以防潮处理
零位调节太灵敏或不稳定	1. 离子流测量放大器的负反馈电路开路； 2. 调零电位器接触不良或损坏	1. 检修负反馈电路； 2. 更换电位器
在“满度”校准挡调不到满度或仍指向零位	1. 满度校准电压的稳压管损坏； 2. 量程转换开关部分断路	1. 检修校准电压电路及更换硅稳压管； 2. 更换量程转换开关
测量时指示表无指示	1. 离子收集极电路断路或对地短路； 2. 规管收集极断掉； 3. 离子收集极无负压； 4. 指示表损坏	1. 检修相应故障； 2. 更换 B—A 式规管； 3. 检修离子收集极短路，恢复额定值； 4. 更换指示表
零点漂移显著	1. 离子流测量放大器的输入管栅流增大； 2. 离子流测量放大器的晶体管工作特性不稳定； 3. 收集极接线的绝缘性能变坏； 4. 电源供电电压波动剧烈； 5. 离子流测量放大器的直流工作电源的滤波系数增大	1. 检查输入电路或更换输入管； 2. 更换有关晶体管； 3. 检修并改进绝缘性能； 4. 采用交流稳压器供电； 5. 改善直流稳压器的工作性能或加大滤波电容器的容量
高量程挡（$\times 10^{-6} \sim \times 10^{-8}$）的栅流影响加大	输入管表面或高输入阻抗零件（量程开关、电缆接头及管座等）受潮或损坏	检修或更换有关器件

表 3-14 冷阴极极高磁控电离真空计的故障诊断及检修方法

故障现象	可能产生的原因	维修方法
电源开关接通后，指示灯不亮	1. 无供电电压； 2. 电源线断路； 3. 电源保险丝烧断； 4. 指示灯灯丝烧断或接触不良	1. 检查电源插座有无供电电压； 2. 检查电源线或插头接线是否断路； 3. 检查电源部分（主要为电源变压器与整流器部分）是否短路。排除故障后，更换保险丝； 4. 检查电源电压后，更换指示灯或紧固灯座
高压电源开关接通后，无高压输出	1. 高压稳压硅整流管击穿； 2. 高压整流硅堆损坏； 3. 高压滤波电容器击穿； 4. 高压输出限流电阻烧断； 5. 规管的阳极与辅助阴极或阴极短路，或电极接线短路； 6. 高压电源输出接头的绝缘破坏； 7. 真空度远低于被测量程、离子流测量放大器偏离零位过大或过载保护灵敏度过高，致使规管自动过载保护装置动作	1. 更换硅稳压管，重新校准高压（约 5000V）； 2. 更换高压整流硅堆； 3. 更换高压电容器； 4. 更换限流电阻； 5. 更换规管或消除接线短路； 6. 修复或更换高压电源输出接头的绝缘； 7. 检查和调整相关部分
高压电源开关接通后，输出高压低	1. 交流稳压的硅整流管损坏或变值； 2. 高压变压器绕组局部短路； 3. 高压倍压整流电路的一半发生故障； 4. 高压输出限流电阻局部烧毁	1. 更换硅整流管； 2. 此时变压器将发烫，更换高压变压器； 3. 检修倍压整流电路及更换有关元件； 4. 更换限流电阻
离子流测量放大器无法调零，指示表指针超过满度或反偏	1. 放大器中有一级或一级以上放大电路失衡或损坏； 2. 直流工作电压过低或一组损坏； 3. 静电计管衰老	1. 检修有关电路及更换元件； 2. 检修直流电源及更换有关元件； 3. 更换静电计管及施以防潮处理

续表 3-14

故 障 现 象	可能产生的原因	维 修 方 法
零位调节太灵敏或不稳定	1. 离子流测量放大器的负反馈电路开路； 2. 调零电位器接触不良或损坏	1. 检修负反馈电路； 2. 更换电位器
在“满度”校准挡调不到满度或仍指向零位	1. 满度校准电压的稳压管损坏； 2. 量程转换开关部分断路	1. 检修校准电压电路及更换硅稳压管； 2. 更换量程转换开关
零点漂移显著	1. 离子流测量放大器的输入管栅流增大； 2. 离子流测量放大器的晶体管工作特性不稳定； 3. 收集极接线的绝缘性能变坏； 4. 电源供电电压波动剧烈； 5. 离子流测量放大器的直流工作电源的滤波系数增大	1. 检查输入电路或更换输入管； 2. 更换有关晶体管； 3. 检修并改进绝缘性能； 4. 采用交流稳压器供电； 5. 改善直流稳压器的工作性能或加大滤波电容器的容量
高量程挡（$\times10^{-9}\sim\times10^{-11}$）的栅流影响加大	静电计管表面或高输入阻抗零件（量程转换开关、输入按钮开关、电缆接头等）受潮或被污染	解决有关器件受潮或消除污染
测量时电表无指示	1. 规管阴极电路断路或对地短路； 2. 规管阴极引线断路； 3. 指示表损坏； 4. 真空度太高，规管产生不激发	1. 排除有关故障； 2. 更换规管； 3. 更换指示表； 4. 检查真空度并对规管进行激发
测量指示不稳定	1. 规管高压电极接触不良，产生局部放电； 2. 规管损坏； 3. 高压稳压电源损坏； 4. 交流供电电压过低且波动剧烈； 5. 在某压力下出现 CM 点或放电不稳定	1. 检修规管高压电极接头； 2. 更换规管； 3. 维修高压稳压电源； 4. 采用交流稳压器供电； 5. 检测系统真空度及规管性能

续表 3-14

故障现象	可能产生的原因	维修方法
在高量程挡（小于×10^{-8}），不加规管工作磁钢，当接通高压电源后，指示表有指示	规管芯柱部位高压漏电	1. 更换规管或用红外线烘烤漏电部位； 2. 对规管阴极输出端屏蔽，消除漏电电流
测量电表指示明显不正确	1. 工作磁钢磁性减退； 2. 如偏转明显增大，则是由于规管表面受潮漏电加大； 3. 在真空度小于 10^{-8} Pa 时，突然出现无指示或指示极小现象，为规管放电熄火； 4. 偏转增大，同时规管内伴有蓝光，则是由于被测真空度过低	1. 检查磁场强度及充磁； 2. 对规管表面采取屏蔽或用红外线灯烘烤等措施； 3. 等候一定时间待其放电恢复，或用高频火花检漏器、紫外线等激发其放电； 4. 检查被测系统真空度

3.5 真空系统气密性检测

3.5.1 漏气及其产生原因

在真空技术和设备的应用中，真空系统的漏气是不可避免的，真空检漏的目的是使系统中的漏气量小到工艺要求所允许的程度。

造成真空系统漏气的原因很多，大致有下面几种情况：

(1) 器壁材料有气孔、夹渣、裂纹。轧制材料出现这种缺陷的可能性较小；而铸件容易引起这种缺陷；

(2) 焊接、封接时有缺陷。原因是焊接时操作不慎，焊接工艺选择不当，焊缝设计不合理，焊接顺序选择不当，焊接操作不方便等因素，均会引起焊缝漏气；

(3) 零件在冷加工中出现裂纹。如弯管时不小心会产生裂纹；焊后加工的法兰容易引起法兰与管道间焊缝产生裂纹；

(4) 零件受冷、热冲击或机械冲击后，焊缝产生裂纹；

(5) 在焊接应力作用下使焊缝产生裂纹；

(6) 密封面加工粗糙、有划痕、有油污、氧化皮等；密封圈有划伤，压缩量不够。均会引起漏气现象；

(7) 法兰变形或压得不平，螺栓没拧紧均能引起漏气。

由于上述原因，金属真空系统容易漏气的部位有：

(1) 焊缝的起焊及收焊部位，两条焊缝的交叉点；波纹管的焊接部位，管接头焊缝，受运动影响的钎焊焊缝；

(2) 法兰密封或动密封处。如果安装前仔细清洗，装配合理，这种部位不易漏气；

(3) 金属-陶瓷、金属-玻璃封接处，如引出电极、规管的高压引线，管脚，管帽等处；

(4) 受冷、热冲击影响的焊缝。

3.5.2 漏孔及其检测

真空系统经过较长时间的抽气后，仍然达不到预期的真空度，或者真空室与抽气系统隔离后，真空室内的压力不断升高，如果真空泵工作正常，则可断定真空系统存在漏气现象或真空系统内部材料放气（包括表面出气、渗漏、蒸气压等）现象，在真空系统的操作中，应该对两者中的主要原因作出正确判断，以便采取相应措施解决。

真空容器抽气时，系统内的压力变化由下面方程决定

$$\frac{\mathrm{d}p}{\mathrm{d}t}=-\frac{S}{V}p+\frac{Q}{V} \tag{3-21}$$

式中 p——真空室压力；

S——抽气系统对真空室的实际有效抽速；

V——真空室的容积；

Q——系统内所有的有效气源（漏气率与放气率的总和）。

根据式（3-21）可以判断真空系统是否漏气。

3.5.2.1 小型高、超高真空容器、真空（电子）器件等动态抽气系统

A 动态压升法

见图 3-23，当真空室抽气时，其压力从 A 下降到 B 后不再变化，即 $\mathrm{d}p/\mathrm{d}t=0$ 时，式（3-21）变为

$$p=\frac{Q}{S} \tag{3-22}$$

由于一般情况下真空容器内（器件及室壁等）的放气成分中含有部分可凝性气体，所以当对容器（或器件）加液氮进行冷却时，压力会从 B 下降到 C，得到新的平衡压力。如果加液氮冷却后压力没有明显下

降，或与正常情况下比较，新的平衡压力有明显的偏高，则可以判断有漏气。

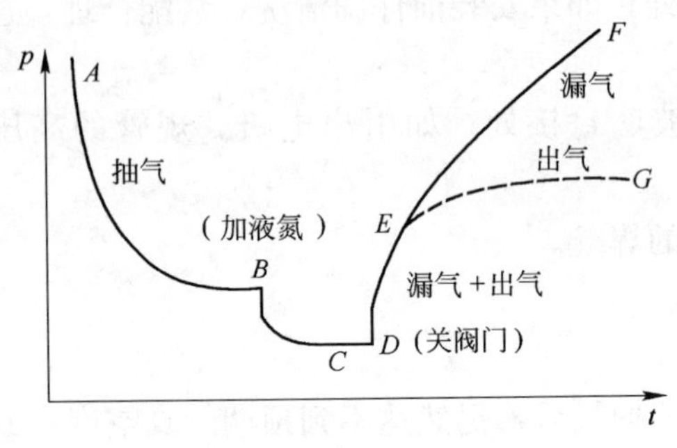

图 3-23 动态压升法

B 静态压升法

如果上述方法还不能确定，则在加液氮冷却后，用真空阀门将待测系统与抽气系统隔离，此时系统的 $S=0$，式（3-21）为

$$\frac{\mathrm{d}p}{\mathrm{d}t}=\frac{Q}{V} \tag{3-23}$$

见图 3-23，此时压力的变化有两种情况，曲线 DF 对应于漏气，曲线 DG 对应于放气。

C 利用残余气体分析器

当系统内残余气体中氧和氮的成分明显增大时，则系统有漏气现象存在。

3.5.2.2 中、大型真空容器静态检漏

A 静态压升检漏法

对于一般中、大型真空容器通常采用静态升压检漏法来判断系统是否漏气：

把真空系统抽到一定的真空度后，将真空泵与系统隔离，测量并绘制真空室内压力随时间变化的曲线，见图 3-24。一般曲线分 4 种情况：

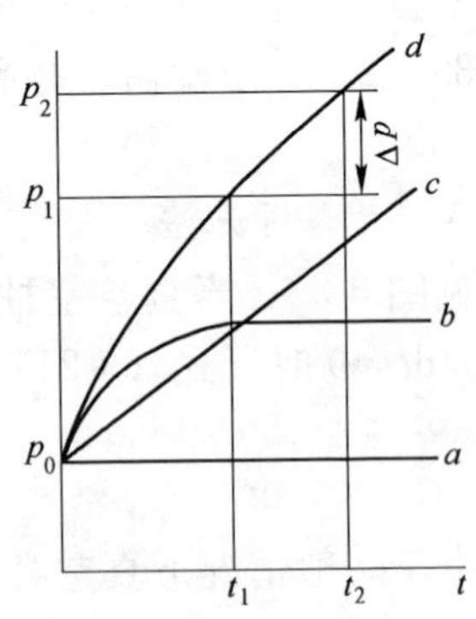

图 3-24 静态压升法

(1) 直线 a——系统内的压力长时间保持不变，说明系统正常，不必进行检漏。如果压力 p_0 达不到预期设计要求，则说明是抽气系统的问题；

(2) 曲线 b——系统内压力开始上升快，而后上升速度减慢并趋于不变，说明真空室内的真空度是受放气的影响。

其稳定不变的压力为真空室内的平衡压力（或可凝性气体的饱和蒸气压）；

(3) 直线 c——系统内的压力随着时间以斜率为 $\Delta p/\Delta t$ 的直线递增，说明系统漏气；

(4) 曲线 d——系统内压力开始上升较快，后来减慢，最后以斜率 $\Delta p/\Delta t$ 上升，说明真空室内即有放气，又有漏气的影响；曲线 d 前半部分由于放气作用而呈曲线，后半部分由于漏气作用（此时放气压力已经达到饱和平衡状态）而呈直线。测算漏气率应按直线部分计算。

真空系统的漏孔形状很不规则，有细圆管形、缝隙、截面复杂的细管、连在一起的多孔组织等。因而，我们不能用几何尺寸来表示漏孔的大小。通常用气体量单位来表示漏孔大小。

单位时间内漏入真空系统中的气体量，叫做漏气速率，简称漏率。漏率常用单位为 $\mathrm{Pa \cdot m^3/s}$。

真空系统的静态漏气率可用静态升压法测算，假设系统的放气可以忽略，则系统的漏率为

$$Q_L = V\frac{p_2 - p_1}{t_2 - t_1} = V\frac{\Delta p}{\Delta t} \quad \mathrm{Pa \cdot m^3/s} \tag{3-24}$$

式中 V——系统的容积，$\mathrm{m^3}$；

p_1——真空室开始检测时具有的压力，Pa；

p_2——真空室经过时间 Δt 后达到的压力，Pa；

Δt——真空室内压力从 p_1 升到 p_2 所经过的时间，s。

如果测试时真空容器内有放气现象存在，则有可能掩盖漏气现象。为了减少放气的影响，应在开始试验之前对容器进行很好的清洗和干燥处理，可以在真空条件下加温烘烤，也可以用干燥氮气对容器进行冲洗。在计算漏率时，一般应在压力随时间成线性上升段读取数据，因为在此段放气已很缓慢，因此可以忽略不计。

对于新制造组装起来的真空系统，因其内壁放气量较大及表面吸附的杂质较多，应经长时间反复抽气后，再进行静态升压法测试。

另外一种降低放气影响的方法是在规管和容器之间安装一只冷阱，因为放出的气体绝大部分是可以冷凝的，而漏入的空气一般不会被冷凝，可以认为在这种条件下所测到的压力上升仅仅是由于漏气的结果。

B 静态压降检漏法

静态压降检漏法通常用于检测被检容器的总漏率。检测时通过充气管路，用干燥氮气（或其他干燥气体）将被检容器充到一定压力（充气压力一般为被检容器的工作压力）后，隔断气源，观察被检容器内的压力随时间的下降情况。如果被检容器的容积为 V，在 Δt 时间内，被检容器内的压力降为 Δp，则被检容器的总漏率 Q 可由下式给出

$$Q = V\frac{\Delta p}{\Delta t} \tag{3-25}$$

在通常的检测中，因为检测时的压力为相对大气的压力，而且检测时的大气压力在不同的检测时间，检测地点都有较大的不同，所以在相对测量中还需对检测时的大气压和被检容器中的压力进行测量。由于被检容器中的气体压力随着环境温度的升高而增加，随着环境温度的降低而减少，因此实际漏气引起的压力降应扣除压力随温度和大气压的波动。一般采用下面公式确定式（3-25）中的压力差

$$\Delta p = (p_1 + A_1) - (p_2 + A_2)\frac{T_1}{T_2} \tag{3-26}$$

式中　Δp——由被检容器泄漏造成的压力降，Pa；
p_1——检测保压前的被检容器内的压力值，Pa；
A_1——检测保压前的大气压力值，Pa；
T_1——检测保压前的被检容器内的温度值，K；
p_2——检测保压后的被检容器内的压力值，Pa；
A_2——检测保压后的大气压力值，Pa；
T_2——检测保压后的被检容器内的温度值，K。

3.5.3　检漏技术中的常用参数

3.5.3.1　漏率

在真空检漏技术中，一般用漏率来表示漏孔的大小。IS 标准规定（漏孔漏率定义）：露点低于 −25℃ 的空气，入口压力为标准大气压（10^5 Pa ± 5 × 10^3 Pa），出口压力低于 10^3 Pa，温度为（23 ± 3）℃时，空气通过漏孔的流量为漏孔漏率。漏孔漏率量纲与流量相同，其单位为 Pa · m^3/s。如果测试时不满足上述条件（如：环境温度变化、入口压力不是标准大气压或使用空气以外的气体）时，则必须对所计算的漏率进行修正。

3.5.3.2 最大允许漏率

检漏方法的选择是根据被检件的最大允许漏率决定的。

真空器件或真空系统要做到绝对不漏气是不可能的，只要漏孔的漏率足够小，即漏入的气体量无损于器件或系统的使用和工艺性能，则是可以允许的。一般认为，最大允许漏率应小于所允许的气体负荷的十分之一。下面分两种情况进行讨论。

A 静态密封真空器件的最大允许漏率

设器件的容积为V，寿命为t，最大允许的工作压力是p_{max}，从真空排气台封离后，器件内的压力为p_0，若不考虑器件内吸、放气的影响，则器件所允许的漏率为

$$Q=\frac{1}{10}\frac{p_{max}-p_0}{t}\cdot V \tag{3-27}$$

例如，某一电真空器件，$V=0.1L$，$p_0=10^{-5}Pa$，$p_{max}=10^{-2}Pa$，寿命$t=10000h$，由上式即可算出

$$Q=2.8\times10^{-12}\quad(Pa\cdot L/s)$$

由此可见，为了制造长寿命、高可靠的真空电子器件，对于检漏的要求是很高的。

B 动态真空系统的最大允许漏率

设真空设备的最大工作压力为p_{max}，泵对被抽容器（如真空炉、镀膜机真空室、动态工作的电真空器件等）的有效抽速为S，则真空容器的最大允许漏率Q_{max}为

$$Q_{max}=\frac{1}{10}p_{max}\cdot S \tag{3-28}$$

例如，某动态工作的X射线管，$p_{max}=10^{-5}Pa$，$S=10L/s$，则

$$Q_{max}=\frac{1}{10}\times10^{-5}\times10=10^{-5}\quad Pa\cdot L/s$$

动态真空系统的最大允许漏气率比静态密封系统要大得多。

如果动态系统由多个零件构成，零件之间有x条焊缝和y个可拆卸的密封接头，则每个零件在组焊和装配之前的最大允许漏气率为：

$$Q_{max}=\frac{1}{10}Sp_{max}\left(\frac{1}{x+y}\right)\quad Pa\cdot L/s \tag{3-29}$$

3.5.3.3 灵敏度

由检漏原理可知，灵敏度很高的检漏仪器并不一定能检测到小漏

孔，而有时用灵敏度较低的仪器却能检测到小漏孔。因此在选择检漏仪器及方法时，必须区分两个灵敏度的概念：

（1）仪器灵敏度（最佳灵敏度）：在最佳的工作状态下所能检出的最小漏气率，它是检漏仪器本身所具有的一个重要特性。

（2）检漏灵敏度（有效灵敏度）：在实际具体的检漏条件下（不一定是最佳条件）所能检出的最小漏气率，它是随着检漏条件的不同而变化的。有时调整改变检漏条件，可以得到比较高的检漏灵敏度，它反映出仪器灵敏度的发挥程度。

在真空检漏技术中，习惯上把被检漏容器的体积 V 与真空系统对被检测容器的有效抽速 S 的比值 $\tau=V/S$ 称为被检系统的时间常数。

3.5.3.4 其他参数

反应时间：从检漏方法开始实施（如示漏气体开始喷吹）到指示方法或仪表的指示值上升到其最大值的 63%时所需的时间，称为反应时间。反应时间与漏孔大小无关。

清除时间：从检漏方法停止（如示漏气体停止喷吹，开始被抽除）到指示方法或仪表的指示值下降至停止时值的 37%时所需的时间。

信噪比：定义为 I/I_n，其中 I_n 表示在一定条件下，本底信号在一定时间内的最大波动量；I 表示在一定条件下，检漏方法或仪表指示的平均值。

3.5.4 检漏方法的选择

检漏方法很多，各有其特点和应用范围，要根据具体情况来选择。

例如：冷冻装置因其内部装有氟利昂，所以宜用卤素检漏方法；粗真空装置宜用气泡法检漏；电真空器件的零部件则宜用氦质谱法检漏。一般地说，理想的检漏方法应满足如下要求：

（1）检漏灵敏度高，即可检查到小的漏孔；检漏反应时间短，稳定性好；

（2）反应时间短，一般希望能在 3s 以内；

（3）能确定漏孔的位置和漏孔的漏率；

（4）所用的示漏气体在空气中含量低，来源容易，不污染环境，不损害人身安全；

（5）检测漏气率范围宽；

（6）结构简单，使用方便，对被检件的要求不太苛刻。

然而，要求一种检漏方法同时满足上述所有要求是不可能的，只能针对不同的检漏对象选择合适的方法，以解决主要矛盾为原则。

实用上最为关心的是检漏灵敏度。由检漏原理可知，检漏灵敏度与被检件的时间常数有很大的关系。从检漏原理出发，在不同的时间常数范围内，采用不同的检漏方法，能得到最佳的检测结果。下面的经验数据提供了选择检漏方法的大致准则：

$V/S>50s$，可用充压法检漏；

$50s>V/S>1s$，质谱检漏仪器应装在高真空侧；

$V/S<1s$，质谱检漏仪器装在扩散泵前级侧。

表 3-15 列出了各种检漏方法和使用范围。

表 3-15 各种检漏方法的应用

检漏方法	示漏物质	检 漏 原 理	压力范围/Pa	最小可检漏率/$Pa \cdot m^3 \cdot s^{-1}$
气体放电法	丙酮、甲醇、二氧化碳、氢	观察放电颜色变化	$10^3 \sim 1$	1×10^{-3}
液体加压法	水、煤油或其他油	将液体加压灌入被检件中，观察其外表面潮湿点	至 3×10^5	5×10^{-4}
气体加压法	空气、氮	将压缩气体充入被检件中，然后浸入水中，由水中的气泡指示漏气	至 3×10^5	$1\times10^{-5} \sim 10^{-7}$
皂膜气泡法	空气、氮	将压缩气体充入被检件中，在可疑处涂以皂液，若有漏孔则产生皂泡	至 3×10^5	5×10^{-6} $\sim1\times10^{-6}$
电阻真空计法	二氧化碳 氢 丁烷	示漏气体改变电阻真空计的热导系数	$10^2 \sim 10^{-1}$	3×10^{-6} 1×10^{-6} 7×10^{-7}
差动电阻计法	二氧化碳 丁烷	一台电阻计测空气和示漏气体的读数，另一台经过冷阱只对空气读数	$10^2 \sim 10^{-4}$	1×10^{-7} 7×10^{-8}
活性炭+电阻真空计法	氢	将低温活性炭串接在电阻计管路中，以降低本底压力的影响	$10^2 \sim 10^{-4}$	5×10^{-8}
电离计法	二氧化碳 氢 丁烷	示漏气体改变电离计读数	$10^{-1} \sim 10^{-6}$	7×10^{-7} 1×10^{-7} 1×10^{-8}
差动电离计法	二氧化碳 丁烷	采用两台电离计，用法与差动电阻计法相同	$10^{-1} \sim 10^{-6}$	4×10^{-10} 7×10^{-11}
钯栏电离计法	氢	钯加热时只能通过氢而不能通过其他气体	$10^{-1} \sim 10^{-6}$	7×10^{-9}

续表 3-15

检漏方法	示漏物质	检 漏 原 理	压力范围 /Pa	最小可检漏率 /Pa • m^3 • s^{-1}
卤素检漏仪	氟利昂、三氯乙烯、四氯化碳	当有卤素气体存在时，热的铂阳极发射正离子	$10\sim10^{-1}$	$10^{-6}\sim10^{-9}$
冷阴极质谱检漏仪	氦	使示漏气体氦的离子与残余气体离子分开	$1\sim10^{-2}$	10^{-9}
热阴极质谱检漏仪	氢 氩 氦	使示漏气体的离子与残余气体离子分开	7×10^{-2} $\sim10^{-6}$	7×10^{-10} 7×10^{-10} 7×10^{-14}
反流式氦质谱检漏仪	氦	质谱计装在主泵的高真空侧，被检件位于主泵前级侧，氦能对泵反流，而其他气体反流很小或没有	$10\sim10^{-1}$	10^{-11}
离子泵检漏法	氦、氩、氧、二氧化碳	利用离子泵的放电电流进行指示	$10^{-2}\sim10^{-7}$	$10^{-9}\sim10^{-11}$
残余气体分析器	氢、氩	工作原理同质谱仪。常用四极场、回旋、射频质谱仪	$10^{-3}\sim10^{-8}$	$10^{-11}\sim10^{-13}$
放射性同位素	氪^{85}	检测 γ 射线	$250\sim10^{5}$	3×10^{-13}
热阴极检漏法	氧	电真空器件中存在氧气时，阴极发射大为下降	$10^{-3}\sim10^{-6}$	10^{-9}

3.6　真空系统常用检漏方法

3.6.1　充压检漏法

充压检漏方法是在被检容器或工件内充入一定压力的检测气体，然后将被检测件浸入或在其外表面涂满显示液体，如果有漏孔，气体便通过漏孔流出，并在漏孔处形成气泡，气泡形成的地点就是漏孔的位置。根据气泡形成的速率、气泡大小及所用检测气体和显示液体的物理性质，可以大致估算出漏率的大小。

3.6.1.1　水槽气泡检漏法

水槽气泡检漏法是采用水槽内的水作为显示液体。将被检件内充入干燥空气或氮气（一般不宜采用管道压缩空气或气泵压缩气体，因其中含有灰尘、油蒸气等污染物，污染试件且易堵塞漏孔），然后将其放入到清洁的水槽中，当漏孔存在时，气体就通过漏孔逸出并在水中形成气泡。漏孔对空气的漏气率可用下式近似估算

$$q_L = \frac{1}{6}\pi d^3 n p_0 \frac{p_0^2}{p_q^2 - p_0^2} \tag{3-30}$$

式中 q_L——漏孔对空气的漏气率，Pa · m³/s；

p_0——大气压力，Pa；

p_q——充入空气的绝对压力，Pa；

d——气泡直径，m；

n——气泡个数形成速率，1/s。

用肉眼观察时，一般可根据以下 3 种情况来粗略判定被测系统的漏气率：

(1) 气泡小，形成速率均匀，气泡持续时间长，其漏率范围大约为 $10^{-5} \sim 10^{-2}$ Pa · m³/s；

(2) 随机的大小气泡混合出现，其漏率范围约为 $10^{-2} \sim 10^{-1}$ Pa · m³/s；

(3) 气泡大，形成速率快，持续时间短，其漏率范围约为 $10^{-1} \sim$ 1Pa · m³/s。

3.6.1.2 皂膜气泡检漏法

皂膜气泡检漏法采用肥皂液作为显示液体。该法适用于被检件尺寸较大，不能用水槽法检漏的大型部件、壳体容器等工件。

将被检件内充入一定压力的试验气体后，在其外表面可疑处涂抹肥皂液，当有漏孔时，就会在漏孔处出现肥皂泡。当漏孔很小时，形成的气泡很小组成一堆白色的泡沫。观察时一定要细心，并要多观察一段时间。

此法最小可检漏孔漏率约为 10^{-6} Pa · m³/s 数量级。

3.6.1.3 检漏时的注意事项

(1) 根据被检件的机械强度选定充入气体的压力；

(2) 检漏前要对被检件进行认真的清洁处理，去掉焊渣、油污和灰尘，以便疏通漏孔；

(3) 工作场地要光线充足，水要清洁透明（或肥皂液要稀稠适当）；

(4) 要认真区分真漏和虚漏（表面吸附气体形成的气泡），如发现漏孔，要及时做好标记，经复查确认是漏孔后进行补焊；

(5) 如使用氢气作为示漏气体时，要特别注意安全。

3.6.2 真空计检漏法

在真空系统正常抽气已达到动态平衡时，利用各种相对真空计的读数与被测气体种类有关的性质，使用真空设备上已有的真空计进行检漏的方法、统称为真空计检漏法。

3.6.2.1 热传导真空计检漏法

热传导真空计（电阻真空计和热偶真空计）的指示值不仅与气体压力有关，而且还与气体种类有关。当示漏物质通过漏孔进入被检真空系统时，不但改变了其内部压力，也改变了其中的气体成分，从而使热传导真空计的读数发生变化，据此可检示出漏孔的存在，并且从仪表指示的改变值估算出漏率的大小。这种方法最小的可检漏率一般为 1×10^{-6} Pa · m^3/s。

3.6.2.2 电离计检漏法

电离计检漏是超高真空系统最常用的检漏方法，其工作原理是利用气体电离后产生的离子流大小来反映压力的变化，不同气体的电离电位不同，所以电离计的读数与气体的种类有关。当将试漏气体施于可疑漏点处时，如有漏孔，示漏气体将通过漏孔进入被检件中，引起其中气体成分的改变，离子流就相应地发生变化，电离计的读数也将发生相应地变化，从而指示出漏孔的位置，并可根据电离计读数变化量的大小来估算出漏率的大小。该方法应用方便简单，所有电离计都可以在其工作压力范围内用来进行检漏，只受电离真空计的最小压力读数限制。

为获得最高的检漏灵敏度，应该选择一种合适的试验气体，用它取代空气时规管的读数差别最大。这不仅决定于真空规对两种气体的灵敏度，而且取决于泵对气体的抽速，进而取决于泵的类型。

对于用扩散泵系统抽气时的漏气分两种情况：一是漏气率很小，属于分子流状态；二是漏气率很大，经过漏孔的气流属于黏滞流状态。

当漏气率很小时，不论使用何种试验气体，由于经过漏孔的分子流似乎被合理地抽除了，所以被测系统内的压力几乎不变。这是因为漏气率和抽速都与气体质量的平方根有关，真空室内的压力为

$$p_v = \frac{Q_{lk}}{S_k} = \frac{Q_{ls}}{S_s} \tag{3-31}$$

式中，Q_{lk}、Q_{ls} 分别为对空气和试验气体的漏气率；S_k、S_s 分别为抽气系统对空气和试验气体的有效抽速。

因为用试验气体取代空气时，实际压力是不变的，所以对于扩散泵抽气系统，就必须通过选择试验气体以提高真空规的灵敏度，从而使表观指示的压力变化最大。对于B-A规，宜选用氦气作为试验气体。虽然有机气体例如丁烷，相对于氮气的规管灵敏度较高，但是，不是十分必要时尽量不用有机蒸汽检漏，以免污染真空系统。

对于漏气率大的情况，不同气体的抽速不同；黏滞流漏气率也不同。气体黏滞系数 η 与分子质量平方根和直径 d 有关，即

$$\eta = \frac{5}{16d}\sqrt{\frac{kmT}{\pi}} \tag{3-32}$$

氦气的分子质量和直径都比空气小，因而黏滞系数小，漏气率大并大于抽速的增加，结果使压力读数增大。

不同类型的抽气系统应该使用不同的试验气体。离子泵系统对惰性气体的抽速比活性气体小。所以用氦气作为试验气体时，抽速较低，因而压力会升高，但这可能会抵消电离计对氦气的灵敏度降低，因此离子泵抽气系统不宜用氦气作为试验气体。对于较重的惰性气体例如氩气，相对于氮气的灵敏度是1.5，加上抽速小导致压力升高，必定使压力读数显著增大。测量表明，对于氩气的抽速最大也不过是氮气的25%，对于漏气率小的用离子泵抽气的被测系统来说，电离计的读数差是相当大的，因而离子泵系统适宜用氩气作为检漏试验气体。

涡轮分子泵系统的抽速与气体种类无关，压缩比与气体种类有很大关系，随 $m^{1/2}$ 指数的变化而改变。例如涡轮分子泵对氮气的压缩比为 8×10^8，对氦气仅为 2.5×10^4。这表示，在前级压力为1Pa情况下，泵对氮气能抽到约 10^{-9}Pa，但不能对氦气抽到低于 5×10^{-5}Pa。如果漏气率小到使系统的压力低于 5×10^{-5}Pa，则氦气经漏孔进入时，系统压力将显著升高，尽管真空规对氦气的灵敏度比空气低，但读数仍然变化很大，这可能会抵消真空规灵敏度的降低，从而使电离计检漏失效。

对低温泵系统来说，因为低温板不能有效地抽除氦气，所以压力会升高，这可能会抵消真空规灵敏度的降低。因此宜采用 CO_2 和 O_2 作为

检漏试验气体。

在正常电离计中，当试验气体引入时，真空计的表头读数或者是负，或者是正，这取决于使用的气体和漏气率的大小等。电离规最小可检漏气率为 $10^{-7} \sim 10^{-8}$ Pa · m³/s。

3.6.2.3 示漏物质及检漏注意事项

真空计检漏法的示漏物质有气体和有机溶剂两类，常用的有氢气、二氧化碳、丁烷、丙酮、乙醇等。一般来说，气体比有机溶剂好。

采用真空计检漏法时应注意以下事项：

(1) 被检件内必须达到动态平衡后才能进行检漏，否则，因其压力变化，将影响仪表的指示，而且要反复进行验证；

(2) 真空电离计本身的电子线路要稳定，规管温度也要稳定，以免出现虚假漏气信号；

(3) 热传导真空计惰性较大，要观察足够长的时间。电离真空计检漏，要防止外界高频电场和强磁场对电离真空计的干扰。

3.6.3 离子泵检漏法

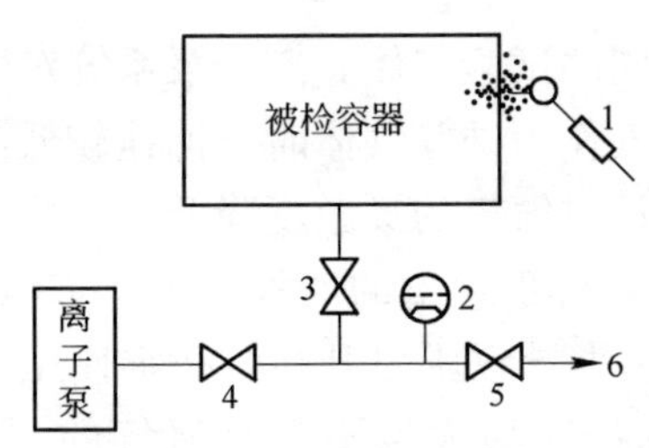

图 3-25 离子泵检漏系统
1—示漏气体喷枪；2—真空规；
3,4,5—阀门；6—接抽气系统

离子泵检漏方法是离子泵无油抽气超高真空系统常用的一种检漏方法。离子泵检漏系统如图 3-25 所示。离子泵的平衡电离电流正比于压力，其绝对值与泵内气体成分有关。当检漏试验气体经漏孔进入泵内而改变气体成分时，平衡电流便会发生变化，因此离子泵可用作检漏传感器。加在离子泵上电压的变化会引起电离电流的变化，因而使用这种检漏法时必须充分地稳定泵的电源电压。通常在需要用离子泵检漏时，用一带有电压稳定器和电流变化探测器的装置与不稳定电源相连接。这种装置的配置如图 3-26 所示。因为离子泵和电源分别接地，所以电流必须在高压线路内测量。为了安全起见，要求电流变化的测量表头装在接近地电位处。可用光电耦合来克服这个矛盾，光电发射体置于高压电路内，而光电探测器则置于表头回路内。

当被测气体的成分变化时，不仅由于电离系数不同而改变电流，而且也会对泵的抽速产生影响，改变泵内压力，进而改变电流。如果用氩气作为试验气体，则电流增大；如用氧气作为试验气体，则电流减小。最小可检漏气率达 10^{-12} Pa · m³/s。

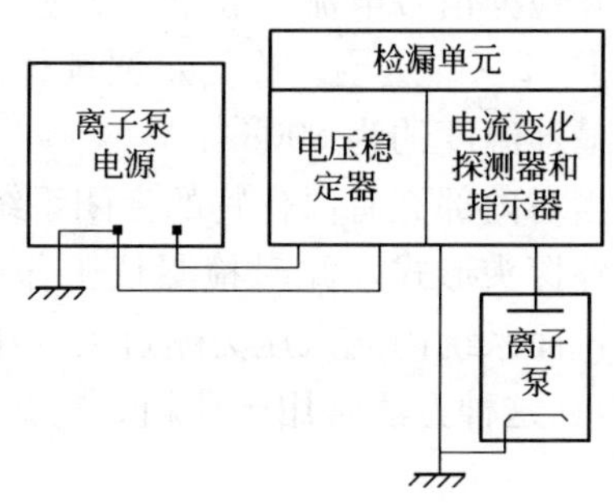

图 3-26 离子泵检漏装置

离子泵检漏方法所用装置结构简单，用一般无油抽气系统即可，而且可用多种示漏气体，如氩、氢、氧、二氧化碳等。

3.6.4 卤素检漏法

卤素检漏仪是带有特殊检漏传感器的仪器。它虽然不如电离规灵敏，但是其最小可检漏气率可达到 10^{-6}～10^{-9} Pa · m³/s，该方法是工作在超高真空上限压力范围的真空系统所经常采用的检漏方法。

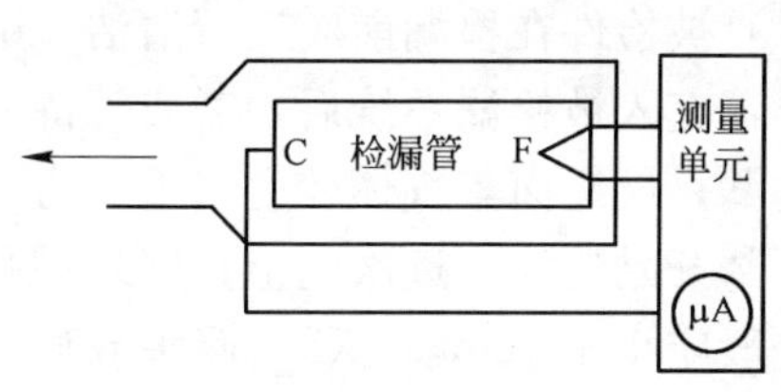

图 3-27 卤素检漏仪工作原理图

卤素检漏仪根据表面电离现象及卤素效应工作。如图 3-27 所示，它由检漏管和测量单元两部分组成。检漏管与被测系统连接（与真空规管连接方法类似），被检系统一般应抽到 1～10^{-1} Pa 以上的真空度。当在检漏管的发射极（铂丝）F 与收集极 C 之间加以 50～500V 直流电压，发射极铂丝被加热到 800℃以上时，其表面即可发射正离子，发射的本底值由 μA 电流表指示出来。正离子流 I_i的大小除取决于加热温度外，还与气体种类有关，特别是遇到卤素气体后，正离子流 I_i将急剧增大。因此若系统有漏孔时，示漏气体将经过漏孔进入到检漏管内，产生卤素效应，使正离子流 I_i剧增，并由 μA 电流表反映出来，同时附接的扬声器将发出“嘎嘎”声，据此可确定漏孔的位置，并可粗略地估计漏率的大小。

检漏管内发射极发射的离子流随温度升高而增大，而本底发射的离子流和检漏信号电流一起增大。实践经验表明，当用卤化物气体例如氟利昂 R-12（CCl_2F_2）作为示漏气体时，对于存在最好信噪比的发射极铂丝最佳温度约为 800℃。

当对内部充有卤化物的密闭系统进行检漏时，可将卤素检漏仪制成吸气外探头形式，此时检漏仪工作于真空系统外的大气中，如图 3-28 所示，而系统内充入压力超过大气压的卤素气体（或卤素与空气的混合气体）。这种方法常用于冰箱、空调等装置的检漏。

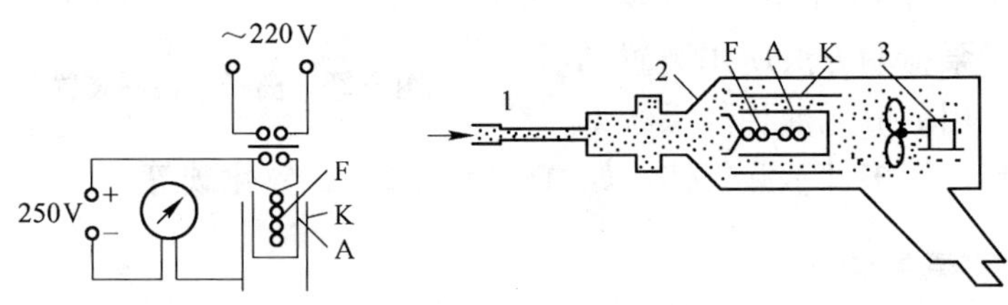

图 3-28 卤素检漏仪外探头结构图

F—灯丝；A—铂筒阳极；K—阴极；1—吸嘴；2—外壳；3—吸气扇

使用卤素检漏仪时应注意：(1) 被检件在检漏前应进行清洁、干燥处理；(2) 卤素气体的扩散系数小，充入被检漏系统后，需要等待一段时间，待内部浓度均匀后再进行检漏；(3) 卤素气体较空气重，为了避免出现虚假信号，应该从被检件下部开始检漏，逐次向上；(4) 检测时探头或喷枪的移动速度要适当，一般应小于 3cm/s；(5) 探头或喷枪喷吹示漏气体时，在一处停留时间不要过长，以防检漏管“中毒”（即本底信号过大，致使无法进行检漏）。

3.6.5 高频火花检漏仪检漏方法

3.6.5.1 高频火花检漏仪的特点

高频火花检漏仪实际上是一个小功率的高频、高压的塔式线圈，利用其尖端产生的高频火花搜寻漏孔。它主要是用于检漏玻璃系统或器件，亦可用于检漏金属系统，但需利用金属系统上的玻璃规管或盲管。其主要优点是结构简单、使用方便。

常见的高频火花检漏仪，根据其产生高频、高压的方法，基本上可分为两种类型：电容电感串联谐振式（有恒流变压器）和振动子式。

电容电感串联谐振式高频火花检漏仪的优点是火花束强、振荡较稳定。缺点是需要用一个恒流变压器，故体积较大、笨重，使用不够方便。

振动子式高频火花检漏仪的优点是不需用恒流变压器，体积小，轻便，但振荡不够稳定。

3.6.5.2 高频火花检漏仪的检漏方法

A 火花法

火花法只适用于玻璃系统或器件的检漏。检漏时用放电尖端搜寻漏孔。若没有漏孔，放电尖端产生的火花束在玻璃表面上不规则地跳跃，并向四周发散；遇有漏孔时，因大气经过漏孔进入被检真空系统，当放电尖端移到漏孔处时，就将该气流电离，被电离气体的电导率远大于玻璃的电导率，所以分散的火花束就集中起来形成一个细长明亮的火花束，其尾端正好指向漏孔。这样便可判断被检系统或器件是否有漏孔及漏孔所在的位置。

B 放电法

放电法既适用于玻璃系统的检漏，也适用于金属系统的检漏，但用于金属系统的检漏时，需借助于玻璃规管或盲管。放电法是利用低真空中气体放电的颜色进行检漏的。当检漏仪放电尖端的火花打在真空度为几千至 1Pa 的真空系统的玻璃壁上时，因感应会使系统内的气体产生辉光放电。放电颜色与气体种类有关，各种气体或蒸气在真空中放电的颜色如表 3-16 所示。检漏开始时，系统内是空气，其辉光呈紫红色。此时，若用蘸有乙醚、酒精、丙酮、汽油或其他一些易挥发的碳氢化合物的棉花在被检系统的外表面涂擦或喷射时，如有漏孔，则乙醇等物质的蒸气会通过漏孔进入被检系统，立刻使辉光颜色变成蓝色，据此可以判定是否有漏孔及漏孔的所在位置。

高频火花检漏仪适用的压力范围为 $10^{3} \sim 10^{-1}$ Pa，其最小可检漏率 q_{Lmin} 为 $10^{-3} \sim 10^{-4}$ Pa · m^{3}/s。

3.6.5.3 使用高频火花检漏仪应注意的事项

（1）在检漏前，应将玻璃表面或内壁粘附（或夹杂）的金属粉屑等清除干净。否则由于金属粉屑的存在会造成错误的信号，或在金属粉屑处将系统烧穿。

表 3-16 各种气体或蒸气在真空中的放电辉光颜色

气　体	辉光颜色	蒸　气	辉光颜色
空气	玫瑰红	汞	绿一蓝
氮	金　红	水	天　蓝
氧	淡　黄	酒　精	淡　蓝
氢	特有的红色	乙　醚	浅蓝绿
氦	紫罗兰一红	丙　酮	蓝
氩	深　红	苯	蓝
氖	血　红	甲　醇	蓝
二氧化碳	白一蓝绿	真空泵油	淡蓝（有荧光）

（2）在检漏过程中，要适当调节火花束，使束流不要过强；在搜寻漏孔时，不可在一处停留时间过长，否则系统会因局部受火花灼热而被打穿。

（3）不可将放电尖端移到易燃烧物质附近，以免引起火灾。

（4）避免人体触及放电尖端，以防触电。

（5）在用高频火花检漏仪检漏时，要考虑放电火花对真空测量的影响。放电火花能使去气不良的系统器壁放气，因而使真空系统的真空度降低；反之，如果真空系统去气良好，则放电火花会激起真空系统内的气体放电，因而使真空系统的真空度提高。

3.6.6 超声波检漏技术

超声波检测技术适用于大型真空系统的泄漏检测，如火力发电厂真空系统泄漏的检测等，与传统的真空系统检漏方法（如氦质谱检测、氟利昂检测以及蜡烛检测等）相比，利用超声波技术检测真空系统泄漏，具有检测简单、准确、成本低，一个人便可操作完成等特点。

人类的平均听觉限度是 16.5 kHz，而超声波技术涉及 20 kHz 以上。当真空系统泄漏的气体流过泄漏孔时，气体的流动是一个从层流到湍流的过程，由此产生了一系列的声音，即所谓的“白噪声”。“白噪声”中包含的声波频率非常广泛，既有人类可听频率，又有超声频率。通过检测泄漏而产生的声波便可查出泄漏。通过研究发现，用人类可听频率段检测，很难检测到泄漏的声音（特别是微漏时），因为泄漏发出的“白噪声”声强 I 与声波频率 ω 的平方成正比，其声强表达式为

$$I = \frac{1}{2}\rho v A^2 \omega^2 \tag{3-33}$$

式中 ρ——空气密度；

v——声波在空气中传播的速度；

ρv——声波在空气中的声阻抗；

A——声波幅值；

ω——声波频率。

由声强表达式可见，泄漏点产生的超声波声强最大，所以检测起来非常容易。并且通常在真空系统中超声频段的干扰噪声源和干扰噪声强度远远小于声频段，因此泄漏的“白噪声”中超声波成分非常容易分离出来。

检测原理如框图 3-29 所示，当真空系统泄漏而产生超声波时，超

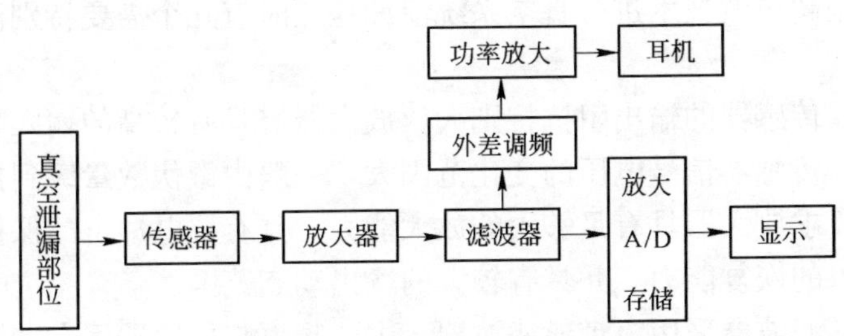

图 3-29 检测系统原理框图

声波传感器检测接收泄漏的超声波信号并将其转换成电信号。放大器将传感器输出的电信号放大以便下一步处理，滤波器滤掉或削减检测环境中的干扰噪声，从而使泄漏的声音更加清晰。显示器显示出收到的泄漏超声波的强度大小，即泄漏量的相对大小。真空系统泄漏率与泄漏超声波信号的关系为

$$\log y = a + b\log x \tag{3-34}$$

式中 y——真空系统泄漏率；

x——泄漏超声波信号幅值；

a、b——实验常数。

外差调频是把泄漏超声波转换成人类可听频率，经功率放大器进入可隔离外界噪声的大功率耳机，当有泄漏时便可听到清晰的“嘶嘶”声。传感器可采用谐振式高灵敏度压电式传感器，其幅频函数为

$$A(\omega) = \frac{S}{\sqrt{\left[1-\left(\frac{\omega}{\omega_n}\right)^2\right]+4k^2\left(\frac{\omega}{\omega_n}\right)^2}} \tag{3-35}$$

式中 ω_n——传感器固有谐振频率；

k——传感器阻尼比；

S——灵敏度。

选择传感器固有频率 ω_n 处为检测工作点频率，既强化了泄漏信号，又削减了其他干扰信号。用三个压电传感器串联组成相控阵，可有效强化信号，这样即使微弱泄漏的超声波信号也可探测到。检测时可把传感器朝向被检设备进行扫描，若某部位有泄漏，传感器便可收到泄漏的超声波而转换成电信号，传感器收到泄漏超声波信号最强的指向即为泄漏点。

应用超声波技术进行真空系统泄漏检测时有几个需要特别注意的问题：

(1) 传感器的输出阻抗特别大，放大器需具有较高的输入阻抗。

(2) 传感器信号电压的变化范围大，一般由微伏数量级到接近伏数量级。要求放大器具有足够大的放大能力，具有抗电冲击的保护能力和阻塞现象的恢复能力，并具有较大的输出动态范围。

(3) 滤波器采用窄带通滤波器，中心频率与传感器固有谐振频率相同，以便更好地排除干扰噪声，这一点在背景噪声严重的实际检测中特别重要。

3.6.7 荧光示踪检漏技术

3.6.7.1 荧光示踪检漏方法的分类与工作原理

利用荧光材料的发光作为漏孔指示的方法称为荧光示踪检漏法，荧光示踪检漏技术是一种较新的真空系统检测技术。荧光示踪检漏方法的最大特点就是将光学、化学结合起来。利用荧光与检测面之间强烈的光强度的反差，最大限度地利用人眼或光敏材料对光线变化及其敏感的特点，达到检漏的目的。

按照工艺的不同，荧光示踪检漏分为荧光示踪渗透检漏和荧光示踪压差检漏。

荧光示踪渗透检漏方法适用于小型真空器件的检漏。检漏过程是将荧光材料溶于浸润性能好、易挥发的有机溶剂（如丙酮、三氯乙烯、四氯化碳等）中，使之成为饱和溶液，然后将被检件的外表面浸泡到该饱和溶液中，或用该溶液涂抹被检件的外表面。如有漏孔存在，溶液就会因毛细作用渗入到漏孔中并将荧光材料携带进去，再清除表面多余的液体，待有机溶剂挥发后，荧光材料便在漏孔中残留下来。用紫外线灯进行照射，当有漏孔时，便可观察到明显的荧光点，从而可判定漏孔的存在，由于盲孔及其他不漏气的表面缺陷也会残留下荧光材料，因此对玻璃壳的电真空器件最好在背面进行观察，用紫外线灯在另一面照射。图3-30为荧光检漏法示意图。

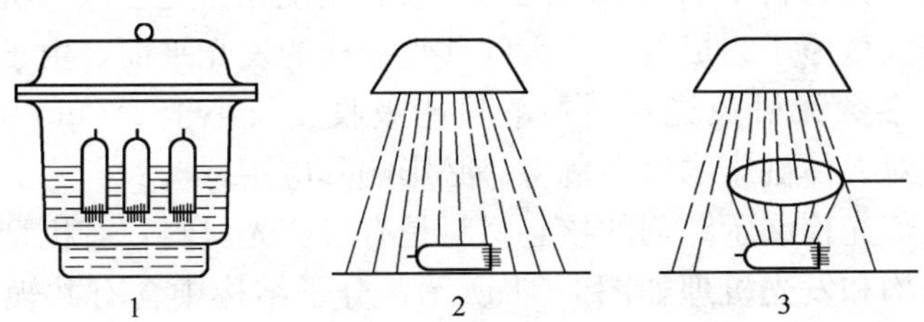

图 3-30 荧光检漏法示意图

1—浸泡方法；2—紫外灯照射；3—滤光放大镜照射

这种检漏方法的灵敏度可达 $10^{-9}\sim10^{-11}\,Pa\cdot m^3/s$，其主要缺点是等待时间较长。如果在抽空或加压条件下浸泡，不仅可大大缩短浸泡时间，而且还能得到更好的效果。目前该法已经广泛用于检测铸件、模压金属件以及焊接中的裂纹。

荧光示踪压差法检漏的特点是按照一定比例，向被检系统中加入一种渗透性极强的荧光示踪剂，与系统自身的原有介质相融合。对被检系统施加一定的压力或对系统抽真空，在压力差的作用下，荧光示踪剂伴随着被检系统介质循环流动并从泄漏点渗透到系统的外部并保留在泄漏点处，用相应的特定波长的检漏灯光照射被检系统的外部，泄漏点将激发出非常明亮的荧光，从而指示出被检系统的准确漏点。

荧光示踪压差法检漏的最大特点是很少需要进行后处理，而且系统内已经添加了荧光物质的液态介质将持续发挥荧光效应，并且会在下一次检漏中继续发挥作用。

3.6.7.2 荧光示踪材料

荧光示踪检漏涉及到的材料主要有荧光示踪剂、清洗或去除的乳化剂、荧光示踪检漏灯、荧光增强保护眼睛、施加或处理荧光示踪剂的工具装备等。为保持检测的可靠性和高度的选择性，用于检测的荧光最好保持单色性能，因此在选用荧光材料时，应尽量使荧光粉发光颜色与被检件的本底颜色有较高的反差，以免出现错误信号。

A 荧光材料的分类

荧光示踪剂按照用途不同，分为强调渗透性能的活性荧光示踪剂和惰性的荧光示踪剂。活性的荧光示踪剂一般称为荧光渗透液，这些活性的荧光示踪剂的化学组成包括荧光材料、表面活性剂、稳定剂和增溶剂等。无机荧光材料中的离子只能单独吸收激发光，无法像有机材料那样能形成有大量原子组成的一个大的共轭结构的发光平面。由于受结构的限制，大多数无机荧光材料一般只能吸收波长小于 380nm 的紫外线，而紫外线对人体健康的潜在危害势必影响其应用。

制造荧光检漏示踪剂的核心材料是有机荧光材料，有机型荧光材料的分子结构和发光机理如图 3-31 所示，分子结构中含有共轭双键及发射荧光的发色团，二者连接形成线形的或环状的共轭双键体系，使得化合物具有吸光或发光色的能力。

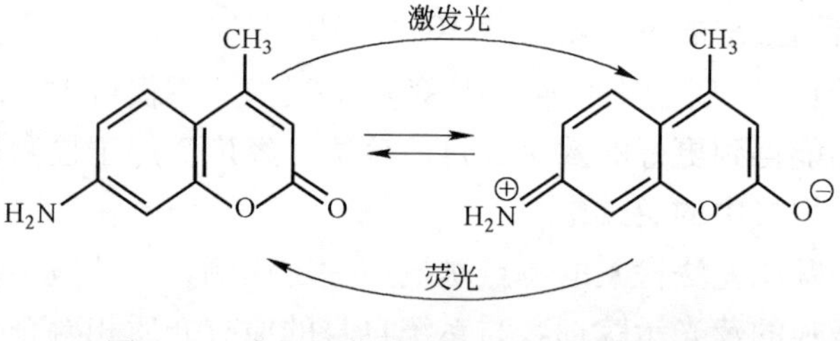

图 3-31 有机型荧光材料的发光原理示意图

有机型荧光材料可供选择的范围很广，主要分为化学活性和化学惰性两类有机荧光材料。

化学惰性有机型荧光材料也存在固态和液态两种类型，其最大特点是不含有任何阴阳离子或其他易于被氧化或还原的基团，化学惰性有机型荧光材料具有相当的化学稳定性。有机型荧光材料则由于化学结构的可调节性，可以将其能吸收光的波长调节到可见光的范围，甚至可用红外线来作为激发光。因此能大大降低激发荧光材料的高能光线对人体健康的可能伤害。

B 荧光示踪剂的选用

检漏用的荧光示踪剂最大的要求就是既要达到无损检漏的目的，又无损系统的性能，因此荧光示踪剂必须具备以下性质：

（1）尽可能地减少示踪剂的原料种类，并最好选用可见光激发型的液态、化学惰性的有机荧光材料。

（2）配置荧光示踪剂的所有材料应该是非离子型的。

（3）不得腐蚀或损害系统的所有金属、非金属材料，在被检系统长期运行的情况下，与系统内的原有介质有良好的相容性。

（4）在被检系统正常工作的温度或压力条件下，这些化学物质不会产生任何化学反应。

由于传统的活性荧光渗透液和观察的激发光源（紫外光）对操作者的人身健康有伤害，而且也不符合环保处理的要求，人们开始研究开发可见光激发型的有机惰性液态荧光示踪剂，到目前，已经研制出 60 余种各类化学惰性荧光示踪剂。

荧光示踪压差检漏法所用的荧光示踪剂有上海亿邦（I. BON）公司生产的 100 和 90 两个系列的化学惰性荧光示踪剂。100 系列的荧光示踪剂荧光为橙色或橙红色，抗干扰能力非常强，可屏蔽其他常见的黄色干扰荧光，适合大多数的发动机燃油、机油体系的检漏，而且不影响被检测系统的性能。90 系列示踪剂的荧光颜色为黄或黄绿色，主要适合检测被检系统无其他干扰的情况下使用。特点是荧光非常醒目，而且不影响被检测系统的性能。

3.6.7.3 荧光示踪检漏操作工艺及注意事项

荧光示踪检漏技术使用比较简单，如果用渗透法检漏，只需要将荧光示踪剂喷涂在待检部位。保持一定时间，在被检测部位的背面，戴上专用眼睛，用检漏灯照射被检部位，寻找和发现荧光即可。

如果用压差法进行荧光示踪检漏，首先将荧光示踪剂按照合适的比例与系统介质调和，然后加入到被检系统内，施加上合适的压力，保持一定时间（一般为 20min 以上），然后戴上专用的眼镜，用检漏灯照射被检系统的外部并进行观察，泄漏处将呈明亮的荧光。

泄漏处修复后，应重复上述步骤检查泄漏，并用专用的清洗剂清除泄漏处的示踪剂。

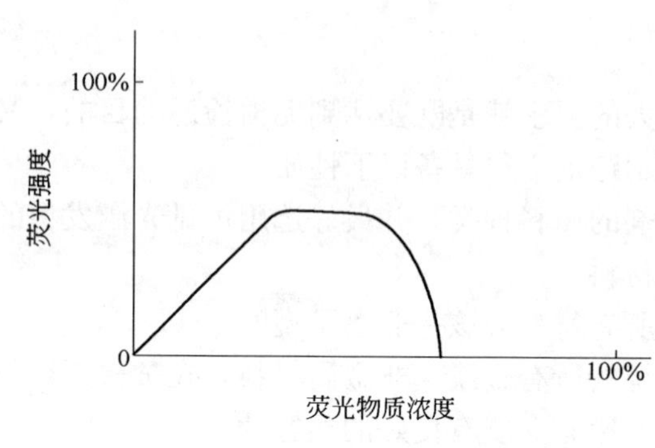

图 3-32 荧光强度与浓度的关系示意图

值得注意的是，由于人眼的生理保护机制的局限，人眼所感受的荧光强度并不是始终与实际的荧光物质浓度成正比例的。如图 3-32 所示，在一定的荧光物质浓度的液体中，人眼感受荧光的能力与荧光物质的实际浓度成正比例，但是达到一定浓度后，荧光强度不再增加保持不变，当荧光物质继续增加到一定浓度后，荧光强度不但不增强，反而会持续下降，达到某一浓度后，荧光即消失。

荧光是由波长更短的单色光激发产生的，而激发光可以是紫外线，也可以是可见光，又因激发光的能量比荧光高，而高强度的激发光又可能让人的眼睛不适。因此，在用人眼睛观测荧光时，戴上专用的可以截止激发光的眼镜是可以达到选择性保留荧光的目的。

其次，因为荧光是可见光中的单色光，因此，在进行荧光检测时必须保证周围环境中的可见光的强度不能太强。否则荧光的高灵敏度的特点就不能得到体现。测量荧光时应选择合适的背景，一般情况下，当使用反射式测量时，应选择白色、无活性荧光添加物的白色滤纸为背景。或者喷涂一些白色的、颗粒直径小的粉末（如卤化镁、氧化镁等）

在实际检验的条件下，通常不能很可靠地测定实际荧光指示的亮度。形成可见指示的亮度在很大程度上取决于呈现在显像剂涂层表面上示踪剂的量。而且还取决于以下各因素：（1）示踪剂的类型和固有亮度；（2）示踪剂与示踪荧光灯之间的距离；（3）示踪剂的浓度；（4）环境的光强度；（5）背景的光强度；（6）示踪荧光灯的功率强度；（7）荧光示踪剂的溶剂类型。

另外，对视力不可见的检测部位或由于位置狭小，检漏灯不能照射到的情况，可以通过用小型镜片反射的方式检测。

除上述需要注意的问题外，还应该带上与检漏灯配套的荧光增强保护眼镜。荧光增强保护眼镜的作用是：过滤掉检漏灯的单色光和紫外线等，以防止干扰检测，同时此类眼镜还含有部分荧光材料，能将部分检漏灯光转换成波长和荧光示踪剂的荧光波长相同的光。因此可以增强荧光检测的灵敏度。

由于诸多的可变因素及检测人员精确控制变化的能力，即使示踪剂和检测程序相同，测定出的荧光亮度也会有差别。可行的解决办法是重复检验，用合适的光度计多次测定它们的亮度。用统计学的方法测定最终结果。

3.6.7.4 影响荧光示踪检漏效果的因素及加强检测灵敏度的措施

由于荧光示踪检漏技术是利用光学的方法达到检测目的，存在许多影响检测效果的因素。表 3-17 列出各种影响因素及增强检测灵敏度的措施。

表 3-17 影响荧光示踪检漏效果的因素及加强检测灵敏度的措施

影响因素	增强检测灵敏度的措施
荧光示踪剂本身的荧光效率	应选用荧光效率高的有机化学惰性材料
荧光示踪剂本身的分子直径的大小	不同配方的化学成分的分子大小是不同的，根据具体情况选择配方
荧光示踪剂在系统介质中的浓度	应保持合适的浓度比例
激发光源的功率与波长	应选择合适功率的检漏灯源及选用波长与荧光示踪剂匹配的检漏灯
检漏灯照射的角度	应保持灯光处于与被检测部位近似垂直但稍偏，并且检漏灯的发射光照不进眼睛的角度
环境的光线	应尽量保持环境光线处于比较低的亮度水平
被检测部位背景的亮度	如被检测工件的表面反光强烈，应喷涂薄层的白色的显像剂
被检测部位背景的颜色	一般情况下，深色的背景会吸收部分荧光，如果背景是黑色会降低荧光的强度。如有必要可以喷涂薄层的白色的显像剂

续表 3-17

影　响　因　素	增强检测灵敏度的措施
加入系统的时间	对于密闭的系统，从示踪剂开始加入到检测的时间保持合适的水平，可以取得最大的效益；对于渗透型的检测，应该根据被检测的系统的厚度和材料，保证足够的渗透时间
被检测系统材料的种类	不同的材料对相同的示踪剂的渗透性能是不同的
被检测系统内外的压力差	在保证被检测工件安全的情况下，应该保持一个比较高的内外压力差
温度	被检测系统及检测部位或检测液的温度会对检测灵敏度产生一定的影响，一般温度的增加可以缩短检测的时间
其他荧光性材料的影响	在某些情况下，其他荧光性材料会影响检测效果，因此应避免使用含有荧光性的液体材料（如有些洗涤剂、油漆、润滑油脂、胶水等）接触被检测工件。或者至少应进行彻底清洗或等这些材料固化后再检测；对于一些固体的荧光物质，则可以用一些白色的不含增白剂的高级卫生纸擦拭被检测部位，然后用检漏灯照射卫生纸；改用新型的荧光示踪剂
操作工艺的影响	应保证在未进行可能产生覆盖涂层或粉末的生产工艺前进行荧光示踪检漏的操作； 利用压差法检漏时，系统内某些部位会无荧光示踪剂，此时应采取措施将荧光示踪剂施加到所有的部位

目前在荧光检漏法中，荧光的观测主要采用人眼感测，使其应用受到限制。如何将荧光技术与光电技术结合，进行自动测量、比照、记录、判定等问题是今后要研究的方向。

3.6.7.5　大型真空容器的荧光渗透法检漏

一般的大型真空容器，其焊缝总长约有几百米。这么长的焊缝，如采用火焰飘移法，只能检测大的漏点，对于焊缝中的小针孔，是无法检查出来的。采用荧光渗透检漏法能够比较准确地找出泄漏点，凡焊缝中的裂缝或外径超过 7μm 的泄漏微孔均可明显地显示出来。这是一种无损探伤检漏法，这种方法成本低、简而易行，一般企业都能办到。

将一定量的荧光物质与渗透作用较强的液体配制成荧光液，涂刷在受检容器外表面的焊缝或可疑泄漏点处，渗透液携带荧光物质从裂缝或微孔渗透到容器的另一面，再利用紫外线光（即激发能源）照射渗透过来的荧光物质，使它处于受激状态。当它恢复平衡状态时，就要放出一定的能量，以光子的形式放射出可见光即荧光，从而找出泄漏点，修补之。

基于上述原理，可选择市售的自乳化型荧光剂作为荧光材料，其激发波长约为 340～360nm。可以用渗透压较高的煤油作为渗透液，煤油的渗透压力大约为 0.8MPa。按 2%～5%的比例，将荧光剂溶解于工业纯的煤油中，搅匀即成为荧光示踪剂液。

也可自行配制荧光示踪剂，配制如下：

(1) 荧光黄 0.12g、FEB 塑料黄 6.10g、石油醚 6.25mL、邻苯二甲酸二丁酯 12.50mL、二甲苯 25mL。该荧光材料中的荧光黄的激发波长为 360nm 左右。取上述配制的荧光材料 20g，加入 100g 的工业纯煤油进行稀释、搅匀，即可配制成荧光示踪液体。

(2) 荧光黄 0.15%～0.20%、邻苯二甲酸二丁酯 15%～20%、煤油 80%～85%，上述材料均为工业纯。在配制中，按比例先把荧光黄溶解在邻苯二甲酸二丁酯中，充分搅拌，溶解彻底，而后再按比例渗入煤油，搅拌，就成为荧光示踪剂液体。

作为激发能源的紫外线灯可以用市售的便携式紫外线光源发生器。其紫外线波长为（360±30）nm，与荧光示踪剂的激发波长相当。

在寻找真空容器的泄漏点时，可用毛刷蘸上荧光示踪液涂刷在真空容器外部的焊缝或可疑泄漏点上，约 10min 后，到罐内用紫外线灯距焊缝或可疑泄漏点处约 100～300mm 处照射，若看到有羽绒状的蓝绿色的亮光即为渗漏点，用石笔做好标记，以便补焊。这是初步对容器较大泄漏点的修复。

对较大的泄漏点进行修复补焊后，用松节油洗掉罐内残余的荧光液，并用乙炔火焰烤干，再重复上述方法在罐外涂刷上荧光液，关上真空容器的室门，开动真空泵机组，对真空容器进行抽真空，当容器内抽到真空度约为 4000Pa 以下时，停止抽真空，而后打开真空容器，再次用紫外线灯在真空容器内部寻找细微的泄漏点，再进行补焊。如此重复几次，就可基本上保证焊缝的质量了。

在采用荧光渗透法检漏时还应注意，市售的紫外线光源发生器须经预热后（一般需预热约 5min）才能正常工作。

当用紫外线灯照射真空容器的受检部位时，有一些材料如机油、焊渣、粉笔痕迹等杂物也会在紫外线的激发下而发光。但泄漏点的荧光为羽绒状，周边模糊，核心光亮突出。而杂物的发光形状不规则，边缘与核心亮度一致。此外，泄漏点的荧光颜色为蓝绿色，而杂物的发光颜色为紫、橙、红或白色等。

采用了上述荧光渗透法对大型真空容器进行检漏，可解决大型真空容器制造厂家在现场无法处理的焊缝检漏难题，取得良好的检漏效果。

3.6.8 质谱仪检漏技术

3.6.8.1 工作原理

质谱检漏是最灵敏和常用的检漏技术，实际应用的质谱检漏仪都采用高灵敏磁扇形残余气体分析探头。为获得质谱检漏方法的最高灵敏度，可适当降低分析器的分辨率。为此可选用质量数唯一，容易分辨并且大气内含量极少的试验气体。氦气是惰性气体，质量数为 4，基本上符合要求。因此质谱检漏仪常用氦气作为试验气体，并称之为氦质谱检漏仪。这种仪器的分析器探头只对氦气分压力的变化有响应。氦质谱检漏方法是采用氦质谱检漏仪对真空系统进行检漏的方法。

目前应用的氦质谱检漏仪基本上都是磁偏转型的，主要由抽气系统、质谱室、电气线路三大部分组成，其工作原理如图 3-33 所示。检漏时，若有漏孔，氦气通过漏孔进入被检系统，并由仪器的抽气系统Ⅰ抽进质谱室Ⅱ。在质谱室内的离子源 6 中被电离成氦离子，并被加速电场加速飞入由均匀磁场构成的分析器 7 中。在磁场力作用下，氦离子以回转半径为 R 的轨迹偏转，并被收集极 9 接收，由收集极输出的离子流通过电气线路Ⅲ，由显示仪表（输出表）10 指示，据此可以确定和计算漏率。并可根据施加氦气的位置，确定漏孔位置。

3.6.8.2 氦质谱检漏仪的应用与维护

A 氦质谱检漏仪的应用

根据基本检漏原理的不同，氦质谱检漏技术可分为真空（负压）检漏技术、充气（正压）检漏技术和背压检漏技术。真空检漏时被检系统处于真空状态，示漏气体从大气侧通过漏孔向真空侧泄漏；而正压检漏时被检系统处于正压充气状态，气体是从高压侧通过漏孔向大气或真空侧泄漏；背压检漏法是真空检漏与充气检漏相结合的一种综合检漏方法。

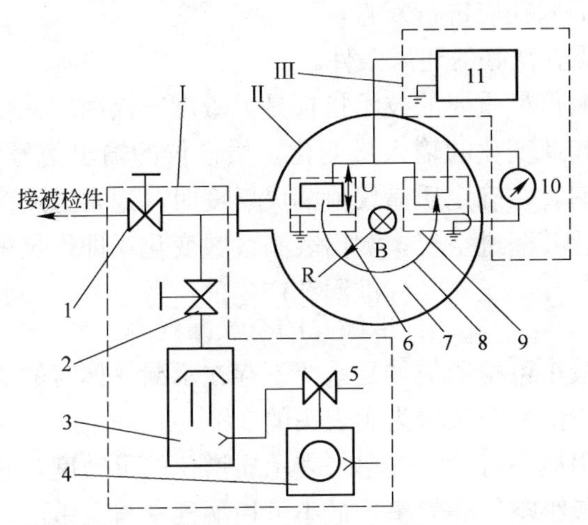

图 3-33 磁偏转型氦质谱检漏仪工作原理图

Ⅰ—抽气系统；Ⅱ—质谱室；Ⅲ—电气线路

1—节流阀；2—控制阀；3—高真空泵；4—机械泵；5—三通阀；6—离子源；7—分析器；8—离子流；9—收集极；10—输出表；11—直流电源

利用氦质谱检漏仪对被检件检漏，有许多种方法，如喷吹法、氦罩积分法、检漏盒法、充压法、吸枪法等，应根据被检件的具体情况，灵活运用。

如要利用氦质谱检漏仪判定某一漏孔漏率的大小，可采用标准漏孔比对法。标准漏孔是个在一定条件下向真空系统内提供已知气体流量的装置，专为校准检漏仪而制。以相等的分压分别对被检漏孔和标准漏孔的进气端施氦，比较其仪器指示，即可知被检漏孔漏率 q_L 为

$$q_L = \frac{\Delta I_L}{\Delta I_{L0}} q_{L0} \tag{3-36}$$

式中，q_{L0} 为标准漏孔的标称漏率；ΔI_L 为被检漏孔的仪器指示变化值；ΔI_{L0} 为标准漏孔的仪器指示变化值。

使用氦质谱检漏仪检漏时，应注意下列事项：

(1) 被检件需要预先进行清洁、干燥处理；

(2) 氦气轻，检漏时必须先从被检件上部开始，逐渐向下部检查，由靠近检漏仪处逐渐向远处检查；

(3) 检出的漏孔应进行复查；

(4) 场地要有良好的通风条件。

氦质谱检漏仪最重要的技术指标是灵敏度。灵敏度是仪器输出信号的变化除以引起此变化的输入量变化。质谱仪的输出信号是表头读数，输入量是漏气率。在确定质谱仪检漏灵敏度时，通常选用多孔塞或薄膜型标准漏孔，让其漏进空气，测出表头读数变化，即得灵敏度 φ 为

$$\varphi = \frac{\text{标准漏孔产生的信号}}{\text{标准漏孔的空气漏气率}} \tag{3-37}$$

质谱仪的最小可检测信号是系统不存在示漏气体时的噪声和漂移的和，对大多数质谱检漏仪取为满表头的 2%。

国际上常用最小可检漏气率来表示质谱仪的灵敏度，它是检漏仪能确切检测到的最小空气漏气率。最小可检漏气率与灵敏度之间的关系为

$$\text{最小可检漏气率} = \frac{\text{最小可检测信号}}{\varphi} \tag{3-38}$$

氦质谱检漏仪的最小可检测漏气率与抽速、质谱仪和电子线路系统的本底、时间常数等因素有关。目前，质谱仪的最小可检测漏气率可达 10^{-14} $\mathrm{Pa \cdot m^3/s}$，一般检漏场合中所用的质谱仪应能保证为 $10^{-10} \sim 10^{-12}\ \mathrm{Pa \cdot m^3/s}$。

B 检漏灵敏度及检漏时间

氦质谱检漏仪的突出优点就是灵敏度高，但在实际检漏过程中，被检件的结构、大小及检漏要求各有不同，如何根据被检件的特点条件，选择合适的检漏方法，配置适当的辅助真空系统，正确地使用检漏仪器，以得到检漏灵敏度高、时间短、结果可靠、运转费用低等问题均应引起注意。

a 检漏灵敏度

在具体的检漏条件下所能达到的灵敏度称为检漏灵敏度。一般来说，检漏时保证不了校准仪器时所规定的“最佳工作条件”，所以检漏灵敏度一般低于仪器灵敏度。影响检漏灵敏度的因素有：仪器灵敏度、被检容器、辅助真空系统、检漏时间和操作工艺等。

检漏仪在辅助真空系统中的位置直接影响检漏仪的输出指示，即直

接影响检漏灵敏度。

检漏仪接在高真空侧：检漏仪接在高真空侧时，若忽略氦通过漏孔的时间和忽略检漏仪的反应时间，其检漏灵敏度由下式给出

$$q_{L_{min}} = q_{Y_{min}} \frac{nS}{S_{iHe}} \left[1 - \exp(-nt_s/\tau)\right]^{-1} \tag{3-39}$$

式中 $q_{L_{min}}$——检漏灵敏度，Pa·m³/s；

$q_{Y_{min}}$——检漏仪器灵敏度，Pa·m³/s；

n——高真空处对氦和对空气的抽速比（用扩散泵作次级泵时，$n=1.6$）；

S——高真空处对空气的有效抽速，m³/s；

S_{iHe}——检漏仪支路对氦的抽速，m³/s；

t_s——检漏时间，s；

τ——检漏系统高真空部分的时间常数（$\tau=V/S$，V 为高真空部分容积，m³）。

当 $t_s \to \infty$ 时，即稳定状态，由式（3-39）得

$$q_{L_{min}} = q_{Y_{min}} \frac{nS}{S_{iHe}} \tag{3-40}$$

即在施氦足够长时间的条件下，检漏灵敏度与仪器灵敏度和仪器进气口处的分流比 nS/S_{iHe} 有关。如果能关闭辅助真空系统，只用检漏仪自身的真空系统抽气，$S=S_{iHe}$，此时检漏灵敏度等于仪器灵敏度。这是最充分发挥氦质谱检漏仪灵敏度的最佳检漏工况。在实际检漏中，小型且小漏的清洁被检件，容易实现最佳检漏工况。在其他情况下，用调节分流比 nS/S_{iHe} 的办法来提高检漏灵敏度是有效措施之一。

检漏仪接在前级真空侧：在忽略氦通过漏孔所需时间和忽略检漏仪的反应时间的条件下，检漏仪接在前级真空侧的检漏灵敏度为

$$q_{L_{min}} = q_{Y_{min}} \frac{n_b S_b}{S_{iHe}} \left(\frac{n}{\tau} - \frac{n_b}{\tau_b}\right) \left\{\frac{n}{\tau} \left[1 - \exp\left(-n_b t_s/\tau_b\right)\right] - \frac{n_b}{\tau_b}\left[1 - \exp(-nt_s/\tau)\right]\right\}^{-1} \tag{3-41}$$

式中 S_b——前级真空处对空气的有效抽速，m³/s；

n_b——前级真空处对氦和对空气的抽速比；

τ_b——检漏系统前级真空部分的时间常数（$\tau_b=V_b/S_b$，V_b 为前级真空部分的容积，m³），s；

其余符号同式（3-39）。

当 $t_s \to \infty$ 时，即稳定状态下，由式（3-41）可得

$$q_{L_{\min}} = q_{Y_{\min}} \frac{n_b S_b}{S_{iHe}} \tag{3-42}$$

即在施氦足够长时间的条件下，检漏灵敏度只与仪器灵敏度和仪器进气口处的分流比有关。

b 检漏时间及其测定

反应时间 τ_r 和清除时间 τ_c 是氦质谱检漏仪在检漏中的两个重要参数，其值主要由检漏仪的反应时间、清除时间及辅助真空系统参数所决定。

（1）氦质谱检漏仪的反应时间和清除时间：氦质谱检漏仪的反应时间和清除时间的测定装置如图 3-34 所示。调整检漏仪处于工作状态，由仪器 1 和机械真空泵对标准漏孔 2 两端抽气。关阀 5 开阀 4，使来自配气系统的氦气经标准漏孔进入检漏仪，记录最大输出指示值。关阀 4 开阀 5 并抽标准漏孔的进气端，待仪器指示下降到初始本底值后，重复上面步骤，测出输出指示上升到其最大值的 0.63 倍所用的时间，该时间就是检漏仪的反应时间。

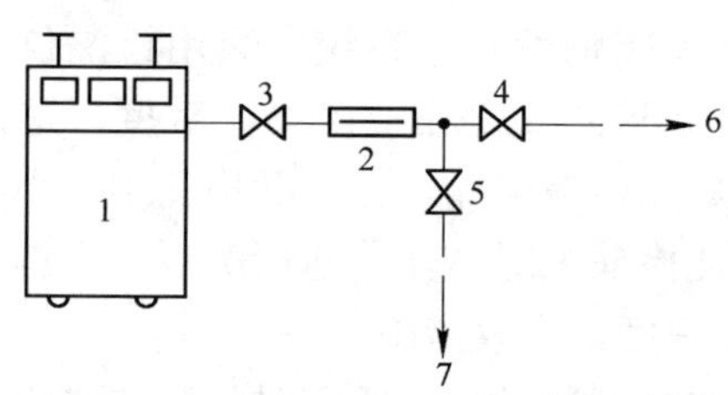

图 3-34 反应时间和清除时间测定装置
1—检漏仪；2—标准漏孔；3，4，5—阀门；6—接配气系统；7—接机械泵

当检漏仪的输出指示为某一数值时，停止施加氦气且同时记录，测出输出指示下降到该数值的 0.37 倍所用的时间，该时间即为检漏仪的清除时间。

（2）检漏仪接在高真空侧的检漏时间：在检漏仪接在辅助真空系统高真空侧的实际检漏中，可以利用被检件上的漏孔，采用与（1）中介绍的相同方法测定反应时间 τ_r 和清除时间 τ_c。在具体检漏中，以 $3\tau_r$ 作为施加氦的时间（即探索时间）就足以判定是否有漏孔及其漏率。以 $3\tau_c$ 作为清除检漏系统中氦气的时间，完全可以认为氦气已清除干净，则反应时间为

$$\tau_r = \tau_c = \frac{\tau}{n} = \frac{V}{nS} \tag{3-43}$$

式中 V——检漏系统高真空部分的容积，m^3；

S——高真空处对空气的抽速，m^3/s；

n——高真空处对氦与对空气的抽速之比；

τ——高真空部分的真空系统时间常数，s。

(3) 检漏仪接在前级真空侧的检漏时间：在检漏仪接在辅助真空系统前级侧的实际检漏中，可以利用被检件上的漏孔，采用与（1）介绍的相同方法测定反应时间和清除时间。并以 $3\tau_r$和 $3\tau_c$作为具体检漏时的探索和清除的判定时间。

当 $\tau \gg \tau_b$，即当 $V/S \gg V_b/S_b$时，仍然可以用式（3-43）对 τ_r和 τ_c进行理论计算。

综上所述，当检漏仪接在高真空侧时，前级真空泵参数对检漏灵敏度、反应时间和清除时间均无影响，次级泵参数却是主要的影响因素。当检漏仪接在前级真空测时，在 $V/S \gg V_b/S_b$的条件下，前级真空泵的参数对反应时间和清除时间基本上无影响，但却是影响检漏灵敏度的主要参数；τ_r和 τ_c只取决于 V 和 S；由于 S 一般较大，所以说次级真空泵缩短了检漏时间。在稳定状态下，次级真空泵不影响前级真空侧的检漏灵敏度，但在过渡过程中却有影响。

应该指出，上述结论是在假设任何时候被检件内的氦的分压总是均布的条件下得出的。该假设对于具有较低压力的小容积被检件是相符合的，但对具有中等压力的大容积被检件来说，由于氦分子的平均自由程小于容器尺寸，过渡过程的有关公式并不能准确描述检漏过程，实际的反应时间和清除时间要比按式（3-43）计算的值大，应当计及氦气在被检件内的扩散时间。

C 辅助真空系统

a 辅助真空系统的功能与组成

辅助真空系统有预抽被检件、分流气体（保证检漏仪的工作真空度），减小反应时间和清除时间以及影响检漏灵敏度等功能。因此，应当根据被检件的结构、尺寸、要求和具备的检漏条件设置相应的辅助真空系统。较为完备的辅助真空系统由前级泵、次级泵。阀门、真空规及标准漏孔等元件组成，如图 3-35 所示。前级泵最好采用气镇式机械泵，次级泵可采用扩散泵（是否要求次级泵依具体要求而定）。

对于体积小、出气和漏气都小的被检件，可直接与检漏仪连接进行检漏，无须设置辅助真空系统。但是如果被检件的批量大，为节省检漏操作时间，提高检漏效率，或者为了保持检漏仪灵敏度的稳定性，设置辅助真空系统还是有益的。

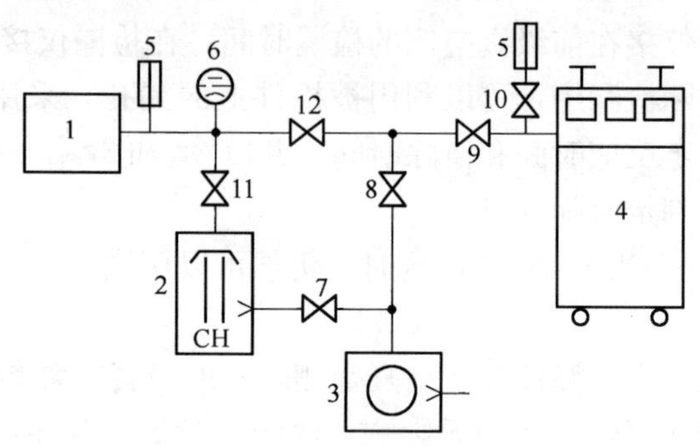

图 3-35 辅助真空系统

1—被检件；2—次级泵；3—前级泵；4—检漏仪；5—标准漏孔；6—真空规；7～12—阀门

对于容积较大、出气或漏气较大的被检件，必须设置辅助真空系统。该系统除具有上述各项功能外，对较脏的被检件的预抽可以防止检漏仪受到污染，这种保护检漏仪的功能是十分必要的。

b 检漏仪在辅助真空系统中的位置

如图 3-36 所示，检漏仪可接在辅助真空系统高真空一侧，也可接在前级真空侧。其连接位置应该遵守的原则是：进入检漏仪的氦分压高、反应时间和清除时间短、被检件对检漏仪污染小及检漏灵敏度高。例如，清洁且无大漏孔的较大被检件检漏时，检漏仪应接在前级真空侧，具有检漏灵敏度高和检漏时间短等特点；反之，对有污染和大漏孔的被检件进行检漏时，检漏仪应接在高真空一侧。

无论哪种连接方式，在接检漏仪的部位，都存在氦在辅助真空系统中分流问题。因此，在分流支路上设置阀门，使其流导可调，以便增强检漏仪支路的气流，提高检漏灵敏度，并且使检漏工作灵活方便。

D 漏率检测时的误差源

在检漏工作中，不仅要正确判断被检件是否漏气，而且往往要判定其漏率大小。因此检漏操作者必须了解测量漏率时的误差来源，以便消除或降低误差，保证检漏质量。

在测量漏率时，产生测量误差的主要因素如下：

（1）校准灵敏度时，标准漏孔所在的位置与被检漏孔的位置不同，即二者至检漏仪的距离相差太大，漏入氦气在途中的损失不相等，将导致经二者进入检漏仪的氦气量可比性差。

（2）所用标准漏孔的标称漏率有误差。

（3）检漏仪输出指示与漏率的线性关系差。

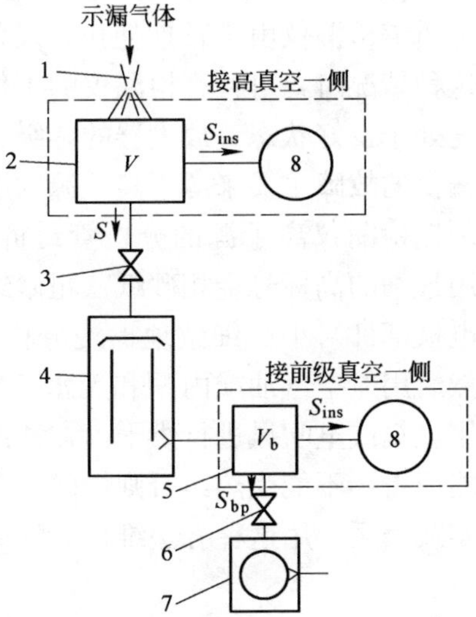

图 3-36 检漏仪在辅助真空系统中的接法

1—喷嘴；2—被检件；3—高真空阀；4—扩散泵；5—前级真空容器；6—低真空阀；7—前级泵；8—检漏仪；

V—被检件容积；V_b—前级真空容积；S—系统有效抽速；S_{bp}—前级泵有效抽速；S_{ins}—检漏仪支路抽速

（4）进入被检漏孔和标准漏孔的氦气压力或分压比不相等，或者因不能准确地给出氦气压力和分压比的数值而导致无法换算，这时均将产生漏率误差。

（5）校准灵敏度或用比较法确定漏孔漏率时，所用标准漏孔与被检漏孔的气流特性不同。

（6）检漏仪的性能不稳定。

（7）氦气纯度不稳定或存在误差。

（8）检漏操作人员的素质、责任心、技术水平及工作经验。

当用氦罩积分法、充压法、检漏盒法、背压法、累积法和选择性抽气法测量总漏率时，如果被检件总漏率超过容许值时，需要确定漏孔的位置及其漏率，可用喷次法或吸枪法继续进行检测。

E 氦质谱检漏仪的维护

a 检漏仪灵敏度降低的维护

氦质谱检漏仪由于长期使用，灵敏度会越来越低，以至无法使用。出现这种情况时，可检查检漏仪的工作环境和条件，如果检漏仪的工作真空度处于良好状态，放大器的各级工作电压也符合标准要求，则可判断检漏仪的故障主要来源于离子源的质谱分析管受到了严重污染。此时就必须把检漏仪离子源的分析管道拆下来，彻底清洗干净。清洗程序为：用最细的高标号金相砂纸（粗砂纸容易损伤真空分析管道及离子源的各电极部件）小心细致地擦洗分析管道的内表面及离子源各电极部件，然后用航空汽油或丙酮和无水乙醇清洗，并用去离子水冲洗干净，最后用烘箱或电吹风进行烘干。在清洗过程中应注意：分析管道上的磁铁不能撞击，不能受热，否则，磁铁会退磁，使检漏仪的灵敏度大大降低。实践表明，用这种方法维护后的检漏仪灵敏度可比清洗前提高 2～3 倍。

b 检漏仪的真空度抽不上去

当发生检漏仪开动很长时间后，工作真空度很低达不到正常工作要求的现象时，可初步判断这种情况一般有以下 3 种可能性：

（1）真空计的指示不对，电阻真空计或冷阴极真空规有故障。如冷规的阳极和阴极短路，造成真空抽不上去的假象。此时，可更换一个新冷规，使检漏仪恢复正常工作。

（2）检漏仪真空系统的某部分漏气，造成真空度上不去。在这种情况下，最好是用分段查找的办法，把整个真空系统分隔成几段，一段一段地查，首先查机械真空泵有没有问题，再查机械泵到扩散泵（或分子泵）之间，最后再查扩散泵（或分子泵）以上部分，如果漏隙小，仪器能基本工作的话，可以用仪器自身检查自身。方法是在检漏仪有灵敏度的时候，用球胆装氦气后，通过喷嘴向可疑漏隙处喷氦气，如果喷氦气后，检漏仪的输出表指示明显增大，则说明喷氦处确实漏气。

这种检漏仪自身产生漏隙的情况大多数是由于在仪器进行大拆卸清洗重新安装后，某个连接处没有拧紧而产生的。

（3）测试孔到真空计之间的管道发生堵塞现象，致使形成真空抽不上。这时可把管道及过滤器拆下进行彻底去油清洗，清洗干净后重新安装好，即可排除故障。

c 氦质谱检漏仪扩散泵油的选用

实践表明，氦质谱检漏仪扩散泵油以 Octoil（进口）和 Ks-2（国产）型号的扩散泵油比较好，使用硅扩散泵油较次之。一般尽量不采用硅扩散泵油，其原因是硅扩散泵油在工作过程中，在仪器突然进气后，会被氧化变为二氧化硅 SiO_2，一旦 SiO_2 附着在真空管道上很难清洗掉，尤其是 SiO_2 附着在质谱管道上更是麻烦，因为 SiO_2 坚硬而且绝缘，许多离子打在上面就释放不掉，积累起来，越积越多，形成附加电场，进而干扰了正常氦离子的轨道，He^+ 离子受干扰后，偏离原来的轨道，到达不了收集片，从而大大降低了仪器的灵敏度，严重时使仪器不能工作。使用 Octoil 和 Ks-2 扩散泵油就不容易产生上述现象，使得真空系统的清洗，尤其是质谱分析管道的清洗变得容易。

d 冷规指示不稳定

当冷规的指示不稳定甚至指针摆得很低时，可导致规管的灯丝自动关闭，这种情况的出现一般是由冷规被污染所致，特别是当冷规的阴极筒和陶瓷板被严重污染时，容易出现上述现象。此时应当拆下冷规进行清洗维护，把冷规陶瓷板的阴极筒拆下后用细砂纸进行打磨及用丙酮进行清洗。如果清洗后装上去经过使用，真空度的指示还是左右摆动，甚至有时自动关闭灯丝，则可能是此陶瓷板和阴极筒经过高压，电离的撞击，使陶瓷板的阴极筒失效，此时可换上备用陶瓷板的阴极筒即可。另外，对于进口的氦质谱检漏仪，可用国产的铝板做成阴极筒代替进口的，效果也很好。

e 当检漏仪器工作在完好状态下，有时会发生高真空突然降下来，再也抽不上去的情况。其原因可能有：(1) 真空系统漏气；(2) 机械真空泵出现故障；(3) 扩散泵的加热电炉丝断了。此时应该首先检查扩散泵的加热器，可用万用表测量电炉加热器的两端是否通。

3.6.9 真空（负压）氦质谱检漏方法

3.6.9.1 喷吹法检漏

喷吹法是一种判定漏孔位置很方便适用的真空（负压）氦质谱检漏方法，其检漏系统如图 3-37 所示。检漏时先对被检容器预抽真空，调整检漏仪使其处于正常的工作状态，然后开检漏仪的节流阀，连通被检容器和检漏仪，调整检漏仪处在待检漏状态。用一个以一定速度移动的喷枪通过喷嘴将具有一定压力的氦气（或混合气）喷向被检容器的怀疑

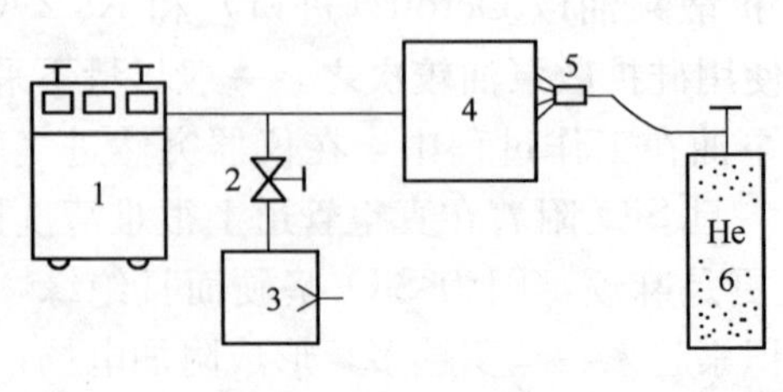

图 3-37 喷吹法检漏系统

1—检漏仪；2—辅助阀；3—辅助真空泵；4—被检容器；5—喷枪；6—氦气源

漏孔处。如果被检容器存在漏孔，当喷吹的时间足够长时，氦气将通过漏孔进入被检容器，从而进入检漏仪的质谱室后产生讯号，检漏仪将会指示出是否存在漏孔及漏孔的漏率。

由于检漏仪在检漏时有一定的响应时间，因此当检漏仪指示有漏孔时，漏孔不一定正好在喷枪的喷嘴所正对的位置，所以应该在发现有泄漏的范围内，减小喷枪的移动速度，减小喷嘴与被检容器的表面距离，反复查找。当喷嘴正好对准漏孔，而喷枪不移动时，检漏仪指示的漏率可能等于或接近于漏孔的实际漏率。

A 喷吹法的检漏灵敏度

如果在某一辅助真空系统中，检漏灵敏度为 $q_{L_{min}}$，当示漏气体不是纯氦，用氦的分压比为 γ 的示漏气体喷吹检漏时，此时检漏灵敏度应为

$$q_{L_i} = q_{L_{min}} / \gamma \tag{3-44}$$

式中 q_{L_i} ——喷吹法检漏灵敏度，Pa • m³/s；

γ——喷吹氦气的分压比；

$q_{L_{min}}$ ——检漏仪的检漏灵敏度，Pa • m³/s。

根据检漏仪接在辅助真空系统中的位置不同，其值由式（3-39）和式（3-41）计算。

喷吹法的检漏灵敏度受多种因素的影响，有时实际漏孔很大，用喷吹法可能检不出来或者指示的漏率很小。影响喷吹法检漏灵敏度的因素有：漏孔的形状，喷嘴相对漏孔的夹角，喷嘴相对漏孔的距离，喷枪相对漏孔的移动速度，喷嘴的形状和尺寸，喷射气体的压力，被检容器的周围环境大气中氦气本底（氦浓度）的大小及稳定情况，这些因素比较复杂，影响程度很难定量确定。

如图 3-38 所示，喷吹法检漏灵敏度可以用一支接在被检容器上的经过校准的真实漏孔进行校准。其极限灵敏度（即最小可检漏率）可用

喷嘴对准漏孔长时间喷吹，亦可在漏孔进气端接一个氦气源，根据检漏仪指示的稳定值求得。在具体应用中，因检漏条件（喷枪相对漏孔的夹角、喷嘴尺寸、喷嘴相对漏孔的移动速度等）的不同，检漏灵敏度（即最小可检漏率）的差别较大，最大时甚至可能比极限灵敏度低100倍。

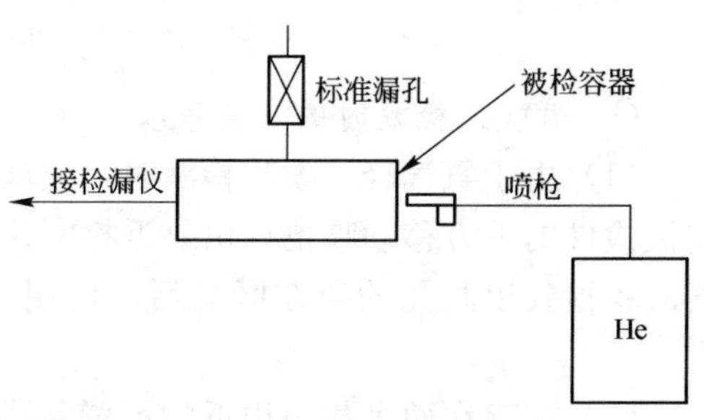

图3-38　喷吹法的灵敏度校准示意图

B　喷吹时间和喷枪移动速度

用喷吹法检漏时，喷吹示漏气体的时间要适当，喷吹的时间太短，检漏灵敏度低，时间太长则检漏效率低。

当检漏仪接在高真空侧时，由式（3-39）得喷吹时间为

$$t_s = -\frac{\tau}{n}\ln\left(1 - \frac{q_{Y_{min}}}{q_{L_{min}}}\frac{n \cdot S}{S_{iHe}\gamma}\right) \tag{3-45}$$

当检漏仪接在前级真空侧时，由式（3-41）得喷吹时间为

$$t_s = -\frac{\tau}{n}\ln\left(1 - \frac{q_{Y_{min}}}{q_{L_{min}}}\frac{n_b \cdot S_b}{S_{iHe}\gamma}\right) \tag{3-46}$$

因此，如果检漏仪器已选定，即 $q_{Y_{min}}$、τ、n、γ、S_{iHe}、n_b、S_b 为已知，便可根据式（3-45）或式（3-46）计算要求检漏灵敏度为 $q_{L_{min}}$ 时所需要的喷吹时间 t_s。

喷枪的移动速度 v 与喷嘴直径 d 及喷吹时间 t_s 有如下关系

$$v = \frac{10d}{t_s} \tag{3-47}$$

在进行检漏时，用以式（3-47）所计算的喷枪移动速度进行喷吹时，较为合适。

C　漏孔漏率

在喷吹法检漏中，可用标准漏孔法确定漏孔的漏率。若已知一标准漏孔的标称漏率为 q_{L0}，将其设置在与被检漏孔基本相当的位置，用氦喷吹时的输出信号为 I_s，而用相同示漏气体在同样条件下喷吹被检漏孔时，其输出信号为 I，则被检漏孔的漏率为

$$q_L = \frac{I}{I_s} q_{L0} \tag{3-48}$$

D 喷吹法检漏时的注意事项

(1) 由于氦气轻，喷吹检漏时，应从被检件的上方开始检漏，逐渐向被检件的下方移动喷枪；由靠近检漏仪处检漏逐渐移至远处；先用大气流粗检找出漏孔的所在区域后，再用小气流精检找出漏孔的确切位置。

(2) 当存在两个相距很近的可疑漏孔时，应注意调整喷枪喷出的氦气流方向（或盖住一个漏孔点），然后进行检漏。

(3) 检出的漏孔应复查。

(4) 检漏场地要有良好通风条件，但不得影响喷枪喷出的氦气的流动方向。

3.6.9.2 氦罩积分法检漏

氦罩积分法的检漏系统如图 3-39 所示，用一个检漏罩将被检件的

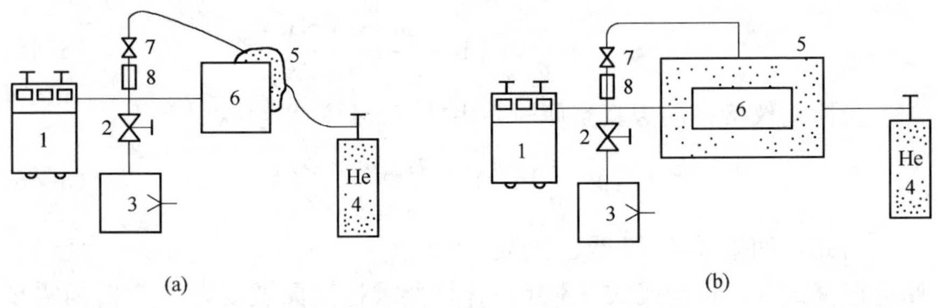

图 3-39 氦罩积分法检漏系统

1—检漏仪；2—辅助阀；3—辅助真空泵；4—氦气瓶；5—氦罩；6—被检件；7—阀门；8—标准漏孔

局部（图 3-39a）或整体（图 3-39b）罩起来，检漏时先将罩内的空气抽除，然后充入示漏气体（氦或氦和其他气体的混合物），以检漏仪的输出信号表征漏孔的存在和被罩部位的总漏率，

氦检漏罩可以看成是一个口径很大的喷嘴，包围了被检件或被检件的一部分，检漏仪所指示的漏率是氦罩包围的被检件（或被检件的部分）的所有漏孔漏率的总和。

检漏罩可用塑料薄膜制成。对于大批量小型被检件，也可制成专用

的刚性较好的检漏罩，使充入的氦气压力高于大气压力，以便提高检漏灵敏度。

由于氦罩积分法的检漏结果是被罩部位的总漏率，所以若要确定漏孔的准确位置，可再用喷吹法进一步检漏。氦罩法检漏灵敏度的校准可用一支带有阀门的校准漏孔，在被检件不加氦罩的情况下进行校准。

如果检漏罩的容积较大，应当回收罩内的氦气，否则必须解决好检漏场地的通风问题，以便降低空气中氦的分压。

3.6.9.3 检漏盒法检漏

当需要对一个尚未制造完成的真空焊接件的焊缝进行检漏时，一般可采用检漏盒法进行检漏，其检漏系统如图 3-40 所示。检漏盒是特制的能与被检件表面很好吻合的刚性盒体。在检漏时，将检漏盒罩在可疑部位上，用辅助真空泵对盒内抽气并使该盒与被检件表面密合。

检漏时调整检漏仪，使其处于工作状态。在检漏盒所罩部位的背面施加氦气，这样就可以根据检漏仪的输出信号判定漏孔位置及漏率，其检漏灵敏度可用标准漏孔比较法求之。

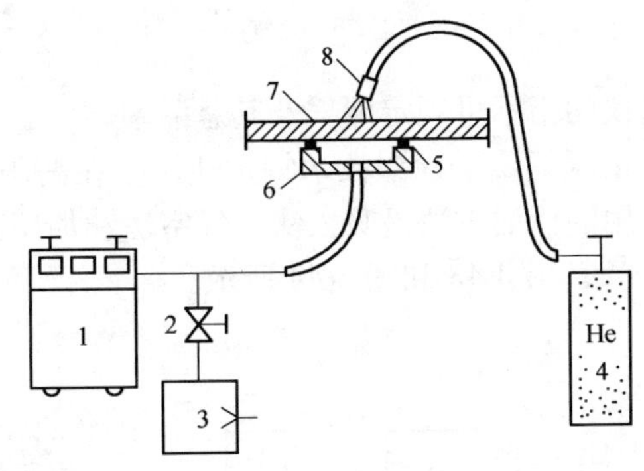

图 3-40 检漏盒法检漏系统

1—检漏仪；2—辅助阀；3—辅助真空泵；4—氦气瓶；5—密封圈；6—检漏盒；7—被检件；8—喷枪

设计检漏盒时应注意满足的要求是：检漏盒内的真空度应至少能达到几十帕；检漏盒与被检件之间的密封应可靠、扣盒方便；检漏盒的形状与尺寸要尽可能适用于多种形式的焊缝。检漏盒的材料可以选用金属、硬塑料或硬橡胶。

3.6.10 正压氦质谱检漏技术

在被检件的内部充入一定压力的示漏物质，如有漏孔，示漏物质便通过漏孔漏出，在被检件外部用某种检漏方法或检漏仪进行检漏，从而判定漏孔的位置和漏率的方法称为正压检漏法。

在正压检漏技术中，漏率的含义为：处于高压力下的特定气体，在常温 (23±1)℃下，通过漏孔在单位时间内，向大气端泄漏的气体量，单位为 Pa · m^3/s。

正压法氦质谱检漏系统如图 3-41 所示。将被检件放入一个检漏容器内，将该容器抽至低真空，调节辅助阀和检漏仪，使检漏仪处于正常工作状态。向被检件内充入氦气，如果有漏孔，氦气通过漏孔进入检漏容器，并随之进入检漏仪。根据检漏仪的指示可判定漏气及其总漏率。

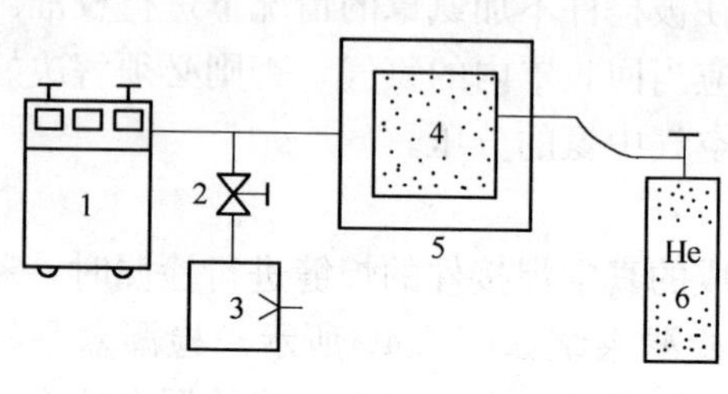

图 3-41 正压法氦质谱检漏系统

1—检漏仪；2—辅助阀；3—辅助泵；4—被检件；5—容器；6—氦气瓶

正压氦质谱检漏技术特别适用于在高压下工作的容器的泄漏检测，其常用的检漏方法是吸入法、气室法和加压真空法，其检漏装置分别如图 3-42、图 3-43 和图 3-44 所示。

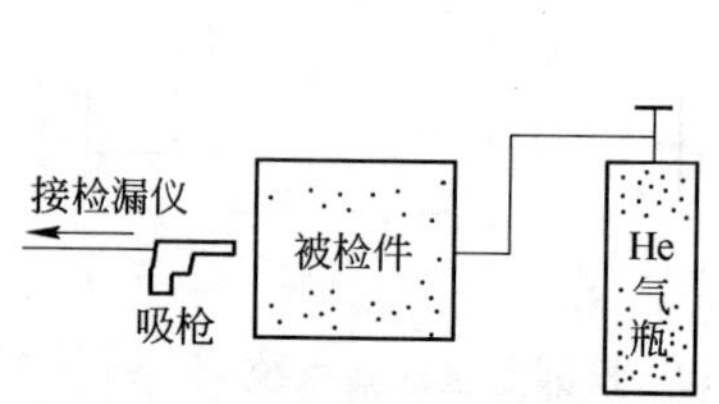

图 3-42 吸入法检漏示意图

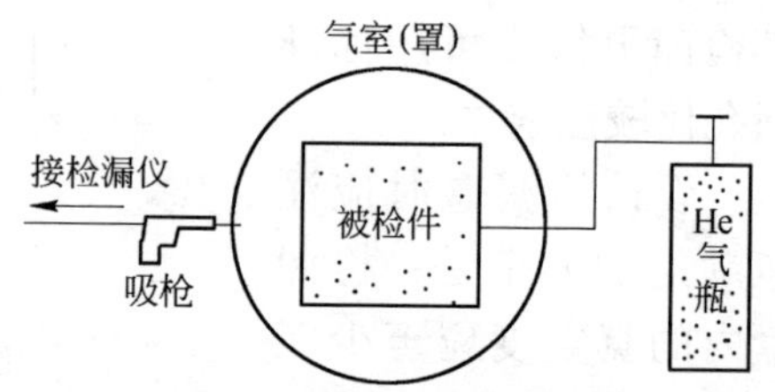

图 3-43 气室法检漏示意图

在采用吸入法和气室法时，氦气通过漏孔从高压侧向大气泄漏，而加压真空法则是从高压侧向真空侧泄漏。

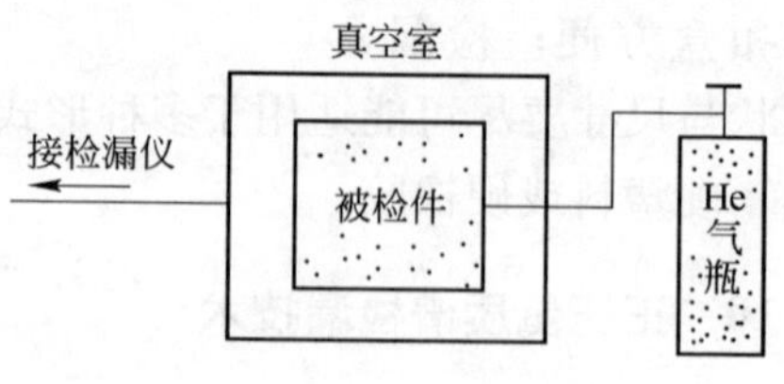

图 3-44 加压真空法检漏示意图

3.6.10.1 吸入法

吸入法（也称吸枪法）的检漏装置如图 3-42 所示。

吸枪通过细长管道与氦质谱检漏仪相连，先将被检件的内部充入压力为 p（高于环境大气压力）的氦气（或氦与氮混合或氦与大气混合气，而且最好是先抽空后再充氦），吸枪的吸嘴在被检件外表面的可疑有漏孔处以一定的速度移动逐点吮吸。若有漏孔，由被检件漏孔漏出的氦气随周围空气一起被抽入吸嘴，随之进入检漏仪质谱室，从而产生漏气的输出指示。

与喷吹法类似，检漏仪指示有漏时，漏孔不一定正好在吸嘴所对的被检件的部位，在发现漏孔的范围内减小吸枪移动速度，减小吸嘴与被检件的距离并反复查找，即可以找到漏孔的准确位置。同样在吸嘴正好对准漏孔，而且吸枪不移动时，检漏仪指示的漏率可能等于或接近于漏孔的实际漏率。

A 吸入法检漏灵敏度及校准

a 浓度灵敏度

吸入法检测的是大气中氦浓度的变化，令在大气中氦质谱检漏仪指示的本底及本底噪声为 I_1和 ΔI，对应于氦浓度变化 $\Delta\gamma$ 时的讯号为 I_2，则最小可检氦浓度为

$$\gamma_{\min}=\frac{\Delta I\cdot\Delta\gamma}{I_2-I_1} \tag{3-49}$$

式中，I_2-I_1为信号；ΔI 为噪声，可认为信噪比为 1 时为最小的可检氦浓度。

（1）一定浓度氦气的配置：配置一定浓度 $\Delta\gamma$（设 $\Delta\gamma$ 远大于大气中的氦浓度）的气体，有两种方法：

1）流量法　最简单的装置是在一个体积为 V 的容器上装一个标准漏孔并充以氦气，容器内为大气压力 p_a下的空气，相应的漏气率（对氦）为 q，则在 t_s时间后，在 V 内建立的氦浓度为

$$\Delta\gamma=\frac{qt_s}{p_aV} \tag{3-50}$$

其中，假定 $\Delta\gamma$ 远大于大气中的氦浓度，以及 $p_aV\gg qt_s$。

2）注气法　这是一个在真空校准中常用的简单方法，往体积为 V 的容器（容器内为大气压力 p_a下的空气）中注入体积为 γ，压力为 p 的氦气，若 $p_aV\gg pv$，建立的氦浓度为

$$\Delta\gamma=\frac{pv}{p_aV} \tag{3-51}$$

其中，假定 $\Delta\gamma$ 远大于空气中的氦浓度。

（2）吸入法检漏的浓度灵敏度校准：将吸枪的吸嘴插入到上述的具有一定浓度氦气的容器 V 中，由式（3-49）和式（3-50）或式（3-51），可知浓度灵敏度（即最小可检氦浓度）为

$$\gamma_{\min}=\frac{\Delta I}{I_2-I_1}\cdot\frac{qt_{\mathrm{s}}}{p_{\mathrm{a}}V} \tag{3-52}$$

或

$$\gamma_{\min}=\frac{\Delta I}{I_2-I_1}\cdot\frac{pv}{p_{\mathrm{a}}V} \tag{3-53}$$

式中，I_2-I_1为信号；ΔI 为噪声，可认为信噪比为 1 时为最小的可检氦浓度。

b 漏量灵敏度的校准

氦质谱检漏仪吸入法相应的流量（或漏量）灵敏度，即最小可检漏率也是检漏技术中的一个重要参数指标。吸枪在大气中工作时，以一定的速率将空气吸入，设吸入的流量为 Q，则其最小可检漏率为

$$Q_{\min}=\gamma'_{\min}Q \tag{3-54}$$

B 检漏灵敏度及校准中的问题

吸入法检漏时，吸入的气体中可能只含有部分从漏孔中漏出的氦气，由漏孔中漏出的氦气在大气中的浓度在不同的地方可能不同，实际能检出的漏孔比式（3-54）给出的要大得多，这取决于实施检漏的具体条件。吸入法的检漏灵敏度受很多因素的限制，如被检件内的充气压力、漏孔的形状、吸嘴相对于漏孔的距离、吸枪相对于漏孔的夹角和移动速度、吸嘴的形状和尺寸、吸枪的吸气能力以及大气中氦气本底浓度的大小及稳定情况等因素有关。因此，该方法多用于定性检漏。

吸入法和喷吹法检漏的极限灵敏度（即在最佳条件下最小可检浓度或漏率）是可以校准的。但是，在具体操作中，由于影响因素的不确定，使实际检漏灵敏度远低于极限灵敏度。

在用正压氦质谱检漏法检漏时，提高被检件的充氦压力，或先将被检件内部抽空后再充入氦气都能提高检漏灵敏度。使用此法检漏时应注意充气压力不得高于被检件的强度或刚度容许值，并注意回收氦及检漏场地的通风问题。

C 喷吹法与吸入法灵敏度影响因素的比较

在具体应用中，影响吸入法和喷吹法检漏灵敏度的因素是很多的，

对于二者有许多相同或相似之处。具体见表 3-18。

目前，对于喷吹法和吸入法的灵敏度校准问题，已经从理论和实验研究方面做了大量的工作，但目前尚未找到十分精确可行的校准方案。因此，继续开展研究工作，解决灵敏度精确校准这一复杂的难题，具有重要的意义。

表 3-18 影响氦质谱检漏喷吹法和吸入法灵敏度的因素

喷 吹 法	吸 入 法
被检漏孔的形状	被检漏孔的形状
喷嘴的形状和尺寸	吸嘴的形状和尺寸
喷嘴与漏孔的距离	吸嘴与漏孔的距离
喷枪相对于漏孔的夹角	吸枪相对于漏孔的夹角
喷枪相对于漏孔的移动速度	吸枪相对于漏孔的移动速度
喷嘴喷出的气体压力	吸嘴的吸气能力
环境大气中氦浓度及其稳定性	环境大气中氦浓度及其稳定性

D 吸入法检漏中应当注意的问题

(1) 检漏灵敏度与充气的氦分压比呈线性关系。在氦分压比不变的条件下，充气压力越高，最小可检漏率越低。但是，初检时被检件内切勿充入过高压力的氦气，应注意防止有大漏孔时浪费氦气及对检漏仪本底的严重干扰。因此，先以低充气压和低氦分压比进行粗检。如有大漏孔时，应立即封闭（修补或临时堵漏），然后再以高充气压、高氦分压比进行精检，并且注意复检。

(2) 在校准检漏灵敏度时，如果大气中氦的检漏仪指示大于氦气通过标准漏孔时检漏仪指示的 30%，应该采取措施减少大气中氦的分压，否则，以该灵敏度进行检漏是没有实用价值的。

(3) 一般情况下，吸枪与被检件表面的距离不大于 1mm，吸枪的移动速度不大于 2cm/s。

(4) 充气压力必须在安全范围内，防止被检件损坏和保护操作人员的安全。

(5) 检漏完毕，要回收氦，并注意使检漏场地通风良好。

3.6.10.2 气室法

在氦质谱正压检漏技术中，气室法氦质谱检漏系统如图 3-44 所示，在被检容器外面罩一个有效容积（扣除被检容器所占的空间容积）为 C

的气室，将吸枪的吸嘴插入到气室内，在被检容器内充入高于大气压力的氦气，氦气通过漏孔 q_t 漏入气室内，致使气室内的氦浓度不断升高，

经过时间 Δt 后，气室内氦浓度的变化为

$$\Delta\gamma = \frac{q_t \Delta t}{C p_a} \tag{3-55}$$

若最小可检氦浓度 γ_{min} 为已知，由式（3-49）和式（3-55）可得

$$q_t = \frac{\gamma_{min} C p_a}{\Delta t} \cdot \frac{I_2 - I_1}{\Delta I} \tag{3-56}$$

式中，γ_{min} 为吸枪的最小可检氦浓度；C 为气室内的气体体积；p_a 为环境大气压力；Δt 为充氦时间；I_1 为充氦前检漏仪的本底指示；ΔI 为检漏仪的本底噪声；I_2 为 Δt 时间后的检漏仪指示。

从上式可看出，$I_2 - I_1$ 是信号，若在最小可检漏率时，信号与噪声比为 1∶1，则有

$$Q_{min} = q_t \big|_{min} = \frac{\gamma_{min} C p_a}{\Delta t} \tag{3-57}$$

由式（3-57）可知，在 γ_{min} 一定时，减小气室的容积 C，增加充氦时间 Δt，可以提高检测的灵敏度。

气室法实际上也可看作是吸入法的一种，此时，相当于吸枪的吸嘴不移动，吸嘴是一个大罩子，将被检容器或被检容器的一部分包在其中。

3.6.10.3　累积法

累积法检漏适用于漏气率和出气率都不大的被检件的检漏，其特点是检漏灵敏度高。正确使用此法可使检漏灵敏度高出仪器灵敏度两个数量级。当充压法、氦罩法或吸枪法等的仪器灵敏度不能满足检漏要求时，通常可采用累积法检漏。

A　累积法的应用特点

由于氦质谱正压检漏是用吸枪在大气环境条件下，对被检系统的泄漏进行检测，因为检漏仪器在大气中直测，受到大气中氦分压的影响[大气中氦分压约为 5.07×10^{-1} Pa（约为 5ppm）]，因此对于大漏率的情况有较好的检测效果。一般对于最大允许漏率在 $1 \times 10^{-5} \sim 1 \times 10^{-7}$ $\mathrm{Pa \cdot m^3/s}$ 的微量泄漏情况，示漏气体一旦泄漏到大气环境中，立即被淡化，因为吸枪的直测灵敏度一般在 $1 \times 10^{-2} \sim 1 \times 10^{-3}$ $\mathrm{Pa \cdot m^3/s}$ 范围内，所以此时用吸枪直接探测是比较困难的。另外由于正压法检漏在质

谱室中被吸入的是空气和氦气的混合气体，而在真空法检漏中，若不考虑被检系统出气的影响，则质谱室中基本上是氦气，因而两种方法在质谱室中氦分压的建立速度是不一样的。在正压法检漏过程中，如果吸枪在不停地移动，则在吸枪离开泄漏点的探测位置之前，质谱室中的氦分压不足以使仪表有反应，因而就很难探测到泄漏，此时要想准确地检测出泄漏点的泄漏，就需要将泄漏出来的氦气收集累积起来，这样在吸枪吸入时会获得明显的效果。

B 累积法的工艺

累积方法有两个原则：一是使仪表有明显的输出；二是累积的方法要有好的工艺性，即便于实施。

a 累积包敷材料的选用

累积的方法就是在被检系统的可疑漏点处（例如在管接头或法兰处），人为地形成一密封容积，用以收集泄漏出的氦气，累积一段时间后用吸枪检测，在氦质谱仪的仪表上可获得明显的输出。通过对形成密封容积的包敷材料的试验表明，采用铝箔、镀铝薄膜和聚氯乙烯压延薄膜做包敷材料的累积效果较好，氦质谱仪输出值随时间的累积特性曲线如图3-45所示。

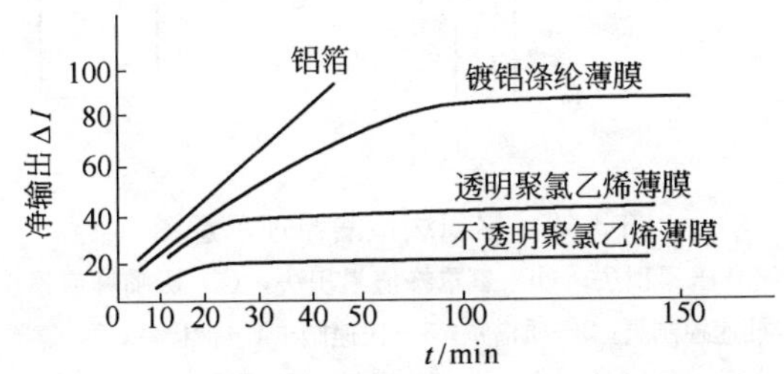

图 3-45 采用不同包敷材料时，氦质谱仪输出值 ΔI 与累积时间 t 的关系曲线

（$\Delta I = f(t)$，试验容积 200cm³，标准漏孔 1.73×10^{-2}Pa · L/s，氦浓度 5%）

从图 3-45 曲线中可以看出，累积效果最好的是铝箔，其次是镀铝薄膜，透明聚氯乙烯薄膜（压延薄膜）也有一定的效果，由于不透明的吹塑薄膜的厚度均匀性较差，故累积效果不如透明压延薄膜。但是对于外形多样，结构较复杂的被检系统而言，聚氯乙烯压延薄膜的包敷工艺

性较前两种为好。

b 累积时间

累积时间的确定，要考虑两个主要因素：一是被检漏部位的结构特点；一是在检漏仪表上有明显的输出。采用上述包敷材料时，一般累积15～20min 即可获得明显的信号输出，综合考虑各种影响因素，累积时间一般应不少于 30min，否则将会造成误判。由于聚氯乙烯压延薄膜具有渗氦性，当采用聚氯乙烯压延薄膜作包敷材料时，累积时间不可过长。

c 探测时间

探测时间是指将吸枪插入到累积容积中，检测泄漏点的泄漏所需要停留的时间。这里主要是考虑吸枪的具体使用情况，如一般吸枪到质谱仪之间有一根较长的软管，因此要实测出这种状态的仪器反应时间。按一般要求，停留时间应为仪器反应时间的 3 倍。

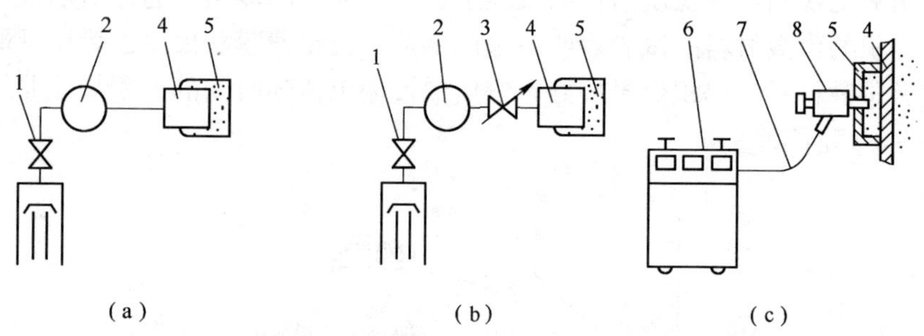

图 3-46 累积法检漏原理示意图

(a) 氦升压累积法；(b) 氦罩峰值累积法；(c) 吸嘴峰值累积法

1—抽速控制阀；2—质谱室；3—快速阀；4—被检件；5—氦罩；
6—检漏仪；7—导管；8—吸嘴

C 氦升压累积法

氦升压累积法检漏原理如图 13-46 (a) 所示。将检漏仪的抽速控制阀 1 关闭，由漏孔漏入的氦不断累积，检漏仪质谱室中的氦分压不断增高，从而提高了检漏灵敏度。被检件的漏孔漏率 q_L 为

$$q_L = V \cdot S \cdot \Delta I/\Delta t \tag{3-58}$$

式中 V——抽速阀至被检件的系统容积，m^3；

S——检漏仪的分压灵敏度，Pa/格（其值可以用标准漏孔校准得到）；

ΔI——检漏仪输出值在 Δt 时间的变化量，格；

Δt——累积时间，s。

D 氦罩峰值累积法

氦罩峰值累积法的检漏原理如图 13-46（b）所示。将快速阀关闭，由氦罩漏入的氦不断地累积，经过 Δt 时间后，打开快速阀使流入到检漏仪质谱室中的氦显著增多，从而提高了检漏灵敏度。被检件中的漏孔漏率 q_L 为

$$q_L = q_{Ld} \cdot \Delta I_{max}/\Delta t \tag{3-59}$$

式中 q_{Ld}——峰值累积法检漏仪刻度，Pa · m³/格（其值可用标准漏孔校准得到）；

ΔI_{max}——检漏仪输出的最大变化量，格；

Δt——累积时间，s。

E 峰值（吸嘴）累积法

采用吸嘴的峰值累积法检漏原理如图 13-46（c）所示。在累积时间内，流入氦罩（或检漏盒）中的氦不断积累，其分压不断增高。当打开吸嘴阀时，将有较高分压的氦流入检漏仪，提高了检漏灵敏度。如果使用标准漏孔比较法测定漏孔漏率，可由下式计算

$$q_L = q_{L0} \cdot \Delta I_{max}/\Delta I_{0max} \tag{3-60}$$

式中 q_L——被检漏孔漏率，Pa · m³/s；

q_{L0}——标准漏孔的标称漏率，Pa · m³/s；

ΔI_{max}、ΔI_{0max}——在相同的检测条件下，对应于被检件和标准漏孔的检漏仪输出峰值的变化量，格。

在累积法检漏过程中，应注意检漏仪的工作状态要保持稳定，尽量防止仪器噪声和工作压力的变化，尽可能在检漏系统中少用或不用吸氦的橡胶、油脂及塑料等材料。

F 正压检漏操作注意事项

（1）正压漏孔在使用时不与被检系统连接，也不与质谱仪连接，而单独形成一个独立的，能提供一个定漏率的系统，其状态应与漏孔校准时的状态一致（校准供气系统压力），但示踪气体的浓度（即氦浓度）应与被检系统一致，这个漏孔系统与 1∶1 的模拟件形成比对装置。

（2）如果被检工件的外形尺寸较大，则应多选择几个位置进行检测。

(3) 为了使仪器在检漏时能正常工作，被检系统在进行氦质谱正压检漏之前，可以先用皂泡法进行预检。预检后，应仔细清洗和烘干。

3.6.10.4 正压标准漏孔和正压检漏的压力选择

在氦质谱检漏技术中，标准漏孔是用来校准检漏仪或检漏系统灵敏度的。所谓正压漏孔，一般是指漏孔的出气端为大气压力的气体氛围（不特指大气），漏孔的进气端为压力高于大气压力的气体氛围，根据漏率与进气端气体压力和出气端气体压力关系的气流特性曲线，可知在选定的进气端压力下，漏孔向大气端的漏率是一个微流量装置，该正压漏孔主要用于吸入法和气室法检漏灵敏度的校准，其进气端压大于 1×10^5Pa（如 2×10^5Pa）即可。

在进行吸入法浓度灵敏度校准时，可用配气法来解决，即用 3.6.10.1 节中所述的注气法代替标准漏孔配置成一定浓度的氦气，不一定非用正压标准漏孔不可。

通常可近似认为被检容器上真实漏孔的尺寸不随充入的气体压力而改变，在用氦质谱检漏仪进行检漏时，对于高压容器在工作压力下允许的漏率可以通过漏孔的气流特性保守地折算成充入低气压气体所允许的漏率，从而，可充入相应的较低压力（2～3 个大气压）的示漏气体，进行检漏。这样，在对于工作在几十甚至上百个大气压力下的高压容器进行正压检漏时，被检容器充入的检漏气体压力如无特殊要求不必等于该容器工作时所处的压力。

3.6.10.5 正压氦质谱检漏灵敏度的实时校准

正压检漏时，仪器灵敏度的校准与真空检漏方法相同，只是更常用逆流模式（Counter Flow Mode）。对采用快速吸枪的便携式仪器，需注意其附加抽气泵对氦有分流作用，它会使检漏灵敏度降低，反应时间缩短。对正压氦质谱检漏系统灵敏度进行实时校准需要注意和解决的主要问题有：

(1) 由于系统检漏灵敏度的变化范围很宽，因此需要一个高压进气端压力可调、漏率变化范围较宽的真实漏孔。薄膜渗氦型漏孔在改变高压端压力后漏率平衡时间太长，它只适于作固定漏率的漏孔。白金丝玻璃漏孔、毛细管型漏孔和金属压扁型漏孔等真实漏孔可以作为正压氦质谱检漏中的标准漏孔，但后者在高压下有可能变形。

(2) 需要对通过漏孔从高压侧向大气或真空侧的微流量进行测量，

即标定漏孔的漏率，得到一个标准漏孔，然后才能用标准漏孔对系统检漏灵敏度进行实时校准。

(3) 加压真空法的灵敏度校准与真空检漏法相似，可以直接用仪器所带的标准漏孔进行校准，也可以外接一个高压进气端压力可调，对向真空端漏率已经校准过的标准漏孔来进行校准，这时可以测试仪器检测到的漏率与进气端压力的关系。

对于气罩积分法，可以把高压气体通过标准漏孔接到气罩内，经过一段时间后，再把吸枪探头插入到气罩内，从而进行系统灵敏度的实时校准。

吸枪法可以直接探测漏孔的位置，但其灵敏度的校准也最复杂。这是因为吸枪本质上检测的是空气中的氦浓度，通常只能检测到从漏孔中流出的一部分甚至一小部分氦气，检测到的气体流量与漏孔的形状（影响气流的角分布）、吸枪与漏孔间的距离及相对移动速度等多种因素有关，还与测试环境的氦浓度有关，因此在要求对检漏质量进行控制的同时，还需要研究吸枪与漏孔之间的距离、夹角和相对移动速度以及环境氦浓度等因素与检测灵敏度的关系，从而确定检漏实施的工艺条件。

3.6.10.6 影响正压质谱检漏法漏率检测的因素

A 影响漏率检测限的非仪器因素

a 大气压力的波动

在用 $Q=\dfrac{p\Delta V}{\Delta T}$ 方法来校准漏孔时，近似认为压力 p 恒定，为一个大气压，但由于不同地区的大气压不可能都相同，天气的变化也会造成气压的波动，因此在漏率校准时应该用校准过程中实际测量到的大气压力进行计算。

b 系统的出气

在校准漏孔向真空端的漏率时，应尽可能减少系统的出气量。

c 温度变化

温度改变可使气体的压力和体积发生变化，从而影响测量的精度。同时，在测量漏孔从高压端向真空侧的漏率时，温度的变化会使水和油等的饱和蒸气压发生改变，也会影响测量精度。而当测量漏孔从高压端向大气侧的漏率时，薄膜规两边温度差的微小变化会对测量造成严重的影响，必须特别注意。

B 吸枪法检漏时充压压力对实测漏率的影响

实际检测结果表明，当采用吸枪法检漏时，被检件内的充气压力越高，漏孔的实际漏率越大。同时，用吸枪法检测到的实测漏率与校准后漏率相差可达一个数量级以上。这说明用吸枪法进行检漏时，吸枪只收集到从漏孔流出的一小部分氦气。因此，需要定量地研究吸枪与漏孔之间的距离及相对移动速度与检漏仪实测漏率的关系，并测试各种实用条件下系统的检漏反应时间，以便用于各种实际条件下正压氦质谱检漏灵敏度的实时校准。

C 吸枪法检漏时吸枪探头与漏孔间的夹角 α 对实测漏率的影响

使用一支标称漏率为（3.3±0.3）$\times10^{-7}$Pa·m^3/s 的 TL 4-6 型标准漏孔，采用吸枪法检漏，检漏仪采用德国 Leybold 公司 UL 100 plus 型氦质谱检漏仪。吸枪探头与漏孔距离 5mm，相对移动速度为 15mm/s，如图 3-47 所示，漏孔的进气侧压力为 1.3×10^6Pa，此时漏孔的校准后漏率大于 4×10^{-5}Pa·m^3/s。改变吸枪探头与漏孔夹角 α，用检漏仪测量相应角度时的漏率，测量结果如表 3-19 所示，结果表明角度 α 不同时，其测得的漏孔漏率不同，夹角角度 α 越小，实测的漏率越大。

表 3-19 实测漏率随吸枪探头与漏孔间夹角 α 的变化

夹角 α/（°）	0	30	45	60	90
实测漏率/Pa·m^3·s^{-1}	6×10^{-6}	2×10^{-6}	8×10^{-7}	4×10^{-7}	2×10^{-7}

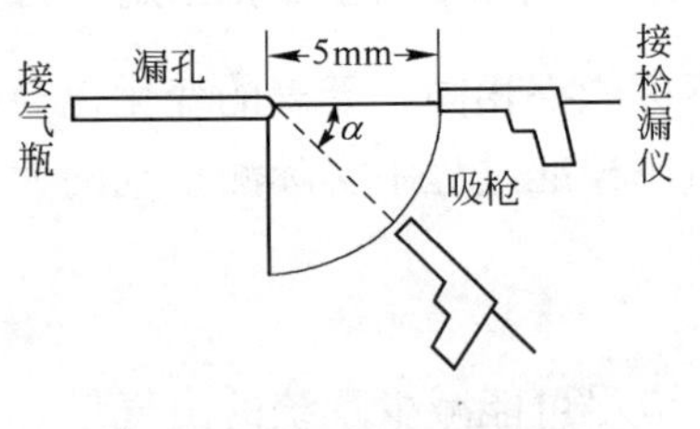

图 3-47 吸枪探头与漏孔间夹角 α 的变化

3.6.11 背压检漏法

背压氦质谱检漏法是正压检漏与真空检漏相结合的一种综合检漏方法，适用于封离的电子器件、半导体器件等真空密封器件的无损检漏。

3.6.11.1 检漏原理

背压检漏原理如图 3-48 所示。其检漏过程包括三个步骤：

（1）充压：将被检件在充有高压示漏气体的容器内存放（或称浸泡）一定时间。若被检件有漏孔，则示漏气体便通过漏孔进入到被检件的内部。并且，随着浸泡时间的增加和充气压力的增高，被检件内部示漏气体的分压力逐渐升高。

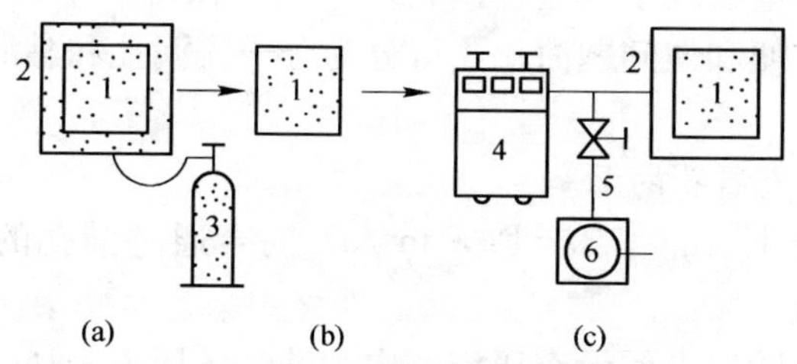

图 3-48 背压检漏法原理图

(a) 充压；(b) 净化；(c) 检漏

1—被检件；2—容器；3—充气瓶；4—检漏器；5—辅助阀；6—辅助泵

(2) 净化：用干燥氮气或干燥空气流在充压容器外部或在其内部吹被检件，在不具备气源时也可以静置被检件，以便去除吸附在被检件外表面上的示漏气体。在净化过程中，一定有部分示漏气体从被检件内部经漏孔流失，导致被检件内部示漏气体分压力逐渐下降。净化时间越长，示漏气体的分压降越大。

(3) 检漏：将净化后的被检件放入真空室，真空室与检漏器相连，进行检漏。抽真空后，由于压差作用，示漏气体通过漏孔从被检件内部流出，而后经过真空室进入检漏仪，根据检漏仪的输出指示判定漏孔的存在及其漏率。

3.6.11.2 漏孔的漏率

由于在净化过程中充入被检件内的示漏气体会流失，所以当漏孔很大时，示漏气体几乎会全部漏光，检漏时可能出现检不出漏孔，或者出现检漏器输出指示的漏孔漏率很小的假象。因此，背压检漏法必然会出现如图 3-49 中实线所示的情况，也就是检漏仪指示的某一个漏率，可

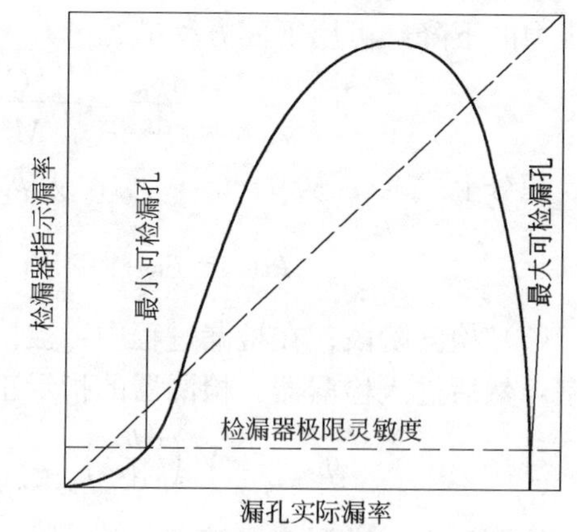

图 3-49 背压检漏中检漏仪指示漏率与实际漏率的关系

能分别对应着两个大小相差很大的漏孔，这就是背压检漏法固有的双值现象。图中斜虚线表示被检件内的示漏气体保持一个大气压时的情况。为研究问题方便和使问题简化，可分为分子流漏孔和黏滞流漏孔两种情况。

A 分子流漏孔的漏率

当漏孔较小（$q_L < 10^{-9}\,\mathrm{Pa \cdot m^3/s}$）时，通过漏孔的气流状态可以认为是分子流。

（1）充压阶段：假设充压容器内示漏气体压力为 p_{sear}，浸泡时间为 t_{in}，被检件容积为 V，充压前被检件内保持有一个大气压的空气，充压之后，其中示漏气体的分压力为 p_{ps}，则示漏气体漏入被检件的方程为

$$V\frac{\mathrm{d}p_{ps}}{\mathrm{d}t} = K_1\left(\frac{T}{M_{sear}}\right)^{\frac{1}{2}}(p_{sear} - p_{ps}) \tag{3-61}$$

式中，K_1为与漏孔尺寸有关的常数；T 为气体热力学温度；M_{sear} 为示漏气体的摩尔质量。

因为 T 一般为常数，令 $C_1 = K_1 T^{1/2}$，对式（3-61）积分，可以得到充压时间 t_{in}后被检件内示漏气体的分压力 p_{ps1} 为

$$p_{ps1} = p_{sear}\left[1 - \exp\left(-\frac{C_1 t_{in}}{VM_{sear}^{\frac{1}{2}}}\right)\right] \tag{3-62}$$

（2）净化阶段：设净化时间为 t_{pur}，在时间 t_{pur}之内，被检件内的示漏气体的分压力由 p_{ps1} 降至 p_{ps2}。在净化过程中，被检件内的示漏气体分压力的下降，可用下面方程描述

$$V\frac{\mathrm{d}p_{ps}}{\mathrm{d}t} = -\frac{C_1}{M_{sear}^{\frac{1}{2}}}p_{ps} \tag{3-63}$$

积分上式（t：从 $0 \to t_{pur}$；p_{ps}：从 $p_{ps1} \to p_{ps2}$），得

$$p_{ps2} = p_{ps1} \cdot \exp\left(-\frac{C_1 t_{pur}}{VM_{sear}^{\frac{1}{2}}}\right) \tag{3-64}$$

（3）检漏阶段：在检漏过程中，被检件内的示漏气体漏入抽空的真空室，然后进入检漏器。检漏器的指示正比于此时示漏气体的漏率，即

$$q_{Ls} = -V\left(\frac{\mathrm{d}p_{ps}}{\mathrm{d}t}\right)_{p_{ps}=p_{ps2}} = \frac{C_1}{M_{sear}^{\frac{1}{2}}}p_{ps2} \tag{3-65}$$

按照漏孔标准漏率 q_L 定义，有

$$q_L = -V\left(\frac{\mathrm{d}p}{\mathrm{d}t}\right)_{p=p_0} = \frac{C_1}{M_{air}^{\frac{1}{2}}}p_0 \tag{3-66}$$

式中，M_{air}为空气的摩尔质量；p_0为标准大气压。

由式（3-65）和式（3-66）可得

$$q_{Ls} = \left(\frac{M_{air}}{M_{sear}}\right)^{\frac{1}{2}} \cdot \frac{p_{ps2}}{p_0} \cdot q_L \tag{3-67}$$

将式（3-62）代入式（3-64），然后将其结果代入式（3-67）中，得到检漏仪在检漏时指示的漏率 q_{Ls}（对示漏气体而言）与漏孔漏率 q_L 的关系为

$$q_{Ls} = q_L \frac{p_{sear}}{p_0}\left(\frac{M_{air}}{M_{sear}}\right)^{\frac{1}{2}} \left\{1 - \exp\left[-\frac{q_L t_{in}}{Vp_0}\left(\frac{M_{air}}{M_{sear}}\right)^{\frac{1}{2}}\right]\right\} \times \exp\left[-\frac{q_L t_{pur}}{Vp_0}\left(\frac{M_{air}}{M_{sear}}\right)^{\frac{1}{2}}\right] \tag{3-68}$$

B　黏滞流漏孔的漏率

当漏孔较大时（$q_L > 10^{-6}$ Pa · m³/s）时，通过漏孔的气流可以认为是黏滞流。

（1）充压阶段：充压时，被检件内的示漏气体按下述规律增加

$$V\frac{\mathrm{d}p_{tot}}{\mathrm{d}t} = \frac{K_2}{\eta_{sear}}(p_{sear}^2 - p_{tot}^2) \tag{3-69}$$

式中，K_2为与漏孔尺寸有关的常数；η_{sear}为示漏气体的黏滞系数，在常温下氦与空气的黏滞系数相近，故可令 $N = K_2/\eta_{sear}$；p_{tot}为被检件内的全压力，$p_{tot} = p_0 + p_{ps}$，p_{ps}为示漏气体的分压力。

经过充压时间 t_{in}后，被检件内的全压力 p_{tot}增大到 p_{tot1}，对式（3-69）积分可得

$$\frac{p_{sear} + p_0}{p_{sear} - p_0}\,\frac{p_{sear} - p_{tot1}}{p_{sear} + p_{tot1}} = \exp\left(-\frac{2Nt_{in}p_{sear}}{V}\right) \tag{3-70}$$

（2）净化阶段：在净化时间 t_{pur}内，被检件内总压力由 p_{tot1}降到 p_{tot2}，其方程为

$$-\frac{\mathrm{d}p_{tot}}{\mathrm{d}t} = \frac{N}{V}(p_{tot}^2 - p_0^2) \tag{3-71}$$

对上式进行积分，得到 p_{tot2}的关系式为

$$\frac{p_0 + p_{tot1}}{p_0 - p_{tot1}}\,\frac{p_0 - p_{tot2}}{p_0 + p_{tot2}} = \exp\left(-\frac{2Nt_{pur}p_0}{V}\right) \tag{3-72}$$

（3）检漏阶段：在此时 p_{tot2}大于真空室内的压力，示漏气体和空气通过漏孔的总漏率为

$$q_{Lt}=-V\left(\frac{\mathrm{d}p_{tot}}{\mathrm{d}t}\right)_{p_{tot}=p_{tot2}}=N\cdot p_{tot2}^2 \tag{3-73}$$

对于唯一性检漏仪器来说，检漏仪的指示信号只与示漏气体通过漏孔的漏率成正比。在被检件的混合气体中，示漏气体的分压比为（$p_{tot1}-p_0$）/p_{tot1}，所以示漏气体的漏率为

$$q_{Ls}=\frac{p_{tot1}-p_0}{p_{tot1}}\cdot N\cdot p_{tot2}^2 \tag{3-74}$$

按漏孔标准漏率定义，则有

$$q_L=-V\left(\frac{\mathrm{d}p}{\mathrm{d}t}\right)_{p=p_0}=N\cdot p_0^2 \tag{3-75}$$

由式（3-74）和式（3-75）可得

$$q_{Ls}=q_L\cdot\frac{p_{tot1}-p_0}{p_{tot1}}\cdot\frac{p_{tot2}^2}{p_0^2} \tag{3-76}$$

在特定情况下，由式（3-70）、式（3-72）和式（3-76）进行数值解时，其中的 N 只需用 q_L/p_0^2（见式 3-75）代换即可。这样的运算非常繁杂，但是在满足下述条件时，即可大为简化。

在式（3-70）中，若 $2Nt_{in}p_{sear}>3$，则 exp（$-2Nt_{in}p_{sear}/V$）$<$ 0.05，亦即

$$p_{tot1}\approx p_{sear} \tag{3-77}$$

即被检件内的总压力与充压容器的压力相等。在一般的检漏条件下，即 $t_{in}=2\text{h}$，$p_{sear}=8\times10^5\,\text{Pa}$，$V=2\text{cm}^3$，对于漏率大于 $5\times10^{-6}\,\text{Pa}\cdot\text{m}^3/\text{s}$ 的漏孔均能满足此条件。大多数实际漏孔的漏率一般都小于该值而显示分子流特性。对于较大的黏滞流漏孔来说，都可认为在充压阶段 $p_{tot1}\approx p_{sear}$，因此式（3-46）可转化为

$$\frac{p_0+p_{sear}}{p_0-p_{sear}}\frac{p_0-p_{tot2}}{p_0+p_{tot2}}=\exp\left(-\frac{2Nt_{pur}\cdot p_0}{V}\right) \tag{3-78}$$

令 $$B=(p_{sear}-p_0)/(p_{sear}+p_0)$$

则式（3-74）可写成

$$q_{Ls}=\frac{p_{sear}-p_0}{p_{sear}}\left\{\frac{1+B\exp\left[-2q_Lt_{pur}/(p_0V)\right]}{1-B\exp\left[-2q_Lt_{pur}/(p_0V)\right]}\right\}^2\cdot q_L \tag{3-79}$$

这就是黏滞流情况下，检漏仪的指示漏率 q_{Ls} 和被检件的漏孔漏率 q_L 之间的关系式。由于黏滞流漏孔较大，所以在净化阶段，当 $p_{tot2}<2p_0$ 时，空气会反扩散进入被检件内，而造成计算上的误差。另外，采用式（3-

79）计算时，必须注意其简化条件是否得到满足。

3.6.11.3 检漏灵敏度

只考虑分子流漏孔的情况，利用简单的数学公式，即当 $x \ll 1$，$1-e^{-x} \approx x$ 和 $e^{x} \approx 1$，可将式（3-68）简化。

例如，在 $t_{in}=2h$，$t_{pur}=120s$，$V=2cm^3$，$q_L<10^{-9}Pa \cdot m^3/s$ 的条件下，有

$$\left.\begin{aligned} 1-\exp\left[-\frac{q_L t_{in}}{Vp_0}\left(\frac{M_{air}}{M_{sear}}\right)^{\frac{1}{2}}\right] \approx \frac{q_L t_{in}}{Vp_0}\left(\frac{M_{air}}{M_{sear}}\right)^{\frac{1}{2}} \\ \exp\left[-\frac{q_L t_{pur}}{Vp_0}\left(\frac{M_{air}}{M_{sear}}\right)^{\frac{1}{2}}\right] \approx 1 \end{aligned}\right\} \tag{3-80}$$

因而式（3-68）可简化为

$$q_{Ls} \approx \frac{M_{air}}{M_{sear}} \frac{p_{sear} t_{in}}{Vp_0^2} \cdot q_L^2 \tag{3-81}$$

在背压检漏中，由于遇到的漏孔都很小，所以式（3-81）是最常用的公式。

示漏气体通过漏孔的漏率为 q_{Ls}，而空气通过该漏孔的漏率就应该是 $q_{Ls}(M_{sear}/M_{air})^{\frac{1}{2}}$，当该值等于检漏仪灵敏度 q_{Ymin} 时，此时所对应的漏孔漏率 q_L 即为背压检漏灵敏度 q_{Lmin}，故有

$$q_{L_{min}} = \left(\frac{M_{sear}}{M_{air}}\right)^{\frac{1}{4}} \left(\frac{Vq_{Y_{min}}}{P_{sear} t_{in}}\right)^{\frac{1}{2}} \cdot p_0 \tag{3-82}$$

上式即为被检件的最小可检漏率和检漏仪本身的最小可检漏率之间的关系。

由式（3-82）可以看出，在分子流漏孔的背压检漏中，若已知被检件的容积，应选择灵敏度高的检漏仪、摩尔质量小的示漏气体、并增大充压压力及加长充压时间，这样便能提高检漏灵敏度。

在实际检漏中，被检件外表面的示漏气体的脱附和系统本底等因素对检漏灵敏度 q_{Lmin} 也有一定影响。

3.6.11.4 背压检漏法操作注意事项

（1）为提高检漏灵敏度，应适当增高充气压力、加长浸泡时间、缩短净化时间。

（2）背压法适用于容积较小的被检件的检漏。

（3）背压法不适用于有大漏孔的被检件的检漏。如果被检件上有较

大漏孔，在净化时会使充入被检件内部的氦流失严重，降低检漏仪的输出指示，甚至检不出漏孔。

3.6.12 分子泵抽气系统的氦质谱检漏仪

分子泵与油扩散泵相比具有启动快，有机蒸气污染少和极限真空度高的特点，因此在氦质谱检漏仪上采用涡轮分子泵真空系统，即使在检漏仪的真空系统中不用液氮冷阱，质谱室也不致受到严重污染，并能保持较低的本底或噪声。这将有利于氦质谱检漏仪的灵敏度和稳定性的提高，有利于延长离子源的寿命，也有利于缩小系统的体积，从而缩短反应时间和清除时间。同时由于分子泵对氦的压缩比大大低于对氮的压缩比，因此也有利于进行反流氦质谱检漏。

3.6.12.1 分子泵氦质谱检漏仪的性能比较

A 启动时间

在采用涡轮分子泵真空系统的氦质谱检漏仪中，一般涡轮分子泵启动 15min 左右后（转速从静止到正常约 3～5min），质谱室的真空度可达到 2×10^{-3} Pa 以上，此时即可启动离子源。这与油扩散泵系统开始加热后需 40～60min 或更长时间，质谱室内才能达到 2×10^{-3} Pa 的真空度相比，分子泵系统的启动时间可缩短至油扩散泵系统的启动时间的 1/3～1/5。

B 质谱室真空度

在采用分子泵抽气系统的情况下，检漏仪质谱室可达到的稳定真空度为 1×10^{-3} Pa 以上，离子源工作时亦能保持在（1～2）$\times10^{-3}$ Pa。而采用扩散泵系统时，质谱室所得到的稳定真空度一般为 3×10^{-3} Pa，离子源工作时，质谱室的真空度为（2.5～3.5）$\times10^{-3}$ Pa。

C 检漏仪的本底和噪声

在油扩散泵系统中，启动离子源稳定相当长时间（1～2h）后，输出仪表指示的本底值一般约在 10～20mV，经历更长时间后可达到 5mV 以下（系统冷阱加液氮可达到 1mV 以下）。涡轮分子泵系统工作时，输出的本底指示值一般在 5mV 左右，冷阱注入液氮后本底可下降至 0.5mV。

本底噪声随离子源放气减少、真空度提高而降低。当涡轮分子泵正常运转时，启动离子源约 1h 后检漏仪器即可达到较理想的低本底值。

D 反应时间与清除时间

在通常的高真空端顺流检漏时，涡轮分子泵系统检漏仪的反应时间基本上与扩散泵系统的相同，等于或小于 3s，反流检漏时也是如此。

在正常的高真空端顺流检漏时，涡轮分子泵系统和扩散泵系统的检漏仪的清除时间都小于 3s。但降低转速的涡轮分子泵检漏仪和降低加热功率的油扩散泵检漏仪进行反流检漏时，由标准漏孔漏入的氦在关闭标漏阀后很难清除，尤其在前级压力高或漏入的氦量大时更是如此。为迅速清除反流进入质谱室的氦气，应加快涡轮分子泵的转速或增加加热功率至额定值。该过程一般需要较长时间（前者约需 1～5min，后者约需 10～15min）。

3.6.12.2 分子泵氦质谱检漏仪的应用特点

（1）与油扩散泵系统检漏仪相比，涡轮分子泵系统检漏仪具有启动快，灵敏度较高，工作较稳定，更有利于作反流检漏等优点。其缺点是需要引入中频电源等，价格较贵。

（2）配检漏仪的涡轮分子泵其抽速为 80～150L/s 即可，宜采用风冷泵，以便于仪器的移动作业，泵用电源频率应可变，以便于反流检漏时调节分子泵的转速。

涡轮分子泵与质谱室之间应装适当口径的阀门，以便于停泵后，分子泵内可放入干燥氮气等。避免停止工作后分子泵的轴承油和机械泵油蒸发或爬行至质谱室。

（3）油扩散泵和涡轮分子泵系统的检漏仪反流检漏的最小可检漏率与前级压力有关。在反流检漏中，仪器最小可检漏率随前级压力的提高而降低。

（4）在反流检漏时，涡轮分子泵检漏仪降低转速比扩散泵检漏仪降低加热功率对提高灵敏度更有效。

（5）系统冷阱注入液氮，有利于提高质谱室真空，降低本底且降低反流检漏的最小可检漏率。

3.6.13 提高质谱检漏仪检漏效果的方法

提高（氦）质谱检漏仪检漏效果的途径是提高质谱检漏仪本身的性能及改进检漏方法。

3.6.13.1 提高质谱检漏仪性能的途径

提高质谱检漏仪性能的总原则是提高信噪比。噪声的主要来源可分为电路噪声和本底噪声两种。随着电子线路和电子元件的改进，放大器的噪声可降得很低，因此电路噪声已经不是影响灵敏度的主要因素了。

本底噪声是由于本底峰的不稳定造成的，其原因有：

（1）离子源中的发射电流、加速电压以及分析器的电磁参数不稳定；

（2）真空油脂、橡胶材料、有机绝缘材料都可吸附和再释放出氦气。电离规，特别是磁放电真空规对氦有记忆效应，其表面被污染时就更为严重；

（3）抽气系统中抽速不稳定和氦的反扩散；

（4）检漏仪中空气的本底影响；

（5）残余气体分子对离子的散射作用；

（6）灯丝和其他电极受机械振动引起的效应。

为了改善仪器的性能，必须尽量消除本底噪声源，例如采取真空系统不用有机材料，不用磁放电规，提高检漏仪的工作真空度，使抽速稳定等措施。另外，检漏时切勿将大量的氦气通进仪器，以免本底太大，难以清除。

3.6.13.2　改进喷嘴提高喷吹效率

采用喷吹法检漏时，喷吹时间一般只有数秒钟，常常会出现漏检的现象，这是因为喷吹的效果与气流速度和喷吹角度有很大的关系。如用图 3-50 所示的角度进行喷吹时，即使靠近漏孔，检漏仪的响应也会很小甚至没有响应。喷吹时示漏气体的气流速度不能太小，否则喷吹时周围的空气会一起漏入漏孔而使示漏气体的浓度降低。为了克服这些缺点，可采用罩式喷嘴，如图 3-51 所示。

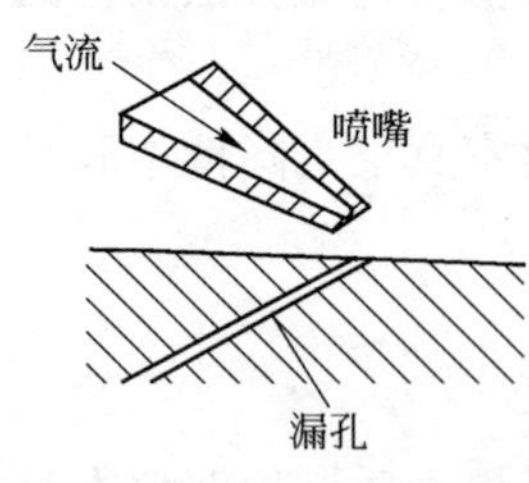

图 3-50　不良的喷吹角度

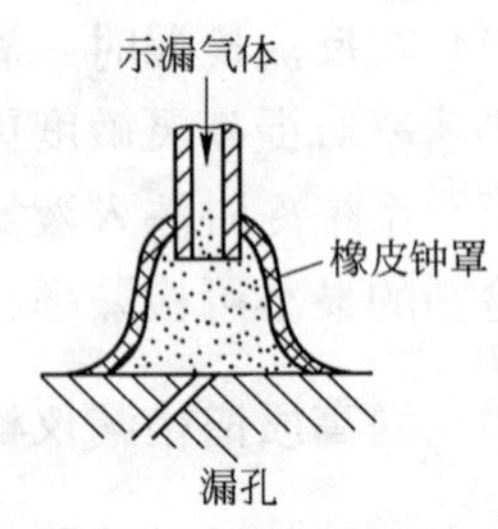

图 3-51　橡皮罩喷嘴

当被检件比较复杂时，喷嘴喷出的氦很难及时清除出去，使得被检区周围的氦浓度很大，以至无法确定漏孔的位置。为了解决这个问题，可使用同轴型喷嘴，如图 3-52 所示。该喷嘴由两根同轴不锈钢管构成，示漏气体自内管 1 喷出，外管 2 通小型的机械真空泵把多余的氦气抽除。使用时必须调节氦气流量，以便使示漏气体既能喷到漏孔，也不会超过真空泵的抽气能力。

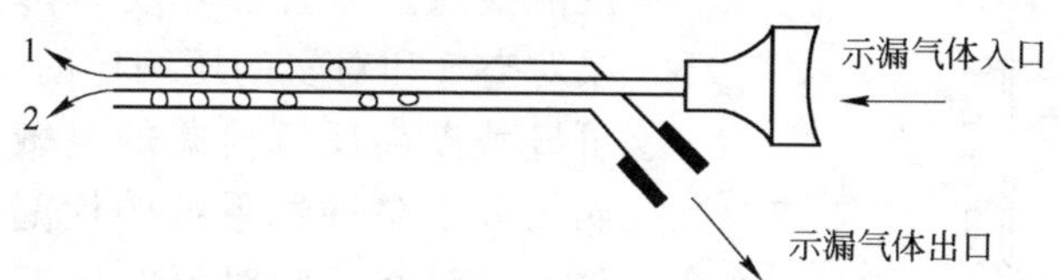

图 3-52 同轴型喷嘴

3.6.13.3 利用选择性抽气真空泵提高检漏灵敏度

吸附真空泵具有较佳的选择性抽气特性，而且抽气量很大，除了对氦、氖、氢等低沸点气体吸附作用较弱外，对其他气体的抽除能力较强。用吸附泵与氦质谱检漏仪配合，可得到对空气抽速大，对氦抽速极小的抽气性能，因而既可以提高检漏效果，又可以维持质谱室所要求的真空度。常用的选择性抽气真空泵为分子筛吸附泵，在超高真空范围内检漏可用钛升华泵，其检漏装置如图 3-53 所示。

该方法检漏的原理与累积法相同，由于采用了选择性抽气真空泵，可使累积时间明显增长和检漏仪工作状态稳定，进一步提高了检漏灵敏度，用一台最小可检漏率为 10^{-8}Pa · L/s 的普通氦质谱检漏仪可检到 10^{-11}Pa · L/s 的漏孔。

利用吸附泵进行累积法检漏时，一定要消除检测系统内一切可能的氦本底来源，不然在累积过程中，氦本底亦在积累。特别是当检出大漏孔以后，氦会大量漏入到吸附泵内，此时必须对泵去除液氮并升温以彻底清除泵内已吸附的氦，否则吸附泵所释出的氦本底将大到无法进行下一次的检漏。

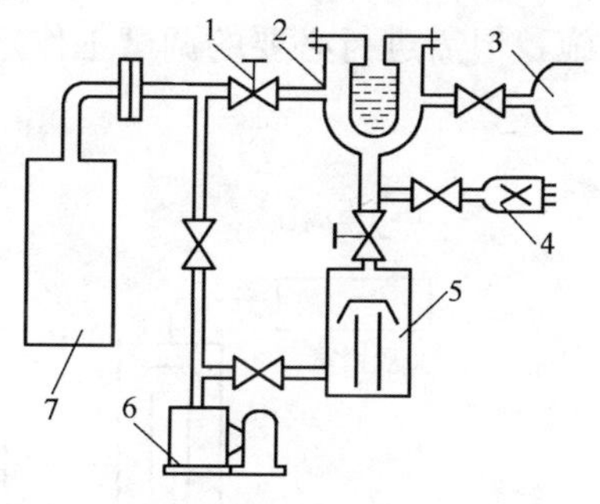

图 3-53 采用吸附泵的检漏仪

1—节流阀；2—分子筛吸附泵；3—质谱室；4—电离规；5—扩散泵；6—机械泵；7—被检件

3.6.13.4　采用反流氦质谱检漏法

A　检漏原理与特点

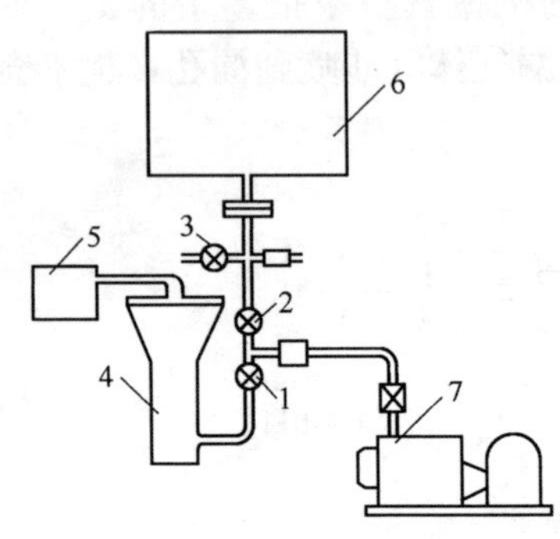

图 3-54　反流氦质谱检漏系统

1,2,3—阀门；4—扩散泵(或分子泵)；5—质谱室；6—被检件；7—机械泵

采用油扩散泵系统的氦质谱检漏仪，可利用泵对空气（主要为氮）和轻质量的氦气的压缩比之差异来实行反流检漏。随着加热功率降低，扩散泵对空气和对氦的压缩比的差异加大，可显著提高反流检漏的灵敏度。在用涡轮分子泵抽气系统的检漏仪上，因分子泵对空气和对氦的压缩比也相差甚大，且随着泵的转速降低而压缩比的差异增大，也可有效地实行反流检漏。

反流氦质谱检漏法（其系统见图 3-54）的原理是利用扩散泵或涡轮分子泵作为一个质量过滤器，将质谱室 5 安装在真空泵的高真空侧，而将被检件 6 安装在前置真空侧。当用氦气对被检件进行喷吹检漏时，来自被检件的氦气由前级真空侧通入真空系统，然后逆其主泵气流方向反扩散到达高真空侧的质谱室，进而被质谱室检出，以这种方式进行检漏的方法称作反流氦质谱检漏法，简称反流检漏法。这种方法通常使用反流氦质谱检漏仪进行，其典型装置系统参见图 3-55，也可利用辅助真空系统实施，但需进行必要的调试工作。

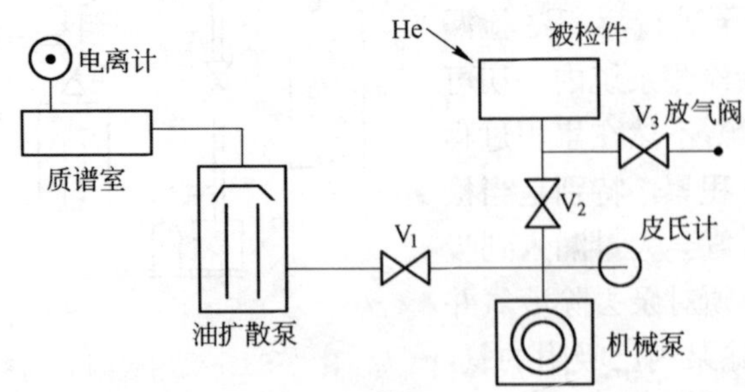

图 3-55　典型的反流氦质谱检漏仪真空系统

质量较重的空气或其他气体由于反扩散量很小，所以不会影响质谱室的工作压力。反流检漏法的检漏灵敏度，主要取决于主泵对氦的压缩比，该压缩比越小，对其他气体的压缩比越大，检漏灵敏度越高。

反流检漏仪具有如下优点：(1) 被检件可在 26Pa 的压力下进行高灵敏度的质谱检漏；(2) 检漏系统大为简化，不需要节流阀，也不需要泵口的抽速调节阀；(3) 对被检件的真空卫生要求大为降低，所容许的出气率可比一般情况大 1000 倍；(4) 可直接对较大的漏孔进行检漏；(5) 检测大容器时，一般无需辅助真空系统；(6) 不用液氮冷阱，可制成携带式的小型仪器。

实践证明，反流氦质谱检漏仪的主泵抽速可以小一些，可以不设置冷阱，而且质谱室不易污染，灯丝寿命长，仪器结构简单，被检件内的压力可高一些（可达几十帕，而顺流检漏要求低于 10^{-2} Pa)。因此，扩展了质谱检漏仪的使用范围，尤其在工业性检漏中得到了广泛应用，但在使用中应注意机械泵油返流对被检件的污染。

除了采用反流氦质谱检漏仪之外，真空系统较为完善的常规（即顺流）型检漏仪也可以采用反流法检漏系统，如图 3-56 所示的真空系统的检漏仪，当采用反流检漏法时，需关闭节流阀 12，并在使用时适当降低扩散泵的加热功率。

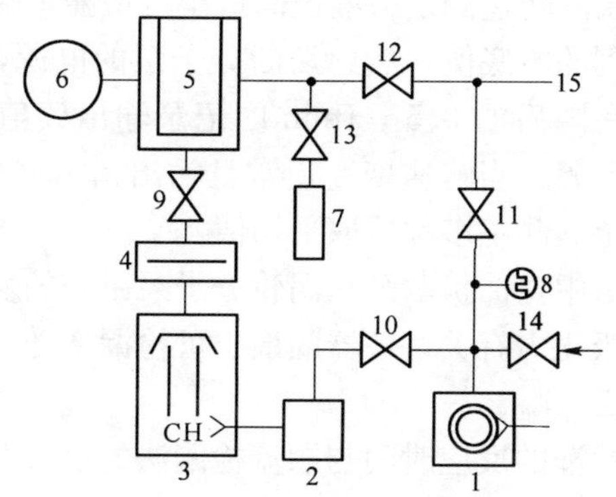

图 3-56　氦质谱检漏仪真空系统图

1—机械泵；2—储气罐；3—扩散泵；4—挡油障板；5—冷阱；6—质谱室；7—标准漏孔；8—电阻真空计；9—抽速阀；10，11，13—真空阀门；12—节流阀；14—放气阀；15—接被检件

B 检漏灵敏度

实验表明，在用以扩散泵为主泵的氦质谱检漏仪作反流氦质谱检漏时，当扩散泵以正常功率加热时，所得的检漏灵敏度比通常的氦质谱检漏方法的灵敏度低，甚至没有反应。但当电炉功率降低 40%～60%（约为额定加热电流的一半）时，则反流氦质谱检漏的灵敏度比通常检漏方法提高几倍至十几倍。电炉加热功率降得越低，则获得的反流氦质谱检漏灵敏度越高。但是，加热功率太低，则使扩散泵的启动时间过长，而且引起前级反压过分降低，致使扩散泵的进口压力增高并大大超过质谱室的工作压力。为避免质谱室工作不正常，反流氦质谱检漏时，扩散泵的电炉功率不应低于正常加热功率的 40%。根据扩散泵的工作特性，在前级取样时压力较低，则电炉加热功率可调得小些，如果取样的压力较高，则电炉功率应适当调得大些。

用涡轮分子泵系统检漏仪反流检漏时，为了增加检漏灵敏度，最好采用可变频率的中频电源，以调节分子泵的转速，而且分子泵应配有转速指示器。如果由于条件限制，没有可变频率的中频电源，则可以通过切断分子泵的供电电源一定时间（一般 2min），来达到降低涡轮分子泵转速的目的。通常当分子泵的前级压力较低时，切断涡轮分子泵供电电源的时间在两三分钟内对本底的影响不大。

在降低分子泵的转速测定检漏仪的最小可检漏率时，先记录正常转速下输出仪表达到的本底值，然后切断分子泵的电源，过 2min 后开启标准漏孔阀，并在随后的 0.5～1min 内记录输出读值，再关闭标准漏孔阀、开启中频电源，当转速恢复正常且输出指示回到原来本底值后，重复下一次的测定。测定多次后取平均值。

在反流检漏法中，油扩散泵和涡轮分子泵系统的氦质谱检漏仪的最小可检漏率与前级压力有关，仪器的最小可检漏率随前级压力的提高而降低。

反流氦质谱检漏的反应时间与顺流检漏法的反应时间差不多，一般在 2～5s 内。以扩散泵为主泵的反流法检漏仪器灵敏度可比相同功率下顺流法检漏的仪器灵敏度高几倍至几十倍。另外，对以涡轮分子泵为主泵的反流氦质谱检漏技术的研究表明，其检漏灵敏度可达 1×10^{-10} Pa · m^3/s，已接近顺流检漏灵敏度。

3.6.13.5 利用净化气体提高检漏效果

用氦气进行检漏后，检漏区会存贮有一定量的氦气。实际应用表明，用氩、氮或空气等净化气体喷吹漏孔可使清除时间大为缩短（可从4min缩短为0.5min)，而且可以提高检漏的灵敏度。这种方法对于凹槽、波纹管和法兰接头尤为有效。

3.7 高真空、超高真空系统的虚漏及漏孔堵塞

3.7.1 虚漏

真空器件和真空容器达不到预期真空度的原因，除了漏气之外，还可能是由于材料出气或者虚漏的原因。虚漏是由于设计或制造加工工艺不当，在系统内形成贮存气源的空穴，空穴中的气体在真空环境下慢慢释放出来，形同漏气，故称虚漏。例如，真空系统内的紧固螺钉没有出气孔、焊缝交叉设计、焊接不完善留有孔穴等都会造成虚漏现象，真空系统中的冷阱若使用不当也会产生虚漏。如冷阱用干冰作冷剂时，真空系统内的水蒸气就会在冷阱上凝固为霜，在干冰的温度下（－78℃），水的蒸气压是10^{-1}Pa，所以冷阱上的霜就是一个很明显的水汽的漏源。若冷阱采用液氮（－196℃）作冷剂，水蒸气的蒸气压降到10^{-13}Pa，则其影响可以忽略，但是当液氮面下降得太低时，冷阱上部的温度就会升高，使气体脱附而出现虚漏现象。对于超高真空系统来说，残余气体中的二氧化碳（由阴极分解等原因产生）可能冷凝在液氮冷阱上成霜(蒸气压为2×10^{-6}Pa)，这也是一个虚漏气源。

3.7.2 漏孔的堵塞现象

超高真空系统容器、电真空器件的漏孔往往是直径在微米数量级的小漏孔，空气中的尘埃或液体都很容易造成漏孔的堵塞，这些堵塞常常是暂时性的，检漏时好像不漏，但经过抽气之后，又会出现漏气。

实践证明，潮湿的气氛很容易使漏孔产生堵塞现象。设漏孔是一个直径为d的毛细管，当水蒸气凝聚在毛细管内时，由于表面张力的作用，要把水赶出，就必须施加一定的压力p

$$p=\frac{4F_{\gamma}\cos\varphi}{d} \tag{3-83}$$

式中　F_r——液体的表面张力，N/m；

φ——液体与毛细管表面的接触角。

设 $\cos\varphi=1$，则可估算出将凝聚水压出毛细管的气体压力 p。已知室温下纯水的表面张力为 7.28×10^{-2}N/m，若 $d=10^{-6}$m，则

$$p=\frac{4\times72}{10^{-4}}\approx2.9\times10^{5}\text{Pa}\approx2.9(\text{大气压})$$

对应于 $d=10^{-6}$m 漏孔的漏率相当于 $10^{-5}\sim10^{-6}$Pa·L/s。从上式可见，如果这样的漏孔被水汽堵塞时，利用抽真空的方法是无法把水压出去的，只能等待水汽慢慢地蒸发掉。因此，可行的办法是将被检测容器（或器件）升温，使水的表面张力大大下降，并加速其蒸发。有些真空器件在烘烤前排气检不到的漏孔，而烘烤后排气却发现漏气，多半是这个原因。因此，为了检查小于 10^{-6}Pa·L/s 的漏孔，一定要仔细处理好检漏部位，最好先对待检部位进行烘烤，然后再进行检漏。另外，尽量不用手去摸被检测区域，避免尘埃或油脂堵塞漏孔。

3.7.3 补漏

找到漏孔的最终目的是消除漏孔，真空系统中常用的各种补漏方法如下：1）采用真空封蜡和真空封泥可作暂时性补漏，而且只能在室温下应用；2）采用环氧树脂材料补漏。环氧树脂的力学性能和绝缘性能好，环氧树脂密封胶可经受45～120℃的温度，系统用环氧树脂堵漏后可在 10^{-5}Pa 的真空度下工作。环氧树脂密封胶除了可以用于金属及玻璃真空系统的堵漏外，还可以用于玻璃与金属件之间的粘接和封接；3）采用硅树脂密封胶进行堵漏。硅树脂密封胶可经受4.2～723K 的工作温度范围，而且可用于 10^{-8}Pa 的超高真空环境。

对于电真空器件来说，膏状的金属合金补漏剂更为适用。补漏时，须对被补漏件用砂纸和丙酮进行清洁处理，并用红外线灯稍加烘烤到微热，再进行涂覆。涂覆时，应首先使被补处形成一层浸润层，再加厚到0.4mm，然后在低于1Pa的压力下加热保温，可以得到很好的补漏效果。当在排气台上发现器件有漏孔时，可以一面排气，一面涂补漏剂，效果亦佳。金属补漏剂的优点是：蒸气压低，无污染，气密性好，粘结力强，能承受−40～200℃的冷热冲击，在1Pa压力下能经受450～650℃的烘烤。

对于金属真空系统中的壳体、管道处的较大漏孔及承受力的作用等部位，则适合用真空焊接方法进行补漏。

3.8 大型真空装置的检漏与密封

随着科学技术的发展，某些用途的真空设备也向大型化发展，如大型空间模拟器、大型真空电炉及大型真空干燥设备等，它们的容积将达到数十立方米到数百立方米。大型真空应用设备的真空密封与检漏技术是一个非常重要的问题。

3.8.1 大型真空容器的氦质谱检漏灵敏度和反应时间

3.8.1.1 *检漏灵敏度*

在图3-57所示的检漏系统里，进入被检容器里的氦气量为 q，其中一部分 q_1 通过检漏仪的分析室，而另一部分 q_2 被前级泵抽除。

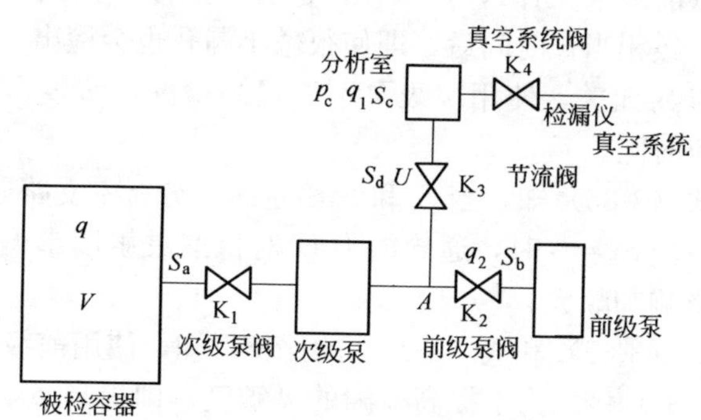

图3-57 大型真空容器的氦质谱检漏系统

若以图3-57中的检漏系统中 A 为参考点，可得到

$$\frac{q_1}{S_d}=\frac{q_2}{S_b}=\frac{q}{S_d+S_b};q_1=q\cdot\frac{S_d}{S_d+S_b};q_2=q\cdot\frac{S_b}{S_d+S_b} \quad (3\text{-}84)$$

若不考虑分析室支路的通导能力，则分析室支路的氦压力为

$$p_c=\frac{q_1}{S_c}=\frac{q}{S_c}\cdot\frac{S_d}{S_b+S_d} \quad (3\text{-}85)$$

式中，q_1 为通过检漏仪分析室的氦气量；q_2 为被前级泵抽走的氦气量；S_b 为前级泵的抽速；S_d 为分析室支路对 A 点的抽速；S_c 为对分析室的抽速；p_c 为分析室的氦压力。

若考虑分析室支路的通导能力为 U，并把 S_d 用 U 及 S_c 代替，则有

$$\frac{1}{S_d}=\frac{1}{S_c}+\frac{1}{U}$$

由此可得

$$p_c=\frac{q}{S_b S_c}\cdot\frac{1}{\left(\frac{1}{S_b}+\frac{1}{S_c}+\frac{1}{U}\right)} \tag{3-86}$$

对上述各式讨论分析如下：

（1）由公式（3-84）看出，若不用前级泵时，即 $S_b=0$，$q_2=0$，全部氦气量都通过分析室，即 $q=q_1$，则据式（3-85）有

$$p_c=\frac{q}{S_c} \tag{3-87}$$

（2）由式（3-87）可知，S_c愈小，检漏灵敏度愈高。当 $S_c\to 0$，而且 $S_b=0$ 时（前级泵关掉），$p_c\to\infty$，这相当于停止抽氦以后，氦分压会逐渐提高，经相当长时间后，即使很微小漏孔也会检出。

（3）p_c与 S_a无关，使用次级泵不能提高检漏灵敏度，只能减少抽空时间和反应时间。

（4）由式（3-86）知，当 S_b和 S_c给定时，分析室支路通导 U 愈大，p_c也愈大，但当 $S_b=0$ 时，通导能力 U 对检漏灵敏度影响不大，但对反应时间的影响却颇大。

（5）由式（3-85）和式（3-87）的比较可知，使用前级泵可使 p_c下降 $S_d/(S_b+S_d)$ 倍。为了提高检漏的灵敏度，即提高 p_c，可减小 S_b，为此，可关小前级泵阀 K_2，或选择对氦气抽速小的泵。

3.8.1.2 反应时间

如图 3-58 所示，被检容器的容积为 V，单位时间漏入的氦气量为 q，真空泵对被检容器的抽速为 S_a。

在 $t\to t+\mathrm{d}t$ 时间内，进入被检容器内的氦气量为 $q\mathrm{d}t$，其中的一部分 $pS_a\cdot\mathrm{d}t$ 被真空泵抽除，另一部分 $V\mathrm{d}p$ 留在被检容器中，使被检容器内的氦分压增加，则下面的公式成立

$$q\cdot\mathrm{d}t=p\cdot S_a\cdot\mathrm{d}t+V\cdot\mathrm{d}p$$

$$V\frac{\mathrm{d}p}{\mathrm{d}t}=q-p\cdot S_a$$

以上方程的解为

$$p=\frac{q}{S_a}\left(1-\mathrm{e}^{-\frac{S_a}{V}\cdot t}\right) \tag{3-88}$$

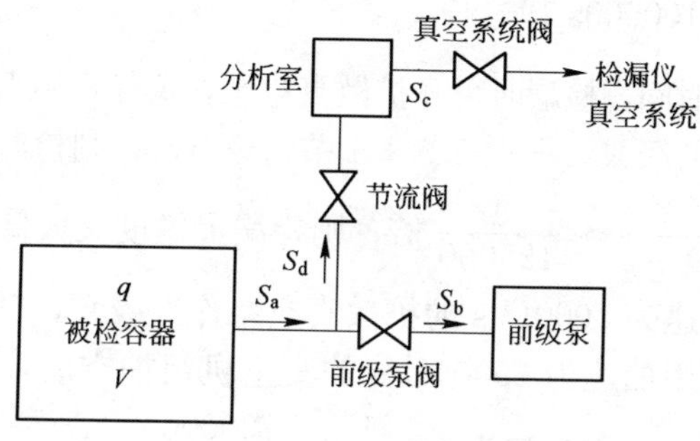

图 3-58 检漏系统图

$$t=-\frac{V}{S_a}\ln\left(1-\frac{p}{q/S_a}\right) \tag{3-89}$$

讨论如下：

(1) 由式 (3-88) 可以看出，当 $t=0$ 时，$p=0$；当 $t=\infty$时，$p=q/S_a$；此时，虽然 p 最大，但是由于时间太长，所以，在实际工作中，我们把氦分压达到 $p=0.63q/S_a$时所需要的时间定为反应时间，把 $p=0.63q/S_a$代入到式 (3-89) 中，则反应时间为

$$t=-\frac{V}{S_a}\ln\left(1-\frac{0.63\dfrac{q}{S_a}}{q/S_a}\right)\approx\frac{V}{S_a} \tag{3-90}$$

(2) 式 (3-90) 表明，反应时间取决于被检容器容积的大小和真空泵对被检容器的抽速。不用高真空泵（次级泵）时 $S_a=S_b+S_c$，用高真空泵（次级泵）时 S_a等于高真空泵的抽速。

(3) 反应时间和漏气量与分析室的灵敏度无关。

3.8.1.3 检漏仪在真空系统上的位置对检漏灵敏度和反应时间的影响

设：有一个容积为 200m^{3}的超高真空容器，用有效抽速为 25000L/s 的扩散真空泵＋1500L/s 的罗茨真空泵＋抽速为 300L/s 的滑阀真空泵机组对容器进行抽空，检漏仪对容器的抽速为 $S_d=2$L/s。

A 检漏仪接在被检容器上

在不考虑被检容器内表面放气的情况下，用真空机组将被检容器抽到一定真空度后，关闭扩散真空泵阀，打开检漏仪节流阀进行检漏。根据讨论 (1) 和式 (3-88) 可知，检漏灵敏度虽然高，但是反应时间 $t=$

$\frac{V}{S_a}=\frac{200000}{2}=100000s$ 却过长。

为加快反应时间，检漏时可开扩散真空泵，这样，相当于用 25000L/s 的真空机组作为前级泵，根据 3.8.1.1 节讨论（5），则检漏灵敏度降低到 $\frac{S_d}{S_b+S_d}=\frac{2}{25000+2}\approx\frac{1}{125000}$ 倍，则检漏灵敏度又太低。

又如，用抽速为 5000L/s 的扩散真空泵作次级泵，70L/s 的旋片真空泵为前级泵，用抽速为 25000L/s 的真空机组抽空后，关闭扩散真空泵阀进行检漏。其反应时间为 $t=\frac{V}{S_a}=\frac{200000}{5000}=40s$ ，则检漏灵敏度降低到 $\frac{S_d}{S_b+S_d}=\frac{2}{70+2}=\frac{1}{36}$ 倍。

B　检漏仪接在扩散真空泵和罗茨真空泵之间

若开扩散真空泵时，$S_a=25000L/s$，$S_b=1500L/s$，根据 3.8.1.2 节中的讨论（2）可知，反应时间短，但检漏灵敏度却降低到 $\frac{S_d}{S_b+S_d}=\frac{2}{1500+2}=\frac{1}{750}$ 倍。

如不开扩散真空泵，则此时，$S_a=(1500+2)$ L/s，则反应时间为 $t=\frac{V}{S_a}=\frac{200000}{1500+2}=133s$ 。

C　检漏仪接在罗茨真空泵和滑阀真空泵之间

这种接法，由于压力过高，检漏仪的节流阀不能全开，所以，检漏灵敏度很低，而不被采用。

通过上述例子可以看出，检漏仪接在真空系统的不同位置上时，检漏的灵敏度和反应时间不同，但无论怎样的接法，对大型真空容器的检漏都有不足之处。

3.8.2　大型真空容器的密封结构设计

要想使真空设备的漏气量在允许值以下，必须从设计上就给予保证。为此，在密封设计阶段中，要合理选择设备所用的材料、焊接形式和密封结构等。

3.8.2.1　材料选择及焊缝设计

真空所用的材料除满足机械强度要求以外，还要求材料致密，焊接性能好、饱和蒸汽压低。对低真空和经常不暴露大气的高真空容器，可用普通低碳钢制造，高真空和超高真空及经常暴露大气的各种真空容器，常用奥氏体不锈钢材料制造，因为奥氏体不锈钢材料致密、放气量小，又具有很好的化学稳定性。

焊条材料的选择是根据真空设备所要求的母材和焊缝的要求决定的。

大型高真空和超高真空容器最好采用组合焊缝，这样既能保证焊缝的强度，又提高了焊缝的气密性。一般可在焊缝外层用自动焊或手工焊保证焊缝的强度，焊缝内层用氩弧焊以保证焊缝的致密性和减少放气，焊缝形式如图 3-59 所示。

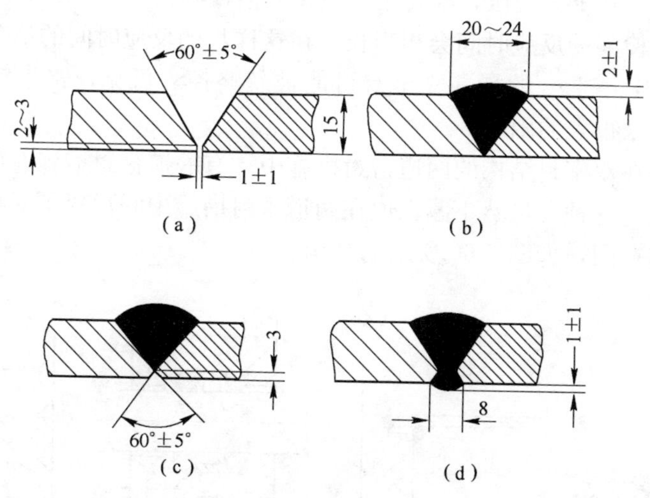

图 3-59 组合焊缝形式

(a) 自动焊（手工焊）坡口尺寸；(b) 自动焊（手工焊）焊缝形式；(c) 氩弧焊坡口尺寸；(d) 组合焊缝形式

焊接前用丙酮等清洗焊口，每焊完一遍，要彻底清除焊渣等污物后，才可进行下一次焊接。直到自动焊完成后，再加工内层的氩弧焊坡口，坡口的深度要直到看不见未焊透痕迹为止，一般为 3～5mm 左右。进行氩弧焊前，同样要清洗焊口。这种组合焊缝结构，一定要先进行自动焊，后进行氩弧焊。通过对组合焊缝进行金相分析表明，在先进行氩弧焊后进行自动焊的情况下，在两道焊缝结合处有黑痕，这是由于两种焊接温度的不同致使两种组织不能很好地组合。反之，就能得到满意的金相组织。

焊缝最好用 X 光检查，其目的是消除焊缝内大的夹杂物以及疏松、孔穴及裂纹等缺陷所产生的质量隐患。这样，不仅能保证焊缝的强度，而且对消除焊缝内漏孔及死空间也是十分有利的。

3.8.2.2 消除检漏反应时间过长的死空间

如果设计和加工工艺不当，往往会在组合焊缝的两个密封措施（或两道焊缝）之间形成寄生死空间，一旦组合焊缝的两个密封措施都出现漏隙则很难发现。例如，如果两道焊缝中形成 $100cm^3$ 的小空间，而且两条焊缝都出现漏率为 10^{-5} Pa · L/s 的漏孔，若寄生小空间内的氦分压达到 1/100 个大气压，则要用一般氦质谱检漏仪查出 10^{-5} Pa · L/s 的漏孔，其检漏的反应时间会相当长，在这样长的反应时间的情况下，漏率为 10^{-5} Pa · L/s 的漏孔完全有可能被忽略掉。可见，寄生空间给检漏工作带来很大的困难。

如果在双密封结构的两道密封措施中，有一道密封措施有漏孔并和内壁相通，这种孔虽然不漏，但在两道密封措施中间形成了对抽真空非常有害的空间，如图 3-60 所示的结构。

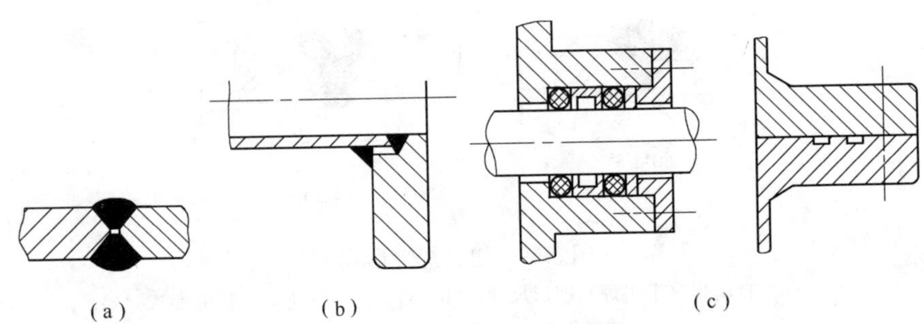

图 3-60 易出寄生空间的结构

(a) 未焊透的双 V 形焊缝；(b) 两连续焊缝之间的空间；
(c) 互不接触的复式密封环之间的空间

为了避免上述不合理的情况，当容器器壁较厚时，采用焊透的双 V 形焊缝，对于薄壁则采取单 V 形焊缝或用氩弧焊接。法兰和器壁焊接时，内焊缝采用连续焊，外焊缝采用间断焊，在互不接触的复式密封圈之间开设检漏孔。

3.8.2.3 密封圈的设计

通常，小尺寸密封圈已标准化，小尺寸非标准密封圈可仿照标准设计，但是大尺寸密封圈一般要自行设计。对大型真空容器一般不用金属密封圈，而用真空橡胶或氟橡胶密封圈。

A 密封圈形状

密封圈的形状取决于使用状态，对大尺寸固定密封结构，在安装过程中因受力不平衡容易产生扭曲，为防止产生扭曲，一般可设计成异形截面密封圈，以增加其稳定性。例如，圆三角形、X 形及 D 形等，其结构如图 3-61 中（a)、(b)、(c）所示。

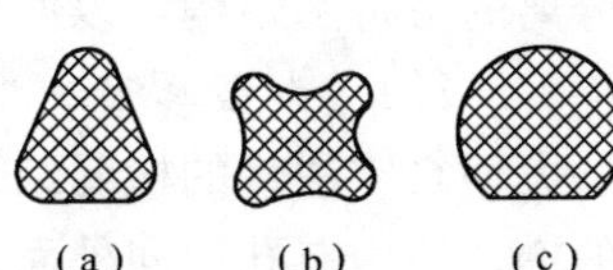

图 3-61 异形密封圈断面图
(a) 圆三角形；(b) X形；(c) D形

B 密封槽

密封槽断面一般设计成矩形断面，密封槽的深度 H 由密封圈断面压缩率 δ 决定，密封槽宽度 $B>$密封圈截面积$/H$。一般情况下，固定和往复运动的密封槽宽度 $B=$（1.31～1.35）d，旋转运动的密封槽宽度 $B=$（1.07～1.10）d，其中 d 是密封圈截面直径。异形密封圈的密封槽深度同样由断面压缩率决定，宽度应大于异形密封圈截面积除以 H。对运动部件的 O 形密封圈的密封槽，即要能保证密封，又要在运动时 O 形密封圈不脱落，一般设计成燕尾槽形，密封槽尺寸一般可按以下设计：上部的宽度 $B=0.8d$，深度 $H=0.75d$，斜边和底边的夹角为 70°。

C 断面压缩率 δ

断面压缩率 δ 选择是密封圈设计的关键，δ 选择过小则密封效果不好，δ 选择过大则压缩应力增大，容易压裂或产生永久变形，使密封圈失去弹性而造成漏气。可拆卸连接的固定密封的 δ 值，一般取 $\delta=25\%\sim30\%$；旋转运动 $\delta=10\%\sim15\%$，往复运动时 δ 值与 O 形密封圈断面直径有关，直径大 δ 值应减小。一般，密封圈断面直径为 ϕ3.5mm 以下者，$\delta=10\%\sim18\%$为宜，ϕ5.7mm 以上者，δ 取 10%～15%为宜。

为了安装方便，一般密封圈内径 D_0 设计成小于密封槽内径 D，使密封圈处于拉伸状态下使用。但拉伸量过大，断面直径缩小使压缩比减小，容易发生漏气。为了避免产生漏气现象，密封圈内径可作如下选取：固定密封 $D_0 \approx (0.96 \sim 0.97) D$；往复运动 $D_0 \approx 0.98D$；旋转运动 $D_0 = (0.99 \sim 1) D$。

3.8.3 大型真空容器的检漏结构设计

应尽可能把与大型真空容器相连通的密封结构设计成与大型真空容器分离的可检漏结构，以便单独检漏。

3.8.3.1 大型真空法兰检漏结构

大型真空法兰的检漏结构一般采用双环密封圈，中间加工成可以抽空的槽。槽内有孔通向外面，在有孔的法兰外表面处接检漏系统，检漏结构如图 3-62 所示。

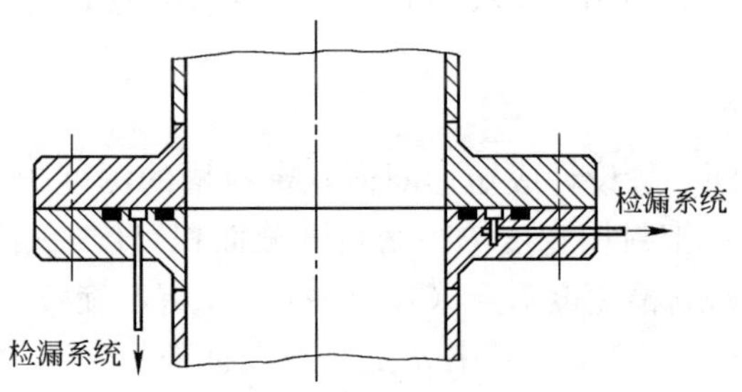

图 3-62 大型真空法兰检漏结构示意图

双环密封圈的内环对容器起密封作用，外环和内环一起组成一个可以对内环进行检漏的真空空间，所以，内环和外环的材料可以不同。内环应根据真空的要求而选择适当的材料，外环用丁腈橡胶即可。

3.8.3.2 小法兰及接头的检漏结构

大型真空容器的小型法兰及接头多数采用单环密封圈密封。采用单环密封圈密封时，其检漏结构应根据小法兰所在的容器位置上的内壁曲率，设计成适应该曲率的钟罩。钟罩的数量应越少越好，如果小法兰的数量较多的话，最好内壁曲率相同的小法兰采用通用的钟罩。

3.8.3.3 转动轴封处的检漏结构

转动轴封处的检漏结构最好能利用注油孔处油塞的位置，将油塞换下装上检漏旋塞。如有漏气，紧轴端盖螺钉或调密封措施。在无漏气的情况下注入润滑油，旋好油塞。其结构如图 3-63 所示。

3.8.3.4 直径小而容积大的检漏结构

一般如同高能粒子加速器那样的真空装置的直径都比较小，但长度很长，其容积很大，这样的真空系统也是不能整体进行检漏的，必须分成若干个小容积，分别进行检漏，为此必须设置些必要的检漏用阀门和接头。一旦怀疑哪段有漏气，就把该段两边的阀门关闭，接上检漏仪对该段管路进行检漏，这就避免了因怀疑有漏气而进行拆装的麻烦。

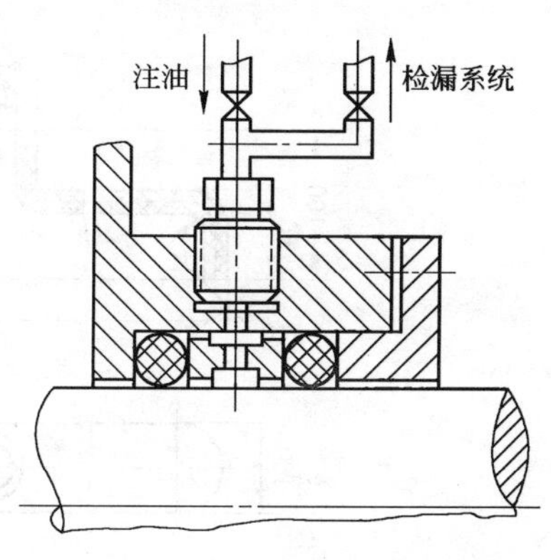

图 3-63 转动轴封检漏结构示意图

3.8.4 钟罩法检漏大型真空容器的焊缝

把大型真空容器的焊缝分成若干段，使每一小段焊缝成为小容器的焊缝，只对这一小段焊缝进行检漏，这种检漏方法就是通常所说的钟罩法或探漏盒法。这种方法由于把容器化小而加快了反应时间，由于不用前级泵而提高了检漏的灵敏度。

钟罩只有适应被检件的曲率变化才能与被检件很好地密封，因此钟罩必须具有挠性。检漏工作进行时钟罩内处于真空状态下，但又不能被大气压力压扁，所以钟罩必须具有足够的刚性。钟罩的大小应视被检件的具体情况和加工条件而定，太大加工比较困难，太小则影响检漏速度。

钟罩的结构如图 3-64 所示，钟罩法检漏系统如图 3-65 所示。

钟罩材料是邵氏硬度为 55°～60°的丁腈橡胶，钟罩内衬为 ϕ4mm 的不锈钢支撑架，支撑架的作用是使钟罩具有足够的刚度。

检漏前最好将焊缝处的内壁抛光，以保证钟罩与被检件很好地接触。检漏时将钟罩顺焊缝方向扣在被检件的焊缝上，然后用真空泵将钟罩内的空气抽空。在抽空过程中，稍给钟罩施加压力使之与被检件密封。如遇不能密封处，用真空封泥涂钟罩四周帮助密封。

抽空结束后关闭抽空泵的阀门，接上检漏仪，在被检壁的反面相应位置上设置氦罩，如有漏孔，再用氦喷吹法找出漏气的准确位置。在进行下一段焊缝检漏时，必须有一小段焊缝重检，重检段的长度应等于或

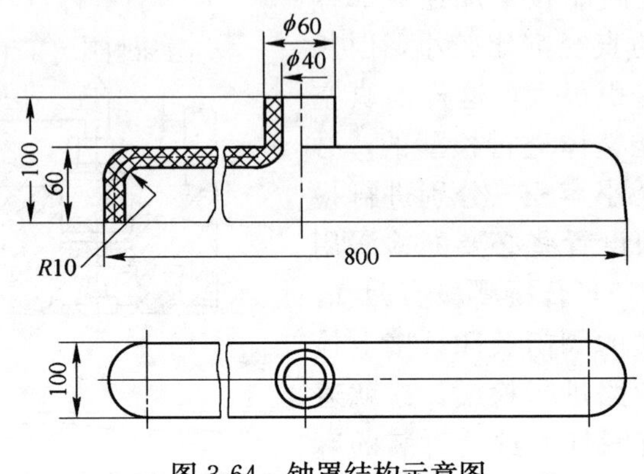

图 3-64　钟罩结构示意图

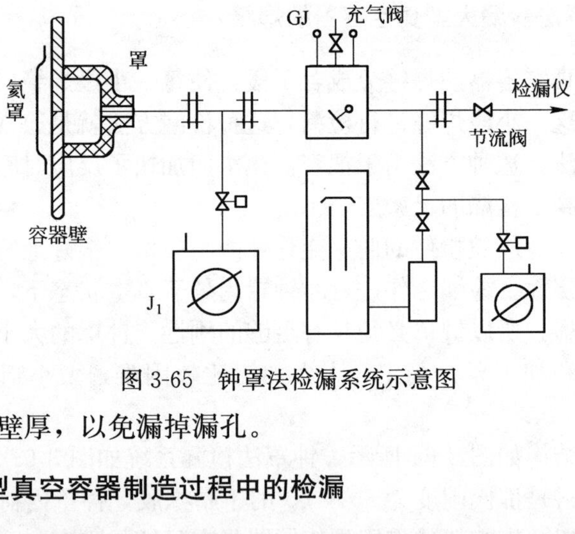

图 3-65　钟罩法检漏系统示意图

大于钟罩的壁厚，以免漏掉漏孔。

3.8.5　大型真空容器制造过程中的检漏

大型真空容器造好后，整体无法或很难进行检漏的零部件以及能进行检漏但找出漏孔后无法或很难进行修补漏孔的零部件，需要在制造过程中检漏。

3.8.5.1　*难以整体检漏的部件在制造过程中的检漏*

大型真空容器的真空泵接管、入口等和容器连接的焊缝，应在制造过程中检漏。

大型接管的检漏结构如图 3-66 所示，把已加工好法兰面的接管从外面以外焊缝焊在容器上。焊好后，开内焊缝的坡口，要求坡口的深度直到看不到未焊透痕迹为止。然后，装好密封圈及盲板进行抽空，打开检漏仪节流阀进行检漏。在接管外侧被检焊缝处装氦罩或用氦喷嘴喷吹。如发现漏孔进行补焊。无漏孔时拆下盲板，割去画双点划线的开口板，清洗内焊缝焊口，再将内缝焊接好，即完成了此部分的检漏和最后的焊接。

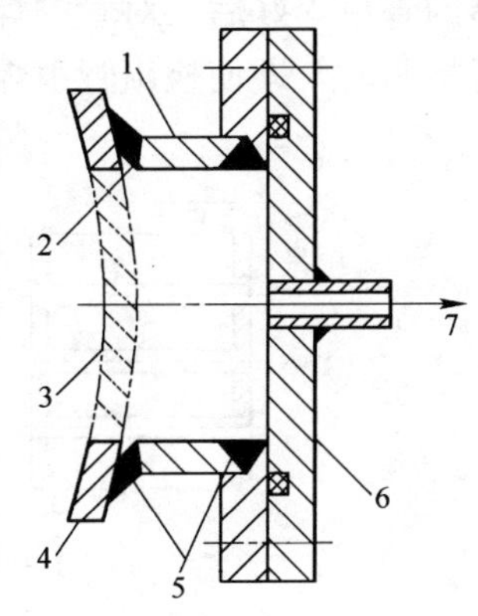

图 3-66　真空容器大型接管检漏示意图

1—接管；2—内焊缝焊口；3—开口板；4—容器壁；5—待检焊缝；6—盲板；7—检漏系统

对于小型法兰及接头的焊缝，在制造过程中可采用钟罩法进行检漏，在法兰的一边用盲板和密封圈密封，容器内小孔处用钟罩加橡胶垫，如钟罩和橡胶垫结合处有漏气现象影响检漏时，可用真空泥帮助密封。小型接管的检漏如图 3-67 所示。

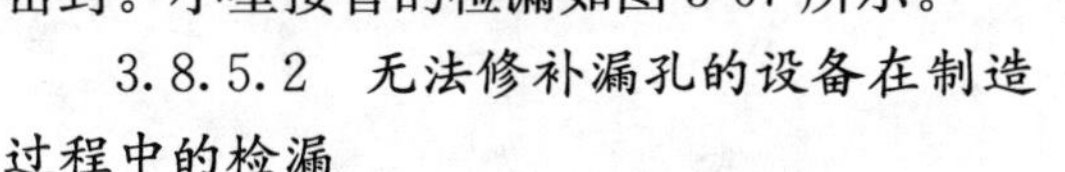

3.8.5.2　**无法修补漏孔的设备在制造过程中的检漏**

在真空辅助设备中，如液氮杜瓦瓶、液氮贮槽或槽车，以及常见的液氮冷阱及换热器等多层设备，如果在制造过程中不进行检漏，而在总装后进行检漏的话，一旦发现漏孔，则需将设备破坏才能修补漏孔，否则漏孔就无法修补。类似这样的多层真空设备，必须在制造过程中进行检漏。

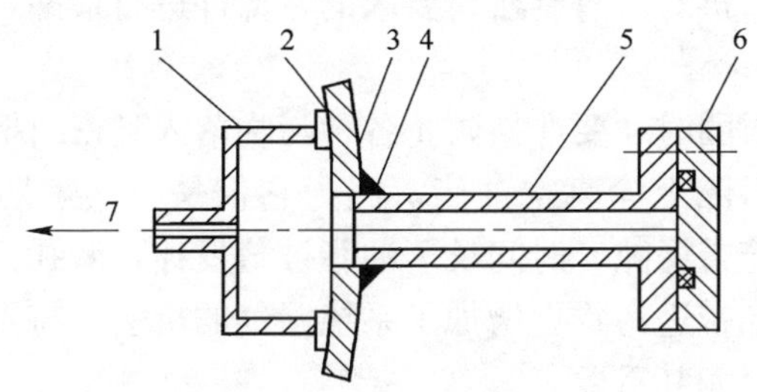

图 3-67　小型接管检漏示意图

1—钟罩；2—橡胶垫；3—容器壁；4—待检焊缝；5—接管；6—盲板；7—检漏系统

如图 3-68 所示的换热器，必须在制造过程中进行检漏。即在换热器的管束焊好后，对管的焊缝先进行检漏，否则总装后再对管束焊缝进行检漏时，即使检出管束焊缝有漏孔也无法进行修补。

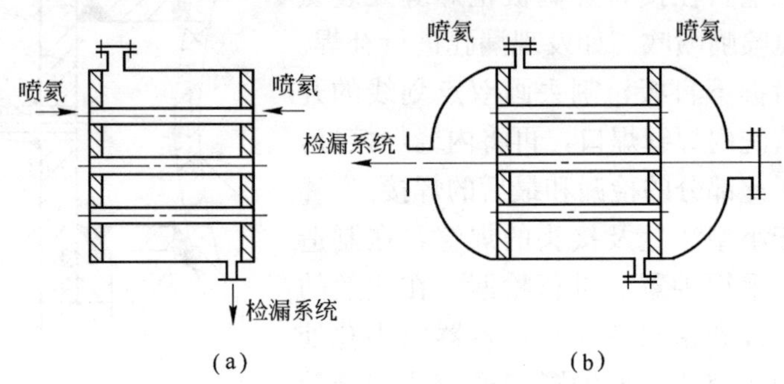

图 3-68　换热器制造过程中检漏示意图
(a) 管束焊缝检漏；(b) 总装检漏

3.8.6　总装检漏

总装检漏应在严格进行零部件检漏的基础上进行，是真空设备检漏的最后工序和整个检漏过程中最关键的一环。总装前，必须把所有的零部件都彻底地进行清洁处理，这不仅是真空环境的要求，同时也是检漏工序的需要，因为检漏的目的是让示漏气体顺利地通过漏孔，所以必须把堵塞漏孔的油垢、氧化物、杂质等污物清除掉。在此基础上先组装可以组装的部件，再对所有有密封要求的零部件进行检漏，合格后方可进行安装。

在安装密封圈时，要严格防止各种污物落入到密封槽内，更不要在密封槽内或密封圈上涂真空油脂，因为它仅是一种短期的辅助密封措施，只能暂时掩盖漏隙，时间长了油脂被蒸发掉，漏孔仍然存在，同时在涂油脂时，如带进污物更增加了系统漏气的机会，特别是对于超高真空设备，这一点尤其重要。

在密封圈的安装过程中，要注意使密封圈的整个圆周受力一致。

3.8.6.1　*检漏方法*

由于在总装前已对各零部件及容器焊缝进行过检漏。所以总装时仅对各零部件的活动连接处，如法兰、转动轴封等处进行检漏即可。

低真空大型容器的双密封法兰及复环密封轴封处，可用静态升压法检漏。其原理如图 3-69 所示，先用预抽真空泵 J_1 抽至高真空机组 GJ 能够启动的真空度，再启动真空机组 GJ，将小容积抽至高真空后，关闭阀门 V，并通过真空规 M 测出此时的真空度 p，记下相应的时间 t，每隔一定时间测一次真空度并记下相应的时间。在高真空范围内，取压力变化平缓的一段 $p_1 \to p_2$，相应的时间为 $t_1 \to t_2$。在时间 $t_2 - t_1 = \Delta t$ 内，压力增长 $p_2 - p_1 = \Delta p$，可得压升率 $\beta = \Delta p / \Delta t$，压升率在规定范围内认为是合格的。通常在检漏中用漏气量来表示密封程度，若以 V 表示小容积的话，漏气量 $Q = V\Delta p / \Delta t$，这里的 β 或 Q 应是放气量和漏气量的综合效果。

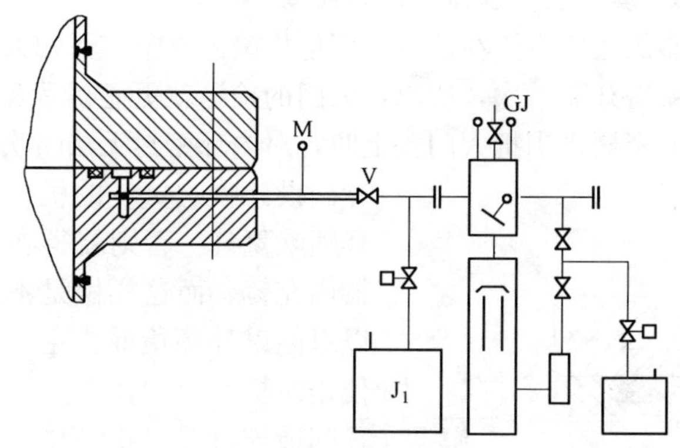

图 3-69　静态升压法检漏双环密封法兰原理图

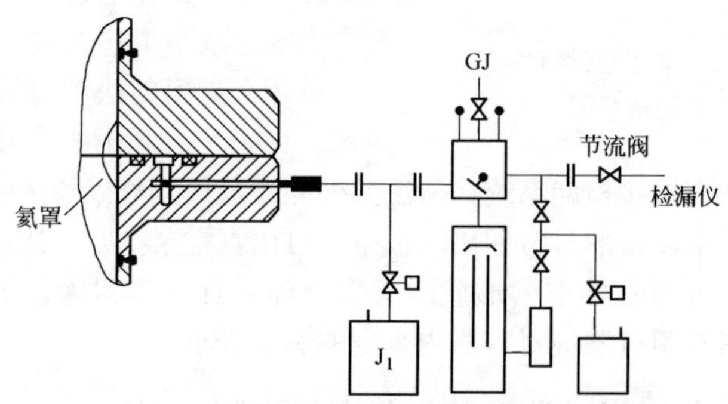

图 3-70　双环密封法兰检漏示意图

用静态升压法检漏，可对不同容积进行连续检漏，最后巡回观测各容积的压力随时间变化的情况，因此，对低真空容器能简便而迅速地进行漏气量的综合测定。但不能找出漏孔的位置。

高真空和超高真空大型真空容器的双环密封法兰的检漏，用氦罩法或氦喷吹法检漏，双环密封法兰的检漏如图 3-70 所示。

双环密封的外环，只是为检漏时在两环之间形成一个小空间而设置的，所以只对内环检漏。但是对于复环密封的轴封的内外环都要进行检漏。

单环密封小法兰及接头的检漏，用钟罩（盲板）堵塞容器内小法兰接口，连同小法兰所连接部分一起进行检漏，在单环密封处喷吹氦气。

3.8.6.2 真空室（容器）门的检漏

真空容器的大门应该在这一工序里检漏。真空容器的大门每完成一个工艺过程就得开关一次，所以，大门的检漏就更显得重要。对于双环密封圈密封的容器，当把大门关上时，对内环密封无法喷吹氦气，除非专门设计喷吹氦气的机构，才能对内环喷吹氦气。否则就得在整个真空容器内充氦，而这样做是不经济的，所以只能以外环检漏为主。通常在设备使用时抽空槽内用真空泵抽空，使双环间造成过渡真空环境，不但消除了有害空间对容器内真空环境的影响，同时外环密封即使有漏气对容器内的真空影响也减小了。

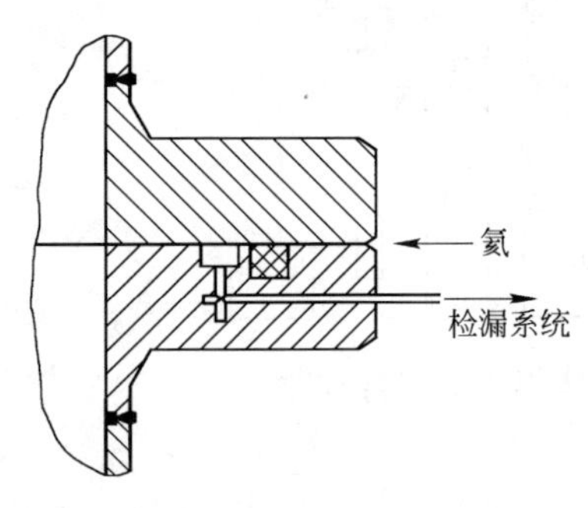

图 3-71 单环密封门法兰检漏示意图

单环密封门的法兰检漏如图 3-71 所示。在法兰上开出一个环形空间的抽空槽，抽空槽接检漏系统，从法兰外侧喷氦气就可以找出密封的漏孔位置。在真空设备的日常使用时抽空槽可用真空泵抽空，造成一个过渡真空环境，可消除抽空槽形成的有害空间对真空容器内部的影响，同时，即使密封圈有漏气对容器内真空的影响也小。

3.9 真空装置设计制造及运行中的检漏

对于真空容器，特别是大型真空容器来说，有时只靠总装时的一次检漏是不够的，只有从设计开始就考虑检漏才能取得好的效果。同时，检漏工作不是设备安装之后才开始的，而是从设计阶段就开始了。检漏工作不只是检漏人员的事，同时也是设计、制造及使用人员共同的工作。只有这些人员共同努力，协调工作，才能保证真空设备的可靠运行。

3.9.1 设计阶段的检漏问题

真空设备设计阶段应考虑的检漏问题主要包括下述内容：

（1）根据设备的工艺要求，合理地选择（规定）其最大允许漏率，根据这一总漏率确定各部件及零件的允许漏率。

（2）根据允许漏率及设备的制造加工工艺来制订零部件及设备总体检漏方案（仪器、方法）。

（3）如果选择打压试漏，在设计时需要考虑各部件的强度是否允许。

（4）设备的结构设计要合理，焊缝设计及焊接工艺要合理，以便于检漏。

3.9.2 制造加工过程中的检漏问题

3.9.2.1 焊接件

焊接件在加工过程中需要配合检漏，采用何种检漏方法应根据焊接质量和设备所允许的最大漏率来确定。

对于焊制零件是加工好后就检漏，还是组焊成部件或在总装以后再检漏，需视具体情况而定。但最好是每个零件先检漏好再组焊，因为有时组焊后再进行检漏不方便，或者无法检漏和补修。例如：冷阱、杜瓦的内胆。如果在总装后对冷阱内胆的焊缝进行检漏时，由于装配后焊缝不能暴露在外面，即使发现了漏孔也无法进行补焊，所以组焊前一定要检漏。否则将无法进行检漏和修补。又如某些大型容器在总装后的容积过大，使检漏灵敏度降得很低，检不出小漏孔，从而达不到检漏的要求。考虑到类似于这样的情况，所以应在零部件的加工过程中就对焊缝进行检漏。

已进行过检漏的零件在对焊缝进行切削加工后，还需再次进行检漏。补焊后的焊缝也需要重新进行检漏。

3.9.2.2 加工件

采用棒料及板材经切削加工制造的零件，一般不需要检漏（铸件或超高真空装置除外）。各种管材（特别是薄壁管材）经弯曲加工制成的零件，在弯曲加工过程中可能出现裂纹（特别是弯曲部位），必须进行检漏。

对表面和材料内部有缺陷（夹渣、气孔、裂纹）的金属材料，则必须进行检漏。

3.9.3 安装调试阶段的检漏

真空设备在安装调试过程中仍需要检漏，主要的检漏工作有：

(1) 已经过检漏的零件、部件受到冷热冲击或机械冲击（振动）后，在总装前需要再次进行检漏；

(2) 在真空系统的安装过程中，对经过再次加工的某些零件、部件要重新进行检漏；

(3) 在真空系统安装时，要根据安装顺序按步骤进行检漏。最好是在每装好一个部件后，便对该部件和连接处进行检漏，检漏合格后再安装下一个部件；

(4) 对在真空系统安装过程中经受过应力作用的某些零、部件要重新进行检漏。例如有些管道，在装配时受了较大的拉应力，或者重新弯曲过，都会造成焊缝和原材料的拉裂，必须重新检漏；

(5) 设备安装完毕后，首先应对密封圈、转动密封等各个可拆密封处进行检漏。随之再做静态升压漏率试验，测定总漏率是否满足设计要求；

(6) 对于需进行烘烤或加冷却剂的部件，必须经过冷、热冲击试验后再进行检漏。例如，冷阱、冷却障板等部件，在烘烤除气后，应立即注入冷却剂（液氮等），然后测量其漏率。在这些过程中，漏孔不一定是在最冷态或最热态出现，这一点应予以注意。

3.9.4 运行及维修时的检漏

一台真空设备在投入使用后或使用一个阶段后，还可能出现漏气现象。所以，在真空设备的使用过程中也应注意维护与检漏，真空设备在使用中要有详细的运转记录，以便查找漏气的原因。

(1) 一般来说，焊缝处不经大的撞击和激烈的温度变化不会出现漏隙，没有拆卸过的密封圈也不容易发生泄漏，比较容易出现泄漏的地方是真空容器门法兰的双环密封处和复环密封的轴封处等活动部位。

真空设备在使用中，有时需打开某些法兰进行清洗或放置实验件等。重装后，若发现漏气就需对密封处进行检漏。

(2) 容器使用数年之后，密封圈将发生老化现象。这时密封圈由于失去弹性而丧失密封能力，或出现裂纹甚至断裂现象而造成漏气。此时要及时更换密封圈，进行检漏。对更换的其他真空部件也要进行检漏。

(3) 经过运转的真空设备，如果发现真空度变坏，应考虑是否是由漏气造成的，此时可用静态升压试验来判断。

3.9.5 真空设备的检漏进行步骤

除特殊情况外，一般的检漏步骤如下：

(1) 查看图纸，了解设备对总漏量及分布漏量的要求；了解被检的零部件和整个设备的结构与材料；了解设备的加工工艺、加工水平及装配过程；了解设备的使用要求，并查明哪些地方需要检漏，什么地方有死空间等；查明有没有易漏的材料，如铸件、焊接管等；了解是否使用了容易出现漏孔的工艺（例如薄壁管材的熔化焊）等。

(2) 根据所提出的最大允许漏率以及是否需要找出漏孔的具体位置的要求，从经济、快速、可靠的原则出发，选择所用的检漏仪器与方法，再准备必要的辅助设备，例如质谱检漏的辅助真空系统、连接管道和法兰等，并拟定检漏程序。

(3) 对被检件进行清洁处理。去除焊渣、油垢、再根据需要进行必要的清洗。清洗后要将被检件烘干，对于要求较高的小型器件，在清洗后应放入真空烘箱内烘烤。

清洁处理的目的是为了使漏孔不被污物、油、有机溶液等堵塞，并使检漏仪器不致被沾污。

(4) 对所使用的检漏方法和检漏仪器进行检漏灵敏度校准，并确定检漏系统的反应时间。

(5) 使用真空检漏法时，为了提高仪器的检漏灵敏度，应尽可能将被检器件抽到较高的真空度（必要时进行烘烤除气处理）。例如，当采用氦质谱检漏仪进行检漏时，如果被检器件的出气量太大，为了维持检漏仪的工作真空度，节流阀就不能开大，否则会使大部分示漏气体被辅助真空泵抽走，降低检漏灵敏度。如果在检漏仪的冷阱中注入冷却剂，则可将可凝性的气体捕集，使情况大为改善。

(6) 由于氦质谱检漏法的设备和氦气都较为昂贵，在满足检漏要求的情况下，应尽可能采用其他较为经济的检漏方法。

(7) 当用氦质谱检漏仪检漏时，对那些检漏灵敏度要求不高或者有大漏孔的被检件，在检漏初期应尽量使用低浓度的氦气进行检漏，以节省氦气。

(8) 对已检出的大漏孔进行补修后，再进行小漏孔的检查。

(9) 检出的漏孔补漏后要经过复检。

3.10 真空容器检漏实例——真空热处理炉的检漏

3.10.1 漏气率

对于真空热处理炉的检漏，包括炉体和真空系统两部分。当炉体与真空系统装配好之后，无论其密封如何可靠，一般来说总是有漏气存在。真空炉的漏气率是指单位时间内通过诸漏孔进入炉中的气体流量，其单位是 Pa·L/s。

目前国内外对真空热处理炉的漏气率均采用压力增长率（压升率）来表示，一般定为 0.7Pa/h。只要小于或等于此数值，炉子的漏气率为合格。我们希望漏气率越小越好，因为它能够影响炉室的极限真空度，同时也会使被处理工件表面氧化，降低光亮度。下面对漏气率进行讨论分析。

在用真空泵对炉室内抽真空时，冷炉的极限真空度可用下式计算

$$p = \frac{1}{S_e}(Q_1 + Q_2) + p_0 \tag{3-91}$$

式中 p——冷炉的极限真空度，Pa；

S_e——真空泵对真空炉室的有效抽速，L/s；

Q_1——真空炉室的漏气率，Pa·L/s，它是一个已知给定参数。若已知炉室的压力增长率时，则 Q_1 等于压力增长率与真空炉室容积的乘积；

Q_2——真空炉室内的表面放气流量，Pa·L/s。它也是一个已知参数，可根据查手册计算得到；

p_0——真空泵的极限真空度，泵确定后它是一个常数。

当经过长时间抽空时，则炉室的表面放气量很小，此时 Q_2 可以忽略不计，则式（3-91）将成为下式

$$p = \frac{Q_1}{S_e} + p_0 \tag{3-92}$$

由式（3-92）讨论得：

（1）当炉室内没有漏气时，即 $Q_1=0$，则 $p=p_0$，就是说冷炉的极限真空度等于泵的极限真空度。实际上这种情况是不存在的，因为不管密封如何可靠，总是有漏气存在的。

（2）在漏气率 Q_1 一定的条件下，有效抽速 S_e 越大，则冷炉的极限真空度越高，即压力 p_0 越小。可见提高冷炉的极限真空度的有效方法是减小漏气率 Q_1 和增大泵的有效抽速 S_e。

（3）当炉室内的漏气率 Q_1 比较大，而泵的有效抽速 S_e 选得更大时，由式（3-92）可见，仍然可以得到较高的冷炉极限真空度。但是，这种热处理炉容易出现过堂风，使被处理工件表面氧化，亮度降低，生产的产品不合格。显而易见，冷炉极限真空度的高低，不能说明真空炉室漏气情况的好坏，只有根据漏气率才能真正判断真空炉室制造质量的好坏。

真空泵对炉室的有效抽速 S_e 可用下式计算

$$S_e = \frac{S \cdot C}{S + C} = \frac{C}{1 + \dfrac{C}{S}} = \frac{S}{1 + \dfrac{S}{C}} \quad \text{L/s} \tag{3-93}$$

式中 S——真空泵的名义抽速，L/s。泵选定后，S 为已知数；

C——炉室出口到真空泵入口之间管道的流导，L/s。在真空系统确定之后，管道的直径和长度已知，C 可通过流导公式计算出来。

由式（3-93）可见：$S_e<S$；$S_e<C$。若 $\dfrac{C}{S} \ll 1$ 时，则有 $S_e \approx C$；若 $\dfrac{S}{C} \ll 1$ 时，则有 $S_e \approx S$。

综上所述，漏气率是真空热处理炉的重要参数，如何保证漏气率合格，是真空炉制造质量的关键环节。

3.10.2 真空热处理炉的制造要求与调试

3.10.2.1 真空热处理炉的制造要求

在真空热处理炉的制造中有如下要求：

(1) 真空炉室部件和真空系统各部件的焊缝均要保证质量，经过严格检漏后不产生漏气和渗气现象，具有可靠的密封性能。

(2) 真空炉室部件和真空系统部件的连接法兰、密封胶圈、密封沟槽等，均应按国家标准尺寸精度和光洁度要求制造。为了防止焊接变形，法兰的精加工应在与接管焊接后进行，以保证密封面不变形，确保连接后密封的可靠。

(3) 真空炉的各个部件均要做漏气率检查，且应满足设计要求。

3.10.2.2 调试

当真空热处理炉室和真空系统各部件安装完成之后，首先要进行抽真空调试，检测真空炉的漏气率和抽气时间。在这两个指标合格后，测量出冷炉的极限真空度，作为以后每次工作的主要参数。此时才能对真空炉进行验收。

如果在抽空试验时，冷炉的极限真空度达不到设计要求，不一定是漏气率不合格，此时先要查找原因。对于一个较复杂的真空系统，要对影响系统极限真空度下降的因素逐个加以分析。通过对式（3-91）和式（3-92）进行分析可知，首先是如果漏气率 Q_1 增大，可使冷炉的极限真空度下降。其次是如果炉内表面的放气量 Q_2 增大（或炉内进入水及放气物质），也会使压力增大，极限真空度下降。第三是当真空泵的有效抽速 S_e 变小时，也会使冷炉的极限真空度下降。第四是如果真空泵的极限真空度下降，即 p_0 上升，也使冷炉的极限真空度下降。第五是如果测量仪表不准，也影响冷炉极限真空度的测量。

首先应当检查仪表是否经过校准合格，其次检查真空泵的极限真空度和抽速是否合格，例如，可以检查真空泵的油量是否够，冷却水管是否有堵塞现象等，另外还要检查炉室内是否有容易放气的材料。如果通过上述检查均未发现问题，而且又对炉室经过长时间的抽真空，即可设其表面放气量近似为零。此时冷炉的极限真空度达不到要求，则很可能是真空炉室的漏气率 Q_1 增大了，此时应该对真空系统进行全面检漏。

对真空系统的检漏一般可采用分区段进行漏气率的检查，每个封闭

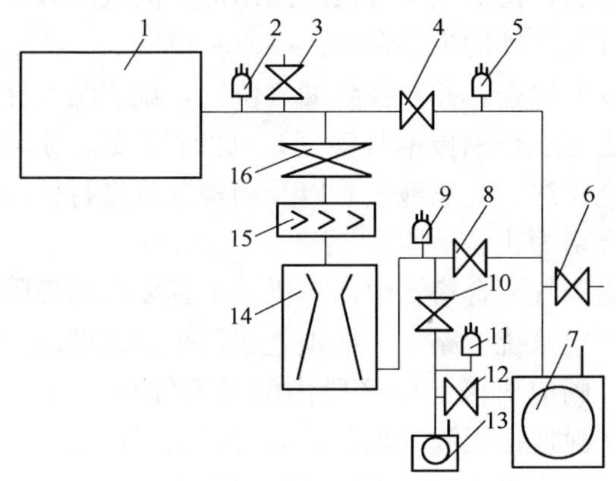

图 3-72 真空系统

1—真空热处理炉室；2，5，9，11—规管；3，6，12—放气阀；4—预真空阀；7—机械泵；8—前级阀；10—维持泵入口管道阀；13—维持机械泵；14—油增压泵；15—机械阱；16—高真空阀

区均要单独检查。以图 3-72 所示真空炉系统为例，对各封闭区检漏，首先检查炉室封闭区的漏气率。开动真空泵对炉室进行长时间抽空，这样表面放气近似为零。然后立即关闭阀 4 和阀 16，并记下此时炉室内的压力和时间，等待一段时间后，再记下压力和时间，将压力差用时间差除之，即可得到用压力增长率表征的漏气率值（压升率）。若此值超过规定值，则说明漏气孔就存在于炉室的这个封闭区间，再进一步查找漏气孔所在的确切位置。在这样大的空间里找漏孔比较困难，因此必须用分析方法检查漏孔。因为在制造过程中，真空炉的各部件均经过漏气率检查是合格的，因此只需检查装配时的那些连接处的动密封和静密封。第一应当先查找动密封胶圈是否损坏，是否压紧，动密封轴是否有纵向划痕线，动密封胶圈处是否有润滑油脂，动密封的结构是否合理等。检查方法是用真空封泥将动密封处封住，再测漏气率值。还可以将动密封拆开检查，重新装配完后检查漏气率。若这些动密封处均无问题，再进一步查找其他漏气隐患。第二应查找可拆卸静密封胶圈是否压紧，胶圈是否损坏，密封结构是否合理等。其检查方法与动密封的检查方法相同。第三是若静密封也无问题，则要继续查找薄弱环节处是否漏气，如观察孔和规管玻璃是否出现裂纹，可用目测即可。经过检查发现

漏孔，并给以解决，待漏气率合格后测出冷炉的极限真空度，作为以后真空炉工作应首先达到的主要参数。

如果经过以上检查，并没找到漏气位置，说明漏孔存在于炉室各部件的焊缝上（也可能是钢板本身渗气）。此时应重新对焊缝进行密封性能检查。可用充压法、肥皂泡法，以及用检漏仪进行检漏，直至找到漏孔，使漏气率合格为止。

假若炉室内漏气率合格，但冷炉仍达不到要求的极限真空度，则漏气一定出现在真空系统管路上。必须查找每个封闭区段的漏气率是否合格。若不合格，则应对该封闭区段内的可拆卸静密封连接进行漏气检查。如果这些密封连接无漏气现象，它说明漏气产生在管路部件的焊接处，用上述方法对焊缝找漏，直到找出漏孔为止。

如果经过检查和维修，真空炉的漏气率合格了，此时测量出冷炉的极限真空度，作为炉子工作的主要参数。

3.10.3 真空热处理炉使用中出现漏气的分析

虽然真空热处理炉在制造和调试中经过密封性能检查，其漏气率均已合格。但是，真空炉在工作中还会出现漏气现象，使冷炉的极限真空度下降。此时需要停工检查，既影响工作，又会造成经济损失。在查找漏孔部位时，可采用检漏仪等方法找漏，还可以通过分析法找漏。根据发生漏气故障的时间和条件，经过周密分析，有时能直接找到漏孔，又快又省。

真空热处理炉除了外部漏气之外，还存在内部漏气，下面对这两个问题分别介绍。

3.10.3.1 炉壳体外部漏气的分析检查

根据漏气发生的时间和条件，分几种情况进行分析找漏。

(1) 真空热处理炉在工作较长一段时间后，发现冷炉极限真空度逐渐下降，分析查找其原因。由式（3-92）可知，它有两种可能：其一是漏气率 Q_1 增大，另一个是真空泵的极限真空度下降。由漏气产生的条件可知，如果该系统原来经过检漏试验，且漏气率合格，而且在此期间真空炉没有经过检修。则可根据这两条初步判断出其焊缝不会出现漏气，各可拆卸密封连接处也不会漏气。通常，这种漏气发生在动密封连接处。由于工作一段时间后，动密封胶圈磨损，间隙增大，密封油脂失去作用，造成漏气率 Q_1 增大。此外可能是泵的有效抽速 S_e 减小了，泵的极限压力 p_0 增大，使冷炉的极限真空度下降。即真空炉经过一段时间的工作后，机械真空泵的动密封产生漏气，使其极限真空度降低。解决方法是检修真空泵的动密封胶圈，重新更换胶圈和放密封脂。对真空泵进行检修，恢复其抽气性能。

（2）如果真空热处理炉在前一个工作日工作正常，而在第二天抽空时发现达不到要求的极限真空度，查找原因。

根据此条件可分析，炉内真空度发生突变的因素可能有：1）如果是正处于夏天，在昨晚取工件筐打开炉门时，室内温度较高，湿度较大，而炉壳内继续通冷却水，使接触大气的内炉壁产生“出汗”现象，大量水滴凝结在内壁上，再次抽空时成为气源。2）向炉室内装料筐时，将有机物带入真空室内，成为放气源。3）真空泵的冷却水断流，或工作电压低，致使真空泵的功率下降。4）上个工作日工作到最后时，动密封胶圈断裂，但这种可能性很小。

（3）真空热处理炉在正常工作中，突然出现真空度快速下降，分析产生的原因可能如下：1）水冷电极短路，产生大电流，将电极密封胶圈烧坏漏气。2）蒸气流泵加热器的电热丝烧断，或冷却水断流。3）真空系统上的薄弱环节处的玻璃因温度等影响产生裂纹而漏气。

3.10.3.2 真空热处理炉内部漏气的分析

所谓内部漏气是指真空系统的阀门盖板密封胶圈产生漏气，使高真空泵起循环抽空作用，称为内部漏气。下面举例说明真空炉的内部漏气现象。假设有一台真空淬火炉，其真空系统如图 3-72 所示。油增压泵 14 为主泵，机械泵 7 为前级泵兼预抽泵。如果前一工作日真空热处理炉工作正常，但是今天工作时发现，用机械泵抽空时，同以前一样，可以抽到 1.33Pa 的真空度。但是当启动油增压泵抽空时，真空炉的真空度仍然停留在 1.33Pa，达不到冷炉要求的极限真空度 1.33×10^{-1} Pa，分析查找故障产生的原因。

首先是昨天真空炉工作正常，它说明所有的静密封不会出现漏气，出现漏气的部位只能是昨天工作的动密封处。第二如果用机械泵抽空时同正常工作一样，可达到 1.33Pa，它说明整个真空系统不存在外部漏气，这更缩小了漏气疑点。第三是用油增压泵抽空时，压力无变化，它说明两点：一是油增压泵没有工作；二是油增压泵工作了，但没有将气体排出去。首先应当检查油增压泵是否工作，因为昨天工作正常，所以油增压泵的装油量不会有问题，只有泵的加热器断了，或冷却水停止流动。如果经过检查均无问题，则说明油增压泵在正常工作。这样只能说明油增压泵工作了，但没能将气体排到大气中去。经过分析认定是图3-72中的预抽阀4的密封出了问题（如预抽阀的密封胶圈断了），这样油增压泵排出的气体，由预抽阀4又进入到油增压泵的入口端，形成气体循环，不能达到冷炉的极限真空度。这种漏气就是内部漏气。

还有一种情况，很像内部漏气，但实际上并不是内部漏气，而是故障。下面举例说明。

设有一个高真空退火炉系统，其真空系统与图3-72类似。只是主泵换成扩散泵。如果该真空炉的真空系统经过检修清洗，重新抽空调试。当用机械泵抽空时，同正常工作一样可达到真空度为1.33Pa，当用扩散泵抽真空时，真空度仍为1.33Pa。分析故障产生的原因。

当真空炉用机械真空泵抽空时，同正常工作一样，真空度达到1.33Pa，这说明该真空系统不存在外部漏气，而是属于故障或内部漏气。一是在真空系统上预抽阀4处漏气，产生气体循环。另一个是扩散泵没工作。此时可检查扩散泵装油量是否正常，加热器是否在工作，冷却水流动是否正常。如果上述正常，而且在装配系统时，预抽阀4胶圈良好。则可以断定，是在扩散泵重新装配时出了问题。可通过拆卸扩散泵进行检查。如果在装配泵时，喷嘴安装不正，间隙不均匀，使喷出的蒸气射流不能形成抽气能力，也可致使扩散泵不能正常工作。

通过以上论述可知，当真空系统出现故障时，不一定是漏气造成的。要依据事故发生的条件加以分析，做出正确的判断。确定是泵的故障还是炉体外部漏气或是内部漏气，然后给以恰当解决。

4 真空系统内残余气体的分析与测量

从高真空及超高真空的角度来看，真空系统内的残余气体是一个必须引起注意的问题。残余气体往往造成真空系统内部的表面污染，从而达不到真空工艺所要求的结果（例如，不能获得所需沉积的薄膜或者使放电及等离子体的状态发生变化）的重要原因。另外，对超高真空系统来说，残余气体的成分对系统的极限压力往往产生重要影响，如果抽气系统或抽气的工艺方法选择不当，会使真空系统达不到预期的本底压力。

在电真空器件中，残余气体是影响其工作性能及寿命的重要因素。在实际工作中，不但要降低电真空器件中残余气体的量（真空度），更要注意控制残余气体的质（气体成分）。因为电真空器件中残余的 O_2、CO_2、CO、H_2O 及碳氢化合物等有害气体，会引起电真空器件的阴极“中毒”、高压放电击穿等有害现象。残余气体 Ar 可能会使电真空器件内产生离子轰击现象，从而损坏器件的阴极或其他部件。残余气体的量多还会引起电子管的噪声增高。因此，对电真空器件内的残余气体进行分析测量，改进器件的排气手段和排气方式应该引起重视。

4.1 真空系统内残余气体的成分分析

4.1.1 概述

假如在一个没有空气泄（渗）漏，装置的器壁也不产生放气的理想的真空系统中，而且采用对任何气体都具有相同抽速的理想真空泵抽气时，则该系统内初始原有的气体成分就不会发生变化，仅仅是系统内的压力降低了。即对应时间 t 的压力 p（也可看成是各种成分的分压力）的变化为

$$p = p_0 \exp[-S/(V \cdot t)] \tag{4-1}$$

式中，p_0为初始压力；S为真空泵的抽速；V为真空系统的容积。在这种情况下，若系统中最初为空气，那么直到最终都会保持空气的成分。

但在实际应用中，真空系统除了最初所具有的气体外，还存在泄（渗）漏及系统内部放出的气体。若空气的泄漏量为Q_k，器壁等的放气量为Q_f，那么就会与式（4-1）不同，变为

$$p = p_0 \exp[-S/(V \cdot t)] + (Q_k + Q_f + \cdots)/S \tag{4-2}$$

当系统抽到极限真空时，系统的压力近似为

$$p = (Q_k + Q_f + \cdots)/S \tag{4-3}$$

即从外部泄漏进来的气体及真空容器中放出的气体与真空泵抽出的气体达到一种平衡状态。此时，容器里最初存在的气体已经被抽出，而残余气体的成分则成为系统内起支配作用的因素。

4.1.2 不同压力及抽气系统下的残余气体成分

真空系统中的残余气体成分是与真空系统的作业种类及工艺（如镀膜、金属熔炼等）和所用的抽气系统的类型有关，大致可分为以下几种情况：

4.1.2.1 机械真空泵及油扩散泵抽气系统

（1）在低真空下使用的真空装置中，残余气体主要为空气（O_2、N_2、…）；如果操作工艺中有化学反应，就要加上反应生成气体的成分；若是脱气熔炼装置，则要加上由熔炼金属放出的气体；如果是冷冻干燥装置还要加上水蒸气成分。

（2）在只用油封机械泵连续进行长时间抽气的真空装置中，当无泄漏时，残余气体中有：有机物及水蒸气。

（3）在用油扩散泵抽气的高真空装置中，残余气体中主要有：有机物和水蒸气。此时，若以性能良好的硅油作为工作液或在抽气系统中加入冷阱和挡板，则可大大降低残余气体中的有机碳氢化合物，但是加上挡板和冷阱使抽气系统的抽速下降。在机械泵与扩散泵当中窜入分子筛或活性氧化铝的吸附阱，可以显著地降低机械泵油蒸气对系统的影响。

另外，扩散泵抽气系统的正确操作也可以降低系统中的有机油蒸气的分压。

只要采用用油作为工作介质的真空泵抽气系统，残余气体中的油蒸气及各种有机物就较多。在不经加热烘烤除气处理的装置中，由于器壁

吸附的水蒸气的放出，残余气体中的主要成分多为水蒸气。

4.1.2.2 无油真空泵抽气系统

A 溅射离子泵抽气系统

使用溅射离子泵抽气系统，但不对真空系统进行特别的烘烤脱气处理时，则残余气体中水蒸气最多，另外还有 H_2、CH_4、CO（或 N_2）、CO_2 等；

使用溅射离子泵抽气系统，经加热烘烤脱气处理的超高真空装置中的残余气体主要有：H_2、CH_4、CO、CO_2，有时还含有 Ar、He。

溅射离子泵对活性气体（N_2、O_2、CO、CO_2）的排除主要靠溅射沉积于阳极筒内表面上钛薄膜的化学吸附作用。由于离子的溅射产额都很低（约为 1），因而钛薄膜表面的气体覆盖度比较大，致使它对活性气体的抽速远小于钛升华泵。

溅射离子泵对 H_2 的抽除：由于氢的质量小，氢离子轰击钛板的溅射产额很低（在 7keV 时只有 1%），因此溅射离子泵对氢气的排除机理与其他重气体不同。氢离子 H_2^+ 或 H^+ 打到钛板上与电子复合变成 H 原子，即 $H_2^+ + e \longrightarrow 2H$，然后扩散进入钛的晶格内，形成 TiH 固溶体而被排除。而常温下这种固溶体中的最大 H_2 浓度为 0.05%。当温度达到 250℃以上时，便又开始分解释放出 H_2 气。故钛大量吸氢气后，由于放热反应使钛板温度上升，达到 250℃以上时，就会重新释放出氢气并导致钛板晶格膨胀造成龟裂。

改善溅射离子泵对氢气的排除能力，应加大阴极钛板的散热能力（包括水冷）。此外，氢气扩散进入钛板前，必须先在钛表面上分解成原子态，然后再扩散进入钛晶格内，因此要求钛板表面比较清洁。如果表面吸附有其他杂质气体，将阻碍氢的吸附和离解过程，使氢向体内扩散的过程受阻，对氢的抽速下降。

增加氢原子在钛体内的扩散系数可以增大泵对氢的抽速。因此在泵的设计时，可选用晶格常数较大的 β-Ti 或具有较大晶格常数的钛合金来加强它的抽氢能力。

新鲜的钛薄膜对氢的抽速较大，因此可以利用氩或氮离子溅射产额较高的特点，引入与氢可比拟的数量的氩或氮气来溅射钛，使其沉积于阳极内表面上吸附氢，这是一种有效的排除氢的方法。

B 涡轮分子泵抽气系统

在以机械泵作为前级泵的涡轮分子泵抽气系统中，可以获得 10^{-8} Pa 的极限压力。由于分子泵对质量大的气体压缩比大，重分子气体在泵入口处形成的分压力很低，因此，分子泵的极限压力往往决定于最轻的气体 H_2 和 He，以及表面解吸放出的水蒸气。

由于分子泵工作时对重碳氢化合物的压缩比很大，因此，只要分子泵运转时油蒸气不裂解，低真空部分的轴承润滑或前级机械泵的油蒸气返流至高真空部分的量就很少，一般不会污染高真空部分，因而可以得到相对清洁的真空。但是，泵在停止运转时，油蒸气就会扩散迁移至高真空部分，因此采用低蒸气压的润滑油是十分必要的。此外，为了减少停泵时的返油，可从泵的入口端（有的从泵的中部）放入大气压力下的干燥氮气，以阻延油分子的反扩散迁移速率。

当分子泵经过 100～120℃烘烤后，残余气体的成分主要是 H_2。为了减少 H_2 和 He 的分压力，可以在前级泵的入口处注入 N_2 和 Ar，以大幅度降低 He 和 H_2 的反扩散。若辅以液氮冷却的钛升华泵将氢等气体收集走，则系统的极限压力可以降至 10^{-9} Pa。

C　分子筛吸附泵抽气系统

使用分子筛吸附泵抽气时，采用普通工艺进行抽气达到泵的平衡压力时，残余气体主要由惰性气体组成，其中 Ne 约占 65%、He 约占 8%、N_2 约占 10%、H_2O 约占 10%。

其原因为：分子筛晶体是离子型的，在晶格结点上交替地排列着正离子和负离子，正负粒子间以离子键作用连接（静电引力），例如 NaCl。因此，它对气体的吸附能力与气体分子的极性有关。例如对于极性强的水分子，它就具有较强的吸附能力，而对惰性气体的吸附能力就很弱。因此，对于混合气体，分子筛能先吸附某些气体，但分子筛在吸附了某些气体以后，对其他气体的吸附能力就大为减弱了。

D　无油真空泵组合抽气系统

以溅射离子泵、钛升华泵和吸附泵组合的超高真空系统，可以获得 10^{-10} Pa 的清洁真空，其主要残余气体成分是 H_2。但这种系统由于吸附泵的排气量有限，故不易用在容积过大和频繁启动的系统。

在以溅射离子泵或涡轮分子泵为主泵的真空系统中，残余气体谱中的氢气较多，因此配置一个善于吸收氢气的锆铝吸气剂泵往往能提高系统的极限真空度。在一些需要排除大量氢气的装置中，选用锆铝吸气泵是非常合适的。由于锆铝吸气泵对各种活性气体的吸气速率随着吸气剂吸气量的增加而降低，因此它的极限压力在相当程度上决定于锆铝吸气剂已吸收的气体量。在核聚变及高能加速器装置中，它还可以用作氘、氚气的回收泵。也可以在抽气系统中配备锆钒铁、锆石墨吸气剂泵，这些吸气剂泵可在室温下工作，高温下激活。

4.1.2.3 低温泵抽气系统

(1) 在带有吸附剂的二级制冷式低温泵抽气系统中，当二级冷头温度处于 10～23K 之间时，在极限真空下的主要残余气体成分是水蒸气、氢、氦、一氧化碳（或乙烷）以及二氧化碳等。

其中水汽出现的原因为：1）检测的质谱计本身未经彻底烘烤除气，工作时就会释放出水汽；2）系统没有或无法进行彻底的烘烤除气，因此不锈钢器壁要释放出水汽；3）在高温阴极作用下形成的氢和氧化合生成 H_2O。而 CO 和 CO_2的出现的原因是在质谱工作区内的 H_2O 在高温下分解成 H_2和 O_2，其中 O_2与容器壁或电极上的 C 反应而生成 CO 和 CO_2。因此，可以得出结论，用低温泵抽气的真空空间本身不会有大量的 H_2O 与 CO、CO_2，因为这些气体本身在一级冷屏上是完全可以被冷凝抽除的。它们的产生应归结于放气和高温工作源，因此，这些气体的出现，主要取决于工作室部分的组成部件和工作条件，而不是低温泵抽气系统所固有的。

(2) 在低温泵二级冷头的温度为 10～23K 之间时，用质谱计检测时发现，残余气体除氦、氢和水蒸气以外，其余成分的峰值变化不大，对泵的抽气性能影响不大，只要泵的二级冷阵温度维持在 20K 左右，即使二级冷头的温度稍有变化，其余残气成分也不会影响低温泵的正常工作。

(3) 二级冷阵温度的变化对氢、氦和水汽十分敏感，特别是对氦。在低温泵系统中，He 和 H_2是最难抽除的。当低温泵冷壁面温度降至 20K 时，除了 He、Ne 和 H_2以外，所有气体的饱和蒸气压都下降至 10^{-9} Pa 以下，所以如果想要抽除 He，二级冷头的温度必须降到 14K 以下，在此温度下 He 能被活性炭低温吸附。而对于 H_2，则必须下降至 3.0K 才能使它的蒸气压下降至 1×10^{-9} Pa，而且必须用 77K 的液 N_2 屏蔽以减少热辐射才能达到这个数量级。

若辅以溅射离子泵排除 He、Ne 和残存的 H_2，可以在 20K 冷头温

度下得到比 10^{-8}Pa 更低的压力。

国外的研究表明，冷凝混合气体或气体冷冻固化层可以有效地抽除氢和氦。Hunt 等人于 1963 年在 11K 铜板上分别沉积 Ar、N_2、O_2、H_2O、N_2O 和 CO_2 等气体的冷凝层，沉积厚度约 10～100 个单分子层，观察它们对 H_2 的抽速，结果发现 N_2O 和 CO_2 冷冻层的抽氢效果最佳。因此，预先在低温泵的冷面上沉积或混入较易冷凝沉积的气体，形成一个低温的多孔层，可以显著地降低 H_2 和 He 在低温泵系统中的分压力，尤其是 10～20K 的 CO_2 层对 H_2 有最大的吸附速率，用这种方法甚至可以获得 10^{-11}Pa 的真空度。

对超高真空系统来说，在通常情况下，只要气体不从真空装置外部泄漏进来，残余气体中的 O_2 含量是很少的。

4.2 残余气体在真空系统中的化学反应

4.2.1 残余气体在真空系统中的反应类型

在真空系统和器件中，有以下因素可以促使各种残余气体之间发生反应和相互转化。

(1) 残余气体中的某些活性气体分子在热表面上离解成原子态。原子态气体化学活性较高，它们或者与电极材料及其杂质、污染物直接发生反应，或者由于表面催化作用而与其他气体发生反应。

(2) 气体分子由于电子的碰撞而电离形成离子态。离子、电子在电场驱使下与各种表面（如电极、管壳、器壁、吸气剂等）相互作用并产生下列效应：引起俄歇（Auger）电子或二次电子发射；气体分子以离子、亚稳态粒子或中性粒子形式从表面反射；离子注入并被捕集于表面；被捕集的粒子自发再释放或受热再释放；表面溅射；电子或离子诱导脱附甚至解溶。

(3) 气体在各种材料表面（尤其是电极表面）吸附并发生金属的表面催化作用。

(4) 气体在吸气剂表面上的吸附和发生化学反应。

(5) 系统中零部件的热出气、冷吸气、热蒸发、热分解；光子、电子轰击使表面化合物和沉积的杂质分解及吸附分子离解等。

上述种种作用可以直接或间接地造成残余气体成分的变化，有的造成物质的迁移，作为一级近似，综合作用的结果服从化学平衡的基本规律。

4.2.2 残余气体在热表面上的反应

真空系统中的残余气体成分视系统的不同而有差异，在高真空环境下，最主要的气体成分有 H_2、H_2O、CO、CO_2、CH_4、He 等。H_2、H_2O、O_2和碳氢化合物等化学活性气体均可在热表面上离解，当温度在 1400～2000K 以上时的离解率很高。离解后的气体活性更强，可与其他气体或表面作用产生新的气体。因此，真空中的灼热表面（如灯丝或阴极）是引起真空系统中气体反应和转化的关键因素之一。

4.2.2.1 O_2的反应

虽然在真空系统的残余气体中的 O_2很少看到，但它是一系列反应中很重要的中介因素。

以真空装置中常用的高温钨灯丝为例，纯钨灯丝与 O_2反应可形成各种钨的氧化物，反应过程为：

$$W+O_2 \xrightarrow{>1400K} W_3O_9\text{（或 }W_2O_6\text{，}WO_3\text{，}WO_2\text{，}WO\text{）}$$

一般，温度较高时主要生成 WO_3，当温度更高时生成 WO_2，当温度高于 2600K 时还可以生成 WO。氧化钨蒸发并沉积在装置的器壁上、器件的管壳或其他电极上，钨继续与氧作用，使气相中的氧迅速减少。

金属中往往含有碳杂质。O_2与碳反应能生成 CO 和 CO_2，

$$2O_2+W+C \xrightarrow{\text{高温}} WO_3+CO$$

CO_2可能由 CO 的次级反应生成，其反应方式大致如下

$$2CO \xrightarrow{\text{高温}} CO_2+C$$

或

$$3CO+WO_3 \xrightarrow{\text{高温}} W+3CO_2$$

高温下的碳化钨丝与一个氧分子反应可生成两个一氧化碳分子，使系统总压力升高，其反应式为

$$2W_2C+O_2 \xrightarrow{\text{高温}} 4W+2CO$$

各种含碳的热金属（如 Mo、Ni、Re、Fe）都能发生由 O_2转化为

CO 的反应，产生的 CO、CO_2 量与金属中的碳含量有密切关系。如果金属长时间接触热氧而消耗了其中的碳，CO 的生成速率就会下降。例如，让钨灯丝在压力为 10^{-4}Pa 的氧气氛中加热到 2200K，10～60h 后，CO 的生成速率仅为初期生成速率的 20%～30%。若热金属表面的温度更高，则 O_2分子大量离解而生成原子氧（在 2000K 以上，离解度高达 99%）。原子氧十分活泼，即使与冷壁或电极上的碳或污物也能发生反应而生成 CO

$$O_2 \xrightarrow{>2000K} 2O$$

$$O + C \xrightarrow{\text{室温}} CO$$

4.2.2.2　H_2的反应

在温度高于 1000K 的表面上，H_2能够以较大的比例离解为原子态（见图 4-1）。其反应如下：

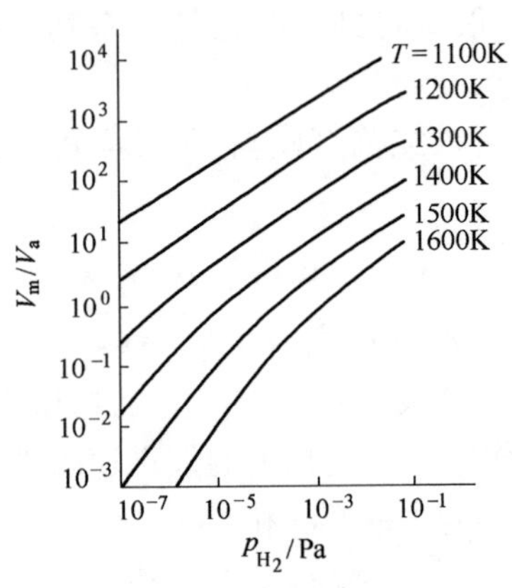

图 4-1　H_2碰撞于热钨灯丝表面时，分子态氢 V_m 与原子态氢 V_a 的数量比

$$H_2 \xrightarrow{>1000K} 2H \begin{cases} \nearrow H_2O(H_2O_2, CO, CO_2) \\ \searrow C_xH_y \end{cases}$$

原子态氢很活泼，能吸附于器壁并与壁上的杂质发生反应。若将 H_2 充入有高温钨灯丝的系统中，则 H_2O,H_2O_2，CO、CO_2、CH_4，C_2H_6 等的分压力就要上升。

当真空规的管壳、电极、热灯丝提供了氧和碳时，它们与原子态氢可能发生如下反应

$$2H + O \longrightarrow H_2O$$

$$4H_2O + W + C \xrightarrow{\text{高温}} CO + WO_3 + 8H$$

$$6H + CO \xrightarrow{\text{高温}} CH_4 + H_2O$$

H_2在高温灯丝上离解后反应生成多种气体的实测结果列于表 4-1 和表 4-2。表 4-1 表示反应生成物的产额与灯丝温度的关系，表 4-2 表示不同 H_2压力及不同的高温灯丝对杂质气体产生量的影响。

表 4-1 高温灯丝在 10^{-5}Pa 时，H_2 中离解反应的各种气体量

灯丝温度/K	相对离子流 $I^+/I^+(H_2)$ /%				
	CO_2	H_2O_2	CO	H_2O	CH_4
300		0.26	0.56	0.33	0.02
1010		0.25	0.65	0.28	0.01
1550		0.44	0.82	0.44	0.04
1840		0.78	3.10	0.95	0.46
1975		0.66	11.30	0.65	2.50
300	0.04		0.30	0.60	约 0.001
1427	0.03		0.30	0.70	约 0.001
2365	0.20		20.00	20.00	约 10.00

表 4-2 各种高温灯丝在不同 H_2 压力下产生的反应杂质气体

H_2压力/Pa	灯　丝	相对离子流 $I^+/I^+(H_2)$ /%			
		CO_2	CO	H_2O	CH_4
9×10^{-10}	敷 ThO_2钨丝，Ie=10mA	570.0	570.0	115.0	14.0
3×10^{-7}	敷 ThO_2钨丝，Ie=10mA	2.0	2.0	7.0	0.6
5×10^{-7}	敷 ThO_2钨丝，Ie=10mA	0.3	1.0	2.5	0.1
5×10^{-6}	敷 ThO_2钨丝，Ie=10mA	0.1	0.6	4.0	0.02
3×10^{-5}	敷 ThO_2钨丝，Ie=10mA	0.04	0.3	0.6	0.04
1×10^{-4}	钨丝，Ie=10mA	0.4	19.0	7.0	2.0
约 4×10^{-4}	关　闭	0.18	0.18		
4.3×10^{-4}	钨丝，Ie=0.5mA		3.2	0.4	1.8
4.9×10^{-4}	LaB_6，Ie=0.5mA		0.5	0.7	0.5
约 4.9×10^{-4}	关　闭		0.4	0.3	0.5

4.2.2.3 H_2O 的反应

H_2O 在高温表面上离解反应生成 H_2 和原子态氧

$$H_2O \xrightarrow{\text{高温}} H_2 + O$$

如果高温表面含碳杂质，则能生成 CO

$$H_2O + C \xrightarrow{\text{高温}} H_2 + CO$$

其中原子氧与金属作用形成金属氧化物。以钨为例

$$nH_2O + W \longrightarrow WO_n + 2nH$$

$$4H_2O + W + C \xrightarrow{<1950K} CO + WO_3 + 4H_2$$

$$5H_2O+W+C \xrightarrow{>1950K} CO+WO_4+5H_2$$

钨的氧化物比钨容易蒸发。氧化钨从热钨灯丝蒸发并凝结在常温的器壁或电极上，然后由被热灯丝所离解的原子氢所还原，再次生成 H_2O,这个过程就是著名的“朗缪尔循环”（又称“水蒸气循环”）

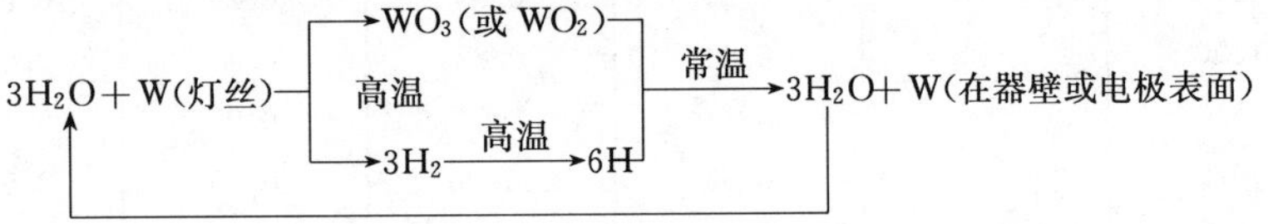

$$3H_2O+W(\text{灯丝}) \xrightarrow{\text{高温}} \begin{cases} WO_3(\text{或 } WO_2) \\ 3H_2 \xrightarrow{\text{高温}} 6H \end{cases} \xrightarrow{\text{常温}} 3H_2O+W(\text{在器壁或电极表面})$$

“朗缪尔循环”的唯一效果是使热钨丝上的钨迁移到常温器壁或电极上，从表面来看，好像是增加了钨的蒸发速率。

考虑到 H_2O 离解后氢、氧原子的一些次级过程，H_2O 反应的气体产物有：H_2、CH_4、CO、CO_2。

4.2.2.4　CO_2的反应

CO_2在高温灯丝的作用下，生成 CO 和氧。在钨、敷钍钨、敷钍铱灯丝上均可观察到这些变化

$$CO_2 \xrightarrow{\text{高温}} CO+O$$

4.2.2.5　CH_4（甲烷）的反应

CH_4在热表面上（例如热钨丝表面）受催化作用而离解，生成 H_2 并在表面上残留下碳。

$$CH_4 \underset{\text{较低温}}{\overset{\text{高温}}{\rightleftharpoons}} 2H_2+C$$

上述反应式是可逆的，而且所生成的 H_2分子碰到热表面时同样会热分解成原子态，即

$$H_2 \underset{\text{较低温}}{\overset{\text{高温}}{\rightleftharpoons}} 2H$$

反之，氢与碳反应又能重新结合生成 CH_4和各种碳氢化物（主要是非饱和的碳化氢）。实际研究工作表明，高温钨灯丝与 CH_4反应可以产生 C_2H_2、C_2H_6、C_3H_3等，其中以 C_2H_2的生成速率最大。

4.2.2.6　其他碳氢化合物的反应

其他碳氢化合物在热表面上的次级产物有氢、一氧化碳、二氧化碳和各种碳氢化物碎片。例如，苯是硅油 275（DC705）典型的裂解成分，与高温钨灯丝反应可释放出氢；碳氢化合物在热表面上与金属氧化

物反应能产生一氧化碳等，具体反应如下

$$C_6H_6+6W\xrightarrow{\text{高温}}3H_2+6WC$$

$$C_xH_y+M_iO_j\xrightarrow{\text{高温}}CO+H_2+W$$

由于上述各种气体之间彼此产生，相互转化，所以它们之间的化学平衡将根据不同的具体条件而互相制约和牵制，它们之间可有如图4-2所示的“循环平衡”成立，其中碳、氧是构成这个循环平衡的关键因素，但只是中介因素，在最后的气相中并不出现。循环平衡后，在气氛中所表露的成分为 CO、CO_2、CH_4、H_2O 和 H_2。

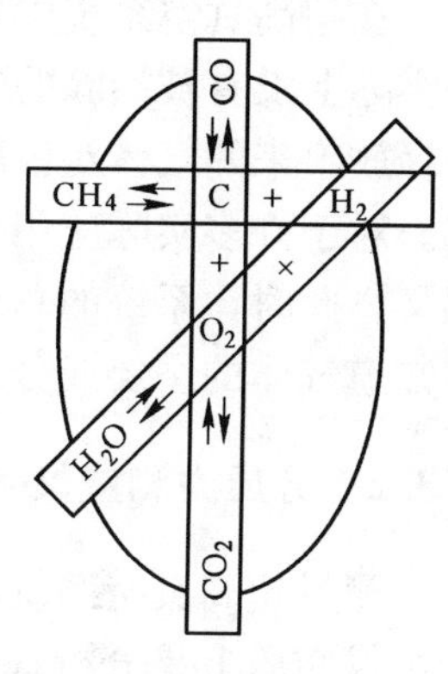

图 4-2 残余气体的循环平衡

4.3 真空系统残余气体的测量

4.3.1 分压力测量的意义

在真空系统内的残余气体，往往不是单一气体而是混合气体，在气体成分不明的情况下，超高真空计就无法确定其对应的压力。例如用电离规（以空气或氮校准）对混合气体测得的压力是混合气体的离子流总和所对应的等效氮压力（或干燥空气压力）。由于电离规对不同气体的灵敏度不相同，因而电离规对混合气体所测得的等效氮压力就不是混合气体的真实压力，有时甚至会有数量级的误差。此时，用分压力计测得的各分压力之和才是混合气体的真实总压力。

对于许多应用来说，用总压力规测得残余气体的等效氮压力的量级就已足够了。但若需要测量的压力达到电离规的精度，则规管应定期校准，必须知道它对不同气体的相对灵敏度，而且必须探明系统内残余气体的成分。

压力高于 10^{-5} Pa 时，特别当用扩散泵-机械泵机组抽气时，残余气体成分与抽气前大气的成分相似。在这样的压力范围内总压力值是有意义的，压力能够精确测量。当压力低于 10^{-5} Pa 时，情况就不再是这样的了。

在超高真空系统中使用的某些泵，在抽混合气体时，往往会留下某些实际上没有被抽除的气体。而且在压力低于 10^{-6} Pa 时，真空系统元件释放出来的气体对极限压力起了主要作用，这些气体的成分不同于大气。对于许多实际应用来说，了解系统残余气体的性质比它的压力更有意义。此时，系统的总压力不足以提供有意义的真空环境信息，通常需要知道气体的主要成分及其相对比例或它们的分压力。

4.3.2 分压力测量仪

测量超高真空系统的残余气体分压力需要用分压力测量仪。分压力测量仪实质上是分析真空系统内残余气体的质谱计，有时称为残余气体分析仪。它与普通质谱仪的区别在于灵敏度高，结构紧凑，分析气体的质量范围小。

真空质谱仪由离子源、分析器和离子探测器三部分所组成。在离子源内靠电子碰撞残余气体电离生成离子。离子被适当的电场引出后通过分析区域分类，然后收集并测量。通常使用单个收集极，分析器的电场或磁场以线性方式变化，扫描穿过分析器的气体质量范围，将收集极的输出绘制成质谱图。在这种方法中可以选择每一类离子校准收集极电流，以确定分压力。即特定气体的分压力即为其在质谱图上的基峰高乘以灵敏度。

分压力测量分析仪的性能取决于电离和离子引出效率、不同气体离子的分离程度和探测效率等。表征其性能的主要参量有：(1) 测量质量范围；(2) 质量分辨率；(3) 灵敏度；(4) 最小可检分压力；(5) 分压力灵敏度。

测量质量范围是分压力测量仪在不考虑分辨率或灵敏度下所能分析的质量数范围，这是真空规的绝对限制。通常以碳同位素 ^{12}C 原子质量的 1/12 作为原子质量单位，用符号 amu 表示，简写为 u，即 u=1.66 $\times10^{-24}$g。原子的质量数是以 g（克）为单位表示的原子质量除以原子质量单位所得的商，常用符号 M 表示，它在数值上等于原子量的整数值。

质量分辨率并不直接定义为分离质谱图上相邻质量峰的能力，而表示成 $M/\Delta M$，这里 ΔM 是可分辨两峰之间的最小质量数差。质量峰在大多数情况下近似于钟形。因此分辨率随质量数而变并与相对峰高对应

的峰宽 ΔM 有关。若取 $\Delta M=1$，则当两个质量峰 M 和 $M+1$ 可分辨时便可说成是单位质量分辨率。

质谱仪的灵敏度定义为离子源内输出离子流与气压之比。一般情况下，灵敏度还是电离电子流的函数。由于电离效率不同，灵敏度会随质谱图中的质量峰而变，因而灵敏度必须注明是对什么气体而言的。通常质谱仪的灵敏度是对氮气（或氩气）测定的。与电离计相比，质谱仪的灵敏度较低，采用电子倍增器可以提高其灵敏度。

最小可探测电流说明了最小可检测的分压力 p_{min}。分压力灵敏度定义为 p_{min} 与总压力之比。

有了参量定义后，则应考虑超高真空对分压力测量仪设计制造和使用方面的要求。和使用电离计一样，质谱仪不应是出气源或抽气泵。因而分压力测量仪应至少允许烘烤到 200℃。若烘烤除气时必须搬移电子设备或磁铁，则移动和复位后应不需要重新校准。分压力测量仪在工作时出气率应最小，测量仪内部零件的表面积应尽可能小，应该选用与超高真空技术相容的材料制成，外壳应该用气体渗透率可忽略的材料制成。电子发射源的温度应该很低，防止过分的抽气作用和对其他零件的辐射加热作用。对于大多数应用来说，测量仪用来检测抽气期间系统内气体成分的变化，因而应当快速扫描，质量范围大多要求处在 1～50amu 的范围内。

质谱仪大致可分成两类，即静态质谱计和动态质谱计。前者离子靠磁场或磁场与静电场适当组合来分离，分离过程中场强不变，这类质谱计包括磁扇形和静电扇形仪器、摆线质谱计等。后者离子靠从属于系统参量的时间分离，分离过程中场强随时间而变。这类质谱计包括射频质谱计、飞时仪器、四极质谱计和回旋质谱计等。

4.3.3 四极质谱计残余气体分析测量技术

进行高真空系统的残余气体分析对提高高真空、超高真空器件及电真空器件的性能、质量和寿命具有重要的作用。电真空器件内的真空度具有准静态的特点。器件内残余气体的种类及其分压力无论在使用还是在储运过程中都是经常变化的，并且对器件的性能和寿命影响极大。残余气体质差量高往往是器件性能低劣，早期失效的主要原因之一。采用四极质谱残余气体分析技术将有助于分析各种残气成分对器件性能和寿命的影响，有助于查明器件内存在的放气源，以便判断生产工艺是否科学合理。四极质谱计已成为高可靠、高稳定、长寿命的电真空器件所必备的诊断仪器。

四极质谱定性分析是定量分析的基础。绝对灵敏度常数法和相对灵敏度常数法可以通过四极质谱计的灵敏度定义相互联系起来。以相对灵敏度常数法为基础，将四极质谱计与电离真空计结合起来，进行分压力和总压力测定可以达到很高的灵敏度，并具有很好的重复性。

4.3.3.1　高真空系统残气的定性分析

高真空系统残余气体的定性分析就是通过识别该系统残余气体的质谱图来确定其残气成分，这是进行残气定量分析的基础。

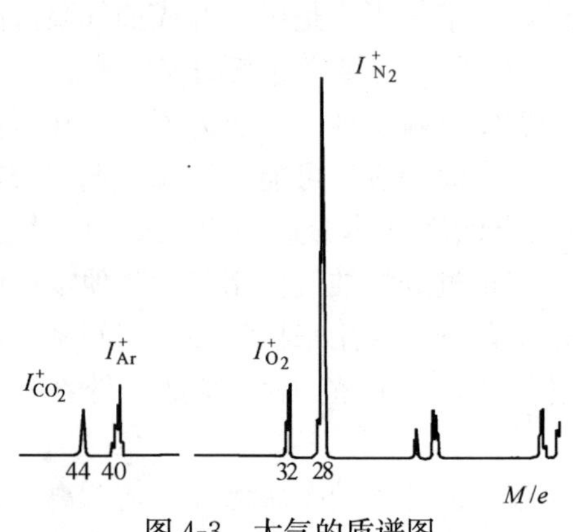

图 4-3　大气的质谱图

在如图 4-3 所示的质谱图中，代表一种气体的谱峰即为“特征峰”，对任意气体 j，用符号 I_j 表示，如图中的 I_{N_2}、I_{O_2}、I_{Ar}、…，即为“特征峰”，据此，判定被分析样品中含有 N_2、O_2、Ar、CO 等气体，即气体的定性分析。

气体在四极质谱计分析器内所发生的物理化学过程清楚地表明：将任何一种单纯气体送入任意型号的四极质谱计中进行质量扫描，得到的谱图中除了出现一个较大的峰（主峰）之外，还包含一系列较小的峰（副峰），而且各个峰的位置所代表的质量数（amu 或 M/e）和各个峰的相对高度所代表的离子流强度都是确定的。如果是混合气体，则质量扫描的结果一般都是其中各个成分的质谱图的叠加。

在实际的质谱图中，各种气体成分的质谱主峰、副峰相互重叠，处于同一质量数处的谱峰实际上有可能包含有多种气体成分的峰值贡献。即质谱图上任何一个离子流峰值并不一定是单一气体的表征，也可能是多种气体电离、离解后的主峰和一系列副峰离子流强度的叠加。要从复杂的质谱图中判定各种气体成分的种类，首先应用各种单纯气体的质谱图——离子谱来进行质量定标。

离子谱就是将各种单纯气体质谱图中各个谱峰所在位置对应的质量数（amu 或 M/e）及其相对于主谱高度的百分数（%）做成的表格，其中的峰相对高度百分数亦称为离子谱图形系数 B_{ij}，这里 i 表示质量数，j 表示气体种类。虽然离子谱数据直接与质谱计的种类及其工作参数相关，不能随意套用，但仍然可以作为参考，帮助我们进行质谱图的质量定标和谱图识别。

精确地判断出质谱峰所对应的质量数（amu 或 M/e）是识别谱图进行定性分析的先决条件。可以根据经验确定若干个参考点，并借助于离子谱数据来对质谱图进行质量定标，以确定各个谱峰所对应的质量数。还可以通过送样定标来判断出未知峰的重合峰及邻近峰的质量数。知道了不同质量数的谱峰所代表的离子组成，再结合整个谱图所提供的信息来分析该类离子的来源，最终就可以确定该高真空系统中残余气体的成分。

综上所述，高真空系统残气定性分析的过程如下：(1) 对系统在整个质量数范围内扫全谱；(2) 根据常见气体离子谱进行质量定标；(3) 分辨每个谱峰所代表的碎片离子；(4) 确定系统中残余气体的组成；(5) 如有可能，则进一步分析系统中残余气体各组分之间所发生的物理化学变化。

4.3.3.2 高真空系统残余气体的定量分析

四极质谱计绝对灵敏度 S_j 的定义为：在发射电流 I_e 一定的情况下，收集极收集到的离子流 I_j 同输入离子源的相应气体 j 的分压力 P_j 的比值。实际上大多数气体在四极质谱计的整个质量数 m 范围内往往有两个或多个离子流峰 I_{ij}，即当 I_e 一定时

$$S_j = I_j/I_e p_j = \left(\sum_{i=1}^{m} I_{ij}\right)/ p_j = \sum_{i=1}^{m} I_{ij}/p_j = \sum_{i=1}^{m} S_{ij} \tag{4-4}$$

其中质量数 $i=1, 2, \cdots, m$；$S_{ij}=I_{ij}/p_j$ 为第 j 种气体对应于质量数 i 处的绝对灵敏度。可以运用定压法原理通过实验校准测得常见气体的 S_{ij}。但工作量很大，而且由于众多因素的影响，在测量中可引起显著的系统误差。

在残余气体的质谱图定性分析中，不能从“特征峰”的高度对各组分气体的量做出判断，是因为各“特征峰”与它们的气体量之间不呈线性关系，这就是用质谱图方法进行定量分析的困难所在。这种非线性效

应是由整个质谱分析系统（样品气体进气阀、质谱计、主抽真空泵等）固有特征的机理所决定的，它体现在对宏观量相等而不同种类的混合气体，分析所得到的“特征峰”峰高值不等这一事实上，比如对等量的 N_2、H_2混合气体，其气体量比例为 $G_{N_2}:G_{H_2}=1:1$，而质谱分析所得的特征峰比例为

$$I_{N_2}:I_{H_2}=1:1.464 \tag{4-5}$$

从式（4-5）可得

$$\alpha_{H_2}=\frac{I_{H_2}}{I_{N_2}}=\frac{1.464}{1}=1.464$$

对任意一种气体 j 有

$$\alpha_j=\frac{I_j}{I_{N_2}} \tag{4-6}$$

上式中的 α_j 为相对灵敏度系数，具体的 α 值，是分析系统固有特征对不同种类气体的数字表征，所说的固有特性具体为：进样针阀处小孔流导对不同种类气体、不同流动状态气体的歧视效应差异（用 c 表示）、离子源对不同种类气体的电离几率差异（用 δ 表示）、质谱计分析器对不同质荷比离子流的歧视效应差异（用 γ 表示），主抽真空泵对不同种类气体的抽速差异（用 S_e表示），以及质谱机理造成的其他差异等等。

$$\alpha=f(c,\delta,\gamma,S_e,\cdots) \tag{4-7}$$

由此可见，α 是各差异的宏观总效果。

显然，如用 $\alpha_{H_2}=1.464$（$\alpha_{N_2}=1$）对式（4-5）进行修正得

$$\frac{I_{N_2}}{\alpha_{N_2}}:\frac{I_{H_2}}{\alpha_{H_2}}=\frac{1}{1}:\frac{1.464}{1.464}=1:1=G_{N_2}:G_{H_2} \tag{4-8}$$

可见特征峰经 α 修正后的“等效 N_2峰”与气体量呈线性，对任意气体 j，“等效 N_2峰”用符号 I_{jN_2} 表示，$I_{jN_2}=I_j/\alpha_j$ 。将式（4-8）推广到一般情况则有

$$\frac{I_1}{\alpha_1}:\frac{I_2}{\alpha_2}:\frac{I_3}{\alpha_3}:\cdots:\frac{I_j}{\alpha_j}:\cdots=G_1:G_2:G_3:\cdots:G_n:\cdots \tag{4-9}$$

式（4-9）表明只有各气体特征峰的“等效 N_2峰”才是气体量的表征，这正是残余气体定量解析的本质所在。

根据式（4-6），设四极质谱计相对灵敏度 α_j 的定义为：在确定的质谱分析系统工作状态下，分析一定量的任意气体 j 和与之等量的氮气时，这两种气体的特征峰高 I_j 和 I_{N_2} 之比为

$$\alpha_j = S_j/S_{N_2} \xlongequal{p_j = p_{N_2}} I_j/I_{N_2} \tag{4-10}$$

对确定的质谱计和特定的工作条件来说，同一种气体的碎片峰（副峰）离子流强度 I_{ij} 与特征峰（主峰）离子流强度 I_j 的比值总是一定的。将这一比值定义为离子谱图形系数 B_{ij}，即

$$B_{ij} = I_{ij}/I_j = S_{ij}/S_j \tag{4-11}$$

所以有

$$S_{ij} = B_{ij}S_j = B_{ij} \cdot \alpha_j S_{N_2} \tag{4-12}$$

另外，气体 j 的特征峰离子流强度 I_j 可以通过相对灵敏度的定义式（4-10）很方便地转换成等量氮气的特征峰离子流强度 I_{jN_2}。实际上，只有各组分气体特征峰的等效氮峰的离子流强度才是各组分气体量的表征，并直接与其所代表的气体分压力 p_j 成线性关系，即

$$I_{jN_2} = I_j/\alpha_j = I_j/(S_j/S_{N_2}) = S_{N_2}(I_j/S_j) = S_{N_2}p_j \tag{4-13}$$

显然，在同一质量数 i 下，离子流峰值 I_i 并不一定是单一气体的表征，很可能是多种气体电离后的离子流峰值的叠加，即

$$I_j = \sum_{j=1}^{n} I_{ij} = \sum_{j=1}^{n} S_{ij}p_j = \sum_{j=1}^{n} B_{ij} \cdot \alpha_j S_{N_2} p_j = \sum_{j=1}^{n} B_{ij}\alpha_j I_{jN_2} \tag{4-14}$$

其中，$i=1$，2，…，m；而且 $m \geqslant n$，故该线性方程组始终有解。

四极质谱定量分析法的绝对灵敏度常数法，是为用事先校准的四极质谱计对各种常见气体的绝对灵敏度常数 S_j 或 S_{ij} 代入到式（4-14）中进行质谱数据处理，最终可得到系统中各残气成分的分压力 p_j。

相对灵敏度常数法是将第 j 种气体在质量数 j 处的离子谱图形系数 B_{ij}，该种气体的相对灵敏度 α_j 以及 N_2 的绝对灵敏度 S_{N_2} 代入到式（4-14）中进行质谱数据处理，最终也能得到系统中各残气成分的分压力 P_j。这种相对灵敏度常数法只需校准质谱计对 N_2 的绝对灵敏度 S_{N_2}，因而极大地减小了在绝对灵敏度常数法中存在的系统误差。

在确定的质谱分析系统工作状态下，相对灵敏度 α_j 是该分析系统固有特征对不同种类气体的数字表征。只要在分析过程中保持分析系统有

关参数的恒定，就能最大限度地降低校准 α_j 值的系统误差，且使 α_j 值在分析过程中保持稳定，而这在绝对灵敏度常数法中很难办到。

4.3.3.3 相关定量系数的测定

A 相对灵敏度系数 α 值的测定

α 值在数值上等于在确定的质谱分析系统工作状态下，分析一定量的任意气体 j 和与之等量的 N_2 气所组成的混合气体时，所得到的该两种气体的“特征峰”峰高（单位为 mm）之比

$$\alpha_j = \frac{I_j}{I_{N_2}} \tag{4-15}$$

测定时先在配气台上，配制体积一定为 V，已知压力为 p（由配气台上的压力计测得）的单质气体，封离后，再先后一组一组地接到质谱分析系统的进样端（比如，N_2-O_2；N_2-Ar…）进行分析，然后按公式（4-15）求出 α 值。

由于实际上配得的气体不一定严格相等，所以

$$\alpha_j = \frac{I_j}{I_{N_2}} \cdot \frac{1}{M}, M = \frac{G_j}{G_{N_2}} \tag{4-16}$$

B 离子谱图形系数 B 值的测定

对任意气体 j，B 值为

$$B_j = \frac{I_{j \cdot m}}{I_j} \tag{4-17}$$

式中，$I_{j \cdot m}$ 为气体 j 的“特征峰” I_j 之“伴随峰”，m 表示“伴随峰”所对应的质荷比。比如 N_2 气的“特征峰” I_{N_2} 之“伴随峰”为 $I_{N_2 \cdot 14}$。

对于“特征峰”很明显的气体质谱图，可以直接度量。有些“特征峰”则因质荷比相同而互相重叠而形成“混合峰”——用符号 $I_{m/e}$ 表示，m/e 为“混合峰”所对应的质荷比，比如 N_2、CO 构成“混合峰”

$$I_{28} = I_{N_2} + I_{CO} \tag{4-18}$$

在分析中，借助于图形系数 B 值将“混合峰”中的“特征峰”逐个区分开来。例如，在式（4-18）中

因为 $$I_{N_2} = \frac{I_{N_2 . 14}}{B_{N_2}}$$

所以 $$I_{CO} = I_{28} - \frac{I_{N_2 . 14}}{B_{N_2}} \text{ 或 } I_{CO} = \frac{I_{CO . 12}}{B_{CO}}$$

4.3.3.4 实用四极质谱计残余气体定量分析方法

相对灵敏度常数定量分析法的系统误差只来源于质谱计质量分析器的质量歧视效应的不稳定性。实验证明，保证该效应的一致性，就能保证质谱计的实际分辨能力，即恒峰宽的一致性，从而保证相对灵敏度α_j值稳定可靠，最大限度地减小相对灵敏度常数定量分析法的系统误差。但采用即时标定系统误差标定系数（聚焦系数）的方法来控制质量歧视效应的波动并不总是有效的。事实上四极质谱计的灵敏度，无论是绝对灵敏度还是相对灵敏度都是经常在变动的，从而影响了用上述方法所测得的分压力的准确性。

实用的四极质谱计残余气体定量分析方法以相对灵敏度常数定量分析法为基础，通过四极质谱计来修正电离真空计因气体组分不同所造成的灵敏度误差，再利用电离真空计来修正四极质谱计灵敏度的变化，这样有效地利用两者之间的优点，相互弥补两者的不足，从而能够稳定地高灵敏度地测定高真空系统残余气体的总压力和分压力。

只要确定了离子谱图形系数B_{ij}和相对灵敏度α_j，解线性方程组(4-14)，就可以求出各组分气体特征峰的等效N_2峰离子流强度I_{jN_2}，进而可以求出各组分气体特征峰的等效N_2峰离子流强度之和$\sum_{j=1}^{n} I_{jN_2}$。又由式（4-13）可知

$$\sum_{j=1}^{n} I_{jN_2} = S_{N_2}\sum_{j=1}^{n} p_j \tag{4-19}$$

故由式（4-13）、式（4-19）可知，不用求出各组分气体的分压力p_j就能计算出残气中各组分气体的百分比组成浓度

$$C_j = p_j/\sum_{j=1}^{n} p_j = \left(I_{jN_2}/\sum_{j=1}^{n} I_{jN_2}\right)\times 100\% \tag{4-20}$$

利用C_j和电离真空计对各组分气体的相对灵敏度K_j来校准电离真空计对N_2的相对灵敏度K，即

$$K = \sum_{j=1}^{n} C_jK_j = \sum_{j=1}^{n}\left[\left(I_{jN_2}/\sum_{j=1}^{n} I_{jN_2}\right)K_j\right] \tag{4-21}$$

再由电离真空计的表头指示值p求得系统的真实总压力$\sum_{j=1}^{n} p_j$，即

$$\sum_{j=1}^{n} p_j = p/K = p/\sum_{j=1}^{n}\left[\left(I_{jN_2}/\sum_{j=1}^{n} I_{jN_2}\right)K_j\right] \tag{4-22}$$

则系统中残气各组分气体的分压力为

$$p_j = C_j \cdot \sum_{j=1}^{n} p_j = \left(I_{jN_2}/\sum_{j=1}^{n} I_{jN_2}\right)p/\sum_{j=1}^{n}\left[\left(I_{jN_2}/\sum_{j=1}^{n} I_{jN_2}\right)K_j\right] \tag{4-23}$$

综上所述，实用的四极质谱计相对灵敏度常数法定量分析要点如下：

（1）由式（4-10）确定相对灵敏度 α_j；

（2）由式（4-11）确定离子谱图形系数 B_{ij}；

（3）解线性方程组式（4-14），确定残余气体中各组分气体特征峰的等效 N_2峰的离子流强度 I_{jN_2}，并求其和为 $\sum_{j=1}^{n} I_{jN_2}$；

（4）根据式（4-20）对各等效 N_2峰的离子流强度 I_{jN_2} 进行定量分配，求出残余气体中各组分气体的百分比组成浓度 C_j；

（5）由式（4-21）求出电离真空计对 N_2的相对灵敏度 K；

（6）由此根据式（4-22）求出系统的真实总压力 $\sum_{j=1}^{n} p_j$；

（7）最终由式（4-23）求出准确的系统残余气体中各组分的分压力 p_j。

上述实用定量分析方案的实施，必须将四极质谱计与微型计算机联用，并建立一套测定 B_{ij} 和 α_j 的分析系统和取样装置，以便于对各类样品进行直接分析。利用微型计算机将四极质谱计与电离真空计有机地结合起来，进行分压力和总压力的测量，就能够最大限度地发挥两类仪器各自优势，顺利地实现上述方案。

实验证明，相对灵敏度常数法在实用中具有更大的优越性。以相对灵敏度常数法为基础，将四极质谱计与电离真空计结合起来进行分压力和总压力测定的实用方案不仅具有很高的灵敏度，而且由于既克服了电离真空计因气体成分不同而改变指示值的缺点，又弥补了四极质谱计灵敏度可能因质量歧视效应波动而改变的缺陷，能保证得到很好的重复性。该方案不仅能够满足高真空系统残余气体分压力定量测定的需要，而且与微型计算机结合，则能够进行系统的动态质谱分析和监测及真空系统的自动监控。

4.4 降低真空系统残余气体分压力的抽气方法

4.4.1 溅射离子泵抽气系统

4.4.1.1 惰性气体的抽除

A Ar 循环不稳定现象

普通的溅射离子泵为最简单的二极型结构（阴阳极结构），二极型泵制造工艺简单，磁铁的磁隙小，但泵要求的启动压力低。如果泵不要求在较高压力下启动，而且对抽惰性气体没有特殊要求，选用二极型泵较好。简单二极式溅射离子泵的最大缺点是 S_{Ar}/S_{N_2} 只有1%，这使得它难以应用到排除惰性气体的真空系统中；其次是它的工作稳定性较差。二极型泵在经过长时间抽气后，会出现 Ar 循环不稳定现象。即溅射离子泵在抽除氩、氪和氙等惰性气体时，经常会出现真空系统内的压力突然脉冲式地上升，然后又下降，压力幅度为 10^{-2} Pa 数量级。图 4-4 示出了二极型溅射离子泵在 10^{-3} Pa 的空气压力下进行数百小时或在 10^{-4} Pa 下数千小时的排气后所出现的氩不稳定性。对于经常暴露大气的系统很容易观察到此现象。

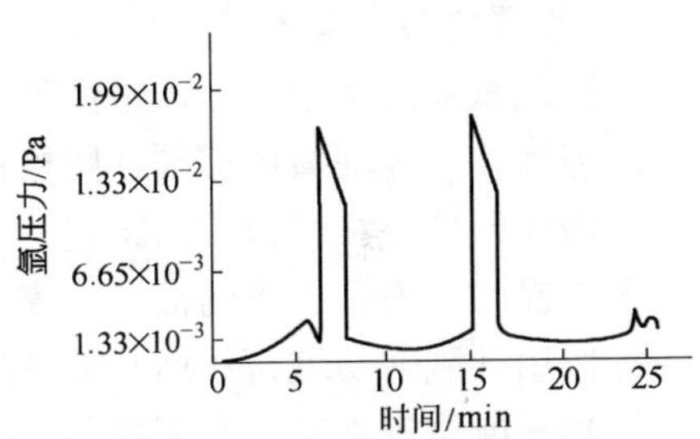

图 4-4 氩压力的不稳定性

产生这种现象的原因是由于溅射离子泵系统经长时间抽气后，泵内的压力降低，使气体放电模式变化，离子轰击阴极表面不再集中于中心部位，而放电开始向周围阳极边缘所对的阴极环形部分（β 区）扩展，在正离子轰击下引起溅射和氩气释放（也会引起化合物分解）导致埋藏在这些地方的氩大量释放，反过来又增加更大的离子轰击，故氩压力急剧上升，因而压力升高，但随后放电又向阴极中央集中，边缘重又抽除氩气，压力降低。到全部放出后，又恢复以清除为主的过程，氩气压力迅速下降。这种氩气的脉冲式放出，也可以由于压力、阳极电压等的变化而爆发。此外，当温度升至 300℃ 以上时，被排除的氩气也开始释出。

对于氦气，初始抽速比较大，因为所有放电产生的氦离子几乎都打入钛阴极表面内。但随着表面上氦浓度的增加，被溅射放出的数量增加，故抽速衰减。如果温度升高至250℃，氦也大量释出。

Ar不稳定性主要是由泵阴极的功能引起的：因为二级泵的阴极一方面作为溅射源，另一方面又作为Ar的收集极，所以出现周期性释放被掩埋在阴极β区内的气体。

B 增强惰性气体抽除措施

二极式溅射离子泵对氩及惰性气体抽速小和不稳定，主要是由于钛溅射区与惰性气体埋藏区都同在阴极板上，没有明显地分开，因而前面被埋的惰性气体往往就被后面跟进的离子重新轰出来。

为了提高对惰性气体的抽速，克服氩循环不稳定现象，应该采用把这两种作用（溅射与埋藏作用）分开的各种改进型的溅射离子泵。

（1）三电位三极型：在阴极和阳极之间增加一个处于中间电位的收集极来埋藏收集惰性气体离子的结构，称为三极型，其结构示意见图4-5（a）。该型泵阴极做成格子形状，直射的离子可以自由通过，使斜射（入射角40°～80°）到阴极上的离子增加，提高溅射率，由于收集极不会遭受斜射溅射，溅射到收集极上的离子能量较阴极的小，而且多为直射，所以溅射不如阴极激烈，低能离子可以被阴极溅射的Ti掩埋在收集极上。阳极、阴极分别接±3kV，收集极接地，对氩的抽速为氮的21%（S_{Ar}/S_{N_2}比值为21%）。

（2）二电位三极型：泵的阳极和收集极同电位，阳极与收集极均接地，阴极接－6kV，克服了三电位泵的结构和电源复杂，磁隙大等不足，如图4-5（b）所示。在三电位方式下，离子可以打到收集极上；而在双电位方式下，离子不能打到收集极上。因此，双电位方式的氩再释出应该更小。对氩的抽速为氮的25%（S_{Ar}/S_{N_2}比值为25%）。

（3）异形阴极二极泵：因为三极泵在磁场方向深度越大，需要的磁铁越强，否则抽速就越小；而且结构过于复杂，所以出现了开槽阴极的二极型泵，如图4-5（c）所示。槽侧面（凸部）作为溅射区，槽底部（凹部）作为气体捕获区，离子斜射在槽侧面，溅射率大。

（4）阴极短柱型溅射离子泵，S_{Ar}/S_{N_2}等于25%。其结构如图4-5（d）所示。

（5）磁控管型：在两块阴极板上穿一根钛柱，位于阳极中心位置，

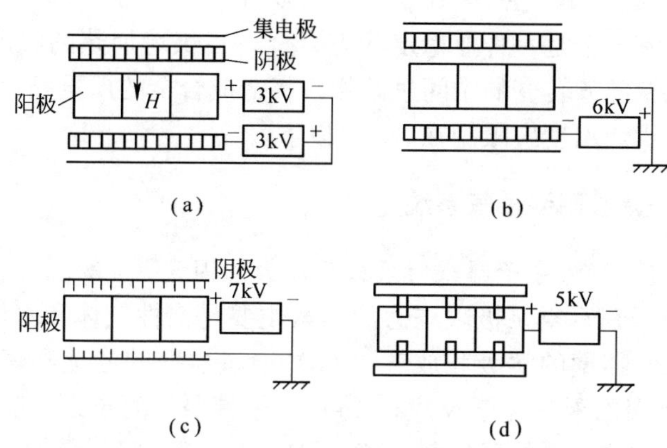

图 4-5 改进型溅射离子泵的结构形式

(a) 三电位三极型；(b) 二电位三极型；(c) 异形阴极二极型；(d) 阴极短柱型

形成一个简单的磁控管，如图 4-6 所示，磁场仍为轴向。溅射的钛沉积在阳极内壁以及两块阴极板上，惰性气体主要被埋藏在阴极柱附近的钛板上。离子轰击钛柱引起的钛溅射率比一般二极型大 30～40 倍，因而工作稳定性和抽气速率较佳。根据实验，S_{Ar}/S_{N_2} 大约为 12%～20%。

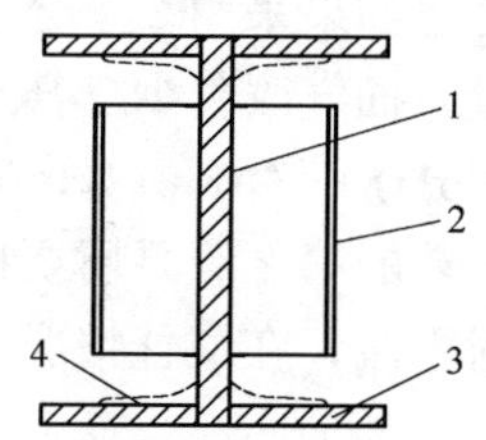

图 4-6 磁控管型泵

1—阴极柱；2—阳极；3—阴极板；4—溅射钛层

4.4.1.2 H_2 的抽除

由于 H_2 的质量小，溅射能力很低，氢离子打到离子泵的阴极钛板上与电子复合成 H 原子，然后扩散进入到钛的晶格内，形成 TiH 固溶体而被排除。常温下这种固溶体中 H_2 的浓度为 0.05%。但由于离子的继续撞击及其他热源会使阴极 Ti 板升温，TiH 在温度高于 250℃时开始分解放出氢气，并导致阴极板晶格膨胀龟裂。

采用新型阴极材料的溅射离子泵抽气，可以大大提高泵对氢的抽气能力。例如，Ti-15Mo 合金具有均匀的 β 结构，而 β 结构的钛对氢有很大的溶解度，因而使它具有很大的抽氢速率和很长的抽氢寿命。在普通溅射离子泵的基础上，经结构上的改进后，采用 β 结构钛合金 Ti-15Mo 合金作为抽气元件的阴极，可使泵的抽氢速率提高 60%以上，抽空气速率提高15%左右（在7×10^{-4}Pa的压力下）。

Ti-15Mo合金是一种亚稳定状态合金，当烘烤加热的温度较高时，会出现亚稳钛向α转变的中间过渡相，将造成合金的严重脆化。因此这种离子泵的烘烤温度应限制在250℃以下。

4.4.2　分子筛吸附泵抽气系统

4.4.2.1　影响分子筛吸附泵极限压力的因素

影响分子筛真空泵极限压力的因素主要是惰性气体和水汽的影响，其次是：（1）器壁的解吸和放气；（2）通过器壁的渗透和密封处的泄漏；（3）热表面上的化学反应；（4）与机械泵、离子泵、喷射泵联用时，还有机械前级泵的反扩散、离子泵的再释放、喷射泵的返流等。因此，应尽量消除以上因素对极限压力的影响。

用一个分子筛吸附泵排除大气能够得到的极限总压力约为1Pa，具体视分子筛再生和使用情况而异；这主要取决于残余Ne、He气的分压力。如果采用2个分子筛吸附泵常规串联使用，二级泵的极限压力比单级泵抽气改善少。甚至再加一级吸附泵，也不会改善多少。这主要是由于分子筛对Ne、He等惰性气体的吸附能力很低，而常规串联抽气操作工艺的第2级泵所要抽除的气氛主要为惰性气体之故。所以仅用一般吸附手段，在最佳情况下能达到的极限压力p_u仅为

$$p_u = p_z \cdot \sqrt{\frac{T_w}{T_s}} \tag{4-24}$$

式中，p_z为达到吸附平衡压力时，被抽除的气体根据吸附等温线所具有的蒸气压，Pa；T_s为低温冷凝面温度，K；T_w为器壁温度，K。

4.4.2.2　提高分子筛泵极限压力的抽气技术

为了降低吸附泵的极限压强，有效抽除惰性气体，在技术上可采取下述措施：

A　黏滞流输运技术（席卷法）

如图4-7所示，低温分子筛吸附泵可采用如下的串联二级抽气工艺。即图中的泵1作为预抽级，当抽到一定真空度后，关闭该泵，再将第二个吸附泵2与系统接通并启动（即注入液氮），则第二个吸附泵就可在第一个泵抽的基础上把系统

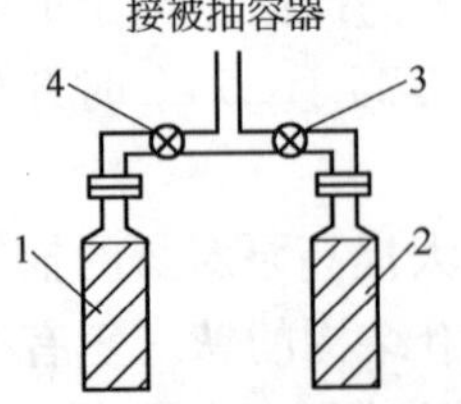

图4-7　二级抽气系统
1，2—分子筛吸附泵；
3，4—阀门

抽到更高的真空度。

二级抽气的关键是，不要让一级泵的抽气达到平衡压力。当一级泵抽到 1.33×10²Pa 左右时，此时系统中的气流正处于黏滞流态向过渡流转变，气体迅速流向泵，惰性气体也随着气流流向泵 1 内，而且不会立即返回容器中，此时迅速关闭一级泵阀门 4，启动二级泵 2，开始第二级抽气。这种抽气工艺可提高系统的极限真空度。一般情况下，二级分子筛吸附泵所得到的极限压力可达到（1.3～2.6）×10^{-2}Pa。比一级泵抽至 2.6Pa（平衡压力）后，再启动二级泵所得的极限压力（1～7.5）×10^{-1}Pa 低得多。

采用该抽气方法，分子筛吸附泵极限真空度提高的原因是因为分子筛对惰性气体的吸附能力低，如果将第一级泵抽到平衡压力后，惰性气体在泵内得不到吸附就向系统方向反扩散。如果第一级泵抽到较高压力，使得连接管道内处于黏滞流状态，例如压力≥100Pa，则反扩散可小得多。当第一级泵大量吸气时，系统中的 Ne、He 等惰性气体也随着大量的 N_2、O_2分子在黏滞流下一起被席卷进入第一级泵内，在这些惰性气体未能完全返回之前关闭阀门 4，即可达到目的。

这样虽然损失了第一级泵所能达到的极限压力，却使第二级泵的最终压力摆脱了惰性气体的限制。采用该方法抽气，可使第二级泵达到 10^{-3}Pa 的真空度。一个二级泵抽气系统，采用黏滞流输运技术前后，对极限压力的影响如图 4-8 所示。

B 气体冲刷法

预先用干燥的 N_2冲刷被抽容器，赶出空气代之以纯氮，于是容器中的 Ne、He 成分便相对减少，就可得到较好的极限压力。当抽除空气时，若不用 N_2冲刷，采用二级抽气的极限压力仅能达到 10^{-2}Pa，而用 N_2冲刷后则能达到 10^{-4}～10^{-5}Pa。

C 采用彻底的再生工艺

由于水蒸气被分子筛吸附后不易脱附，从而影响分子筛对其他气体的吸附。因此分子筛吸附剂在使用数次后需加温烘烤，进行再生。一般将分子筛在 250～350℃下保持数小时，以驱除其吸附的水汽。但有试验证明，当系统中被抽气氛中的 H_2含量较多时，过高的温度会恶化极限压力，此时如欲获得较低的 H_2分压力，再生温度应在 150℃左右。若在 1.33×10²Pa 下关闭一级泵，并在再生前，泵还未冷却时注入大量

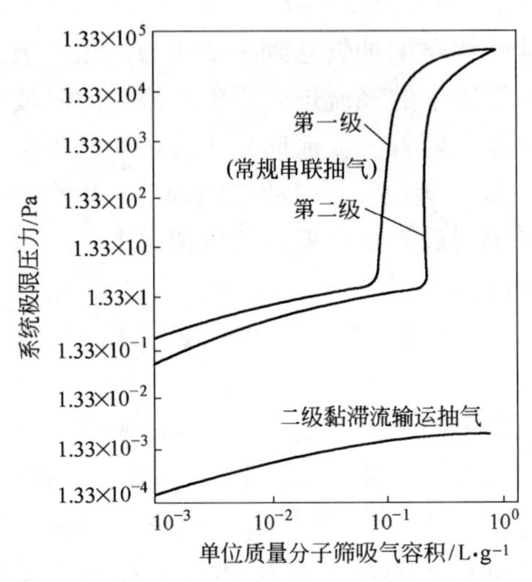

图 4-8 采用不同二级抽气方法时，泵极限压力的比较

的干燥空气，并在 150℃、1.33×10²Pa 下再生，在二级泵中可得到 1.33×10^{-5} Pa 的极限压力。或者用机械泵预抽到 1.33×10^{-1} Pa 或更低的压力，并在此压力下加温烘烤（200℃或 300℃）数小时，可得到约 10^{-5} Pa 的极限压力，但这样做难以获得清洁无油真空环境。

D 改善吸附剂的吸附特性

例如，活性炭在低温下对 H_2 有较大的吸附作用和对 Ne、He 的吸附量比分子筛大，在同样条件下用活性炭吸附空气比用 5A 分子筛吸附空气时取得的极限压力低。

根据 5A 分子筛的优点，组成 5A 分子筛－椰壳活性炭混合吸附剂，结果在二级吸附泵抽气中，仅采用简单的席卷法，就可达到 4.7×10^{-3} Pa 的极限压力。如果被抽吸的气体中有油蒸气，还可以再加入 13X 分子筛以吸附其中的油蒸气，以获得洁净真空。因此，根据各种吸附剂对气体的吸附有选择性的特点，可使用混合吸附剂来提高低温吸附泵的特性。

4.4.3 降低低温泵抽气系统极限压力的方法

对 He、H_2、Ne 等难以冷凝的气体来说，采用低温吸附方法除气比较有效。

根据低温真空泵极限压力的概念，欲降低泵的极限压力，实质上就是设法增强抽气因素，减小反抽气因素。

在超高真空下，低温冷凝泵的极限压力（p_g）＝被抽气体的饱和蒸气压＋被抽容器的表面放气。由于低温泵中所采用的材料大部分是不锈钢，不锈钢放出的主要是氢气，因此，增强低温泵对氢的抽除对降低低温真空泵的极限压力很有意义。

4.4.3.1 降低冷面温度和防辐射挡板温度

降低低温冷板温度 T_s可降低被抽气体的饱和蒸气压。降低防辐射挡板 T_B可减少已凝结气体的脱附。防辐射挡板在低温泵中起两个作用：(1) 起热屏蔽作用；(2) 预冷凝气体的作用。

极限压力 p_g与挡板温度和气体饱和蒸汽压 p_s之间存在下列关系

$$p_g = p_s + A(T_B{}^4 - T_s{}^4) \tag{4-25}$$

式中，A 为与辐射屏种类有关的常数，对人字形单层挡板 $A=1.2\times10^{-18}\sim2.6\times10^{-18}\,\mathrm{Pa\cdot K^{-4}}$；$T_s$为低温冷板温度，K；$T_B$为防辐射挡板温度，K。

上式表明，当防辐射挡板温度升高时，极限压力升高，尤其当挡板温度高于 90K 后，情况更加恶化。这是由于挡板的温度上升，原来可凝结在挡板上的气体量减少，不可凝结的气体也未能很好地预冷，这些气体将把相当大的热量带到冷区的低温冷板上；另外，从挡板辐射到低温冷板上的热量也增加，从挡板辐射的光子频率也发生变化，从而使已冷凝的 H_2大量解吸。于是，低温泵的极限压力就偏离了该冷凝板温度下被冷凝氢的饱和蒸气压，使极限压力升高。因此，欲要降低低温泵抽气系统的极限压力 p_g，就必须降低防辐射挡板的温度 T_B。

4.4.3.2 降低低温抽气前容器中不可凝气体的分压力

在低温泵中，达到 p_g后的主要残余气体是不可凝气体，因此，应设法去除被抽气氛中的不可凝气体成分。

(1) 预抽法。若在低温泵启动前先用其他泵对容器进行预抽，则不可凝气体的分压力也相应减小。预抽的真空度愈高，泵最终所获得的极限压力愈低。此外，使用预抽法还可减少低温泵冷量的消耗及低温冷面上的凝结层量，从而可提高泵的寿命。

(2) 冲洗法。如果用 20K 下的低温可凝气体 CO_2、N_2 等冲洗被抽容器，经几次冲洗置换后，可使容器中原有的不可凝气体成分大大减少，且其分压力也大大降低。低温泵启动后由于可凝性气体容易冷凝，所以很容易降低系统的极限压力 p_g。

4.4.3.3 采用吸附抽气

选择吸附效果好的吸附剂，增加吸附剂量和吸附面积，增强对难凝结气体的吸附。所选择的吸附剂应具有如下性能：(1)（内）表面积大；

(2) 热传导性能好（导热系数 λ 大）。

4.4.3.4 增强低温面捕集抽气作用

把对不可凝气体捕集性较强的气体引进系统，当它与冷板接触时便凝结形成气体捕集霜。利用气体霜的吸附捕集作用抽除 He、N_2等不易冷凝气体。如在 4.2K 低温表面上预冷 N_2形成冷霜凝结层，可使 H_2的分压力降低两个数量级。

4.4.3.5 其他措施

加强泵的密封措施，减小气体的泄入量，并尽量减小预抽泵的反流、反扩散等；防备来自泵外的一切热量的渗入，以减少某些热量的渗入引起的反抽气因素增大，如在泵入口采用设计合理的挡板、屏蔽罩以及对相关材料进行的一系列合理的抛光、黑化等处理；选择合适的材料制造低温泵、防止器壁放气和对气体的渗透。

4.4.4 真空系统内有机气体的清除

4.4.4.1 有机气体的清除方法

应用电离式锆铝吸气泵可有效地抽除系统内的甲烷等有机气体。电离式锆铝吸气泵对其他碳氢化合物也有很大的抽速，如对丁烷的抽速是对甲烷抽速的 10 倍。这种特性是极为重要的，这不仅对某些显示器件解决了可用电离式锆铝吸气泵来清除管内不断产生的有机气体，而且受这种分解清除作用的 CH_4气体还可产生无污染的 H_2气。

锆铝吸气剂具有很强的活性，能有效地吸收 H_2、N_2、O_2、CO、CO_2、H_2等活性气体，但它对常温下的甲烷和其他碳氢化合物、惰性气体基本上无吸气作用。但是在实验中发现，化学活泼的气体分子在热灯丝（钨或钼）表面受催化作用可分解为原子或原子团，这些活泼的原子或原子团与器壁玻璃和金属表面作用，形成很强的吸附和结合，从而提高了对这些气体的抽速。

在电离式锆铝吸气泵中，用高频感应加热将锆铝吸气剂去气并激活，用改变泵内灯丝加热电流和加速电压的方法，将阴极钨灯丝的工作温度升高到 1700℃以上（1700℃是 CH_4 开始热分解的临界温度）并使气体产生电离，从而分解清除。

电离式锆铝吸气剂泵对 CH_4 有吸气作用的必要而充分的条件是必须激活锆铝吸气剂，而且必须同时存在一个超过 1700℃的灼热钨灯丝。

因为只有高的催化温度，CH_4 键才能够破裂而分解，才能成为清除 CH_4 气体分子的前提。而电离作用则催化了反应进行，加快了 CH_4 的分解速率。

4.4.4.2 清除有机气体的抽气机理

电离式锆铝吸气剂泵对甲烷的高效抽除涉及到许多复杂的物理、化学过程，其吸气过程和吸气机理颇为复杂，为此可对复杂的物理、化学过程作必要的简化和假设，把泵的吸气机理归纳为两个方面的作用：热分解作用和因电子碰撞引起的分解作用和电离作用。

A 甲烷在热钨丝表面的热分解作用

与气体分子在热钨丝表面受催化作用而“热分解”或“原子化”的过程相同，CH_4 受高温钨灯丝的催化作用，同样会发生分解，这是电离式锆铝吸气剂泵对 CH_4 抽除的最基本过程，也是最关键的过程。当 CH_4 分子撞到热钨灯丝时，因受激励，使其分子的电子能态发生变化，由基态跃迁到高能态，一旦能量超过分解激活能，CH_4 键就发生裂解，生成原子 C 和 H_2 分子，其反应方程式如下

$$CH_4 \xrightleftharpoons{1700℃\text{ 的 W}} C + 2H_2 \tag{4-26}$$

反应方程式（4-26）是可逆的。另一方面生成的 H_2 分子碰到热钨灯丝同样会热分解或原子化，即

$$H_2 \xrightleftharpoons{1200K\text{ 的 W}} 2H \tag{4-27}$$

原子氢和碳作用又会重新结合成 CH_4。但是由于锆铝吸气剂的存在，情况就不同了。因为锆铝吸气剂对氢有很强的活性，方程式（4-26）产生的 H_2 很快被 $ZrAl_{16}$ 吸气剂吸附并扩散到吸气剂体内，则方程式（4-26）变成不可逆地自左至右单方面进行。另一方面生成的 C 附着在钨丝表面，因高温扩散而渗入到晶格内部，即发生钨的碳化或渗碳过程。于是甲烷从气相方面消失，表现出对甲烷有吸气作用。因此对 CH_4 的吸气机理不是 $ZrAl_{16}$ 吸气剂对 CH_4 分子本身的直接吸附和扩散，而是通过上述过程转化成对 H_2 的吸附和扩散。

B 甲烷分子与电子碰撞时引起的分解作用和电离作用

在甲烷分子与电子碰撞的情况下，热钨灯丝既是催化体又是发射体，除了热钨灯丝的催化作用外，电离电子流的附加电离作用加快了 CH_4 分解过程的速度，从而进一步提高了对 CH_4 的抽速。

5 真空系统的操作与维护

5.1 真空系统的组成

5.1.1 真空系统的形式

用于满足某种工艺要求，能够获得并测量有特定要求真空度的系统称真空系统。

一个较完善的真空系统由真空室、所需的真空泵或真空机组、真空测量装置、连接导管、真空阀门、捕集器及其他真空元件及电气控制系统构成。典型的真空系统如图 5-1 及图 5-2 所示。

真空系统按其工作压力进行分类，可分为：1）粗真空系统（工作压力大于 1330Pa）；2）低真空系统（工作压力为 1330～0.13Pa）；3）高

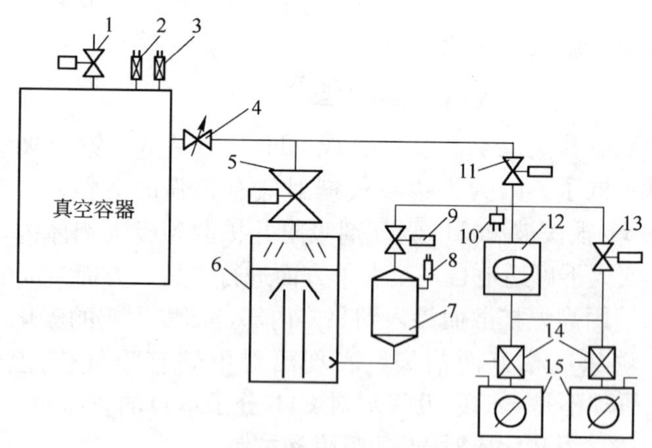

图 5-1　典型真空系统原理图一

1—真空室放气阀；2—电离真空规；3—热偶真空规；4—流量调节阀；5—高真空阀；6—扩散泵；7—储气罐；8—热偶规管(测扩散泵前级压力)；9—前级真空阀；10—压力传感器；11—预抽阀；12—罗茨真空泵；13—旁通阀；14—电磁放气阀；15—机械真空泵

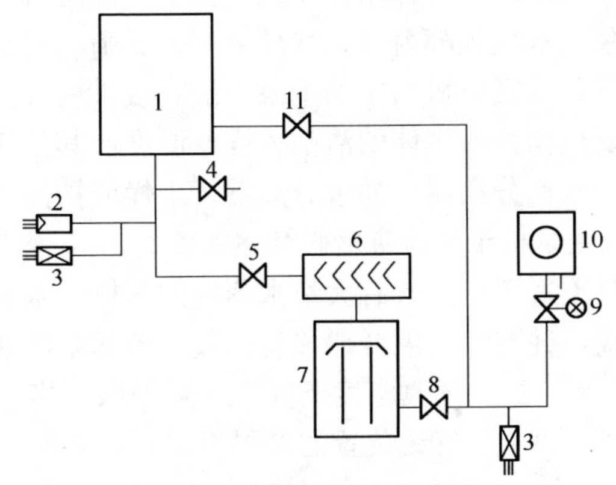

图 5-2 典型真空系统原理图二

1—真空室；2—电离真空规；3—热偶真空规；4—放气阀；
5—高真空阀；6—冷阱；7—扩散泵；8—前级真空阀；
9—电磁放气阀；10—机械真空泵；11—预抽阀

真空系统（工作压力为 0.13～1.3×10^{-6}Pa）；4）超高真空系统（工作压力为 1.3×10^{-6}～1.3×10^{-10}Pa）；5）极高真空系统（工作压力低于 1.3×10^{-10}Pa）。

按真空系统所要求的清洁程度可分为：1）有油真空系统（真空室有油蒸气污染）；2）无油真空系统（真空室无油蒸气污染）。

5.1.2 真空机组

真空机组是将真空泵与相应的真空元件按其性能要求组合起来构成的抽气装置。其特点是结构紧凑，安装使用方便。

真空抽气机组可以分为低真空抽气机组、中真空机组、高真空机组、超高真空机组、无油真空机组等。真空机组的名称以主泵命名，如：扩散泵机组、分子泵机组等。

5.1.2.1 低真空抽气机组

低真空抽气机组的工作压力范围约在 1330～100Pa 之间，其主要特点是工作压力高、排气量大，但抽速比中、高真空机组低。多用于真空室的粗抽以及放气量很大、工作压力又高的真空输送、真空浸渍、真空过滤、真空干燥、真空脱气（钢水处理）等装置中。

低真空抽气机组的主泵常用往复式真空泵、油封式机械泵、干式机械泵、水喷射泵、水蒸气喷射泵、水环泵、分子筛吸附泵、湿式罗茨泵等。一般情况下，低真空机组中的主泵均能直接排大气。使用低真空抽气机组，还需要根据被抽气体的清洁程度、湿度或其他特殊要求，配置必要的除尘器、水汽分离器、油水分离器、干燥或挡油阱等部件。

A 油封机械泵机组抽除可凝性气体的措施

油封机械泵不适于抽除含有大量水蒸气的气体。水蒸气在压缩过程中会凝结成水滴，并与泵油混合形成悬浮液，破坏泵的抽气性能，使泵的真空度下降。一般采取的措施有：使用带有气镇装置的油封机械泵，并使泵的工作温度控制在 75～90℃之间，以减少气镇阀负担；在机组中安装水汽分离器或油水分离装置，将混有水的机械泵油进行处理，处理过的油再进入泵中使用；使用各种干燥吸附剂做成捕集阱吸收水蒸气；使用各种冷凝器或冷阱，不仅能有效地吸附水蒸气，同时还可阻挡机械泵的油蒸气向真空室的返流。

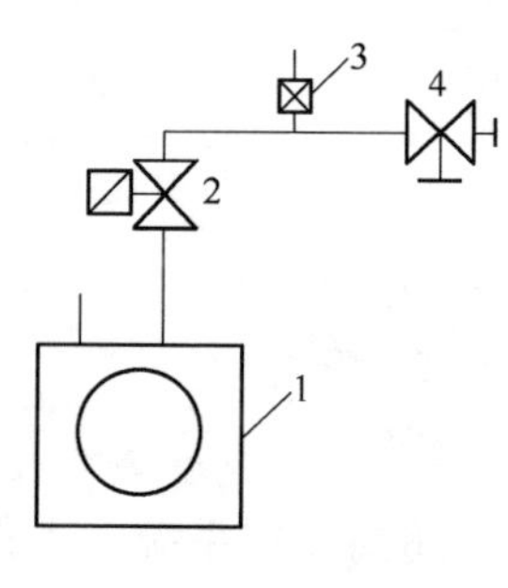

图 5-3 油封机械泵低真空机组

1—机械泵；2—放气阀；3—热偶规；4—管道阀

B 常用低真空机组形式

图 5-3 为油封机械泵低真空机组，图 5-4 为油封机械泵加上挡油阱的抽气机组，适用于化学气相沉积装置、真空包装、医药工业等领域。

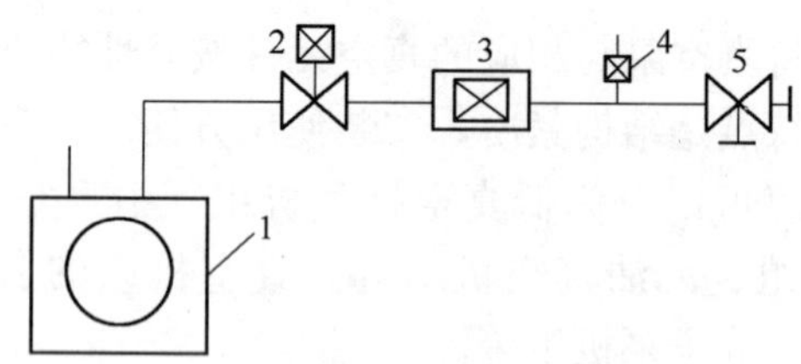

图 5-4 有挡油阱的低真空室机组

1—机械泵；2—放气阀；3—挡油阱；4—热偶规；5—管道阀

图 5-5 为由双级水环泵和大气喷射泵串联组成的低真空机组，机组

的极限压力为1300Pa。工作时，先开动水环泵，以获得大气喷射泵所需的预真空，使大气喷射泵的进气口与出气口之间有压力差，大气便通过喷射进入泵内形成高速运动气流，将被抽气体吸入，经扩压器到前级被水环泵排走。

该机组适用于真空蒸发、真空浓缩、真空浸渍、真空干燥、真空冷冻等工艺过程。

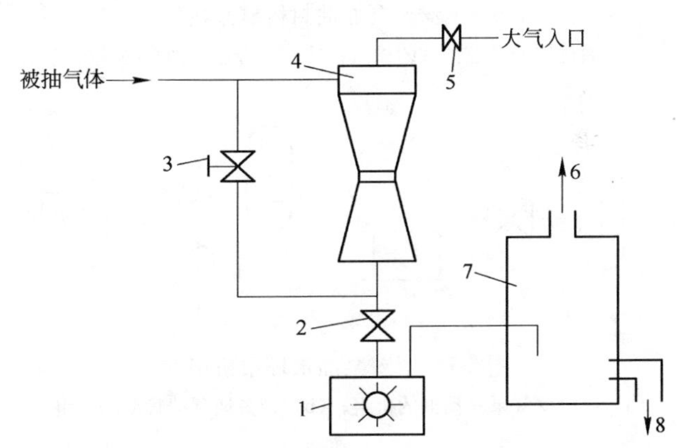

图5-5 双级水环泵-大气喷射泵机组

1—水环泵；2—止回阀；3—管道阀；4—大气喷射泵；5—空气进入阀；6—排气阀；7—气水分离器；8—排水口

5.1.2.2 中真空抽气机组

中真空机组的工作压力范围约在100～0.1Pa之间，其常用的主泵有油增压泵、机械增压泵等，机组适用于需要大抽速和获得低、高真空的各种真空系统中。可广泛用于镀膜机、真空冶炼、真空热处理、化工、医药、电工、焊接等行业。

A 罗茨泵-油封机械泵机组

图5-6是以罗茨泵为主泵，油封机械泵为前级泵的中真空获得设备，整套机组可安置在一个机架上，结构紧凑，使用方便。

可选择ZJ型普通罗茨真空泵作为机组的主泵，也可选用带旁通压差阀的罗茨泵，前者须在系统被前级泵抽到罗茨泵允许的启动压力时才能启动主泵工作。后者由于罗茨泵带旁通压差阀，所以罗茨泵可在较高的入口压力时运转而不发生过载和过热现象，因此主泵可以在前级泵工

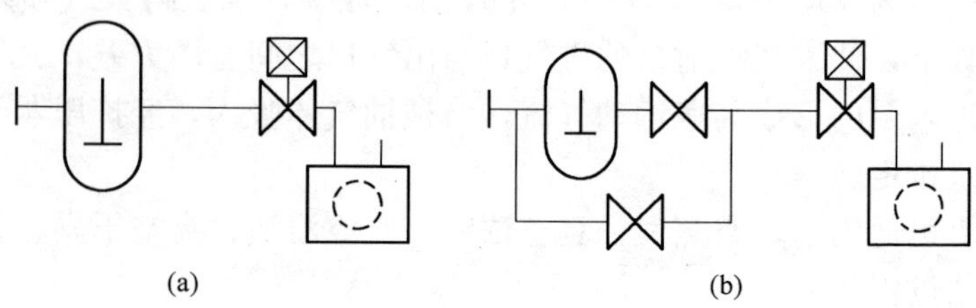

图 5-6 罗茨泵加油封机械泵机组
(a) 通过罗茨泵腔预抽的机组；(b) 带旁通预抽管路的机组

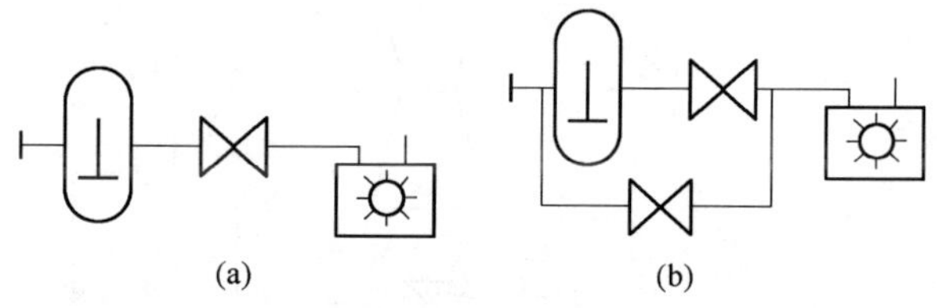

图 5-7 罗茨泵加水环泵机组
(a) 通过罗茨泵腔预抽的机组；(b) 带旁通预抽管路的机组

作后，根据系统的实际情况来决定它的启动压力。对于小型机组，还可以两泵同时启动，以加大抽速和缩短抽气时间。

B 罗茨泵-水环泵机组

图 5-7 为 ZJ 型罗茨泵加上水环泵机组，它适合抽除含有大量水蒸气的气体，如真空浓缩、真空干燥，特别适宜于弱酸气体及含有少量细微粉尘气体的抽除。

C 双罗茨泵为主泵的中真空机组

为了提高真空机组的抽气性能，达到较低的极限压力和改善在低入口压力时的抽速特性及对大型真空机组配用较小规格的前级泵，可以组成由两个 ZJ 型罗茨泵串联作为主泵的三级抽气机组，如图 5-8、图 5-9 所示。

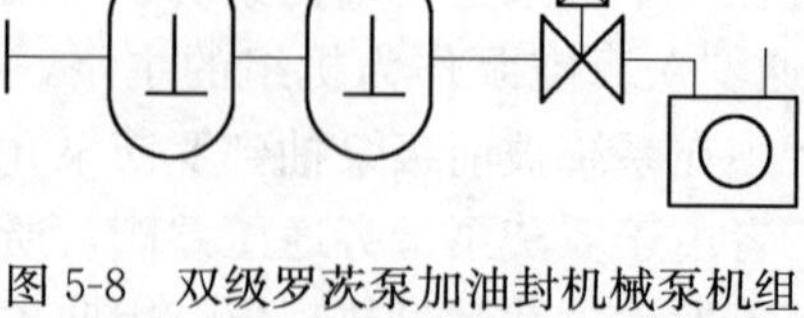

图 5-8 双级罗茨泵加油封机械泵机组

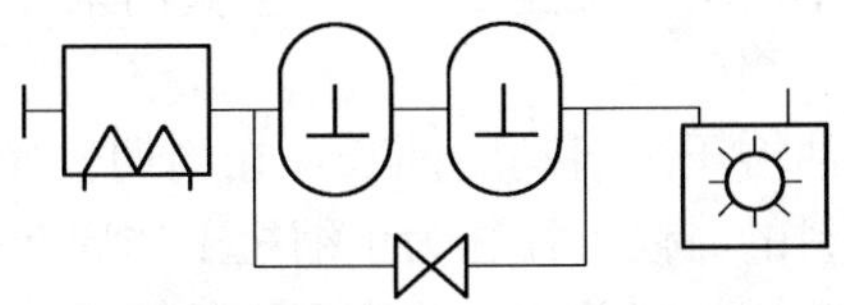

图 5-9 双级罗茨泵加水环泵机组

图 5-10 为双级 ZJ 型罗茨泵和一级水环泵（极限压力 $p_0=6700$Pa）及气镇式油封机械泵联合组成的真空机组，其极限压力可达 10^{-2} Pa。当需要大量抽除水蒸气时，关闭阀门 8，用水环泵做粗抽泵和前级泵，当水蒸气分压达到 300～1300Pa 后，关闭阀 5，打开阀 8，用气镇式机械泵作前级泵。

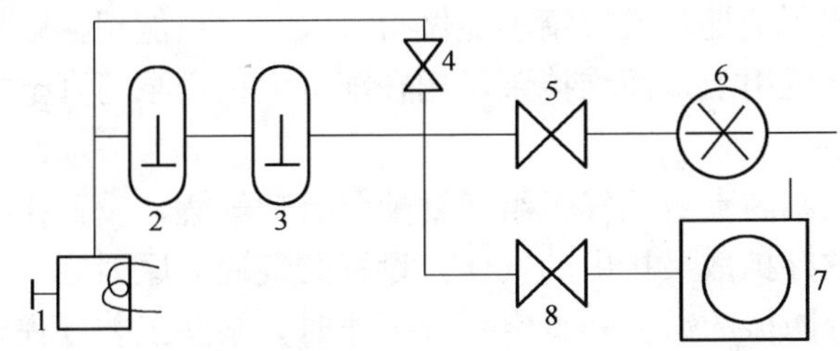

图 5-10 双级罗茨泵加水环泵及油封机械泵复合机组

1—冷凝器；2—ZJ600 罗茨泵；3—ZJ150 罗茨泵；4—粗抽泵；5—前级阀 1；6—ZSK3 水环泵；7—2H70 滑阀泵；8—前级阀 2

5.1.2.3 高真空抽气机组

高真空抽气机组在分子流状态下工作，与低真空机组相比，其特点是工作压力较低（$10^{-2}\sim10^{-6}$ Pa）、排气量小、抽速大。机组的主泵通常为扩散泵、扩散增压泵、分子泵、钛升华泵、低温冷凝泵等。这些泵不能直接对大气工作，因此需要配置预抽泵和前级泵、有些扩散泵高真空抽气机组还配有前级维持泵或贮气罐，以防止系统内的气压波动，改善机组的抽气性能。

A 预抽泵

预抽泵（粗抽泵）主要用来抽除真空室中的大量气体，使真空室内的气体压力由大气压力降到主泵能够启动工作时的真空度，因此，要求预抽泵所达到的压力要小于主泵的启动工作压力，机组所选用预抽泵的抽速大小由粗抽时间决定。为了提高真空机组的利用率，预抽泵可以兼作前级泵用，两种不同抽气功能之间靠真空阀门来分隔和切换。

B 维持泵

由于扩散泵和油增压泵启动时间长，在周期性操作的真空设备中，当真空室装料和卸料的时候，往往为了缩短工作周期而不停止主泵，将高真空阀门和前级管道阀门关闭，使主泵仍处于工作状态。由于阀门等总是有极少量的漏气以及阀门和泵内的表面放气，经过一定时间后，主泵泵腔内的压力增加，超过泵工作液的最大允许压力而使泵油蒸气氧化。为了解决这个问题，一个办法是用前级泵继续抽出主泵中的气体，但此时主泵内排出的气体量很小，出现前级泵大马拉小车，浪费能源。为此可采用另一个办法，停止前级泵工作，关闭前级管道阀门，在主泵出口处设置维持泵或贮气罐，这样就可以保证既能排出主泵内的气体，又可以节省能源消耗。贮气罐不能做得很大，它只能用在以扩散泵为主泵的小型真空机组上。而维持泵可用在配置大型主泵的真空机组中。

C 贮气罐

小型扩散泵高真空抽气机组通常配置有贮气罐，设置在扩散泵和前级泵之间，贮存扩散泵排出的气体，设置贮气罐的原因有：

(1) 系统防振的需要。真空系统工作时，某些工艺过程要求严格防振，因此需要在真空室处在工作状态中时，前级机械真空泵在一段时间内停止工作。在这段时间内，扩散泵排出的气体全都贮存在贮气罐中，用贮气罐代替机械泵维持扩散泵的正常工作。

(2) 为了缩短工作周期。有些生产工艺要求在不关闭扩散泵加热器的情况下，真空室放进大气换取元件、装料。而真空机组的前级泵兼作预抽泵用。装料后，用机械泵预抽真空室，在这段时间内利用贮气罐来维持扩散泵工作（作为前级泵用）。

(3) 为防止真空室内瞬时大量放气影响扩散泵正常工作。真空工艺生产中的某段时间内放气量特别大，但时间短。若按此时的最大排气量配前级机械泵很不经济，此时可在系统中配置前级贮气罐，在最大放气量时贮存一部分气体，以避免扩散泵的前级压力超过最大反压力。

(4) 用于稳定扩散泵出口压力。由于机械真空泵的排气是脉冲的，虽然频率不高（一般为 7 次/s 左右），但是也会引起扩散泵出口压力的波动，设置贮气罐可减少这种波动。

5.1.2.4 超高真空抽气机组

超高真空机组工作在 10^{-6}～10^{-10} Pa 的超高真空压力范围，除了要求真空室的材料出气率很低、漏气率很小、能经受 200～450℃高温烘烤外，对机组的要求还有：

（1）主泵的极限真空度要高，至少在 10^{-7}～10^{-8} Pa 以上；

（2）在超高真空的工作压力范围内主泵具有一定的抽速；

（3）机组的主泵或主泵进气口以上部分能承受 200～450℃的高温烘烤；

（4）来自主泵的返流气体（包括工作液蒸气及解析的气体）的分压力要足够低；

（5）对被抽气体选择性强的主泵，要配备足够大的辅助泵；

（6）机组主泵进气口以上的管道、阀门等部件，材料的选择和密封要特别慎重。一般采用出气率较低的不锈钢和采用金属密封结构和密封材料。

5.1.3 典型真空系统

5.1.3.1 粗真空系统

用粗真空泵（如水蒸气喷射泵或水环泵）直接为真空室排气，组成的真空系统即为粗真空系统（如图 5-11 所示）。该系统是最简单的真空系统。

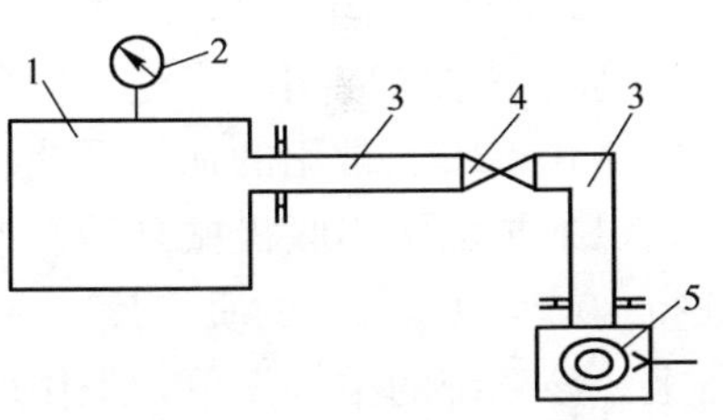

图 5-11 粗真空系统
1—被抽容器；2—真空表；3—连接管路；4—真空阀门；5—粗真空泵

5.1.3.2 低真空系统

用低真空机组（如油封式机械泵机组）给真空室排气，即可组成低真空系统。

5.1.3.3 中真空系统

中真空系统的抽气系统是由中真空抽气机组组成的。

A 油增压泵串联机械泵组成的真空系统

该系统的工作压力范围为 1.33～0.133Pa。其优点是系统简单，抽气能力大，振动小，工作稳定可靠，维修方便。缺点是预抽时间比罗茨泵系统长。

B 罗茨泵串联机械真空泵的真空系统

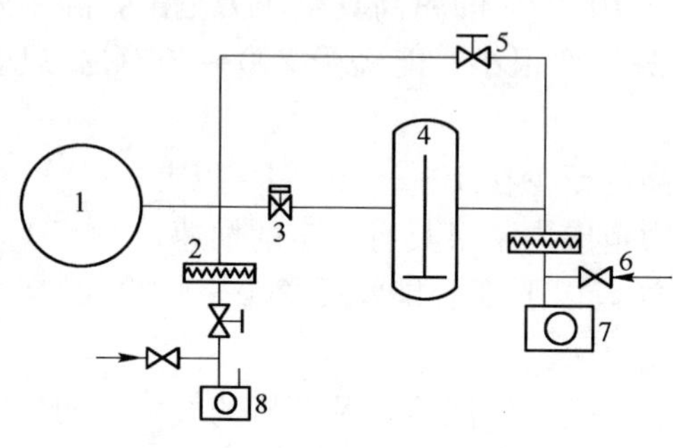

图 5-12 离子渗碳及淬火炉的真空系统
1—渗碳室；2—除尘器；3—气动阀；4—罗茨泵；5—粗抽阀；6—压差放气阀；7—前级机械泵；8—维持机械泵

该系统的工作压力范围为 1.33～1333Pa。优点是抽气能力大，启动快，预抽时间短。缺点是工作时噪声较大。图 5-12 为这种真空系统的典型示意图。

C 罗茨泵串联小型罗茨泵（中间泵），再串联机械泵的真空系统

系统的工作压力范围为 0.133～1333Pa。该系统不但具备了罗茨泵系统的特点，而且加宽了工作压力范围和最佳压缩比。

D 罗茨泵串联水环泵的真空系统

该系统适合于排出灰尘较多的应用设备上。

5.1.3.4 高真空系统

高真空系统应用较广泛，它的工作压力范围一般在 1.33×10^{-2}～1.33×10^{-3}Pa。常用的抽气系统有：

(1) 扩散泵串联机械泵的真空系统。如图 5-13 所示，此系统可以获得 10^{-2}～10^{-5}Pa 的真空度，一般用在工作时放气量比较小的应用设备上。该系统的结构简单，工作可靠，成本低。缺点是系统启动慢，预抽时间长。扩散泵的油蒸气容易返流到真空室中去。

(2) 扩散泵串联油增压泵，再串联机械泵的真空系统。该系统的预抽时间短，但启动较慢。

(3) 扩散泵串联罗茨泵，再串联机械泵的真空系统。它的启动慢，但预抽气时间短。

5.1.3.5 超高真空系统

A 扩散泵串联机械泵串联冷阱系统

如图 5-13 所示，扩散泵串联两个液氮冷阱，而且真空室和冷阱 6 能耐 400～450℃的烘烤。在此温度下，可以清除真空室壁及冷阱壁上吸附的气体及凝结的泵油。该系统一般可以得到 1.33×10^{-7}Pa 的极限

真空度。

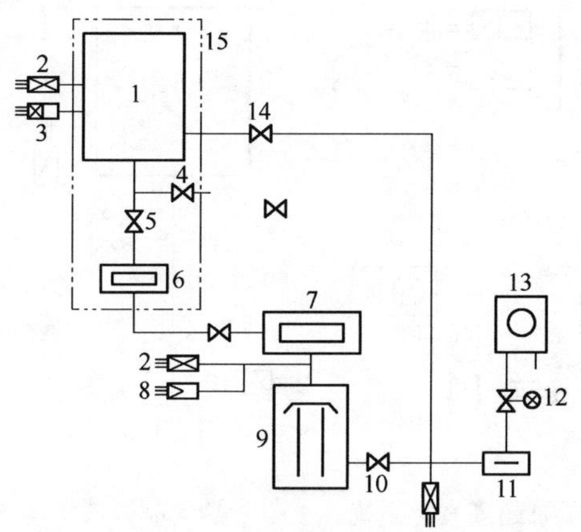

图 5-13 油扩散泵超高真空系统

1—真空室；2—热偶真空计；3—B-A 真空计；4—放气阀；5—超高真空阀；6，7—冷阱；8—电离真空计；9—扩散泵；10—前级管道阀；11—前级阱；12—电磁阀；13—机械泵；14—超高真空管道阀；15—烘烤装置

B 涡轮分子泵串联机械泵的真空系统

图 5-14 为该系统。此系统不烘烤可以获得 10^{-6} Pa 的真空度，烘烤后的真空度可以达到 10^{-8} Pa。该系统的特点是比较清洁，可构成无油超高真空系统。

C 溅射离子泵无油超高真空系统

图 5-15 为该系统原理图。以溅射离子泵为主泵，使用两个分子筛泵做预抽泵，其中一个分子筛泵用来抽走真空室和溅射离子泵中的大气压下的气体，另一个用来抽走烘烤及离子泵启动时放出来的气体。

D 低温泵无油超高真空系统

用低温泵作为主泵，并联或串联分子筛吸附泵（作预抽真空泵）。该真空系统也可以用机械泵作为预抽真空泵，但必须在机械泵的入口管路上设置油蒸气捕集器。

E 组合超高真空系统

对于某些有特殊要求的真空系统，如对于既要求得到超高真空或无油超高真空，又同时满足粗抽需要及能应付工艺过程中放出来的大量气

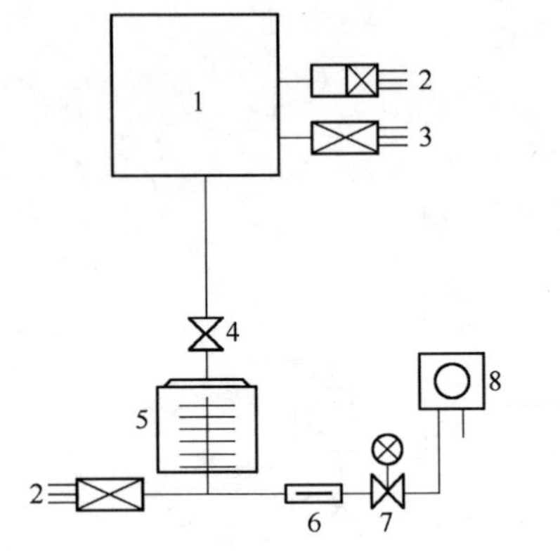

图 5-14　涡轮分子泵超高真空系统

1—真空室；2—热偶真空计；3—B-A 真空计；4—超高真空阀；5—涡轮分子泵；6—前级泵；7—电磁阀；8—机械泵

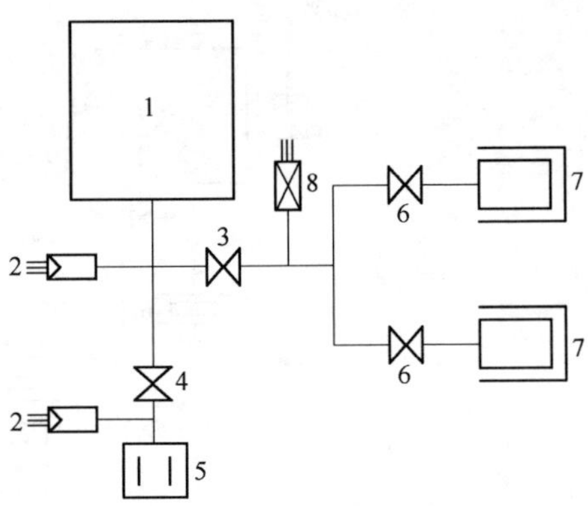

图 5-15　溅射离子泵无油超高真空系统

1—真空室；2—B-A 真空计；3—超高真空阀；4—超高真空闸阀；5—溅射离子泵；6—高真空阀；7—分子筛泵；8—热偶真空计

体这样的系统，可采用组合式系统来满足要求。图 5-16 给出无油超高真空镀膜机真空系统原理图。主泵为溅射离子泵，为了提高真空度及排走蒸发材料时产生的大量气体，配有钛升华泵。极限真空度可达 6.67×10^{-7} Pa。用分子筛泵作主泵的预抽泵。此外，系统还配有吸附阱-机械泵粗抽系统，在压力大于 1333Pa 时，机械泵不易返油，用机械泵直接对真空室抽真空，当真空室的压力低于 1333Pa 以后，机械泵经吸附阱 9 从旁路抽真空室。

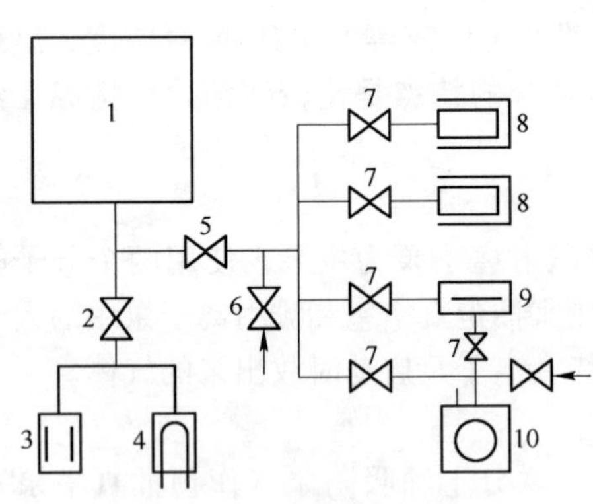

图 5-16　无油超高真空镀膜机真空系统原理图

1—真空室；2—超高真空闸阀；3—溅射离子泵；4—钛升华泵；5—超高真空阀；6—放气阀；7—高真空阀；8—分子筛泵；9—吸附阱；10—机械泵

图 5-17 给出了又一种形式的组合超高真空系统。该系统适合于真空封接炉、钼片炉等设备。系统的主泵为溅射离子

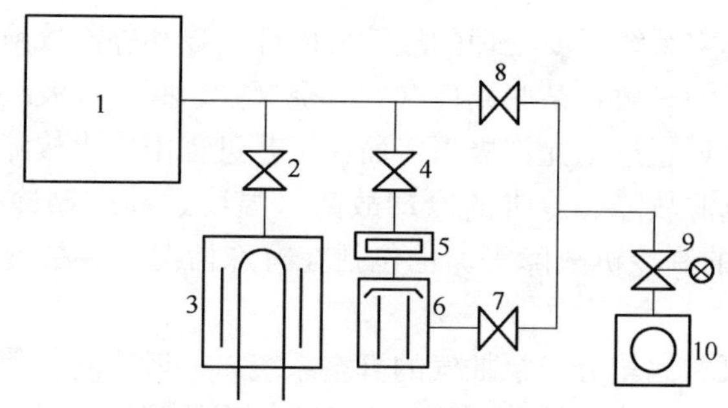

图 5-17 组合超高真空系统

1—真空室；2—超高真空闸阀；3—溅射离子泵-钛升华泵组；
4—超高真空闸阀；5—冷阱；6—扩散泵；7—前级管道阀；
8—超高真空管道阀；9—放气阀；10—机械真空泵

泵-钛升华泵组。真空室极限真空可达到 5×10^{-7} Pa。系统配有油扩散泵-机械泵组成的机组，用来粗抽和作为主泵的预抽泵，同时能抽走工艺过程中放出来的大量气体。

5.2 真空系统的安全防护

真空系统的防护装置一般可分为两类：一类是保护真空系统本身不受损害，一类是保护真空系统的操作人员、维修人员或由于离系统很近而可能受到危害的其他人员。

5.2.1 真空系统的防护装置

在机械结构方面，大型真空系统在设计中要考虑其整体在机械结构上的稳定性，尤其是对于有合理扰动的开式结构，如果这种扰动会引起系统整体的不稳定，则应该设计有外部支撑或地脚以防止翻倒。在真空系统正常工作期间，对皮带、链和驱动机构，应该设置屏障，以阻挡人体靠近。在日常维修中，当这种屏障被拆下时，不能使机构被误控通电开动，设计时应与系统的电气控制自锁联动。

系统保护联锁控制的功能是：在某一元件或某些元件发生故障时，能使设备转为安全状态或者尽可能减少系统本身的损坏。两者之中的取、舍问题取决于所进行的工艺过程的物料的价值以及出故障时系统损失的费用。

通常，真空系统所要处理的故障分内部故障和外部故障两种。内部故障包括元件的失效，某些元件（如真空规管、阀门、波纹管、密封件等）的性能变坏超过了允许极限，而在工艺过程中发生故障。外部故障包括系统的电源故障、冷阱的冷却故障（温度过高或制冷剂供应不充足）、低温泵的制冷机故障等。也包括在特殊情况下，系统发生的爆炸事故。

用扩散泵和涡轮分子泵抽气的真空系统，一般应对任何严重的外部故障或危及真空系统整体的故障作出反应，当故障发生后，应立即关闭所有的阀门而使所有正常工作的泵继续运转。当任何机械真空泵发生驱动故障或放入大气的时候，都应立即断电停泵。后一种情况是由于真空泵的电机容量通常不适于对大气的长时间抽气，否则可能使电机和泵都过热。扩散泵即使没连通到前级泵也能继续运行一段较长的时间，然而，如果在扩散泵工作区域内（泵入口到前级真空阀之间）有漏气，则应将其加热器关掉（但冷却水仍应流通着）。涡轮分子泵在长时间大抽气量情况下，过热的可能性很大。现代真空泵对这类问题一般都应设置适当的保护措施。在机械真空泵的入口管路上应当设置电磁放气阀，当机械真空泵停泵时，放气阀应关闭机械泵和扩散泵之间的管路并向机械真空泵泵腔内充大气，否则机械泵内的油会因压差作用而迁移进入扩散泵中，当扩散泵加热器工作时，机械泵油就会分解，污染扩散泵泵壁及系统。

扩散泵应设置冷却水水压或流量继电器，并与电气系统连锁控制。当扩散泵通电加热而忘记接通冷却水时，或者当冷却水水压（或流量）低于设置值时，继电器发出报警信号，并在设定的延迟时间后，对扩散泵加热器断电，并关闭相应的真空阀门。

溅射离子泵系统对电源故障有保护性，发生故障时，要求自动关闭任何通入真空室内的阀门和与外界连通的气路。当然，系统中的压力会由于正常放气慢慢上升，但是泵中的钛可能会在较长一段时间内对活性气体起着吸气剂作用。此时，不能被吸气剂吸收的气体，如惰性气体、饱和碳氢化合物（例如甲烷 CH_4）不会被捕集，其分压力会明显比能被吸气剂吸收的气体的分压力上升得快。

超高真空低温泵抽气系统，在出现电源故障时应用与处理扩散泵电源故障相同的方法处理。有两点注意：(1) 在大容量的低温泵吸附泵中设置可靠的安全阀，以便在连接系统的阀门关闭而泵内的抽气元件变热时（系统压力可能超高），安全阀应起作用，将抽入泵内并冷凝或吸附在低温板上的气体放到大气中去。压力安全阀的设置准则：$(Q_p/V_p)>10^5$，式中，Q_p为泵的抽气量（单位为Pa·L），V_p为泵的体积（单位为L）；(2) 尽量不用低温泵抽除 H_2和 O_2组合的危险性气体混合物，或像SiH_4这样的容易自燃的气体。

分子筛吸附泵也应设置安全阀，以备万一分子筛吸附泵内的液氮工作中途耗尽或意外泄漏蒸发，泵内升温将吸附的大量气体释放出来，超过泵腔允许承受的压力时，安全阀打开；或分子筛吸附泵加热再生时，泵升温，吸附剂吸入的气体将重新释放出来。当气体放出后使泵内压力高于大气压，气体将把安全阀上的橡皮塞子冲出，排入大气中。

真空系统内部故障的处理方法应当与外部故障的处理方法一样，系统对所进行的工艺过程有危险的故障的反应，可由现场的操作者进行判断处理或者对系统预先编制好适当的处理程序。

5.2.2 真空系统的防爆及防泄漏

一般情况下，爆炸事故在真空技术中是很少见的，但是在某些情况下仍应注意该类情况的发生，例如，在（或接近）高化学计量浓度下使用像硅烷（SiH_4）这种自燃引火的气体和使用 O_2、H_2混合气体的情况下。这些混合气体对靠容积压缩排气和靠吸附储存气体的真空泵，例如容积式机械真空、分子筛吸附泵和低温吸附泵来说，存在的危险性是十分明显的。

我们必须注意，在普通的油封式机械真空泵中，如果没有采取保护措施或适当的操作工艺，使用这些气体的潜在危险性就会更大。发生事故的原因很简单，即泵腔的压缩升温，使危险气体密度和温度升高超过允许值，发生爆炸；或像 SiH_4一类气体，如果在普通机械泵油中的溶解度足够高，在泵的油箱中即能达到发生爆炸的浓度。假若在这种情况下真空泵发生爆炸，使铸造的泵体或油箱崩裂而飞出的碎片就会对操作人员造成严重的伤害。预防的方法是在被抽气体进入机械真空泵前使气体完全降温，比如使用一个简单的热交换器即可。预防氢气爆炸危险的措施是：在氢气进入压缩抽气系统前使其降温，并将氢气气体的浓度

（可以采用掺入惰性气体方法）减低到危险浓度以下。

其次应保证真空系统中的水冷却系统正常工作（压力、流量），而且不产生泄漏。所有的冷却回路必须能承受正常的工作水压所产生的压力（应具有适当的安全系数）。在真空系统的工作中，系统内所有装置的冷却回路的冷却剂入口和出口必须保证畅通而无阻塞现象，这个问题应该采用对冷却剂流量（而不是对压力）进行监控的联锁装置来解决。

系统中的所有玻璃部位，包括玻璃观察窗，必须保护其不受撞击，假若玻璃破碎，工作人员能受到玻璃飞片的碰伤。对于可能发生这种意外情况的部位，普遍的做法是采用粗网格钟罩式的防爆屏障。

5.2.3 系统中磁铁和电气系统的防护

在把溅射离子泵和质谱计中的永久磁钢从设备上拆开时，应注意安全问题，避免因磁钢不慎飞出或别的铁磁性物体碰伤人，磁性组件必须靠坚固的隔块分开（用木块就可以），决不能让没有经验的人来拆卸溅射离子泵的磁钢。

高压电引线及与其匹配的接头，都应配有适当的保护和接地装置，以防止发生事故。然而如果这种安装接地的措施不正确就会出现麻烦，尤其对大功率的电源更是如此。

真空设备的电气系统接地时应注意的问题是：

（1）在安装多个系统时，每个系统都应有自己的接地接线柱。

（2）接地接线柱至少应该是直径 1.5cm、长 2.5m 的铜柱，并应尽可能地在靠近系统处埋入地下。如果地基的电导率太低，可采用多根接地柱，或者对接地处的土壤用一种电解质进行适当处理。不能将接地线接到水管上，因为大多数螺纹连接管道的电阻很大。

（3）电源频率下的接地，所用铜线的直径至少应为 4mm，不应使用编织导线，导线应该用银软焊焊到接地柱上，而不能仅仅搭接夹上而已。

（4）配有射频电源的真空设备，如射频溅射装置，感应加热器，射频离子源之类的系统或使用电子枪蒸发的设备或任何储能很大的装置的系统，系统的接地必须与射频相适应。因为这里受限制的是接地路径是电感的而不是直流电阻的。作为参考，任何一个合理的接地返回路径，其电感至少为 1.5μH/m。通常，可参考下列几点建议：

1）系统接地点与接地柱之间的最大允许距离为 2m，最好用更小的距离。

2）接地母线最好采用 5cm 宽，0.1mm 厚的铜带，而且不应有明显的弯曲或缺陷。

3）电源决不能通过系统的框架“接地”。通常，将电源接地接到系统的同一个接地柱上是可以的，但在特殊情况下，要求接在分开的接地柱上。

承受电弧作用的真空系统的接地问题比射频激励设备的接地问题更加重要，这些电弧对设备本身基本上不会有电击穿危险，但是，对驱动阀门或其他正常顺序操作中的外部机构可能产生干扰。

对于超过几十伏的电压部件，必须进行绝缘隔离，以免操作人员偶然误接触；经常有电流流动的电源也必须隔离，原因是系统感应贮存着能量或电源的开路电压远远超过正常工作电压。

对连接电缆，也必须防止出现热应力和机械损伤现象。最常出现的错误是在扩散泵加热器附近，电缆固定不正确或根本不固定，而将电缆随便横在实验室的地面上，或者有些系统的电缆没有足够的长度，不能使钟罩完全提升起来。当重物轧过不加保护的电缆时，电缆内部的导线之间就有发生间断性短路的危险。

5.2.4 热及辐射对操作人员的危害

在真空系统设计中，要避免使人体偶然地直接接触热表面，最危险的典型故障处是扩散泵的加热器，制造厂家最好把扩散泵的加热器屏蔽起来。

如果真空系统正在进行烘烤时，整个系统对操作人员便存在着危险性。必须把一些十分醒目的标志贴到正在烘烤的真空系统上，以警告不能接触。

大多数射频电源的频率都很低，通常只是几十兆赫，其辐射能量不会构成危害。然而，由于射频应用包括将功率耦合到等离子体负载中，所以，实际的危险是来自载有较大感应电流的导体上的电压降，这种电压降主要取决于导体的电感。例如，一条 25cm 长的射频母线的电感约有 0.1μH，如果该母线载有感生电流 50A，如同在射频溅射系统中通常使用的电流，那么，在这种应用中，常用的频率为 13.56MHz，电压降就会超过 400V。因此，在设计这种系统时，应采取相应的防护措施避免这么大的电流流经真空系统外表面。

真空系统中的微波源的辐射对操作人员是危险的，它对活性组织的损害机理是频繁的内加热。一般，人们不会及时地感觉到这种危险性。微波的安全性技术同处理放射性核元素技术一样，是一项专门的复杂课题。简单地说，要避免使用超过几毫瓦的微波功率。射频感应的气体放电，即使是被极低的频率所激励的，也可能产生这种微波功率，这也是值得注意的。如果怀疑有微波功率辐射，最好由专业人员对辐射功率进行探测，以确定对人身有无重大危险的存在。

辐射过程可能产生 X 射线，当用电子束轰击靶材时，如果能量较大的话，靶材也可产生特征 X 射线。对于不到几千电子伏的电势，辐射所产生的 X 射线的最小波长是原子间晶格间距的量级，其穿透能力很小，因此这种辐射一般对操作人员没有危害。然而如果轰击电子具有的能量很大，如超过几万电子伏；则像观察孔等处必须设计适当的屏蔽。

5.3 机械真空泵抽气系统

5.3.1 系统的基本操作及注意事项

机械真空泵抽气系统的基本操作规程如下：

（1）需通过冷却水工作的机械真空泵应在开泵前先通冷却水。

（2）当工作环境温度过低，机械真空泵因油温低，黏度大难以启动时，可将机械泵的进气口通大气，用手盘动泵轴，再断续启动。若仍不行，则应给泵油加温至 15℃以上。冬天宜换用黏度较小的真空泵油。

（3）机械泵在开动后，要检查油箱中的油是否达到油标中心，放气阀是否关闭，听泵音是否正常，一切正常后再与被抽系统接通。

（4）若抽除含有可凝性气体的气氛时，必须开气镇阀掺气，以免可凝性气体在泵内凝结，影响泵的抽气性能。

（5）应在机械真空泵的入口处设置压差放气阀，停泵时自动接通放气阀向泵内放气。没有放气阀的可拧开气镇阀掺气后，再停泵，以免泵返油和下次开泵难以启动。

（6）停泵后即可关冷却水。

操作中的主要注意事项为：

（1）泵在运转过程中应保持油箱内油量不得低于油标中心。

（2）不同种类和牌号的真空泵油不可混合使用。

（3）泵在使用中，因系统损坏等事故，进气口突然暴露大气时，应尽快停泵，并切断泵与真空系统连接的管道阀，防止泵喷油、污染工作场地。

5.3.2 机械泵抽气系统清洁真空的获得

油封机械真空泵（简称机械泵）广泛应用于真空系统中，多数作为前级真空泵。由于科学技术的发展，对清洁真空的要求愈来愈普遍，因此机械泵中的油蒸气返油问题便愈来愈受到重视。我们把机械泵油流向高真空端的现象叫做机械泵的返油。

5.3.2.1 机械泵系统的返流原因

返油现象经常发生在抽气管道中压力较低时，一般系统粗抽时（真空度大于 130Pa）不会发生返流现象，因为此时管道中的气流为定向黏滞流。但是随着泵入口管道中的压力降低，气体流动状态由定向黏滞流逐渐变为自由分子流，油蒸气分子的平均自由程不断增大，使分子之间的碰撞次数不断减少，这就会使机械泵油分子跑到扩散泵中或通过粗抽管道跑到真空室中，污染真空系统。

对于机械泵与油扩散泵组成的真空系统，机械泵油进入到扩散泵中后，不但影响扩散泵的极限真空，而且会使扩散泵的返油率增加。早在 1960 年，Baker 与 L. Hrenson 用气液色谱仪对系统中的气体成分进行分析，发现机械泵中尽管用的是平均分子量为 530 的矿物油，但返流的油蒸气分子量却小于 300，平均值为 150。这表明机械泵油裂解是机械泵返油的主要因素。机械泵工作过程中是靠油膜密封和润滑的，在机械泵中由于金属旋片与金属泵腔内壁摩擦产生局部过热，使旋片连续划破油润滑膜，导致泵油发生单纯性的热分解或热金属作触媒的分解，油分解成碎片，从而产生轻馏分的油蒸气。这种轻馏分油蒸气的分子量小，易反扩散，较容易跑到高真空端。若在矿物油中掺入 1%的滑润剂（如 MoS_2），使泵内摩擦减轻，或采用性能良好的扩散泵油作机械泵工作液，可使油的裂变得到改善。如果采用全氟聚醚（Fomblin）作机械泵油，则返油率可降低1/3，而且它的蒸气或碎片（CF_2、CF_3、C_3F_3）

在电子的轰击下不会形成聚合膜，而且组分中不包含氢或硅，因此不会反应生成碳氢化合物或硅化合物。表 5-1 给出了双级油封机械泵采用不同工作液的返油率测试结果。

表 5-1 双级机械泵的返油率试验结果

工 作 液	返油率/$\mu g \cdot cm^{-2} \cdot min^{-1}$	备 注
普通矿物油	18	
矿物油+1%MoS_2	4.7	
硅 油	10	黏性大，泵运行困难
聚苯醚	13	黏性大，泵启动困难

试验证明，机械泵返油率与泵的大小、旋片的线速度、泵工作温度等因素有关。泵越大返油率越大；旋片速度越高返油率越高；工作温度越高，油蒸气的分裂也愈严重，即油蒸气的返流愈严重。

5.3.2.2 防止返油措施

用机械泵抽气系统获得较清洁真空，防止机械泵返油的方法有许多种，如在真空系统的前级管路上装设各种类型的挡油阱（吸附阱、液氮冷阱、离子阱及半导体制冷的冷阱等），或利用气体黏滞性流动时的阻挡作用减少机械泵油蒸气进入高真空侧等，都可以降低机械泵的返油率。

A 设置吸附阱

在真空系统的前级管路上设置吸附阱，用吸附剂捕获机械泵的返流油蒸气，是防止机械泵油污染真空系统的简便方法。吸附剂靠物理吸附或化学吸附捕获油蒸气分子。常用的吸附剂有：五氧化二磷、分子筛、活性氧化铝、活性炭等，各种吸附剂的挡油效果见表 5-2。

表 5-2 机械泵无油抽气系统用吸附阱

吸附阱形式	吸附剂	对泵抽速影响/%	降低返油率/%
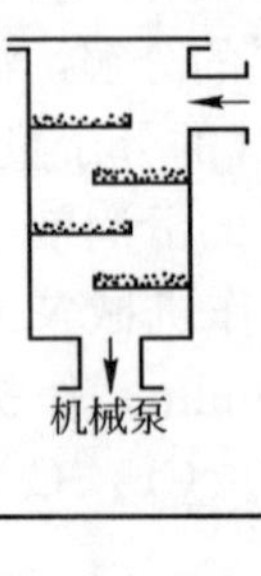 机械泵	五氧化二磷 13X 分子筛，粒度 3mm 10X 分子筛，粒度 3mm	抽气缓慢 无 无	50 50 30

续表 5-2

吸附阱形式	吸 附 剂	对泵抽速影响/%	降低返油率/%
机械泵 闭式阱 闭式阱	3A 分子筛，粒度 3mm	抽速降低 40	65
	10X 分子筛，粒度 3mm	抽速降低 40	70
	13X 分子筛，粒度 3mm		90
	活性氧化铝，粒度 3～6mm	抽速降低 20	99
	活性氧化铝，柱状长 13mm	抽速降低 10	99
	活性炭，粒度 1.5～3mm	抽速降低 95	99

由表 5-2 可见，活性氧化铝挡油效果最好。即使在部分吸附剂吸水饱和情况下，也能使双级机械泵的返油率降低 99%；活性炭虽然可以使返油率减少 99%，但由于粒度小，使阱的流导变小，引起机械抽速损失达 95%以上。除此以外，活性炭强度低，易破碎，易掉粉，分子筛在干燥情况下，可以使返油率降低 99.8%，但吸水以后效果较差。分子筛易破碎、易掉粉，进入到机械泵中会影响泵的抽气性能。

从表中看到 3A 分子筛有 65%的挡油效率，说明在机械泵返流的油蒸气中，分子量低、直径小的油蒸气分子相当多。13X 分子筛的挡油效果相当好（再生后其挡油率可达 99.8%），但是一旦它的表面吸附水汽后，挡油效果就会显著下降，由于水汽的置换作用，会从已吸收的沾污物中释放出质量数为 85 和 86 的成分。活性氧化铝的挡油效果更佳，它在吸附水汽后仍有较好的挡油效果（挡油率 99.7 %），但由于水汽慢慢地放出，会延缓真空度的提高；它在前级管道使用有比较好的效果，分子量大于 80 的有机分子几乎全部被吸收掉。活性炭阱的挡油效果也很好，只是它的颗粒太小，会过多地降低流导，同时，它的粉末更容易流动到真空系统的内部各处。

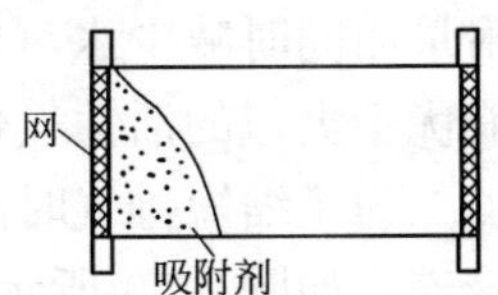

图 5-18 吸附阱

真空工程上，使用氧化铝阱较为普遍，将它与机械真空泵联合使用，可以用于无油真空系统的预抽系统上。目前，用国产的 Al203 作吸附剂，可使机械泵的返油率降低 99.7%。每克 Al203 吸收 0.11 克水后，挡油效果仍保持为 82%，经过再生后，挡油效率可达 99.2%。

氧化铝使用前，先在大气下加热 2h 进行活化处理，然后再装入阱中使用。

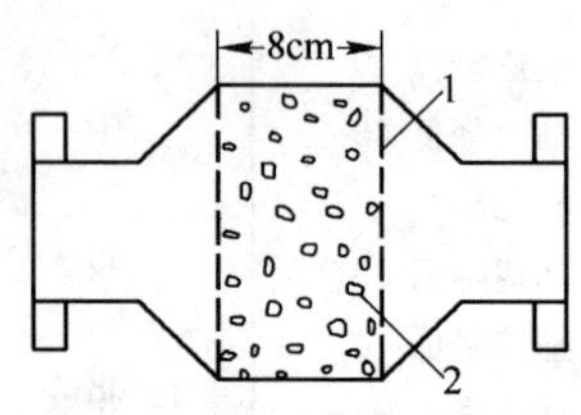

图 5-19 活性氧化铝阱示意图
1—不锈钢网；2—活性氧化铝

图 5-18 所示的吸附阱：在一根圆柱管（ϕ50×125）的两端加固定网，管中放置吸附剂。图 5-19 是一个实用活性氧化铝阱，阱内放置 ϕ（3～10）mm 的球状吸附剂，挡油率可达 99%，主要应用在抽气系统的前级管道上。阱吸收水汽后，可在真空中加热 300℃后保持 1～2h 进行再生；为避免水汽凝结在管道壁上，管道应加温至 150℃或从上游充入少量气体。最好是在真空系统外的大气下加热至 300℃烘烤 1～2h，然后趁热（高于 100℃）把氧化铝倒入阱内，随即与大气隔离封闭。

将活性金属吸附剂（例如镍）化学沉积在氧化铝上，可以得到几百 m^2/g 的活性表面；当用作前级吸附阱时，提高吸附剂的温度可以增加油蒸气的化学吸附量而同时减少水汽的物理吸附量。试验表明，其性能优于类似的活性氧化铝阱。

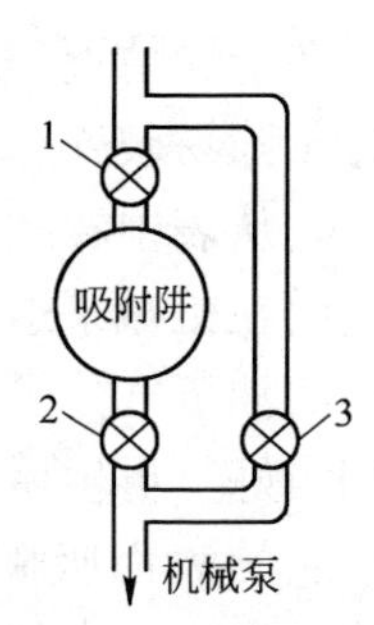

图 5-20 具有吸附阱挡油装置的前级管道
1，2，3—阀门

为了缩短排气时间，可在吸附阱旁并联一根旁通管道，如图 5-20 所示。在 101325～10Pa 的压力范围内，打开真空阀 3 通过旁通管道抽气；当压力降到 10Pa 左右时，真空阀 3 关闭，改由吸附阱通道抽气。图 5-20 中的真空阀 2 的作用如下：当机械泵停止抽气不工作时，将吸附阱与真空泵隔开，以免吸附阱大量吸收油蒸气；其次，当真空系统从大气下启动并通过旁通管道抽气时，它与阀 1 一起不让大量的潮湿空气通过吸附阱，同时避免气流冲击吸附剂引起吸附剂粉末飞扬。阀 2 可采用自动压差旁通阀门。利用压缩弹簧在大气压力下使阀门处于旁通状态，机械泵直接接通真空系统。当入口压力降低时，阀片两面压差驱使阀板逐步下压，真空系统逐渐接通吸附阱，当到达 5Pa 时，便完全接通吸附阱并关闭旁通管道阀。

在真空系统前级管路上设置分子筛阱时，为了避免吸收过多的水分，通常也采用旁路安装。在1000Pa以前用旁路抽气，气流不经过分子筛；在1000Pa以后关掉旁路，让气流经过分子筛阱排出。

B 采用离子阱

离子阱的结构原理如图5-21所示，一般将离子阱安装在油封机械真空泵的入口管路上。离子阱是利用冷阴极磁场约束气体放电的原理，在一个水冷圆柱状阴极筒的中心插入一根棒状阳极（$U_a=3kV$），由一环状永久磁铁提供一个轴向磁场。离子阱工作在$10 \sim 10^{-2}$Pa压力范围内，如果放电强度足够大，当油蒸气分子穿过放电空间时，将被电子和离子轰击打成碎片。然后在电极表面上聚合生成高分子量的碳氢固态膜。

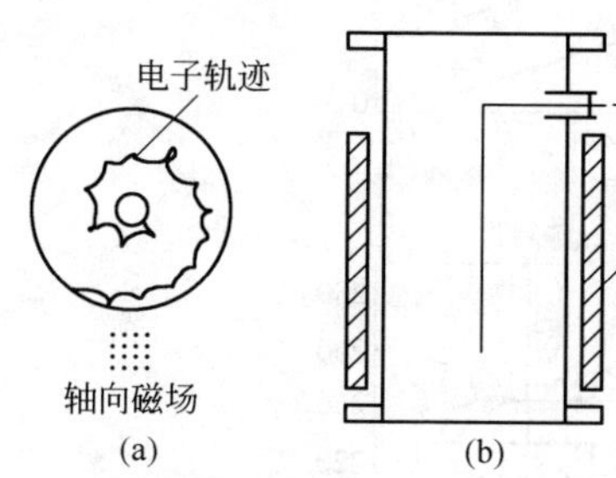

图5-21 离子阱原理示意图

（a）横截面的电子轨迹；（b）结构示意图

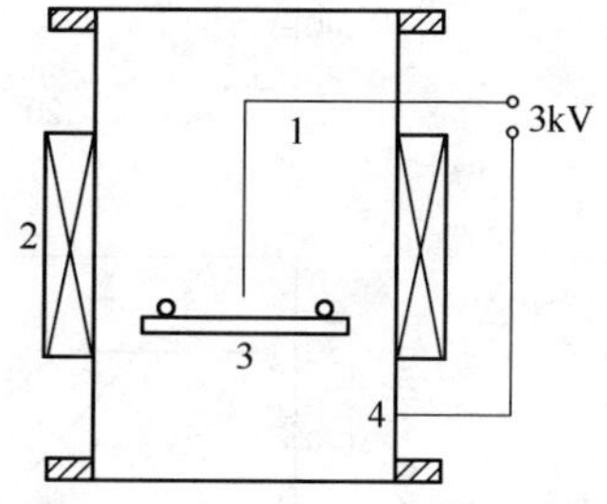

图5-22 带水冷挡板离子阱

1—阳极；2—磁钢；3—水冷挡板；4—阴极壳体

图5-22示出一种带水冷挡板的离子阱原理图。阱由阳极、阴极、水冷板及磁钢组成。阳极接3kV正高压，阴极是阱壳体（接地）磁钢装在壳体外面，水冷板处于壳体内部，对着机械泵的抽气口。

机械泵工作时，返流的油蒸气碰到阱内的水冷板后，被反射到阱的壳体壁上。由于阳极与阴极之间有3kV的直流正高压，电极之间可以产生气体放电，放电形成的电子在由阱外部磁钢产生的磁场的引导下进行螺旋形运动，使被抽气体更为有效地电离。电离产生的离子在电场作用下，打到阴极（壳体壁）上，把已沉积在壳体壁上的油分子轰击成碎片，并产生聚合物吸附在阱的内壁上。

离子阱的挡油效率可达99%，这种阱使用维护简单，但结构比较复杂。

C 设置冷凝挡油阱

在系统的前级管路上设置低温冷凝阱捕获机械泵返流的油蒸气分子，低温冷凝阱的挡油率因冷阱的几何形状而异。对于低流导的液氮阱，挡油率甚至可达到 99.9%。但半导体制冷冷阱，对机械泵油分解的轻馏分（如 CH_2等）均无效。

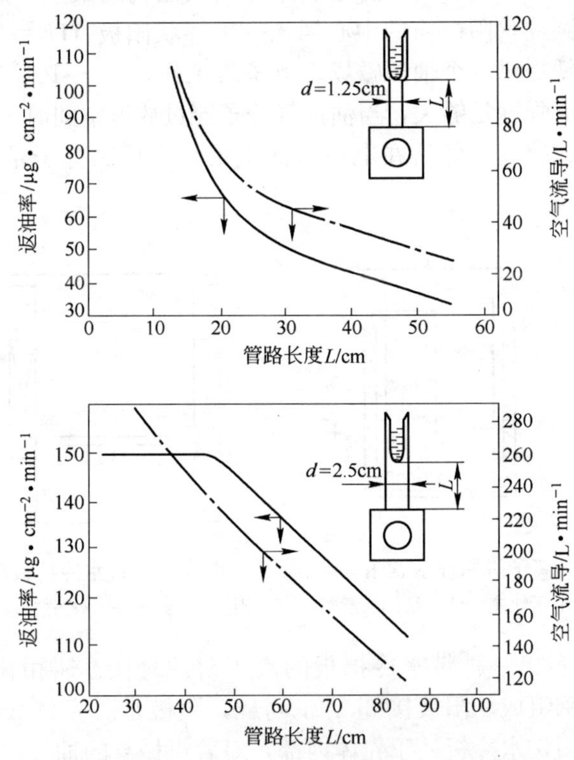

图 5-23 随着机械泵入口所接管道长度增加返油率下降的曲线（单级机械泵抽速 15L/s）

a 液氮挡油阱

液氮冷阱捕获油蒸气的原理与扩散泵冷阱相同，也是利用低温表面来捕获油蒸气的。这种阱可以使返油率降低 97%。但是要经常补给液氮，否则当液面降低后，阱的温度升高，已捕获的油分子又会释放出来。鉴于这种原因，工程上使用不多。

b 半导体制冷挡油阱

这种阱制冷原理与半导体温差制冷障板相同。如果阱的温度为

−40℃，可以使返油率降低 75%，可见挡油效果不如上述各类冷阱。但这种冷阱操作方便，清除油蒸气分子容易，只要将制冷元件反向接通，冷端会变为热端，把吸附的油蒸气清除。

D 延长前级管路和提高前级压力

延长抽气系统的前级管路可以明显降低油蒸气的返流量，返流量与管路的分子流流导有一定关系。实验表明，适当延长前级真空管路，并且压力上升至 10Pa，油蒸气的返流率可以降低 95%。图 5-23 给出一只 900L/min 的单级机械泵接上不同长度的管路时，其油蒸气返流率随管路长度变化的实验曲线，右边的纵坐标标出空气分子流的流导值。

E 干式机械真空泵抽气

为了避免油蒸气的返流，可在高真空级采用干式机械真空泵，而以一般的油封旋转泵作前级泵的两级抽气装置（见图 5-24），并在级间充入干燥氮气（维持在 5～10Pa）以减少前级泵的油蒸气返流量。该系统油蒸气的返流量可减少 90%～95%。也可以在高低真空级间加一个活性氧化铝吸附阱，既可以吸湿，又可以吸附油蒸气，同时真空系统不至于因漏入干燥气体而升压。

也可以直接采用干式机械真空泵（例如爪式真空泵或涡旋式真空泵）作前级泵或低真空无油抽气系统。

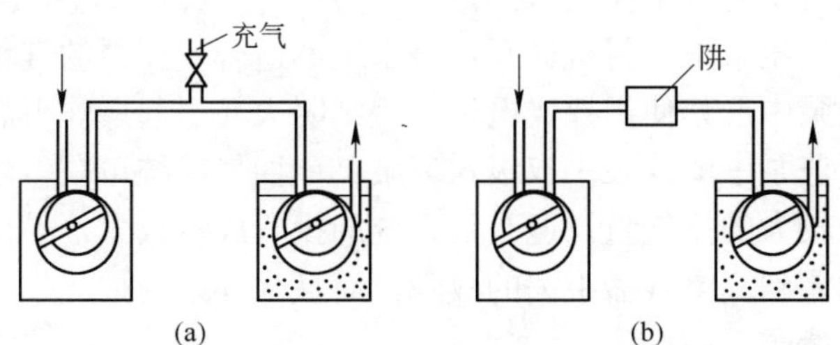

图 5-24 干级与油封级组合的两级装置

(a) 级间充入干燥 N_2；(b) 级间串入一吸附阱

5.3.3 机械真空泵系统抽除水蒸气的措施

5.3.3.1 抽除水蒸气的真空系统

在真空浸渍、真空干燥及真空冷冻干燥等工艺过程中，真空系统抽除的气体主要是水蒸气及其他可凝性蒸气，其工作真空度多为 10～10^{-1}Pa，国外通常用罗茨泵与油封机械泵组合进行抽气。为此，近年来国外生产的油封机械泵都有水蒸气最大入口压力这个指标（通常为 $10^3 \sim 3\times10^3$ Pa），而国产油封机械泵一般都没有这项指标，而且有的机械泵所配的气镇阀逆止作用不强，气镇作用不显著，达不到大量抽水蒸气的目的，造成水蒸气大量地凝结于泵油中，油水混合形成白色的乳浊液，降低机械泵的密封和润滑性能。乳浊液会使泵体内部生锈，生锈的铁粉落入油中呈赤褐色，并与泵油一起在泵内循环，这对泵的使用寿命和极限真空度等性能都带来不良的影响。油中混有有机溶剂时对泵性能的影响见表 5-3。

表 5-3 泵油混入溶剂时的极限压力

三氯代乙烯混入率（容积）/%	极限压力/Pa	恢复到 1Pa 时需换新油的次数
10	133	8
1	11	2
0.5	6	2
0.3	2	1

几种常用的抽除水蒸气的真空系统（工作真空度为 $10 \sim 10^{-1}$ Pa）为：

（1）水蒸气喷射泵抽气系统：水蒸气喷射泵适用于大排气量的真空系统，系统需要配置工作蒸汽源。

（2）油增压泵＋油封机械泵：该系统不适合变压器的气相干燥，尤其在油增压泵中严禁使用裸式电炉，否则明火易引起爆炸事故。

（3）罗茨泵＋罗茨泵＋双级水环泵：该抽气系统可获得较高的极限真空度和比较大的排气量。但是该系统的投资成本较大，易出现水环泵的工作液倒流到真空容器中去的故障，而且水环泵的抽气效率低，单位耗电量要比滑阀泵高 50%。

（4）滑阀泵＋水环泵或 ZJ 型罗茨泵＋滑阀泵＋水环泵：因在系统中滑阀泵配有前级泵（水环泵），使其压缩比减少，故水蒸气很少在滑阀泵中凝结，但仍存在第 3 项的缺点。

（5）ZJ 型罗茨泵＋油封机械泵：因油封机械泵配有高效的气镇阀、可靠的油水分离器及设计合理的润滑系统，使得该系统可以在入口水蒸气压力为 3000Pa 下连续运转，这是近年来国外采用的经济、可靠的抽水蒸气的真空系统。

5.3.3.2 油封机械泵抽除水蒸气的措施

A 采用气镇式机械真空泵

在机械真空泵泵腔内的吸气终了之后，经气镇阀向泵的封闭腔内掺进一定量的干燥空气，增加泵腔内封闭气体的全压力，使之打开排气阀时的封闭腔内水蒸气分压力小于泵温所对应的水的饱和蒸气压，于是水蒸气没有凝结地被排到泵外，这就是气镇式机械泵的工作原理。

当吸入纯水蒸气且掺进干燥空气时，最大的水蒸气吸入压力由下式计算

$$p_{m} \leqslant \frac{Q_{qz}}{S\left(\frac{p_{a}}{p_{ac}}-1\right)} \frac{T_{B}}{T_{H}} \tag{5-1}$$

式中 p_{m}——最大允许的水蒸气吸入压力，Pa；

S——入口压强为 p_{sz}时的泵的抽速，L/s；

Q_{qz}——气镇量，Pa · L/s；

p_{a}——机械泵的排气压力，Pa；

p_{ac}——机械泵工作温度对应的水的饱和蒸气压，Pa；

T_{B}——机械泵入口水蒸气的绝对温度，K；

T_{H}——机械泵的排气温度，K。

令 $T_{B}=T_{H}$时，引起的误差不超过 10%～15%，于是上式可简化为

$$p_{m} \leqslant \frac{Q_{qz}}{S\left(\frac{p_{a}}{p_{ac}}-1\right)} \tag{5-2}$$

为了使气镇机械泵有效地工作，应注意以下两点：

(1) 最好使机械泵的工作温度控制在 75～90℃之间，这可减少气镇阀的负担。

(2) 气镇阀必须有可靠的逆止作用，即只允许向泵腔内掺气而决不允许由泵腔经气镇阀向大气中排气。

如果较好地解决了上述两个问题，即可以用油封式机械泵大量地抽除水蒸气。

由于机械泵配置了气镇阀，不可避免地会带来下述影响：

(1) 气镇后会使机械泵的功率及温升增加，而温升增加对抽除水蒸

气是有利的。

(2) 气镇后使泵的油耗量增加，其增量大小取决于泵的结构、油的黏度及气镇量的大小。通常，对 1L/min 气镇量泵的油耗量约为 0.2～0.3mL/h。

(3) 气镇量对极限真空的影响。

当充分气镇时，单级泵的极限压力低于 100Pa 至十几帕（全压），双级泵的极限压力约为 10Pa（全压）。

对于单级泵，在充分气镇且极限压力低于 100Pa 时的最大水蒸气耐压为 10^3～2×10^3 Pa。如果水蒸气耐压减少，则气镇量可相应减少，而极限真空会逐步改善。

应该指出，气镇泵不能避免蒸汽向泵油中溶解，但可显著地减少其溶解程度。这一方面是因为掺进的空气可以帮助可溶性蒸汽快速从泵腔中排出，另外也能减慢蒸汽向泵油中的溶解速度。

为了恢复气镇后机械泵的极限真空度，可先将机械泵的入口堵死，打开气镇阀，经过一段时间的运转，泵油得到提纯，便可恢复其极限真空度。当然泵的装油量愈少，愈容易恢复其极限真空度。

B 采用热泵

从理论上讲，如果容积式机械泵的泵腔工作温度在 100℃以上时，即使不进行气镇掺气水蒸气也不会在泵腔中凝结，因为 100℃所对应水的饱和蒸气压已是 101325Pa，这就是热泵的工作原理。但热泵要求真空泵油在高温时仍满足其密封和润滑性能的要求，而且轴封的材料最好用耐高温的氟橡胶制成。

为使泵在高温下运行，可使机械泵的水套通热蒸汽加热，如无水套和蒸汽源，可用电加热或其他方式加热。应该注意，热泵所用油的高温黏度较大，会给泵的启动带来困难，为此在机械泵的启动前应先对泵油进行加热，以减少泵油的黏度。

通常，可将普通机械泵换上耐高温的泵油和氟橡胶密封材料，泵即可在较高的温度下工作。一般可设泵的最高允许温度为 90℃，正常工作温度可调定在 (80±5)℃。这样的热泵运行，可减少可凝性气体在泵腔内的凝结。泵的工作温度可用冷却水流量调节器进行控制。泵在接入系统抽空以前，要提前启动进行空转预热，待泵温升高到工作温度后，泵才接入到系统中进行抽气。在泵的预热期间，开始冷却水并不接通，只有当泵温达到调节温度时，冷却水才接通，并继续维持此温度。

C 采用油水分离装置

即使机械泵配置了高效的气镇阀，因泵温很难控制等原因，泵腔中仍有部分水蒸气凝结，故必须配置油水分离装置，其结构形式有如下几种。

a 油水加热分离

(1) 油水混合物经导管进入分离器中的已被加热的斜槽内，以薄膜状慢慢向下流动，混合物在流动中，水被加热蒸发而排到大气中去，纯净的油流到分离器的下部被冷却，而后又返回到泵中循环使用。

(2) 油水混合物在分离器中被热空气加热，水被加热蒸发且和热空气一起排到大气中，而纯净的油被冷却又返回到泵中循环使用。

b 离心分离机

油中分散的水滴由于离心力的作用，水被集中到分离机圆筒的外周排出，而纯净的油由中央回转轴附近的出口排出。一台分离机可供数台油封式机械泵同时使用，中间由齿轮油泵输送。

c 油水过滤分离

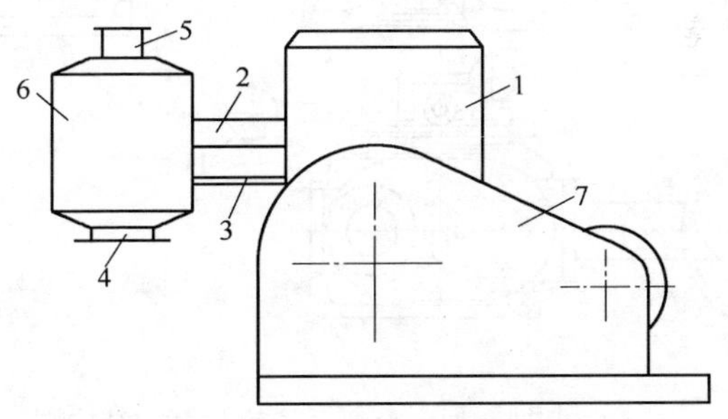

图 5-25 热虹吸分离装置

1—主油箱；2—排气管；3—回油管；4—排水口；5—排气口；6—辅助油箱；7—机械泵

从机械泵排出的油水混合物经导管进入到分离器中，再由齿轮泵送到分离器的上部，使其通过多层由特殊合成树脂材料制作的过滤器，混合物经过过滤器时，小水滴逐渐变成大水滴落到分离器的底部而被排出，被滤出的纯净的油又返回到泵中继续使用。

d 热虹吸分离法

如图 5-25 所示，油、气、水的混合物从机械泵 7 排至主油箱 1 中，其中一部分油便沉降到主油箱内，余下的混合物经排气管 2 排至辅助油箱 6 内。因辅助油箱体积较大，温度较主油箱低，混合物在辅助油箱内进一步得到分离，气体从排气口 5 排至大气，沉降到辅助油箱下部的水从排水口 4 间歇地排到外部，较纯净的油从回油管 3 返回到主油箱中。形成油循环的主要动力是排出气流与油之间的黏滞力以及两个油箱温度不同所形成的压头，该循环称为热虹吸循环。泵油在主油箱与辅助油箱中不断地循环，从而逐渐得到提纯，达到油水分离的目的。

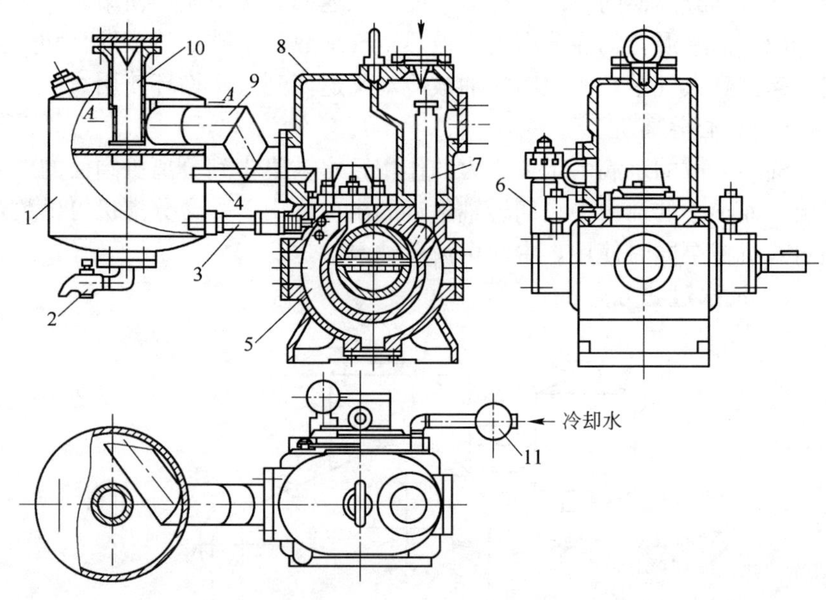

图 5-26 带有油水分离系统旋片泵的结构图

1—副油箱；2—排水口；3—下虹吸管；4—上虹吸管；5—水套；6—气镇阀；7—进气管；8—主油箱；9—排气管；10—排气口；11—冷却水流量调节器

带有油水分离系统的 X150 型旋片式真空泵结构如图 5-26 所示，主要有泵体、转子、排气阀总成、主油箱和副油箱五部分组成。

该泵的主要工作部分很简单，容易制造和保证精度。泵增加了一个比主油箱位置稍低的副油箱 1，主副油箱之间除了排气管相连外，在油面以下还有两根连通细管 3 和管 4。泵在运行期间，靠虹吸作用，油通过两管不断进行循环，对油进行自动净化处理。在主油箱内，混有凝结水分的油因比重较大沉在箱底，进入下面的联管，一并流到副油箱中，而一旦进入副油箱中就继续往下沉，再也不会返回到主油箱中，上面的联管会及时地将副油箱上部的无水分的油补充进主油箱。主油箱中可能进入的垃圾污物也通过同样的路径进入到副油箱中被沉淀分离掉。通过排气管 9 直接进入到副油箱中的油、水及杂质混合物也会在副油箱中进行分离。水和杂质沉淀在副油箱底部，油处在其上部。

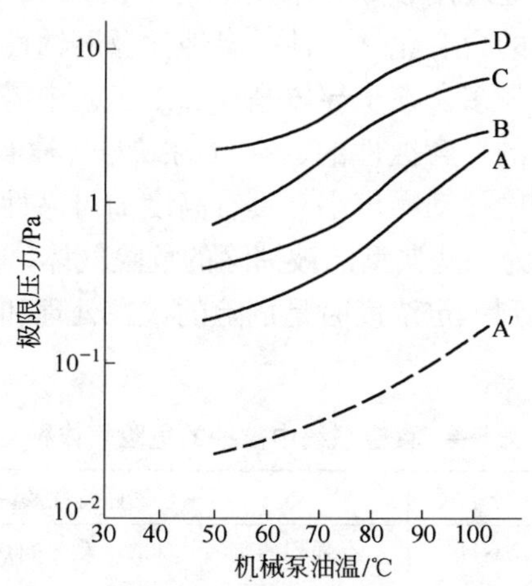

图 5-27 采用不同泵油时双级油封机械泵的极限压力曲线

A—1 号真空泵油；B—2 号真空泵油；C—140 号透平油；D—20 号机油；

A′—1 号真空泵油，用麦氏计测量（其余用热偶计测量）

D 采取其他措施

尽管采取了各种油水分离措施，油中仍然会含有一部分水。如果单级油封机械泵的轴承单独供油润滑，即使泵油有些轻微乳化也不会影响到轴承的使用寿命。另外，当油封机械泵与罗茨泵组合使用时，对前者的极限真空度要求不高，可用价格较低的 20 号机油等代替真空泵油，且装油量多些，这样可以增加换油周期，对抽出水蒸气也是有利的。采用不同机械真空泵油时，双级油封机械真空泵所获得的极限压力见图 5-27。

考虑到节能、投资、占地面积及操作方便等因素，罗茨泵与油封机械泵的组合也是一种较理想的抽除水蒸气系统。应重视发展抽水蒸气的单级油封式机械泵，因为单级油封式机械泵的结构形式对抽水蒸气十分有利，这种真空泵的极限真空度要求不高，而水蒸气耐压应是其追求的主要指标。

5.3.4 用油封机械泵抽除含腐蚀性和磨蚀性气体

5.3.4.1 被抽危险气体的种类

目前在很多工业应用领域，采用油封式机械泵（旋片泵和滑阀泵）真空系统抽除大量的含有化学活性、腐蚀性及磨蚀性的气体，其中以微电子及半导体工业较多。在半导体晶片加工工艺中需要抽除的气体可能是腐蚀性的、易燃的、磨蚀性的、有毒的或与普通真空泵油不相容的，要求真空泵在运转中振动噪声小并具有高度的可靠性。

表 5-4 中所列为一些典型的被抽除的危险气体，腐蚀性气体和反应生成物，当它们达到一定浓度时是危险的，在处理和抽除时必须特别小心。

表 5-4 真空系统中被抽的危险气体种类

名 称	分子式	气体特性及说明
氨	NH_3	有强烈的刺激气味，一般不自燃
氯化铵	NH_4Cl	趋于块状，具有磨蚀性，可产生重粒子污染
砷化氢	AsH_3	有剧毒
三氯化硼	BCl_3	对真空泵和泵油具有腐蚀性
三氟化硼	BF_3	对真空泵和泵油具有高的腐蚀性
四氯化碳	CCl_4	产生烃油聚合物，对真空泵油产生污染
四氟化碳（R14）	CF_4	在等离子体中能形成 HF
氯	Cl_2	具有强烈的刺激味，与氢混合可发生爆炸。产生烃油聚合物
二氯甲硅烷	$SiCl_2H_2$	能生成盐酸
氢	H_2	在空气、氧、氯等气体中易燃、易爆
氯化氢	HCl	具有腐蚀性，不易燃，与水能形成盐酸
氟化氢	HF	具有很强的腐蚀性，操作时应特别注意
二氧化氮	NO_2	具有强烈的毒性

续表 5-4

名　称	分子式	气体特性及说明
氧化二氮	N_2O	助燃
氧	O_2	易燃，促进爆炸
磷化氢	PH_3	有剧毒
硅　烷	SiH_4	在空气中燃烧
二氧化硅	SiO_2	有很强的磨蚀性
四氮化硅	SiN_4	可产生微粒污染
四氯化硅	$SiCl_4$	在等离子体中可产生氯化物
四氟化硅	SiF_4	在空气中可分解形成氧化硅
三氯氟化甲烷（R13）	CCl_3F	产生烃油聚合物

5.3.4.2 机械真空泵油的选择

机械真空泵和真空泵油（工作介质）必须能耐得住半导体工业生产中的活性气体，这些气体一般常为氯或氟基，能生成氯化氢和氟化氢酸，这种酸能降低矿物油的性能并对泵产生腐蚀。此外，被氯化的化合物能够促进烃油的迅速聚合，这种烃油与被抽气体中的悬浮粒子和腐蚀性有机物残渣相结合可对机械真空泵造成很大的危害。

用于半导体工业的油封式机械真空泵（例如，旋片泵和滑阀泵），在泵的工作循环和被抽蒸汽被压缩的过程中，被抽气体中的磨蚀性粒子可能被挤进泵转子与泵体或泵体与旋片、旋片与转子之间的间隙中，并使被抽蒸汽在泵腔内冷凝与油混合。一旦蒸汽与油混合就难以清洗，将导致一定程度的化学破坏作用。

采用普通机械真空泵油与任何腐蚀性废气发生反应，油必须不断地过滤和清洗，或是经过一定使用时间即废弃不用，这是降低真空泵腐蚀的一种慎重的方法。但是更换泵油和过滤器的成本是很高昂的。

抽除如氧等某些有易爆危险的气体时，最好使用惰性真空泵油。常用的惰性真空泵油有过氟聚醚（Fomblin）和三氟化氯乙烯的聚合物（Halocarbon）等。

由于惰性的泵工作液的成本高，所以希望泵的注油量要尽量地小。这与对普通机械真空泵油的要求相反，普通机械真空泵油的较大注油量意味着工作液的不常更换。如果具有从泵底部附近进行供油的 方便条件，就能满足上述两种要求。

5.3.4.3 真空泵油的处理

泵在腐蚀环境中抽除腐蚀蒸气时必须除掉腐蚀蒸气与惰性工作液形成的乳化酸，否则当泵空转的时候，这种酸能浮在惰性工作液的上面，从而腐蚀机械泵，造成重新启动的困难，或者可能卡住泵的旋片。要除掉乳化酸，则必须对真空泵油进行有效的过滤。当泵油能满足泵的正常运转时，必须不断地过滤以使污染降到最小。

为了油封机械真空泵中得到最好的工作条件，最好过滤除去被抽气体中的磨蚀性粒子。因为在多数场合，在腐蚀性气氛下引起真空泵工作困难的是泵油裂解和污染，因此在半导体工艺中除了过滤被抽气体中的粒子以外，还必须除去酸和裂解油。

当使用普通机械真空泵油抽除腐蚀性气体时，泵应该采用大油箱，以便增加换油周期，这样也必须采用大容量的过滤器。对像二氧化硅这样的微粒，可用额定 2～0.5μm 的过滤器。当出现大量的溶剂和酸时，就要求使用活性炭过滤器。活性炭可以清除酸和由裂解油生成的油渣等微粒物质。

当使用惰性真空泵油时，为了减少过滤器的频繁更换和附带的泵油损失，要求采用大容量的小型物理过滤器。实际应用表明，纤维素过滤介质在减少酸性污染方面是有效的，而且大部分工作液易于回收。还可以采用活性炭过滤器从惰性真空泵油中清除腐蚀性酸。

5.3.4.4 用惰性气体清洗

对于 HCl 、HF、BF_3和 SiF_4等工艺反应放出的气体，当它们与空气和水混合后，能够生成低蒸气压的酸，或生成微粒物质。在这种抽气过程中所使用的真空泵应该经常采用氮气清洗系统，将有毒的或危险的气体稀释到较安全的浓度，就能获得较好的抽气效果。在某些过程中，由于被抽蒸气的流量较大必须直接把氮气导入到抽气管路中，但是此时要求真空泵的抽气量足够大，能够及时处理放进去的氮气，使真空室达到一个满意的压力才可操作。当真空处理室要求高真空时，可使用以旋片泵作为前级泵的罗茨泵抽气系统，把氮充进两泵之间。在许多过程中，要求的充氮量较小，把氮导入泵的气镇装置中以处理放出的气体。然而用氮气镇泵处理蒸气的量在很大程度上取决于泵的温度，水冷真空泵采用恒温控制水阀控制泵温，风冷真空泵用改变空气流量的办法来控制泵的温度。

也可在真空泵的进气口采用冷阱或吸附阱来冷凝或过滤被抽气体，在吸附阱中常采用活性炭、氧化铝、13X型分子筛等吸附剂。活性炭的特殊优点以及它抽除大量水蒸气时较高的吸附能力，使它成为用于这种形式冷阱的最合适的材料。

5.3.4.5 真空泵的检修

在某些抽气过程中排除易爆和有毒的气体需要采用精心的预防措施。一部分气体可能留在真空泵里，连同酸污染危害维护人员的健康，在维修期间不应忽视。

在真空泵换油或维修开始之前，要用氮气把危险气体从真空系统中清除。即使用氮气清洗过了，也必须采取足够的防护措施，因为危险气体可能留在泵的沟槽里或与泵油混合。

真空泵换油要在通风良好的地方进行，操作者应有必要的防护措施。在拆卸泵时，也将采取同样的防护措施，在检查与重装前要对零件进行彻底清洗。

5.3.5 油封机械真空泵排气油雾的防治

5.3.5.1 机械真空泵喷油污染现象分析

油封机械泵是真空设备中常用的真空泵，在油封机械泵的排气过程中，悬浮在被抽气体中的油滴随气体一起被排出，在泵的出口形成油雾，由此产生了油封机械泵的排气喷油现象。随着油封机械泵进气压力的升高，油雾的生成量也随之上升，喷油现象也越来越严重。随排气而排出的大量油滴由于扩散及吸附作用，会在极大范围内附着在物体表面形成油附着层，此附着层形成的速度取决于排出气体的油滴含量、排气方法以及被附着材料的表面性质。该附着层会对周围环境构成严重的污染，并妨碍操作人员的身体健康，浪费泵油。

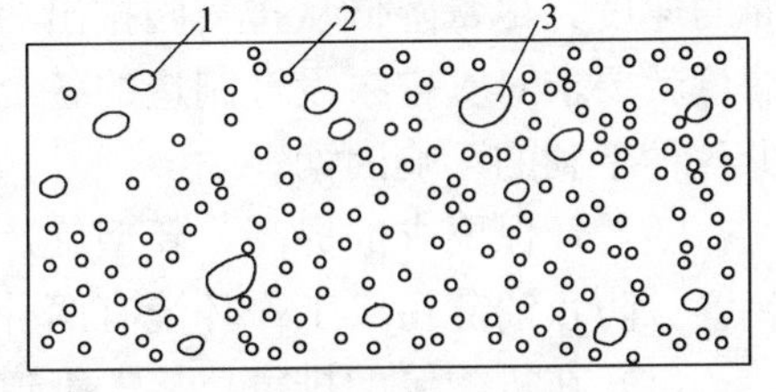

图 5-28 排出混合气体的组分示意图
1—油滴；2—排出的气体；
3—其他组分

为了有效地分离及过滤排出气体中的油滴，首先对含有油滴气体的性质进行分析。如图 5-28

所示，油封机械泵排出的油雾为多种物质的混合物，一般由油滴、被排出气体和少量的其他组分构成。一般来说，油滴为烃类分子的聚合体，分子量较大，被排出气体的分子量要远小于油滴的分子量，并且二者之间一般不发生化学反应。当对排出气体中的少量的其他组分忽略不计时，油滴与被排出气体的混合物为液体微粒分散在气体介质中所形成的液-气分散体系，其中被排出气体为分散介质，油滴为分散相，并且油滴在被排出气体中能保持相对的稳定性，油滴遵循流体运动规律，受布朗运动的支配并借助布朗运动在被排出的气体中实现扩散过程。

在油封机械泵排出气体中的油滴直径大约在 0.01～0.8μm 之间，这样小的油滴不能用一般的编织网或油气分离装置完全消除，需要另外附加各种各样的专用过滤器或捕集器。

由于油滴的布朗运动，在机械分离系统中，油滴可以通过两种物理途径被清除：一种是彼此之间发生碰撞而合并凝结，形成足够大的颗粒而发生重力沉降；另一种是向各种表面迁移而粘附在物体表面发生扩散沉积而被清除。这两种途径的实现基础在于降低被排出气体的运动能量即降低被排出气体的流动速度，因此为达到良好的清除效果，应当尽量在油雾分离过滤系统内建立黏滞流的流态环境，并给予油滴尽量长的沉降时间来实现油滴的合并凝结与扩散沉积。但是要完全实现被排出气体的流动速度为零也是不现实的，为此在设计时要做到使被排出气体的流动速度尽可能低，在系统中采用高分离效率的机械分离系统。

5.3.5.2 降低喷油量与油气分离捕集装置

降低油封机械泵的喷油量是解决问题的根本途径，降低喷油量就要尽量降低从排气阀排出的含油气体的流动速度及含油气体冲击油箱内油面的速度，尽量降低从排气阀排出的含油气体的油滴含量，为了降低喷油量就要求对真空泵设计制造的各个环节进行严格的过程控制，尽量减少各种不利的影响因素。

随着环保要求的提高，新型旋片泵一般都在泵的出口设置油气分离装置。防止油雾污染工作环境有两种方法：

（1）在机械泵的排气口接上管道，并通向室外的油气分离装置。小型泵可用橡胶管，大型泵用金属管道。这种方法适用于大型真空设备，以及机械泵有固定安装位置的情况。

（2）在机械泵的排气口上，安装分离油雾的捕集器。油雾分离捕集器可以把真空泵油从被抽气体中分离出来，使泵油重新返回到机械真空泵的油箱中。油雾捕集器的挡油体是用多孔材料制成的，有一定的消声作用，可以减小机械真空泵的排气噪声。

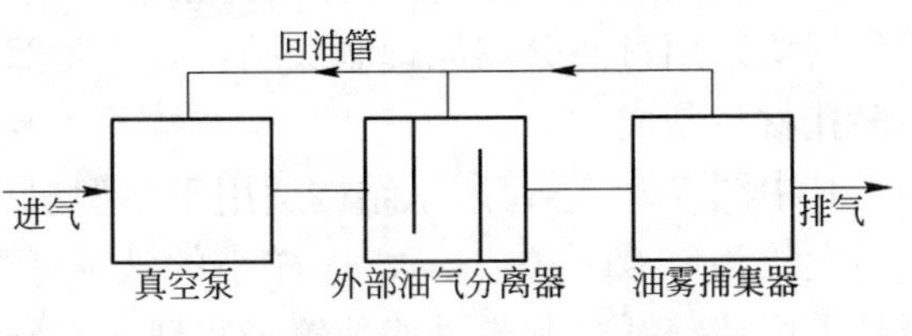

图 5-29　油气分离捕集系统示意图

油封机械泵的油气分离捕集系统如图 5-29 所示，典型的机械式油气分离捕集装置可采用多级配置，首先在真空泵内配有内置油气分离

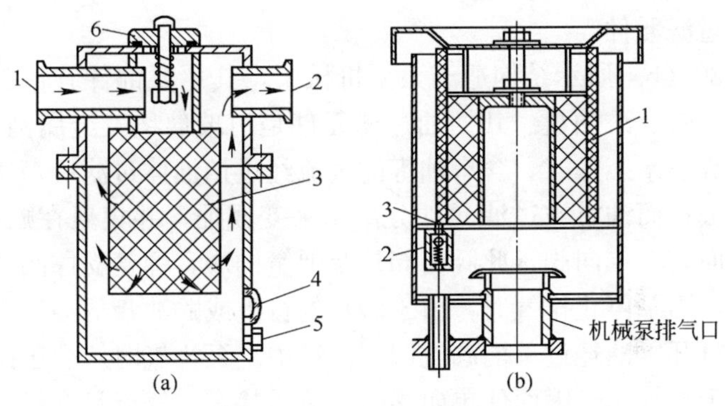

图 5-30　两种油雾捕集器结构简图

(a)：1—进气口；2—排气口；3—过滤元件；

4—观察窗；5—放油口；6—安全阀

(b)：1—过滤元件；2—单向阀；3—贮油盘

器，有伞型、S 型、单罩型、双罩型及反击式双旋风型等等，可以将排出气体中的大油滴与气体分离。其次是泵外部油气分离器，可以是旋风式分离器或者碰撞罩填料组合结构等等，旋风式分离器一般能够制成大型装置，而碰撞罩填料组合结构一般仅用于小抽速的机械真空泵，碰撞罩可以除去较大的油滴，填料用于收集小油滴。第三级可设置油雾捕集器，可以由烧结的多微孔材料制成，用于捕集剩余的微小油滴。为了回收利用排出的油滴，一般都会设置回油管将分离收集的真空泵油回流至真空泵内循环使用。

图 5-30 给出了两种油雾分离捕集器的结构简图。这两种油雾分离捕集器均采用过滤分离原理制成的，其主要部件挡油体（过滤元件）是用多孔材料制成的。

其中图 5-30（a）所示结构适用于小型机械真空泵，可过滤的油滴直径大约为 0.01～0.8μm，这样小的液滴不能用一般的编织网过滤，而是采用特殊纤维制成过滤装置来实现油气分离，其中要有足够小的微孔吸收油雾。过滤元件 3 是用多孔树脂与玻璃纤维压成片，然后卷成圆筒制成的，置于圆筒形油雾分离器之中，排出的气体由泵出口进入分离器，气体经过过滤元件后，到达过滤器出口时已经得到净化。油在分离器中被收集，收集的油量可由观察窗看到。当过滤元件被堵时，压力将增加。当压力达到 1.5×10^5 Pa 时，分离器的安全阀打开，此时必须清洗或更换过滤元件。

图 5-30（b）所示结构适于大型机械泵，其主要部件有：挡油过滤元件、单向阀及贮油盘。其挡油过滤元件是由玻璃毡及金属网构成的。油封机械真空泵工作时，含有油雾的气流经过挡油体过滤后，气体被排到大气中去；而油雾被过滤元件分离出来变成油，并集聚在贮油盘中。贮油盘下面装有单向阀，此阀由阀片及弹簧构成，弹簧支撑阀片。弹簧弹力很弱，当泵停止排气时，由于阀片的自重或贮油盘的油压力均可以使单向阀打开，油经过单向阀流回到油箱中。泵排气时，由于排气口处的压力大于大气压，因而使单向阀处于关闭状态，气流只有经过挡油过滤元件才能到大气中去，这样便达到了分离油雾的目的。

5.3.5.3 电子油雾净化系统

A 净化原理及流程

电子油雾净化系统是一种对机械真空泵排气油雾进行净化处理的高效油雾净化设备。电子油雾净化系统的技术关键在于利用了常气压电晕放电技术对油雾进行处理。其基本方法是根据气溶胶的分化原理，采用两步法来净化油雾，首先利用冷却装置减低含有油滴气体的体积及运动能量，从而增加分子间的吸引力，再利用机械分离系统分离出较大油滴，然后利用高电压形成高压静电场，在大气压力下通过高电压电晕放电作用将气流中的较小油滴颗粒加以碳化捕集。

系统的净化流程如图 5-31 所示，一般来说电子油雾净化系统的本体压力损失不会大于 200Pa，因此并不是所有的系统内必须配置抽风机，只有在某些排气阻力太大的系统上才需要设置。

油雾被排出油封机械泵后，首先经过机械分离系统产生分化，此过程为物理作用过程，油雾中的油滴不发生化学变化。机械分离系统的核心在于迷宫分离系统，有时也辅助以吸附过滤系统。分离系统根据其每阶段构成的运动状态，采用多种形状、多层分离板进行拦截处理。在减弱油滴的运动能量后将其拦截在分离板的表面。由于油滴的运动为布朗运动，油滴会自动扩散至整个机械分离系统表面，在通过分离系统的不等规则的间隙后，较大的油滴就会从气流中脱离出来，吸附在分离板表面上产生沉积。

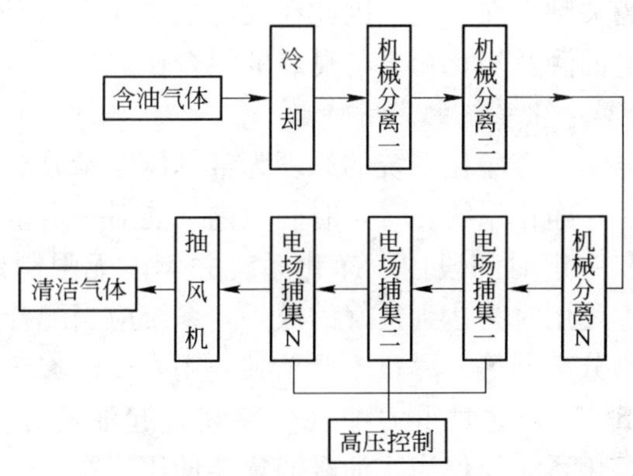

图 5-31 油雾净化系统流程图

经过机械分离系统处理过的油雾被转入高压静电场多级发生器中，多级发生器在 28～30 kV 的电压作用下产生高压静电场（在工作时静电场产生紫光，由于紫光中含有紫外线，用户尽量不要长时间注视紫光）。通过脉冲、监控、自动保护电路产生强有力的瞬间吸放及高电压电晕放电，空气中的氧气（O_2）经过静电场时被荷电，从而被碰撞分离后产生臭氧（O_3），在电场力的作用下臭氧及油雾朝集尘极运动，当经过静电场的尖端放电处时，油雾中的油滴就被臭氧的极强氧化作用所裂解而产生炭化，同时在整个静电场中炭化的粉末也带有电荷，在电场力的作用下使炭化粉末朝下一级的静电场的集尘极运动，进行进一步的催化、氧化并彻底分解，从而被吸附、收集，在此过程中，油雾中的油滴被裂解炭化，油滴的化学性质发生了根本变化。

另外，空气中的氧气被高压电晕放电氧化而产生的臭氧本身具有杀菌、消毒的作用，因此在一定程度上经过油雾净化系统处理的气体会被杀菌消毒，在一定程度上这种消毒作用会给用户带来工作环境上的净化，用户使用时最终会得到干净清洁的空气。

对于液滴气溶胶，当液滴上的电荷数增加而使得电荷相互排斥的力大于液滴的表面张力时，液滴在此作用下则会破裂，形成更小的液滴。因此一般来说，在油雾净化系统电场内的油滴直径要小于 0.1μm。对于小于 0.1μm 的粒子，由于单极性离子扩散而产生的油滴及炭化粉末扩散带电为荷电的主要形式。因此如何使带电油滴及炭化粉末与系统产生的臭氧发生充分混合后产生充分炭化就成为了关键因素。提高系统的后级净化效率的关键也在于此，因此在设计上应保证能产生足够浓度的臭氧并保证带电油滴及炭化粉末与臭氧的混合比。

B 电子油雾净化系统的应用特点

(1) 由于电子油雾净化系统的原理为常气压电晕放电技术，所以当设计结构定型后，净化系统在一定时间段内只能对一定量的油雾进行处理，也就是说在一定时间段内，净化系统并不能无限制地进行净化处理，因此在实际使用时为达到良好的效果，系统应当配合以重力油气分离装置，如旋风分离器等，尽量不要单独使用电子油雾净化系统来处理油雾（参见图 5-31）。这时重力油气分离装置起油气分离预处理的作用，电子油雾净化系统仅仅当作油雾捕集器使用，在实际应用过程中二者配合使用后对油雾的去除效率可以达到令人满意的水平。

(2) 同大多数机电一体化设备一样，电子油雾净化装置同样需要进行周期性的清洗维护，否则油雾净化的效果会大大降低。一般来说净化装置应当每两个月清洗一次，主要为检查器件及清洗油污；另一方面，如果用户使用油气分离装置预先去除大部分的油滴，则进入电子油雾净化系统的油滴可相应减少，净化系统的处理负荷也大大减轻，显而易见在这种情况下，维护的时间间隔可以大大延长。

(3) 电子油雾净化装置也有它的适用范围与适用场合。在高压静电场内存在电晕放电过程，在某些情况（例如绝缘失效）下极有可能会转化产生火花放电，此时如果被排出气体为易燃易爆气体，则火花放电极有可能会导致易燃易爆气体产生起燃或爆炸，因此，此系统不适合在存在易燃易爆气体的场合应用，用户在选型时应当特别注意到这一点。

5.3.6 机械真空泵油的过滤与更换

机械真空泵如果在运行中遇到如下情况，则会造成泵的损坏：

（1）在泵的运行过程中油中混入大量的水，使泵的润滑和密封性能变坏，入口真空度上不去。如果继续运行会使泵温升得很高，拉伤泵腔及泵腔内的转动元件，甚至卡死。

（2）一些粉尘状杂质进入真空泵内混入油中，这些杂质逐渐沉积在油箱底部，使油路系统堵塞，使泵出现缺油运行，也使泵的润滑和密封性能变坏，极限真空度变差，这时泵会发出“嘎嘎”清脆的声音。如果此时泵停止运转一会儿，让油返流回泵腔少许再重新启动泵，则在短时间内泵的极限真空会很好，但运行几分钟后又会有同样的现象出现，泵的极限真空又变差。如果继续运行，也会损坏泵腔及转动件。

（3）有较大的颗粒状杂质进入泵内，使泵腔直接拉伤。

用于真空干燥设备的真空系统经常会出现上述引起机械真空泵损坏的现象。因为真空干燥处理的目的就是为了排除水蒸气。另外，被干燥的材料或产品在干燥前的储运及制造过程中以及真空罐本身在敞口期间，难免带进不少粉尘和颗粒状杂质。在真空系统处于高压力抽气阶段时，这些杂质有可能被湍流状气流带进真空泵的泵腔内。

为了避免出现由于上述原因而导致机械真空泵损坏，除了要求在工艺过程中尽量使真空系统清洁外，可在真空泵的进气口安装过滤网，阻挡从进气口可能进入到泵腔的杂质污物。在泵的进气口处设置捕污腔，防止万一泵进气口的网破坏或别的原因使污物进入进气口，也只能落在捕污腔中，而不会进入到真空泵腔内。

为防止泵油中的粉尘、颗粒物质随泵油一起进入泵腔，对某些工艺过程，在泵运转过程中应设有连续泵油过滤装置。灰尘、杂质及被污染的油沉入主油箱底部后，通过回油管流入副油箱经过分离、沉淀，乳化后的油、水、灰尘和杂质沉入副油箱底部由排放阀定期放出，而相对干净的油则由设于副油箱中上部的过滤器过滤后经进油管进入分油腔后供给端盖和泵腔工作。

过滤器内的过滤芯在油经过时挡住了机械污染物，净化了泵油。在过滤器上常常设置压力表以显示过滤器是否堵塞。当压力增加，油不能正常流动时，即为过滤器堵塞，应更换或清洗过滤芯。

旋片泵一般每周检查一下油量。换油的时间间隔依工作条件而定。一般因油润滑不良、油分解或污染物太多使泵极限压力上升时，就需要更换油了。

5.3.7　含尘气体的真空抽气系统

5.3.7.1　含尘抽气系统真空泵的配置和操作方法

在抽气过程中，尘埃飞扬主要发生在刚开始抽除大气的高压力范围内，为此我们可以从真空系统的结构和操作方面采取措施防止和减少尘埃的产生。

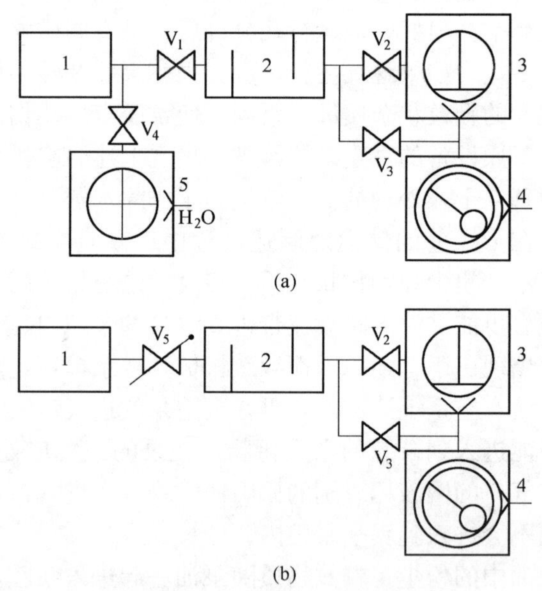

图 5-32　含尘真空系统结构简图

(a) 用水环泵启动抽除大气；(b) 用可调孔板或阀门控制系统启动时抽速

1—被抽容器；2—过滤器；3—罗茨泵；4—滑阀泵；5—水环泵；

V_1，V_2，V_3，V_4—阀门；V_5—可调阀门

从抽气机组泵的配置考虑，目前能够抽大气的大抽速真空泵主要有往复泵、水环泵、旋片泵和滑阀泵，其中能直接在尘埃条件下工作的只有水环泵，因此在有尘埃系统中用水环泵预抽大气是比较好的方法。真空机组的配置可以是：水环泵＋罗茨泵＋滑阀泵，其结构简图如图

5-32（a）所示。在多机组的应用场合，甚至可以考虑共用一台大抽速水环泵。

从操作来说，在抽大气时适当减小系统抽速有利于防止尘埃的飞扬，例如图 5-32（b）所示的系统结构，在被抽空间与泵之间设置可调阀门或可调孔板等以限制抽速。控制起始抽速，随着系统压力的下降，逐步打开阀门或孔板以增加抽速，这种方法简便有效。但降低起始抽速会延长抽气时间，可根据被抽容器的容积、真空泵的抽速及起始抽速下降的程度，一般会延长数分至数十分钟。在对抽气时间略有延长可以允许的应用场合，这是一种较好的操作方法。

5.3.7.2 真空系统常用除尘过滤方式及过滤装置

有些真空工艺会产生大量的灰尘，如果灰尘随被抽气体进入油封真空泵内混在泵油中，会像研磨剂一样加速泵腔内零件的磨损，对泵转子和泵腔造成磨损和破坏，堵塞油路或使泵无法运行，如果灰尘进入真空阀门则会使密封失效而泄漏，因此尘埃的防止和过滤已成为延长真空系统的使用寿命，提高生产率的关键问题，在有尘埃的真空系统中，必须采用尘埃过滤器。

在灰尘量较少时，可以由泵油过滤系统滤除，但灰尘量较大时，为防止真空泵的损坏，保证真空泵的正常运转必须使用除尘器。如图5-33所示，常用尘埃过滤方式有以下几种：

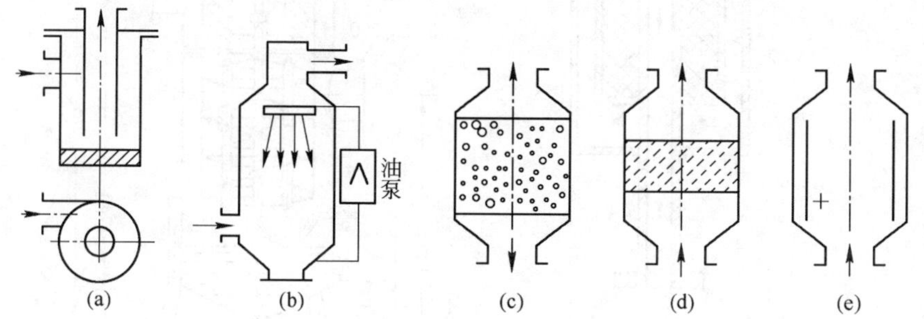

图 5-33 真空技术中常用的尘埃过滤方式简图

（1）旋风离心式（见图 5-33（a））。进气口与筒体成偏心放置，尘埃随气流旋转，因离心力作用而沉降在过滤器的底部。

（2）油淋式（见图 5-33（b））。在油泵的作用下，使真空泵油从除尘器的顶部高速喷下，油雾与上升的气流相互作用吸附，混在气流中的尘埃与油一起沉降至油池。

(3) 油湿介质粘附式（见图 5-33（c））。尘埃在气流作用下撞击用真空泵油浸湿的介质表面而被粘附，常用介质有环状或颗粒状陶瓷、金属丝条等。

(4) 介质阻挡式（图 5-33（d））。利用介质的机械阻挡作用过滤尘埃，常用介质有金属丝网、天然或合成纤维、多孔金属、多孔塑料等。

(5) 静电吸附式（见图 5-33（e））。利用真空中气体辉光放电形成等离子体，尘埃在等离子体中附着电荷，在电场力作用下被驱向电极表面而被捕集。

(6) 混合式。将以上几种过滤形式进行组合形成混合的过滤形式。

总之，过滤器的形式和结构尺寸的选择主要根据以下因素考虑：所要求的过滤的最大尘埃直径、过滤效率、容尘量、通导能力、工作真空度、操作装拆清洗方便等。

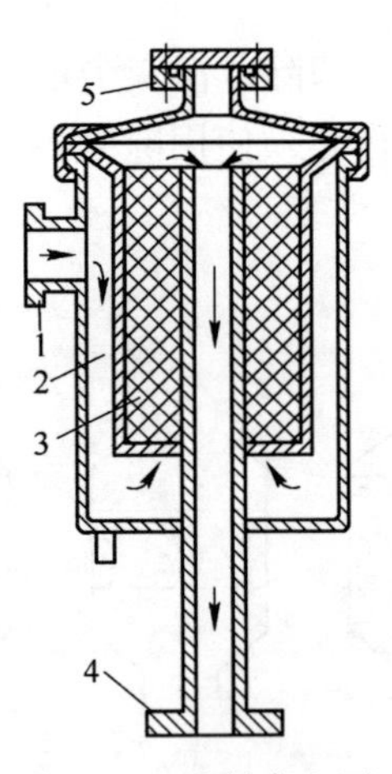

图 5-34 油封真空泵过滤器

1—被抽气体入口；2—外筒室；3—油浸滤芯；4，5—除尘器出口

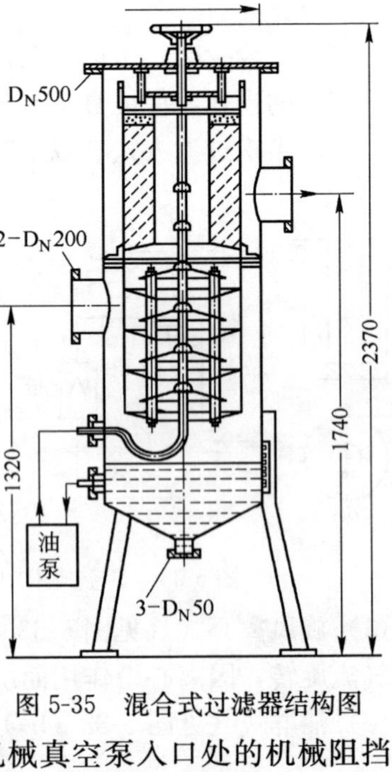

图 5-35 混合式过滤器结构图

图 5-34 所示为一种适用于油封机械真空泵入口处的机械阻挡式过

滤除尘器，其工作原理为被抽气体由除尘器入口 1 进入除尘器、外筒室 2 相当于旋风分离器，大颗粒灰尘在此被分离并沉积于外筒室底部。较小的颗粒随被抽气体进入油浸过滤器。经过充分除尘的气体由出口 4 或 5 进入真空泵。

图 5-35 为一种混合式尘埃过滤器的结构简图。油泵把油注入中心管道，一部分油沿喷嘴向四周喷射淋湿百叶板，一部分注入上部的过滤介质（陶瓷环或金属丝条）将其淋湿。气流由侧面偏心设置的入口管进入，大颗粒尘埃在旋风离心作用下沉淀到油池，上扬的较小颗粒尘埃被油湿百叶板表面粘附或被喷射的油柱捕集，并随油一起汇入油池。当气流压力较高（几千帕至 101.33kPa）时，顶部阀门关闭，气流只能通过油湿介质，微小尘埃被油湿介质粘附，气体由出口排出，当压力小于几千帕时，可把阀门打开增加通导能力。该过滤器适用于镁冶炼真空还原炉的真空系统，它的主要优点是过滤效率高，能改变通导适应不同抽气阶段真空度的要求、容尘量大，长期工作后，可由底部直接排放污油，使用维护方便。

5.3.8 机械真空泵系统常见故障排除与维修

5.3.8.1 旋片式真空泵常见故障排除与维修

A 旋片式真空泵的操作与维护

a 泵的启动

启动前先检查水冷泵的冷却水是否接通，当环境温度较低时，可用手扳动皮带轮，使泵腔内的油排入油箱。然后按动电机按钮送电，注意电源方向是否接反，泵旋转方向是否正确。

b 泵运转注意事项

检查泵油量是否在油标线附近；接通被抽系统阀门时不要开得太快，防止大量喷油；运转中注意有无不正常的噪声和冲击声，注意泵的油温升高，有局部过热时立即停泵，防止卡泵或磨损。

c 停泵注意事项

停泵一定要从泵入口放大气（一般购买的机组都有自动放气阀）；断电后再断水。

d 泵的维护与保养

不同牌号的泵油不要混用；定出合理的换油周期(与使用条件有关)；

泵从系统上拆下来时，泵口要塞封，防止脏物进入泵内；泵在使用中应保持所要求的环境条件。

B 旋片泵的维修

旋片式真空泵的常见故障，有以下几类：

（1）真空度降低；

（2）泵不能正常运转，甚至“卡死”；

（3）在运转中，有较大的噪声、杂音；

（4）泵体密封不好——漏油；

（5）在启动时，大量喷油滴、油雾，污染环境；

（6）启动困难。

表 5-5 列出了旋片式机械泵真空常见故障、产生原因和消除方法。

表 5-5 旋片机械真空泵常见故障及排除方法

故障	产生的原因	排除方法
真空度低	1. 油量不足	1. 加油到油标中心
	2 油脏或乳化	2. 换油
	3. 泵油牌号不符或混油，夏季使用黏度过小的油	3. 换油
	4. 漏气	4. 检查轴封、排气阀、端盖、进气口等部位的密封情况，并修换密封圈
	5. 配合间隙过大（或有磨损和划痕）	5. 检查泵腔、转子、旋片、端盖板之间的配合间隙，清除杂物、杂质，按精度要求修磨
	6. 油路不通，泵腔内没有保持适当的油量	6. 调节油路的进油量，清洗时用高压空气吹通油孔，把沉积物清洗干净
	7. 泵运转中温升太高，使泵油浓度变稀，密封性变差，油蒸气压增大	7. 通冷却水降温，检查配合间隙按精度要求进行修理
	8. 泵中隔板压入时过盈量过大，使泵腔鼓起变形，漏气	8. 修整泵腔或换泵、报废
	9. 排气阀片损坏密封不好	9. 修换阀片
	10. 装配不当，端盖板螺钉松紧不一，转子轴心位移	10. 重新装配
	11. 旋片活动不好	11. 修磨转子和旋片的配合，调换弹簧
	12. 被抽气体温度过高	12. 热气体被抽入泵之前加冷却装置
	13. 进气管内的过滤网被堵	13. 取出进气口过滤网清洗干净烘干后再装好
	14. 气镇阀垫圈损坏或没拧紧	14. 换垫圈，拧紧气镇阀

续表 5-5

故　障	产生的原因	排除方法
电动机超负荷运转，甚至转不动，发生“卡死”现象	1. 弹簧损坏，使旋片受力不均匀 2. 装配不当，使某局部受力 3. 由于过滤网损坏，外部污物如金属屑、颗粒等落入泵腔内 4. 端面间隙过小，泵温升过高 5. 泵油变质或结垢，油黏度不恰当 6. 转子损坏 7. 轴和轴套配合过紧，缺油润滑 8. 中间气道不畅通 9. 轴中十字接头损坏	1. 换弹簧 2. 重新装配 3. 拆泵检查、清洗、装好过滤网 4. 修磨转子旋片，调整间隙 5. 换油 6. 重配新件 7. 加强油路润滑 8. 清理中间气道或换用薄一点的橡皮垫 9. 修换转子轴或十字接头
泵在运转中有杂音、噪声	1. 弹簧断，运转中发出旋片的冲击声 2. 装配不当，零件松动，致使运转声音不正常 3. 泵腔内有脏物，零件有毛刺或变形，运转发生障碍 4. 泵腔内油的润滑不良 5. 泵腔内的有害空间太大 6. 电机故障	1. 换弹簧 2. 重新装配 3. 拆洗、检查、修磨 4. 疏通和调节油路 5. 属泵本身的毛病，可将中隔板偏移几厘米以减小有害空间 6. 换修电机
漏　油	1. 轴承、端盖、油窗、放油孔、油箱等部位的密封件损坏或者没有压平压紧 2. 箱体有漏孔	1. 调换新密封件；装配时注意位置正确，螺钉拧紧，并使压力均匀适当 2. 堵漏
喷　油	1. 油量过多 2. 突然暴露大气 3. 原泵设计油箱较小 4. 泵转子反转	1. 放出多余油量 2. 开泵时应注意断续启动电机。因系统损坏而暴露大气，应注意关闭低真空阀或夹上夹子 3. 在排气口增设油气分离装置，并在排气口接上橡皮管引离工作场地 4. 重接电源，换向

续表 5-5

故障	产生的原因	排除方法
启动困难	1. 油温过低 2. 泵内润滑不良 3. 油已变质或混入某种扩散泵油 4. 停泵时泵腔内未放入大气，大量泵油进入泵腔 5. 电机断一相电源（此时电机无声）	1. 给油加温到 15℃以上 2. 保证工作场地室温在 15℃以上，调节油路增强润滑 3. 换适当的机械泵油 4. 停泵时要注意放气，检查压差阀是否正常工作 5. 检修电源
泵不抽气	1. 泵联轴器损坏或皮带轮键损坏，致使转子不转 2. 双级泵转子十字接头损坏，高真空级转子不转 3. 泵进气口阀门未开 4. 排气阀片损坏破碎	1. 更换联轴器或键 2. 更换 3. 打开阀门 4. 更换排气阀片

C 旋片泵的大修

旋片泵经较长时间运转（一般为 2500h）后需要进行大修。大修时应将所有零件拆下来进行清洗，清洗时最好用专门清洗金属机件的清洗液。清洗中发现磨损的零件要更换。

a 大修时泵的拆卸程序

拆下电源，将泵从设备上取下；将真空泵体与电机分离（或拆下皮带，卸下带轮和键）打开放水塞，放净冷却水；打开放油塞，转动带轮，放出真空泵油；拆低真空腔端盖；取下密封圈，取出定位销；取出低真空转子及旋片，拉转子时注意用手压住旋片，防止弹簧弹出碰坏旋片；用上述方法拆下高真空端盖，拉出转子和旋片。

b 泵的总装程序及注意事项

为了保证转子与泵腔切点的间隙应将排气口向下，这样转子装进泵腔后，利用转子的自重使转子与泵腔贴紧，从而可以自动找正，保证切点间隙。

具体程序是：将弹簧装在旋片上，再将旋片装入转子内，并用手压几次，无阻力即可；将高真空和低真空侧转子分别装入泵腔，接好转子轴；装端盖、皮带轮、皮带和排气阀；装油标、装油，然后进行试抽运转。

旋片泵装配时的各部位间隙量十分重要，国产2X型真空泵的装配间隙通常可按表5-6选取。

表5-6 国产2X型旋片泵的装配间隙

装配部位	小型泵（小于4L/s）	中型泵	大型泵（小于15～70L/s）
转子与泵腔	0.02～0.03	0.025～0.035	0.03～0.05
转子端与端盖	0.02～0.03	0.025～0.035	0.03～0.05
旋片与端盖间	0.01～0.02	0.015～0.025	0.02～0.04

5.3.8.2 滑阀式真空泵常见故障消除与维修

A 滑阀泵的常见故障与消除方法

滑阀泵的操作与维护可参照旋片泵，其故障和消除方法见表5-7。由于滑阀泵的结构与旋片泵不同，大修时拆装程序有些差异，可按下述步骤进行。

表5-7 滑阀泵常见故障及消除方法

故障类型	产生原因	消除方法
真空度下降	1. 泵油被污染 2. 泵动密封装置漏气 3. 油管接头漏气 4. 排气阀片损坏 5. 排气阀弹簧断裂 6. 静密封面漏气 7. 泵内有异物 8. 油路堵塞 9. 被抽气体温度过高 10. 泵油量不足 11. 泵油牌号不对或混油 12. 气镇阀损坏，密封失效 13. 装配间隙过大	1. 开气镇阀1～2h，或换油 2. 维修或更换密封装置（密封圈） 3. 旋紧或更换接头 4. 更换阀片 5. 更换弹簧 6. 拧紧螺栓或更换密封圈 7. 拆泵并清洗维修泵内零件 8. 清洗滤油器滤网及油路 9. 增强冷却措施 10. 增添泵油 11. 更换符合要求的泵油 12. 更换气镇阀密封零件 13. 重新检查及装配
泵电机过载	1. 泵各部位润滑不良 2. 泵腔内进入异物 3. 泵油黏度太大 4. 泵装配不当，间隙处产生接触摩擦	1. 清洗零件，疏通油路 2. 拆泵清洗并修复 3. 加热泵油或更换泵油 4. 重新进行装配
泵运转有异常噪声	1. 泵腔内进入异物 2. 泵零件松动或损坏 3. 泵润滑不良	1. 拆泵清洗并修复 2. 检查调整或更换零件 3. 疏通油路，调整油量

续表 5-7

故障类型	产 生 原 因	消 除 方 法
泵某些部位过热	1. 泵轴承发热 2. 排气阀和油箱发热	1. 疏通清洗润滑油路；如皮带太紧，可稍放松皮带 2. 增强冷却

B 滑阀泵的维修

a 滑阀泵拆泵程序

(1) 放出冷却水和泵油，拆下皮带防护罩，卸下三角带和皮带轮；

(2) 拆油箱组件，拆分离器组件，拆滤油器组件，拆排气管，拆排气阀组件，拆进气管；

(3) 拆油管、油泵和油泵轴；

(4) 拆密封装置和轴承盖，拆左右两端盖及轴承，拆滑阀组件及导轨组件；

(5) 拆偏心轮、平键及轴。

b 滑阀泵的装泵程序

装泵程序与拆泵程序相反。

c 拆装泵的注意事项

(1) 不能直接用铁锤敲打加工面，拆装时防止碰伤；

(2) 零件装配前清洗干净并烘干；

(3) 泵装好后密封处不得漏气、漏油；

(4) 泵修完应进行全性能的试验，如其他条件不具备，至少应试验极限真空度。

5.3.8.3 机械泵入口电磁放气阀

机械泵停泵时，泵出口的空气压力将使泵反转，会使泵油返到真空室中，空气也会进入到真空室从而破坏系统的真空。因此需要特殊的阀门把泵和真空室隔开，以防止空气和泵油进入真空室。

电磁压差放气阀是机械真空泵的入口专用阀门，其电源与机械泵的电源联锁，放气阀置于泵入口管道中，其作用为：当泵断电或控制开关断开时，电磁阀动作，向泵入口放气，并且靠大气压力自动关闭泵与真空室之间的管道。泵启动时，电磁阀关闭，泵对阀腔内部抽空，然后阀板靠弹簧压力打开，使被抽容器与机械泵进气口接通。

电磁放气阀的常见故障及消除办法如表5-8所示。

表5-8 电磁放气阀常见故障及消除方法

故障	故障发生原因	消除方法
密封不良	1. 密封面之间有污物附着 2. 密封面破坏 3. 橡胶密封圈损坏 4. 当电源切断后，阀板尚未能达到关闭位置而大气已从顶端小孔经阀腔进入真空系统中，致使系统中的真空度显著下降 5. 电磁衔铁升降活动摩擦面或其他零件磨损	1. 清除污物 2. 修复或更换 3. 更换 4. 调节放气阀孔嘴，使之与放气孔闷头之间的距离适当缩短（但又不能将其堵死，以免影响断电对机械泵的放气） 5. 修复或更换
开闭不灵活或不能开闭	1. 电磁衔铁升降活动面有污物附着 2. 电磁线圈烧坏 3. 电线接头接触不良 4. 电源硅整流器（管）击穿 5. 保险丝烧坏 6. 电源电压过低（低于额定值的15%） 7. 弹性圆柱销脱出	1. 清除污物 2. 更换 3. 修复 4. 更换 5. 更换 6. 调整使电压达到要求 7. 重新安装

5.3.8.4 往复式真空泵使用与维修

A 往复式真空泵常见故障及其排除

往复式真空泵结构复杂，使用过程中常见故障及其消除方法见表5-9。

表5-9 往复式真空泵使用过程中常见故障及其消除方法

故障现象	产生原因	消除方法
真空度下降	1. 吸入气体温度过高 2. 阀片与阀座接触不好 3. 阀片损坏 4. 汽缸磨损或活塞环太松	1. 增加冷却装置，对进气进行冷却 2. 修磨刮研或更换阀座、阀片 3. 更换阀片 4. 修复汽缸或更换活塞环
运转中有冲击噪声	1. 活塞杆螺母松动 2. 连杆上衬及十字头销磨损或松动 3. 连杆轴瓦太松 4. 偏心环太松 5. 偏心环连杆销松动	1. 拧紧螺母 2. 更换衬套，并刮配修理销 3. 去掉垫片，并与轴颈研合 4. 去掉垫片进行调整 5. 更换销衬

续表 5-9

故障现象	产 生 原 因	消 除 方 法
电机过载	1. 偏心环与偏心轮摩擦发生过热 2. 连杆轴瓦过热 3. 十字头过热	1. 加润滑油或消除过紧配合 2. 加润滑油或消除过紧配合 3. 检查润滑是否良好，机身安装是否平直

B　往复泵在使用中应注意的问题

(1) 使用场所要清洁，环境 10～30℃为宜；

(2) 只能用于抽清洁干燥的空气，不能抽潮湿及有腐蚀性的气体，若抽后面这类气体时，泵的入口应安装冷凝器，以防损坏真空泵；

(3) 冬季若环境温度低于 0℃时，在停泵后需将泵的冷却水套中的水放净，以防冻裂；

(4) 泵运转 1000h 后；需检查泵的易磨损部件，如活塞、活塞环、偏心圈、十字头等，发现损坏，及时更换。

5.3.8.5　水环式真空泵常见故障及其消除方法

水环泵结构简单、工作可靠，一般不易发生故障，但使用不当或使用时间较长后，也会发生故障，其常见故障及消除方法见表 5-10。

表 5-10　水环泵常见故障及其消除方法

故障现象	产 生 原 因	消 除 方 法
真空度低	1. 管道法兰漏气 2. 轴封填料盒或机械密封漏气 3. 叶轮与端盖间隙过大 4. 抽气管路漏气 5. 泵腔内供水量不足或水温过高	1. 拧紧法兰螺钉或更换密封圈 2. 更换填料或压紧填料，调整或更换机械密封 3. 调节间隙，中小型泵为 0.15mm 4. 修理或更换 5. 增加供水流量或降低进水温度，使水温小于 30℃
抽速小	1. 泵的转数不够，低于额定值 2. 叶轮与端盖间隙过大 3. 轴封填料盒或机械密封漏气 4. 其他漏气 5. 泵腔内供水量不足或水温过高	1. 检查电机或电源电压是否正常 2. 调节间隙 3. 更换填料或压紧填料，调整或更换机械密封 4. 检查管道法兰及轴封 5. 增加供水流量或降低进水温度

续表 5-10

故障现象	产生原因	消除方法
启动困难	1. 长时间停泵，泵内零件生锈 2. 轴封填料过硬 3. 泵内零件摩擦	1. 慢慢转动联轴器或拆泵清洗 2. 更换填料 3. 调整或更换有关零件
轴承及填料盒发热	1. 个别零件精度不够或装配不正确 2. 润滑油过少、过多或质量不好 3. 轴承室内进入异物 4. 供水量不足 5. 轴封填料过紧 6. 转子安装不正 7. 泵轴弯曲	1. 更换相关零件或重新装配 2. 适当加黄油，使其体积占注入空间的 2/3 即可 3. 排除异物 4. 增加供水量 5. 适当调松填料 6. 重新安装调整 7. 校直或更换
振动过大	1. 泵轴与电机不同心 2. 泵轴变形或磨损过大 3. 叶轮或其他零件松动 4. 泵内有异物 5. 回转部分不平衡 6. 泵地脚螺栓松动 7. 零件装配不正确	1. 调整同心 2. 校直或更换 3. 调整并紧固相关零件 4. 排除异物 5. 做配合试验 6. 紧固地脚螺栓 7. 重新装配调整

5.3.8.6 罗茨泵及其机组的使用与维护

A 罗茨泵常见故障及其排除

如罗茨泵（机械增压泵）机组经运转一段时间后，罗茨泵内产生异常杂音，则可能有以下原因：

(1) 罗茨泵的启动压力太高，造成泵的机件过热而受损（有些罗茨泵经特殊设计后，也可以在大气压下启动）。

(2) 在生产工艺过程中产生的较大的磨耗性粒子进入罗茨泵内部造成机件磨损。

(3) 泵的安放位置不对，例如：倾斜放置。泵内的润滑油的油量不适合。

以上各原因均会导致罗茨泵的机件（转子、定子、轴承与齿轮等）精密度变差或受严重污染，从而使罗茨泵在运转中产生异常杂音。

当发现泵在运转中产生异常杂音后，应立即停泵检查泵的启动压力是否符合规定值，可用电流表检查泵电机的输入电流是否合乎额定值，有无异常的高或低。还应检查泵内润滑油的情况及泵的安放位置是否合适，再进一步检查轴承、齿轮和轴封是否损坏。发现问题后，要立即采取相应的措施解决。

B 罗茨泵的维修

罗茨真空泵工作时转子与转子，转子与泵体互相不接触，因此没有直接磨损，但由于间隙很小（一般 0.10～0.25mm），经长期运转后传动齿轮磨损，当齿侧间隙大于转子间最小间隙时，将产生相碰而发生故障，此时则应更换齿轮。罗茨泵应根据运行环境经常或定期检查维护，检查齿轮及轴承的磨损情况，检查动密封装置，更换密封元件，检查转子腐蚀情况，转子结垢情况，泵体内表面腐蚀情况和结垢情况，对转子和泵腔进行清洗。当测量磨损值超出规定尺寸时，应调整间隙或更换零件。

泵的拆装程序如下：

（1）放出润滑油及冷却水；（2）拆卸联轴器和电机；（3）拆卸旁通管路和旁通阀；（4）拆轴承；（5）拆卸前后端盖及密封装置；（6）拆转动齿轮；（7）拆转子。

拆装时的注意事项如下：

（1）安装底座时必须认真调整水平，否则将影响转子与泵体两端的间隙；

（2）拆装零部件不能用铁锤敲打；

（3）拆装时注意密封面，不得有任何划痕和碰伤；

（4）平面密封使用室温硫化橡胶时，要涂布均匀，不能过薄也不能太厚；

（5）转子装后应按规定调整间隙，发现超出规定时应取出重新修理，但修理后必须进行动平衡调试，动平衡合格后再重新组装。

C 罗茨泵机组的操作与运行

a 罗茨泵的启动程序

（1）通冷却水，检查油杯，齿轮箱和前端盖内是否有足够的润滑油；

（2）启动前级泵，有旁通阀的罗茨泵可同时启动，无旁通阀的罗茨泵，可看其联轴节是否转动，从转动到不转动后即可启动罗茨泵。

b 罗茨泵运行中注意事项

（1）运转中要经常检查油杯中的润滑油，定时加油保持常满；

(2) 吸入气体中有灰尘或金属粉末等，应在泵入口前加除尘装置或过滤装置；

(3) 吸入气体有腐蚀性时，应采取中和措施；

(4) 吸入气体含有较多的水蒸气时，且前级泵的油封泵无气镇装置时，应在泵排出口加冷凝器，防止前级泵油乳化；

(5) 吸入气体的温度高于50℃时，应在泵入口前把气体冷却到允许的温度，或采用气冷式罗茨泵；

(6) 运转中经常检查泵各部位的温度，水冷泵的冷却水出口温度超过规定时要及时调节水量；

(7) 泵在运转中如有局部过热或电流突然增加现象时应立即停泵检查，停泵时先停罗茨泵，再停前级泵，放出全部冷却水。

D 罗茨泵机组的故障与维护

a 罗茨水环泵真空机组

这种机组主泵是罗茨泵，前级泵是水环泵或油环泵。主要用于真空压力浸渍和真空冷冻干燥等设备中。罗茨水环泵机组常见的故障及消除方法见表5-11。

表5-11 罗茨水环泵真空机组常见故障及消除方法

常见故障	产生原因	消除方法
罗茨泵运转中突然自行停车	1. 罗茨泵入口真空传感器失灵或调节不当，罗茨泵入口压力超过允许值，造成罗茨泵过载 2. 水环泵入口止回阀失灵，未能打开 3. 罗茨泵反转或前级水环泵故障，罗茨泵出口压力过高 4. 被抽容器或管道漏气 5. 齿轮或转动零件磨损或损坏，造成罗茨泵转子擦碰 6. 罗茨泵在高压下启动，旁通阀失灵，造成泵过载	1. 检修调节或更换真空传感器 2. 修复 3. 修复 4. 系统检漏及修复 5. 检修磨损零件，重新装配 6. 修复
机组真空度达不到规定要求	1. 被抽容器或管道漏气 2. 前级泵故障，造成系统真空度过低 3. 罗茨泵密封件损坏 4. 两泵之间的管路漏气	1. 系统检漏及修复 2. 修复 3. 更换 4. 修复

续表 5-11

常见故障	产 生 原 因	消 除 方 法
罗茨泵内有水	1. 水环泵启动前泵腔内水量过多，或水环泵停车前未关进水阀，致使水进入罗茨泵腔内 2. 水环泵入口止回阀失灵，系统停车时，水返流进入罗茨泵内	1. 清除水分，必要时换油 2. 修复止回阀

b 罗茨滑阀泵或罗茨旋片泵机组

这种真空机组主泵为罗茨泵，前级泵采用滑阀泵或旋片泵。在 1×10^{-3}～10Pa 范围内抽速大，结构紧凑，消耗功率小。真空机组常见故障及消除方法见表 5-12。

表 5-12 机组常见故障及消除方法

常见故障	产 生 原 因	消 除 方 法
前级泵启动困难	见 5.3.9.1 和 5.3.9.2 中相关内容及相关前级泵说明书	
真空度达不到规定要求	1. 管路泄漏 2. 前级泵入口放气阀失灵 3. 前级泵性能变坏	1. 系统检漏并修复 2. 修复或更换 3. 按说明书对前级泵进行检修
机组自行停机	1. 前级泵故障，致使罗茨泵出口压力过高 2. 冷却故障，转子过热，产生刮碰现象 3. 入口压力过高、转子及泵腔内部结垢等原因，造成罗茨泵过载	1. 修复前级泵 2. 泵腔内恢复正常温度 3. 找出过载原因并修复

5.4 扩散泵抽气系统

5.4.1 扩散泵抽气系统组成

图 5-36 为一台经典的低返油率小型扩散泵高真空抽气系统的示意图。抽气系统主要由扩散泵、冷阱、闸板阀和机械泵等的结合组成。图中还给出了一些辅助元件，但是并不是每套真空系统都需要有这些辅助件。如在返油率要求不高的真空系统中，就不需要配置液氮冷阱，只需要用一个水冷障板就可以。而在对返油率要求很严的应用中，则需要在系统中配置一个液氮冷阱，还可能再用一个局部水冷障板，液氮冷阱主要用于捕集水蒸气和泵工作液中的轻馏分返流。

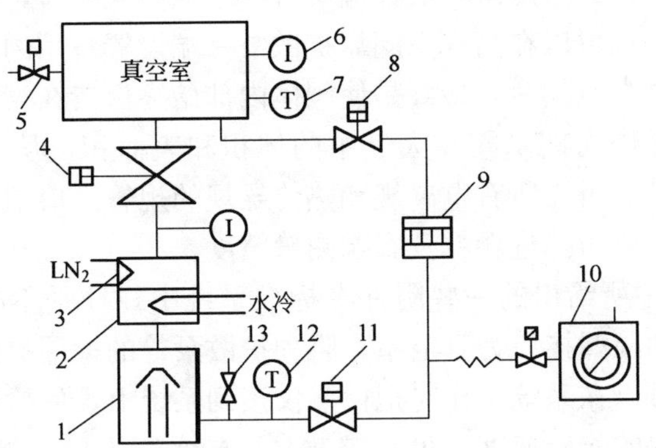

图 5-36 扩散泵系统

1—扩散泵；2—水冷障板；3—液氮阱；4—高真空阀；5—真空室放气阀；
6—热传导规；7—电离规；8—粗抽阀；9—粗抽管道阱；
10—机械泵；11—前级阀；12—前级热传导规；
13—检漏仪连接口

一台泵口径为 150mm 扩散泵机组在真空室入口处对空气的净抽速约为 1000L/s，而所配的液氮冷阱对水蒸气的抽速则可高达 4000L/s。设计制造良好的扩散泵系统，可以把真空室内来自泵工作液的返油率降到很低的水平，甚至可以小于来自其他来源的有机物。

在较小的真空系统中，可以使用一台机械泵，交替用于粗抽真空室和作为扩散泵的前级泵。粗抽时，在隔断的前级管道中的压力将增高，如果粗抽时间在 15min 以内，这种压力的升高通常是不明显的。对于大型真空系统，例如 400mm 口径或更大口径的扩散泵抽气系统，真空室的粗抽往往采用一台以机械泵为前级泵的罗茨泵机组。在粗抽过程中，可另用一台较小的维持泵作为扩散泵的前级泵。在真空室抽到高真空（达到扩散泵入口工作压力后）时再把罗茨泵切换至扩散泵的前级，以确保抽气系统具有最大的排气量。

用于控制和故障保护的热传导规分别装在真空室和前级管道上，电离规装在真空室上，也可装在紧靠真空室的抽气短管上，辅助电离规装在冷阱和高真空主阀之间。目前一般真空系统在该处没有设置辅助电离规，但这个规有时是很有用的，可以对扩散泵进行最直接的诊断测量，即测量扩散泵的空载压力，而这种测量只能用装在主阀（高真空阀）下方的规管进行。大型冷阱一般都应设有一个电离规接口，为了方便电离规管的安装，也可以在高真空阀靠扩散泵一端设置备用的规管接口。在设计和安装高真空阀时，最好是使阀体内部始终保持在真空中，这样可以减少每一操作周期暴露在大气中的体积和表面积，从而缩短抽气时间。在规管安装时，所有电离规和热传导规的规管入口都应朝下或朝向合适的一侧，以防掉进颗粒及影响测量精度。

图 5-36 中所给出的一些附件在标准系统中往往是不必要的。位于前级管道上的检漏接口为真空室、阱和扩散泵等的检漏提供了方便，利用这个接口可以在系统工作时把检漏仪接到系统上，使检漏得到最高的灵敏度和最快的响应速度。可在扩散泵冷却水管入口一侧安装节流阀，这样可以节约用水，并可提高喷射级的油温。在返油率要求较高的扩散泵抽气系统中常采用粗抽管道阱，如维护得当，粗抽阱能减少机械泵油向真空室的迁移。

5.4.2 扩散泵抽气系统的操作

扩散泵抽气系统操作（或控制系统设计）时应注意：如果抽气系统正在运转，并且真空室是处于大气压下（即真空室正在进行工艺准备，如装卸物料、处理工件等），则抽气系统的高真空阀和粗抽阀都应该是关闭的。在开始粗抽程序之前，要关闭前级管道阀，打开粗抽阀。在一般的真空系统中，粗抽管路上仅需要简单的粗抽阀即可。

在大型有特殊要求的真空室里，可以采用多步程序进行粗抽：首先，可通过一个较小直径的孔或旁路管道对真空室进行粗抽。该小孔或旁路支管可限制气流的流速并防止紊流搅起真空室基板上的粒子。这些粒子会因静电附着在绝缘衬底上。其次，当真空室内的压力降到较低值时，再打开主粗抽阀门，也可以在粗抽管路上设置节流阀，阀板由小到大逐渐开启。第三，如果真空系统中采用罗茨泵，可以将泵旁路或让它空转，直到其入口和出口之间的压差降低到罗茨泵安全工作的数值，譬如 1000Pa，才开始将罗茨泵与前级机械泵进行串联抽气，这些功能可采用简单的压力传感器来执行。真空室粗抽达到的压力不应低于 15Pa，到此压力后应关闭粗抽阀，并经一段延时之后打开高真空阀。一般不用粗抽泵去抽压力低于 15Pa 的大型系统，否则会引起严重的机械泵油返流。

如果从静止状态启动扩散泵系统时，则扩散泵要首先通入冷却水，然后开动机械泵。在把粗抽管道里的气体抽到某一压力，如 100Pa 后，即可打开前级管道阀门并对扩散泵通电加热。扩散泵预抽到一定压力后，关闭前级阀门，并打开粗抽阀门对真空室进行粗抽，这些动作可由预先设定的真空规来自动控制完成。100mm 或 150mm 口径的扩散泵的升温时间约为 15min，600～800mm 口径的扩散泵则为 30～45min。对于返油率要求较高的带冷阱的扩散泵真空系统，当启动扩散泵时，在冷阱冷却之前应注意避免泵加热期间的返流污染冷阱以上的部位，当扩散泵开始工作时最好采用对冷阱进行局部冷却（预冷）或采用气体冲洗来解决这个问题，一般这一步骤需要操作人员去手动控制。

真空系统停机时，首先关闭高真空阀并使冷阱升温，让扩散泵抽走冷阱放出的气体和蒸气。如果让冷阱自然地与其周围环境达到平衡，则视冷阱的结构不同而需要 4～20 h。用干燥氮气吹冷阱的液氮储罐可使这一时间大大缩短。当冷阱温度达到 0℃ ，就可切断扩散泵电源。在扩散泵冷却到约 50℃时 ，关闭前级管道阀门，这时就可停前级机械泵并放气。最后，应把扩散泵的冷却水关掉。

如特殊情况下需对扩散泵内放气，则应该在冷阱上方的阀门上进行，但必须把泵冷却到 50℃以下才行。对真空室放气不能在扩散泵的前级管道阀门打开时进行，这样会使空气经过粗抽阱、粗抽管道而回流进入扩散泵，从而将大量的机械泵油蒸气带入扩散泵。

如果真空系统中的泵是每天启动和停机的话，可采用气体冲洗技术来防止过渡过程的返流污染系统。在连续运转系统时，偶尔地启动或关断一次所造成的瞬时污染是很小的，但是每天停机会使这种污染效应大为增加。即使扩散泵尚在工作，从阱里解吸出来的泵液馏分还会返流到阱和高真空阀门之间的部分。

常用的典型扩散泵抽气系统的操作步骤如下：

(1) 系统启动时，首先接通扩散泵的冷却水，调整水温继电器的温度设定值，然后开动机械泵进行粗抽。

(2) 启动机械泵前，要检查泵的油位是否合乎要求，高真空阀及前级阀是否关闭。打开粗抽阀，在中小型抽气系统中，只需要简单的粗抽管道。在某些特殊要求的大型真空室里，可采用多步程序进行粗抽：首先，可通过一个小直径的孔或旁路管道对真空室进行粗抽，当压力降到没有紊流存在时，再打开主粗抽阀门。

(3) 当真空室内的压力降到 100Pa 之后，可打开前级管道阀并给扩散泵加热器通电。如果扩散泵已经处于真空封闭状态，则可在步骤 (1) 中同时加热扩散泵。

当扩散泵刚开始通电加热时，如果电源有调压器时，开始可适当增加点电压，但泵油接近于蒸发温度时应把电压调回到规定电压，这样可加快启动。但应注意时间过长会造成泵油裂化。

(4) 一般将系统粗抽到 15～20Pa 左右时，关闭粗抽阀，等扩散泵正常工作后（即油蒸气射流正常喷射），打开高真空阀进行抽气。

(5) 如果扩散泵正常工作一段时间后，被抽容器的真空度仍不提高，则说明系统漏气率太大，应当关闭高真空阀，待系统漏率符合要求时再打开高真空阀进行抽气。

系统停止运转时应按下述步骤进行：

(1) 关闭高真空阀。

(2) 如果在扩散泵入口与高真空阀之间装有液氮冷阱，则在关闭高真空阀后，应使冷阱升温，让扩散泵抽走冷阱放出的气体和蒸汽。冷阱升温可采用自然升温和用干燥氮气吹液氮储罐两种方法。前者升温时间较长，后者可使升温时间大大缩短。

(3) 切断扩散泵加热电源。如有冷阱，可在冷阱温度回升到 0℃时，切断扩散泵电源。

(4) 当扩散泵冷却到 50℃时，关闭前级阀，然后关掉机械泵，并立即向泵内放入大气（可通过电磁放气阀自动完成）。

(5) 关掉扩散泵的冷却水。

(6) 在真空系统停止工作时，如无特殊要求，应将系统各元件保持在真空状态下封存，但机械泵内应通大气。

5.4.3 扩散泵系统操作注意问题

5.4.3.1 系统操作存在问题分析

扩散泵抽气系统的操作主要应注意：降低系统返流、冷阱的操作以及系统的故障保护问题。

真空系统的返流包括扩散泵泵液从扩散泵向真空室的迁移和机械泵油对系统（特别是真空室）的有机污染物。油扩散泵工作时，不管使用什么样的泵油，即使泵口加冷阱，也总会或多或少地有一部分油蒸气返流进入高真空端。它们在扩散泵口建立的压力，有时比在泵壁温度下的饱和油蒸气压还要高很多。这不但影响真空系统的极限压力，而且还对被抽容器造成污染，因而返油率是扩散泵系统的主要考核指标。

在扩散泵抽气系统中，返流主要受以下 3 个因素控制：(1) 扩散泵、冷阱和障板；(2) 粗抽油封式机械泵、阱和管道；(3) 系统操作步骤。因此必须采取措施尽量降低从这三个来源来的返流量。

扩散泵系统可以使用一个液氮冷阱或常温阱来降低来自粗抽泵的污染。液氮冷阱最有效，但保养维护成本较高，因此不常用；常温阱不需要经常制冷，但到某一时刻就会饱和；分子筛、氧化铝都可用于常温阱，但是水蒸气会很快使分子筛阱饱和，并且会延长粗抽周期。尽管分子筛阱能够排除 99%以上的污染物，但是也会因其破碎的粒子进入到阀座和机械泵内部，而加速阀座和泵体内部的磨损。除了那些用液氮冷却的阱以外，其他类型的阱在正常使用的情况下不到三个月就会饱和，如不严格维护保养，这些阱就会失效。

换用蒸气压低的机械泵油可有效地减少机械泵油的返流。采用润滑性能好的油也可降低返流。摩擦最终会使机械泵油的性能变坏，因而机械真空泵必须定期换油。如果用机械泵做扩散泵的前级泵，则在前级管道处于自由分子流状态时，机械泵油就会自由地流向扩散泵。采用分馏型扩散泵可以减弱这种影响因素，因为泵能排除高蒸气压的馏分并将它排到前级管道中去。

采用正确的系统操作方法可以降低抽气系统的返流量。即使是设计良好的真空系统，不适当的操作也会造成工作室的严重污染。真空系统中的扩散泵和粗抽泵都是在相互交界的压力范围区域 (10^{-2} ～15Pa) 有最大的返流，在粗抽真空室时和从粗抽转换到扩散泵系统抽气时要严格注意这种效应。

图 5-37 给出在扩散泵和机械泵工作区之间的过渡区域中的泵液和润滑液的相对返流率。

通常的粗抽方法是将系统抽到 15Pa，关闭粗抽阀，打开高真空阀，然后尽快抽到 10^{-1} 或 10^{-2} Pa 以下。在 15Pa 压力下刚打开高真空阀时，即使顶喷口可能会瞬时过载，但黏滞气流将降低返流。随着压力的降低，在过渡流范围返流会达到最大值，而压力低于这个范围时，返流变

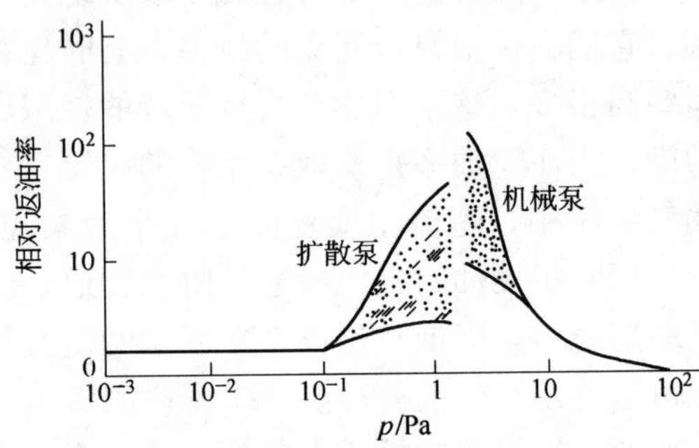

图 5-37 在扩散泵和机械泵工作区之间的过渡区域中的泵液和润滑液的返流

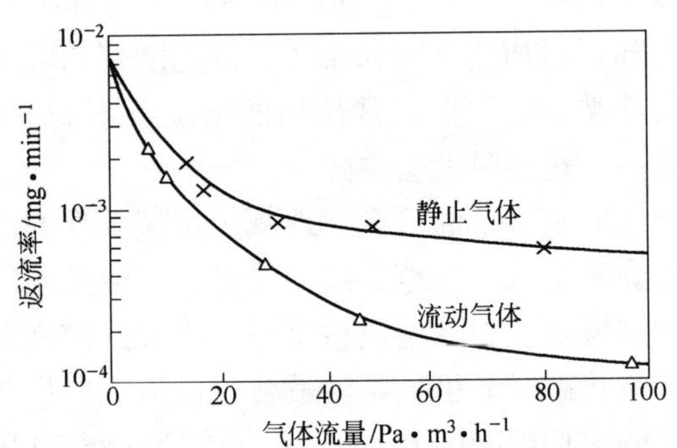

图 5-38 返流率与气流率的函数关系

（流动空气流过一段管道，静态空气由气镇口导入，气体压力为管道内气流压力的平均值。爱德华 4.5m^3/h 旋片泵，300mm 长，直径 25mm 的管道）

小且与压力成线性比例关系。

图 5-38 给出了对于连接到一台 4.5m^3/h 旋片泵的一根长 300mm，直径 25mm 的粗抽管道进行返流率测量的情况。通过图 5-38 的测量数据可以发现，在高压力下由于流动空气的黏滞流冲洗作用使返流很小(约 10^{-4}mg/min)，但压力低于约 15Pa 时，黏滞流冲洗作用会逐渐消失，到压力为 1.3Pa 时返流可达 7×10^{-3}mg/min，即为高压力时返流的 70 倍。图 5-38 中的数据表明，在旋片泵的气镇口放入静态空气所能降低的返流不如在粗抽过程中流过整根管道的空气所降低的那么多。

减少返流的两个最重要的系统操作原则是：在 15Pa 或 20Pa 时停止粗抽，并尽快抽气通过过渡区或者采用限制流导的高真空阀门。

5.4.3.2 系统操作注意事项

任何真空系统中都会因发生故障而有可能影响设备的性能或生产能力。任何一只阀门的误操作都会使扩散泵泵油返流到真空室内，从而污染真空室和产品。前级管道上的漏孔、机械泵油液面高度不适当或前级管道阀门的失灵都会使前级压力超过临界值。当前级压力超过临界值时，扩散泵油会迅速返流到真空室里去。

在许多情况下，泵液的返流是由设备发生故障或操作步骤不当造成的。要做到这些注意事项的最简便的办法就是实现系统全自动操作。有了自动控制和定期维护，就可以提供完善的故障保护．并使返流减少到只有很少一点有机物污染的程度。下面列出了操作人员必须熟悉的几条注意事项。

（1）不能用机械泵将真空室直接抽至低于 13.3Pa 的压力。因为当压力低于 13.3Pa 时会引起机械泵油蒸气分子返流到真空室而造成污染。如果在机械泵与真空室之间没有油气捕集器，则允许机械泵抽到 13.3Pa 以下压力。

（2）如果在扩散泵入口与高真空阀之间装有液氮冷阱，则在抽气时不要在真空室的压力高于 10^{-2}Pa 时，给阱加入液氮，否则将使冷阱中凝结过多的水汽。冷阱加液氮前，要把冷阱贮液罐中的所有水凝液清除掉，以避免水冻结在阱内。

（3）在需要必须将扩散泵（或油增压泵）通大气之前，应将泵油冷却到安全温度以下，防止高温下泵油的氧化。

（4）要防止因前级管道上的漏水、机械泵油液面高度不适当或前级管道阀门的失灵使扩散泵的前级压力超过临界值，当前级压力超过临界值时，泵液会迅速返流到真空室里去。

（5）扩散泵最好配备热保护继电器，当发生停水事故时，能立即使加热器断电，并关闭泵入口阀门，防止泵液因温度过高变坏和返流。

（6）扩散泵在稳定的工作状态下，不应超过最大气体负荷能力（最大抽气量）。应尽量避免在 15～10^{-1}Pa 的压力范围内长期工作，因为在该压力范围内，扩散泵和粗抽泵有最大返流率。

（7）扩散泵工作时应经常检查泵是否有局部过热，检查冷却水温，水温过高时应加大冷却水量。

(8) 扩散泵的使用环境应要求尽量符合规定，如果室温高于 35℃，湿度大于 80%，泵的性能会下降。

(9) 扩散泵正常工作时，如真空系统的真空计规管打碎，或放气阀突然打开时，应马上关闭高真空阀。防止泵油氧化。

(10) 扩散泵停止使用期间应真空保存，冷却水用压缩空气吹干净。

5.4.3.3 消除系统油蒸气等污物返流污染的具体措施

油扩散泵抽气系统的最大缺点是油蒸气的污染。系统中污染物的主要来源如下：

(1) 扩散泵油蒸气的返流。这是最重大的污染源。

(2) 系统中的零部件，在装配时用有油的手拿。用有油污的手套拿，这样沾染的有机分子可以造成系统内的污染。

(3) 前级油封机械泵油的返流。这个问题也很严重，当入口压力较高时，在达到过渡区（$1\sim10^{-1}$ Pa）压力时，机械泵的油蒸气即可直接进入扩散泵内，对系统直接进行污染。很多真空工艺过程的污染来自机械泵返油。当停机械泵时如不及时向泵内放大气，机械泵油可直接返到扩散泵油锅内。当扩散泵启动时对系统的污染更为严重。

(4) 抽气系统中密封材料的放气造成的污染。特别是人造橡胶密封圈，密封油脂，润滑油等，也同样造成严重的污染。

(5) 当停泵后放大气时，使真空零部件在空气中沾染上水蒸气，油烟等，造成对真空系统的污染。

消除系统油蒸气返流的具体措施为：

(1) 加大扩散泵的启动功率来缩短机械泵与扩散泵切换时的压力过渡区。

(2) 通过改变系统操作工艺和用阀门来避开返流危险区（切换过渡区）。例如，可使一个按照预定速度开启的高真空阀，逐渐地开启它，保证进入扩散泵的气体流量低于它的最大排气量，并且又使机械泵抽速保证扩散泵前级压力，以使扩散泵能顺利工作。这样就能避开过渡区的出现。

(3) 改善操作工艺，将扩散泵的加热功率调至最佳功率，避免出现泵油爆沸现象；一般扩散泵在加热开始和关闭过程中，返流将出现峰值，所以可用泵口处的高真空阀门来控制避免返流。

（4）在扩散泵入口处加装液氢冷阱或吸附阱来捕集返流油蒸气。

（5）选用优质的扩散泵工作液。

表 5-13 简单列出扩散泵高真空系统减少泵液等污物污染的方法。

表 5-13 扩散泵抽气系统减少污物污染的方法

返流污染物	消 除 方 法
扩散泵油蒸气	改进喷嘴挡油结构，采用憎油材料的冷挡油帽 在泵入口系统中加液氮冷阱、吸附阱或升华阱 采用分馏型扩散泵、用好的扩散泵油，如采用五氯酚苯基醚或五氯酚苯基硅氧烷工作液 改进系统操作工艺，尽量减少扩散泵在过载区的抽气时间；避免在泵开始加热和关闭加热期间接通高真空端 接通高真空阀之前，对扩散泵进行轻度烘烤除气；在启动和停机过程中用气体冲洗扩散泵
机械泵油蒸气	在 $p>15$Pa 时进行粗抽与扩散泵抽气切换 采用蒸气压低的机械泵油，并在粗抽管路中设置吸附挡油阱 采用气体冲洗，在机械泵入口设置电磁压差放气阀
系统中的密封材料、有机物和润滑油等	超高真空系统采用金属密封结构；系统预先真空烘烤；采用无油干式润滑剂
水 蒸 气	系统烘烤除气；扩散泵入口加冷阱

5.4.4 扩散泵抽气系统维护与常见故障排除

5.4.4.1 扩散泵抽气系统的维护

扩散泵抽气系统的前级泵可用罗茨旋片泵组合，罗茨滑阀泵组合，单独用旋片泵或罗茨泵等几种形式。油扩散泵抽气系统结构简单，操作方便，寿命长，价格便宜，是目前使用范围最广泛的一种真空获得设备。

根据被抽容器的容积可以粗略检查扩散泵机组选用的是否合理，一般可按表 5-14 中所示进行粗选。

表 5-14 扩散机械泵真空机组对应被抽容积

机组型号	JK-100	JK-150	JK-200	JK-300	JK-400	JK-600	JK-800	JK-1200
被抽容积/L	⩽30	⩽100	⩽200	⩽500	⩽1000	⩽2500	⩽5000	⩽10000

扩散泵抽气系统可以适当地装备一些传感器，万一出现操作失误或系统有漏孔、冷却不善及扩散泵泵液不足，这些传感器可发出信号将系统关掉或使系统处于安全状态。真空系统中的气动阀和电磁阀应能在设备发生故障时立即动作，使系统处于安全状态下。在压缩空气或电源发生故障时，要关闭除粗抽泵的放气阀以外的所有阀门。粗抽泵放气阀则应打开，以防止机械泵油返流进入粗抽管道。在扩散泵冷却水管的出口（而不是入口）处可装一流量计。借助于流量计的信号，系统控制器就可切断扩散泵的电源，并关闭高真空阀和前级管道阀。在扩散泵冷却水管的入口处采用一个水过滤器以防积垢堵塞水管，并可免除过早的检修。可用装在扩散泵泵壳外面的恒温开关和装在锅炉上的热敏开关来检测泵壁和泵油的工作温度，还可以对泵工作液的液面进行监测。热偶规或皮拉尼规控制器上的设定值是在真空室出现漏孔时给出自动控制器信号的，以便由它来关闭高真空阀，并在前级出现过高的前级压力时断开扩散泵电源。许多液氮装置装有低液面报警的传感器，当制冷剂耗尽时关闭高真空阀门。

由于扩散泵没有运转部件，故维修较简单。一般泵使用500h后应当换一次新油。换油时则同时进行维修，维修也就是彻底清洗泵芯、泵体，清除油锅上的结垢，用压缩空气吹去冷却水管中的锈。加热器如果是一般的裸式电炉，则用500h后就要更换一次，如果是封闭式加热器则寿命可大大延长，不必定期更换直到用坏再换。

扩散泵一般采用KS1～KS3号扩散泵油，正常使用约半年换一次油。为降低返油率可采用274～275号硅油，正常工况下，约使用2～3年换一次油。

扩散泵装配与调整正确与否，会直接影响泵的性能。泵装配前各零件要清洗好并保持清洁。装配前零件必须彻底烘干，装配时不应用手直接摸泵芯，泵芯装配必须正确，不得向任何一边偏斜，装配后要测量喷嘴与泵壁之间的间距。加油时要事先在外边测量好油量，不要边倒边看深度，以保证油量符合规定。

装配好要测量扩散泵的极限真空度是否达到泵原指标，测量方法按有关国家标准进行，达到泵原真空度指标时才能交付使用。

5.4.4.2 扩散泵系统故障及排除

扩散泵抽气系统常见的故障及其排除措施如下（同时参见表

5-15)：

（1）如果系统不漏气，而系统的极限压力却一直达不到预想的结果，则可能是系统设计不合理，有效抽速低；或真空规电极放气和真空规本身受光电流的限制，测不出低压力。

（2）如果在长时间使用后，扩散泵或机组的抽气性能逐渐变坏，即极限真空度和抽速降低，而其他情况正常，则主要是扩散泵油逐渐氧化，质量变坏。这时，应更换新扩散泵油。换油步骤为：先把扩散泵卸下，取出泵芯，按要求将泵芯清洗烘干后正确装配并加新油。

（3）由于特殊原因，如真空规管炸裂，误开真空容器放气阀或未关闭高真空阀等，使扩散泵内突然漏进大气时，应立即关闭高真空阀门，停止扩散泵加热并强迫油锅冷却。消除故障后，应作抽气试验，并根据其结果判断是否需要更换扩散泵油。

（4）扩散泵经拆装接入系统后，如果系统一切均严格按前述操作程序进行抽气的话，则应该能达到泵原极限压力；如果仔细反复调整各喷口间隙，真空度还应有所提高。如果真空度抽不上去，则首先检查该泵所在系统的漏气率是否超过允许值；同时检查扩散泵的加热器是否烧断、供电电压是否正常、泵的冷却是否正常。如果上述方面一切均正常，则可认为是泵芯装配方面的问题，如装歪、喷嘴间隙不对、泵芯在装配前未清洗干净、有机溶剂未烘干、泵油不够或装入了质量不好的泵油及加热功率调整不正确等。

（5）如果扩散泵的工作一直正常，而且也不是动了系统而使某处漏气，而机组的抽气性能突然变坏，则可能是扩散泵电炉丝断了或保险丝断了，应及时检查更换。

（6）如果前级泵工作不正常或抽气容量不够，也会使扩散泵工作不正常。

（7）环境温度、湿度、冷却水温度等使用条件对扩散泵的抽气性能影响也较大。例如，当环境温度过高（超过 35℃）时，扩散泵性能即开始降低。

（8）扩散泵加热功率调整得不正确，也可使扩散泵的工作状态不正常。调加热功率时，最好能找到返油率最低点的合适温度。

（9）油蒸气返流污染系统，也可使系统的极限压力达不到预期结果，可参照 5.4.3 节采取措施加以改进。

表 5-15 油扩散泵抽气系统常见故障及排除方法

故障	原因	排除方法
扩散泵不起作用	1. 系统或扩散泵泵体漏气	1. 关闭泵入口高真空阀门、进行检漏并修复
	2. 加热器不工作	2. 检查电炉电源是否接触良好和电炉丝是否烧断
	3. 油温不足，没有形成有效射流	3. 检查加热电压和功率是否符合规定
	4. 泵出口压力过高	4. 检查前级管道有无漏气，前级泵抽速是否符合要求，工作是否正常
	5. 泵本身漏气	5. 查前级管道与泵体焊接处，泵底与泵体焊接处是否漏气，应对此二处细加检漏
	6. 泵底烧穿	6. 更换
	7. 扩散泵油量不够	7. 加油到规定量
系统极限真空度降低	1. 系统漏气，扩散泵本身微漏	1. 查出并消除漏处
	2. 泵芯安装不正确	2. 检查各级喷口位置和间隙是否正确
	3. 系统和泵内不清洁或除气不彻底	3. 检查、清洗、烘干泵和系统，系统彻底烘烤除气
	4. 泵油被污染变质	4. 泵清洗后更换泵油
	5. 泵冷却不好，泵内温度过高，引起泵油蒸气压增高，致使返流量增加	5. 检查冷却水流量和进出水温度，保持水路畅通、环境通风
	6. 泵油不足	6. 加油至规定数量
	7. 泵过热	7. 降低加热功率并检查冷却水流量
	8. 主泵或机组抽速低	8. 加大主泵抽速或改善系统通导能力
	9. 排气工艺不合理	9. 改进排气工艺
	10. 测量规管“中毒”	10. 清洗或更换规管
抽速过低	1. 泵油加热功率不足	1. 检查电源电压及加热器功率是否符合规定
	2. 扩散泵泵芯安装不正确	2. 检查各级喷嘴有无倾斜及间隙是否正确，调整正确
	3. 前级压力过高，前级泵抽速太小	3. 检查前级压力及抽速，如前级泵过小，进行更换
	4. 扩散泵油变质或牌号不对	4. 清洗扩散泵并更换符合规定的泵油
	5. 扩散泵入口压力太高	5. 检查扩散泵入口压力，过高时关高真空阀，改用粗抽泵抽至扩散泵允许入口压力值，再开高阀用扩散泵进行抽气
	6. 泵入口冷阱通导能力不够	6. 更换大通导冷阱
	7. 泵入口高真空阀没有完全打开，气动阀气压不够	7. 检查高真空阀，调整阀门及气压
	8. 气体负荷或工艺放气计算不准，所选的主泵抽速小	8. 重新计算并更换符合抽速要求的新泵

续表 5-15

故　障	原　　因	排 除 方 法
返油率过大	1. 扩散泵顶喷嘴螺帽松动，泵芯内结构不合理	1. 消除通孔螺帽，加挡油帽改进结构，加挡油装置并重调加热功率，加防爆沸挡板，泵口加冷阱等
	2. 扩散泵电源电压低，加热功率不对	2. 按正确的操作规程操作，调整电压
	3. 系统操作工艺不对，扩散泵较长时间工作在过渡压力范围内（1～0.1Pa）	3. 改进操作工艺，调整扩散泵的工作压力
	4. 前级泵发生故障，扩散泵出口压力超过允许最大值	4. 系统停止工作，检修前级泵
	5. 扩散泵水冷系统故障，泵油被前级泵大量抽走，破坏泵的正常工作	5. 修复水冷系统故障，加强泵的冷却
	6. 冷阱或水冷挡板冷却失效或冷剂量不够	6. 修复或添加冷剂

5.5 涡轮分子泵抽气系统

5.5.1 涡轮分子泵抽气系统的组成

典型的涡轮分子泵抽气系统如图 5-39 所示，抽气系统设置分开的粗抽管道和前级管道，这种系统和常用的扩散泵抽气系统类似，其粗抽管道和前级管道的基本配置与扩散泵抽气系统相同，然而它对前级泵大小的要求却和扩散泵不同。扩散泵的正常运转要求前级泵具有足够大的抽速，以便在最大排气量时前级压力能低于临界前级压力，在涡轮分子泵抽气系统中要选择具有足够容量的前级泵，使最靠近前级管道的叶片在最大排气量时处于分子流或者正好处于过渡流。大多数涡轮分子泵的最大稳态进气口压力 p_1 在 0.5～1Pa 之间，而最大前级压力 p_2 约为 30Pa。因为排气量为一常数，即 $p_1S_1=p_2S_2$，或为

$$\frac{p_2}{p_1}=\frac{S_1}{S_2} \tag{5-3}$$

式（5-3）表明，涡轮分子泵抽速和前级泵抽速之比 S_1/S_2 应该在 30 到 60 的范围内，对于最大的对氢压缩比小于 500 的泵来说，其级配比应该为 20∶1。

涡轮分子泵抽气系统一般不需要用常见的液氮冷阱来阻止轴承润滑

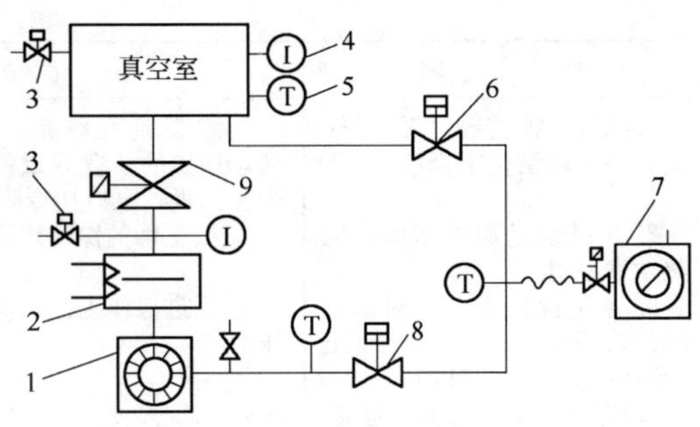

图 5-39 典型涡轮分子泵抽气系统

1—涡轮分子泵；2—液氮冷阱；3—放气阀；4—电离规；5—热传导规；6—粗抽阀；7—机械泵；8—前级管路阀；9—高真空阀

油或机械泵泵液的返流。只要泵是以额定角速度旋转，那么泵对除最轻的气体——氢以外的所有气体都具有比较高的压缩比，足以阻止这些气体从前级管道端返流到高真空端。液氮冷却的表面不能捕集因压缩比低而返流到真空室的少量的氢。液氮冷阱可用来提高系统对水蒸气的抽速，其最好的安装位置是在高真空阀的后面，也就是直接设置在涡轮分子泵的喉部上方。还可以考虑在高真空阀后面装一个三通管，把涡轮分子泵接在它的一个接口上，而把液氮冷却的表面接在另一个接口上。而三通的任何两个接口之间的流导都要小于液氮冷阱的通导。然而要使分子泵对水蒸气和空气都具有最大抽速，最佳的安排还是将液氮冷阱安装在涡轮分子泵和高真空阀门之间。

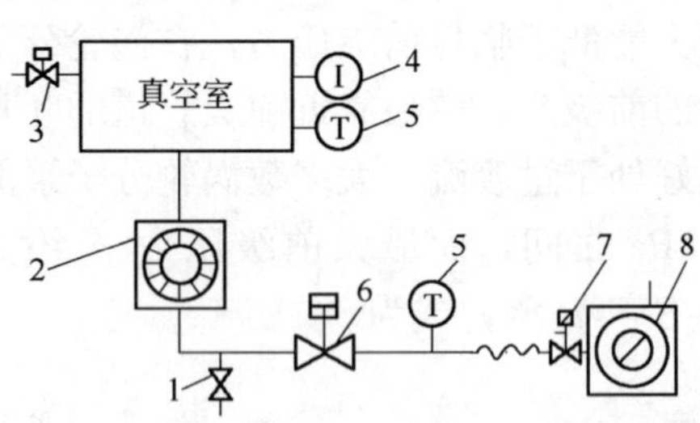

图 5-40 不用阀门的涡轮分子泵抽气系统

1—检漏接口阀；2—涡轮分子泵；3—放气阀；4—电离规；5—热传导规；6—真空管路阀；7—电磁放气阀；8—机械泵

涡轮分子泵抽气系统既不需要用粗抽阱也不需要用前级管道冷阱。粗抽与主抽系统之间较高的切换压力能防止机械泵油通过粗抽管道迁移到真空室中去，而泵对碳氢化物馏分的高压缩比也阻止它们从前级管道通过泵反扩散到真空室中去。

图 5-40 给出不单独设置粗抽管道，不设置高真空阀门的涡轮分子泵抽气系统，这个系统的真空室是直接通过涡轮分子泵进行粗抽的。因为系统上没有粗抽管道，所以就不存在因粗抽管道而带来的污染和切换区域不适当等问题。从结构上看系统也变得更简单了。它没有粗抽阀、管道和冷阱。也不需要高真空阀，只需要一个电离规和一个热传导规。每当打开真空室暴露大气时，就必须把整个系统停机，尔后再重新启动。这就使得液氮冷却表面使用起来不方便，因为每当系统停机时必须将冷却表面升温。

同时启动涡轮分子泵和机械泵，通过涡轮分子泵进行粗抽，必须正确选配前级机械泵。如果机械泵的抽速小，它是不能在涡轮分子泵达到最大转速以前把真空室抽到过渡区的。当出现这种情况时，电动机的过流保护电路就会把涡轮分子泵关掉。抽速大小合适、运转适当的机械真空泵应该是在涡轮分子泵达到其额定转速的 75%左右时就能把真空室抽到 20～200Pa，这样也可防止机械泵油的返流。大多数涡轮分子泵所设计的启动加速时间为 5～10min。

5.5.2 涡轮分子泵抽气系统操作

图 5-39 所示的装有单独粗抽管路的涡轮分子泵抽气系统的操作方法与扩散泵抽气系统相似。在开始粗抽以前，高真空阀和粗抽阀是关着的，而前级管道阀是打开的。首先关闭前级阀，启动粗抽泵（兼前级泵），打开粗抽阀开始对真空室进行抽气。在真空室内的压力降到 150～100Pa 时关闭粗抽阀，打开前级管道阀，再启动涡轮分子泵（需先接通冷却系统）。如果分子泵入口处装有液氮冷阱，则应在泵加速到额定转速后（一般需 5～10min）加注液氮。

粗抽系统的配置随真空室容积的大小而有所不同。对 500L/s 或更小的涡轮分子泵来说，可采用一台双级旋片泵；1000L/s 以上的涡轮分子泵则采用以机械泵为前级泵的罗茨泵机组。在压力为 100～150 Pa 时关闭粗抽阀，把真空室切换到涡轮分子泵上。对某些泵，这样做会引起轻微而滞后的瞬时减速，但这对抽气并无影响。正如扩散泵抽气系统那样，涡轮分子泵系统中的最主要的物质是水蒸气，其抽气时间将受液氮冷阱抽速的支配。如果不用液氮冷阱，那么这个系统抽除水蒸气的速度就会比同样抽速的无冷阱扩散泵略慢一些。在高真空抽气过程的起始阶段，泵的很大的未经烘烤的内表面会吸附水，然后再在较低的压力下重新释放出来。这种效应在无阀门的系统中更为明显，因为它可能比未暴露在压力高于 150Pa 的空气环境的有阀门的系统吸附更多的水蒸气。

系统停机时，先关闭高真空阀，如果有液氮冷阱的话，还要将冷阱加热。在冷阱达到平衡温度后，关掉前级管道阀，再切断涡轮分子泵电动机的电源使分子泵的转子减速。一般来说，到泵转子完全停止需要 10min 或更长的时间。在分子泵转子减速期间，来自前级管道的碳氢化合物和涡轮分子泵的润滑油蒸气会迅速地向泵的进气口上方区域扩散。为了防止机械泵油蒸气和涡轮分子泵润滑油蒸气的返流，在切断涡轮分子泵电动机的电源后，要用一股干燥的反向气流对分子泵进行放气。例如，应该在泵转子速度下降到最大转速的 50% 左右时，在泵进气口上方的某处或在转子组件上部连续充入氩气或氮气，直到泵内压力达到大气压。通过从阀门 3（见图 5-39）充入气体就可适当地完成这一操作。当涡轮分子泵以额定速度运转时，不应经常充入压力为大气压的气流，这样做对轴的寿命是不利的。当前级管道阀关闭后，即可关掉机械泵系统，并用放气阀对机械泵内进行放气。停机后应立即关掉冷却水以防止内部冷凝。在正常工作时，可把水温调节到略高于露点来消除泵体外部可能形成的冷凝物。

启动系统要先接通冷却水，打开前级管道阀门，再同时启动机械泵和涡轮分子泵。在泵加速到额定转速（一般为 5～10min）后，就可加注液氮冷阱。此后就可按 5.4 节所介绍的步骤对真空室进行抽气。

图 5-40 中所给出的不用高真空阀门的抽气系统的操作要比有阀门的抽气系统简便得多。操作时，先打开冷却水和前级管道阀，并同时启动机械泵和涡轮分子泵。如粗抽泵选择得当使真空室的粗抽时间等于加速时间，那么真空系统就能在没有泵油蒸气返流的情况下把真空室抽到其本底压力。

无阀门系统在放气和停机时，首先关闭前级管道阀，等泵转速下降到最大转速的 50%时再在泵的上方充入干燥气体。当系统充到大气压时应关闭放气阀门，否则会造成真空室过压。然后按上述介绍的方法关掉机械泵并停掉冷却水。

没有单设粗抽管路的涡轮分子泵系统的操作：先打开分子泵冷却系

统和前级管路阀，并同时启动前级（粗抽）机械泵和涡轮分子泵。如果粗抽泵（前级泵）选择得当，使真空室的粗抽时间等于分子泵的加速（启动）时间，则真空系统就能在没有泵油蒸气返流的情况下把真空室抽到其本底压力。

该系统在停机前，要先关闭前级管路阀，然后切断分子泵电源和关闭冷却水。等分子泵转速下降到额定工作转速的一半时，再在泵的入口处充入干燥气体，当系统充到大气压力后，应关闭放气阀门。根据需要在前级阀关闭后的任何时候停掉前级泵系统。

5.5.3 操作注意事项

（1）不能在前级泵工作时（前级管道接通）和真空室处于真空状态时将涡轮分子泵停掉，否则将会使油蒸气迅速从前级管路返流到泵的清洁端。

（2）分子泵系统在停机充干燥气体前，一定要先将分子泵冷却水关闭，且要从泵的高真空端充气。决不能从泵的前级管路进行充气。

（3）选择抽气系统前级泵的大小时，应使涡轮分子泵的前级保持在分子流状态下。

（4）不能让涡轮分子泵在低于额定工作转速下运转。

（5）分子泵入口应装设防护网，以避免异物进入泵内损坏泵转子和定子叶片。

5.5.4 涡轮分子泵系统常见故障及排除

涡轮分子泵抽气系统的常见故障及排除方法见表 5-16。

表 5-16 涡轮分子泵系统常见故障及排除方法

故　障	原　因	排除方法
极限真空度低	1. 前级泵不匹配，抽气量不足 2. 系统漏气 3. 泵体出气	1. 重新选配合适的前级泵 2. 查出并消除漏处 3. 对泵体进行烘烤除气，烘烤温度不应高于 150℃

续表 5-16

故障	原因	排除方法
运转中泵体及转子发热，涡轮叶片变形	1. 泵在磁场中高速运转，产生涡流导致叶片发热变形 2. 冷却系统故障	1. 避免泵在磁场中运转，如必须在磁场中运转最好使用隔磁材料，使其磁场磁通密度小于 30T 2. 检查水冷或风冷系统，使之正常工作
涡轮叶片损坏	1. 泵口保护网损坏，使泵内进入碎屑杂质 2. 运转中泵口突然暴露大气	1. 装换保护网 2. 设置自动保护装置，在突发事件中能自动切断电源
泵运转时震动和噪声大	1. 转子动平衡不好 2. 轴承润滑不好或轴承损坏 3. 前级压力过高 4. 泵安放位置不正确	1. 重新进行转子动平衡 2. 检查并修复油路，或更换轴承 3. 降低前级压力 4. 按照使用说明书正确安装
超高真空抽气系统中的氢分压突然升高	1. 泵体未经彻底烘烤除气 2. 冷却水温过高或冷却系统故障使泵温升高	1. 低于 150℃长时间烘烤去气 2. 冷却水温应低于 14℃，运转中保证冷却系统正常工作
油蒸气返流	1. 突然停电或停泵时，泵内没有及时充入干燥气体 2. 前级泵返流严重	1. 在泵转数降至最大转速一半时，应及时充入干燥气体 2. 降低前级返油率

5.5.5 分子泵与气体捕集泵组合的真空系统

5.5.5.1 分子泵与钛升华泵组合系统

A 系统应用特性

涡轮分子泵的单位体积抽速小，对不同种类气体具有不同的压缩比，因而对被抽气体有一定的选择性。但其在一定的压力范围内具有恒定的抽速，而钛升华泵结构简单，造价低，单位体积的抽速大，特别是对活性气体的比抽速大。其缺点是对惰性气体抽速小，单泵工作极限真空度低。因此由这些泵单独组成的真空系统，都因受泵本身的缺点限制了极限真空度的提高和抽速的增加。经验表明，采用两种类型的真空泵组合成无油超高真空系统，有助于扬长避短，可有效地提高真空系统的真空度和抽速及降低设备的投资成本。

涡轮分子泵是一种高速运转的机械真空获得设备。它对各种气体的压缩比随气体的分子量而变化。根据理论研究和实际测量的结果，得出涡轮分子的压缩比是转速和气体分子质量的关系。在速度和泵比几何系数一定的情况下（由制造决定了的），压缩比与气体分子的质量有关。气体分子的质量越大，它的压缩比就越大，反之则小。利用这一特点，在真空系统内才能获得无油清洁真空。而对一些轻质量气体（如氢气）就显得压缩比太小了。

根据涡轮分子泵的抽气理论可知，质量越大的气体其获得的分压力就低，反之质量越小的气体，其分压力就高。因此，涡轮分子泵抽气的真空系统，其残余气体的主要成分是一些轻质气体。实测结果主要是氢气。同时超高真空系统中，材料放出的气体组分也以氢较多。这就限制了系统极限真空度的提高，也将影响系统的清洁。氢易与其他气体结合成一些氢的化合物而“污染”系统。由涡轮分子泵获得的真空系统的残余气体成分百分比见表 5-17。

表 5-17 涡轮分子泵真空系统残余气体成分百分比

气体分子的相对质量数	2	17	18	28	40
成分百分比/%	82	2.6	9	2.3	0.4
等效氮分压力	1.1×10^{-10}	3.9×10^{-12}	1.4×10^{-11}	3.6×10^{-12}	

由表 5-17 可知，由涡轮分子泵获得的真空系统中残余气体氢占 82%，而其余气体的总和才占 18%。因此单靠涡轮分子泵来排除一个系统的气体时，所获得的真空中氢分压特别高。这降低了系统的极限真空度，限制了使用范围。

在真空获得设备中，钛升华泵是一种结构简单，造价低，使用方便，对活泼性气体抽速大，工作范围宽广。从低真空直至超高真空可以连续工作的一种无油真空泵。由它获得的真空环境是清洁无污染的。新鲜钛膜对几种活性气体的比抽速和理论抽速见表 5-18。

表 5-18 新鲜钛膜对气体的比抽速

气 体	温度/℃	N_2	O_2	H_2	CO	CO_2	H_2O
比抽速 /L·s^{-1}·cm^{-2}	20	1～3	1.54	3.1	9.28	7.74	3.1
	−196	10	6.2	10	10.8	9.28	13.9
理论抽速 /L·s^{-1}·cm^{-2}		11.7	10.9	43.6	11.7	9.3	14.6

从表 5-18 可知，每 1cm^2 新鲜钛膜在 20℃下对氢的实测抽速为 3 L/s多。而理论比抽速最大，达 40 多升。选择钛升华泵对氢有大的抽速这一优点，可以弥补涡轮分子泵对氢的抽速小的缺点。从而提高系统的极限真空度，增加比抽速。使组合真空系统的抽速大，体积小，造价低廉。

除了涡轮分子泵和钛升华泵各自的优缺点外。涡轮分子泵还由于机械结构与高速旋转的原因，使得它要获得大的抽速较为困难。而钛升华泵造价低，而且易于实现大抽速。目前它的抽速在高真空或超高真空获得设备中是较大的一种，而使用和维护都十分方便。只是由于排除惰性气体性能差而限制了它单泵进入超高真空。考虑到空气中的惰性气体主要是以氩气为主，可以用抽速小一点的分子泵来排除惰性气体，以充分发挥钛升华泵的大吸气性能的优点。

B 典型分子泵加钛升华泵抽气系统

图 5-41 所示为典型的分子泵加钛升华吸气泵的真空抽气系统。该系统各零部件均按超高真空卫生条件进行清洗后组装。涡轮分子泵，钛升华泵的冷却水压力为 0.03MPa，钛升华器可连续调节升华率。系统漏气率小于 10^{-8}Pa·L/s，系统预抽真空为 1Pa，环境工作温度为 20～25℃。

在系统中正确地使用钛升华泵是一个很重要的问题。一般应该随着系统真空度的变化采用不同的钛升华率和工作周期，其目的是节约钛的消耗量，以延长钛升华器的使用寿命。

该系统组装好后，如果各部分都不烘烤去气。开动机械泵预抽真空，当真空达到 1Pa 时启动涡轮分子泵。系统最终可达到的真空度为 10^{-5}Pa。

如果对系统烘烤去气，涡轮分子泵烘烤 85℃，钛升华泵烘烤

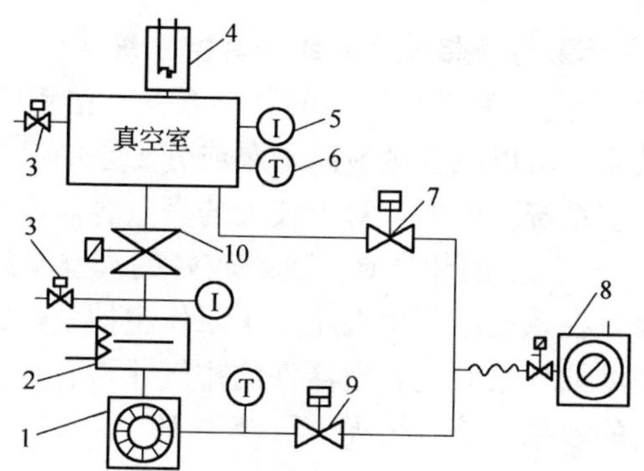

图 5-41 分子泵加钛升华泵真空系统

1—分子泵；2—冷阱；3—放气阀；4—钛升华泵；5—电离规；6—热传导规；7—粗抽阀；8—机械泵；9—前级阀；10—高真空阀

350℃，B-A 规管（或冷磁控规管）烘烤 350℃，烘烤时系统内抽预真空为 1Pa。经过彻底烘烤除气（约 24h）后，启动涡轮分子泵和钛升华泵一同工作，该系统最终真空度可达到 1.5×10^{9}Pa。

采用涡轮分子泵和钛升华泵组合系统的优点如下：

（1）系统的极限真空度有所提高。两泵组合使用后系统的极限真空度有所提高，在不烘烤的情况下也可以提高一个数量级以上，而且系统进入高真空的时间短，故特别适用于不允许烘烤而工作周期短的无油真空系统。

通过烘烤去气后，该系统最终能达到 10^{-9}Pa 的真空度。可以用于极限真空度高的无油真空系统中。另外，分子泵加钛升华泵系统的使用与维护方便，成本低廉。

（2）抽速增加。该系统对空气、氮气、氢气的抽速都大于该系统两泵单独抽速相加关系。抽速的增加可以解释为气体中的惰性气体被分子泵排走，而且质量越大，排走的几率也越大，这样升华泵内钛膜被惰性气体占去的空位几率少，能充分发挥钛升华泵钛膜的有效吸气作用。钛膜对像氩这样的惰性气体的吸气能力较低，惰性气体主要由分子泵来抽除。只要不用该系统来排除纯惰性气体或含惰性气体多的气体。该组合系统的适用性是很强的，对提高真空系统的性能和降低成本是大为有利的。

5.5.5.2 分子泵与锆铝吸气泵组合真空系统

采用锆铝16合金作为吸气材料的新型泵——锆铝吸气泵与溅射离子泵或分子泵结合，可以减少溅射离子泵或分子泵中氢的负载，构成比较理想的超高真空系统。例如，对于较大的真空容器或电真空器件排气台，为获得 10^{-8} Pa以上的超高真空度，较好的真空泵组合方式是分子泵加锆铝吸气泵。在系统中利用涡轮分子泵作主抽泵，锆铝吸气剂或锆铝吸气泵作为辅助抽气泵对电真空器件的排气非常有意义，可以达到获得洁净超高真空的效果，该泵组配合可获得 10^{-11} Pa的极高真空，这也是现阶段大型系统获得极高真空的比较经济的方式。

图5-42所示为一台用于电真空器件排气的典型的分子泵加锆铝吸气泵真空系统。

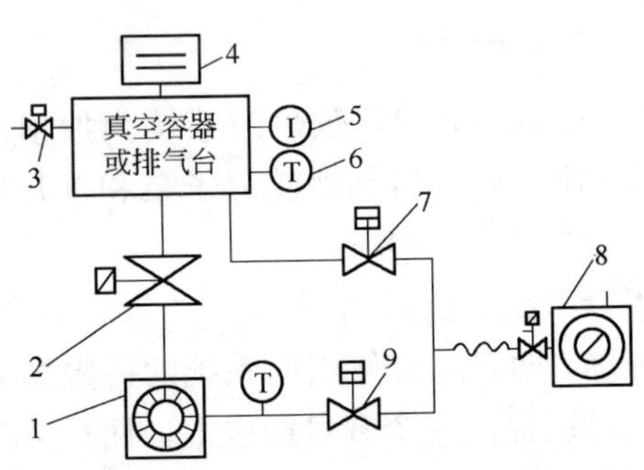

图5-42 分子泵加锆铝吸气泵真空系统

1—涡轮分子泵；2—高真空阀；3—放气阀；4—GL16型锆铝吸气泵；5—B-A规；6—热偶规；7—粗抽阀；8—2X型机械泵；9—前级阀

由于涡轮分子泵对氢的压缩比最小，所以分子泵系统中的残余气体主要是氢，分子泵的极限压力主要取决于氢气的分压力。选用抽氢效率高的锆铝吸气泵作为辅助泵与分子泵匹配，是分子泵真空系统获得超高真空简便、易行的措施。

锆铝16合金有着良好的吸氢性能。对于氢气，即使在室温下，也可以进行内部扩散。实测表明，GL16型锆铝吸气泵在工作温度400℃下，对氢气的名义抽速高达500L/s。由于锆铝16合金吸附氢气是可逆的，合金中的氢浓度完全取决于温度。当温度升高时，锆铝合金内部溶解的氢气可被释放出来，所以必须注意氢的平衡压力和吸气剂工作温度及吸气剂体内氢浓度之间的依赖关系（见图5-43）。

实验结果表明，在系统接近极限压力时，锆铝吸气泵采用较低的工作温度，可以更有效的抽除残余的氢，提高系统的极限真空度。由于分子泵、铬铝吸气泵以各自独特的抽气性能与方式取长补短，所以组合真空系统并不一定需要进行严格的烘烤，即可在较短的时间内获得超高真空。

分子泵可以在较宽的压力范围内工作，有恒定的抽速，可以有效地抽除惰性气体与碳氢化合物，对活性气体分子也有很好的抽除作用。而锆铝 16 合金是一种新型的非蒸散消气剂，所以锆铝吸气泵对 H_2、N_2、CO_2、CO、O_2、H_2O 等气体有很高的抽速，这样可以降低电真空器件残余气体中有害气体的成分，从而保证分子泵加锆铝吸气泵组合真空系统中清洁无油，从而改善残余气体的质量，大大地提高电真空器件的性能。

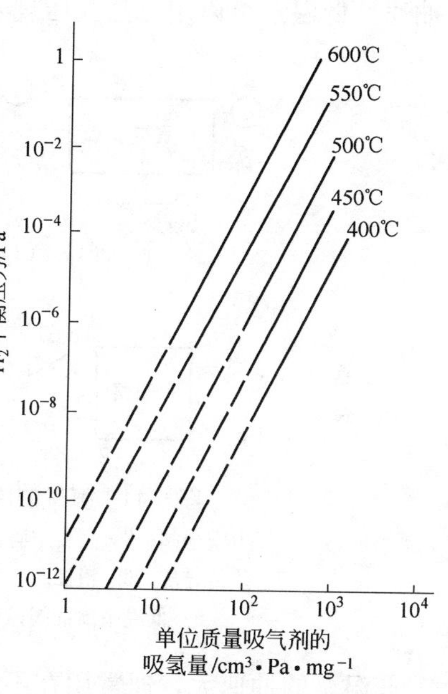

图 5-43 锆铝 16 合金的氢平衡压力曲线

由于分子泵加锆铝吸气泵抽气系统结构简单，操作方便，用分子泵加锆铝吸气泵获得超高真空是一种良好的组合方式，可在超高或极高真空压力范围内的电真空器件的排气及其他领域中得到应用。

5.6 低温泵抽气系统

5.6.1 低温泵抽气系统

低温抽气是目前获得洁净真空环境的一种快捷而有效的方法。随着双级高可靠性小型制冷机的日臻完善，制冷机低温泵得到迅速发展，已成为获得洁净、无污染、抽速大、工作压力范围宽、抽气效率高、结构简单、使用方便，能长期工作及可任意方向安装的真空获得设备。

图 5-44 给出典型的氦气制冷机低温抽气系统的示意图。该抽气系统不需要前级泵，仅需要在粗抽过程中开动机械泵进行预抽。它不需要用液氮冷阱来防止低温泵的返流，但可在真空室内安装冷阱、水冷障板或室温障板来屏蔽工作过程中的热载荷，但是这些障板也会降低系统的

总抽速。低温泵可以用氢蒸气压规来监测第二级冷阵的温度。

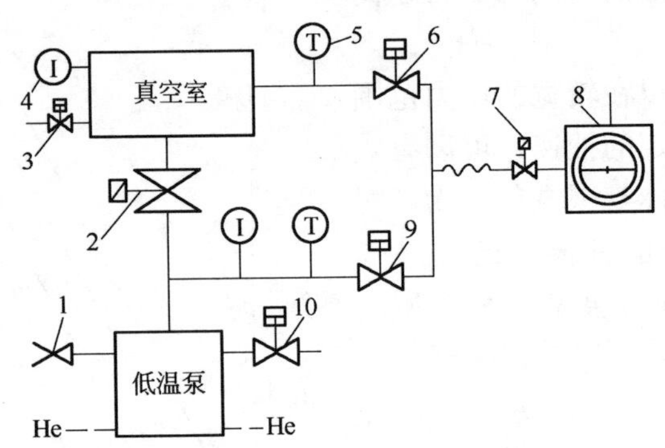

图 5-44 氦气制冷机低温泵真空机组

1—压力安全阀；2—高真空阀；3—真空室放气阀；4—电离规；
5—热传导规；6—粗抽阀；7—机械泵放气阀；8—机械泵；
9—低温泵预抽阀；10—低温泵冲洗气体阀

低温泵的抽速大，通常用在不能高温烘烤除气的真空系统。从抽气系统结构来看，低温泵系统类似于离子泵系统。为了无污染粗抽真空，还可以配接吸附泵。但是这种结合并不适用于抽除大量的惰性气体，例如氩气。而且虽然低温板易抽气，但当低温泵需要再生时，会给吸附泵造成困难。由于前级泵只在起始抽气期间使用，所以污染极少，如果使前级泵工作在黏滞流范围，即用机械泵粗抽到 200Pa，然后再用吸附泵接力抽到 1Pa，可进一步减少污染。但是除了额外气体负载外，低温泵在 200Pa 下开始冷却时会导致可凝结性气体，例如 CO_2 和水汽，凝结在低温板上而不是周围屏蔽板上。在低温板上涂覆适量活性炭可有效地降低这种凝结效应。

因为低温泵对氢气的抽速很小，所以低温泵抽氢气时应与钛升华泵结合。低温泵也可以和其他的超高真空泵，例如离子泵或涡轮分子泵进行组合。

5.6.2 系统的操作

低温泵抽气系统不需要前级泵，仅需要粗抽泵，低温抽气的真空室在到达切换压力之前是用粗抽泵进行抽气的。当达到切换压力后关掉粗抽阀并打开高真空阀。真空室可在安全的压力范围内被转换上低温泵抽气。如果用机械泵粗抽，则真空室切换到低温泵抽气转换所允许的最低压力是由防止机械泵返油的要求决定的。对直径为4～6cm的粗抽管道来说，最低压力约为10～20Pa。对直径非常大的粗抽管道来说，其切换的最低压力值更低；但其数值要大于克努曾数为0.01时的压力值。最高切换压力取决于低温抽气表面的几何形状和制冷机的制冷量。泵的低温抽气表面应具有相当大的热容量，它们能接纳“突发”的气体而不产生不可逆升温。在一次气体突发中导入低温泵中的最大气体量Q_i的允许数值可由低温泵的制造厂家得到，当打开高真空阀时瞬间导入的气体量可由$Q_i=p_cV$求出，由此可见，最大切换压力为

$$p_c=\frac{Q_i}{V} \tag{5-4}$$

式中，p_c为切换压力，Pa；V为真空室容积，m^3；Q_i为某一瞬时突发进入低温泵内的最大气体量（例如打开高真空阀时瞬间导入的气体量）；V为真空室容积。

对典型的小型制冷机低温泵，由粗抽转换到低温泵抽气的切换压力范围为

$$10\leqslant p_c\leqslant\frac{Q_i}{V} \tag{5-5}$$

假如由式（5-4）求得的值低到在切换前就会有机械泵油返流现象的话，那就说明相对于真空室容积尺寸来说低温泵的抽速太小了。

由式（5-4）求得的低温泵的切换压力要比扩散泵的高几个数量级。如果突发产生的气体很多，则在黏滞流或过渡流时，突发气体中的水蒸气就会到达吸附剂处，覆盖在吸附剂上或使之饱和，从而妨碍了对氢气和氦气的抽除。在大部分低温抽气系统中，切换压力接近100Pa。为了尽量减少油的返流，最好是采用尽可能高的并避免吸附剂出现饱和现象的切换压力。

系统操作时，可先用粗抽泵将真空室抽到200Pa左右，然后启动低温泵的压缩机进行冷却，如果泵体是用氮气吹除过的，那么开始时聚集在吸附剂上的水蒸气是不多的。待泵冷却后及系统达到转换压力后，关闭粗抽阀并打开高真空阀，低温泵开始工作。

系统停机时，首先关闭高真空阀，再关掉压缩机电源，并用干燥氮

气来使真空室或泵中的任何液氮阱达到平衡。如果低温泵在上次再生后只用过很短时间，并且也没有积聚水蒸气，则在再次启动时无需再生。

再生的目的是在低温泵切断电源之后把已捕获的气体从中除掉。低温泵的彻底再生是十分重要的。所推荐的再生步骤是用外部加热、粗抽和气体冲洗等的各种组合。再生过程中重要的一环是在对泵进行加温中用干燥气体冲洗。活性炭不需高温烘烤就可除掉水蒸气，不过在泵外部加上 50～80℃的烘烤，并用干燥气体冲洗泵，可大大加速这一过程。冲洗和再生出来的气体由粗抽泵抽走。

低温泵的再生过程一般需要 8～10h。如果在泵的再生过程中，用过压保险阀放气时，当低温泵的泵内压力和其环境压力达到完全平衡时，则从泵表面溶化的冰水就会在泵的底板上形成水潭，因而会严重地妨碍以后的抽气过程。

如果低温泵是连续进行工作，则再生的间隔时间的长短和使用情况有关。对许多高真空应用来说，间隔时间以三个月为宜。

5.6.3 系统操作注意事项

（1）在低温泵系统中，有时为了减少表面出气，需要对工作室壁用液氮冷却。但此时，在解释电离规读数时就应注意。即使室壁不冷却，规在低温系统内的位置很重要，特别是否直接对着泵。由于电离规测量的是气体密度而不是压强，若规内气体温度为 T_1，而系统内温度为 T_2，则电离规压强读数是 $p_i=p\ (T_1/T_2)^{\frac{1}{2}}$，这里 p 是系统内的压力。

（2）烘烤低温泵真空系统时应特别注意，由于低温泵怕热辐射，当系统烘烤到 450℃时，可能导致泵的温度升高到超过工作范围，此时可以在泵和系统之间插入水冷挡板作为热辐射屏蔽，但这会严重地减小抽速。可以把挡板制成烘烤时旋转到屏蔽位置，结束后旋转回去的类似于蝶阀的结构。挡板在屏蔽位置时，系统的抽速减小了 75%。

（3）在抽气系统操作时，系统的操作者应确保在工作过程中低温泵的热载荷不超过额定指标，尤其应特别注意泵第一级吸附板上的热载荷大小。为了确保低温泵的热载荷不超过指标（尤其是第一级上的热负载），应采用某种形式的障板来减少射到第一级上的辐射通量。除了真空室壁附近 300K 的辐射外，第一级还接受来自诸如镀膜室、加热灯丝或溅射放电等热辐射源。在许多过程中热载荷可高达 100～150W，此时就容易超过功率为 35～40W 的膨胀机的容量。因而需要加某种形式的障板来减少射到第一级上的辐射通量。最简单的办法是用反射的非冷却障板。如果还不够的话，则需要采用带冷却的人字形障板。这种障板可以用水冷却也可以用液氮来冷却。

(4) 低温泵在连续运转中，尤其是在吸附剂被氦饱和时，应特别注意防止瞬时断电，因为即使是短时间停电，氦气也会从吸附剂中释放出来，而且会把真空器壁上的大量热量传到抽气表面上去。这时即使系统已经粗抽到 20Pa 也解决不了问题，因为那也不足以阻止连续的热传导现象发生。

如果发生短时间断电情况，即当氦被猝发以后，则泵就不能再继续工作，而需要再生了。如果停电时间较长，则可能使水蒸气从第一级释放出来并淀积在第二级上使吸附剂饱和，此时需要彻底再生。

(5) 操作中应经常检查低温泵的过压安全阀是否正常，以防止安全阀失灵，对操作者和泵造成危害。

(6) 不能用低温泵抽除有毒的或易爆及容易产生化学反应的危险气体。因为低温表面可冷凝各种蒸气，所以它会累积大量的沉积物，当泵被升温时，低温表面冷凝的某些沉积物就可能相互反应或与大气发生反应。例如，硅烷和水蒸气在 77K 时会起反应，产生爆炸的危险。如果泵中凝结着爆炸性气体，则在泵突然升温大量气体放出时，它们会流到被抽空的系统中去，此时如果电离规在工作就会发生严重问题。

(7) 低温泵对所有气体的抽气能力并不是都一样。低温泵的抽氦和抽氢的能力要比抽其他气体的能力差得多，在系统的组成和操作时应考虑这一点。

(8) 压缩机需充以高纯氦（99.999%）。氖是氦中最常见的杂质，它会凝聚在低温级上并导致密封件磨损。

表 5-19 概括了在低温泵抽气系统运转中的某些操作注意问题。

表 5-19 低温泵系统抽气注意事项

允 许	不 允 许
1. 系统应在较高压力下进行泵的切换以免出现返流 2. 定期更换制冷机油吸附器的芯子 3. 用气体冲洗法彻底进行泵的再生 4. 用障板把低温抽气组件与热源隔开	1. 妨碍安全阀放气 2. 让油积聚在吸附剂上 3. 放入氦气 4. 让有危险的气体浓缩

5.6.4　低温抽气超高真空系统的烘烤

获得清洁的超高真空的先决条件是能够烘烤真空室，使放气减到最少。无油超高真空系统主泵的选用可有多种的考虑。近来，涡轮分子泵和低温泵已经成为经济可行的选择泵种，使得用户在真空获得手段的选择方面有了更大的回旋余地。由氦气深冷制冷机冷却的低温泵，其工作原理是将可冷凝的各种气体冻结在一系列的冷板上，并将剩余的气体低温吸附在活性炭吸气表面上。低温泵可获得大抽速、无污染的真空环境，但其主要缺点是不耐烘烤，因为制冷机的冷却容量限制了低温板上可承受的辐射热负载，典型的冷却容量为 1～40 W。为解决这个问题，可采用液氮或水冷挡板，也可将连接管加长或做成直角，对低温泵进行热隔离。这样一来，势必会降低连接管通导，增加真空室的不烘烤表面积，结果失掉了低温泵抽速大的优点。

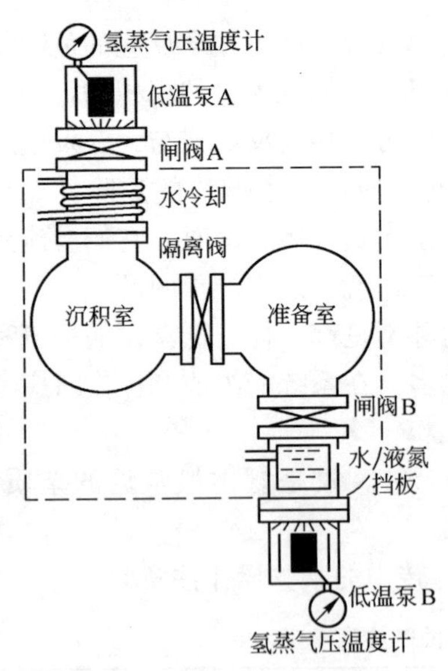

图 5-45　超高真空系统示意图
虚线表示烘烤区域范围

考虑到超高真空系统烘烤期间低温泵的热负载问题，应该尽量采用一种在系统正常工作期间既不影响低温泵的高抽速又允许超高真空系统烘烤到 200℃的简单易行的方法。

图 5-45 所示为一套分子束沉积超高真空系统，由于该系统需要有大抽速无污染的抽气手段，所以选用 CT18 低温泵（英国 VG 公司生产）作为主泵进行抽气。该泵对水、氢、空气和氩的标称抽速分别为 4000 L/s、2000L/s、1500L/s 和1200L/s。在系统中，沉积准备室的低温泵（泵B）被屏蔽在一个挡板下，在烘烤期间该挡板用水冷却，在正常工作期间用液氮冷却。系统烘烤时，图 5-45 所示三个阀全部打开，虽然上述挡板能使系统烘烤而不影响低温泵 B 的工作，但是由于挡板会使准备室的抽速降低 1/2～2/3，因此还需附加一个冷阱，从而消耗了大量的液氮。

如果泵 A 直接安装在起隔离作用的 ϕ200mm 口径的闸阀 A 上（如图 5-45 所示），从烘烤区域顶部到低温泵的安装法兰之间的距离为 100mm，当烘烤温度为 180℃时，低温泵法兰可被加热到 80℃。此时，泵第二级低温抽气板温度也随着烘烤温度的增加而增加。在 180℃烘烤下，测得系统压强为 2×10^{-3} Pa，并在继续上升。关闭闸阀 A，在 15s 内压强降到 10^{-4} Pa 以下，显然，这表明低温泵 A 已将气体释放进系统，而且此时低温板上的热辐射负载超过了制冷机的冷却容量。

可采用如下方法来解决烘烤期间低温泵热负载的问题：在烘烤期间用水冷却紧靠闸阀下方的系统壁（见图 5-45），并且在低温泵与闸阀之间加一直径 ϕ200mm，长 150mm 的过渡管路。然后，采用 5.6.3 节（2）中的方法，在上述的 150mm 长过渡管的中间安装一个辐射挡板，其结构如图 5-46 所示。挡板包括两个平行安装在同一转轴上并相隔 6mm 的不锈钢薄板。在烘烤期间，转动挡板，将间隔过渡管的横截面积减少约 75%，如图 5-46 所示，在系统正常工作期间，将挡板旋转 90°，基本上不影响抽速。间隔过渡管和处于“开”位置的可转动挡板的存在，对沉积生长室抽速仅减少 10%～20%。这与准备室低温泵 B 上的挡板会降低抽速 1/2～2/3 相比较是有利的，与上述其他热隔离方法相比较也是有利的。

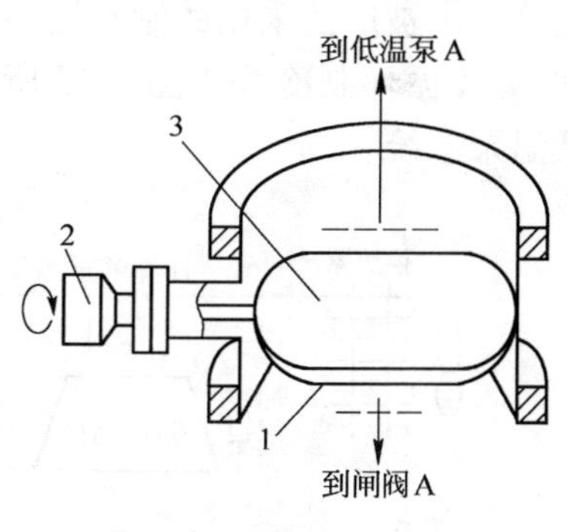

图 5-46 带有可烘烤可转动挡板的过渡管的剖视图
1—低挡板；2—转动装置；3—顶挡板

该挡板的每一块板都有一个抛光表面和一个不抛光表面，把两个板的相同表面朝同一方向安装。不管挡板的光亮面还是无光泽面朝向烘烤区，当烘烤温度上升到 200℃时，氢蒸气压温度计上显示出第二级低温板的温度都没有上升。用光亮表面朝向烘烤区，产生辐射热的反射。用无光泽表面朝向烘烤区，虽然该板将吸收更多热量，还有一小部分热量辐射到低温泵上。因此，挡板的表面光洁度是不重要的。在最大可达 215℃烘烤温度处，观察到低温泵第二级低温板的温度稍有上升。在

200℃烘烤后的冷却系统中，两真空室相互隔离并打开可转动挡板，沉积生长室很容易获得 1×10^{-8} Pa 的压强，而不用开动辅助的钛升华泵进行二次抽空或者内屏蔽液氮冷却。若加辅助抽气，两个容器内的压力都可达到 5×10^{-9} Pa。

5.6.5　制冷机低温泵抽气系统的故障及排除

5.6.5.1　制冷机低温泵的结构原理

现代低温泵常用的冷源是一种小型闭循环气氦膨胀制冷机，目前在制冷机中被广泛采用的制冷循环有：斯特林循环制冷、索尔文循环制冷和 G-M 循环制冷等。图 5-47 所示为采用 G-M 制冷循环的氦压缩制冷低温泵系统。

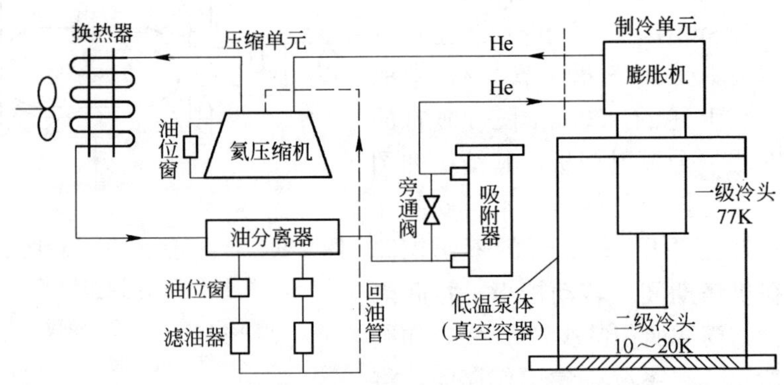

图 5-47　G-M 循环氦压缩制冷低温泵系统

低温抽气是一种储存式捕集排气，它所抽走的气体不是直接排到泵外，而是储留在低温泵内，一旦泵的冷头温度发生变化，它所抽走的气体又会重新放出，而破坏泵的正常工作。

在制冷机低温泵中，一级冷阵一般由辐射屏和一级挡板组成，同制冷机的一级冷头相连，其温度通常在 45～100K 范围内；二级冷阵与制冷机二级冷头相接，温度为 5～20K，它的外侧为裸露的无氧铜抽气表面，内侧在金属面上粘贴吸附剂（一般为活性炭）形成吸附抽气面，其结构如图 5-48 所示。

一级冷阵中的挡板和屏蔽屏用于阻挡来自泵壁和真空室的热辐射，保护二级冷阵免受室温热辐射的直接照射，以减小制冷功率损耗，维持泵的正常工作；同时，它还具有抽除 H_2O、CO_2 等大多数碳氢化合物及其高凝结点气体功能；另外，还预冷一级冷阵不能抽除的其他气体。二级冷阵的外表面是冷凝抽气，用于抽除 N_2、O_2、Ar 等可凝性气体，而对 He、Ne、H_2 等非凝性气体进行预冷；粘贴活性炭的内侧主要以低温吸附抽除 He、Ne、H_2。该泵在抽混合气体时（如空气），还会发生低温捕集抽气作用，即可凝性气体在一、二级低温表面冷凝后形成的固态多晶霜层，它对非凝性气体具有相当的捕集抽气功能。

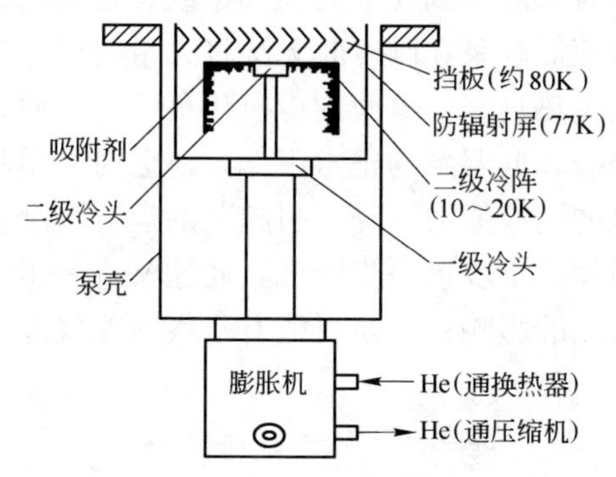

图 5-48 制冷机低温泵结构示意图

5.6.5.2 制冷机低温泵抽气系统运行中的故障分析

A 低温制冷系统的故障特点

制冷系统的工况变化，对低温泵的抽气特性会带来一定的影响。制冷机低温泵制冷系统的特点之一是一个部分的失灵与另一部分有密切的关系，在许多情况下很难辨别因和果。如制冷单元的过高热负载或制冷能力的损失都可能导致运行温度的显著升高。这个温升会使制冷单元的低温抽气作用减小，从而导致真空室内真空度的降低。而绝热真空度的降低又会导致制冷能力的进一步损失，继而会发生一个累进式的故障，表现为低温泵运行温度的继续上升，使泵的抽气能力下降，甚至丧失泵的抽气能力。

制冷系统运行工况的变化，将使制冷机的一二级冷头温度和制冷量发生变化，而冷头温度的变化对泵的抽气速率、抽气容量、极限压力、再生时间等特性参量产生很大的影响。制冷系统制冷工况的变化，除了与制冷系统中压缩机和膨胀机的泄漏、机械零件的磨损、易损件的损坏、密封件的老化、吸附器的污染、绝热真空的破坏及热负载过大等因素有关外，还与蓄冷器受污染有关。

B 系统中真空度的破坏

低温泵真空系统中真空度的破坏可能有三种类型：一是低温泵在启

动时未能达到要求的预真空或者是泵的抽气切换压力太高，预抽真空度低使低温泵在制冷时无法将大量的气体分子冷凝抽除，形成不了所要求的绝热真空，致使制冷机热负荷过大而无法继续制冷。切换压力太高不但破坏低温泵的正常工作，还会对低温吸附剂造成污染；二是由于制冷机的制冷能力下降，引起泵的运行温度上升，使低温泵的抽气作用减弱而使真空度进一步降低，而这又进一步破坏系统的制冷能力从而发生累进式的影响；三是可能有空气或氦气漏入到真空系统中，而破坏绝热真空。

C 制冷机气体压缩单元故障对系统的影响

制冷机的供气（压缩机的排气）压力与制冷机的排气（压缩机的进气）压力之差，称为压差。这个压差是制冷系统的故障分析的一个关键因素。

a 气体压缩单元的压差变化对泵抽气特性的影响

气体压缩单元进、排气的压差不正常，一般会导致制冷温度发生相应的变化。通常，制冷系统的故障会导致压差的减小，制冷能力的减小和运行温度的升高，使泵的抽气性能变差。当然，压差的加大也是可能的，但是由于有压缩机旁通管道的存在，而不容易被发觉。

由于气体压缩单元的故障而引发的压差变化，首先可能的原因是压缩机的进、排气阀门的密封性能不好和压缩机内的活塞环漏气；另一个原因就是油分离器的回油孔发生了故障；第三，除了压缩机的问题外，还须考虑下列几个可能性：（1）制冷单元中的压力和温度的变化（包括超负荷）；（2）真空的破坏；（3）非常高的环境温度，也会使平衡压力在启动前超过正常值，其结果是初始供压就超过正常值；（4）如环境温度很低，则平衡压力会低于正常值，但此种情况无需向系统补气。因系统中的气体太多会引起压缩机内部温度太高，从而对压缩机进、排气阀门的寿命产生影响。

b 气体压缩单元的超温运行对泵抽气特性的影响

在气体压缩单元工作中，氦气、润滑油和压缩机的各机械零部件之间有着密切关联，如其中任何一项发生过热都会使其余各项过热，其过程是累积的，如不立即改正，可能引发全系统的故障。这些故障可能使制冷单元产生不能允许的高运行温度。因此，发生这种情况时，制冷单元可能被气体压缩单元所产生的润滑油的裂解物严重污染，影响泵的工作寿命，甚至使泵不能工作。

在低温泵制冷系统的工作过程中，泵的抽气热负载、被抽空间的辐射热负载、泵壁的辐射热负载、气体分子的传导热负载、低速电机的摩擦热负载及压缩机的压缩热负载等都会进入到工作介质——氦气流中，由于该制冷系统是闭合的，所以这些热量都必须去掉，才能使制冷单元维持一个稳定的运行温度。对于风冷系统的电风扇吹出的冷却空气必须畅通无阻地通过热交换器、压缩机和油分离器，所有的换热表面必须保持清洁，而不阻碍气流，若气流不畅，上述热量就无法散失，就会直接影响制冷系统的制冷能力，使制冷温度上升，超温运行的结果还会加速压缩机的磨损，增加压缩机润滑油的裂解，必然的结果是加速吸附器的饱和和制冷单元中的蓄冷器被加速污染，甚至使泵完全失去工作能力。

c 气体压缩单元的泄漏对泵抽气性能的影响

气体压缩单元有两种泄漏方式：漏油和漏气。漏油现象通常比较容易被发现，而漏气一般较难立即在短时间内被发现，漏气发生时，首先表现为运行时供气压力和出气压力的累进降低。但重要的是通过制冷单元的质量流量的降低而使制冷能力相应地损失，当制冷能力的余量被用尽时，制冷温度将会立即升高，使泵的性能变坏。

D 制冷单元的故障对系统的影响

如果制冷机系统的故障不是在气体压缩单元、连接管道和真空系统，则问题一定在制冷单元。与制冷单元有关的故障有：(1) 机械零件的磨损；(2) 密封元件的老化；(3) 工作氦气的泄漏；(4) 供气气流所引起的污染；(5) 超负荷运行。

a 制冷单元的机械零件磨损对泵性能的影响

制冷单元传动机构的作用是使制冷机的排出器做往复运动和传动阀门。由于长时间的运行，阀门的传动轴承或传动器轴承可能损坏。传动器轴承的损坏，有可能引起传动轭及其衬套的损坏。任何金属零件的损坏，金属碎片都会被吸入传动马达，引起恶性循环，加速低速电机轴承的磨损和产生更高的磨损热。

另一个故障是阀门的不正确运动，可能导致阀门开得不够，或停留不开，则在供气和排气中会引起窜漏或堵塞，也可能引起不正常的压差，而使压缩机发生严重故障。

传动单元中的任何故障都会导致制冷能力损失，从而使运行温度上升，而破坏低温泵的正常工作。

b 制冷单元密封件的老化与损坏对泵性能的影响

制冷单元中密封件的老化或损坏都会导致排出器漏气而使制冷能力降低，使运行温度上升。密封件的故障有4个类型：（1）一级排出器的密封老化和磨损；（2）二级排出器密封环的故障；（3）传动轭轴密封组合的损坏；（4）进、排气阀门中Taflono型环的磨损和O形密封圈的老化等。由于漏气使压差减小，致使制冷量亦减小和制冷温度上升，使泵的抽气性能恶化。一、二级活塞环的泄漏，从压缩机来的部分高压氦气不经蓄冷器预冷而直接进入冷头，膨胀后的部分冷氦气不经蓄冷器而直接经活塞进入排气阀，使制冷机制冷量损失严重，直至泵无法工作。

c 制冷单元污染对泵性能的影响

制冷单元的污染主要有4个来源：（1）充气时用了污染的氦气；（2）清洗技术不良；（3）从气体压缩单元带来的液体油或油气；（4）汽缸与排出器密封环的灰尘等。

现代低温泵的制冷机一般选用G－M循环制冷机和索尔文循环制冷机，它们的制冷单元与压缩单元分开，其间用两根金属软管连接，在振动和长时间的工作中，就有可能使密封件老化及连接件松动而产生泄漏。在实际应用中，有的低温泵一年补气一次，有的半年补气一次或更多，如果补气时用了不纯的气体，或补气时带进了空气，就造成直接污染。

水汽、氮和氢的污染大多都是由于清洗不佳引起的。泵在维修后，一定要将各部件抽空到规定的真空度要求并持续抽一定的时间。如果抽空时间太长则会引起机械泵油的返流，抽气时间太短达不到抽空的目的，必然造成污染。

压缩机长期工作会加速压缩机的磨损，更主要的是加速润滑油的裂解，当油的裂解速率超过活性炭吸附筒的吸附速率时，它就被高压氦气带到制冷单元的一、二级蓄冷器中堵塞蓄冷器，时间愈长，污染愈严重。这样极大地减小了蓄冷器的热交换面积，使气流进出不畅。

一个理想的蓄冷器要求热容量大，气流和填料之间接触表面积大，有良好的热交换，对气流的阻力小、填料的空容积小以及沿气流方向虽有极大的温度梯度，但导热小等。蓄冷器受污染和局部堵塞后，会使蓄冷器的空容积和压力降都发生变化，由实验测出的空容积和压力降损失的制冷量可为总制冷量的 41.3%。

5.6.5.3 低温泵抽气系统故障的排除

真空抽气系统故障的最基本现象是真空系统中的压力升高。引起系统压力升高的原因：一是真空系统的漏气；二是低温泵的工作出现故障。

真空系统的漏气可以用氦质谱检漏仪分别对真空容器和低温泵本身进行检漏，若发现不漏气，则必须按表 5-20 逐一排除低温泵的故障。

表 5-20 低温泵抽气系统故障及其排除

故 障	引起故障的可能原因	故障的排除
真空容器中压力升高（二级冷阵的温度低于 20K）	真空系统或低温泵本身有漏气	1. 进行真空系统检漏； 2. 检查安全减压阀是否复位； 3. 对低温泵机械检漏
	被抽容器中存在着 He、Ne、H_2 等不可凝气体（因吸附板饱和）	泵进行再生处理
	固定二级冷阵的螺钉松动，使吸附抽气表面温度高于 20K（一般情况下，此种可能性较小）	将泵恢复到常温后，检查一、二级冷阵装配情况
真空容器中压力升高（低温表面的温度低于 20K）	二级冷阵的吸附器已吸附饱和	泵进行再生
	抽气负载过高	利用屏蔽或降低辐射表面温度
低温泵二级冷阵的温度达不到 20K，或需很长时间才能达到 20K	制冷机制冷能力变差	1. 检查压缩机供气压力是否正常，当压力低时，进行补气； 2. 对泵进行再生处理； 3. 蓄冷器被污染，或一、二级密封环磨损
	压缩机气压低	补气
	真空系统或低温泵本身有漏气	1. 真空系统进行检漏； 2. 泵检漏、安全阀是否复位
	低温泵内部存在较多的 He、Ne、H_2 等不可凝气体（分压较高）	用干燥 N_2 冲洗或低温泵进行再生
	压缩机工作不正常	检修压缩机
低温泵发出异常响声（如隆隆声）	50Hz/60Hz 开关位置错	置开关于正确位置

5.6.6 制冷机低温泵的维护

制冷机低温泵的维护可分为定期维护和日常运行维护两类。

5.6.6.1 定期维护

对于制冷机低温泵而言，所需要定期维护的就是在 10000 h 运行后更换压缩机吸附器。但对各类不同的低温泵所要求的定期维护期也不同。

我们知道，由压缩机排出的高压氦气流，实际上是油气混合物，它经过热交换器和分油器后，使油气分开，但是进入吸附器的氦气流仍然含有油分子和油的裂解物。当吸附器对油分子和油的裂解物吸附速率等于或小于压缩机排气流所含的油分子或油的裂解物时，吸附器就必须更换。

5.6.6.2 日常运行维护

A 补气

正常运转的低温泵通常很少需要补气，如果制冷系统的补气频率很高时，就必须严格检查系统是否漏气。因为反复补气会导致制冷系统的污染，从而导致低温泵无法工作。

B 冷捕集的应用

在制冷机低温泵的长期运行中，由于前述的种种原因使制冷机的工作气体受到污染，当污染较严重时，表现在制冷机制冷系统驱动机构的运转迟缓或间断运转。当污染严重时，制冷单元的驱动机构会卡住，并且不能运动。

冷捕集的方法是将制冷机低温泵制冷到最低温度后，运行 1～2h，让氦气流中的各种杂质气体在各级冷头冻结，时间愈长，效果愈好。然后关掉低温泵总电源，立即拆除制冷机的排气管道与进气管道。让低温泵一、二级冷阵回温，达到室温后再用高压氦气冲洗，或采用真空泵抽空方法排出被冻结下来的杂质气体。

C 低温吸附器的更换

制冷机低温泵在长期工作过程中，不断受到被抽容器中的灰尘、杂质、腐蚀性物质及油蒸气等的污染，时间愈长，污染愈严重，当低温泵吸附冷板的吸附剂被严重污染时，它对 He、Ne、H_2等非凝性气体的抽气能力下降，甚至无法工作，此时就必须更换二级冷阵的吸附器。

5.6.7 制冷机低温泵的再生

低温泵的再生是使泵内吸附凝结所贮存的气体解析和脱附的过程，再生的方式有多种，其所需时间和再生效果也有所不同。

5.6.7.1 低温泵的再生方式

从原理上讲，低温泵捕集的气体可以以固态、气态或液态方式除去，由于以固态方式除去冷凝物存在一定的技术难度，所以目前大多数低温泵所采用的都是后两种方式。根据加热方式的不同，再生方式一般分为：自然加热再生、气体冲洗再生、电加热再生三种类型。

自然加热再生是最简单的低温泵再生方法，它是利用泵壁与周围空气的热交换来使泵升温的，在刚开始再生时，由于泵内真空度较高，因此主要是依靠泵壁的热辐射和泵内的热传导使冷板逐渐升温，这个升温过程相当缓慢。当压力升高到 10^{-1}～10Pa 范围后，对流换热才开始起比较大的作用。自然加热再生需要的时间很长，一般需十几个小时。由于自然加热再生一般利用低温泵的过压保护阀排气，在这种情况下，如果泵内压力能够和其环境压力达到完全平衡，那么泵内融化的冰水会留在底板上，而且室温下活性炭将吸附高分压的水蒸气，因而泵在使用过程中需要进行长时间的初抽，而且泵的极限压力也会受到影响。自然加热再生一般只用于一些对泵性能要求不高的场合。

气体冲洗再生是应用很普遍的一种方法，它利用冲入泵内的室温或加热的干燥的惰性气体（N_2或 Ar）对泵进行加热，它有恒压法和脉冲冲洗法两种形式。因为能够进行有效的对流热交换，所以可以缩短再生时间，而且气体冲洗有利于水蒸气从活性炭中脱附出来，提高了低温泵的再生质量，另外它还能稀释泵内贮存的有毒和爆炸性的气体。

电加热再生是一种经济的再生方法，目前有两种不同的加热方式，一种是利用加热带裹在泵壁外表进行加热，另一种是利用泵内冷头上的加热板进行加热。由于低温泵中的部分元件不能承受高温，因而需要对加热过程进行控制。采用加热带加热方式时，可以选用自限温型的加热带，也可以由温控仪表进行控制。采用铑铁电阻温度传感器做二级冷头温度测量的低温泵可以利用这个传感器对加热带进行控制，但是由于这种情况下所测量的温度值不能准确反映泵壁处的温度，因此需要采取一些措施来避免过温现象的发生。加热带的使用很方便，而且这种方式所需的再生时间要比自然加热再生要短，提高了再生效率。但单独采用加热带对低温泵再生时，再生时间仍比较长，而且如果采用过压阀进行排气，也存在和自然加热再生方式中类似的问题。采用加热带加热和气体冲洗配合使用能够比单独采用气体冲洗缩短很多时间。使用加热带进行再生，无需对泵原有的结构进行任何改动，因此比较经济实用，提高了泵的使用效率。采用加热板进行加热也是一种很经济有效的再生方式。一般低温泵的两级冷头上各有一个加热板，两个加热板是独立的，加热板与冷头是紧密接触的，因而能够通过热传导直接对冷板加热，再生只需很短的升温时间，采用这种再生方式需要对两个冷头的温度进行测量，并根据测温结果对两个加热板的功率进行调节，由于加热板的功率较小，其热惯性也比较小，可以采用开关式控制方法。考虑到安全问题，加热板一般采用安全的低压交流电（24VAC）供电。为了获得较好的再生质量，再生加热过程中要与粗抽配合应用。采用加热板进行加热再生的方式时，系统的结构要复杂一些。

5.6.7.2 低温泵再生的判断方法与条件

再生的起始条件因低温泵应用场合而异，对连续抽气过程来说，一般只要满足下面两个条件中的一个，低温泵就需要再生：（1）低温泵在无其他附加热负荷时，二级冷头温度超过 20K 或一级冷头温度超过 130K；（2）高真空阀门关闭 5min 后泵内压力在 1×10^{-4}Pa 以上。

而对一些间断抽气过程来说，由于高真空阀门开启时，冷头温度必定会产生波动而且冷头温度的恢复时间与预吸附的气体量、低温泵的最大吸入气体量等有密切关系，因此在这些情况下还需要根据实际情况下允许的波动时间确定再生条件。

对非自动控制的低温泵抽气系统来说，一般，低温泵的生产商会提供一个再生的参考时间，但由于实际情况的差异，还是要求操作者根据实际经验来判断是否可以结束再生，而一些自动化程度较高的低温泵系统可以自动进行判断。一般是在再生进行到某一阶段后，将低温泵粗抽到某一合适的压力值，关闭粗抽阀，测量压力上升的速率并与控制器内存储的经验值进行对比，如果不满足条件，则需要继续对低温泵进行加热。这一过程也可以采用一定时间之后的压力值来判断。考虑到真空状态下对放气测量的精度要求和时间较短的要求，在 1Pa 左右进行测试是比较合适的。对采用加热带加热的再生方式，由于对泵抽空后的加热效果不佳，因此进行判断的开始时间，两次判断的间隔时间需要根据实际情况进行确定，采用泵内加热板加热再生时无需考虑这两个问题。

5.7 溅射离子泵抽气系统

5.7.1 抽气系统操作

如图 5-49 所示为典型的小型溅射离子泵无油超高真空抽气系统。

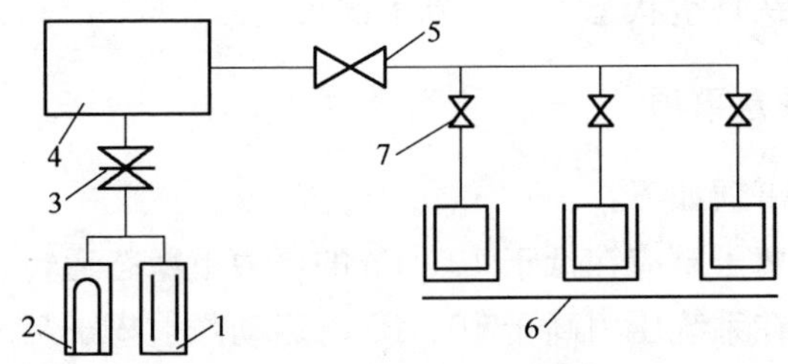

图 5-49 典型小型溅射离子泵超高真空系统

1—溅射离子泵；2—钛升华泵；3—高真空阀；4—真空室；5—粗抽阀；6—分子筛吸附泵；7—管道阀

系统的操作工艺如下：启动（冷却）吸附泵，如果粗抽是用两级分子筛吸附泵，则先冷却启动第一级吸附泵，同时给钛升华泵通冷却水。用第一级泵将系统粗抽到 1000Pa 左右，然后快速关闭将第一级吸附泵与粗抽管路隔断，再用第二级泵将系统抽到 0.4～0.2Pa。如果采用三级吸附泵粗抽时，则可用第一级泵抽到 3000～5000Pa 的压力，用第二级泵抽到 15Pa 压力，第三级泵抽到 0.1Pa。分级抽气可捕集在黏滞流状态下进入第一级中的惰性气体，同时也可减少最后一级抽除的气体量。这两者的效果都是降低系统的极限压力。

如果系统中有钛升华泵，则在真空室压力约为 0.5Pa 时就可以启动升华泵，开始连续升华，打开高真空阀门对真空室抽气，当真空室压力达到 0.1～0.05Pa 时便可启动溅射离子泵，然后关闭粗抽阀门，将粗抽管道与系统隔开。当系统压力低于 10^{-5} Pa 时，则可让钛升华泵间断工作，随着系统压力的下降，蒸钛的间隔时间可以一次比一次加长。可使用定时电路来控制钛升华时间和升华的间隔时间。

如果在系统运行前，溅射离子泵曾暴露过大气，则系统的操作顺序是先冷却吸附泵，并接通钛升华泵的冷却水，同时打开高真空阀和粗抽阀，按前面介绍过的顺序，用吸附泵和钛升华泵对系统进行粗抽。当接通溅射离子泵电源时，由于泵内电极的出气，系统的压力将会升高，所以此时仍需用吸附泵和钛升华泵进行抽气，直到把放出的气体负荷抽完为止。当系统压力稳定在 0.1Pa 左右时，即可关闭粗抽管路阀门，进而按正常方式连续工作。

离子泵系统停机前，先将高真空阀关闭，再把离子泵电源关掉，整个系统可保持在真空状态下，直到下次再用。

5.7.2 操作注意事项

操作注意事项如下：

(1) 溅射离子泵应在低于 10^{-4}Pa 的压力下稳态运转。

(2) 不要在系统压力高于 10^{-1}Pa 时启动溅射离子泵。

(3) 不要让离子泵在较高压力下抽除大量氦气。

(4) 真空室放大气时，应用阀门将溅射离子泵隔断。

(5) 应按正确顺序操作吸附泵。

5.8 水蒸气喷射泵抽气系统

5.8.1 水蒸气喷射泵抽气系统组成与抽气过程

水蒸气喷射泵具有结构简单、没有运动部件、维护简单、可以抽出含粉尘气体、工作稳定可靠、抽气量大等优点，由水蒸气喷射泵为主泵组成的抽气系统广泛应用于石油化工中减压蒸馏、冶金工业中炉外精炼、航天工业的模拟试验、喷射制冷技术等大型成套设备中。

由于单级水蒸气喷射泵的压缩比一般不大于 10，因此要获得更高的真空度，必须采用多级泵串联才能实现。多级水蒸气喷射泵系统的工作真空度与抽气系统中泵的数量有关，表 5-21 给出多级泵抽气系统的级数与所获得的工作压力之间的关系。

表 5-21 多级泵级数与工作压力的关系

泵级数	1	2	3	4	5	6
工作压力/Pa	$(1.3\sim10)\times10^4$	$(2.7\sim27)\times10^3$	400～4000	67～670	6.7～133	0.67～13

图 5-50 所示为一套 4 级水蒸气喷射泵抽气系统，该系统的抽气过程为：在第一级喷嘴中通入一定压力、一定流量的工作蒸汽（Q_1），用来引射真空容器中的被抽气体（气体负荷为 G_0），被抽气体和工作蒸汽的混合气体经第一级扩压器压缩进入第二级泵中；第二级泵再以一定流量的工作蒸汽（Q_2）来引射第一级泵排出的蒸汽与被抽气体的混合物（被抽气体），经扩压器压缩而被排到下一级。在第二级泵中排出的混合物中包含有第一级、第二级的工作蒸汽和被抽气体，故在这种混合物中工作蒸汽的比例占有绝大部分，若继续排入第三级泵，则气体负荷过大，会使第三级泵工作蒸汽消耗量过大，提高了生产成本。因此，在第二和第三级泵中间设置中间冷凝器，将混合物中的绝大部分蒸汽冷凝成水，由冷凝器回水管排掉。同样，三、四级泵之间也要设置冷凝器，最后将被抽气体排到大气中，获得并维持一定的真空度。

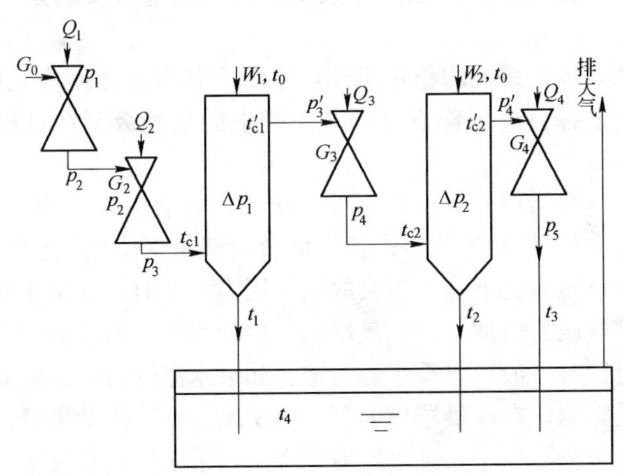

图 5-50 四级水喷射泵抽气系统

5.8.2 水蒸气喷射泵抽气系统的工作特性

蒸汽喷射泵是利用高压工作蒸汽经过喷嘴加速后，获得超音速气流，进入混合室，在混合室内造成低压，将被抽气体（或蒸汽）吸入，并与之进行动量和能量交换，进入扩压器；在扩压器收缩段，混合气体的压力上升，速度下降，达到扩压器喉部时，混合气流的速度降至音速左右，在扩压器扩张段，速度进一步降低，至出口处速度接近于零，此时，混合气体的压力高于泵的出口背压而被排除，从而达到抽气的目的。工作蒸汽经喷嘴膨胀后，若在其出口处的压力远远高于被抽气体压力，则工作蒸汽因过膨胀而使射流分散，此时不具抽气作用；若在其出口处的压力比被抽气体压力低很多，那么工作蒸汽被压缩，在喷嘴内形成柱状射流而封不住气流通道，造成排气腔与抽气腔“短路”，此时亦不具抽气作用。

多级喷射泵中各级泵都有各自的抽气特性曲线，各级泵工作时沿着各自的吸入压力，排气压力和抽气量的特性曲线变动，为了保证各级泵的稳定工作，要求在系统工作过程中，泵的蒸汽系统参数和冷凝水系统的参数尽量保持不变，当工作介质状态参数在允许范围内波动时，各级泵的吸气压力和排气压力会在适当的范围内变动，不会影响喷射泵系统的正常工作，但工作介质状态参数变动过大会造成喷射泵工作的不稳定。

为保证多级泵系统的稳定工作，系统中各级泵之间应很好的匹配，使各级泵处于各自的工作点上，避免其中的某一级泵在过载状态下运行。

当气体负荷增加时，喷射泵吸入压力会显著上升（约 1.6 倍），而排气压力上升较缓（约 2%）；若气体负荷降低时，则喷射泵的吸入压力下降，出口压力也下降。当泵的吸入压力不变时，如果工作蒸汽压力增高，则排气压力增加，抽气量增加。冷却水温一般将随季节的不同而变化，泵设计时一般以夏季水温为准。如果水温低时，冷凝器前各级泵的性能不受影响，在冷凝器后的泵，由于水温低冷凝效果好，因而下一级泵的气体负荷减少了，进气压力下降了，泵工作趋于稳定。但为了使最后一级泵的排气压力大于 10^5 Pa，可能要增加最后一级泵的工作蒸汽耗量，因此并不经济，当工作蒸汽一定时，可能造成泵系统不能稳定工作。

5.8.3 水蒸气喷射泵抽气系统的辅助部件的配置

5.8.3.1 冷凝器的设置

在多级喷射泵系统中，前级泵排除的混合气体中含有失去工作能力的水蒸气，为减少下级泵气体负荷要设置中间冷凝器，冷凝器可将混合气体中水蒸气冷凝成水，由冷凝器回水管排入回水池，达到节省工作蒸汽消耗量的目的。使用冷凝器的实质是用增加冷凝水的消耗来换取工作蒸汽量的节约，以低价的水来换取高价的蒸汽，使泵的运行成本得到降低。

冷凝器的设置既与冷凝水的温度有关，又与泵排除气体中水蒸气的分压有关，当混合气体中水蒸气的分压高于冷凝器入水温度对应的饱和压力时，应设置冷凝器，以减少下级泵工作蒸汽的消耗。在带有中间冷凝器的蒸汽喷射泵中，向冷凝器内排气的前一级泵所能建立的排气压力，实际上取决于中间冷凝器中的水的温度，因为这一级泵的出口压力不能低于其后的冷凝器中冷凝水的饱和蒸汽压力。当冷凝水水温为25～30℃时，这一级的出口压力约4000Pa，实际上冷凝器有气阻（一般670～1330Pa），因此这一级泵的出口压力要高于4000Pa，若这一级的压缩比为5～10，那么这一级的入口压力不能低于400～800Pa，若第一级泵的入口压力50～80Pa时，则第一级压缩比不能低于8～10。

冷凝器按结构有：混合式冷凝器、表面式冷凝器、喷射式冷凝器，其中混合式冷凝器因其结构简单，换热效率高而在喷射泵中广为应用。

冷凝器按其安装位置可分为：前冷凝器、中间冷凝器和后冷凝器，其中中间冷凝器的使用最多，在多级喷射泵系统中往往要设置多个中间冷凝器。

5.8.3.2 蒸汽加热套

蒸汽加热套的结构形式如图5-51所示。当某级泵的入口工作压力低于533Pa时，由于工作蒸汽经过拉瓦尔喷嘴以超音速喷出后的急剧膨胀而产生温度降低，将使喷嘴出口处和扩压器入口处结冰，由此使泵的抽气性能恶化。为避免出现这种现象，保证喷射器正常工作，可在喷嘴和扩压器渐缩部分安装蒸汽夹套，通入工作蒸汽加热，防止结冰现象发生。

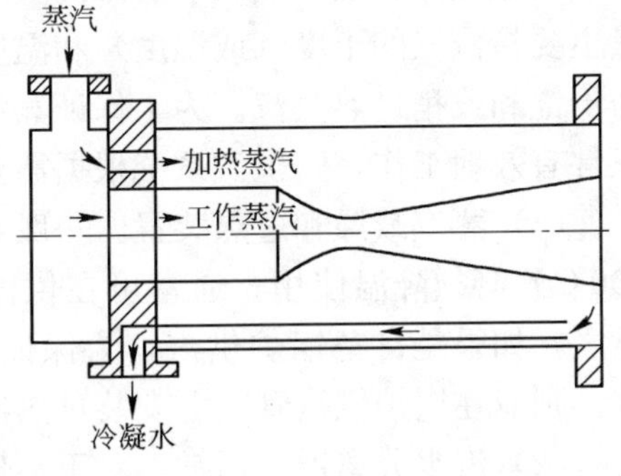

图5-51 蒸汽加热套结构

5.8.3.3 启动泵

对于某些工艺过程，例如钢液真空处理等处理工艺中，要求真空系统在很短时间内迅速将被抽容器抽至需要的真空度。为了满足工艺过程的快速抽气要求和有效地利用蒸汽源的潜力，在多级泵系统启动时，为缩短启动时间，一般可在抽气系统中设置启动泵。启动泵在抽气系统启动时工作，以提高系统预抽时的抽气能力，在抽气系统正常抽气时启动泵将停止运行。其在系统中的安装位置如图 5-52 所示。

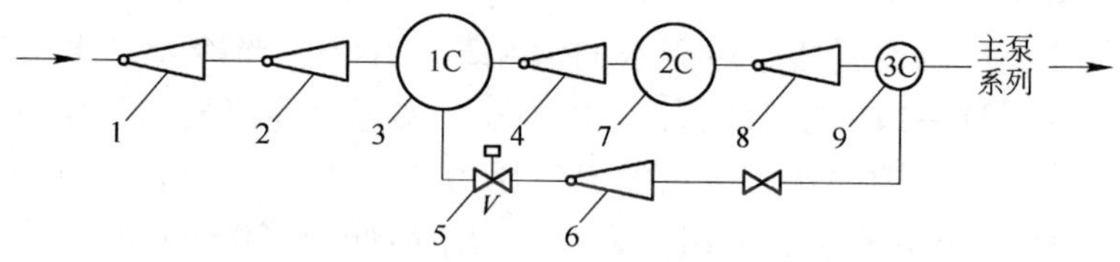

图 5-52 设置启动泵的蒸汽喷射泵系统

1—1 级喷射泵；2—2 级喷射泵；3—冷凝器 1；4—3 级喷射泵；5—管道阀门；6—启动泵；7—冷凝器 2；8—4 级喷射泵；9—冷凝器 3

启动泵与并联的喷射器的工作蒸汽总耗量应等于真空系统正常运转时各级喷射器蒸汽耗量的总和。这样可在不增加工作蒸汽总供汽量（即不增加锅炉容量）的前提下，最大限度地缩短抽气时间。

5.8.3.4 工作蒸汽供汽系统

工作蒸汽质量对蒸汽喷射泵的实际抽气性能影响很大。所谓蒸汽质量主要指蒸汽的干度（或湿度）和温度。蒸汽喷射泵适用的工作蒸汽应为干饱和或稍过热蒸汽。为了保证蒸汽喷射泵系统的供汽质量，使系统正常有效地工作，则供汽系统根据需要应设置以下装置：

(1) 蒸汽减温和过热装置。一般对于热力网的蒸汽（过热度常高于100℃）必须降温使用，通常可在供汽管网上增设蒸汽自动减温装置。反之，如果是自备锅炉供汽，为保证工作蒸汽具有一定的过热度和干度，则应在锅炉供汽管路上安装过热器。

(2) 汽水分离器。通常，对于不带过热器的锅炉供汽系统，锅炉出口所供蒸汽的湿度常高于 4%，而经供汽管线冷却后，特别是当环境温度较低且长距离管线供汽时，其蒸汽湿度可能远高于 4%，在这种情况下应设置汽水分离器，使工作蒸汽的湿度降至2%以下。

(3) 蒸汽排放与消音装置。蒸汽排放装置的作用主要是当供汽开始时，将供汽总管中的初始冷凝水和湿蒸汽排出供汽系统。而大量的初始水往往是使供汽系统中产生水锤现象的主要原因。其次蒸汽排放装置还可防止当真空系统快速停泵时，在锅炉及供汽管网中可能产生的压力突升现象。

为了减少蒸汽排放时的噪声，可在排放口处安装消音装置。消音器还可安装在本级喷射器的出口处。

5.8.3.5 被抽气体的冷却与除尘装置

水蒸气喷射泵的抽气能力随被抽气体温度升高而降低。为了有效地发挥蒸汽喷射泵的抽气能力，当被抽气体的温度较高时，应在被抽气体进入泵抽气系统之前的管路上设置水冷却装置，对被抽气体进行降温处理。

实践表明，被抽气体中若含有灰尘往往成为抽气系统的故障源。例如，灰尘在管路弯头、阀门、喷射器中大量沉积而引起气流阻塞，阀门失灵以至系统泄漏等，最终导致喷射器抽气性能恶化。因此，必须在喷射泵入口抽气管路上设置有效的清灰除尘装置。

对于大排气量的真空抽气系统，高真空级可设计成并列式（主泵、辅泵系列）或多台泵并联运行，这样可使单泵的几何尺寸不致太大，而且可以随着抽气负荷的变化改变并联泵开停的数量，有效地利用能源，节省能耗。

5.8.3.6 节流降压双喷嘴结构

在多数用户的多级喷射泵系统中，所采用的工作蒸汽均来自蒸汽锅炉，为使喷射泵稳定工作，蒸汽压力始终不应低于设计值。喷射泵系统在工作时，各级泵工作的压力不同，吸入压力差异很大，当某级泵的吸入压力较低时，会产生过大的膨胀比，由此将带来该级泵喷嘴尺寸的增大，以及流动摩擦损失的增加，因此应设法适当减小该级泵工作蒸汽的压力，采用节流技术是解决喷射泵中第一级喷嘴过膨胀问题的有效方法。

在多级喷射泵抽气系统中的高真空级泵中（通常为第一级泵，其工作压力约为66.7Pa），采用节流降压双喷嘴结构。该结构由前后串联的两个喷嘴组成，第一个喷嘴对工作蒸汽减压节流，降低泵工作蒸汽的压力，提高蒸汽的过热度，减小第二个喷嘴（即第一级主喷嘴）的膨胀度，减少喷嘴的膨胀损失，以保证该级泵的稳定工作，保证蒸汽过热，提高抽气效果。

5.8.4 水蒸气喷射真空泵常见故障及其消除方法

水蒸气喷射泵长期使用后，不可避免地要发生一些故障，对多级泵抽气系统出现故障的快速诊断和排除是保证正常生产的关键。水蒸气喷射泵抽气系统常见故障及其消除方法见表 5-22。

表 5-22 水蒸气喷射泵抽气系统常见故障及其消除方法

故障现象	故障特征及产生原因	消除方法
工作真空度低	1. 系统管道在低真空时有低而大的噪声，在高真空时有尖而细的噪声，表明噪声处的管道有裂纹或孔洞 2. 工作蒸汽压过低，湿度过高，冷却水温度高，水量过小 3. 如某级泵前后的真空度大致相同不变，则该级喷嘴可能发生堵塞 4. 冷凝器压力升高	1. 堵漏修复 2. 调节各有关参数达到正常值 3. 拆开清除修复 4. 根据升高原因，采取相应措施
冷凝器压力升高	1. 下排水管漏入空气 2. 安装不当，有污物堵塞 3. 冷凝器的淋水板倾斜或堵塞，水幕不良 4. 冷凝器下级喷嘴堵塞 5. 冷凝器积水多	1. 堵漏修复 2. 清理污物 3. 加大水量 4. 清除堵塞物 5. 设法放掉
吸入压力波动	1. 泵中有油污 2. 工作蒸汽湿度上升 3. 喷嘴与冷凝器之间管道沉积水垢，使管道截面变小 4. 管道连接法兰密封漏气 5. 工作蒸汽压力波动	1. 轻微油污在系统运行中能自行排除 2. 对工作蒸汽进行加热或脱水 3. 清除水垢 4. 修复 5. 控制锅炉蒸汽的压力，使之稳定
冷凝器排水温度上升	供水量不足	调节供水量

5.9 真空系统的维修方法

5.9.1 真空系统故障诊断分析

真空系统和真空设备维修的要点是判断故障及故障点，对于这一点往往需要具有丰富维修经验的专业技术人员和必要的检测仪器，有时还需要比较繁琐的检查过程。例如，系统的真空度抽不上去，其原因可能有多种。是真空机组的抽气能力不够，还是真空系统的漏率高？或者两者兼而有之。真空机组抽气能力又包括主泵和前级泵的抽气能力的判定；如果是系统漏气，则包括真空室、前级管路密封、真空阀门等，可能还有其他原因存在。有时面对众多可能的产生原因，可能不知采用何种方法才能从中简单快速地找出故障，判断出故障产生原因。平分法和替换法是真空系统检修的一种简单实用的方法。它不需要特殊的仪器和设备，仅借助于真空系统本身备用的仪表和一些简易手段，能迅速、准确地检测设备故障所在部位，以便排除。对一般具备真空基础知识的维修人员，经过短期的学习和实践，便可掌握。

图 5-53 为一典型的真空设备系统框图。它由前级泵 A，主泵 B、冷阱 C、真空室 D、阀门（E、F、G、H、I)、真空计 J、真空规管(K、L、M)，通过真空管道和法兰连接而成的。

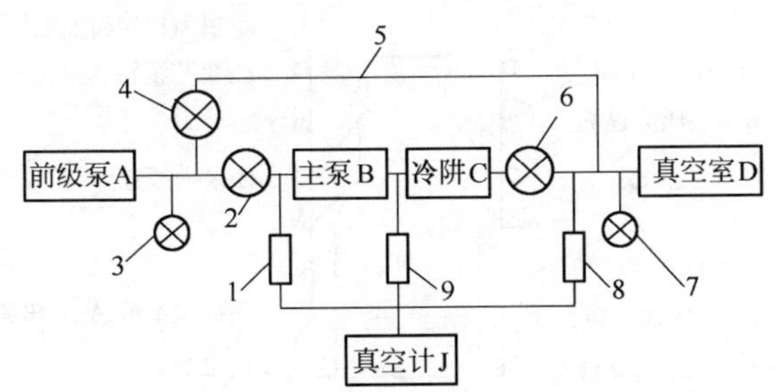

图 5-53　典型真空设备系统框图

1—规管 M；2—前级阀；3—电磁压差放气阀；4—粗抽阀；5—粗抽管路；6—高真空阀；7—放气阀；8—规管 L；9—规管 K

如果真空室的极限真空度或抽气速率低于规定的技术指标，不能满足正常使用时，则可判定此真空系统出现了故障。由真空系统的工作原理可知，组成系统的 A、B、C、D、…中某一部分的工作失常，整个系统的正常工作即遭破坏。某一部分的工作失常，可能是由组成该部分所有零部件中的某一个零件的损坏而引起的，这就是造成该系统故障的根本原因。维修的目的就是要查找出故障的根源，确定它的部位，以便对症下药。

例如，主泵发生故障，显然整个系统就不能正常工作。分析主泵发生故障的原因（主泵可以是油增压泵、油扩散泵、钛离子泵、分子泵等，在此假设主泵为油扩散泵）可能有：（A_1）泵油氧化、（B_1）泵内掉进异物、（C_1）泵芯歪斜、（D_1）泵油油量不够、（E_1）泵的加热功率不符合规定、（F_1）加热电炉故障、（G_1）进气口密封面漏气、（H_1）泵冷却不佳、（I_1）泵的前级压力过高、（J_1）操作错误等等。

真空设备的故障分布形式，有串联型和并联型两种基本形式。如图 5-53 所示，从前级泵→前级阀→主泵→冷阱→高真空阀→真空室的一条直线上，各部分可能发生的故障是互相串联的，称为串联型故障；对于系统中每一个独立的组成部分可能发生的故障则往往是并联型的。例如上述主泵的故障原因有 A_1、B_1、C_1、D_1、…、J_1 等多种，可画成如图 5-54 所示的分布形式。真空室的故障分布如图 5-55 所示。对于这两种形式的故障可分别采取不同的方法予以检测。

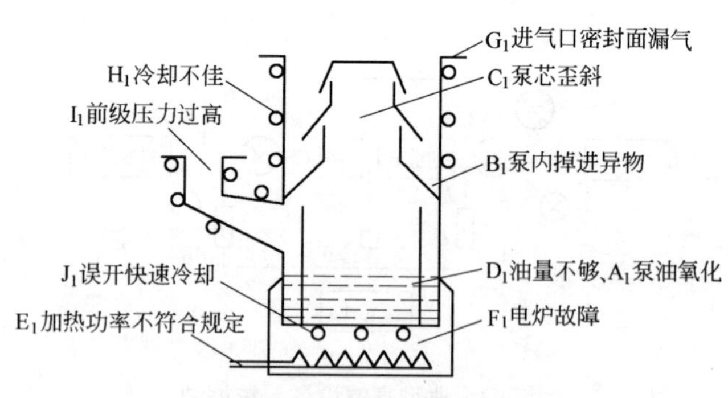

图 5-54 主泵故障分布图

根据上述分析，检修故障的程序应该是这样的：根据真空设备的工作原理，以及对故障现象的具体分析，列出产生故障的全部可能的直接原因，谨防遗漏。然后逐一排除或证实。这就是说，不是故障原因的排除不予考虑，是故障原因的则应进行证实。最后总能找出产生故障的根本原因。

例如，某一真空设备或系统出现故障，可能有 A_1、B_1、C_1、D_1、…、N_1 种原因，逐一检测后，A_1、C_1、D_1、…、N_1 被排除，B_1 证实存在。第二步把 B_1 作为故障现象来分析，再列出形成 B_1 故障的原因可能有 A_2、B_2、C_2、D_2、…、N_2，逐一检测后，A_2、B_2、D_2、…、N_2 被排除，C_2 证实存在。这样距离故障又近了一步。再反复下去，直到列出 A_n、B_n、C_n、D_n、…、N_n 只为一个零件，一个法兰接头，一个密封面时，便可最后落实故障根源。

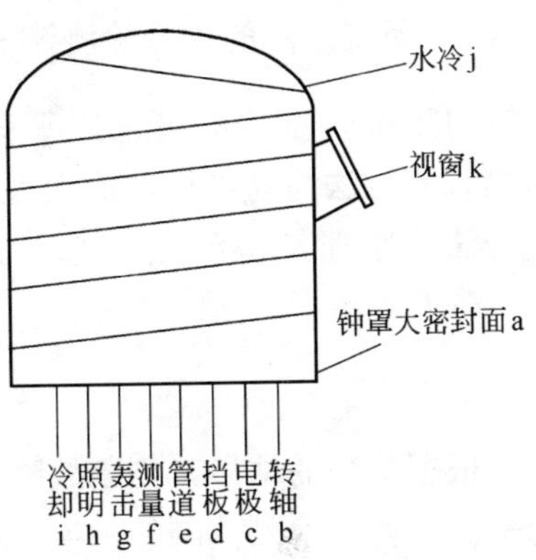

图 5-55 真空室故障分布图

上述的“全部可能的直接原因”的含义为：(1) 列举的原因要全面。即 A、B、C、D、…、N 种原因全部排除后，设备便能正常工作，故障肯定不复存在。这实际上是划定故障原因的范围，这个范围划小了，可能有遗漏、不全面，划得太大，浪费检测时间。一般设备制造商在设备的使用技术说明书上已给出了一个大致的范围，可供列举原因时参考。(2) 列举的必须是故障的原因，即在 A、B、C、D、…N 项原因中只要有一项存在，就必定产生故障。(3) 直接的原因并不一定是根本原因。每一步列举或证实的原因，都往往是下一步的故障现象，只有检测到最后一个零件、接头，密封面，能直接修复的才能称为根本原因。

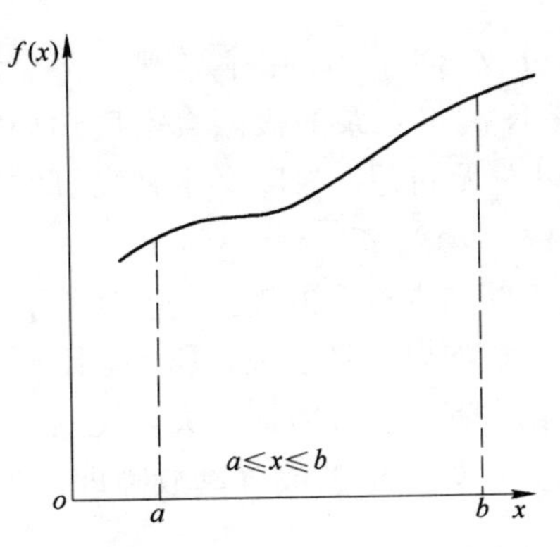

图 5-56 故障点分布曲线

如果在数轴 x 上取［ab］表示“全部可能的直接原因”范围，那么检测点 x 在 $a \leqslant x \leqslant b$ 范围选择时，则在目标函数 $f(x)$ 上必定可以找到故障点。如图 5-56 所示。

5.9.2 系统故障的平分检测法

对于串联型故障可采用平分法检测，其方法简易可行，能大大缩短检测时间，提高检修工作的效率。平分法的原理是检测点 x 总是选择在列举原因范围的中点（见图 5-56），即

$$x=\frac{a+b}{2} \tag{5-6}$$

根据检测的结果，判断故障部位所在的方向，舍去正常部分。每检测一次，舍去检测范围的一半，反复进行下去，将以很快的速度，接近故障部位。例如经第一次检测后，判断故障的方向若在 x 点右侧（目标函数 $f(x)$ 值取大些），就把此次检测点（中点）左侧的一半舍去；若故障方向在 x 点左侧（目标函数 $f(x)$ 值取小些），那么就把此次检测点右侧的一半舍去，这样检测一次，范围就缩小一半，在余下的检测范围内，重复上面的做法，均在中点检测，根据结果舍去检测范围的一半，直到找到一个满意的检测点，或者检测范围已变得足够小，再检测下去结果无显著变化为止。

由于真空系统不便任意分割，一般利用系统固有的阀门，可拆连接法兰等作为检测的分割点，因而不是完全的平分法。参照图 5-50，具体的操作步骤及方法叙述如下：

(1) 首先关断高真空阀，将系统分成两半，判断故障在哪一半。假如高真空阀左端工作正常（例如规管 K 测得主泵的极限真空度达规定值，抽气时间正常），说明高真空阀以左无问题，故障必定在高真空阀右端。

(2) 分别切断粗抽真空管道和放气阀同真空室的连接处。如果故障依然存在，说明故障可能发生在真空室；如果故障消失，那么故障即在分割出去的那一部分。如果切断粗抽真空管道，故障即消失，说明故障在粗抽真空管道到粗抽真空阀的那部分；如果切断放气阀故障即消失，则说明放气阀关不死或其密封面漏气。

(3) 故障如发生在真空室，则应逐一分析与真空室有关的各密封件，可采用下述的替换方法，最后找出故障的根源。

(4) 关断高真空阀，如果左端工作不正常，则高真空阀左端必有故

障。这时应切断高真空阀，用真空规（I）检测前级泵。如果前级泵工作正常，则故障必定在主泵或冷阱。再逐一分析主泵和冷阱的故障原因，必要时分割主泵与冷阱的连接处，最后找出故障的根源。如果前级泵有问题，则应检查前级泵。

（5）也可能粗抽真空阀、前级真空阀或高真空阀关不死或者真空系统本身漏气所致。这类故障可以分割各真空阀的上下密封面，再逐一分析检测。

（6）在进行平分法检测时，应首先排除测量规管及密封接头和真空计本身的故障，否则检测工作无法进行。

5.9.3 系统故障的替换检测法

对于并联型故障可采用替换法进行检测。替换法即为用质量绝对可靠的零部件去代替有疑问者，一旦设备工作正常，故障即在被替换的部分。真空系统检测时的替换零件实际上用密封绝对可靠的标准法兰盘、检测合格的阀门、真空规管等零件来代替的。因此必须预先准备一批尺寸合适的标准法兰盘、合格的阀门和真空规管等，以备替换时使用。

例如，用平分法确认故障发生在真空室，如图 5-55 所示，形成工作室故障有 a、b、c、d、…、k 种原因。利用替换法逐个进行检测时，应注意替换的先后次序，原则是先易后难，先简后繁，先明后暗和把疑问最大的放在前面替换。一旦零件替换后系统工作正常，故障即发生于被替换的部位。

对于超高真空系统，烘烤除气问题特别重要。有时往往系统并无故障，但由于系统内的真空表面放气致使系统的极限真空度和抽气速率达不到规定的指标，这就需要通过改进操作方法，优选工艺规程来解决。

真空系统和设备的检修方法很多，平分法和替换法仅仅是其中的两种方法。检测故障的速度和准确性还取决于操作者的经验及熟练程度。在使用这两种方法的同时，也应辅之以其他方法，如直觉法，记录比较法和各种检漏法。并能随机应变，灵活运用，才能提高检修工作的质量和速度。

6 真空工程焊接技术

6.1 真空技术对焊接工艺的要求

在真空设备和真空器件的制造加工中，经常采用各种不同的焊接、封接工艺，将各种形状的零部件和不同的材料用不同的焊封接方法连接在一起。要求焊接处必须满足下列要求：

（1）保证良好的气密性。焊缝的真空密封性要达到允许的气体密封性能（或漏气率）的要求。

（2）焊缝要有一定的机械强度，保证设备的安全正常运行。

（3）焊缝应有利于获得光滑的真空“清洁”加工表面。

（4）超高真空与极高真空设备上的零部件，应能承受400℃的烘烤。

6.2 真空焊接的分类

真空焊接是真空永久性连接技术中的一种，一般可分为熔化焊、压力焊、真空钎焊等几种类型。焊接方法的选择不仅取决于金属材料本身，而且取决于零件形状和接头的作用。真空容器内的零件，主要考虑的是接头强度，真空系统的壳体主要考虑的是接头的密封性。

6.2.1 熔化焊

熔化焊是将要焊接的材料加热熔化使其与相接触的表面熔焊在一起。真空技术中所用的熔焊工艺有：（1）气焊；（2）手工电弧焊；（3）氩弧焊；（4）电子束焊；（5）激光束焊等。

气焊是在氧-乙炔火焰内使金属零件熔封在一起的焊接，它广泛用于基体材料之间连接。由于金属在熔化时会放出气体和发生氧化，接头比较疏松多孔，因而这种焊接技术仅适用于粗真空零件的密封焊接。

普通手工电弧焊，在焊接时其焊缝处没有惰性气体保护，容易出现氧化、气孔等焊接缺陷，一般仅用于普通碳钢材料的低真空零部件的焊接。

6.2.2 真空钎焊

真空钎焊是在真空环境中由高温液态焊料在毛细力作用下填满被焊接的固态基金属（钎焊金属或简称基金属）之间的间隙，从而使被钎焊的金属达到结合的一种连接工艺方法。

钎焊与其他焊接方法比较，具有变形小、基金属性能变小、可同时完成多个零件的连接，并可连接不同的金属等优点。

6.2.3 压力扩散焊

压力焊是靠压力使欲焊接材料的接触表面熔焊在一起，不用过渡金属。压力焊主要分电阻焊和扩散焊。电阻焊是用铜电极把两个金属零件小的表面积压紧在一起，然后通大电流靠接触点电阻实现熔封的焊接，这种电阻焊通常称为点焊，广泛用于真空室内零件的焊接。焊接点牢固，没有污染，不影响真空系统达到超高真空。缝焊是点焊的发展形式，可用来焊接厚度小于 2mm 的叠片金属零件，而且接头很牢固。

扩散焊接是在真空或保护气氛（氢、氩等）的保护下，使两个平整光洁的焊接表面在温度和压力的同时作用下，发生微观塑性流变后相互紧密接触，原子相互扩散，经过一段时间的保温，使焊接区的成分、组织均匀化，达到完全的冶金连接过程。由此可见，扩散焊主要是依靠焊接表面发生微观塑性流变后，表面之间达到紧密接触，使原子相互大量扩散而实现焊接的。

6.3 氩弧焊

氩弧焊是电弧焊的一种，它是以氩气作为保护气体的电弧焊。由于焊缝受到氩气的保护，所以焊缝质量比较高，同时又由于热源集中所以焊接时的热影响区小，工件变形小，保证了工件的气密性和机械强度。

氩弧焊适用于焊接高强度合金钢、有色难熔和化学性质活泼的金属及其合金，也可用于异种金属的焊接。在真空工程中常用氩弧焊来焊接超高真空系统的不锈钢容器、管道阀门、波纹管连接件以及电真空器件的壳体连接件等。

氩弧焊分为不熔化电极氩弧焊和熔化电极氩弧焊，真空技术中大多采用不熔化电极的氩弧焊。氩弧焊焊枪的结构为：中心为钨杆电极，外面是通氩气的陶瓷保护管。焊接时以钨杆作负极，以工件作为阳极。电弧大小取决于焊接尺寸。因为是局部加热焊接，所以焊接后应进行退火以消除应力，并且必须用机械方法矫正变形。虽然接头没有发生氧化，但是接头以外没有受气流保护的金属部分仍有可能发生轻微的氧化，因此容易氧化的金属例如钼和钽等必须在充氩的罩内进行电弧焊。工件缓慢移动可以进行边缘缝焊，焊接铝零件时，应采用交流电弧焊。超高真空技术要求弧焊接头不应包含贮存空气的小体积和在真空侧的污染阱。

6.3.1 电弧焊的接头形式

6.3.1.1 电弧焊接头的设计

表 6-1 给出了各种正确设计的与不正确设计的电弧焊接头实例。

表 6-1 正确与不正确电弧焊接头实例

焊接方式	对　焊	搭　焊	丁字焊	角　　焊
不正确	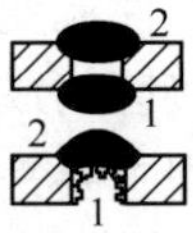	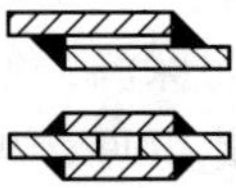	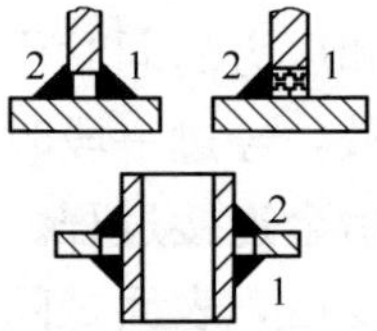	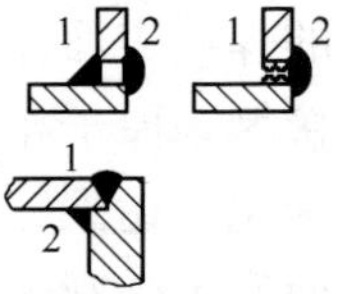
正确	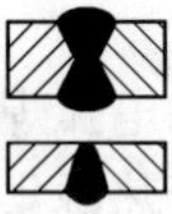	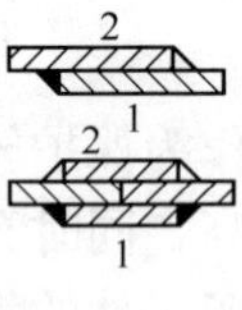	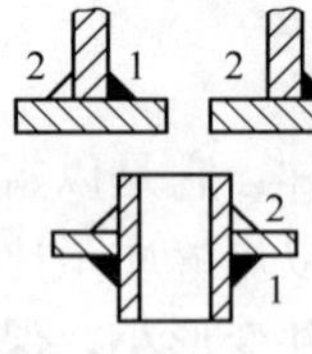	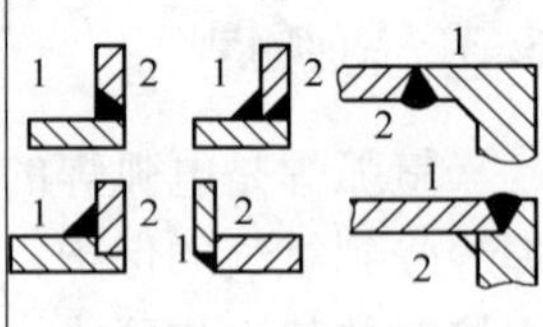

注：1—真空侧；2—大气侧；◣—连续焊；◺—断续焊；○—污物。

6.3.1.2 同种材料的接头形式

常用的接头结构有真空管道和法兰的连接、管道之间的连接、波纹管与法兰的连接、金属陶瓷封接件与法兰的连接等。所用材料一般为不锈钢-不锈钢，可伐合金-可伐合金。为了保证接头的真空性能，焊缝应尽可能处于真空内侧，以避免形成不利于抽空的死空间，并严格禁止内外侧同时有连续焊缝的结构。为了提高焊缝的强度，通常真空内侧采用连续焊缝，而大气外侧采用断续焊。常用的接头形式见表 6-2。

表 6-2 同种金属材料氩弧焊接头形式

材料	接头形式	备注
不锈钢（可伐）法兰-不锈钢（可伐）管	真空 焊缝 大气 T T 2T R >2T	过渡圆角 R 的作用是防止产生裂缝，焊缝应尽可能选在真空内侧
不锈钢（可伐）法兰-不锈钢（可伐）管	真空 焊缝 大气 R R T T	过渡圆角 R 的作用是防止产生裂缝，焊缝应尽可能选在真空内侧
不锈钢（可伐）法兰-不锈钢（可伐）管	真空 焊缝 大气 R T T	过渡圆角 R 的作用是防止产生裂缝，焊缝应尽可能选在真空内侧
不锈钢（可伐）法兰-不锈钢（可伐）管	真空 大气 外焊缝 >2T 2T R_1 <T T	适用于不允许内焊的结构
不锈钢（可伐）-不锈钢（可伐）	>5 0.3~1.0 >4	用薄边焊接代替厚大零件的焊接

续表 6-2

材 料	接 头 形 式	备 注
不锈钢法兰-不锈钢波纹管	真空 T T 2T 焊缝 2T 大气	波纹管壁 $T>0.4$mm
不锈钢法兰-不锈钢波纹管-不锈钢环	真空 0.5 T 0.5 2T 焊缝 2T 大气	波纹管壁 $T<0.4$mm，在内侧加一较紧配合的不锈钢环
不锈钢-不锈钢	焊缝 翻边凸起 T 真空侧	$T<0.8$mm
不锈钢-不锈钢	焊缝 T 真空侧	$0.8\text{mm}<T<2\text{mm}$，焊透至真空内侧
不锈钢-不锈钢	75°～90° T 真空侧	$T>2$mm，焊缝坡口需要填充材料，焊透直至真空内侧
不锈钢管-不锈钢管（交叉接头，内焊）	内焊缝	尽量采用内焊
不锈钢管-不锈钢管（交叉接头，外焊）	外焊	由于零件太小，不能将焊枪插到管内，所以采用外焊

续表 6-2

材　料	接头形式	备　注
铜-铜，不锈钢-不锈钢，可伐-可伐，金属陶瓷封接卷边焊接（立焊缝）	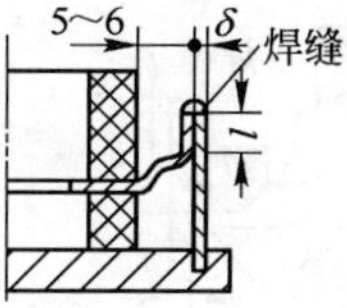	铜 $\delta=0.5\sim0.7$mm 不锈钢 $\delta=0.3\sim1.0$ 可伐 $\delta=0.3\sim1.0$ 可拆卸长度 l 最大为 8mm
可伐-可伐金属陶瓷封接卷边焊（平焊缝）	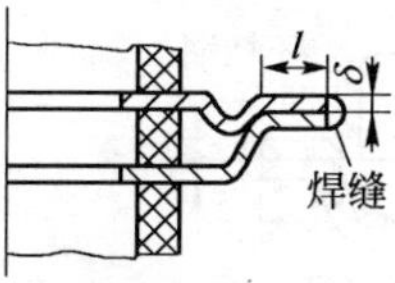	$\delta=0.5\sim1.0$ $l=6\sim1.0$

6.3.1.3　异种材料的接头形式

在真空系统和真空泵体的设计制造中常遇到异种金属的焊接结构，如不锈钢法兰盘与可伐管的连接，不锈钢与铜管的连接等。设计这种结构形式时，要结合不同材料的膨胀系数、熔化温度、热导率和在深冷条件下的收缩等情况综合予以考虑，才能得到满足真空气密性要求的焊接。其接头形式见表 6-3。

表 6-3　异种金属材料氩弧焊接头形式

材　料	接头形式	备　注
不锈钢法兰-可伐管	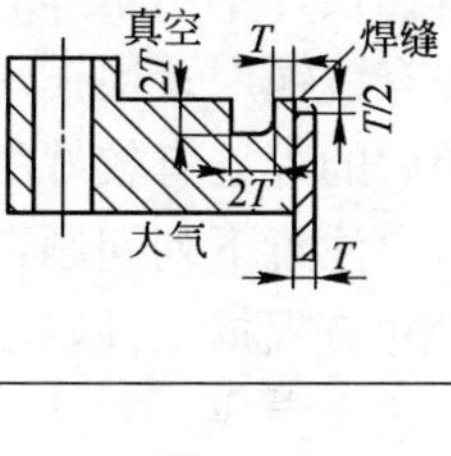	
不锈钢法兰-可伐管	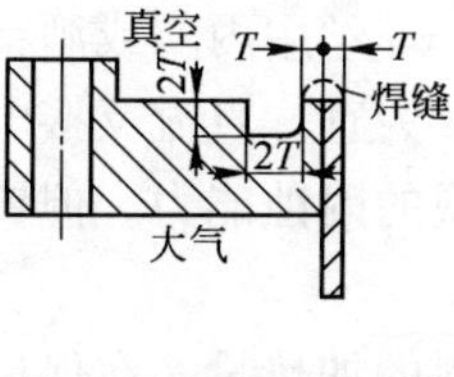	

续表 6-3

材料	接头形式	备注
不锈钢法兰-铜管	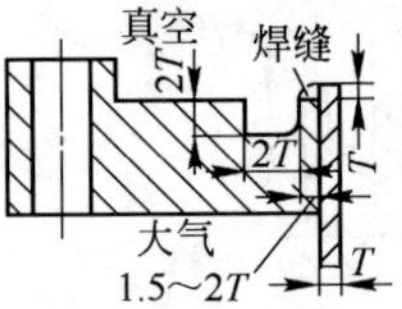 真空 焊缝 2T 2T T 大气 1.5～2T T	焊弧需处于铜管边缘
不锈钢-可伐	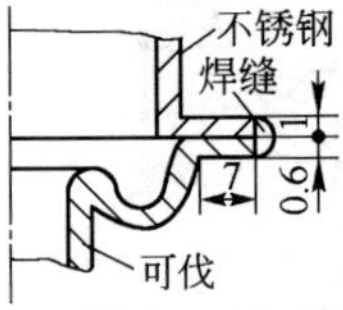 不锈钢 焊缝 1 7 0.6 可伐	

6.3.2 常用材料的氩弧焊

真空工艺中经常会遇到不锈钢-不锈钢、可伐-可伐、无氧铜-无氧铜的焊接，还有不锈钢-可伐、不锈钢与无氧铜、钛、钨、钽等金属材料的氩弧焊接。

6.3.2.1 不锈钢材料的氩弧焊接

奥氏体不锈钢（如 1Cr18Ni9Ti 等）是超高真空系统中的常用材料，焊接通常采用氩弧焊。该类材料在氩弧焊时，常遇到的主要问题是热状态下的开裂问题，所以在设计不锈钢焊缝时应考虑消除应力问题。

不锈钢焊缝附近不允许有镀铜层及银铜焊料的残余存在。但是对镀有镍层的不锈钢，经氩弧焊后的焊缝有较好的气密性和较高强度。用氩弧焊焊制不锈钢工件时，需要注意下列问题：

(1) 接头形式和坡口尺寸应根据工件厚度和焊接工艺来确定。坡口加工应尽量采用机械加工工艺来完成；

(2) 焊接前应将坡口、焊丝用丙酮或酒精擦洗，除去油污；

(3) 焊接时以直流反接为宜。直流反接电弧稳定，焊件受热温度较低，易于增强焊接材料金属的耐蚀能力。但钨极氩弧焊采用直流正接为宜；

(4) 为了减小焊接材料的加热量，在保证焊透的情况下，尽量采用小电流、大焊速、短弧施焊，并应避免焊条横向摆动；

（5）施焊场地温度不应低于0℃，并且无对流空气，以免影响氩气保护效果；

（6）多层焊时，每道焊缝焊完后，应仔细清除残渣及表面水锈，并冷至100℃以下再焊下一道。

不锈钢材料的氩弧焊结构见表6-4。

表 6-4 不锈钢氩弧焊的焊接结构

<table>
<tr><th>焊接形式</th><th>结构图示</th><th>说明</th></tr>
<tr><td>薄板对焊</td><td> 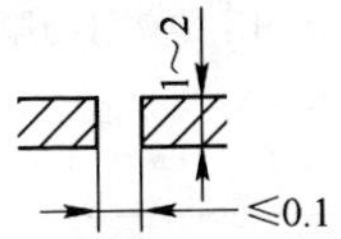1～2
≤0.1</td><td>适用于不锈钢薄板对接焊</td></tr>
<tr><td>薄壁管对焊</td><td> 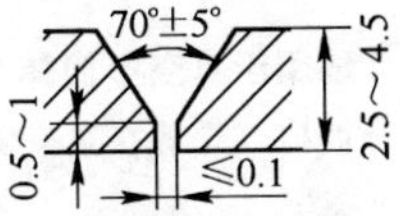70°±5°
2.5～4.5
0.5～1
≤0.1</td><td>适用于管壁厚2.5～4.5mm的管道对接焊</td></tr>
<tr><td>厚壁管对焊</td><td> 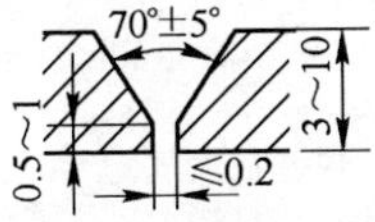70°±5°
3～10
0.5～1
≤0.2</td><td>适用于管壁厚3～10mm的管道对接焊</td></tr>
<tr><td>厚板对焊</td><td> 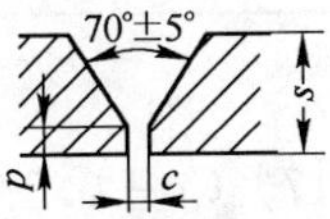70°±5°
s
p
c</td><td><table>
<tr><td>s</td><td>3 4</td><td>5 6 7 8 9</td><td>10 11 12 13 14 15 16</td></tr>
<tr><td>c</td><td>1.5</td><td>2.0</td><td>2.5</td></tr>
<tr><td>p</td><td>1.0</td><td colspan="2">1.5</td></tr>
</table></td></tr>
<tr><td>法兰-管道焊接</td><td> 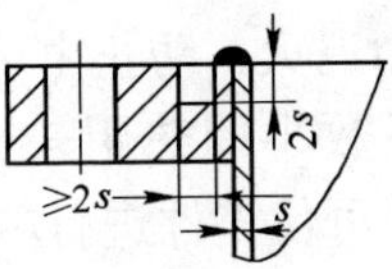2s
≥2s
s</td><td>适用于通径500mm以下的法兰与管道的焊接</td></tr>
<tr><td>真空室法兰-室体焊接1</td><td> 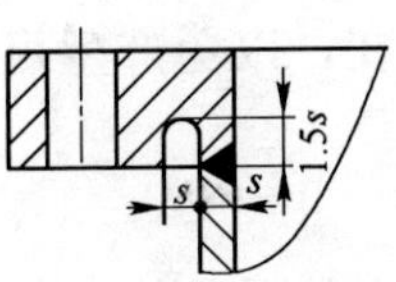1.5s
s s</td><td>适用于通径2000mm以下的真空容器焊接，焊接时真空室体需要校正，室体与法兰均需要开坡口</td></tr>
</table>

续表 6-4

焊接形式	结构图示	说明
真空室法兰-室体焊接 2	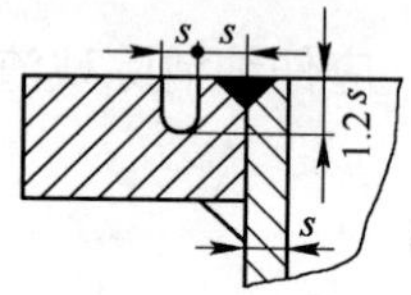 s s 1.2s s	适用于大通径真空容器的法兰与室体的焊接，焊接时室体与法兰均需要开坡口，真空侧采用连续焊，大气侧采用断续焊
管道-厚平板焊接	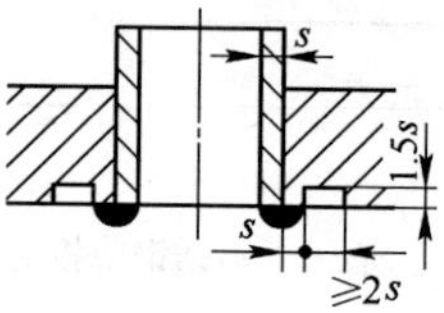 s 1.5s s ≥2s	适用于薄壁管与厚壁板的焊接
真空室筒体-管道焊接	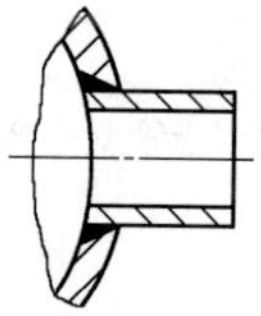	适用于真空室筒体与管道的焊接。筒体开坡口，焊缝在真空侧
管道-管道焊接	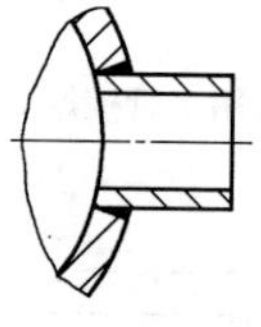	焊缝在大气侧

6.3.2.2 可伐材料的氩弧焊接

常用可伐合金的成分是：20%Ni+17%Co+0.3%Mn+其余为 Fe。可伐材料的焊接性能较好，镀镍后进行焊接仍可得到良好的气密性。

在焊接前要对可伐零件进行去应力退火，防止由于热应力引起焊缝开裂。另外，由于可伐材料的导热系数小即热阻较大，当金属-陶瓷（金属-玻璃）封接件与可伐法兰或其他可伐零件进行氩弧焊时，焊缝要距离陶瓷或玻璃的封接面 5～6mm，防止引起陶瓷或玻璃炸裂。还要注意焊缝附近不许有银及其合金成分存在，以免产生可伐材料的晶间开裂。

6.3.2.3 铜的氩弧焊接

铜也可用氩弧焊进行焊接，但因铜的导热性很好，为减少焊接功率，所设计的焊缝结构应有较大的热阻。铜的膨胀系数大，焊后的变形也大，所以要防止薄小零件的变形和防止刚性大的工件因应力过大而产生裂纹。在焊接时还要注意对熔池和近缝区进行保护，以防止铜的氧化。

对铜与不锈钢、铜与可伐进行焊接时，要使铜高出焊缝一个适当的高度，焊接时使电弧偏向铜的一方，防止电弧烧到可伐材料上，以保证焊缝的气密性。

6.3.2.4 其他材料的氩弧焊接

W、Mo、Ta 等难熔金属也可采用氩弧焊接，但因这类材料极易氧化。因而要用高纯度的氩气，最好在充氩的小室中进行焊接，以防止氧和氮进入焊缝区，因氧和氮会使焊缝严重变脆。另外由于钨、钼有再结晶发脆的倾向，因此要尽可能采用比较高的焊接速度，焊接钨时最好先将其预热至 400～500℃左右。

一些常用材料的薄壁件的氩弧焊焊接规范参考表 6-5。

表 6-5 常用材料的薄壁件氩弧焊规范

材料	焊缝结构	厚度/mm	焊接电流/A	焊接速度/cm·min^{-1}	氩气流量/L·min^{-1}	钍钨丝直径/mm	备注
不锈钢-不锈钢 可伐-可伐 低碳钢-低碳钢	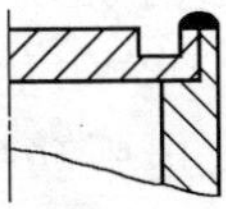	0.5+0.5	5～8	30～50	7～8	1.0	
		1.0+1.0	25～35	40～60	7～8	1.0	
		1.5+1.5	40～60	50～70	7～8	1.5	
	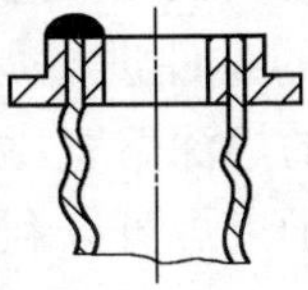	0.3 +0.12 +0.3	4～6	20～30		1.0 (细磨)	氩气室内焊接
		0.5 +0.12 +0.5	9～11	30～40		1.0 (细磨)	
无氧铜	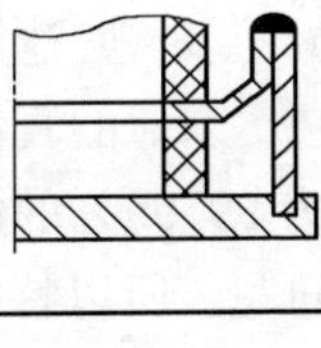	0.5+0.5	80～100	60～100	8～10	1.0	氩气室内焊接
		0.5+0.7	50～80	80～100		1.0	
		0.7+0.7	100～120	50～80	8～10	1.0	

续表 6-5

材料	焊缝结构	厚度/mm	焊接电流/A	焊接速度/$cm \cdot min^{-1}$	氩气流量/$L \cdot min^{-1}$	钍钨丝直径/mm	备注
无氧铜	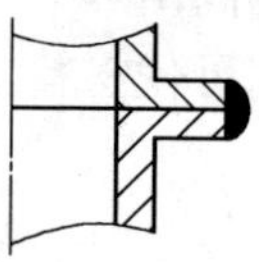	1.5+1.5	100～120	50～70		1.5	氩气室内焊接
		1.5+1.5	150～180	50～70	8～10	2.0	

6.4 电子束焊

电子束焊接也是熔化焊的一种，是一种高能量密度的熔化焊方法。

6.4.1 电子束焊接的原理及特点

电子束焊接的工作原理是：在真空条件下，从电子枪中发射的电子束在高电压（通常为 20～300kV）加速下，通过电磁透镜聚焦成高能量密度的电子束。当电子束轰击工件时，电子的动能转化为热能，焊区的局部温度可以骤升到 6000℃以上。使工件材料局部熔化实现焊接。

电子束焊接的特点为：（1）加热功率密度大。电子束功率为束流及其加速电压的乘积，电子束功率可从几十千瓦到 100kW 以上。电子束束斑（或称焦点）的功率可达 $10^6 \sim 10^8 W/cm^2$，比电弧功率密度约高 100～1000 倍。由于电子束功率密度大、加热集中、热效率高、形成相同焊缝接头需要的热输入量小，所以适宜于难熔金属及热敏感性强的金属材料的焊接。而且焊后变形小，可对精加工后的零件进行焊接。（2）焊缝的熔深熔宽比（即深宽比）大。普通电弧焊的熔深熔宽比很难超过 2。而电子束焊接的比值可高达 20 以上，所以电子束焊可以利用大功率电子束对大厚度钢板进行不开坡口的单面焊。从而大大提高了厚板焊接的技术经济指标。目前电子束单面焊接钢板的最大厚度超过了 100mm，而对铝合金的电子束焊，最大厚度已超过 300mm。（3）熔池周围气氛的纯度高。因真空电子束焊接是在压力为 $10^{-2} \sim 10^{-4}$ Pa 的真空环境中进行的。残余气体中所存在的氧和氮量要比纯度为 99.99%的氩气还要少几百倍左右，因此不存在焊缝金属的氧化污染问题。所以特别适宜焊接化学活泼性强、纯度高和在熔化温度下极易被大气污染（发生氧化）的金属。如铝、钛、锆、钼、高强度钢、高合金钢以及不锈钢等。这种焊接方法还适用于高熔点金属，可进行钨-钨焊接。

由于电子束焊接是在真空工作室内用聚焦高能电子束（大于10kV）把接头加热到熔化温度的焊接，加热区域非常集中，因此只能焊接真空室内放得下的小零件。

6.4.2 电子束焊接的分类与应用

电子束焊可从以下两个方面进行分类：

(1) 按被焊接工件所处真空度的高低分为高真空电子束焊、低真空电子束焊和非真空电子束焊。高真空电子束焊是将被焊工件放在真空度为 5×10^{-2}Pa 以上的工作室中进行焊接。这种方法是目前应用最为广泛的，其缺点是工件大小受工作室尺寸的限制。在低真空电子束焊接中，工作室的真空度保持在 1～10Pa。它与高真空电子束焊相比，具有真空系统简单、启动快、效率高，减弱了焊接时的金属蒸发等。非真空电子束焊是将在真空条件下形成的电子束流，引入到大气环境中对工件进行焊接，为了保护焊缝金属不受污染和减少电子束的散射，电子束流在进入大气中时先经过充满氦的气室，然后与氦气一起进入到大气中。非真空电子束焊接成为一种实用的焊接方法，其最大优点是摆脱了工作室尺寸对工件的限制。因而扩大了电子束焊接的应用范围。

(2) 按电子束焊机的加速电压高低分为：高压电子束焊接、中压电子束焊接和低压电子束焊接三类。高压电子束焊接的加速电压范围一般为 60～150kV，可得到直径小，功率密度大的束斑和深宽比大的焊缝。其缺点是对焊接时所产生的 X 射线进行屏蔽比较困难；中压电子束焊接的加速电压范围为 30～60kV；低压电子束焊接的加速电压低于30kV，适于焊缝深宽比不高的薄板材料的焊接。

电子束焊接主要用于以下方面：

(1) 难熔金属的焊接。如对钨、钼等金属进行焊接，可在一定程度上解决此类材料焊接时产生的再结晶发脆问题；

(2) 化学性质活泼材料的焊接。如对铌、锆、钛、钛合金、铝、铝合金、镁等金属及其合金进行焊接；

(3) 耐热合金和各种不锈钢、镍基合金、弹簧钢、高速钢的焊接；

(4) 对不同性质材料的焊接。如对钢与青铜、钢与硬质合金、钢与高速钢、金属与陶瓷，以及对厚度相差悬殊零件的焊接。

真空电子束焊接技术的应用已相当广泛，不仅应用于原子能、航天、航空等国防工业的特殊材料和结构的连接。而且在一般机械制造工业中，尤其是在大批量生产和流水生产线中广为应用。例如电子工业中微型器件和真空器件的焊接、导航仪器要求内部真空的密封焊接；还可用电子束焊接来修补宇宙飞船及飞行器。这种电子束焊接设备不需配真空系统（因宇宙空间就是天然高真空），可制成很小的手枪式的焊接设备；例如美国西屋公司制造的轻便型非真空电子束焊机，可焊接高42m、直径10m、壁厚12.7mm，由铝合金制作的土星五号火箭的外壳和燃料箱外壳。另外，电子束焊还可作为真空钎焊的热源。

6.4.3 电子束焊接工艺

真空电子束焊接由于在高纯度低压的气氛下进行，焦点尺寸小，能量密度集中，单道焊时可不开坡口，一般也不加填充材料。所以对焊接工艺提出如下特殊要求：

(1) 电子束焦点必须正确对准焊接线。其偏差要求小于0.2～0.3mm；

(2) 对接缝的间隙约为0.1mm的板厚。但不能超过0.2mm；

(3) 焊前，焊缝附近必须进行严格的除锈和清洗。工件上不允许残留有机物质。

电子束焊接工艺的主要内容是：(1) 选择合理的接头形式；(2) 根据不同材料和工件来选择不同的焊接规范。

电子束焊接的接头形式有对接、搭接和T形接（包括角接）等，具体如图6-1所示。

焊接规范的主要内容包括：确定加速电压、电子束电流、聚焦电流、焊接速度等焊接工艺参数。焊接规范选择得合适，可使焊缝的形状、强度、气密性等达到设计要求。由于焊机的性能不同，焊接规范很难做到统一。电子束焊接规范的选取原则是：

(1) 熔深随单位焊接长度输入能量的增大而增大。其各参数之间的关系由下式表示

$$E=\frac{UI}{v} \tag{6-1}$$

式中，E 为单位焊接长度的输入能量，J/cm；U 为加速电压，V；I 为电子束电流，A；v 为焊接速度，cm/s。一般根据材料的性质和厚度选择 P 值。

（2）在 E 值一定的情况下，从所确定的焊接速度（根据工艺要求选定），可求得焊接功率 UI。从而选定加速电压 U 和电子束流 I。

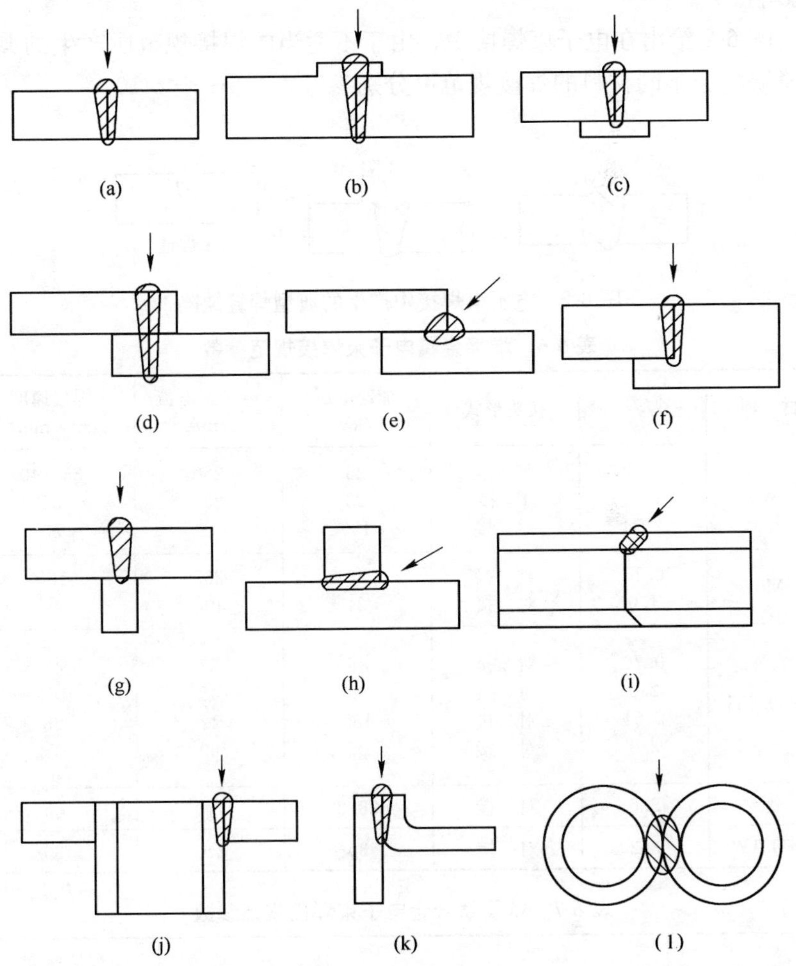

图 6-1 电子束焊接的接头形式
（a）平对接焊；（b）搭接对接焊；（c）背板对接焊；（d）搭接焊；（e）搭接角焊；（f）阶梯对接焊；（g）T 形穿透焊；（h）T 形角焊；（i）斜角焊；（j）管顶焊；（k）棱边焊；（l）相切管焊

（3）聚焦电流的数值要根据加速电压和工作距离（被焊工件至聚焦筒底的距离）而定。电压的增加或工作距离的减少都要求聚焦电流增加，才能得到小的电子束斑点。聚焦电流的选择对焊缝成形有较大的影响。

此外，焊缝的配合公差和焊件的表面处理方法对焊缝的质量也有较大影响。

图 6-2 给出在电子束焊接中，由于不适当的焊接规范所产生的典型焊缝缺陷。不同材料的焊接规范可分别参考表 6-6～表 6-10。

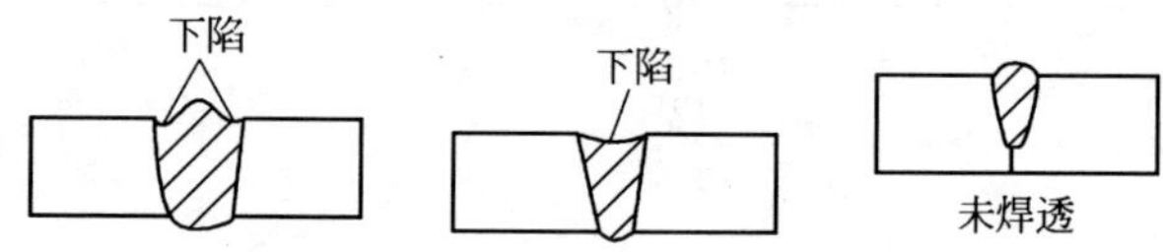

图 6-2　电子束焊接中产生的典型焊缝缺陷

表 6-6　难熔金属电子束焊接规范参数

材　料	板厚/mm	接头形式	加速电压/kV	电子束电流/mA	焊接速度/cm·min^{-1}
W	1.52 1.52 2.54	对　接 T　接 对　接	23 23 150	250 250 16	35～40 35 50
Mo	0.13 1.0	对　接 对　接	30 21	260 130	100 40
Mo-0.5Ti	0.76 2.0 2.54 3.0	对　接 对　接 对　接 对　接	45 90 135 90	57 45 12 60	45 154 68 154
铌	2.6	对　接	28.2	170	55
Ta-0.1W	3.2	对　接	30	250	30

表 6-7　钛及钛合金电子束焊接规范参数

材　料	板厚/mm	加速电压/kV	电子束电流/mA	焊接速度/cm·min^{-1}
纯 Ti	0.13 3.20（另加垫片）	5.1 18.0	18 80	40 30

续表 6-7

材　料	板厚/mm	加速电压/kV	电子束电流/mA	焊接速度/cm · min^{-1}
6Al-4V 钛合金	6.4	40	180	152
	12.7	45	270	127
	19.1	50	300	127
	25.4	50	330	114

表 6-8　合金钢的电子束焊接规范参数

材　料	板厚/mm	加速电压/kV	电子束电流/mA	焊接速度/cm · min^{-1}
低碳钢及低合金钢	3	28	120	100
	3	50	130	160
	12	50	80	30
	15	20	350	85
不锈钢	1.3	25	28	50.6
	2.0	55	17	170
	5.5	50	140	250
	8.7	50	125	100
奥氏体钢	15	30	140	33.3
	15	30	230	33.3
	15	30	330	133.3

表 6-9　铝及铝合金的电子束焊接规范参数

板　厚/mm	加速电压/kV	电子束电流/mA	焊接速度/cm · min^{-1}
6.4	35	95	89
12.7	25.9	235	70
12.7	40	150	102
19.1	40	180	102
25.4	29	250	20
25.4	50	270	152

表 6-10　紫铜的电子束焊接规范参数

板厚/mm	加速电压/kV	电子束电流/mA	焊接速度/cm · min^{-1}
10	50	190	70
18	55	240	22

6.5 激光束焊接

激光束焊接属于熔化焊的一种。激光是利用原子受激辐射的原理，使工作物质受激而产生一种单色性高、方向性强以及亮度高的光束。这个光束经聚焦后可获得极高的能量密度（可达 10^{13} W/cm^2），在千分之几秒甚至更短的时间内，光能转变成热能，其温度可达万摄氏度以上，极易熔化和气化各种对激光有一定吸收能力的金属和非金属材料。因此目前在工业上已成功地用激光来进行焊接和切割。

激光束焊接与其他焊接方法相比。具有以下几个优点：

（1）焊接装置与被焊接工件之间无机械接触，可以避免焊件的变形和对焊缝的污染。

（2）可焊接难以接近的部位。激光可借助于偏转棱镜，亦可通过光导纤维引导到难以接近的部位进行焊接，故有很大的灵活性。

（3）能量密度大，适合于高速加工。因其热变形和热影响区极小，故可对精密零件和热敏感性材料进行焊接，在电子工业和仪表工业的加工上有着广阔的发展前途。

（4）可对绝缘物体直接进行焊接。

（5）异种金属的焊接。能对钢和铝之类物理性能差别很大的金属进行焊接，并且效果良好。

激光焊接的深宽比可达 10∶1，因此可焊接微型部件。与电子束焊相比，激光焊接即无真空系统，也没有 X 射线辐射的危害等。正由于具有以上优点，因此它的应用，尤其是在微型件焊接上的应用日益广泛。

6.6 真空钎焊

钎焊是由高温液态焊料在毛细力作用下填满被焊接的固态基金属（钎焊金属或简称基金属）间的间隙，而使被钎焊的金属达到结合的一种热连接工艺方法。真空钎焊是指在真空保护气氛下，将温度升至钎料的熔化温度，利用液相钎料的凝固以及和母材之间的扩散来实现金属间的连接。当几个零件间需要重叠装配时，若某些配合无法熔焊，则可采用钎焊或锡焊。

真空钎焊是在真空气氛中不用施加钎剂而连接零件的一种先进工艺

方法，适用于超高真空气密封接。该方法是先把零件用夹具夹持在一起，接头周围加上硬焊料，然后在真空炉内加热使焊料熔化流散于缝隙内。可以钎焊那些用一般方法难以连接的材料和结构，而得到光洁致密、具有优良力学性能和抗腐蚀性能的钎焊接头。目前，真空钎焊工艺在航空、航天、原子能、电气仪表、石化、汽车、工具等领域中得到了推广和普及。

6.6.1 真空钎焊的应用特点

真空钎焊技术能够得到迅速的发展和应用，主要是因为它与其他焊接方法相比，具有一系列的优点：

(1) 在全部钎焊过程中，被钎焊零件处于真空条件下（$10^{-2}\sim10$Pa 范围），不会出现氧化、增碳、脱碳及污染变质等现象，焊接接头的清洁度好、强度较高。

(2) 钎焊时，钎焊温度低于基体金属的熔点，对基材影响小，零件整体受热均匀，热应力小，可将变形量控制到最小限度，特别适宜于精密产品的钎焊。

(3) 基体金属和钎料周围存在的低压，能够排除金属在钎焊温度下释放出来的挥发性气体和杂质，可使基体金属的性能得到改善，而且可以得到很光亮的接头。

(4) 因不用钎焊剂，所以不会出现气孔、夹杂等缺陷，提高了基体金属的抗腐蚀性，避免污染，可以省掉焊接后清洗残余焊剂的工序，改善了劳动条件，对环境无污染。

(5) 可将零件热处理工序在钎焊工艺过程中同时完成。选择适当的钎焊工艺参数，还可将钎焊安排为最终工序，而得到性能符合设计要求的钎焊接头。

(6) 可一次钎焊多道邻近的焊缝，或同炉钎焊多个组件，焊接效率高。

(7) 可钎焊的基本金属种类多，特别适宜钎焊铝及铝合金、钛及钛合金、不锈钢、高温合金等。也适宜于钛、锆、铌、钼、钨、钽等同种或异种金属的钎焊连接。对于难熔金属的连接，真空钎焊是产生无疵接头的最佳方法之一。真空钎焊也适用于复合材料、陶瓷、石墨、玻璃、金刚石等材料。

(8) 开阔了产品的设计途径。由于钎焊钎料的湿润性和流动性良好，可以钎焊带有狭窄沟槽、极小过渡台、盲孔的部件和封闭容器、形状复杂的零部件，并无需考虑由钎焊剂等引起的腐蚀、清洗、破坏等问题。

但是，真空钎焊也不可避免地存在一些缺点：

(1) 在真空条件下金属易于挥发，因此对含易挥发元素的基本金属和钎料不宜使用真空钎焊。如确需使用，则应采用相应比较复杂的工艺措施。

(2) 真空钎焊对钎焊前零件表面粗糙度、装配质量、配合公差等的影响比较敏感，对工作环境要求高。

6.6.2　真空钎焊接头设计的依据和原则

钎焊接头是钎焊结构中的关键因素，它与钎焊结构的性能和安全等方面有着直接的关系。与被连接零件具有相等的承受外力的能力是任何钎焊接头必须满足的基本要求。接头的承载能力与许多因素有关，如：接头形式、选用的钎料的强度、钎缝间隙值、钎料和基材间相互作用的程度、钎缝的钎着率等，其中接头形式起相当重要的作用。

真空钎焊时，选择或设计所需使用的接头类型，会受到多种因素的影响。这些因素包括所使用的钎焊方法和设备，钎焊前零件的制造技术，钎焊件的数量，施加钎料的方法以及接头最终使用的要求等。

一般，设计真空钎焊接头主要应当考虑以下原则：

(1) 防止应力集中。一般基材本身能承受较高的应力和动载负荷；因此，一个优良的钎焊件设计总是不使接头边缘处产生任何过大的应力集中，而应设法将应力转移到基材上去。为此，不应把接头布置在焊件上有形状或截面发生急剧变化的部位，以避免应力集中；也不宜安排在刚度过大的地方，防止在接头中形成很大的内应力。异种材料组成的接头，先要计算不同材料在钎焊温度下的膨胀量，以验证与推荐的钎焊间隙是否一致，还要充分考虑整个构件受热所带来的不利因素。一般把膨胀系数较大的材料尽量设计在内部，膨胀系数较小的材料设计在外部，以保证较小的钎焊间隙。如果二者的膨胀系数相差很悬殊，则在接头中将引起较大的内应力，甚至导致开裂破坏。这时，在设计中应考虑采用适当的补偿垫片，借助它们在冷却过程中产生的塑性变形来消除应力。

焊缝部位在冷却后希望获得压应力，以免焊缝拉裂。通常均选用膨胀系数大的基体金属围绕在膨胀系数小的基金属外部的结构形式。

在设计由厚度不同的零件组成的接头时，为了避免在载荷作用下接头处发生应力集中，有时应考虑局部地加厚薄件的接头部分。图 6-3 中列举了在承受箭头所示方向的载荷时，接头的不同设计实例。

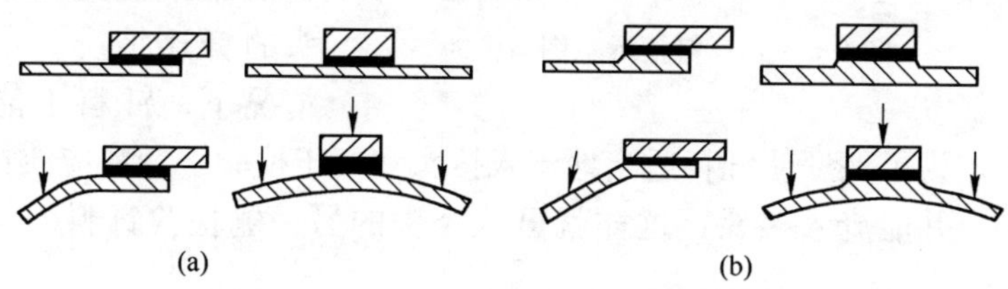

图 6-3 不同厚度零件的接头设计实例

(a) 不正确；(b) 正确

(2) 满足工件的工况要求。正确选择钎焊接头及钎焊面的结构，以保证真空零部件的气密性、导电性及导热性。不同的构件有不同的使用要求和工况条件，设计接头时必须对具体情况采取相应的措施。

对于要求承压密封的钎焊接头，只要可能的话，都应采用搭接形式的接头，因为这种接头形式具有较大的钎焊面积，发生漏泄的可能性比较小。图 6-4 所示为几种承压密封容器的典型钎焊接头。

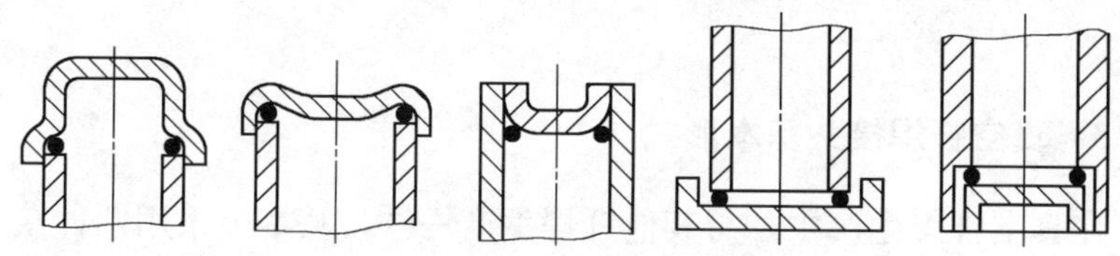

图 6-4 承压密封容器的典型钎焊接头

在导电接头的设计中，要考虑的主要因素是导电性。正确的接头设计不应使电路的电阻有明显增大。

(3) 有利于钎料的合理放置。从结构上限制焊料的流失及使焊料充满焊缝。真空钎焊中的钎料是预先放置的，设计接头时，应考虑钎料的装填方式和位置。需要在接头基材上开槽预置钎料，槽应开在截面较厚的零件上或易加工钎料槽的零件上，如图 6-5 所示。

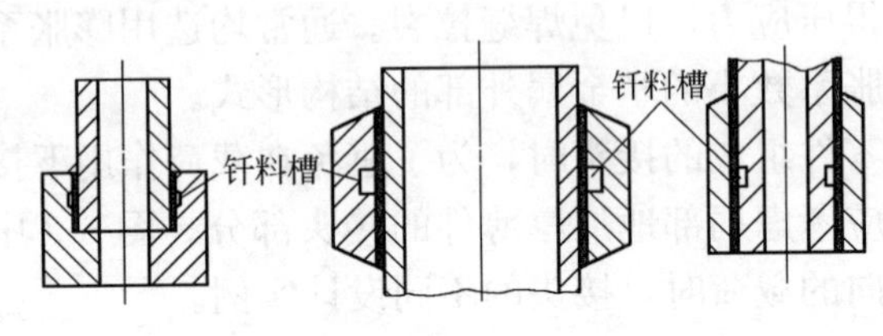

图 6-5 开钎料槽示意图

(4) 便于检验。设计接头时应考虑将钎料安放在组件的内侧，钎焊时钎料就会向外流，检验者可以直接观察钎料的流布情况和整个接头的钎透情况。在一些情况下，钎料不能放入接头中，为了保证使钎料适当地流入接头和便于检验，钎料应放在接头的一侧，并能流入接头，这样就可从接头的另一侧检验钎料的流布情况。

(5) 确保接头的装配间隙值稳定。接头的装配间隙值对钎焊接头的性能和钎焊工艺都有着极大的影响，它的确定是钎焊接头设计的一个重要内容。

(6) 便于组件的定位及夹持。零件装炉准备钎焊时，要求零件彼此之间应能保持正确的相对位置；接头设计时，在不影响组件结构性能的前提下，尽可能为组件自重定位和装配设计凸台、凹槽及工艺台阶等。

(7) 有利于控制和消除组件的变形。真空钎焊时，组件要整体受热，接头设计要充分考虑将重、厚、大的零件置于下边；轻、薄、小的零件置于上方，以避免高温时重力引起的变形。同时要利于装配应力的释放。

6.6.3 真空钎焊接头基本形式

在真空钎焊生产中，与其他钎焊生产一样，基本上采用两种接头形式：搭接接头和对接接头。此外，具有 T 形接头和角接特点的钎焊接头，可以当作对接接头来对待。

6.6.3.1 搭接接头

搭接接头是钎焊连接的基本接头形式。在搭接接头中，可借助于搭接面积的改变，使接头的强度与较弱部件的强度相等，即使使用较低强度的钎料，或者在接头中存在少量缺陷时也是这样。通常，搭接部分至少要 3 倍于较弱部件的厚度才能获得最大的接头效率。图 6-6 为低应力状态下的搭接接头。图 6-7 为高应力状态下的搭接接头，零件接头处的圆弧可使载荷均匀分配到基体金属中去，以避免应力集中现象出现。

搭接接头能够获得最大的接头效率，而且它的装配要求也相对地较为简单，容易制造。但是搭接接头形式也存在其固有的明显缺点，一方面，增加了基材的消耗，增大了结构重量；另一方面，接头截面有突然变化，容易产生应力集中现象。

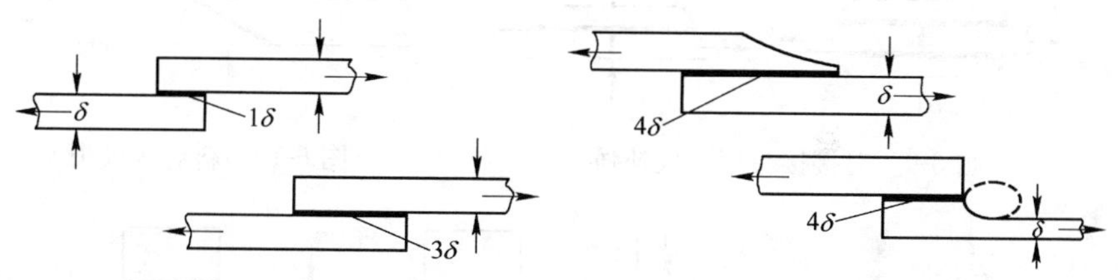

图 6-6 低应力搭接接头

图 6-7 高应力搭接接头

6.6.3.2 对接接头

对接接头具有均匀的受力状态，并能节省材料、减轻结构重量；成为熔焊连接的基本接头形式。但在钎焊连接中，过去由于钎料等原因，使对接接头常不能保证与焊件有相等的承载能力；加之装配时保持接头的对中和焊缝间隙的尺寸精度均较困难，故一般不推荐使用。现在，由于真空钎焊的发展，有些钎料的强度可以与基材强度相当，因此对接接头形式也时有采用。

一般，对接接头多用于低应力状态。要求在高应力状态使用时，通过增设肋板补强，也可以设计成如图 6-8 所示的接头，大幅度增大对接面积，以提高强度。也可以采用分散钎缝应力的方法，在两侧增加肋板，改善在动载荷条件下的承载能力，如图 6-9 所示。另外，在钎料、钎焊间隙、钎焊方法及工艺过程一定的条件下，为获得高强度接头，也可设计成如图 6-10 所示的斜对接形式，增大钎焊面积而不增加接头厚度，但这种形式不适于薄板结构。

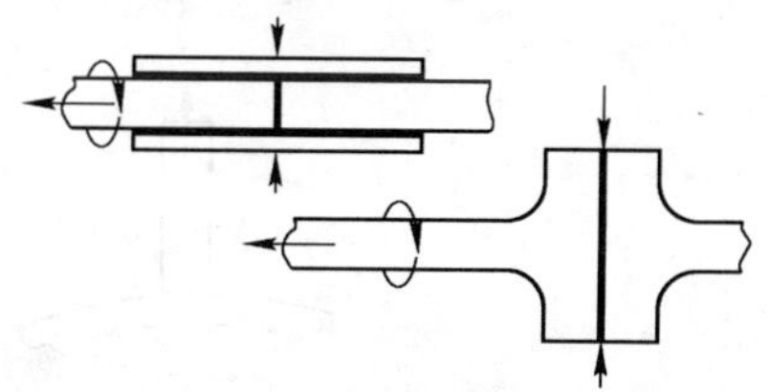

图 6-8 高应力状态使用的对接接头

在具体结构中，需要真空钎焊连接的零件形状和相互位置是各式各样的，不可能全都符合典型的搭接形式或对接形式，为了提高接头的承载能力，推荐使用图 6-11 所示的几种接头设计。

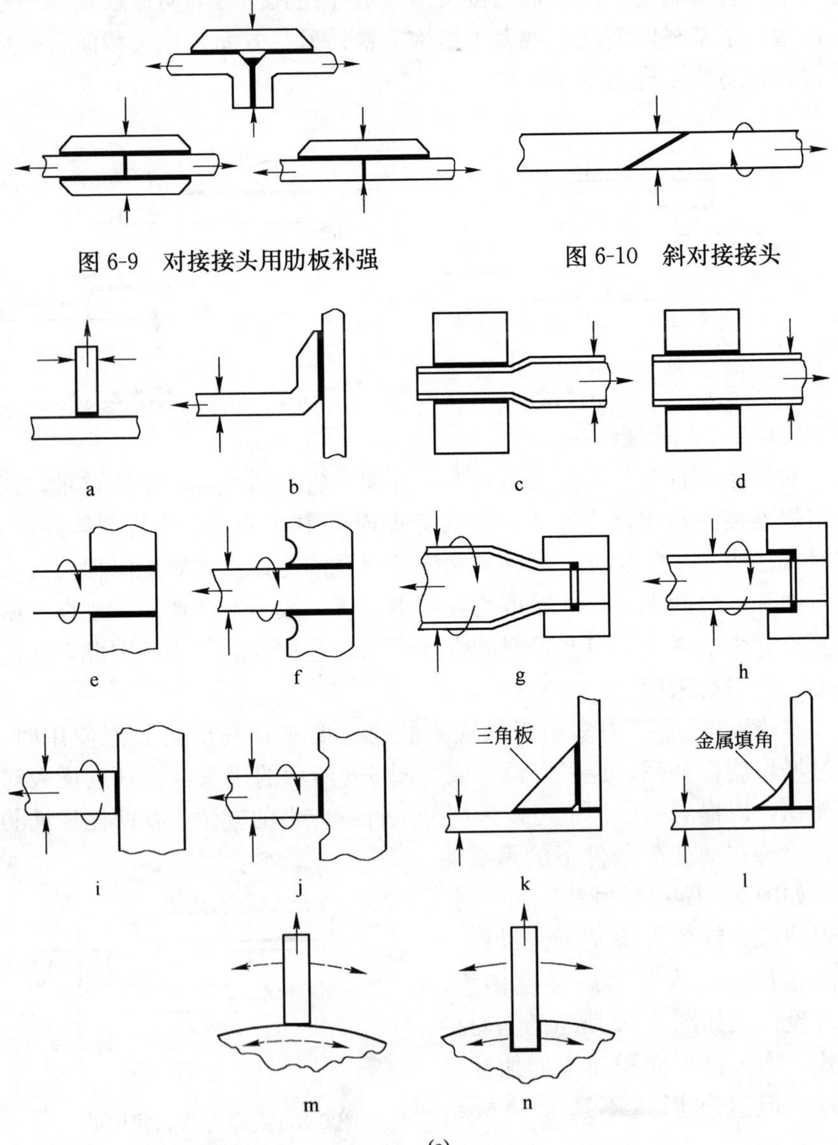

图 6-9 对接接头用肋板补强

图 6-10 斜对接接头

(a)

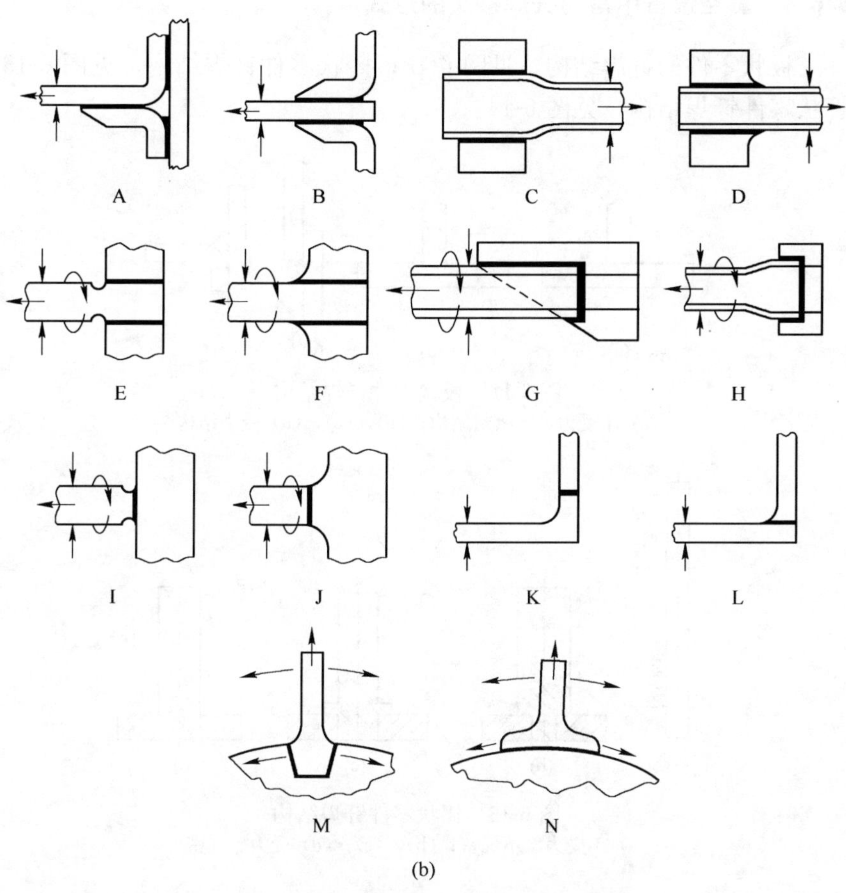

图 6-11 接头设计举例

(a) 低应力状态使用的接头；(b) 高应力状态使用的接头

A，a，B，b—适用于板材钎焊的接头，A，B 能承受较大载荷及动载；C，c，D，d—热交换器管子和管板接头的设计；E，e，F，f—薄、厚板或衬套与轴的接头形式；G，g，H，h—管子与配件的接头形式；I，i，J，j—旋转涡轮的板或轮壳与轴的接头形式；K，k，L，l—实际部件的管子和孔板接头，其中孔板受液压载荷；M，m、N，n—钎焊涡轮的薄叶片装置

6.6.4 真空设备中常用钎焊接头的形式

板状零件的钎焊结构，见图 6-12；棒状零件钎焊结构，见图 6-13。管状零件钎焊结构，见图 6-14。

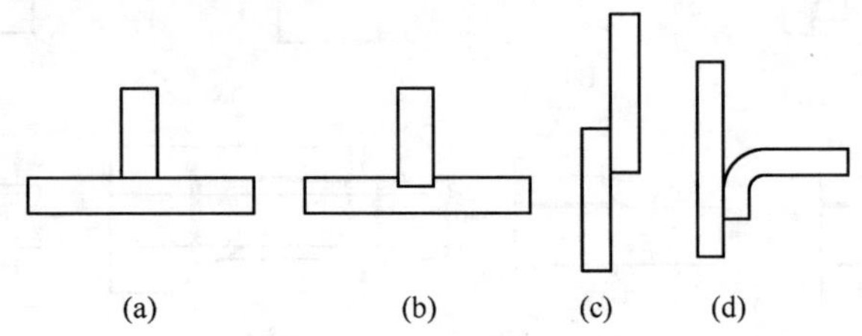

图 6-12 板状零件钎焊结构

(a) 不受力、不密封结构；(b)，(c)，(d) 受力结构

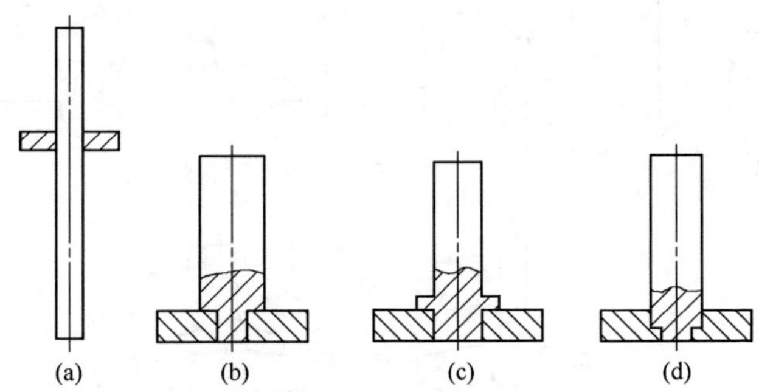

图 6-13 棒状零件钎焊结构

(a) 不受力、不气密；(b)，(c)，(d) 受力、气密

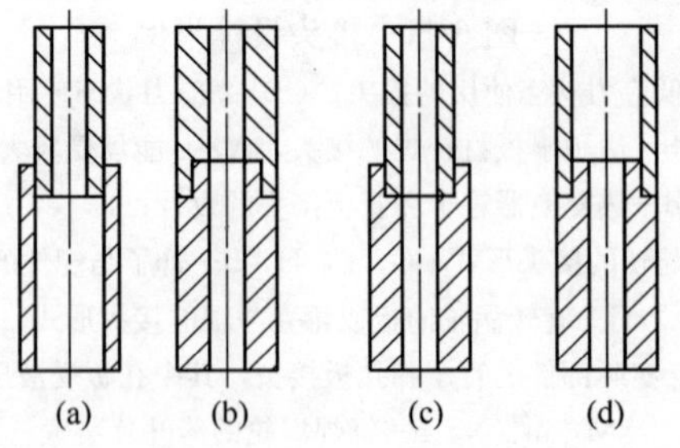

图 6-14 管状零件钎焊结构

(a) 不易达到真空密封；(b)，(c)，(d) 可靠的连接形式

薄壁管和法兰的钎焊结构。见图 6-15。其中（a）、（b）为单边焊料槽的钎焊结构形式。加工简单，但焊料流失的可能性大；（c）为双边焊料槽，它的加工较复杂。但焊料不易流失；（d）、（e）为较高强度的钎焊结构形式。

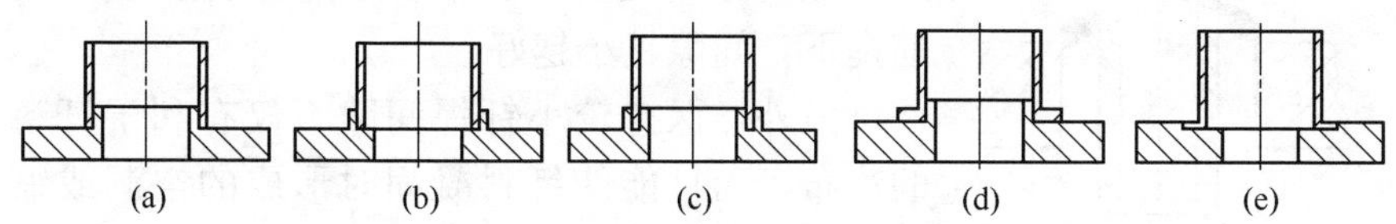

图 6-15　薄壁管和法兰的钎焊结构

其他形式的接头结构见图 6-16。其中（a）为薄边叠合结构；（b）为螺纹连接的钎焊结构；（c）为具有盲孔的接头形式。该结构可在工件上预留气孔，用来防止焊接时因受盲孔的气压增高而阻碍焊料填满焊缝。

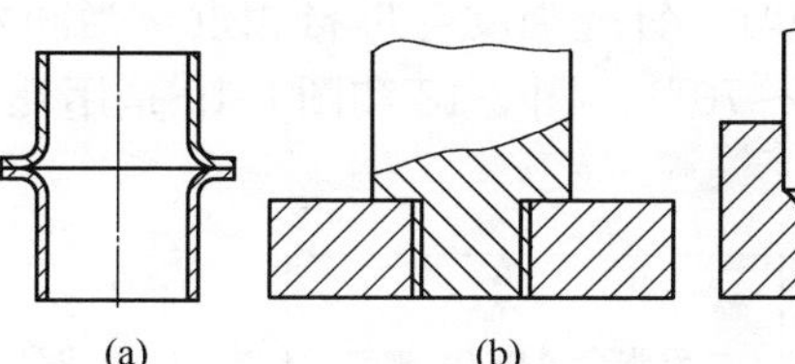

图 6-16　其他形式的钎焊结构

6.6.5　钎焊焊缝间隙的选择

钎焊焊缝间隙是指在钎焊温度时焊件表面间的装配间隙。该间隙的大小不仅在很大程度上决定着钎焊接头的性能，而且也直接影响着钎焊工艺实施的难易情况。因此，为了保证钎焊接头的强度和气密性，正确地选定钎焊焊缝间隙值，是钎焊接头设计的一项重要内容。

6.6.5.1　钎焊焊缝间隙对接头性能的影响

钎焊过程中，钎焊间隙的大小影响着钎料的毛细填缝过程，钎料与基材的相互作用程度，以及基材对钎缝合金层受力时塑性流动的过程等。这些因素共同作用的结果，必然极大地影响着钎焊接头的质量和性能，甚至直接决定着钎焊工艺的成败。

钎焊间隙太大，毛细作用减弱以致消失，钎料难以填满间隙，钎料与基材的合金化作用降低，或者产生硬脆的金属间化合物相。导致接头的力学性能下降。尤其是对于如图 6-17 所示的两端开阔的接头，液态钎料与零件表面间的张力小于钎料的重力时，液态钎料无法在间隙中自持而流失，无法形成钎缝。钎焊间隙太小，会妨碍钎料填充，尤其对于共晶型或单元素钎料影响更大，甚至难以形成钎透率高的接头。

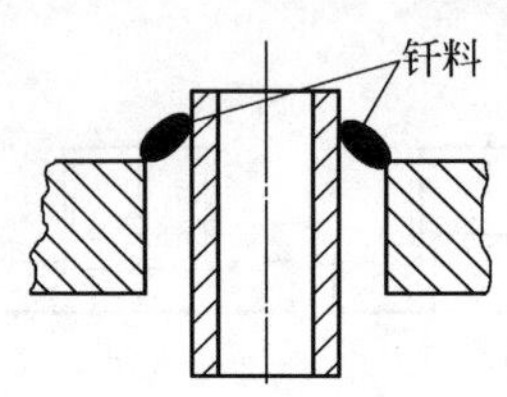

图 6-17 两端开阔钎料易流失接头

真空钎焊工艺过程是自动进行的，所以钎焊间隙的影响更大，要求在不妨碍钎料填充的前提下，间隙越小越好。

另外，保持较小钎焊间隙不仅有利于钎料的流布，而且能使钎料凝固时形成的空洞或缩孔减少，还有利于钎料与基材的合金化作用。更重要的是处于窄间隙中的钎料在受热发生塑性变形时，受到周围基材的限制，接头中形成复杂的体应力，结果会使接头强度大大提高。当使用 Ni-Cr-B-Si 系钎料钎焊奥氏体不锈钢或沉淀硬化类高温合金时，间隙越小，强度越高。"零"间隙时，钎缝强度与母材相近；当间隙增大到 0.05mm 时，强度下降 30%～70%。图 6-18 和图 6-19 是用几种钎料钎焊奥氏体和马氏体

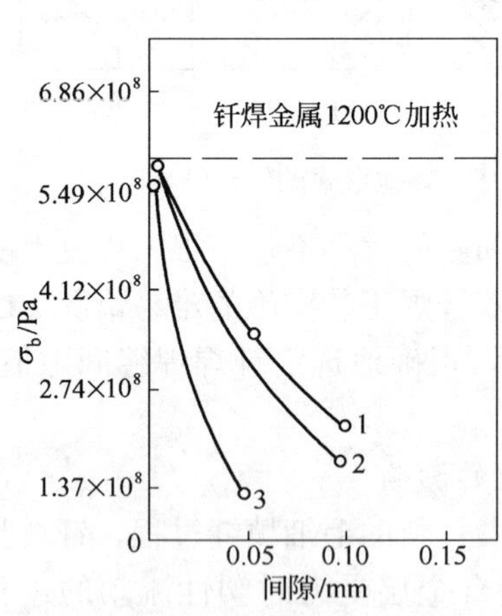

图 6-18 镍基钎料钎焊 1Cr13 钢时，强度与间隙的关系

1—Cr14%，Si4.5%，B3.0%，F4.5%，其余 Ni；2—Cr 7%，Si4.5%，B3.0%，F3.0%，其余 Ni；3—Cr19%，Si 10%，其余 Ni

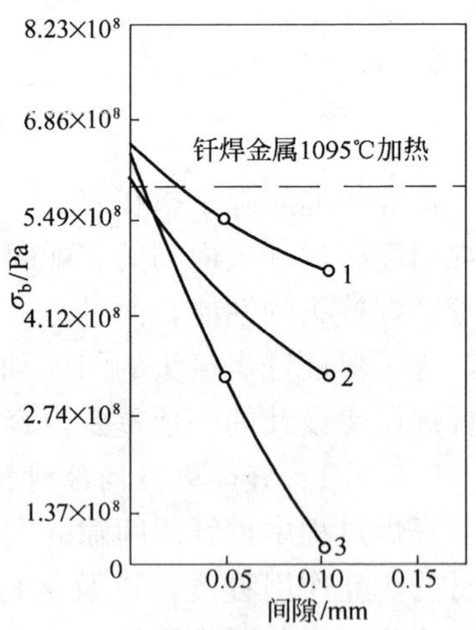

图 6-19 镍基钎料钎焊奥氏体不锈钢时，强度与间隙的关系

1—Cr14%，Si4.5%，B3.0%，Fe4.5%，其余 Ni；2—Cr7%，Si4.5%，B3.0%，Fe3.0%，其余 Ni

不锈钢时，钎焊间隙与强度的关系曲线。可以清楚地看到，随着钎焊间隙的增大，强度下降趋势非常明显，下降幅值较大，这就是用镍基钎料钎焊时，一定要设计成小间隙的原因所在。

表 6-11 列出了部分基材用不同类型钎料钎焊时的钎焊间隙与接头抗剪强度。

表 6-11 钎焊间隙与接头的抗剪强度

基 材	钎 料	钎焊间隙/mm	抗剪强度/MPa
碳钢及低合金钢	铜基钎料	0.00～0.05	100～150
	银基钎料	0.05～0.15	150～240
不锈钢	铜基钎料	0.03～0.20	370～500
	银基钎料	0.05～0.15	190～230
	锰基钎料	0.04～0.15	300
	镍基钎料	0.00～0.08	180～250
铜及铜合金	铜磷钎料	0.02～0.15	170～190
	银基钎料	0.05～0.13	160～180
铝及铝合金	铝基钎料	0.10～0.30	60～100

6.6.5.2 钎焊焊缝间隙值的选定

正确地确定钎焊焊缝间隙值是获得优质钎焊接头的重要前提，最佳钎焊焊缝间隙值是由多方面的因素综合决定的，既不存在某个适应一切条件的统一的间隙最佳值，也不可能凭借某种原理和计算公式来确定各种具体情况下的间隙大小。设计时必须结合具体材料，接头构造和钎焊工艺，参照以下根据生产实践总结的经验和数据，通过试验来确定接头的装配间隙值。

（1）不同的钎料，其液态时的流动性、表面张力以及与基材的冶金反应不同，因此，钎焊间隙值也应不同。当使用银、铜、锰、铂、铝基钎料钎焊时，焊缝间隙与接头强度的关系都是非线性变化的。例如用银基钎料钎焊时，焊缝间隙为 10^{-5}mm 时，τ 值最大；间隙小于 0.001mm 时，抗剪强度上升很快。因此，单元素金属，共晶型钎料及熔化温度范围窄的钎料，可设计成较小的焊缝间隙；熔化温度范围大，流动性差的钎料，焊缝间隙应适当大些。

（2）对于不同的钎料与基材组合，其获得接头最高强度值的最佳间隙值范围各不相同，这与钎料和基材各自的物理化学性能以及在钎焊过程中的相互作用特性有密切关系。一般来说，钎料对基材的润湿性越好，这一间隙值就越小；钎料与基材之间的相互作用强烈，间隙必须增大，因为填缝时基材的溶入会使钎料熔点提高、流动性下降。例如用铝基钎料钎焊铝合金时，基材向钎料中的溶解很强烈，为了保证填满钎缝，要求较大的间隙；相反，用银基或铜基钎料钎焊钢时，钎料与基材的相互作用很弱，采用较小的焊缝间隙有助于加强钎料的毛细填缝。表6-12中所推荐的不同钎料与基材组合时的焊缝间隙值是生产实践中的经验数据，可供设计时参考。

(3) 由于金属的受热膨胀，钎焊温度下实际的焊缝间隙值与装配时的大小不一定相同。一般推荐的数据（见表6-11和表6-12）是要求在钎焊温度下保持的焊缝间隙值。因此，在设计钎焊接头时。必须预计钎焊加热中可能发生的这种变化，在确定装配间隙时应给以补偿。

钎焊时影响钎焊焊缝间隙值变化的主要因素是基材的膨胀系数和加热方法。当钎焊同种材料时，均匀加热零件，焊缝间隙一般不会有明显的变化。对材料不同、截面不等的零件，在加热过程中焊缝间隙可能发生较大变化。特别是套接形式的接头，基材膨胀系数的差异影响最大。如果套接时内部零件材料的膨胀系数比外部的大，则加热中间隙变小；反之，加热会使焊缝间隙增大。钎焊同种材料的零件，若加热速度不同或加热温度不均，也会引起焊缝间隙值的变化。

关于异质材料装配间隙在钎焊温度下是变大还是缩小，主要由被钎焊材料之间膨胀系数的差异而决定。如果膨胀系数大的材料包围着膨胀系数小的材料，在钎焊温度下，原来的装配间隙就会变大。如果膨胀系数小的材料包围着膨胀系数大的材料，在钎焊温度下，原来的装配间隙就会变小。异种金属材料轴类零件的装配间隙在钎焊温度下的变化量可以利用下列公式求得

$$\Delta C_{\mathrm{D}} = D \cdot \Delta T(\alpha_2 - \alpha_1) \tag{6-2}$$

式中 ΔC_{D}——间隙的变化量，mm；

D——接头的正常直径，mm；

ΔT——钎焊温度与室温之差，℃；

α_1——内部零件的平均膨胀系数，mm/（mm·℃）；

α_2——外部零件的平均膨胀系数，mm/（mm·℃）。

如果计算结果为正值时，表示钎焊间隙大于装配间隙；计算结果为负值时，表示钎焊间隙小于装配间隙。这样，当间隙增大时，可选用推荐钎焊温度的下限进行钎焊；反之当间隙减小时，可选用推荐钎焊温度的上限进行钎焊。

表 6-12 不同钎料与基材组合的钎焊间隙值

基材	钎料系统	钎焊间隙 /mm
铝及铝合金	铝基钎料	0.15～0.25
铜及铜合金	Cu-P 系钎料 Ag-Cu 系钎料 Cu-Si，Cu-Ge 系钎料	0.04～0.20 0.02～0.15 0.01～0.20
钛及钛合金	铝基钎料 Cu，Cu-P 系钎料 Ag，Ag-Al，Ag-Mn 钎料 Ag-Cu 系钎料	0.05～0.25 0.03～0.05 0.03～0.08 0.20～0.10
碳钢及低合金钢	铜基钎料 银基钎料 锰基钎料 镍基钎料	0.01～0.05 0.02～0.15 0.05～0.20 0.00～0.04
不锈钢	铜基钎料 锰基钎料 金基钎料 钯基钎料 钴基钎料 镍基钎料	0.02～0.08 0.05～0.20 0.03～0.25 0.05～0.20 0.02～0.15 0.01～0.08
高温合金	锰基钎料 金基钎料 钯基钎料 钴基钎料 镍基钎料	0.03～0.25 0.05～0.25 0.03～0.20 0.02～0.15 0.00～0.08

（4）零件表面粗糙度不同，也会影响焊缝间隙值的大小。一般说来，基材表面太光滑，毛细填缝作用变差，钎料难以在整个接头中流

布，由此产生的空穴会使接头强度降低。为了保证钎料流满接头间隙，特别是当间隙为零或为压配合时，焊件的钎焊面应予以粗化，但是太粗糙的表面也会降低接头的强度，因为它会造成只有一些点被钎焊上，会使平均间隙过大。通常，表面粗糙度可选 R_a0.7～2.0μm 的平方根值为宜，但是，这并不被认为是对所有基材-钎料组合的最佳值，必须进行试验来确定钎焊零件合理的表面粗糙度。

(5) 焊件接头长度不同，最佳钎焊间隙值也应不同，特别是在钎料和基材之间存在相互冶金作用的情况下更是这样。当钎料填入长接头中时，钎料可能会与足够多的基材起作用而凝结，以致不能流到接头的另一端。在给定的钎焊条件下，接头越长，相互作用越大，则间隙也必须选得较大一些。因此在钎焊中，要尽可能地缩短接头的长度。

6.6.6 真空钎焊用钎料

6.6.6.1 真空钎焊工艺对钎料的要求

钎料是钎焊过程中在低于基材熔点的温度下熔化并填充钎缝间隙的金属或合金，焊件是依靠熔化的钎料凝固后连接起来的。根据焊料的熔点和强度，钎焊可分为：硬焊和软焊两种。硬焊焊料的熔点在 450～500℃以上，接头强度较高；软焊焊料的熔点在 450～500℃以下，接头强度低。焊料可制成丝或箔，粉末或膏。钎焊接头的质量很大程度上取决于焊料的性能。因此，对真空钎焊工艺所用焊料的要求如下：

(1) 要有合适的熔点和流点。熔点为焊料开始熔化时的温度，流点是焊料熔化完了时的温度。通常焊料的流点应比被焊金属熔点低 60℃左右。但希望熔点和流点尽量接近。对于多级钎焊，相邻两级焊料的熔点应相差 60～70℃以上。

(2) 液态焊料对所焊金属应具有良好的浸润性能和流散性，能在毛细作用下比较容易地填充焊缝间隙。并能与基材产生良好的合金化作用，最好形成固溶体，而且最好不发生晶间扩散，从而不形成脆性的化合物，形成高强度接头。

(3) 钎料组分不允许含易挥发性元素，如锌、镉、锂等，蒸气压高的纯金属也不宜作真空钎焊用钎料，如汞、硫、铯、铅、锌、镉、钾、硒、钠、磷、镁……。但含蒸气压高的元素，应视其形成的钎料本身蒸气压是否高，如磷的蒸气压在 704℃时为 10^3 Pa，但在镍基钎料中形

成的 Ni_3P 蒸气压在 704℃时为 10^{-2}Pa。

（4）焊料应具有良好的强度、塑性、导电性、导热性和抗腐蚀等性能。钎料中的非金属组分（如黏结剂、助熔剂等），在钎焊过程中挥发后不能对钎缝成形或真空设备产生有害影响。

（5）焊料中只允许含极少量的空气（不许超过 0.001%）及有机和无机的非金属杂质，否则在真空中钎焊时，熔化的焊料便会沸腾形成焊缝多孔。

（6）钎料的可用形式能满足全位置接头所需，获得的钎缝应能满足设计和使用要求。此外，还应考虑钎料的经济性，尽量少含或不含贵重和稀有金属等。

6.6.6.2 常用钎焊钎料的选用

A 铝基钎料

铝的熔点较低（660℃），蒸气压也极低（800℃时约为 10^{-2} Pa），用作真空钎料比较适合。一般的铝基钎料主要是以铝和其他合金元素的共晶相为基础的。由于铝和硅能形成 577℃的共晶相，所以，真空钎焊用铝基钎料多数就是在铝硅共晶基础上，添加少量能改善润湿性能的元素镁组成的。镁是极强的活化剂，在钎焊过程中，钎料中的镁在 550℃以上开始大量蒸发，在钎焊室空间形成一种含镁的气氛。镁蒸气既可与钎焊气氛中剩余的氧或水蒸气中的氧结合，保护加热的零件表面不致重新氧化，又能渗入到零件表面未清除干净的氧化膜中，将其去除。因此不含镁的铝基钎料几乎无法在真空中钎焊铝及铝合金。

表 6-13 列出了真空钎焊时常用的几种铝基钎料，其熔化温度普遍较高，钎焊温度接近铝合金的熔化温度。

表 6-13 铝基钎料

钎料种类	钎料牌号	化学成分/%	熔化温度/℃	钎焊温度/℃
铝硅镁钎料	BAl86SiMg BAl88SiMg BAl89SiMg BAl90SiMg	Al-Si11～13-Mg 1～2 Al-Si 9 ～10.5-Mg 1～2 Al-Si9.5 ～11-Mg 0.2～0.8 Al-Si6.8～8.2 Al-Si11～13-Mg1～2	559～579 559～591 559～582 559～602	580～600 590～605 585～605 595～620
铝锗硅钎料	BAl55GeSi	Al-Ge39～41-Si4～6	520～530	550～580
铝硅铜镁钎料	BAl84SiCuMg	Al-Si9.5～11-Cu3.5～4.5-Mg 1.3～1.7	560～585	590～610
铝硅镁铋钎料	BAl89SiMgBi	Al-Si 9 ～10-Mg 1～2-Bi0.1	550～585	600～615

现有铝基钎料的熔化温度大都接近于铝合金的熔化温度，因而其钎焊温度的范围很窄，因此在铝及铝合金材料的焊接过程中对严格控制钎焊温度提出了苛刻的要求；所以进一步研制性能优良、熔化温度更低的铝基钎料成为促进铝及铝合金真空钎焊的一大关键。

B 银基钎料

银基钎料通常是含有铜、镍等元素的多元银基合金。银的共熔点和流点均为 960.5℃，其室温强度高，塑性和加工性能好，导热、导电性能优良，有良好的抗腐蚀性能。

纯银焊料的纯度应不小于 99.99 %，可钎焊镍、可伐合金等材料。但用纯银作钎料存在着钎焊温度高，高温强度低，对黑色金属润湿性差等缺点，因此为了弥补纯银钎料的如上缺点而研制出银基钎料。

由 Ag-Cu 相图可知，铜能显著降低银的熔点，银铜合金的金相组织为固溶体和共晶体组成，所以银铜共晶型钎料在铜及铜合金、钛及钛合金、可伐合金等的钎焊中得到广泛应用。最常用的银铜焊料有 AgCu28 和 AgCu50 两种。可用来钎焊铜、镍、钼、钛、可伐和不锈钢等，具有良好的流动性、导热性、导电性，接头具有较高的强度。当存在应力时，用银铜焊料钎焊可伐时会产生晶间渗透，造成开裂、漏气。而且，银铜钎料对黑色金属、不锈钢及高温合金等的润湿性很差。为此，可在银铜合金中加入钯、磷、锡，铟、镍、硼、钛、锰、锂等元素，形成一系列熔点较低、强度较高、润湿性能好的钎料，如表 6-14 所示。

表 6-14 银基钎料

钎料名称	牌 号	化学成分/%	熔化温度/℃	钎焊温度/℃
银铜钎料	BAg50Cu	Ag-Cu49.5～50.5	779～850	850～950
	BAg72Cu	Ag-Cu28	779	779～900
	BAg92Cu	Ag-Cu7.5～8.5	830～890	910～1000
银铝钎料	BAg87Al	Ag-Al12～13	735～750	750～820
	BAg94Al	Ag-Al4.5～5.5-Mn0.7～1.3	780～825	825～900
银锰钎料	BAg85Mn	Ag-Mn14.5～15.5	960～970	970～1050
银钯钎料	BAg80Pd	Ag-Pd19.5～20.5	1070～1160	1170～1200
	BAg90Pd	Ag-Pd9.5～10.5	1002～1065	1070～1150
	BAg95Pd	Ag-Pd4.5～5.5	970～1010	1015～1100

续表 6-14

钎料名称	牌 号	化学成分/%	熔化温度/℃	钎焊温度/℃
银铜镍钎料	BAg5CuNi	Ag-Cu41.5～42.5-Ni2.0～2.1	790～830	830～900
	BAg63CuNi	Ag-Cu32～33-Ni4.5～5.5	785～820	840～905
	BAg77CuNi	Ag-Cu20～21-Ni2.5～3.5	780～820	820～880
银铜钯钎料	BAg52CuPd	Ag-Cu27.5～28.5-Pd19.5～20.5	875～900	910～1020
	BAg58CuPd	Ag-Cu31～32-Pd9.5～10.5	825～850	860～950
	BAg65CuPd	Ag-Cu19.5～20.5-Pd14.5～15.5	850～900	910～1020
	BAg69CuPd	Ag-Cu26～27-Pd4.5～5.5	805～810	850～920
银铜镍锡钎料	BAg63CuNiSn	Ag-Cu28～29-Ni2～3-Sn4～6	780～800	800～850
银铜锡钎料	BAg42CuSn	Ag-Cu31～33-Sn24～26	540～575	585～620
银铜铟钎料	BAg60CuIn	Ag-Cu23.5～24.5-In14.5～15.5	625～705	730～800
银钯锰钎料	BAg64PdMn	Ag-Pd32.5～33.5-Mn2.5～3.5	1120～1170	1170～1200
	BAg75PdMn	Ag-Pd19.5～20.5-Mn4.5～5.5	1070～1121	1150～1200

由于钯的蒸气压极低，银钯钎料特别适宜电真空重要部件或非金属的钎焊。但钯的加入，提高了钎料的成本，使应用受到一定的限制。

银铜钯系钎料熔化温度较低，性能与银铜钎料接近，对不锈钢的润湿性能好，而且钎焊温度与不锈钢热处理温度相适应。另外，还可广泛用于陶瓷材料与金属的钎焊。

银铜镍系钎料的强度、塑性都比银铜二元钎料为优。由于镍的加入，使钎料的润湿性能大幅度提高，但导致熔化温度上升。对于要求强度较高的低合金钢、不锈钢、钛及钛合金等的钎焊是很实用的。

C 铜基钎料

铜的熔点较高（1083℃），塑性极好，强度中等，耐腐蚀，但抗氧化性能较差，蒸气压较高（在 1083℃时约为 1Pa）。纯铜焊料必须是无氧铜，常用于钎焊钨钼等金属及其合金，镍及镍基合金，可伐等材料。

纯铜对钢、高温合金和硬质合金等都有较好的润湿性，用作真空钎焊钎料，比较经济实用。由于液态铜具有良好的流动性和较高的表面张力，故焊缝间隙要小（为 0～0.05mm）。但由于纯铜在 250～550℃之间极易氧化，容易产生裂纹，所以不推荐用于工作温度在 200℃以上的接头。另外，由于纯铜的蒸气压较高，用纯铜钎料进行真空钎焊时，要在钎焊温度下控制炉内压力为 5Pa 以上，才能防止铜的大量挥发。在炉内的压力不能调节的钎焊设备中，应限制使用纯铜钎料。另外，因为铜大量蒸发会污染炉壁，导致炉内绝缘失效和热偶控温失灵。

为了克服纯铜作为钎料的缺点，可分别加入磷、锗、锡、镍、锰、钯、钴、金、银等元素，形成如表 6-15 所列的特点各异的一系列铜基钎料，它们的共性是塑性好，可加工成各种规格。由于 Cu 基钎料的钎焊温度高，而且必须在保护气氛中进行钎焊，因此铜钎料的应用一般只限于在真空炉中进行钎焊。

表 6-15　铜基钎料

钎料名称	牌　号	化学成分 /%	熔化温度 /℃	钎焊温度 /℃
纯铜钎料	BCu	Cu99.95	1083	1100～1150
铜磷钎料	BCu94P BCu93P	Cu-P5.8～6.7 Cu-P6.8～7.5	710～890 710～800	890～950 810～900
铜磷锡镍钎料	BCu77PSnNi	Cu-P6.5～7.5-Sn9～11-Ni5～7	585～647	680～800
铜镍钎料	BCu98Ni	Cu-Ni2	1083～1100	1090～1200
铜硅钎料	BCu96Si	Cu-Si4	910～1000	1010～1170
铜锗钎料	BCu88Ge BCu92Ge	Cu-Ge12-Ni0.25 Cu-Ge8	850～880 945～960	880～960 950～1016
铜锰钴钎料	BCu58MnCo BCu80MnCo BCu87MnCo	Cu-Mn31～32-Co9～11 Cu-Mn13～15-Co6～7-Sn5.5～6.5 Cu-Mn9.5～10.5-Co2.5～3.5	883～943 960～1030 960～1030	970～1050 1050～1100 1050～1100
铜锰镍钎料	BCu50MnNi BCu97Mn	Cu-Mn29.5～30.5-Ni5.5～6.5 Cu-Mn1.5～2.5	880～950 970～1060	950～1070 1080～1150
铜基银钎料	BCu75Ag BCu80AgP BCu93PAg	Cu-Ag25 Cu-Ag14.5～15.5-P4.5～5.5 Cu-P5～7-Ag1～2	780～920 630～780 645～730	910～1000 810～850 750～810
铜基金钎料	BCu52MnAuNi BCu62Au BCu70Au	Cu-Mn28～29-Au14～15-Ni3～4 Cu-Au37.5～38.5 Cu-Au29.5～30.5	880～910 874～1028 1015～1035	940～1100 1040～1150 1050～1150

续表 6-15

钎料名称	牌　号	化学成分 /%	熔化温度 /℃	钎焊温度 /℃
铜基含钯钎料	BCu82Pd	Cu-Pd17.5～18.5	1080～1090	1100～1200
铜镍类钎料	BCu50NiMn BCu67NiCr BCu71NiSi	Cu-Ni29.5～30.5-Mn19.5～20.5 Cu-Ni17～18-Cr15.5～16.5 Cu-Ni24.5～25.5-Si3.5～4.5	1050～1100 1080～1120 1035～1140	1150～1200 1185～1200 1160～1200

纯铜和铜基钎料广泛用于真空充氩钎焊铜及铜合金、可伐合金、电子器件、碳钢、合金结构钢和不锈钢等。但是，由于大部分铜基钎料的钎焊温度较高（多数在 1100℃以上），而在此温度下钎焊件的保温时间过长，会引起基材晶粒长大。

D　镍基钎料

镍具有极好的抗氧化和耐腐蚀性能、良好的塑性及中等的强度。纯镍作为钎料主要用于钎焊钼、钨等难熔金属。

由于镍的熔点高（1452℃），热强度不足，为此，可以加入铬、硼、硅、钨、锰、磷、铜、碳、金和钯等元素组成镍基钎料。镍基钎料一般是复杂的多相结构，蒸气压较低，特别适宜在真空气氛中钎焊。

镍基钎料作为一种高温钎料，主要用于钎焊在高温下或腐蚀介质中工作的零件，是真空钎焊中使用最广泛的一类钎料。镍基合金具有优良的耐腐蚀性能，而且相对成本较低，因此，在机械、化工、航空、航天等领域中得到了广泛的应用。

常用镍基钎料的成分列于表 6-16。

表 6-16　镍基钎料

钎料名称	牌　号	化学成分/%	熔化温度 /℃	钎焊温度 /℃
镍磷钎料	BNi89P	Ni-P10～12-C0.1	875	900～950
镍铬磷钎料	BNi76CrP BNi84CrP	Ni-Cr13～15-P9.7～10.5 Ni-Cr7～9-P5～7-Si1～2-B0.6～0.9-Fe0.4	890	925～1040 1010～1120
镍硅硼钎料	BNi92SiB BNi95SiB	Ni-Si4～5-B2.75～3.5-Fe0.5-C0.06 Ni-Si2.5～3.5-B1.0～2.0	980～1040 995～1065	1010～1175 1095～1175

续表 6-16

钎料名称	牌 号	化学成分/%	熔化温度/℃	钎焊温度/℃
镍铬硅钎料	BNi71CrSi	Ni-Cr18.5～19.5-Si9.75～10.5-B0.03-C0.1	1080～1125	1150～1205
	BNi71CrSiW	Ni-Cr15～16-Si8.8～9.5-W2.0～2.5	1065～1130	1160～1200
	BNi77CrSi	Ni-Cr15～16-Si7～9	1085～1120	1165～1205
镍铬硅硼钎料	BNi74CrSiB	Ni-Cr13～15-B2.75～3.5-Si4～5-Fe4～5	975～1040	1065～1200
镍基合金钎料	BNi64AuCrSiFeB	Ni-Au20.5-Cr5.3-Si3.4-Fe2.3-B2.3	943～960	980～1120
	BNi83AuCrSiFeB	Ni-Au10.7-Cr5.8-Si5.3-Fe2.8-B2.8	943～950	960～1120
镍基含钯钎料	BNi48MnPd	Ni-Mn30～32-Pd20～22	980～1120	1150～1200
	BNi58PdBSi	Ni-Pd36.8-B2.4-Si2.2	900～980	1010～1130
镍锰钎料	BNi66MnSiCu	Ni-Mn22～24-Si6～8-Cu4～5	980～1010	1010～1095
	BNi57MnCrSiB	Ni-Mn34～36-Cr3～4-Si2～3-B0.8～1-Fe1	980～1065	1065～1120

E 钴基钎料

钴的熔点高（1495℃），Co-Cr、Co-Ni 均能形成固溶体，其综合力学性能优良。因此，通常是以 Co-Cr-Ni 固溶体为基加入其他元素组成钴基钎料。

Co-Cr-Ni 固溶体的熔化温度较高，加入硼能大幅度地降低熔化温度。但硼与钴易于形成 Co_3B 脆性相化合物。为了减少 Co_3B 的生成，常常加入硅来降低熔化温度。此外，加入钨能够进一步提高钎料的高温性能。如此组成的钴基钎料，蒸气压低，溶蚀性小，具有相当高的高温性能，特别适宜钎焊钴基合金。常用的钴基钎料如表 6-17 所列。

表 6-17 钴基钎料

钎料牌号	化学成分/%	熔化温度/℃	钎焊温度/℃
BCo47CrNiSiW	Co-Cr18～20-Ni16～18-Si7.5～8.5-W3.5～4.5-Fe1.0-B0.7～0.9-C0.35～0.45	1105～1150	1150～1230
BCo70CrWBSi	Co-Cr20～22-W4～5-B2～3-Si1.2～1.6	1118～1230	1230～1250

F 金基钎料

金基钎料主要由 Au、Cu 或 Ni 组成，可广泛用于钎焊金属及合金。金具有强度高、塑性好、电性能特别优良以及蒸气压低等优点，但由于金价昂贵，熔点较高，致使应用受到限制。为了降低熔点，改善润湿性及节约贵金属，常常加入镍、铜等元素，组成如表 6-18 所列的各种金基钎料。

Au-Cu 钎料的蒸气压低，合金元素不易挥发，特别适宜于电真空器件的钎焊。Au-Ni 钎料的塑性好，钎料不产生化合物相，钎缝接头的塑性好。但是金基合金需要的钎焊温度高，成本高，主要用于钎焊电子器件以及钨、钼等难熔金属，通常只在航空、航天和电子工业中的特殊场合应用。

表 6-18 金基钎料

钎料名称	牌 号	化学成分/ %	熔化温度 /℃	钎焊温度 /℃
金铜钎料	BAu80Cu	Au-Cu19.5～20.5	910	890～1010
	BAu72Cu	Au-Cu27.5～28.5	930～940	940～1060
	BAu63Cu	Au-Cu36.5～37.5	930～980	1000～1080
	BAu50Cu	Au-Cu49.5～50.5	950～975	975～1050
	BAu80CuFe	Au-Cu18.5～19.5-Fe0.8～1.2	905～910	910～1000
金铜镍钎料	BAu82CuNi	Au-Cu16～17-Ni1.8～2.2	910～925	950～1060
金铜银钎料	BAu75CuAg	Au-Cu22.5～23.5-Ag1.2～1.5	885～895	895～950
	BAu60CuAg	Au-Cu19.5～20.5-Ag19.5～20.5	835～845	850～950
金镍钎料	BAu82Ni	Au-Ni17.5～18.5	950	950～1005
	BAu75Ni	Au-Ni24.5～25.5	950～990	1020～1080
	BAu65Ni	Au-Ni34.5～35.5	977～1075	1075～1150
金钯钎料	BAu92Pd	Au-Pd7.5～8.5	1200～1240	1240～1280
金钯镍钎料	BAu50PdNi	Au-Pd24.5～25.5-Ni24.5～25.5		

金基钎料的特点是：(1) 钎缝组织不形成金属间化合物，对钎焊间隙不敏感，形成的接头塑性好；(2) 钎缝中合金元素不偏聚，对钎焊加热冷却速率没有特殊要求；(3) 抗氧化性能与镍铬钎料接近，在 650℃以下具有良好的抗氧化性；(4) 熔点适宜，钎焊不锈钢时，既能满足基材的固溶处理要求，又不会引起晶粒长大。

G 锰基钎料

锰的熔点较高（1314℃），蒸气压也较高（1020℃时为 13Pa），不宜在高真空中使用。锰能与镍形成一系列固溶体。当镍含量为 3.95%

时，锰镍合金的熔点为1005℃。为了进一步降低熔点，改善抗热性和抗腐蚀性，可加入铬、钴、铜、铁、硼等合金元素，组成如表6-19所列的一系列性能各异的锰基钎料。

锰基钎料具有较高的室温和高温强度，中等抗氧化性能和较好的耐低温、耐腐蚀性能，对不锈钢材料无明显的溶蚀及晶间渗入现象，适宜钎焊薄壁构件，钎焊工艺性能好，能填充较大的接头间隙。锰基钎料主要用于钎焊碳钢、合金钢、不锈钢及高温合金。钎缝可在500℃左右长期使用。应用锰基钎料钎焊时，真空度不宜过高，同时加热速率要尽量快些，以防止锰的过量挥发而改变钎料组分及熔化温度。通常钎焊的工作真空度约为10^{-1}～10^{-2}Pa。

表6-19 锰基钎料

钎料名称	牌 号	化学成分/%	熔化温度/℃	钎焊温度/℃
锰镍钎料	BMn70Ni	Mn-Ni29～31-C0.1	1135	1150～1200
	BMn68Ni	Mn-Ni30～31.3-C0.1	1010	1020～1200
	BMn60Ni	Mn-Ni39～41-C0.1	1005	1015～1200
锰镍铬钎料	BMn70NiCr	Mn-Ni24～26-Cr4.5～5.5-C0.1	1035～1080	1140～1180
	BMn55NiCr	Mn-Ni35～37-Cr8～10-C0.1	1060	1080～1150
	BMn54NiCr	Mn-Ni35～37-Cr9～11-C0.1	1086～1170	1170～1200
锰镍钴钎料	BMn68NiCo	Mn-Ni21～23-Co9～11-C0.1	885～895	895～950
	BMn67NiCo	Mn-Ni15～16-Co15～16-B0.8～1-C0.1	835～845	850～950
锰镍磷钎料	BMn54NiP	Mn-Ni35～37-P8～10-C0.1	1170	1170～1200
锰镍铜钎料	BMn52NiCu	Mn-Ni19～21-Cu34～36-C0.1	920～950	950～1060
锰镍钴铁硼钎料	BMn65NiCoFeB	Mn-Ni15～17-Co15～17-Fe2.5～3.5-B0.1～1.0		

H 钯基钎料

钯是贵金属，熔点高（1550℃），蒸气压极低。钯能完全溶于银、铜、镍中形成固溶体，这是钯基钎料的基础。但这些固溶体熔化温度较高，为降低熔化温度，改善性能，可加入锰、硅、硼、金等合金元素，形成如表6-20所列的钯基钎料。

钯基钎料具有良好的塑性和加工性能，能以各种形式使用，强度和抗腐蚀性中等，对基材溶蚀性低，润湿性极好，能润湿和漫流于多种金属表面和陶瓷等非金属材料。对不锈钢、耐热钢、钨合金、钴合金、钨、钼等材料具有良好的润湿性和流散性，对不锈钢、钨、钼等不经电镀就可直接进行钎焊。并有良好的气密性。钯基钎料熔化时很少侵蚀基材金属和很少对基材金属产生晶间腐蚀，故利于钎焊细薄零件。钯的价格较贵，其蒸气压比金还低，特别适应在真空中钎焊密封组件。多用于高温部件、电子工业及原子能等工业领域。

表 6-20 钯基钎料

钎料名称	牌 号	化学成分/%	熔化温度/℃	钎焊温度/℃
钯钴钎料	BPd65Co	Pd-Co34～36	1230～1235	1235～1250
钯镍钎料	BPd60Ni	Pd-Ni39～41	1238	1240～1250
钯镍金钎料	BPd34NiAu	Pd-Ni35～37-Au29～31	1135～1166	1166～1200
钯镍硅铍钎料	BPd55NiSiBe	Pd-Ni44～45-Si0.48～0.5-Be0.25	1150～1160	1166～1200
钯银硅钎料	BPd81AgSi	Pd-Ag14～15-Si4.5～4.8	705～760	760～790

I 钛基钎料

钛的比强度高，耐腐蚀性能优异，属活性金属，对陶瓷和石墨等非金属材料有非常强的活化作用。钛的蒸气压低，但熔点高（1690℃）。钛与铜能形成多种低熔共晶，当镍在钛中含量达到 30%时，也能形成 955℃的钛镍共晶。这些共晶钎料熔点低，流动性好，但塑性差。为了改善钎料的性能，提高强度，可在钛中加入锆、铍、锰、钴、铬等元素形成如表 6-21 所列的钛基钎料。钛基钎料的抗氧化性能强，耐腐蚀性能优异，润湿性能特别好，对大部分金属和部分非金属都能润湿。广泛用于钛及钛合金、钨、钼、钽、铌、石墨、陶瓷、宝石等材料的真空钎焊、扩散钎焊和封接。

表 6-21 钛基钎料

钎料名称	牌 号	化学成分/%	熔化温度/℃	钎焊温度/℃
钛铜钎料	BTi92Cu BTi75Cu BTi50Cu	Ti-Cu7～9 Ti-Cu24～26 Ti-Cu49～51	790 870 955	190～850 870～920 955～1020
钛镍钎料	BTi72Ni	Ti-Ni28～29	955	965～1020
钛铜镍钎料	BTi70CuNi	Ti-Cu14～16-Ni14～16	900～940	950～980
钛锆铍钎料	BTi48ZrBe	Ti-Zr47～49-Be3～5	890～900	940～1050

续表 6-21

钎料名称	牌 号	化学成分/%	熔化温度/℃	钎焊温度/℃
钛铜铍钎料	BTi49CuBe	Ti-Cu48～50-Be1～3	900～955	997～1020
钛锆镍铍钎料	BTi43ZrNiBe	Ti-Zr40～42-Ni1.2～1.5-Be2～4	800～815	850～1050
钛钯钎料	BTi53Pd	Ti-Pd46～48	1080	1100～1150

J 非晶态钎料

非晶态钎料是近年来采用急冷快淬新技术开发出的一种特殊形态的新型钎料。将过去无法压延成形的镍基钎料和铜-磷、铜-钛、铝-硅等脆性大的钎料喷铸成箔状，满足平面接头钎焊的需要，对真空钎焊技术的发展起到很大的促进作用。

目前，非晶态钎料已有 Ni 基、Cu 基、Cu-P、Al 基及 Sn-Pb 基等五大类 30 多个品种。已经应用于板翅冷却器、散热器、蜂窝结构、电子器件、陶瓷与石墨的真空钎焊或电阻钎焊等生产领域。

非晶态钎料主要有以下特性：

（1）化学成分保持液态时的均匀性，既无晶粒，又无共晶相析出；组分不分离、原子呈无序排列，能显著改善钎焊接头强度。

（2）不含黏结剂，加热速率不受限制，钎缝无非金属夹渣，钎后可省略清理工序，不污染真空设备，钎焊接头质量高。

（3）钎料可按工件结构需要冲剪成各种精确的形状，从而能严格控制钎料用量和抑制液态钎料的溢流。

（4）对钎料填充间隙能力的要求不高，通常直接把钎料夹置在被钎焊件之间，为钎焊较大面积的平面接头提供了高度的可靠性。

（5）非晶态钎料箔可喷铸成厚 0.02～0.05mm，正处于镍基钎料钎焊的间隙范围，能保证钎料中的硼元素向基材扩散的程度比粉状钎料好，可减少接头中的脆性相，接头强度高，韧性好。

（6）与粘带钎料相比，不受贮存期和贮存条件的限制。

K 不锈钢材料真空钎焊用钎料

用作不锈钢材料真空钎焊的钎料通常有 Au 基钎料、Ag 基钎料、Cu 基钎料以及 Ni 基钎料。在选择钎料时，经常根据在特殊介质里的耐腐蚀性和在所要求的操作温度范围内的适用性来选择。常用钎料的成分及钎焊的温度范围如表 6-22 所示。

表 6-22 常用不锈钢材料用钎料的成分及钎焊温度范围

钎料	成分/%											温度/℃		
	Ag	Cu	Zn	Cd	Ni	Cr	Si	Sn	B	Fe	其他	固相	液相	钎焊
BAu-4					余量						81.5Au	950	950	950～1005
BAg-1	45	15	16	24								607	618	618～760
BAg-3	50	15.5	15.5	16	3							632	688	688～816
BAg-7	56	22	17					5				618	652	652～760
BCu-1		≥99.9										1082	1082	1093～1149
BCu-2		≥86.5										1082	1082	1093～1149
BNi-1					余量	14	4		3.5	4.5	0.75C	977	1038	1065～1205
BNi-2					余量	7	4.5		3.5	3	0.06C	971	999	1010～1180
BNi-7					余量	13					10 P	888	888	930～1095

在这些常用钎料中，Au-Ni 钎料的塑性好，钎料本身无化合物相，不会在钎缝中出现脆性相，接头的塑性好，钎焊质量可靠。

不锈钢材料的钎焊通常采用 Ag-Cu 二元合金银基钎料，这类银基钎料呈现出高的延展性，熔体有良好的流动性和浸润性。但是这类钎料的钎焊温度范围正是不锈钢析出碳化物的敏感温度范围（500～850℃），从而可能引起基材的耐腐蚀性降低。

铜基钎料钎焊能够形成高强度的钎焊接头，而且成本较低，所以在不锈钢材料的高温钎焊中广泛采用铜基钎料。

镍基钎料的种类很多，常用的有 Ni-Cr-B-Si 系列钎料，由于其中含有较多的 B、Si、P 等降低合金系熔点的元素，这些元素易于与 Fe、Ni 等形成多种共晶体，所以钎料一般都很脆。

由于镍基钎料中含有较多的 Si、B、P 等元素，这些元素易形成脆性的共晶体，致使钎料发脆。在钎料向基材金属扩散不够充分的条件下，钎料的脆性易于导致钎缝的脆性。在这种情况下，在镍基钎料的钎缝中央部位，会聚集金属间化合物的脆性相，从而降低钎焊接头在静载、动载、热载下的力学性能，并在动载下可能引起钎焊接头沿着钎缝中央部位发生断裂。解决和降低不锈钢钎焊焊缝脆性相的生成的研发方向主要有：

(1) 在钎焊中采用非晶态钎料。由于非晶态钎料的成分和组织单一、均匀，而且在达到钎焊工作温度时，钎料近乎同时熔化、流动和铺展，解决了以往粉末状晶态钎料中各相熔点不一致，存在较大的偏析现象，导致钎缝脆化等缺点。

(2) 在现用的钎料中添加微量元素进行新型钎料的开发。根据合金的相图可知，一些微量合金元素的添加，如 Si、Mn 等，能与金属形成固溶体，降低钎料的熔点，从而能够减少金属元素的蒸发量，并能促进基材与液态钎料的互相溶解，有利于类金属元素的扩散均匀化，有效地减少钎缝中脆性物的生成，能够提高钎焊接头的性能。

L 溅射靶的真空钎焊钎料

在真空溅射镀膜机阴极靶的制造工艺中，经常采用真空钎焊技术将靶材焊接到阴极的水冷背板上，其最大的优点是冷却效果好，可提高阴极的热负荷能力，从而可以将靶的功率密度提高到 30～50W/cm^2。

目前最常采用的钎焊工艺是钢基合金的真空热压钎焊技术。常用的低熔点钎焊焊料见表 6-23。

表 6-23 几种常用靶材的低熔点钎料

钎料编号	成分（质量分数）/%				温度/℃	
	In	Sn	Pb	Bi	液 态	固 态
1	100	0	0	0	157	157
2	21	12	18	49	138	
3			22	56	104	95
4	48			117	117	

续表 6-23

钎料编号	成分（质量分数）/%				温度/℃	
	In	Sn	Pb	Bi	液　态	固　态
5	25	37.5	37.5		138	
6		42		58	138	
7	42	58			145	117
8	12	70	18		174	150
9	70		30		174	100
10		50	50		214	183
11		40	60		238	183

6.6.7 真空钎焊工艺

真空钎焊工艺包括实施钎焊生产过程中的一整套工艺程序及其技术规定，例如：钎焊前零件的表面制备；零件的装配和固定；钎料形状、数量的确定和放置；钎焊工艺参数的选定；钎焊后的处理工序等。只有合理正确地处理好每一个环节，才可能获得符合要求的真空钎焊接头。

6.6.7.1 零件钎焊前的表面处理

真空钎焊是一种自动钎焊工艺，如果待钎焊零件入炉前的准备工作不当，可能会导致钎焊的失败。

钎焊时钎料对基材的润湿、铺展和流动过程对钎焊质量起着极其重要的作用。钎料不润湿基材，就无法实现钎焊，钎料不在基材上铺展、流动和填缝，就不可能形成良好的钎焊接头。因为，在焊前的加工和存放过程中，待钎焊零件表面不可避免地会覆盖着一薄层氧化物或沾上油脂和灰尘等，它们都是熔化钎料润湿基材的主要障碍，将妨碍液态钎料在基材上铺展填缝。因此，钎焊前必须对待钎焊零件及焊料进行处理，主要包括：

（1）对零件表面进行清洗，去除表面所含杂质、氧化层和油污等，以提高焊料对零件的润湿性和流散性，防止在焊接加热的过程中产生大量气体使焊缝形成缺陷。

对于表面油污及氧化层较严重的零件可先采用机械清除法，可用锉刀，砂布，金属刷或砂轮打磨待焊表面。也可以用喷砂及喷丸方法清除氧化皮。

一般情况下可采用溶液清洗法，根据基体材料的性能，使用不同的化学溶液进行清洗。对于不锈钢或高温合金构件，通常使用的介质溶液是丙酮、酒精、三氯乙烷、汽油或蒸馏水。还可以采用超声波清洗方法，其清洗原理是依靠超声波在液体介质中传播时，在液体内部产生空化作用除去金属表面的油污和氧化膜。超声波清洗时，零件不要重叠放置，被清理件要浸渍在介质溶液中，保证污物易于流出，清洗时间一般不超过 30min。

（2）对零件进行退火，用以消除应力和清除待焊件表面的氧化层及内部易蒸散的杂质，并除去内部所含的气体，以保证零件有良好的真空密封性能。

金属表面的氧化层在真空加热过程中被去除的机理为：1）氧化膜分解。氧化膜中的 Fe_2O_3 在温度为 900℃，真空度为 10^{-3} Pa 的条件下会发生分解反应：$Fe_2O_3 \longrightarrow \frac{2}{3}Fe_3O_4 + \frac{1}{6}O_2$，研究表明，当真空度达到 10^{-8} Pa 时，反应生成物中的 Fe_3O_4 才能继续还原成 Fe，而在实际的钎焊工艺操作中不能满足此条件，故 Fe_3O_4 不能继续分解。2）氧化物挥发。在 1000℃以上，10^{-3} Pa 压力下，Cr_2O_3、Fe_2O_3 以及不锈钢的氧化皮等化合物会发生挥发现象，氧化物层因此会因挥发而被清除。3）碳的还原作用。碳是众所周知的还原元素，随着温度的升高，其还原能力也逐渐增强，并且在真空条件下的还原能力更为明显。在 900℃，一氧化碳分压低于 5.8×10^{-2} Pa 时，就会发生还原反应：$FeO + C \longrightarrow Fe + CO$。

另外焊料退火后比较柔软易于成形。常用钎焊材料的退火规范参考表 6-24。

表 6-24 常用钎焊材料的退火规范

材料名称	烧氢退火		真空退火		
	温度/℃	保温时间/min	温度/℃	保温时间/min	真空度/Pa
无氧铜	600～800	15～30	700～850	10～120	1.3×10^{-2}～1.3×10^{-3}
可伐合金	800～880	30	800～880	30	4×10^{-2}～6.7×10^{-3}
镍、蒙乃尔	800～900	10～20	800～900	5～10	4×10^{-2}～6.7×10^{-3}

续表 6-24

材料名称	烧氢退火		真空退火		
	温度/℃	保温时间/min	温度/℃	保温时间/min	真空度/Pa
钼	900～1100	5～20	950～1000	5～10	$4\times10^{-2}\sim1.3\times10^{-3}$
钨	850～900	10～15			
不锈钢	950～1000	15～20	950～1000	20～90	$6.7\times10^{-3}\sim1.3\times10^{-3}$
纯铁			900～1000	10～30	$1.3\times10^{-2}\sim1.3\times10^{-3}$
铁镍合金	900～1000	15～20	750～800	5～10	$1.3\times10^{-2}\sim1.3\times10^{-3}$
康铜	800～850	5～15	800	5～15	$1.3\times10^{-2}\sim1.3\times10^{-3}$
覆镍铁	900～950				
覆铝铁	550～700				
银基焊料	500～550	10～15			
陶瓷			1100		$6.7\times10^{-4}\sim1.3\times10^{-4}$
钛		厚度/mm ≥0.5	900～1000	15～30	1.3×10^{-3}
		厚度/mm ≤0.3	700	10～15	
钽、铌		厚度/mm ≥0.5	1200	10～15	$1.3\times10^{-3}\sim1.3\times10^{-4}$
		厚度/mm ≤0.3	1100	10～15	
锆		厚度/mm ≥0.5	700	10～15	$\leqslant6.7\times10^{-3}$
		厚度/mm ≤0.3	650	10～15	

（3）在某些情况下，如对特殊结构的组件或一些非金属零件，为了保证钎焊质量，还要对钎焊零件进行表面镀覆金属层的处理，其目的是加强焊料对基体金属的润湿性能，防止基体金属的氧化，保护基体金属。防止焊料向基体金属晶格中扩散等。一般用电镀层，电镀后需在氢或真空中烧结，防止镀层起皮。常用金属的电镀层及用途见表 6-25。

表 6-25　常用金属的电镀层及用途

基体金属	镀覆材料	镀层厚度/μm		镀层烧氢		目　　的
		气密	非气密	温度/℃	时间/min	
铁和低碳钢	铜	5～15	1～5	900～950	10～20	防止基体氧化，增加焊料的润湿性
	镍	5～15	1～5	800～1000	10～30	

续表 6-25

基体金属	镀覆材料	镀层厚度/μm		镀层烧氢		目　的
		气密	非气密	温度/℃	时间/min	
不锈钢	铜 镍	10～30 10～30	— —	800～850 850～900	真空中 10～20 真空中 10～20	同上（不锈钢镀层在真空中烧结最佳）
可伐合金	铜 镍	10～30 —	— —	900～1000 850～900	10～30 10～15	保护基体防止晶间开裂
钼	铜 镍	— —	10～20 10～20	850 850～1000	5～8 5～10	增加焊料对基体的润湿

6.6.7.2　零件的组装和定位

经过表面处理的零件在实施钎焊前应当先按图纸进行组装，将分散的各个零件形成一个整体，使各零件彼此间保持正确的相互位置，获得设计所要求的钎缝间隙位置和大小，并保证焊件的总体尺寸。为了防止在钎焊施工中零件的错动，装配时还要采取适当方法把零件固定在装配好的位置上。因此，正确而可靠地组装和定位，是顺利实现钎焊、获得符合技术要求的接头和焊件的一种重要保证。

用于固定零件的方法很多，它们各有其特点。应当根据焊件的结构、技术要求、钎焊方法及生产类型等来选用。一般来说，在钎焊中只要能保证零件的相对位置、装配定位的方法越简单越好。常用的装配定位方法有：

（1）自重定位。适用于平面接头的零件，利用零件本身的重量实现定位。

（2）紧配合定位。由于在真空炉中的钎焊要求装配间隙较小，可以利用零件之间的紧配合而定位。一般装配后即可保持相对位置。

（3）毛刺定位。利用冲头在零件配合面上的适当位置处扩打冲点，靠冲点周围突起的金属毛刺实现定位。这种定位方法主要用于小型零件或没有定位凸台、槽孔的组件，最适合旋转件的预组合定位。

如图 6-20 所示的销孔结合钎焊件中，在图（a）所示的带孔零件上，沿内孔圆周顶部均匀打 3～5 个冲眼，然后在图（b）所示的插入销轴的下部沿圆周均匀打 3～5 个冲眼，把销轴插入到带孔件中，突出的毛刺既起到了定位作用又能保证均匀的钎焊间隙，见图（c）。对于如图 6-21 所示的薄壁插入件（如管子），则不宜在钎焊面上打定位冲点，以免薄壁管子变形。可在插入管子后，沿外结合线圆周打3个以上的定位冲点。

毛刺定位方法的缺点是用冲头手工打冲眼，很难掌握毛刺的大小，装配间隙很难保持均匀。

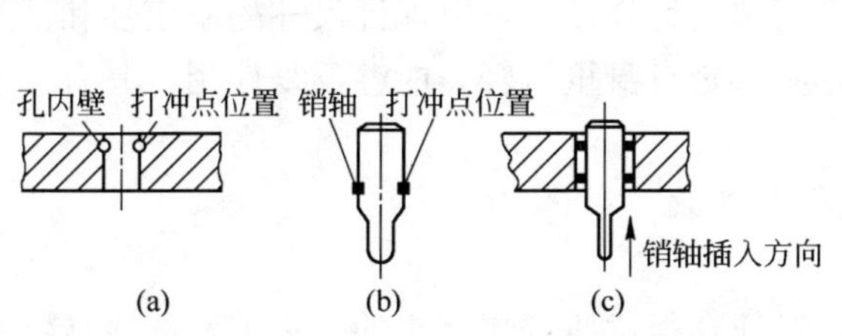

图6-20 插入钎焊件的毛刺定位

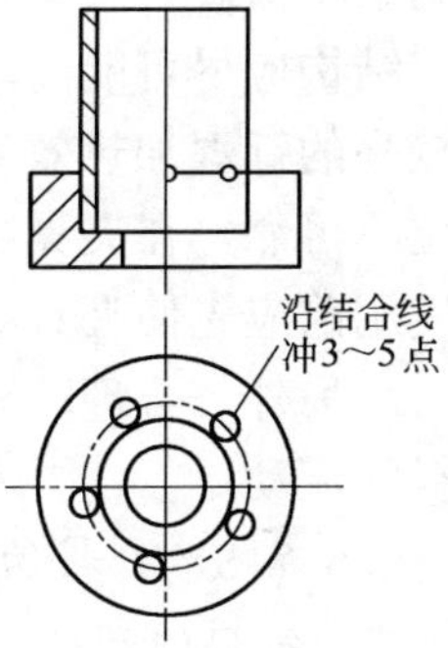

沿结合线冲3～5点

图6-21 薄壁插入件的毛刺定位

（4）焊点定位。通常对装配之后处于亚稳状态的零件，可以采用熔焊的方法进行定位。最常用的是钨极氩弧焊定位，不加焊丝，只要把两连接零件金属熔化成焊点即可。这种方式的最大缺点是在接缝上形成焊点，把装配间隙固定了。例如，对于原先设计的把膨胀系数大的工件放在膨胀系数小的工件内部的管接头组件，会影响其钎焊间隙。一定需要熔焊定位时，焊点分布要均匀，减少装配应力，且焊点不许氧化，以免阻碍钎料的流入。

对于难熔金属或者用氩弧焊难以定位的精密构件，可用激光焊或电子束焊定位。对于平板接头，如相对位置要求严格，也可采用电阻点焊定位。

（5）夹具定位。对于结构较复杂、形状特殊及生产量较大的焊件，主要的装配定位方法是设计专用钎焊夹具来保证钎焊位置。它具有装配固定精确可靠、效率高的优点，但夹具本身成本较高。

钎焊夹具与其他夹具相比，整体受热，工作条件恶劣。因此，设计真空钎焊夹具应注意下述问题：夹具材料应有良好的导热性、高温强度、抗氧化性、抗腐蚀性和耐热疲劳强度；应与待钎焊零件材料有相近的膨胀系数；在高温下不与待钎焊零件材料发生反应。在1000℃以下钎焊夹具的材料推荐选用石墨、各类不锈钢或高温合金；1000～1600℃

之间钎焊选用难熔金属及其合金，陶瓷、碳化物或硼化物以及有难熔涂层的石墨材料。应使定位夹具的设计合理，尽可能使钎焊件的装配应力降到最小值。夹具结构应具有足够的刚度，经反复使用不变形或少变形，结构应尽可能简单，热容量和热应力要小，使之工作可靠，又能保证较高的钎焊加热效率。由于螺栓或螺钉在加热中容易松弛，造成装配定位不可靠，在夹具中应避免使用螺栓或螺钉。大型或复杂的夹具在投入使用前应先使夹具经受模拟的钎焊循环，以保证尺寸的稳定性和消除应力。另外，合理的夹具应当是自身重量轻，能够反复使用，并有利于钎料的流动。

6.6.7.3 钎料的选择与置放

A 钎料的选择

正确地选择钎料，是保证获得优质钎焊接头的关键因素。应从钎料和基材的相互匹配、钎焊件的使用工况要求、现有的设备条件以及经济角度等方面进行综合考虑来确定。

首先，要全面考虑钎料与基材的匹配，不但要考虑润湿性、而且必须考虑钎料与基材的冶金相容性和钎焊温度对基材性能的影响。表 6-26 列出了根据生产实践总结出的钎料与基材的匹配方案及优先选用的顺序。

对于异种材料的钎焊，应考虑不同材料的膨胀系数的差别而引起的钎缝开裂等现象。选用膨胀系数介于两者之间的钎料。对于陶瓷或硬质合金工件的钎焊，上述问题尤为突出。作为减小应力的方法，除了在工艺上采取相应的措施外，在选择钎料时应尽可能采用熔点低的钎料。

表 6-26 钎料与基材的匹配及选用顺序

基　材	铝基钎料	铜基钎料	银基钎料	镍基钎料	钴基钎料	金基钎料	钯基钎料	锰基钎料	钛基钎料
铜及铜合金	3	1	2	6		4		5	7
铝及铝合金	1								
钛及钛合金	2	4	3			5	6	7	1
碳钢及合金结构钢		1	2	6	8	4	5	3	7
马氏体不锈钢		6	7	1	5	2	4	3	
奥氏体不锈钢		3	7	1	6	5	4	2	

续表 6-26

基　材	铝基钎料	铜基钎料	银基钎料	镍基钎料	钴基钎料	金基钎料	钯基钎料	锰基钎料	钛基钎料
硬质合金		1	5	6	7	4	3	2	8
磁性材料		2	1	6	7	3	5	4	8
陶瓷、石墨及氧化物		3	2	7	8	4	6	5	1
难熔金属		7	8	6	5	4	2	3	1
金属基复合材料	1	4	3	8	9	5	6	7	2

注：表中 1～9 表示由先到后的匹配及选用顺序。

其次，从工况情况考虑，主要是依据焊件的工作温度和载荷大小选用钎料，一般原则如下：

（1）300℃以下的低载荷接头，优先选用铜基钎料。对于长接头要求改善间隙填充性能时，可选用在铜中加入少量硼的 Cu-Ni-B 钎料。

（2）在 300～400℃之间工作的低载荷接头，选用铜基钎料和银基钎料；其中铜基钎料比较便宜，应优先选用。

（3）在 400～600℃之间工作的抗氧化、耐腐蚀、高应力接头，选用锰基、钯基、金基或镍基钎料。在重要部件上最好选用 Au-22Ni-6Cu 或 Au-18Ni 钎料，其钎焊工艺性能好，钎焊温度适中（980～1050℃），获得的接头综合力学性能极佳。

（4）在 600～800℃之间工作的接头，选用钯基、镍基、钴基钎料。优先使用流动性好的 Ni-Cr-B-Si 系钎料。但因这种钎料含硼量较高，不适用于厚度小于 0.5mm 的零件。

（5）在 800℃以上工作的接头，可选用镍基钎料和钴基钎料，但其中含磷的镍基钎料和 Ni-Cr-B-Si 钎料不宜选用，因其强度和抗氧化性能难以满足要求。

另外，从接头的特定使用要求出发，可作如下选择：

（1）耐腐蚀、抗氧化接头，通常选用金基、银基、钴基、钯基、镍基或钛基钎料。

（2）从强度考虑，一般由高到低的顺序是：钴基、镍基、钯基、钛基、金基、锰基、铜基、银基、铝基。

（3）从电性能方面考虑，通常选用金基、银基、铜基、铝基钎料。

在均能满足要求的前提下，优先选用价格便宜的铜基钎料。

(4) 对于特殊要求的焊件，要根据具体要求选用钎料。例如在核工业中使用的钎料不允许含硼，因为硼对中子有吸收作用。

B 钎料的置放

钎料在焊件上的放置有明置和暗置两种方式：明置方式是将钎料安放在钎缝间隙的外缘，暗置方式是将钎料安放在间隙内特制的钎料槽中。采用明置方式，简便易行，但易向间隙外的零件表面流失。填缝路程较长，易受外界干扰而错位，因此不利于保证稳定的钎焊质量。暗置方式则需要对零件作预先加工，切出钎料槽，不仅增加了工作量，而且降低了零件的承载能力。因此，对于薄件或简单的钎焊面积不大的接头，宜采用明置方式。钎焊面积大或结构复杂的接头，宜采用暗置方式。

不论采用何种方式放置钎料，都应当遵循下述原则：(1) 尽可能利用钎料的重力作用和钎焊间隙的毛细作用来促进钎料填缝；(2) 保证钎料填缝时，间隙内的气体有排出的通道；(3) 钎料要安放在不易润湿或加热中温度较低的零件上；(4) 安放要牢靠，不致在钎焊过程中因意外干扰而错位；(5) 应使钎料的填缝路程最短；(6) 防止对基材形成明显的溶蚀或钎料的局部堆积，这点对薄件尤应注意。

根据钎焊的需要和钎料的加工性能，常将钎料加工成不同的形状。真空钎焊中应用较多的是丝状、箔状、粘带状、粉末状或膏状钎料，而以丝状应用得最为普遍。钎料形状不同，放置方法也各异。焊料用量以能填满焊缝为原则，使焊料均匀布满焊缝，过多会造成基金属的腐蚀或焊料堆积。

图 6-22 所示为丝状钎料的几种放置形式。其中图 (a)、(b)、(c)、(d)、(e)、(f) 是先将零件装配好，随后把预成形的钎料环安放在台阶上，而图 (g)、(h) 则先将钎料环装入钎料槽中后，再将两个零件组装起来。

箔状钎料的置放是直接夹置在两被钎焊的零件之间。真空钎焊时使用粉状钎料全位置填充时，应先将粉状钎料用粘结剂调成膏状再填充。

表 6-27 给出了不同结构的零部件钎焊时焊料的正确放置方法。

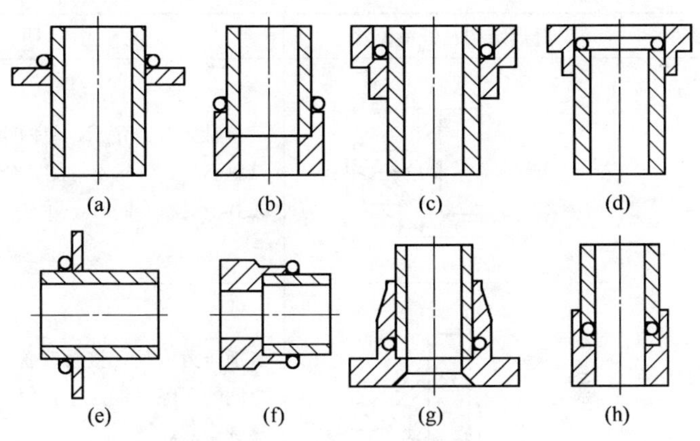

图 6-22　丝状钎料的放置形式

表 6-27　不同零件及结构钎焊时的钎料放置位置

钎焊零件	钎焊结构及钎料位置	说　　明
管子-管子	不正确 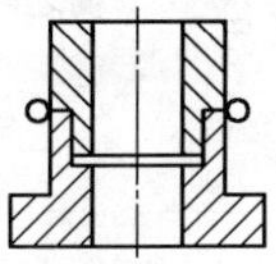	环形钎料丝布置在焊缝周围，在重力作用下，钎料熔化后会向下流，或者在熔化前，钎料脱落
	正确 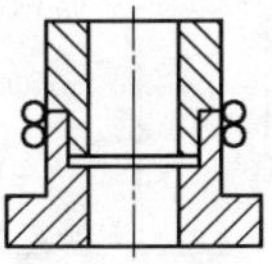	用镍铬丝环支撑钎料，使之不能脱落，这样钎料不会向下流，能很好地渗透到焊接部位
带台阶零件	不正确 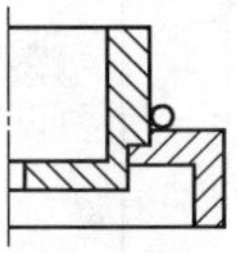	台阶较多，影响钎料的流动
	正确 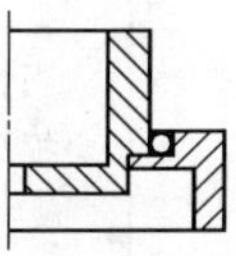	接合处只有一个直角，不破坏毛细作用，使钎料完全充满焊缝

续表 6-27

钎焊零件	钎焊结构及钎料位置	说　明
有较大接触面的零件	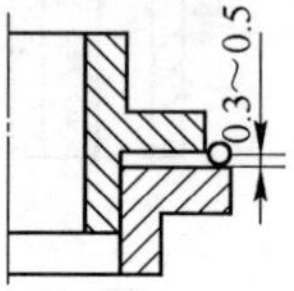 0.3～0.5 不正确	接触处有圆角 R，使两个零件表面接触不严，钎料不可能完全充满焊缝，尤其当材料不同时，更为严重
	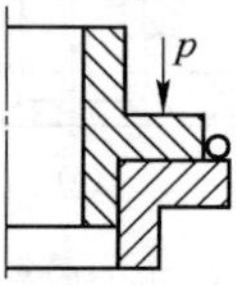 p 不正确	加压力 p 后，接触改善了，但零件之间的间隙可能过小，使钎料不易渗透到全部焊缝
	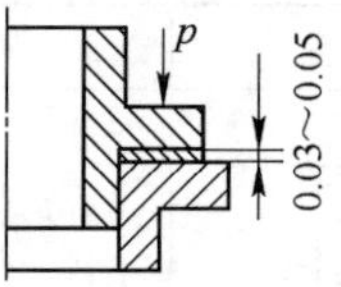 p 0.03～0.05 正确	采用片状钎料，放在两个零件接触面之间，并加压力，可得到较好的焊缝
管道-盲板	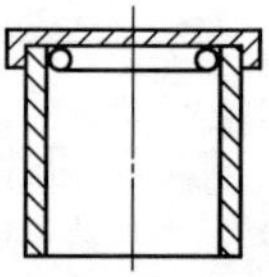 不正确	钎焊时，大部分钎料在重力的作用下会流掉
	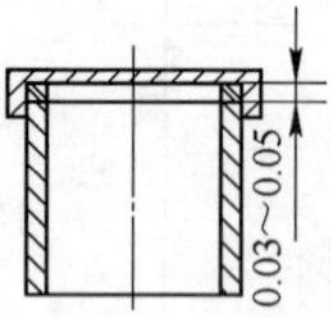 0.03～0.05 正确	改用片状钎料放在两个零件之间，可以形成良好的焊缝
水平放置的管道-盲板	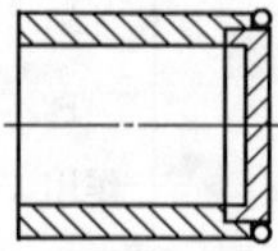 不正确	当钎料熔化后，多余的钎料流下后，会损坏基材

续表 6-27

钎焊零件	钎焊结构及钎料位置	说明
水平放置的管道-盲板	正确	零件开槽后，钎料放在槽中，熔化后不易流出
管道-法兰	不正确	钎料可以流到法兰其他部位，影响使用
	正确	法兰开槽，将管道放入槽中，钎料不会流到非钎焊部位

6.6.7.4 工艺参数的选定

真空钎焊的工艺参数主要有：真空度，加热速率，稳定温度及时间，钎焊温度，钎焊保温时间，冷却速率，出炉温度等。它们都直接影响钎料填缝和钎料与基材的相互作用过程，对钎焊接头的质量具有决定性的作用。

A 真空度

真空度的选择根据为：基材种类、钎料类型、钎焊面积大小、是否使用夹具以及在整个钎焊周期中气体从基材中排除的程度等。

冷态本底真空度，是为了防止被钎焊件及炉内元件（加热元件、辐射屏等）的氧化，避免热气流直接通过机械泵以获得高的抽气效率，在钎焊炉加热之前应预先把炉腔抽到所要求的冷态真空度，冷态本底真空度主要根据基材种类及性质进行选择，其参考数据如表6-28所示。

表 6-28 冷态本底真空度的选择

序 号	基 材	冷态本底真空度/Pa
1	铝及铝合金	$10^{-2}\sim10^{-3}$
2	铜及铜合金	$5\times10^{-1}\sim5\times10^{-2}$
3	钛及钛合金	$10^{-3}\sim5\times10^{-4}$
4	碳钢、低合金钢、合金结构钢、碳素工具钢	$10^{-1}\sim10^{-2}$
5	不锈钢	$5\times10^{-2}\sim8\times10^{-3}$
6	高温合金	$1\times10^{-2}\sim5\times10^{-3}$
7	非金属及电真空器件	$10^{-3}\sim5\times10^{-4}$
8	硬质合金、难熔金属及碳化物	$10^{-2}\sim10^{-3}$
9	精密合金及磁性材料	$10^{-2}\sim5\times10^{-3}$
10	陶瓷、石墨、金刚石	$10^{-3}\sim5\times10^{-4}$

热态真空度又称工作真空度，是指从开始加热到充气冷却这段时间的炉内真空度。由于钎焊炉内加热时，待钎焊零件、夹具都要放出气体，使用膏状钎料时粘结剂要挥发，这些因素都会不同程度地引起冷态真空度的降低。在钎料即将熔化时，要求在钎焊温度下炉内真空度基本恢复到冷态真空度，通常是采用适当延长稳定时间的方法直至真空度达到要求后，再继续加热进行钎焊。

如果钎料中含有蒸气压较高的合金元素，为了防止合金元素大量挥发而污染炉膛，应使热态真空度与冷态真空度保持较大的压差。例如用铜基钎料时，因为铜在 940℃时的蒸气压为 1Pa，所以在 940℃以上不允许把炉内压力降到 1Pa 以下，否则随着温度继续升高并保持一定时间，会出现铜大量蒸发，引起下列各种恶果：(1) 蒸发出的元素会污染焊件表面，并会像钎料一样将相互紧靠而不需要连接的零件或夹具结合起来；(2) 过量蒸发会使工件表面粗糙。或使钎缝出现空穴缺陷，并改变金属的原有性能；(3) 蒸发物附着、沉积在炉内元件上，会造成炉内电气绝缘降低或短路等事故。为了克服这种现象，降低热态真空度，可向炉内通入纯度高、露点低的惰性气体如氩、氮等，将炉内压力调节到安全程度。惰性气体的要求应符合表 6-29 的规定。

表 6-29 惰性气体的要求

惰性气体	纯度（体积比）/%	含氧量/10^{-6}	含水量/10^{-6}	露点/℃
Ar	⩾99.999	⩽5	⩽5	−67
N_2	⩾99.999	⩽5	⩽5	−67

充入惰性气体的压力可根据被钎焊件材料的挥发特性曲线来选择。即应向钎焊炉内充入稍高于待钎焊材料的挥发平衡压力的惰性气体。例如，对于铜基钎料，充气时将钎焊炉内的压力保持在 2～3Pa 则可以控制铜的大量挥发。

钎焊的热态工作真空度还与被钎焊工件材料的物化和力学性能有关。如果被钎焊材料在高温时很活泼，则钎焊炉内残余气体中的氧、氮、氢等气体分压较高都能使被钎焊材料的性能下降。此时，钎焊的冷态真空度和热态工作真空度都应该比较高。

表 6-30 所列是根据使用钎料类别所推荐的热态工作真空度。

表 6-30 用不同钎料钎焊时的工作真空度

钎 料 类 型	工作真空度/Pa
铝基钎料	$5\times10^{-2}\sim1\times10^{-3}$
铜基钎料	1～5
银基钎料	$5\times10^{-2}\sim1\times10^{-1}$
金、钯、镍、钴基钎料	$1\times10^{-2}\sim5\times10^{-3}$
钛基钎料	$5\times10^{-2}\sim1\times10^{-3}$
锰基钎料	$1\sim10^{-1}$

B 加热速率

钎焊炉的加热速率应能保证被钎焊零件放出的气体被充分抽出，同时要使组件受热均匀，以减小或防止组件由于骤热产生的应力而引起的变形。确定加热速率应考虑的主要因素有：

(1) 组件的材料、形状、结构和尺寸。对于铜及铜合金，要在 250～500℃之间以较快的速率加热；对于沉淀硬化类耐热合金或奥氏体不锈钢，要在其碳化物析出的危险温度区内迅速加热；对于形状复杂及装配预应力较大的构件，要缓慢加热；对于厚大的零件，加热速率也不宜过快。

(2) 使用钎料的类型及其结晶温度范围。对于纯金属钎料，不论形状如何，加热速率可以快些；当使用合金钎料时，在熔化温度范围内要较快加热，以免钎料偏析而使液相线温度提高；当使用膏状钎料时，在500℃以下加热速率应慢些，以免黏结剂剧烈挥发而引起钎料飞溅。但是，不论使用何种钎料，在钎料固相线温度以下 50～100℃温度范围内，加热速率不宜过快，以保证钎料熔化时组件内外温度基本一致，使毛细作用能够很好地发挥。当使用固液相线间隔较宽的钎料时，加热到熔融状态，停留时间过长会使液相从固相中分离出来。为防止和避免这种状况发生，在此阶段内应使加热速率尽可能快些。在钎焊薄壁零件时，为了防止基材金属被钎料溶蚀，在控制产生变形的前提下，加热速率也应尽可能快些。表 6-31 列出了常用金属组件真空钎焊时推荐的加热速率值。

表 6-31 常用金属组件的加热速率推荐值 (℃/ min)

常用的金属组件		中小较薄组件，低应力装配		大厚组件，高应力装配	
		不含粘结剂的钎 料	含粘结剂的钎 料	不含粘结剂的钎 料	含粘结剂的钎 料
铝及铝合金		6～8	4～5	4～5	3～4
铜及铜合金		5～10	5～6	5～8	5～6
钛及钛合金		6～8	5～6	6～7	4～6
碳钢及合金结构钢		10～15	6～8	8～12	6～8
不锈钢	沉淀硬化	8～15	5～6	5～7	5～6
	非沉淀硬化	6～10	6～8	5～6	4～5
高温合金	沉淀硬化	8～10	5～6	6～8	5～6
	非沉淀硬化	6～8	4～5	5～7	4～5
硬质合金及难熔金属		10～18	5～6	10～12	5～6
陶瓷、金刚石聚晶、石墨		12～20	5～6	10～15	5～6

C 稳定温度和保持时间

稳定温度和保持时间是指当加热到接近钎料固相线附近的温度时，暂停加热、使温度在该温度下保持一段时间。其目的是为了减小组件的温度梯度，使组件各部分的温度得以均匀。在钎焊不锈钢、耐热合金等导热性较差的组件时，如果一直把炉温从室温加热到钎焊温度，就会在组件各部位内外层之间造成较大的温度差。此温差大小与组件材料种类、结构和壁厚等有关。这时，外层钎料熔化后即沿着较高温度带流散；而接缝内由于温度较低，不可能得到良好的填充。虽然随后还要在钎焊温度下保温，但因钎料已有流失，无法继续填充，必然造成未钎透等缺陷，降低接头质量。因此，必须根据组件的具体情况，正确地选择稳定温度和保持时间。

钎焊不锈钢，耐热合金等导热性较差的组件时，如果一直把炉温从室温加热到钎焊温度，就会在组件各部位内外层之间造成较大的温度差。此温差与组件材料、结构、壁厚有关。这时，外层钎料熔化后即沿着较高温度带流散。而接缝内由于温度较低而不可能得到良好的填充。虽然随后还要在钎焊温度保温，但此时由于钎料合金成分的变化，必然影响流动和填充能力而造成未钎透等缺陷。

D 钎焊温度

钎焊温度是钎焊过程最主要的工艺参数之一。钎焊温度的选择应能满足使钎料的流动性和润湿性处于最佳状态。在钎焊温度下，一方面要使钎料熔化，并在毛细力的作用下填满接头间隙，并与基材进行合金化作用；另一方面要使基材能够完成热处理程序中的某一工序，如淬火、固溶处理等，提高钎焊接头的性能。

因此，选择的钎焊温度应能满足：

(1) 确定钎焊温度的主要依据是使钎料的流动性和润湿性处于最佳状态。钎焊温度应适当地高于钎料的熔点，以减小液态钎料的表面张力，改善润湿和填缝，并使钎料与基材能充分相互作用，有利于提高接头强度。但钎焊温度过高却是有害的，它可能引起钎料中低沸点组元的蒸发，基材晶粒的长大以及钎料与基材过分地相互作用而导致溶蚀、晶间渗入等，使接头强度下降。

当钎料中的某些元素与被钎焊金属相互之间有一定的可熔性，而钎焊工件又很薄时，在钎焊中，应将钎焊温度和保温时间控制在较低的温度下和较短的时间内，以避免发生熔蚀或咬边现象。

因此，通常将钎焊温度选为高于钎料液相线温度 30～100℃之间时，可使钎料的流动性达到最佳效果。但不同的钎料，需要高出其熔点的温度范围也不相同。钎料的结晶温度范围越大，钎焊温度高出钎料熔点应越多。对单元素钎料（例如纯铜），由于没有结晶间隔，钎焊温度只要高出熔点 30～70℃，即可使钎料的流动性处于最佳状态；对于多元合金的钎料（如高温镍基钎料），则钎焊温度必须高出液相线温度约 60～120℃，才能使钎料处于最佳的流动状态。

（2）满足基体材料的热处理要求：

在钎焊温度下，应使基材充分固溶，完成其固溶处理工序，既节约了工时，又避免了焊后固溶处理引起的不良后果。各种材料的固溶处理温度不同，钎焊温度应根据材料的热处理规范来选择，以使钎焊和热处理工序在同一加热冷却循环中完成。

E 钎焊保温时间

钎焊保温时间是钎料填充间隙和钎料填充接头控制合金化作用的重要阶段，对于接头强度的影响与钎焊温度具有类似的特性。一定的保温时间是钎料同基材相互扩散、形成牢固的结合所必需的。

钎焊保温时间的选择主要取决于钎料与基材的相互作用特性。当钎料与基材具有可溶解性、生成脆性相、引起晶间渗入等不利倾向的相互作用时，为了减少溶蚀作用，要尽量缩短钎焊保温时间。相反，如果通过二者的相互作用能消除钎缝中的脆性相或低熔组织时，则应适当延长钎焊保温时间。其具体选择因素如下：

（1）钎焊保温时间与焊件大小、厚度和组件的结构及钎焊间隙值有关。大件、厚件的保温时间应比小件、薄件的长，以保证加热均匀。钎焊间隙大时，为了保证钎料同基材必要的相互作用，应有较长的钎焊保温时间。有些组件的厚度并不是很大，但是钎焊接头被部分地或全部遮蔽，钎焊处不能直接受到辐射加热，应适当延长钎焊保温时间，尽可能缩小被加热工件的表里温差。

基体材料厚度大，需要较长的均温时间，薄件的钎焊保温时间要短些。

（2）为了获得高强度的接头，必须减少钎缝中的金属间化合物，这就要求保温时间要长些。

（3）根据基体材料的热处理要求选择钎焊保温时间。例如，奥氏体不锈钢，当加热至 900℃以上时，碳化物很快固溶，钎焊保温时间不需要太长。马氏体不锈钢则需要充分固溶后，才能在随后的淬火时得到完全的马氏体，所以钎焊保温时间要相应地长一些。耐热合金则必须使合金元素充分固溶后才能为固溶强化、弥散强化提供条件，因此其钎焊保温时间应当更长一些。

钎焊温度和钎焊保温时间之间存在着一定的互补关系，可以相应地在一定范围内变化。因此选择时要根据上述原则通过试验进行确定。

F 冷却速率

焊件的冷却速率对接头质量也有很大的影响。过慢的冷却可能引起基材的晶粒长大，强化相析出或出现残余奥氏体。加快冷却速率，有利于细化钎缝组织，减小枝晶偏析，从而提高接头的强度。但是过高的冷却速度，可能使焊件因形成过大的热应力而产生裂纹，或因钎缝迅速凝固使气体来不及逸出形成气孔。具体确定时，必须结合钎焊的不同阶段、焊件尺寸、基材种类和钎料特性等因素来考虑。

(1) 在钎料处于液态时，应在真空中随炉冷却，不要通气或开风扇，以免液态钎料被搅动。

(2) 钎焊不含钛、铌等稳定元素的奥氏体不锈钢时，为防止晶界析出碳化物，冷却速率要快些，尽可能采用风扇强迫冷却。

马氏体不锈钢要在快速冷却条件下才能获得马氏体，所以也要采用风扇强迫冷却。各类耐热合金，采用比空冷更快的冷却速率都是有利的。它可将饱和的固溶体保留到室温，以利于时效处理时弥散强化相的析出。

(3) 考虑组件结构。为防止冷却时组件的变形，对于薄、长和结构复杂的组件，冷却速率要慢些。

G 出炉温度

焊件在较高的温度下出炉，会引起表面氧化，特别是使用风扇冷却时，组件表面温度较低，停炉后由于组件内部的温度高，会使整个焊件温度回升。因此，出炉温度应比额定值低一些，确定时出炉温度要根据基材种类而定。一般不锈钢及耐热合金为150℃以下出炉；铝及铝合金可在300℃以下的温度出炉，碳素钢及合金结构钢的出炉温度为100℃以下。

6.6.8 真空钎焊质量的影响因素及完善措施

6.6.8.1 影响真空钎焊质量的因素

除了上述的真空钎焊参数对钎焊质量有重要影响以外，下列因素对真空钎焊的质量也有较大的影响。

A 真空钎焊炉的泄漏率

真空钎焊炉的泄漏率是影响钎焊接头质量的重要因素之一，当炉子的泄漏率太大，会使炉内的工作压力过高，引起钎焊件的氧化，因此，必须将真空钎焊炉的漏气率控制在最大允许漏率（通常应小于 10^{-6} Pa · m^3/s）以下。

还可以采用控制真空钎焊炉的压升率来保证钎焊炉所应具有的最小漏率，即将钎焊炉的真空系统主阀关闭后，使炉内的压力升高率小于 0.75Pa/h。

B 工作气体的纯度

在真空钎焊时，通常采用氩气或氮气作为工作气体，它们一方面被用作强迫冷却气体，一方面用作饱和蒸气压高的钎料（如铜或铜合金）的保护性气体。为了减少气体中氧的含量，工作气体的纯度愈高愈好，因为在高温时即使含氧量极微小，也会使钎焊件表面氧化变色。

C 零件的清洁度

钎焊前对零件表面应按除油和清洗的工序要求进行，而且清洗除油后必须防止零件被二次污染，因为在装配填置钎料和装炉时通常会重新污染零件，因此在接触钎焊零件时应配带干净的棉织手套以防止因手的接触而再次产生污染。此外，装配时严禁用铝质榔头敲打，避免钎焊表面引起低熔点金属的污染。同时还应注意钎焊炉对零件的污染，例如，刚完成铜基钎料钎焊的炉子，炉壁或多或少会有铜的污染（即使用氩气调节炉内压力，但要完全避免铜钎料的挥发是不可能的），如果炉子再接着钎焊镍基材料零件，则可能引起铜对镍的溶蚀，所以此时应对空炉进行真空清理，使污染炉壁的低熔点合金再次挥发并被真空泵抽出。

D 装配时的间隙

接头间隙大小可直接决定钎焊焊缝的致密性及强度，焊缝间隙太大，可使毛细作用减弱，使钎料充填发生困难，合金化作用减弱，导致接头力学性能差。间隙太小又会妨碍钎料的填充，不易形成焊透率良好的接头，在不影响钎料填充的前提下，钎焊间隙越小越好。生产实际中，接头间隙是靠机械加工精度保证，一般不复检。用铜及铜合金钎料钎焊不锈钢与不锈钢时，装配间隙为 0.03～0.10mm（同类材料膨胀系数相同，装配间隙也就是钎焊间隙），对于用镍基钎料钎焊高温合金与高温合金，装配间隙为 0.013～0.076mm。

6.6.8.2 钎焊缺陷及其消除措施

真空钎焊一般产生缺陷较小，但是由于设计，材料设备以及工艺等因素的选择不当，也会出现某些焊接缺陷。常见的缺陷及其消除方法主要有如下几个方面：

A 零件表面被氧化

引起零件表面氧化的原因是钎焊炉内氧分压较高，导致氧分压较高的因素有：

（1）设备漏气率过高或真空系统出现故障。

（2）组件、夹具等挥发出氧化气氛。如水分、油污等挥发出的水蒸气、二氧化碳。

（3）淬火气氛不纯，含氧量和含水量超过标准。

（4）钎焊炉膛被污染。如钎料中的铜、银、锰等挥发元素沉积于炉膛内壁上，开炉后即形成氧化物，当再次钎焊其他组件时，上述氧化物分解出氧而使钎焊件氧化。

防止钎焊零件表面氧化的措施有：

（1）检测钎焊炉的漏气率和真空系统，查找故障原因，维修处理。

（2）彻底清洗和干燥被钎焊组件，防止水分和油污随组件进入钎焊炉内。

（3）使用高纯度惰性气体，尽量缩短进气管路。首次使用的气瓶应在接入炉体前，预先开瓶冲去管道内的残余空气。

（4）钎焊炉的炉膛被污染后，用干净纱布蘸丙酮或四氯化碳擦拭污染物。最好先空炉开动一次，使剩余的污染物挥发并被抽出炉膛。

B 接头未钎透

接头间隙局部或全部没有被钎料填充，或钎料与基体金属没有完全溶合称为未钎透，引起未钎透的原因有：

（1）工作真空度过低，钎焊零件表面的氧化物得不到彻底清除或在加热时继续氧化，使得钎料的流动性变差而不能填满整个焊缝间隙。

（2）钎焊零件不干净，有油污、锈蚀等。

（3）钎焊温度过低或因加热速率太快而造成零件的温度不均匀。

（4）钎料选择或使用不当。

（5）钎焊接头间隙过大，毛细作用降低，钎料的消耗量增加。

（6）使用膏状钎料时，钎料膏调制太稀，使得钎料量不足，或钎料膏流失，钎料注射得离开结合线较远。

避免未钎透所应采取的措施为：

（1）如发现钎焊组件上有污染情况，表明零件钎焊前清洗得不彻底。要严格清洗零件，必要时增加特殊的清洗工序。

（2）当出现钎料熔化的不充分，钎缝粗糙突起等现象时，表明钎焊温度较低，要适当提高钎焊温度或延长钎焊时间。

（3）更换使用不当的钎料，正确地调制和填注钎料膏。

（4）严格控制钎焊接头的焊缝间隙。

C 溶蚀

钎焊产生溶蚀的原因有：

（1）钎料的选择不当。

（2）钎焊温度过高或钎焊保温时间过长。

（3）使用的钎料量过多。

为防止溶蚀的产生，钎焊温度要选在钎焊温度范围的下限，钎焊的时间要短，使用钎料的数量不要过多。

D 钎焊件变形

钎焊件产生变形的原因是由于温度、夹持、安放及材料性能所产生的局部内应力，超过了钎焊组件材料的屈服点而造成的。

a 由于组件各部位温度不均匀引起的变形

加热时，薄的部位比厚的部位升温快，直接受辐射的部位比被遮蔽的部位升温快，距辐射源近的部位比离得远的部位升温快。因此，在组件各部位之间形成温度差，使得组件各部位的膨胀量不同，从而使整个组件变形。为减小或避免加热时引起的变形力，可采取如下措施：

（1）加热速率要慢一些，钎焊不锈钢和耐热合金时，加热速率不应大于 1200℃/h。对于较复杂的多层结构加热速率应更慢些。

（2）重型钎焊夹具会遮蔽组件的某些部位，且在接触处温度上升得较慢。因此，尽量避免使用重型夹具。

（3）在薄的部位加以金属箔或陶瓷纤维板的补偿块，以减缓该部分的升温速率。在冷却时，同样会引起变形，因此，应严格控制冷却速率。

b 由于组件安放不妥引起的变形

多数金属材料在高温时都要软化。如果放置组件时，使薄的部位受到压力或弯矩，则在钎焊温度下可能会引起组件变形。随着钎焊温度的升高，会引起被焊件的屈服强度急剧下降，从而严重地影响了焊件的质量。可采取的预防措施有：

（1）应将组件厚的部分作为支撑点排放组件。对于长导管组件，为防止弯曲变形，可采取悬挂排放法。

（2）叠放组件时，把质量较大的组件放在下面。

（3）大型组件或必须使用夹具的组件，设置支撑点时应使组件的受力均匀。

c 相变引起的变形

当金属材料发生相变时，一般都会引起体积的变化。高温钎焊时，钎焊件加热和冷却时都要通过相变温度。如果钎焊组件的温度不均匀，则各部分的相变时间先后不同，因而引起组件变形。

相变的温度范围一般都较窄，加之升温和降温时，同种材料的相变温度有差异。因此为防止相变引起变形，必须注意：

（1）加温至相变温度以下和冷却至相变温度以上时，保温一段时间，使组件温度均匀化，然后再缓慢通过相变温度。

（2）组件的定位最好使用冲点和夹持等能使组件自由伸缩的方法。使用氩弧焊定位时，最好在一端定位而让另一端自由伸缩。

（3）附加热屏蔽、工艺冷铁等，保证组件在加热和冷却过程中的温度均匀。

d 异种材料钎焊时的变形

不同材料的膨胀系数不同，因而即使在相同的温度下，不同材料的变形量也不同，因而引起组件的变形。显然，用钎焊参数来控制异种材料的变形是困难的，钎焊异种材料时控制变形的方法有：

（1）设计时给钎焊组件留有足够的加工余量。

（2）制作适当的预变形。

（3）使用刚度足够的精确夹具。

（4）在接缝中夹入补偿片，例如：用银基钎料钎焊碳化物刀头时，可采用银钎料＋铜片＋银钎料的三层金属，以减少刀头裂纹的可能性。

6.7 真空扩散焊接

6.7.1 概述

真空扩散焊接技术是为了适应原子能、航空、航天及电子工业等尖端科学技术领域的需要而迅速发展起来的一种特种焊接工艺方法。它是在一定的真空度条件下，将两个平整光洁的待焊接表面加热到一定的温度，在不加任何焊料或中间金属的情况下，在温度和压力的同时作用下，发生微观塑性流变后相互紧密接触，利用焊件接触表面的电子、原子或分子互相扩散转移，并且形成离子键、金属键或共价键，经一段时间保温，使焊接区的成分、组织均匀化，达到完全的冶金连接过程。由此可见，扩散焊接主要是依靠焊接表面发生微观塑性流变后，达到紧密接触，使原子相互大量扩散而实现焊接的。它能够完成用其他焊接方法难以实现的焊接工作，并且还可以实现互不溶解、高熔点金属以及非金属等异种材料之间的焊接，使它们均能够获得优质的焊接接头。

真空扩散焊接的特点是：(1) 焊接过程是在完全没有液相或仅有极小过渡相参加下，形成接头后再经过扩散处理的过程。焊缝成分和组织可以完全与基体一致，接头内不残留任何铸态组织，原始界面完全消失。因此能保持原有基金属的物理、化学和力学性能。(2) 扩散焊由于基体不过热或熔化，因此几乎可以在不破坏被焊材料性能的情况下。焊接一切金属和非金属材料。特别适用焊接用一般焊接方法难以实现，或虽可焊接但性能和结构在焊接过程中容易受到严重破坏的材料。如弥散强化的高温合金、纤维强化的硼-铝复合材料等。(3) 可焊接不同类型，甚至差别很大的材料。包括异种金属、金属与陶瓷等冶金上完全互不相溶的材料。(4) 可焊接结构复杂以及厚薄相差很大的工件。(5) 加热均匀、焊件不变形、不产生残余应力。使工件保持较高精度的几何尺寸和形状。

真空扩散焊接的实例有：铝合金与不锈钢的焊接，钛合金与 95％氧化铝陶瓷的封接，无氧铜、镀镍可伐及蒙乃尔合金与 95％氧化铝陶瓷和 99.5％氧化铝的封接。实验证明该方法可得到气密的连接件。

6.7.2 真空扩散焊接设备

真空扩散焊接一般是在真空扩散焊接电炉中进行的，国内厂家常用的真空扩散焊接电炉多为高温间歇工作方式的多用途电炉，它可进行真空扩散焊接、真空钎焊和充入气体保护钎焊等多方面的焊接工艺操作。

为了适应多种金属或非金属材料的加工焊接，真空扩散焊接设备对真空度、温度均匀性以及压力稳定性等参数要求较高。

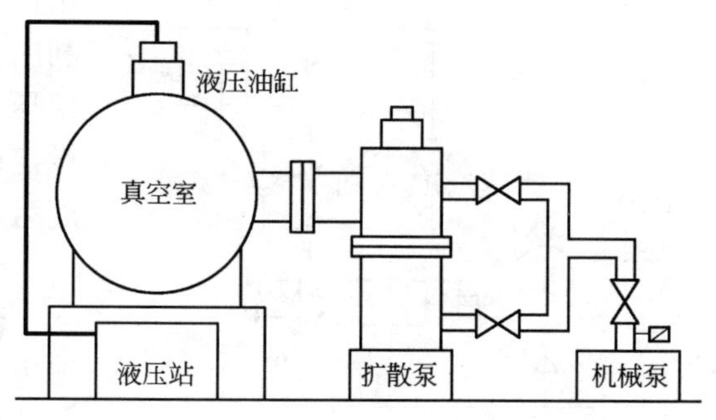

图 6-23 真空扩散焊接炉结构简图

图 6-23 所示的是国产 ZKL-3 型真空扩散焊接电炉的组成结构。该设备主要由真空炉体、加热器、真空系统、油压系统以及电气控制系统等几部分组成。

6.7.2.1 真空炉体与加热器

真空扩散焊接设备的炉体采用双层圆筒水冷壁结构，其中内侧壁与反射隔热屏均采用 1Gr18Ni9Ti 不锈钢材料，外壁为普通碳钢材料。加热器采用钼丝电阻材料，利用耐高温陶瓷绝缘子支承固定在炉体内部。设备的加热功率为 30kW，真空炉内的最高加热温度为 1240℃，炉内温度的均匀性为（1000±2)℃。

热在真空中的传导主要以辐射为主，为了提高热效率，辐射保温屏采用多层不锈钢薄壁板材。炉体根据需要分别设有接真空系统、加压系统、水冷、电极引入、测温热电偶、真空测量以及观察孔等多个法兰接口。

6.7.2.2 油压系统

在扩散焊接过程中，油压系统对工件实施准确而又稳定的压力是至关重要的因素。油压系统的工作原理如图 6-24 所示。当启动电动机 D 时，叶片泵 YB 随即工作。液压油通过 WU 滤油器吸入叶片泵，顶开单向阀 I-10B 向蓄能器 NYQ 供压，压缩的气体将能量贮存起来，液压油同时进入压力表 YX 显示数值，为了保证安全可靠，设置了溢流阀 DB10。当电磁换向阀 4WE 接通电信号之后，油压即可注入油缸的上端或下端，通过炉内的压力头将工件压紧或松开。如果适当调整 Z2FS 流量控制阀，则可使压力轴达到加压或卸压的理想速度。

该油压系统性能稳定，叶片泵电机工作 0.5min，依靠蓄能器的作

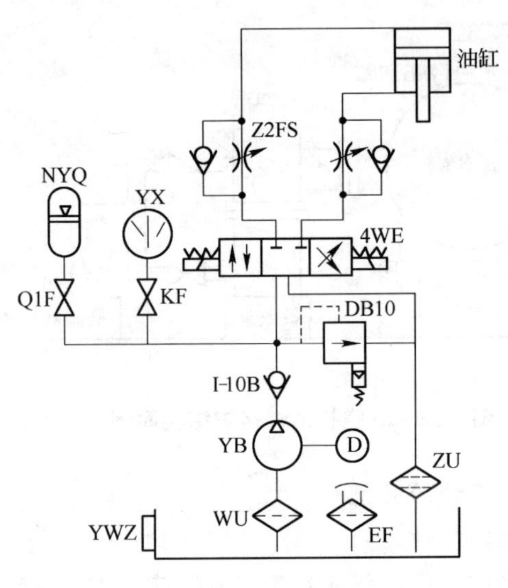

图 6-24 油压工作原理

用可保持压力 20min。另外利用自动油压控制系统，可使压力在较长时间保持某一设定的数值范围，其加压精度为 5000kg≤2%。

6.7.2.3 控温系统

真空扩散焊接设备的控温方式为微机自动控温与手动控温兼备，并可随意转换。温度调节控制系统主要由 STD 总线工业控制系统、磁性调压器、可控硅整流调压电源、传感器（热电偶）等元器件组成，控温系统原理方框如图 6-25 所示。

传感器用于检测炉温并将其转换为电压信号，利用温度变送器放大成为 0～5V 的直流电压信号送入计算机中，计算机根据设定值与检测值进行比较、计算，然后得到偏差值。由计算机构成的数字控制器对偏差信号值按一定规律（PID 调节）进行运算处理，最后输出信号调节可控硅输出电压的大小，控制磁性调压器的输出功率，达到控温的目的。另外计算机还对真空度以及各个开关进行检测控制。

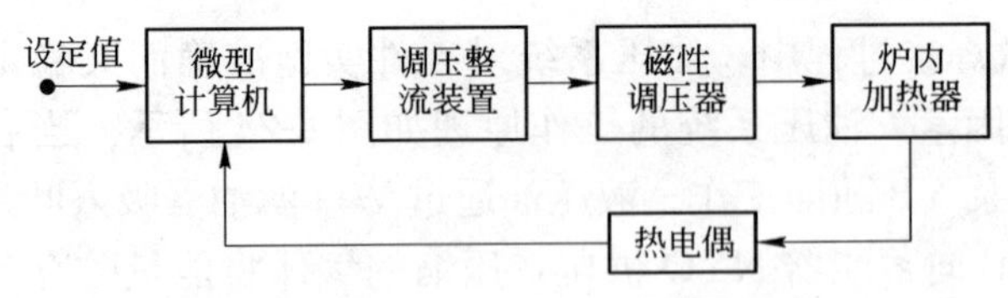

图 6-25 控温系统原理框图

6.7.2.4 真空系统

要求真空扩散焊炉的真空度达到 10^{-4}Pa 数量级，其冷态真空度不低于 8.6×10^{-4}Pa，热态真空度不低于 3.9×10^{-3}Pa。真空系统的前级泵采用 2X-30A 型真空旋片式机械泵，它的极限真空度为 6×10^{-2} Pa。主泵采用 JK-300T 型高真空油扩散泵，它的极限真空度为 2.6×10^{-4} Pa。

6.7.3 真空扩散焊接工艺

以钛合金（Ti-6% Al-4% V）材料的扩散焊接工艺过程为例，这种材料的主要特点是它对氧的亲和力很大，并形成稳定致密的氧化膜，尤其是在高温状态下对气体具有很大的化学活泼性，晶体组织及性能容易发生变化。另外它还具有很强的吸气现象，特别是对氧和氮更为严重等，这些特点是焊接钛合金时遇到的主要困难。

真空扩散焊接工艺如下：首先对工件表面进行精细加工，经过预先研磨抛光，加工出合乎要求的光洁程度，然后将工件进行清洗，清洗的工序是为了除去材料表面的油脂、氧化膜及其他吸附层，因为这些对获得优质的接头是最大的障碍，较好的清洗方法是将焊接工件在 HNO_2-HF 溶液中进行酸洗，然后把清洗好的工件放入烘箱中进行烘烤。装配工件时必须使平整光滑的焊接面紧密贴合、定位、压紧、装配完毕后放入真空室内，当真空度达到所需要的数值时，焊接设备开始升温、加压，进行扩散焊接。

温度、压力、时间是真空扩散焊接的关键参数，这些参数对材料的性能和组织转变的动力学均有影响，因此必须根据不同焊接材料和对工件的要求合理选取。其中焊接温度是决定焊缝质量最有影响的因素，例如对于 α-β 型钛合金，它的温度要比 β 型钛合金的转变温度约低 42～56℃，因此对 Ti-6% Al-4% V 钛合金来说，其最佳的扩散焊接温度为 927～945℃（β 型钛合金的转变温度为 996℃）。真空扩散焊接时，应注意对材料的过热度不能太大，否则会因晶粒长大而使接头的强度和塑性降低。压力应根据工件表面不同的粗糙度来选取，一般选择 4.9～9.8MPa。焊接时间要根据焊接材料扩散系数的大小、表面状态、力学性能以及温度和压力的数值来确定。

焊接时的工作真空度同样是一个重要的工艺参数，虽然钛对氧的亲和力很大，但是试验结果表明，真空度在 13.3Pa 的条件下就能得到光洁的焊接表面，这是由于焊接件表面的氧化钛膜向钛中溶解所致，为了获得优质高性能的焊接接头，真空度保持在 10^{-1} Pa 以上比较合适。

6.7.4 扩散钎焊

扩散钎焊是在焊件钎焊面预置钎料，或借接触反应形成的液相作钎料，在真空中将焊件在高于钎料的固相线温度下持久加热使钎料成分与基材相互充分扩散，以获得性能优异的均质钎缝的一种钎焊新工艺。这种连接工艺不仅解决了钛及钛合金、高温合金、难熔金属、石墨、陶瓷等材料的高强度连接难题，而且可满足大平面或难以施加钎料的精密构件、高应力接头等特殊接头的要求，是一种高效率和工艺适应性强的连接方法。

6.7.4.1 扩散钎焊的机理和特征

扩散钎焊钎缝的形成机理实质上是钎缝金属的等温凝固过程，即在钎焊加热保温过程中，间隙中的钎料与基材进行冶金反应，形成不同的低熔共晶，这些低熔点组元不断地扩散或逐渐反应消失，使液相组织的固相线温度不断升高，当超过钎焊温度时，间隙中的液相组织变为固相，从而形成了钎缝。

扩散钎焊分为两大类。第一类是不加钎料，直接利用基材之间化学成分的不同，预先将接头压合，然后加热，使之相互发生共晶反应，而在钎焊温度下随着保温时间的持续，共晶成分扩散，液态变固态，形成了冶金结合的钎缝。电子工业中常用的银与铜的焊接是这类扩散钎焊的典型代表。第二类是需要在接缝内预置钎料或采用喷涂、蒸发、溅射、电镀等方法向接头施加扩散金属或合金，加热使之处于液相后长时间扩散，使钎缝金属由液相变成固相，随之继续延长保温时间，能够完全或局部消除钎料层，得到显微组织、成分、性能与基材相近的钎焊接头。

扩散钎焊的特点是把钎焊的简易与扩散焊的高质量结合起来，它与真空钎焊的主要区别是：在钎焊温度下保温时间长，钎缝在平衡状态下结晶；不需要降温即能形成接头；钎缝组织均匀，多为单相，无明显的钎料层。它与扩散焊的主要区别是：连接温度低；不需要加压或用夹具加微压即可；还可以加速扩散过程，促进基体金属原子的结合和相互作用；可以降低对连接表面的制备要求；钎缝组织接近基材的成分和性能。

但是，扩散钎焊只有在钎缝间隙很小（0.02～0.05mm）的情况下，才能保证钎焊接头的强度。当间隙为 0.02mm 时，接头强度最高。

间隙过大时，钎缝中的脆性化合物相无法消除。

6.7.4.2 扩散钎焊用钎料

扩散钎焊时，钎料起着决定性的作用。与一般钎焊方法相比，扩散钎焊用钎料应满足两个特殊要求：一是应含有一定量能够降低钎料熔点的降熔元素，这些元素在扩散钎焊过程中又非常容易地扩散到基材中或被基材溶解；二是降熔元素扩散或被溶解后，钎料的强度和性能应能满足设计和使用要求。

扩散钎焊所用钎料多为箔状，非晶态镍、钴基钎料箔是最理想的一类，它很薄（20～30μm），能保证两零件钎焊面贴紧，有利于钎料组元向基材中扩散，钎料量能严格控制。另外，也可使用粘带钎料。

根据基材种类不同，钎料类型也较多。目前扩散钎焊多用于高温合金、难熔金属等的焊接，故所用钎料多为镍基、钴基、钛基、钯基、铜基。

BNi80CrSiBCo钎料主要用于高温合金、石墨难熔金属的扩散钎焊。用于镍基铸造高温合金时，焊缝接头的室温强度为$\sigma_b>500$MPa，$\tau>400$MPa；900℃时，$\sigma_b>200$MPa；接头重熔温度高于1230℃。

BNi78CrMoB钎料和BNi82CrB钎料均广泛用于使用温度超过1000℃的高温合金的扩散钎焊。BCo47CrNiSiW钎料主要用于钴基高温合金的扩散钎焊；接头耐温高于1000℃。BTi70OCuNi钎料主要用于钛及钛合金、陶瓷与钢、陶瓷与难熔金属的扩散钎焊。接头抗剪强度可达150～550MPa；使用温度大于500℃，钎缝抗腐蚀性能极强。

BNi66MnSiCu钎料是扩散钎焊中使用较广泛的一种钎料，其中锰受热后会从钎料系统离析，使钎料熔化温度升高，钎料重熔温度大于1200℃，主要用于钎焊镍基高温合金及纯镍与石墨或陶瓷的异种材料接头，获得的接头可在650～815℃之间长期工作。

6.7.4.3 扩散钎焊工艺

A 表面制备

工件表面制备与前述的真空钎焊相同。

B 装配定位

装配定位尽可能采用自重或夹具定位，应保证两工件的紧密贴合。当间隙小于0.25 mm时，表现规律与真空钎焊相同，间隙越小，获得的接头质量越高。

C 工艺参数的选择

(1) 因为装配紧密，接头不容易受到氧化或不纯气氛的侵入，所以真空度可比真空钎焊低 0.5～1 个数量级。

(2) 加热速率可适当快些，不会形成钎料飞溅，并可避免合金元素的偏析。

(3) 扩散钎焊温度通常可比钎焊温度稍低一些，最佳选择是与扩散时间相匹配。

(4) 扩散钎焊时间应保证降熔元素或有意加入的元素来得及扩散和溶解、即完成等温凝固过程。在间隙不变、温度相同的条件下，不同扩散时间对钎缝组织的影响十分明显。

(5) 冷却速率，在等温凝固结束后，可以直接选用充惰性气体并用风扇搅拌冷却，可不考虑气流对钎缝成形的影响。

6.8 超声波焊接

超声波焊接是一种固相焊接方法。焊件之间的连接是通过声学系统的超声波（振动频率高于 16kHz）振动以及在工件之间静压力的夹持作用下实现的。在超声波焊接过程中没有电流直接流过工件，也没有高温热源（如电弧、电子束等）注入热能，因而是一种特殊的固相连接方法。

目前超声波焊接所选用的振动能量由几 W 到 25kW。使用的振动频率为 16～80kHz。引入工件表面的位移振幅值是 10～40μm，施加到工件上的静压力由数百至 5kN。

6.8.1 超声波金属焊接

在外接静压力作用下，在两个相互紧压在一起的金属表面的分界面上，引入超声波振动，经过一段很短的时间，就能把它们焊接起来，这就是超声波金属焊接。

超声波焊接是多种过程共同作用的结果。根据具体条件的不同，各种过程所起的作用也不一样，表面粗糙处的塑性变形和裸露纯金属的扩散过程、机械粘连、接触区的温度提高等，起了主要作用。

6.8.1.1 采用两个超声波振动系统进行超声波点焊

超声波焊接装置采用上、下两个超声波振动系统，上振动系统的共振频率为27kHz，下振动系统的共振频率为20kHz，两台超声波发生器的输出电功率均为3kW，由空气压缩机提供焊接时所需的接触压力。这种装置可焊铝件的厚度约为10mm，焊点强度可达到材料本身的强度。

6.8.1.2 采用两个超声波振动系统进行超声波环焊

超声波环焊装置与点焊装置基本相同，只是用凹形焊头代替了点焊焊头，可焊直径为18mm、厚度为0.5～1mm的铝、碳素钢和不锈钢环。

6.8.1.3 超声波对焊

超声波金属对焊装置由一个无源的上振动系统和一个27kHz的下振动系统、一个压紧焊件的液压缸和焊接夹具组成。27kHz的下振动系统由一个由径向到纵向的振动方向变换器和六个锆钛酸铅压电换能器（ϕ40mm）组成。第一个焊件夹在上、下振动系统中间做超声波振动；第二个焊件置于第一个焊件相对接的位置并由夹具夹紧，由液压缸提供焊接所需的静压力，即可进行焊接，可焊6～10mm厚的铝板、6mm厚的钢板，焊接强度约为200MPa。焊接铝和铝-铜焊件需输入功率3kW/cm^2、4kW/cm^2。焊接防蚀铝（合金）和防蚀铝-铜焊件需输入功率7kW/cm^2、9kW/cm^2。焊接用超声波发生器的最大输出电功率可达100kW。

6.8.1.4 导线的超声波复合振动焊接

超声波复合振动焊接是由两个超声波振动系统在互相垂直的方向上激励一个杆做振动，由此杆端头进行导线焊接。两个互相垂直的振动系统做纵向振动，频率可以相同，也可以不同（20kHz或60kHz）。焊头振动的轨迹经历一个由直线到椭圆、圆或由直线到长方形、方形的变化过程。对ϕ0.1mm的铝线和ϕ0.025mm的铜线进行超声波焊接，可以获得满意的效果。

6.8.1.5 超声波精微焊接

这是一种超声波焊接微电子元件的方法。在原理上，这种焊接与其他种类的超声波焊接是相似的，但是，由于被焊接对象的特殊性，使某些结构和工艺受到了限制。

在超声波精微焊接中，超声波振动通过一个特殊的波导杆——工具传递到焊接表面的接触区，对焊接表面施加一定的静压力。被焊接导线是通过波导杆——工具引导对接。

与其他精微焊接方法相比，超声波精微焊接具有焊接质量高、焊接可靠的优点，这是因为超声波精微焊接对被焊接零件没有热和机械的影响，被焊接表面不易氧化。超声波精微焊接过程易于实现自动化，并扩大了焊接材料的范围，在微电子元件焊接生产中有重要的应用价值。

6.8.1.6　超声波钎焊焊接

在零件焊接表面处的熔化钎料中，引入超声波振动能破坏金属表面的氧化膜，改善液态钎料与金属表面的浸润情况，使金属流入毛细孔中，去除液态金属中的气泡，从而加速了工艺过程，改善了焊接质量。

其原理为：在超声波振动作用下，钎料液中产生空蚀现象，从而破坏了氧化膜，而声流可把氧化物及污垢带走，并能对金属起到搅拌作用，使裸露的纯金属易于浸润上焊料。

通常，超声波振动是由加热的烙铁顶端引到钎料中。这种烙铁除具有基本操作性能外，同时还熔化钎料并使钎料沿焊接表面散布。

6.8.2　超声波塑料焊接

超声波塑料焊接是将超声波能转化为热能，使塑料局部熔化粘接在一起的一种焊接方法。声能转化为热能的效率与超声波振动系统的材料、几何尺寸有关，同样也与被焊件的材料、几何尺寸有关。

影响超声波塑料焊接质量的主要参数，是换能器的类型、输入换能器的电功率或焊头末端的振幅，焊接静压力和焊接时间。对不同材料和尺寸的焊件，都有一组达到最佳焊接质量的参数。因此，在研制超声波塑料焊接设备时，人们从超声波发生器电路、超声波振动系统和机械装置几个方面来达到最佳焊接质量的要求。

焊接静压力的变化通过机械装置或液压系统来实现，焊接时间和保持时间则用电路控制。而输入超声波换能器的电功率或工具头末端的振幅，可以用电路、超声波振动系统本身的特性或声电系统来自动调节。

6.8.3　超声波焊接的特点及应用

超声波焊接的主要优点有：

（1）能够实现同种金属、异种金属、金属与非金属以及塑料之间的焊接。几乎大多数金属材料之间都可以实现焊接。例如：1）高导热、高导电性材料（铝、铜、银等）的焊接。2）物理性能相差悬殊的材料焊接。如在宇航工业中曾经利用这一特点，采用超声波重叠点焊法，解决了卫星部件中不锈钢与铝合金之间气密性连接的难题。3）金属与半导体及其他金属材料之间的焊接。这一特点在电子工业中得到广泛应用。4）钼、铍等对热影响特别敏感材料的焊接。

（2）特别适用于金属箔片、细丝以及微型器件的焊接，目前超声波焊接可以焊接厚度仅为0.002mm的金箔及铝箔。由于这种方法不会因高温而污染微型电子器件的半导体特性，因而获得了广泛的应用。

（3）可用来焊接厚薄相差悬殊以及多层箔片等特殊工件。

（4）与接触焊比较，耗电少，焊件变形小，并且接头强度高，稳定性好。另外超声波焊点还具有高的抗疲劳强度。这个特点对航空及宇航工业是十分有意义的。

（5）焊件表面不需要进行严格的清理。由于超声波本身就有对焊件表面污染层的破碎及清理作用。所以焊件表面状态对焊接质量的影响较小。

目前超声波焊接在技术上还存在以下几个主要问题：

（1）焊接需用的功率随着工件厚度及硬度的提高呈指数曲线剧增，目前功率为25kW的超声波焊机可以焊接铝合金的厚度为3.2mm。

（2）超声波焊机的“开敞性”比较差，工件的伸入尺寸一般不能超过声学系统所允许范围。

（3）焊点表面容易因高频机械振动而引起边缘的疲劳破坏，这对焊接一些硬脆材料来说是很不利的。

超声波焊接的应用：首先是在电子工业，尤其是微型电子器件焊接方面，应用最为广泛。主要进行丝、箔、网等微小零件的精密焊接，如晶体管、可控硅、大规模集成电路中。焊接引线及散热片等，其次用在电器及仪表工业，在电器工业中用来作电缆芯线的铝箔包封；W-Pt标准型热电偶丝的焊接；压力仪表中的铍青铜膜盒及波纹管的焊接等。另外在航空、宇航工业上用来焊接部分轻合金飞机机身部件，钛合金制作的导弹构件，喷气发动机的高温合金导管及航空仪表等。在宇航工业中用连续点焊方法制成卫星中所用的铍箔密封窗（厚度0.025mm）。在其他机械、冶金、轻工等部门也都有所应用。

6.9 真空系统的焊接与组装

6.9.1 大型真空容器密封法兰的焊接

真空容器与管路的焊接，也是组成真空系统的关键步骤。各种大型真空容器（如真空镀膜机室体、真空电炉炉体等）以及管路的焊接质量直接影响到真空设备的工艺精度与可靠性以及外观等。要想保证精度、可靠性以及美观等方面的要求，对于各种真空容器以及真空管路，应采用不同的焊接方法。

对于需要经常开关的真空容器的箱门、炉盖、或不用紧固件而直接靠负压密封的部位，必须保证可靠的气密性。要保证这一点，各密封部位的密封表面必须保证一定的平面度，如需要密封连接的法兰，不能机械精加工完以后再与室体进行焊接，因为在焊接过程中，焊缝收缩，应力集中，导致密封表面变形，如图 6-26 所示。类似这样的部位最好采取二次加工的办法。首先加工相互配合的法兰内径，然后焊接在主体上后再进行第二次加工，这样就可以保证密封表面的精度。需要注意的是，因为焊接后的应力变形，所以第一次加工时要留有足够的加工余量。图 6-27 所示为采取二次加工的方法焊接的密封法兰，保证了密封表面的直线度。

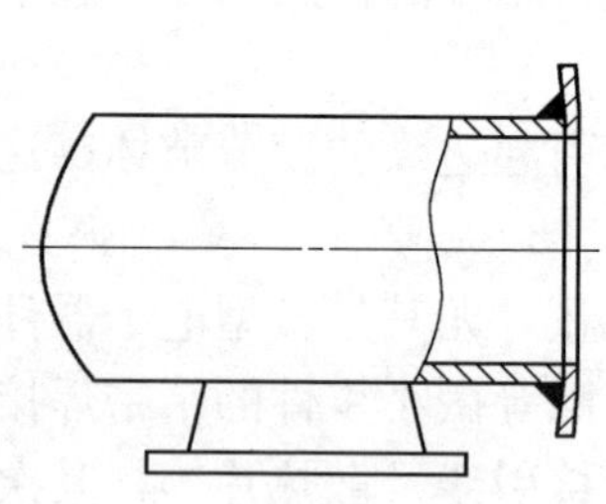

图 6-26 法兰加工好后，焊接后变形的形状

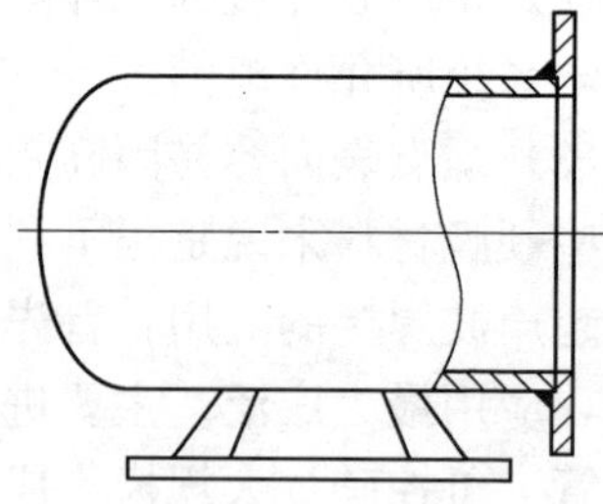

图 6-27 留有加工余量采取二次加工

对于大直径、长管路的管路与连接法兰的焊接，也有不同的焊接方法。一般是一次加工好后再与管路进行焊接。为了保证法兰盘无变形，先加工一个盲板，用螺栓连接在待焊接的法兰上，然后再与管路进行焊

接，如图 6-28 所示。如果不用盲板连接焊接的方法，还可以采用改变法兰结构形式的方法，即将法兰密封面的背面，也就是在法兰的焊接面上加工一个槽，一般槽深槽宽各取 5mm。这样即使焊缝部位收缩，整个法兰的变形也不大，不会影响法兰和管路的垂直度。法兰开槽结构如图 6-29 所示。

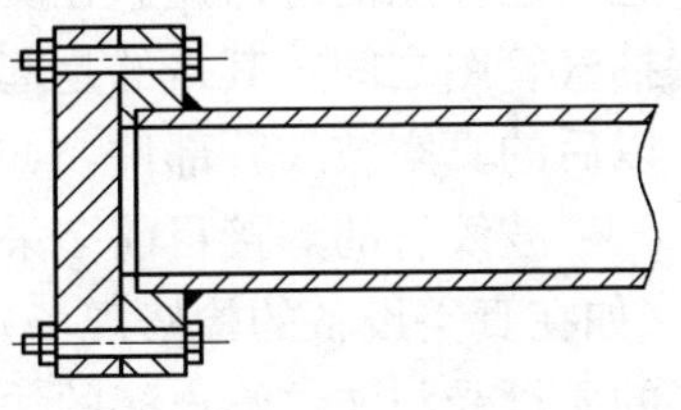

图 6-28 用盲板连接的焊接方法

对于小直径和短管路的法兰与管道的焊接最好采用二次加工的方法。加工密封槽部位可在法兰与管路的配合部位加工，密封槽的宽度法兰和管壁各占一半，其结构如图 6-30 所示。

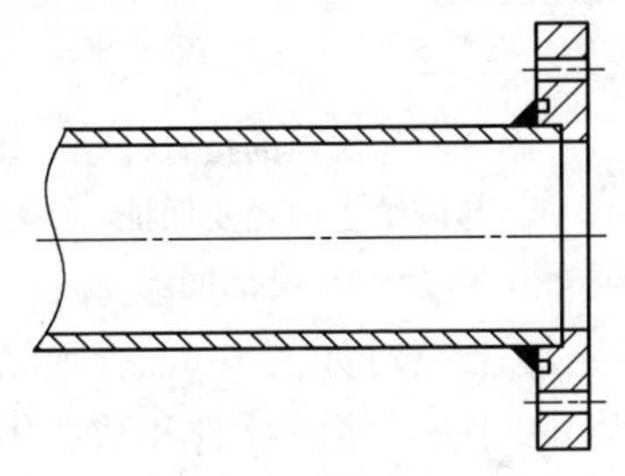

图 6-29 法兰加工一个槽的结构

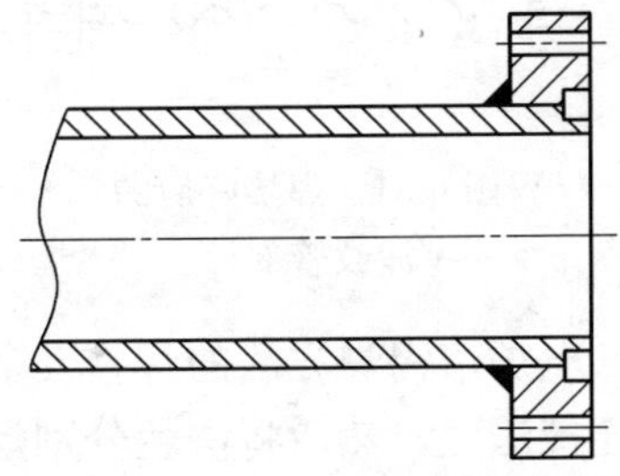

图 6-30 二次加工改变密封部位的结构

真空炉体或容器、冷阱、除尘器、管路等单体部件制作好以后，分别进行打压和检漏。在有条件的情况下，在待检漏的真空容器中充入压缩空气，其压力为 0.4～0.6MPa，然后放入水槽里持续 15min，看看有没有气泡溢出，如有泄漏点再进行补焊。

如以上这些单体部件确认没有问题，把这些部件用酒精或 100 号以上的汽油擦拭干净，等待进行整个真空系统的组装。

6.9.2 真空波纹管的焊接

波纹管是一种弹性管路连接元件，我们经常用的真空波纹管的材料一般有黄铜和不锈钢的两种，不锈钢波纹管用于周围有腐蚀环境的地方，造价比黄铜的要高。黄铜波纹管减振的效果比较好，造价也比较便宜，但使用的寿命短。在真空系统中，波纹管常用于连接机械真空泵和抽气管路之间，其目的是起减振作用。波纹管的焊接并不复杂，焊接好以后的真空波纹管部件，如图 6-31 所示。

波纹管的焊接目前多采用氩弧焊方法。如果焊接时没有氩弧焊设备（如在真空设备的检修现场），则可采用电炉熔锡焊方法。但该方法焊接的质量受与波纹管连接的法兰的结构影响很大，目前多采用的法兰的结构形式如图 6-32 所示。

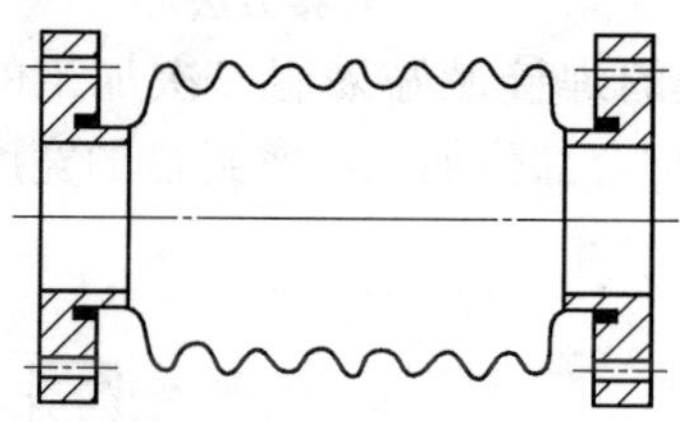

图 6-31　焊接好后的波纹管部件

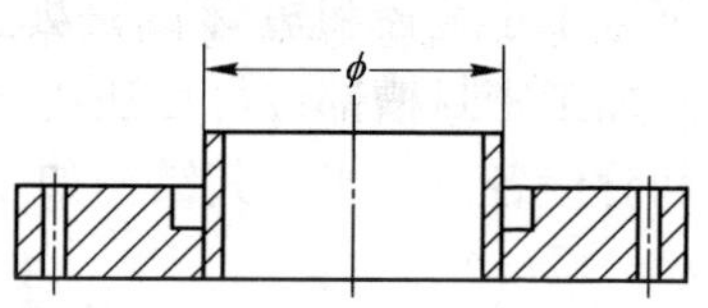

图 6-32　法兰的接管外径与波纹管内径要保证 0.05～0.10 的间隙

电炉熔锡焊方法的焊接步骤为：首先加工一对如图 6-32 所示结构的连接法兰，然后将法兰分别焊在波纹管的两端，使波纹管和法兰组成一个单体组合件，便于安装与拆卸。

此时，焊接剂可选用 $ZnCl_2$，首先把 $ZnCl_2$ 溶解在一个容器里，$ZnCl_2$ 和水的体积比为 1∶1。如果没有现成的 $ZnCl_2$ 可以用 HCl 加上 Zn 粒（或 Zn 板）制取。其反应方程式为：

$$Zn + 2HCl \longrightarrow ZnCl_2 + H_2 \uparrow$$

H_2 跑掉后剩下的溶液就是 $ZnCl_2$。

将加工好的连接法兰，放在电炉子上加热，同时用毛刷蘸上 $ZnCl_2$ 将法兰的沟槽表面刷上一层，待 $ZnCl_2$ 溶液蒸发后法兰上的温度达到焊锡的熔点时，再刷上一层 $ZnCl_2$，然后把焊锡熔在沟槽里，这时把波纹管的待焊部位处理干净，再用毛刷刷上一层 $ZnCl_2$ 溶液，再将波纹管插入溶满焊锡的沟槽里面，用手左右摇动几下，再用一根细竹棒，蘸上 $ZnCl_2$ 往波纹管和熔化焊锡的交接处（即一个圆周）点上一层，这样可使接触部位光滑平整气密性可靠。这时电炉可以断电降温，降到焊锡硬固以后，再翻过来焊接另一端法兰。两端焊好以后，用水刷净焊接处的

HCl，以免残留的 HCl 对部件产生腐蚀。这样焊接的波纹管密封非常可靠，不会发生漏气现象。

6.9.3 不锈钢超高真空容器的焊接

6.9.3.1 焊接结构设计

超高真空不锈钢容器焊接的结构设计原则为：

(1) 尽可能地减少真空容器表面上的焊缝和焊缝长度。

(2) 所设计的真空容器上的焊缝应尽量从容器的内表面上焊接，并尽量采用在焊接中焊缝气孔最少、不产生冷热裂纹和不加焊丝的气体保护焊-等离子弧焊、钨极氩弧焊、电子束焊等焊接方法。

(3) 焊缝结构应不影响到真空容器内表面的精加工（达到高的表面光洁度）。

(4) 焊缝结构应便于精加工后的清洗处理。

(5) 焊缝结构应设计成便于用氦质谱检漏仪进行检漏的结构。

6.9.3.2 不锈钢焊接中存在的问题

不锈钢材料的耐腐蚀的性能和耐高、低温应用方面的性能都是很好的，但是经过焊接后的不锈钢焊缝及其热影响区的情况就大为不同了，它存在着裂纹、气孔、脆化、晶粒粗大的危险。因此，在制造超高真空和一般的高真空容器时，必须十分重视这个问题。

奥氏体不锈钢在焊接中及焊接后存在的问题主要有：

(1) 焊缝中的热裂缝：奥氏体不锈钢焊接工艺中应该注意的问题是焊缝金属的热裂缝（见图 6-33），在焊接热影响区的晶界上析出铬的碳化物以及焊接应力。

热裂缝也叫结晶裂缝，是在焊接熔池的一次结晶过程中，当焊缝金属处于固-液体状态时形成的，它们是由于相邻的晶体沿晶间夹层被分开的结果。

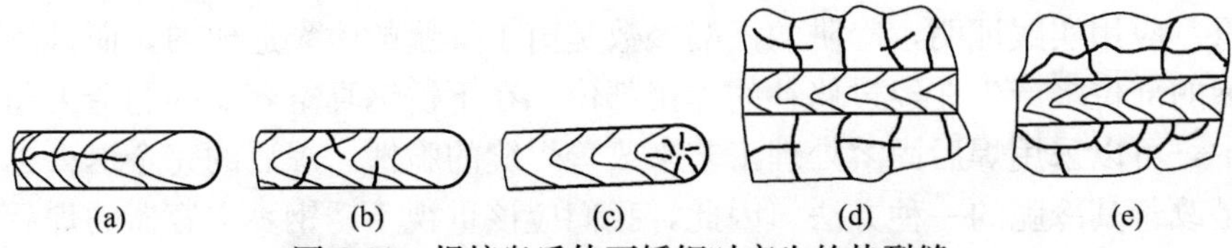

图 6-33 焊接奥氏体不锈钢时产生的热裂缝

(a) 焊缝中的纵向裂缝；(b) 焊缝中的横向裂缝；(c) 焊缝中弧坑裂缝；(d) 热影响区内的横向裂缝；(e) 热影响区内的纵向裂缝

热裂缝产生的位置和形状是不规则的。在金属组织方面，纯奥氏体组织容易引起焊接裂缝。目前的研究表明，奥氏体不锈钢焊接裂缝产生的原因之一，就是存在于奥氏体晶界上低熔点杂质的影响。因为奥氏体不锈钢具有相当宽的凝固点温度范围，在凝固过程中，低熔点的杂质处于液体状态，聚集在晶界上，这些杂质在冷却收缩时，产生拉应力，在这个拉应力的作用下，晶间产生空隙，就成为热裂缝的来源。

焊接奥氏体不锈钢时，最常见的缺陷就是热裂缝，它是异常危险的，因为它一般不暴露在焊缝的表面，不易发现。一般的焊接结构质量检验方法，其中包括 X 射线透视探伤在内，往往不能发现焊缝金属中的热裂缝。而在使用的过程中，热裂缝可能发展成为冷裂缝，使焊接密封结构开裂失效。

影响热裂缝的原因是多方面的，现已发现焊缝渗入碳、氢、氮、铜、锌等元素时，热裂缝急速增加，调节铬镍在焊缝金属中的比例，可以改善热裂缝。另外在焊接过程中，要采取措施防止上述有害元素对焊缝的侵入。有关资料指出，使焊缝金属中含有一定量的铁素体也可以改善热裂缝。

(2) 晶界上铬的碳化物析出：不锈钢材料晶界上铬的碳化物析出温度为 550～850℃，而且在焊接时加热的时间越长，铬的碳化物析出愈多，这将影响到奥氏体抗晶间腐蚀的能力。同时，铬的碳化物析出会使熔合线附近产生粗粒化，形成粗的铸态组织，而这对超高真空容器极为有害，渗漏、脆裂往往发生在这些地方。可以采用焊接加热集中的方法，如电子束、等离子焊、氩弧焊等，并采取合理的焊接结构达到缩短冷却时间来解决铬的碳化物析出问题。

不锈钢良好的低温性能受到使用者的欢迎，然而由于其焊后可能产生的铬的碳化物析出会使它的低温性能变坏，在低温下材料严重变脆，韧性大大降低。这一点对于真空系统中的低温冷阱来说，产生的危害严重。应用实践证明，冷阱的渗漏多数是由于焊缝的脆裂造成的，而且渗漏的部位多产生在经过修补的焊接部位。在不锈钢真空容器的制造工艺中，可以采用焊后固溶处理工艺来改善焊缝的脆性，焊后的完全退火也是改善其冷脆的一种方法。因此，我们应该重视不锈钢真空容器的焊后热处理工艺。

(3) 焊接缺陷：焊缝区所产生的焊接缺陷有裂缝、气孔、夹渣、咬边、焊瘤，未焊透等等。这些缺陷都对超高真空容器的制造和应用有害，特别是气孔、夹渣给真空容器增加了放气源，必须想方设法消除。

焊缝中的气孔多数是由于材料清洗得不干净、潮湿、油脂、锈以及保护气体氩气中的氢、氧引起的。因此焊前的清洁处理，氩气的净化都要给予重视。焊前如能对焊接部位预热到 200℃，可以消除水分造成的影响。

6.9.3.3 超高真空不锈钢容器的焊装工艺

A 筒体的卷焊

在无法使用旋压和拉延制筒的情况下，卷焊筒体成为必不可少的手段。根据不锈钢冷作和焊接的要求，严格地说卷筒压弯必须使用压机，不许锤击，下料划线不许用划针，要使用金属铅笔，剪板、卷板等成形过程所使用的工夹具应采用奥氏体不锈钢材料制成，如锤、夹子、压板等。必须注意防止光洁的轧制表面被划伤及轧成凹坑。剪后的切口要留取切削加工余量（参见表 6-32），这主要有两个目的：其一是为了加工出需要的焊接坡口，其二是为了加工掉由于剪切可能形成的冷裂缝，因为这种裂缝在焊接应力的影响下会扩展。

表 6-32 剪切时的加工余量

材料厚度 S/mm	剪刃间隙/mm	剪后切削余量（单边）/mm
≤4	(0.02～0.03) ×S	2～3
>4	(0.04～0.06) ×S	4～6

特别厚的板，可以用等离子切割，但切割后的表面必须留一定的加工余量，切出新鲜的焊接坡口才能焊接。

筒体的纵向焊缝最好采用自动或半自动焊机进行双边氩气保护焊接，并事先调整好焊接规范。

筒壁厚度小于 3mm 者，最好用穿透等离子弧氩气保护焊，总之必须使筒体的内部焊缝平整而光滑。

B 焊前的清洁处理

经过切削加工过的坡口和板材的表面仍然有各种污染物质吸附在金属表面上，实际的金属表面具有如图 6-34 所示的复杂的吸附体系。

机械加工时残留的油脂或有机化合物有时比较厚，而且油分子还具有深深地渗入到金属表面微裂纹中去的能力。因此，焊接前如不进行很

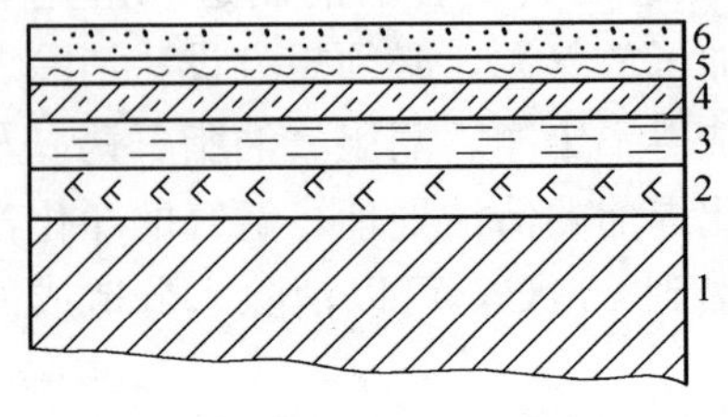

图 6-34 工业用金属表面吸附层的基本形式示意图

1—金属；2—变形区；3—氧化层；4—气体吸附层；5—水吸附层；6—极性分子层

好的清洁处理，焊接时在焊接区内可以产生明显的油雾，焊缝区域会发黑，并产生大量渗碳现象，甚至使焊缝产生裂纹。焊前对焊缝区的清洗可用汽油除油脂后，再用丙酮溶剂清洗后进行焊接，也可以用酸洗、然后用水冲洗、烘干后进行焊接。如果采用真空条件下的焊接则更为有利。

C 筒体与筒体支管的焊接

筒体与支管间的焊缝，最好设计成正交连线，这样可以保证焊后应力分布均匀而对称。另外，最有利的焊接结构为对接焊接（如图 6-35 所示），一般不使用 T 字形结构（见图 6-35b），因为后者易产生张应力裂缝。在焊缝的结构设计时，应尽可能使焊缝位于能在容器内表面施焊的位置（参见图 6-35）。

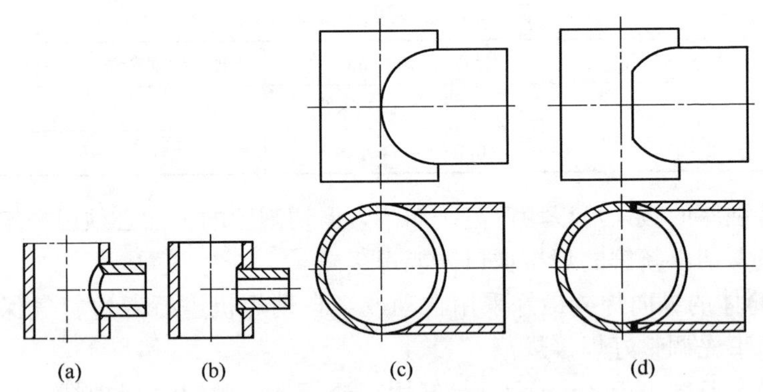

图 6-35 两种筒体与支管焊缝的比较

(a) 对接焊结构；(b) T 形焊结构；(c) 等径管正交焊接结构；(d) 等径管相交较好的焊接结构

等直径筒体应该尽量避免采用图 6-35（c）中所示的焊缝结构，在这种焊接结构中，被焊件处于刀刃形的接头形式中，使相连处的壁厚相差甚大，不易控制焊接电流和采用合理的焊接规范，往往造成焊缝疏松而使容器泄漏。等径筒体采用图 6-35（d）所示的焊接结构较好。

焊接结构以不产生刚性的焊接接头为原则，以便于在焊接应力作用下产生的焊接变形能够自由伸展，不增加焊缝应力，防止裂缝。同时焊接结构还应满足在不能从容器内部焊接时，从外部焊接而达到焊透双边成型的目的。

为了使焊缝的质量满足超高真空系统放气率的要求，防止管子内壁由于焊接产生氧化，必须充氩气保护，所有其他形式的焊接接头，焊接时都需双面气体保护，尽量采用铜垫板和辅助导热夹具，使焊接热迅速从焊接区域导走，以达到防止裂缝和铬的碳化物析出的目的。

D 冷却水套的制造

超高真空容器中常见的水套结构见图 6-36。一般情况下水套是焊在容器壁上的，如上所述，真空容器一般均为薄壁件，焊接水套将直接影响器壁的金属组织，焊接操作不当会焊穿器壁。与器壁焊接的水套材料必须采用与器壁相同的不锈钢材料，以防止造成焊接裂缝。包制水套时，最好防止水套的焊缝与容器的原有焊缝发生交叉焊接，所有容器上的原有焊缝都应尽可能地包在水套以外，这样做是为了容器的整体检漏，或者当某焊接处有泄漏时便于修补。

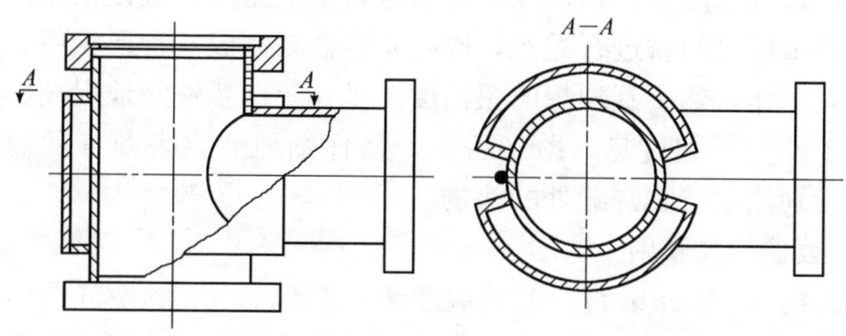

图 6-36 复杂水套的包制和焊缝位置间的关系示意图

E 不锈钢超高真空容器焊装后的检漏

在容器的制造过程中进行多次检漏是超高真空容器制造工艺不同于一般机械制造工艺的主要方面。超高真空容器的检漏不同于一般的高真空检漏，一般来说，不允许使用容器内打水压和气压的正压检漏方法。因为超高真空容器的壁薄，焊接接头强度低，正压检漏可能会对容器造成损坏，而且会污染清洁的真空容器。所以，超高真空容器的检漏均使用氦质谱检漏仪，这种检漏方法可以发现极微小的渗漏，检漏精度可达 10^{-10} Pa · L/s。

检漏工作应先从容器的真空密封表面开始，然后检查焊缝，首先应对焊缝进行外观检查，检查是否存在裂缝、气孔等焊接缺陷，然后用氦质谱检漏仪进行检测。

在检漏过程中不要轻易修补焊缝，应注意识别虚漏及表面放气现象。如果焊缝焊接修补不当会越修越坏。超高真空容器制造工艺过程中，一般规定对焊缝的修补不超过两次。

F 容器内表面的焊后抛光

真空容器的内表面应该非常光洁，使其真实表面积与几何表面积的差距缩小，以达到减少放气表面积的目的。在不锈钢表面覆盖的锈、有机物、机械及焊接加工时造成的粗糙等可以通过最后的精抛光来消除掉。使不锈钢材料获得光滑表面的方法有许多，在不锈钢真空容器制造工艺中用的方法大体有：机械抛光、喷丸、化学清理或电解抛光。

a 机械抛光

目前国内多用机械抛光的方法来提高真空容器内表面的光洁程度。想获得比较理想的表面粗糙度，可以进行多次抛光，应该根据条件，在某些焊装工序之间就进行抛光，以防止容器在制成某种形状后，不便于进行抛光工作，达不到理想的粗糙度。抛光等级要逐级地提高，抛光时要防止工件变形和过热，抛光后要严格仔细地清除表面各种膏剂、残砂，要特别注意清除焊缝处的污物。

b 玻璃微粒喷射

用大约 0～150μm 直径的玻璃微粒，以 0.4MPa 的空气压力喷射到不锈钢（包含焊缝）表面，由于玻璃材料硬度高而且为球面，经喷射加工后可得到比较理想的真空容器表面。

由于玻璃微粒在反复使用的过程中被粉碎，已不是球面，所以应该经常地更换它。

c 电解抛光

电解抛光虽然能够得到粗糙度很小的良好真空表面，但不适用于较大的焊接容器，比较适宜于较小的零件，如超高真空容器内使用的零件。

G 酸洗、钝化

对于有些超高真空用的零部件或表面质量一般的不锈钢原板，在焊装后应对其进行酸洗、钝化处理，以得到粗糙度小的良好真空表面。

钝化前必须进行酸洗处理。酸洗前，工件应用汽油，碱液或清洗剂除去油污，并用热水，冷水冲洗干净，不许用碳钢刷刷洗工件表面。酸洗后用水冲净，不允许有残存酸洗液，而后将工件置于钝化液中钝化。不锈钢件的酸洗以浸渍法为主，大件可用湿拖法，钝化前的酸洗规范和钝化规范如表6-33、表6-34所示。

表6-33 酸洗规范

酸洗液成分（工业浓度体积比）	温度/℃	时间/min	备注
HNO_3：5%～20% HF：1%～5% H_2O：75%～94%	室温	30min	抛光件和焊接件均可

表6-34 钝化液成分和钝化规范

钝化液成分（工业浓度体积比）	钝化规范（推荐）	
	时间 /h	温度 /℃
HNO_3：50% H_2O：50%	2～3	室温

钝化后，用水冲洗，最后用去离子水（或蒸馏水）冲净，用石蕊试纸检查呈中性后，再冲洗一下，烘干水迹，放入清洁的干燥箱内保存，装配时再领取。

H 质量检验

真空容器制造的最后一道工序是检验，对不锈钢超高真空容器的质量检验，首先要根据工艺文件对工艺过程进行检查，然后根据设计图纸的技术要求对产品进行质量检验。一般应包括如下几方面的检查：焊缝外观检查、容器的表面质量（光洁度、清洁度等）检查、真空密封表面（连接螺孔、尺寸精度、光洁度、形位公差等）的检查、容器的漏气率（用氦质谱检漏仪）检测等。

7 真空工程封接技术

真空封接属于真空连接技术中的永久性连接，真空封接技术常用于某些真空室、真空炉体、真空泵体、真空规的各种电极、引线等零部件的金属材料与玻璃、陶瓷等非金属材料之间的密封连接以及非金属材料之间的密封连接。真空封接连接应满足以下要求：(1) 真空密封；(2) 耐高温（真空系统烘烤、电极加热、引线发热等）；(3) 电绝缘性能。

7.1 玻璃-玻璃封接

7.1.1 概述

在真空技术中有时会用到玻璃与玻璃、石英与石英的封接工艺。在设计和制造玻璃真空系统时，需要考虑系统玻璃管道的封接、管道与真空零件的封接。

同种和不同种玻璃材料之间靠熔融过程实现封接，温度应升高到超过玻璃的软化点。玻璃是脆性材料，封接成功的关键参量是膨胀系数，要求在很宽的温度变化范围内，膨胀系数必须相匹配。不同组分的玻璃之间封接成功的条件是：平均膨胀系数之差小于10%；转变温度相近；彼此互溶。

玻璃之间的封接是借助于氧-煤气火焰进行烧熔连接的。真空系统的玻璃零件和管道一般均用DW-211、DW-308、95号等硬质玻璃材料制作。连接时采用特制的氧-煤气火焰手灯进行操作，先用煤气火焰烘烤玻璃的加工部位，防止玻璃内部的局部应力剧增引起炸裂，然后加氧气，使手灯中喷出尖而细的高温火焰，烧熔欲连接的部位，使接头熔烧在一起，待整个接头都连在一起时略微降温并吹气，使连接部位的玻璃熔烧均匀，得到良好的成形，并用略带氧气的煤气火焰退火，最后去掉氧气用煤气火焰烘烤退火。

两种玻璃因其膨胀系数之差过大而不能封接时，可使用膨胀系数处于它们之间的过渡玻璃，形成分级过渡封接。软硬玻璃间的封接，需要使用多级（可达 7 级）过渡玻璃，在每级的接头处平均膨胀系数之差必须小于 10%，并且要求玻璃的壁厚相等。过渡封接的每级长度 L 应足够长，充分消除端部应力。每级封接长度的安全条件为

$$L \geqslant 0.85\ (rh)^{1/2}$$

式中，r 是玻璃管半径；h 是玻璃管的壁厚。为消除应力，任何接头尤其是分级过渡接头都应在炉内仔细退火，加热到超过退火温度，保温尽可能长的时间，大零件约保温 1h，然后缓慢冷却到室温。

7.1.2 玻璃焊料封接技术

另一种膨胀系数相近玻璃之间的封接方法是采用玻璃焊料。利用低软化点玻璃把两个膨胀系数不同而又接近的玻璃零件封接到一起，达到连接密封作用。封接时要求玻璃焊料（或称焊料玻璃）的软化点低于被封接玻璃的软化点，例如封接苏打玻璃用的焊料玻璃，其软化点约为 300 ～ 400℃。这种方法尤其适用于平面视窗或透镜的封接，其封接工艺如下所述。

7.1.2.1 封接玻璃的清洗

（1）酸洗：将待封接玻璃去除表面污物后，用浓度为 3%～5%的盐酸溶液清洗 1～2 次。

（2）去离子水清洗：将酸洗后的玻璃用去离子水冲洗干净。

（3）烘干处理：把清洗好的玻璃放入烘箱中烘干。

7.1.2.2 被封接玻璃件表面的去油和脱水

在涂玻璃粉焊料之前，被封接件的封接表面的清洁处理非常重要，尤其是去油处理。因为封接表面不清洁将会影响焊料玻璃在其表面上的浸润性，导致封接件的密封性差，甚至使其报废。清洗的方法就是利用丙酮等有机溶剂在要涂玻璃粉焊料的封接部位处擦洗，去掉上面的油污，而后用无水乙醇进行脱水，然后热风吹干。

7.1.2.3 封接表面涂玻璃焊料

焊料玻璃有易熔和难熔两类，前者封接温度低于 500℃，后者高于 1000℃。易熔焊料玻璃从微观结构来看，可分为玻璃态、微晶态和混合态三种。玻璃态的组成是 $PbO-B_2O_3$ 和 $PbO-B_2O_3-R_2O$，适于低温封接，低温使用。微晶态的组成是以 $PbO-ZnO-B_2O_3$ 为基础，适于低温封接，

高温使用，可用来封接彩色显像管的屏锥。混合态的组成是 PbO-Al_2O_3-B_2O_3 和 PbO-Bi_2O_3-B_2O_3 系玻璃添加填料 β-锂霞石、β-锂辉石、钛酸铅、锆英石及堇青石等，适用于封接钼组材料和玻璃。难熔焊料玻璃的组成是 Al_2O_3-CaO 系玻璃添加 BaO、MgO、SrO、Y_2O_3、B_2O_3、SiO_2、Li_2O 等氧化物，在 800～900℃下长期工作不会软化，不变形，不析晶，耐碱金属蒸气腐蚀，适用于封接 Al_2O_3 瓷管和金属铌等。“高温玻璃”封泥也能封接玻璃零件，与焊料玻璃相比，其优点是熔化后失透变成类陶瓷材料，具有很高的软化点。这种接头允许高温除气处理。

焊料玻璃的膨胀系数必须与待封接的玻璃或陶瓷零件相匹配，相差不应大于 7%。

为了把玻璃焊料粉按照要求涂于被封接处，首先必须选用一种粘结剂将玻璃焊料粉调成糨糊状。粘结剂可采用硝棉溶液，也可以用去离子水。

将焊料玻璃细粒悬浮于硝棉溶液内，用刷子或其他类似方法涂敷到零件间的接头处。或把焊料玻璃粉放在清洁的容器中，加入适量的去离子水进行调和，注意不要调得太稀，使之粉粒能粘到一起为止。涂抹时可分两步进行。先用干净的毛笔蘸较稀的玻璃粉调和物在封接处涂上一薄层，注意要涂均匀，而后再涂含水少的粉糊。如果水分太多，可用滤纸吸去部分水分，并整形、让其自然晾干。注意别把纸纤维混入到玻璃粉中。

7.1.2.4 烧结

把已涂好焊料玻璃粉的玻璃封接件放入高温烘箱（烧结炉）内。封接零件在烧结炉内加热到封接温度，靠它们的自重压紧在一起。

烧结温度的高低和升、降温时间的快慢是关系到封接产品成败的关键问题。烘箱升温时，升温速率不应太快，升温时间一般应控制在 2～4h 左右。恒温温度为（425～465℃）±5℃，恒温时间为 2～3h，然后令其缓慢降温，降温时间一般为 4～10h。当温度降到 50℃左右时，便可打开烘箱，取出封接件。

7.1.2.5 封接件的检漏

封接完成后，将封接件接到氦质谱检漏仪上进行检漏。

7.2 玻璃-金属封接

7.2.1 玻璃-金属封接类型与结构形式

真空系统中常用的玻璃-金属封接结构，要求封接处具有气密性、一定强度、耐烘烤和一定的电绝缘性能。常用的玻璃-金属封接的类型有：（1）匹配封接；（2）不匹配封接；（3）过渡封接。

匹配封接是指玻璃与金属的线膨胀系数在一定温度范围内是相近的（差值小于10%）。不匹配封接时，玻璃与金属的线膨胀系数差值较大（差值大于10%）。当玻璃与金属的线膨胀系数相差甚大时可采用线膨胀系数介于玻璃与金属之间的一种或几种玻璃来进行过渡封接。

封接从结构上可分为围封结构、管封结构和盘封结构。围封结构是指封接金属杆的四周是用玻璃包围起来的结构，如真空规管引线等，见图7-1。常用的管封结构为金属圆管和玻璃圆管的对接结构。如可伐法兰接头与玻璃管的封接，见图7-2。

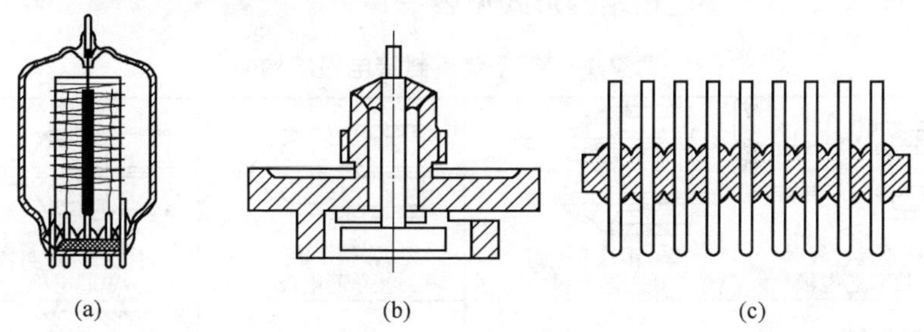

图7-1 玻璃与金属的围封结构
（a）B-A规引线的围封结构；（b）振动薄膜规上盖的围封结构；（c）多头引线围封结构

7.2.2 玻璃封接电极引入结构

为了给真空室中工作的机构供电，需采用真空电传导结构，电传导电极引入导线与导线之间、导线与真空室壁之间应该满足电绝缘、真空密封和承受一定电流负荷的要求。真空中的高压电极引入线常采用玻璃-金属封接结构。

设计高压电极引入结构时，除了考虑绝缘子的耐压以外，还要考虑

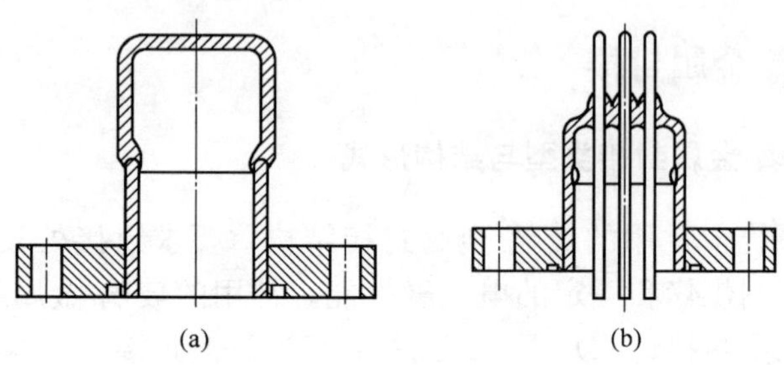

图 7-2 玻璃与金属的管封结构
（a）可伐法兰与玻璃的管封结构；（b）可伐法兰、钼杆与玻璃的围封和管封结构

接线柱与壳体之间气体间隙的绝缘强度。为了防止击穿，气体间隙要足够大，并且要清除零件的尖角，表面要光滑。应用在真空镀膜及气相沉积设备中的高压电极结构，在设计中还要考虑电极的屏蔽结构，以防止镀膜材料或沉积物污染电极，降低电极的绝缘性能。

玻璃-金属封接电极结构形式见表 7-1。

表 7-1 玻璃-金属封接电极结构

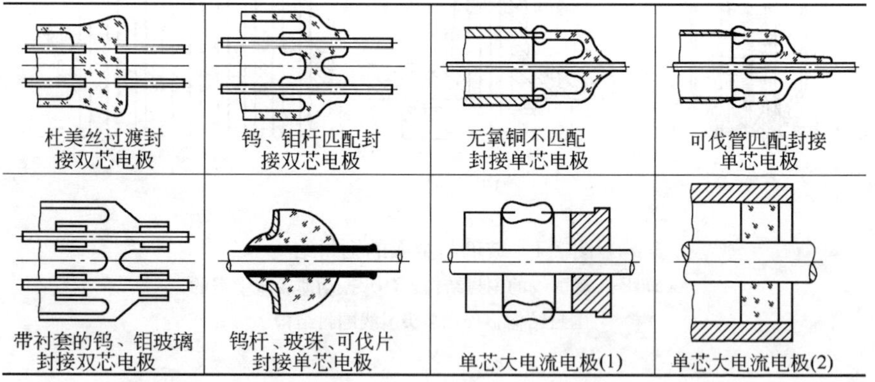

7.2.3 封接材料与接头形式

玻璃-金属真空密封接头对膨胀系数匹配的要求，取决于接头形状、金属的塑性以及退火方法等。玻璃与金属间的封接质量取决于金属氧化物层。金属氧化物溶解在玻璃内并对金属产生很强的粘附作用。氧化物层有些是在封接过程中产生的，有些则是在封接前预先氧化处理形成

的。在封接进行前，金属件必须要彻底除气，否则在接头的玻璃内会出现气泡，造成接头漏气。匹配封接要求玻璃和金属间的膨胀系数值相接近，设计时应仔细检查从室温到玻璃软化温度整个区域内的膨胀特性曲线。如图 7-3 所示，玻璃直到退火膨胀系数-温度曲线近似是直线，然后则明显增大。纯金属的热膨胀特性曲线在同样温度范围内几乎是线性的，而且在更高温度时并不明显增大。在对玻璃的膨胀特性作比较后发现，有几种金属能和玻璃封接而不会产生很大的应变。例如，钨和钼能和特别研制的硼硅玻璃进行封接。钨的膨胀系数是 44.5×10^{-7} ℃$^{-1}$ (0～500℃)，能和 DW-211 玻璃或 7720 玻璃封接。钼的膨胀系数是 54.4×10^{-7} ℃$^{-1}$能和 DM-305 或 7052 玻璃封接。这种封接限于金属的丝料或引线，在封接接头中，玻璃处于压应力状态。通常在封接时，总是先在引线的封接部位先烧上玻珠使封接较容易进行并可避免引线过度氧化。

图中合金编号	成分组成/%				匹配玻璃	
	Fe	Ni	Co	Cu		
1	54	29	17		DM-305	7052
2	58	42				7556
3/2	49	47		5	DB-401	0080
6/3	50	50			DB-401	0120

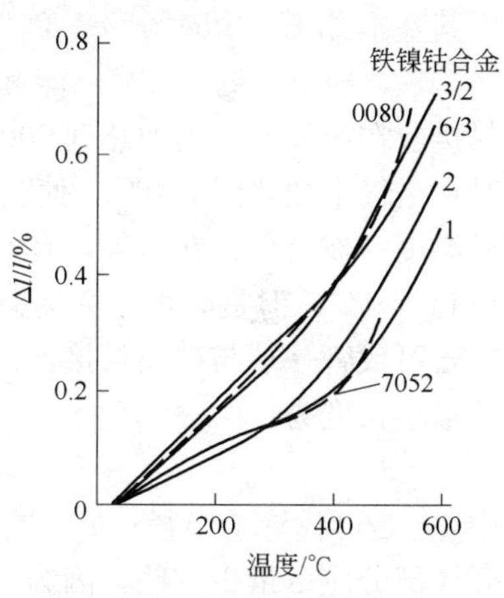

图 7-3 几种玻璃封接合金的膨胀系数-温度曲线

玻璃-金属匹配封接常用的封接材料主要有：铁合金（镍钢），通过改变镍的含量（从 35%到 65%），可使合金的膨胀系数连续地变化，这样便能获得恰好与真空玻璃相匹配的合金。这些合金的膨胀系数在磁转变点（居里点）增大，这更有利于匹配退火温度下的玻璃。典型合金的膨胀特性曲线如图 7-3 所示。当镍钢内镍的含量减少时，其膨胀系数变小，居里点也降低。若要居里点高于 400℃，镍含量就必须大于 44%，这样膨胀系数便大于 70×10^{-7} ℃$^{-1}$，这只能和软玻璃封接。例如，50%Ni-50%Fe

合金，膨胀系数约 90×10^{-7}℃$^{-1}$，居里点约 500℃，能和 DB-401 玻璃或 0120 玻璃匹配封接。为了改善接头的真空密封性，常常在合金中添加少量铬（0.8%～6%），封接时生成的氧化铬溶入玻璃内并牢固地粘附于合金表面。

通常在 42%Ni-58%Fe 合金丝外包一层重量为 18%～28%高导无氧铜，称为杜美丝（Dumet）。铜在氢气内用银铜焊料钎焊到合金杆上，然后拉成丝，并涂上硼酸盐。这种丝的轴向膨胀系数为 65×10^{-7}℃$^{-1}$，比铂组玻璃小，但由于封接时生成的氧化亚铜与玻璃和铜的粘附力强，而且铜层富有弹性，所以这种丝能与铂组玻璃真空封接，称为杜美封接。

可伐（Kovar）合金是在镍钢中添加钴，或者用钴部分地代替镍，使居里点升高，但基本上不影响膨胀系数。这种合金可用来和硬玻璃封接。其基本组成是 54% Fe、29% Ni 和 17% Co，膨胀系数约 50×10^{-7}℃$^{-1}$，居里点约 435℃，能和 DM-346 或 7052 玻璃匹配封接。可伐封接前在湿氢气炉内加热到 900℃处理 1h，或 1000℃处理 30min，封接时在空气中加热到 850℃，使其表面氧化，然后靠压力使它与加热到同样温度的玻璃封接在一起，真空密封接头应是灰白色。可伐接头允许烘烤到 450℃，但是必须注意接头的正常工作温度应低于 200℃。

若可伐管一端与玻璃封接，而另一端与不锈钢熔焊，则防止玻璃应变的最小长度为

$$L=3.5(rh)^{1/2}$$

式中，r 是可伐管子半径；h 是壁厚。在超高真空系统内，可伐合金做的壳体部分应尽量少一些，因为氢对它的渗透率较大。

其他适于与软玻璃封接的合金是含铬量 23%～28%的铬钢。这种材料不会过分氧化，可以从容地进行封接，这种材料很硬，可以把引线直接插入到插座内。铬钢的膨胀系数约 108×10^{-7}℃$^{-1}$，能与 DB-494 或 8160 玻璃封接。

无氧铜和不锈钢的膨胀系数约为 160×10^{-7}℃$^{-1}$，与各种真空玻璃的膨胀系数相差较大。无氧铜和不锈钢的封接是一种非匹配封接，可以采用把金属管端加工成薄刀刃形状的薄边封接技术来制成真空接头，利用刀边的弹性变形使玻璃中的应力不超过其抗拉强度。铜管在封接端车削成极薄的刀刃，其斜度约 5°。封接前铜在 800℃下进行烧氢处理，然

后在空气中加热到红色，在浓四硼酸钠溶液内淬火作硼酸处理。铜和玻璃在空气中加热到1000℃左右（暗橙色）使之粘在一起，密封接头呈深红色。然后退火，退火后进行化学清洗除去过剩的氧化铜。封接玻璃通常选用软玻璃。

不锈钢0Cr18Ni9或1Cr18Ni9Ti等无磁性高强度材料的管子，在封接端部应车削成图7-4所示的刀刃形状，可以和DM-305或7052玻璃进行封接。不锈钢在车削刀刃时应先烧干氢，温度约1065℃，保温15min，彻底消除应力。封接前烧湿氢处理，温度约800℃，使表面氧化生成氧化铬层。

另外，将软金属铟或金垫片插入到不匹配的玻璃和金属之间，进行加热加压使之实现封接，使用温度应低于玻璃的软化点。要求封接面抛光得很平而且非常清洁。

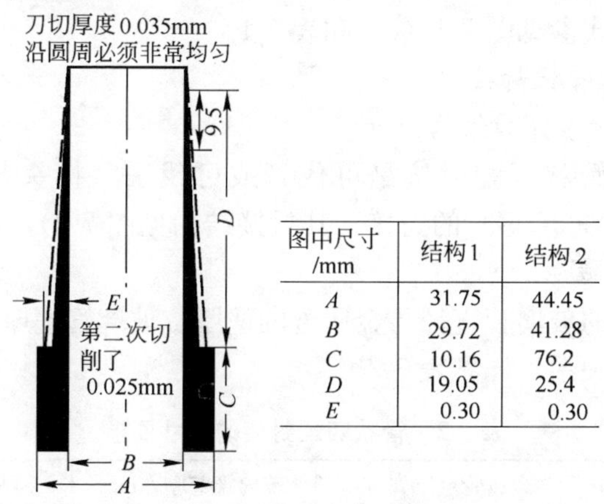

图中尺寸/mm	结构1	结构2
A	31.75	44.45
B	29.72	41.28
C	10.16	76.2
D	19.05	25.4
E	0.30	0.30

图7-4 不锈钢刀刃的结构尺寸

7.2.4 封接方法与工艺

7.2.4.1 围封封接

围封封接结构为钨杆、钼杆、可伐合金杆等与线膨胀系数相近的玻璃进行封接的结构。封接前需将玻璃和金属杆进行清洗，最好经过烧氢退火处理，以去除应力和表面脱碳。

为了保证封接质量，封接时一般先在金属杆上烧玻璃珠，其过程是：将内径略大于金属杆直径的玻璃套管切成适当的长度，先用煤气加氧气的氧化火焰均匀地烧金属杆，待金属杆上形成一层适当厚度的氧化层后，再将玻璃套管套在金属杆上，用氧化火焰从玻璃管的一端向另外一端均匀地烧过去使玻璃管贴在金属杆上。此时钨杆呈金黄色，钼杆呈浅褐色，可伐杆呈鼠灰色，无氧铜杆则呈砖红色。如果金属杆过氧化或氧化不足，则封接后的金属杆发白、发黑或呈金属本色，而不能保持气密性。

烧好玻璃珠的金属杆可再与玻璃封接成单头或多头引线。若引出线的数目特别多则可采用烧结法，即，将膨胀系数与金属杆相匹配的玻璃磨成粉末，用 0.124～0.10mm（120～150 目）的筛子过筛，所得的细粉填入预先插有引出线的石墨模子中，连同模子放进马弗炉中（也可采用高频炉等）加热，在 800～900℃下维持 5～10min，然后自然冷却即成。用烧结法制成的多头引出线粉末芯柱同样具有良好的气密性，其具体封接结构形式参见图 7-1（c）和表 7-1。

7.2.4.2 管状封接

A 管状封接件的结构设计

最常见的管状匹配封接是可伐管或可伐法兰接头与钼组玻璃管（DM-305、DM-308 等）的封接（其封接结构见图 7-2），其封接接头形式见图 7-5。

这类封接的玻璃管直径与金属管的壁厚、玻璃管壁厚和贴边长度之间都有一定的关系，详见表 7-2。

表 7-2 管状匹配封接的尺寸要求

玻璃管直径 d/mm	金属管壁厚 h/mm	玻璃管壁厚 t/mm	贴边长度 l/mm
5～8	0.4～0.6	0.6～1.0	1.0～1.5
8～15	0.6～1.0	1.0～1.5	1.5～2.5
15～30	1.0～1.5	1.5～2.2	2.5～3.0
30～70	1.5～2.0	2.2～3.0	3.0～4.0
70 以上	2.0～2.5	3.0～4.0	4.0～6.0

最常用的管状不匹配封接结构是无氧铜管（线膨胀系数为 $16.8\times10^{-6}℃^{-1}$）与玻璃管（线膨胀系数为 $4\times10^{-6}\sim11\times10^{-6}℃^{-1}$）的封接。为了减少由二者线膨胀系数的差别所引起的玻璃管的应力，无氧铜管的封接边缘应做成刃口形，其封接接头结构见图 7-6。

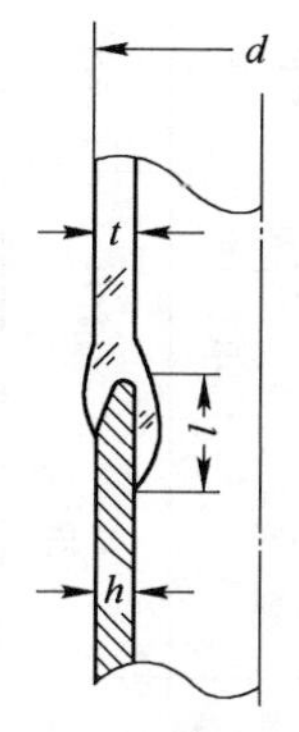

图 7-5 管状匹配
封接接头结构

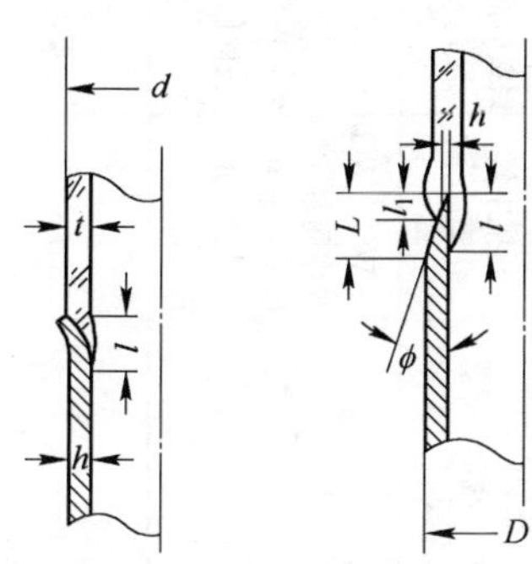

图 7-6 管状不匹配
封接接头结构

玻璃与刃口内侧的贴边长度应大于外面的贴边长度。金属管直径 D 与刃口长度 L、外面贴边长度 l_1 之间的关系参见表 7-3。

表 7-3 管状不匹配封接的尺寸要求

D/mm	<10	10～15	15～25	25～60	>60
L/mm	(1.5～1.8) D	(1～1.5) D	(0.8～1.0) D	(0.5～0.8) D	(0.3～0.5) D
l_1/mm	1～1.5	2～2.5	2～3.0	2.5～4.0	3.5～5.0

注：刃口厚度 h=0.04～0.06mm，ϕ=2°～3°30′，刃口的表面粗糙度为 R_a1.6～0.8。

B 管状封接的封接工艺

直径较小的金属管与玻璃管的封接可采用手工封接，对于直径较大的工件则需在玻璃车床上进行封接。管状封接的工艺与围封类似：首先用氧-煤气火焰中的氧化焰将金属管适当地氧化，然后套上玻璃管加热，使玻璃熔化贴到金属壁上，同时用石墨铲压、刮玻璃，得到一定形状的接头，再用火焰加热，适当吹气，使玻璃得到良好的成形，最后用软火焰（温度较低的火焰）退火，在封接无氧铜管时，先用氧化焰加热铜管的封接边缘使之氧化，氧化层正常时表面应为砖红色（氧化亚铜），然后再与玻璃管进行封接。

封接可伐时，若没有烧氢的条件，也可将工件固定在玻璃车床上，用氧化焰将工件烧到发白，达到去气和去除表面杂质的目的，冷却后再用细砂纸将表面打光，用丙酮或无水乙醇将表面擦拭干净，即可进行封接。能与玻璃封接的金属和合金的性能见表 7-4。

表 7-4 适于玻璃封接的金属和合金的性能

金属	熔点/℃	平均线膨胀系数 /$\times10^{-7}$·$℃^{-1}$	热传导系数 /×418.68 W·(m·℃)$^{-1}$	最高工作温度/℃		相匹配的玻璃	封接前金属氧化物及其性能			封接中氧化膜成分	封接后的颜色
				真空中	空气中		成分	熔点/℃	线膨胀系数 /$\times10^{-7}$·$℃^{-1}$		
W	3410	44.4 (30℃) 51.9 (1030℃) 72.6 (2030℃)	0.31 (20℃) 0.28 (827℃) 0.24 (1727℃)	2560	300	DW-211 DW-216 DW-270 DW-203 DW-217	WO_3 WO_2 W_4O_{11} 钨酸钠	1475	108 107	WO_3、WO_2或中间氧化物如W_4O_{11}在几种封接中形成钨青铜	从金黄到浅褐色
Mo	2622	53～57(20～400℃) 58～62(20～700℃) 72(20～2127℃)	0.38 (20℃) 0.26 (1473℃) 0.17 (2173℃)	1700	200	DM-305 DM-308 DM-346	MoO_3 MoO_2	790	83	MoO_2	浅褐色
4J29 可伐 (Ni29Co18Fe)	1450	45～55(20～300℃) 44～52(20～400℃) 56～64(20～500℃)	0.046 (20℃)	1000	600	DM-305 DM-308 DM-346	Fe_3O_4		54	主要是Fe_3O_4,但在带金属光泽的封接中不出现	鼠灰色
4J8 低钴可伐 (Ni36Co8Fe)		4.2～5.6(20～300℃) 4.6～5.8(20～400℃) 6.4～7.0(20～500℃)				DM-305 DM-308 DM-346				主要是Fe_3O_4,但在带金属光泽的封接中不出现	鼠灰色
杜美丝 (Fe58Ni42 合金杆上镀铜)		径向 92 纵向 65 (20～350℃)	0.4 (20℃)	400	150	DB-402 DB-404	CuO Cu_2O	1820 1235	100 25	Cu_2O	砖红色
高铬钢 (Cr26Fe74)	约 1480	108 (20～100℃)	0.05 (20℃)	1000	1000	DB-402 DB-404	$Cr_2O_3+Fe_2O_3$的混合物		从 82～100 或从 54～100 视成分而定	绿色封接件中同封接前,灰色封接件中Fe_2O_3成为Fe_3O_4	浅绿色或灰色

续表 7-4

金属	熔点/℃	平均线膨胀系数 /×10^{-7}·$℃^{-1}$	热传导系数 /×418.68 W·(m·℃)$^{-1}$	最高工作温度/℃		相匹配的玻璃	封接前金属氧化物及其性能			封接中氧化膜成分	封接后的颜色
				真空中	空气中		成分	熔点/℃	线膨胀系数 /×10^{-7}·$℃^{-1}$		
铁镍合金 (Ni50Fe50)	约 1456	92 (20～100℃)	0.025 (20℃)	1000	600	DB-402 DB-404	主要是 Fe_2O_3，也有 FeO·Fe_2O_3 +NiO· Fe_2O_3			主要为Fe_3O_4	灰色 覆铜后为红色
铁镍铬合金 (Ni42Cr6Fe)		69(20～100℃) 72(20～200℃) 83(20～300℃) 101 (20～400℃) 114 (20～500℃)	0.033 (20℃)	700		DB-402 DB-404	FeO·Fe_2O_3+NiO ·Fe_2O_3+ NiO·CrO_3复合光晶石		54～62 视成分而定	主要为 Fe_3O_4+Cr_2O_3	灰色
Cu	1083	165 (20～100℃) 177 (20～300℃) 186 (20～500℃) 193 (20～800℃)	0.941 (20℃) 0.90 (100℃) 0.84 (700℃)	500	200	不匹配封接				Cu_2O	砖红色
Fe	1532	125 (20～100℃) 131 (20～300℃) 140 (20～500℃) 145 (20～700℃)	0.174 (20℃) 0.071 (800℃)			DG-502 或不匹配封接				主要为 Fe_3O_4	灰色
Ti	1690	82(20～300℃)	0.0407 (20℃)			DB-402 DB-404					

7.3 陶瓷-金属材料的封接

7.3.1 陶瓷-金属封接材料

陶瓷是用各种金属的氧化物、氮化物、碳化物、硅化物为原料，经适当配料、成形和高温烧结制得的一类无机非金属工程材料。这类材料一般是由共价键、离子键或混合键结合而成，因其与金属材料相比，具有许多独特的性能。陶瓷材料的键合力强，具有很高的弹性模量，即刚度大；硬度仅次于金刚石，远高于其他材料的硬度；强度理应高于金属材料，但因成分、组织不如金属那样单纯，且缺陷多，实际强度要比金属低。在室温下，陶瓷几乎不具有塑性，难以发生塑性变形，加之气孔等缺陷的交互作用，其内部某些局部很容易形成应力集中而又难以消除，因而冲击韧度和断裂韧度降低，脆性大，对裂纹、冲击应力、表面损伤特别敏感，容易发生低应力脆性断裂破坏。

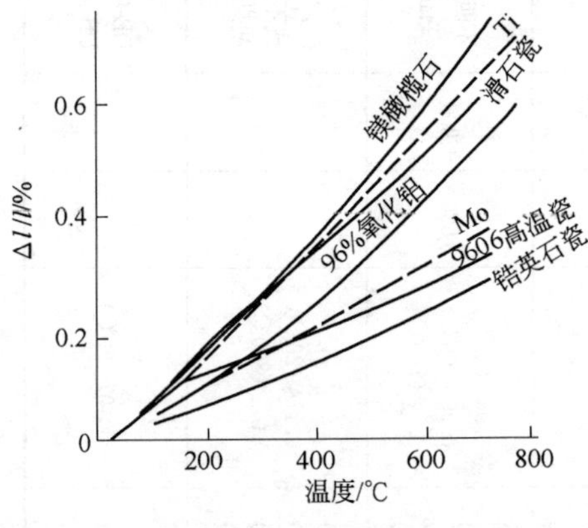

图 7-7 真空陶瓷及其封接金属的膨胀特性

陶瓷的熔点高，而且在高温（1000℃以上）下能保持良好的高温强度和抗氧化的能力，导热性低，膨胀系数小。陶瓷的耐急冷、急热性能差，温度发生剧烈变化时，很容易使其发生破裂。当温度变化时，在陶瓷与其他材料的封接界面处由于膨胀系数的差别会产生应力。由于陶瓷的抗压强度很高，所以在陶瓷-金属封接处，应使陶瓷承受由于膨胀系数不相同而产生的压应力。典型的真空用陶瓷及其封接金属的膨胀特性如图 7-7 所示，一般陶瓷的膨胀系数越小就越耐热冲击。

陶瓷-金属封接材料的选用原则如下：

（1）所选用的陶瓷、金属、钎料在室温到略高于使用钎料熔点的范围内，应具有相同或接近的膨胀系数；

（2）在不匹配封接中，要选择屈服极限低、塑性好、弹性模量低的金属材料作为封接金属和钎料；

(3) 根据封接件的要求，选择具有一定强度、软化温度、电阻率和导热系数的陶瓷材料。

常用陶瓷-金属封接配偶的情况见表 7-5。

表 7-5 常用陶瓷-金属封接的配偶

<table>
<tr><th>金属材料</th><th>可匹配的陶瓷材料</th><th>平均线膨胀系数/℃</th><th>陶瓷材料</th><th>可匹配的金属材料</th><th>平均线膨胀系数/℃</th></tr>
<tr><td>铜</td><td>氧化铝
氧化铍瓷</td><td>186×10^{-7}
(20～700℃)</td><td rowspan="2">氧化铝</td><td rowspan="2">铜、可伐
铌、钛</td><td rowspan="2">75%Al_2O_3瓷 69×10^{-7}(25～700℃)
95%Al_2O_3瓷 79×10^{-7}(25～700℃)
99%Al_2O_3瓷 92×10^{-7}(20～1000℃)</td></tr>
<tr><td>可伐
(4J34)</td><td>氧化铝、滑石瓷
氧化铍瓷
锆基瓷料</td><td>70.5×10^{-7}
(30～500℃)</td></tr>
<tr><td>铌</td><td>氧化铝
氧化铍瓷</td><td>76.4×10^{-7}
(20～700℃)</td><td>氧化铍瓷</td><td>铜、可伐
铌、钛</td><td>84×10^{-7}
(20～800℃)</td></tr>
<tr><td>钛</td><td>氧化铝
氧化铍瓷
镁橄榄石瓷</td><td>85×10^{-7}
(20～700℃)</td><td rowspan="2">镁橄榄石瓷</td><td rowspan="2">钛、钼
铁镍合金
(4J42)
铁镍合金
(4J45)</td><td rowspan="2">110×10^{-7} (25～700℃)</td></tr>
<tr><td>钼</td><td>镁橄榄石瓷
锆基瓷料</td><td>55×10^{-7}
(25～500℃)</td></tr>
<tr><td>铁镍定膨胀合金
(4J42)</td><td>镁橄榄石瓷
滑石瓷</td><td>53×10^{-7}
(20～400℃)</td><td rowspan="2">滑石瓷</td><td rowspan="2">可伐、低碳钢、铁镍合金
(4J42)
铁镍合金
(4J45)</td><td></td></tr>
<tr><td>铁镍定膨胀合金
(4J45)</td><td>镁橄榄石瓷
滑石瓷</td><td>80×10^{-7}
(25～425℃)</td><td>85×10^{-7}
(40～900℃)</td></tr>
<tr><td>铁、低碳钢</td><td>滑石瓷</td><td>147×10^{-7}
(20～600℃)</td><td>锆基瓷料</td><td>可伐、钼</td><td>46×10^{-7}
(25～700℃)</td></tr>
</table>

7.3.2 陶瓷-金属封接形式

陶瓷-金属封接的基本形式及其特点见表 7-6。

真空技术中常用的几种采用过渡封接工艺的金属-陶瓷引出电极结

构见图 7-8；图 7-9 给出一种真空低压电极的可伐管-陶瓷封接结构；图 7-10 给出真空高压电极的金属-陶瓷封接结构。

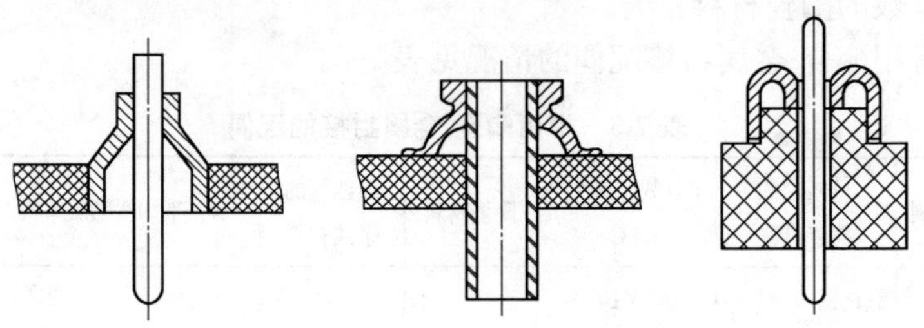

图 7-8 几种金属-陶瓷过渡封接电极引线结构

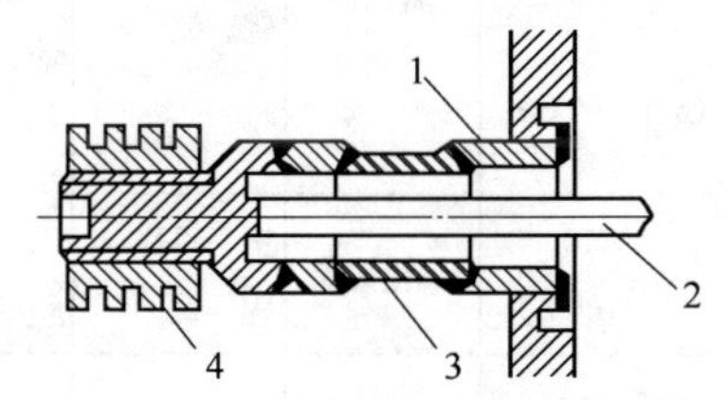

图 7-9 可伐管-陶瓷低压封接电极结构

1—可伐管；2—接线柱；3—陶瓷；4—散热片

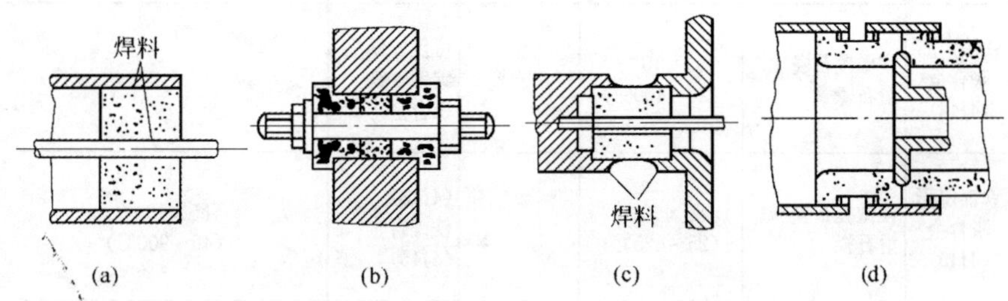

图 7-10 金属-陶瓷封接高压电极结构

陶瓷-金属封接方法主要有以下几种：（1）烧结金属粉末法，包括活性 Mo-Mn 法、Mo-Fe 法等；（2）活性金属法，包括 Ti-Ag-Cu 法、Ti-Ni 法、Ti-Cu 法、Ti-Ag 法等；（3）蒸镀金属化、溅射金属化、离子涂覆等气相沉积工艺；（4）其他封接方法，主要包括氧化物焊料法、扩散钎焊和电子束焊等。

表 7-6 陶瓷-金属封接的基本形式及其特点

基本形式	说 明	封接结构类别	特 点	结构图示
平 封	陶瓷环、片的端面与金属件的平面之间的封接	单面封接	具有较大的封接应力，热冲击性差，机械强度低，要求陶瓷与金属的线膨胀系数接近或用薄壁金属件	
		夹 封	可减少封接应力，可封接失配较大的陶瓷与金属件	
套 封	金属圆筒与陶瓷环或片相互套起来封接。强度高，耐热性好。金属和瓷件加工精度要求高，瓷件内（或外）圆面需研磨加工	外套封	陶瓷件承受压力状态，可靠性高，耐热冲击性能好，机械强度高，能封接失配较大的材料	
		内套封	封接应力大，多数情况下陶瓷受拉应力，耐热冲击性差，强度低。宜选用线膨胀系数比陶瓷小的或接近的金属材料封接	
针 封	实体金属针封于陶瓷孔中	直接针封	与内套封相似，封接应力大，耐热冲击性差。适于细丝（针的直径不大于1mm）、线膨胀系数比陶瓷小或接近的金属，材料封接	
		过渡针封	封接可靠性强，与陶瓷失配较大的金属针也能封接	

不论采用什么样的封接方法，都要求被封接的零件彻底除气，封接表面不得有机械损伤，例如裂缝或发纹等。

7.3.3 陶瓷金属化封接

陶瓷之间可用特种焊料和采用玻璃封接技术封接在一起。但是陶瓷与陶瓷、陶瓷与金属作为工业构件进行连接，是比较困难的，传统的连接方法是钎焊时，先对陶瓷表面进行金属化预处理，使非金属陶瓷的被连接部位变为金属表面，然后可以选用在钎焊温度下，不破坏镀层的钎料，像金属钎焊一样进行连接。这种传统连接方法，工艺比较复杂。

对陶瓷钎焊面进行金属化预处理，并限定预处理工艺不能对陶瓷的各项性能有所损伤。陶瓷金属化钎焊接头真空密封的关键是在陶瓷部分产生良好的粘附金属层。目前常用的主要有两种方法产生粘附层，即烧结金属粉末法和活性金属法。

烧结金属粉末法是用悬浮在有机载体（硝棉）中的钨、钼、铁、镍粉或 Mo-Mn 粉末混合物对陶瓷的封接部位进行刷涂，然后刷涂的涂层在氢气气氛中，在 1300～1600℃的高温下烧结到陶瓷上，使陶瓷金属化。这种烧结到陶瓷上的涂层具有导电性，然后在涂层上电镀厚 30～50μm 的镍、铬或铜。这样会使陶瓷的钎焊变得像金属钎焊一样，即可与金属零件钎焊。使用的钎料可根据工件需要选定，值得指出的是钎焊温度不宜过高，否则会破坏镀层。通常在 900℃以下进行钎焊为宜。为了提高金属对陶瓷的粘附力，通常应在上述粉末内混入锰粉。不同陶瓷金属化的配方是不相同的。对于滑石瓷，金属化采用钼-铁（按重量 50∶1），对于 75 瓷和镁橄榄石瓷，采用钼-锰（4∶1）；对于 95 瓷，采用 70%Mo 粉、9%Mn 粉、12%Al_2O_3粉、8%SiO_2粉和 1%CaO 粉的配方。在烧结时锰氧化并和陶瓷中的 SiO_2 形成低熔相，钼粉粒弥漫于其中形成牢固的粘结。

常用的活性金属法是将钛或锆的氢化物膏涂覆于要钎焊的陶瓷接头的表面，然后将该陶瓷件与可伐或铜零件进行组装，在接头周围加上银铜焊料后，在真空环境中加热到 800～900℃左右进行钎焊，这时氢化物分解生成的活性金属钛或锆溶入到银铜合金液中，并与陶瓷充分地接触并发生反应牢固地粘附在陶瓷上形成封接。由于套封结构在装配时容易将钛粉刮掉，所以活性金属法大多用于平封和夹封结构。如果套封结构采用活性金属法时，需要采取合理的装配方法和装配结构，例如将封接面设计成锥形等。

在陶瓷表面用真空溅射沉积铂涂层能有效地促进钎料的润湿。例如在陶瓷零件表面采用真空溅射方法沉积上 5μm 的铂涂层，用纯银钎料在 1070℃下进行钎焊，钎焊保温时间为 5min，能够获得完整接头，但这种接头抗热冲击性能较差。

对于氧化铝、氧化锆、氧化铍、硅酸铝陶瓷等，可在其表面上喷镀一层镍或钼，选用铌基、铜基或金基钎料进行真空钎焊，获得的接头强度较高。

陶瓷金属化后再进行钎焊，使用最广泛的一种钎料是 BAg72Cu，还可以根据需要，选用其他银基钎料、铜基钎料、金基钎料、钛基钎料和钯基钎料等。

陶瓷进行金属化预处理后获得的陶瓷钎焊接头能承受1000℃的温度。高纯氧化铝陶瓷很难金属化，但使用熔点约1200℃的 Al_2O_3 · CaO · MgO · SiO_2 系的氧化物陶瓷钎料，便能获得牢固的高温接头。

7.3.4 真空直接钎焊封接

传统的陶瓷金属化钎焊连接方法，工艺复杂，费时耗资。近20年来，陶瓷的直接钎焊成为国内外研究的热门。直接钎焊技术可使陶瓷构件的制造工艺变得比较简单，而且能够满足陶瓷在高温状态下使用的要求。直接钎焊陶瓷技术的关键是使用活性钎料，在钎料能够润湿陶瓷的前提下，还要考虑高温钎焊时，陶瓷与金属热膨胀差异会引起裂纹以及夹具定位等问题。

7.3.4.1 钎料选择

陶瓷直接钎焊，钎料的选定至关重要。这类钎料都含有活性元素 Ti 或 Zr，Ti 或 Zr 的氧化物和碳化物，它们对氧化物陶瓷具有一定的活性，在一定温度下，能够直接发生反应。其中二元系钎料以 Ti-Cu、Ti-Ni 为主，这类钎料蒸气压较低，700℃时小于 1.33×10^{-2} Pa，可在1200～1800℃范围内使用。三元系钎料为 Ti-Cu-Be 或 Ti-V-Cr，其中 49Ti-49Cu-2Be 具有与不锈钢相近的耐腐蚀性，并且蒸气压较低，可在防泄漏、防氧化的真空密封接头中使用。在 Ti-V-Cr 系钎料中，V 为30%时的熔化温度最低（1620℃），Cr 的加入能有效地缩小熔化温度范围，并使得在钎焊周期中低熔点组分不易偏析。不含 Cr 的 Ti-Zr-Ta 系钎料，也可以成功地直接钎焊氧化镁和氧化铝陶瓷，这种钎料获得的接头，能够工作在温度高于1000℃的条件下。目前国内研制的 Ag-Cu-Ti 系钎料，能够直接钎焊陶瓷与无氧铜，接头的抗剪切强度可达70 MPa。

常用的高温活性钎料见表7-7。

表 7-7 用于直接钎焊陶瓷的高温活性钎料

钎 料	熔化温度 /℃	钎焊温度 /℃	用途及接头性能
92Ti-8Cu	790	820～900	陶瓷-金属
75Ti-25Cu	870	900～950	陶瓷-金属
72Ti-28Ni	942	1140	陶瓷-陶瓷、陶瓷-石墨、陶瓷-金属
50Ti-50Cu	960	980～1050	陶瓷-金属
50Ti-50Cu（原子比）	1210～1310	1300～1500	陶瓷-蓝宝石、陶瓷-锂
7Ti-93（BAg72Cu）	779	820～850	陶瓷-钛
100Ge	937	1180	自粘碳化硅-金属（σ_b=400MPa）
49Ti-49Cu-2Be		980	陶瓷-金属
48Ti-48Zr-4Be		1050	陶瓷-金属
68Ti-28Ag-4Be		1040	陶瓷-金属
85Nb-15Ni		1500～1675	陶瓷-铌（σ_b=145MPa）
47.5Ti-47.5Zr-5Ta		1650～2100	陶瓷-钽
54Ti-25Cr-21V		1550～1650	陶瓷-陶瓷、陶瓷-石墨、陶瓷-金属
75Zr-19Nb-6Be		1050	陶瓷-金属
56Zr-28V-16Ti		1250	陶瓷-金属
83Ni-17Fe		1500～1675	陶瓷-钽（σ_b=140MPa）

7.3.4.2 直接钎焊工艺

上述的陶瓷金属化形成的各种钎焊接头，因为存在着涂层或镀层，使陶瓷组件在高温使用时受到限制，难以发挥陶瓷高温稳定性好的优越性，因而人们研究出陶瓷的直接钎焊工艺方法。

陶瓷直接钎焊能够解决因盲孔或几何尺寸因素而不能完全进行金属化预处理零件的连接问题，能大大简化钎焊工艺和满足陶瓷构件在高温下使用的要求。这种方法是使用含有 Ti 或 Zr 的活性元素的钎料，直接把陶瓷与金属、陶瓷与陶瓷、陶瓷与石墨等材料钎焊起来。直接钎焊选用的钎料熔化温度较高，能满足陶瓷构件在高温状态下使用的要求。为避免构件材料因膨胀系数的不同而产生裂纹，可在二者之间夹置一层缓冲层。根据使用条件，选用钎料应尽可能将钎料夹置在两个被钎焊零件之间或放置在利用钎料填充间隙的位置，然后像普通真空钎焊一样进行钎焊。

对于金属陶瓷，例如含 10%游离硅和含铁和铝小于 500×10^{-6} 的碳化硅陶瓷，可以选用锗粉作为钎料直接钎焊，将锗粉夹置在陶瓷件之间，锗粉厚度为 20～200μm，将本底真空度抽到 1×10^{-2} Pa，工作真空

度为 8×10^{-2}Pa，钎焊温度为 1180℃，钎焊保温时间为 10min，获得的钎缝组织为 Ge-Si 固溶体，重熔温度高达 1200℃，能够用于较高温度的环境下。

在热交换器和红外辐射源等产品的生产中，经常把氧化铝陶瓷与耐碱性腐蚀的金属 Ta、Nb 及合金钎焊在一起，钎焊工艺采用等离子喷涂设备，在氧化铝陶瓷表面喷涂一层钨或钼，然后将配制好的混合钎料（Ni 粉＋17％Fe 粉或 Nb 粉＋15％N i 粉，用粘结剂混合，放入滚筒内研磨几个小时，以促使钎料粉悬浮于粘结剂中）涂在陶瓷与金属的结合面上，厚度为 0.125～0.25mm，干燥几小时后，装入真空炉钎焊，冷态本底真空度抽到 8×10^{-3}Pa，工作真空度不低于 3×10^{-2}Pa，钎焊温度为 1500～1675℃，保温 5～10min，如此获得的钎缝致密，抗拉强度可达 140 MPa，接头的抗腐蚀性能良好，钎缝能承受 1000℃以上的高温。

由于陶瓷的导热性差，钎焊加热的速率不能太快，钎焊保温时，需要较长时间才能达到温度的均匀，加之陶瓷的塑性差，加热或冷却速率不当，均会引起变形，并导致陶瓷开裂。因此，钎焊工艺参数的正确选择，对陶瓷钎焊具有更重要的意义。

7.3.5 陶瓷钎焊应用实例

7.3.5.1 电极馈入装置

图 7-11 所示为 电极馈入装置，其结构是用陶瓷把紫铜和纯钛管隔开并且密封，材料为 TAl＋Al_2O_3陶瓷 95％＋T2。

钎焊前应进行如下工序：将 Al_2O_3陶瓷 95％用 Mo-Mn 法先进行金属化处理，然后再镀一层Ni或Cu。TAl钛管先进行蒸气除油，然后

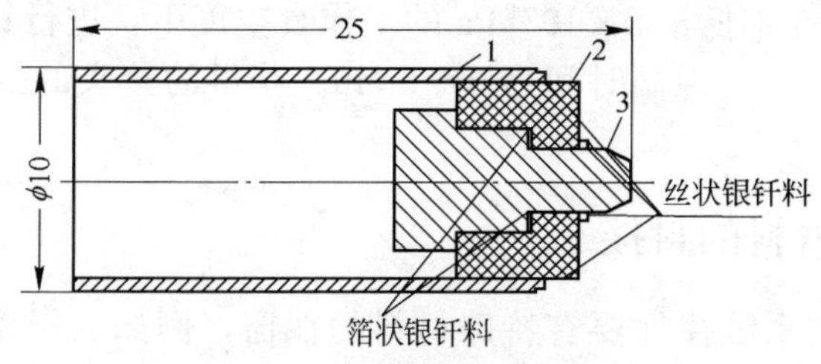

图 7-11 电极馈入装置

1—钛管；2—高铝陶瓷；3—铜合金柱

再进行酸洗；将厚 0.1mm 的 BAg72Cu 箔状钎料剪成一定形状，将 ϕ0.8mm 的 BAg72Cu 丝状钎料按接头形式制成环状，用陶瓷垫板把装配好的零件压紧，装入真空炉的加热室进行钎焊。钎焊工艺参数为：冷态本底真空度 10^{-3} Pa，钎焊温度为（830±5)℃，钎焊保温时间为 3min。

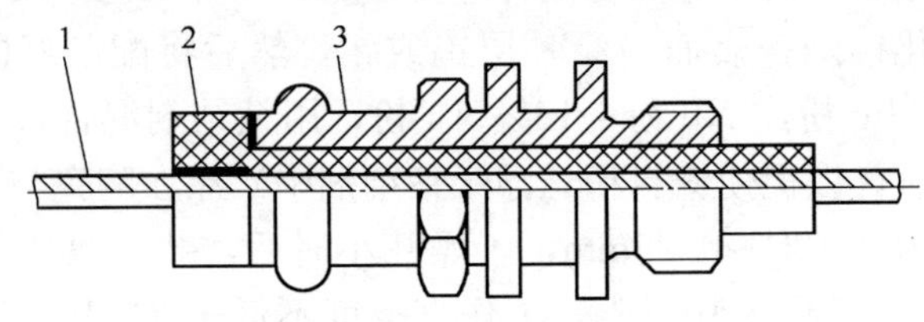

图 7-12 陶瓷引入电极

1—紫铜电极杆；2—氧化铝陶瓷管；3—不锈钢壳体

7.3.5.2 陶瓷引入电极

图 7-12 所示为真空设备中使用的引入电极，材料 T2 与不锈钢元件之间用氧化铝陶瓷隔开，陶瓷起绝缘作用，要求钎焊后钎缝密封。钎焊工艺是采用 Mo-Mn 法使氧化铝陶瓷的内孔端头和外表面待钎焊部位金属化，然后镀一层厚 35μm 的镍层。使用 BAg72Cu 钎料，在真空度为 10^{-1}Pa、钎焊温度为 850℃的条件下，保温 5min，获得的接头光洁致密。

7.3.5.3 氮化硅陶瓷与 40Cr 钢的真空扩散钎焊

Si_3N_4氮化硅陶瓷与 40Cr 钢的连接或封接，由于选用 BAg72Cu 钎料无法直接钎焊，所以应在二者之间夹置 0.1mm 的纯钛箔作为活化层，用钼或 GH44 高温合金做成弹性夹具，给待钎焊工件施加一定的压力，然后在真空炉中抽真空到 5×10^{-3} Pa，加热到 750℃，稳定 10～20min，然后在不低于 2×10^{-2} Pa 的工作真空度下，进行钎焊，钎焊温度为 820～850℃，保温时间为 3～5min。获得的接头的抗拉强度 σ_b = 208MPa。

7.4 其他材料的封接

超高真空系统往往要有特殊材料的视窗，例如云母窗，石英玻璃窗，蓝宝石窗、氟化锂窗，氟化镁窗或锗窗等。对这些视窗的封接要求是封接过程中，视窗不得变形损坏，封接温度必须低于窗材料的软化点。

云母窗大多采用品质比天然云母优良的人造金云母，可用环氧树脂进行封接，其封接接头的最高除气温度不能超过 200℃。金云母还可以采用 AgCl 粘合剂与贵金属（金、铂）进行封接，AgCl 的熔点约为 457℃，熔化后能润湿云母和金属。冷却后成为像蜡一样的化合物，能适应被连接的两零件膨胀系数的变化。这种化合物不溶于水和大多数酸，但是能溶于 NH_4OH 和 $Na_2S_2O_3$，紫外辐射对它有影响，并容易擦伤，封接接头的最高除气温度不能超过 300℃。使用易熔焊料玻璃，金云母可以与软玻璃及金属进行良好的真空封接。焊料玻璃的熔点应低于云母的脱水温度，金云母的脱水温度约 900℃。不同材料应采用不同的焊料玻璃，例如软玻璃、镍钢（50%Ni-50%Fe）和铬钢（30%Cr-70%Fe），可采用焊料玻璃 M130，它的膨胀系数约 $111\times10^{-7}℃^{-1}$，封接温度为 600℃；合金铁镍铬（52%Fe-42%Ni-6%Cr）和铬钢（25%Cr-75%Fe）可采用焊料玻璃 7570，这种玻璃的膨胀系数约 $84\times10^{-7}℃^{-1}$，封接温度为 600℃。使用活性金属法也可以获得良好的云母封接。通常用钛框套在云母接头的两边，然后加上 Ag-Cu 焊料，真空加热到 850℃，保温 5min 即得牢固的接头。钛金属可和铜零件钎焊在一起，接头能经受 400℃除气。

蓝宝石和石英玻璃的熔点都很高，耐热冲击。能用焊料玻璃或硬焊料与金属进行封接。考虑到视窗与金属座之间膨胀系数的差别，在接头处的金属应适当薄一些。图 7-13 是视窗装在法兰盘上的例子。不能使用烧结金属化法，因为烧结温度过高会使石英玻璃析晶失透，可使用活性金属法将石英玻璃与金属进行封接。

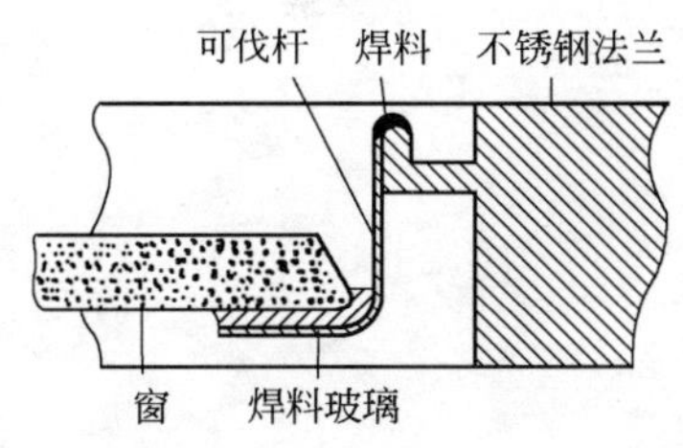

图 7-13 装在法兰上的蓝宝石视窗

利用正常的玻璃吹制技术可把玻璃直接封接于蓝宝石和石英上。蓝宝石的膨胀系数为（58～90）$\times10^{-7}℃^{-1}$，可与苏打玻璃相匹配，7530 玻璃的膨胀系数为 $71\times10^{-7}℃^{-1}$，可以匹配得特别好。石英可采用多级封接技术将它和封接了玻璃的金属进行封接。

氟化镁视窗可用玻璃焊料封接。氟化锂窗可用氟化铅烘烤与铜和金封接。

在膨胀系数不匹配的场合，可用铟或铅等软金属作为过渡金属进行热压封接。锗窗就是用这种方法附着于金属法兰上的。低熔点金属对烘烤温度有限制，但比环氧树脂封接要好。有时为使封接牢固，在视窗的封接表面镀覆镍铬合金（60%Ni-16% Cr-24%Fe，耐腐蚀合金，室温下略有磁性）层和金层，它们对铟的粘结极牢。

8 真空器件的电击穿及预防措施

8.1 概述

在真空技术与设备中，因增高真空电极间的电压或减小电极间的距离，或变化气氛压力，均可发生电击穿现象。在任何原因的电击穿过程中，都要有真空间隙中气体电离过程的参与。如果将气体密度减少到很小的程度，电子或离子的自由程将很长，以致在真空间隙中不发生碰撞电离，间隙的击穿电压将会很高（见图 8-1 中帕邢曲线的左边部分）。一些真空仪器、器件及真空设备就是利用了这一原理进行工作，如真空开关、真空镀膜机、电子管、X 射线管等。

真空间隙能承受高电压，具有良好的电绝缘性，在理想的情况下，它的耐压强度可达 10^7 V/cm（耐压强度定义为可以维持真空间隙长期不被击穿的极限电压值）。目前在电子技术中经常利用这种现象，但是在实际应用的真空设备及器件中，由于许多因素的影响，当电场强度达到 10^5～10^4 V/cm 时，就往往会发生击穿，成了限制真空设备与器件性能的一个主要因素。真空中的电绝缘性能，对于下列器件或设备的正常运用十分重要：

（1）高功率、高电压的微波管、功率发射管、脉冲调制管、整流管；

（2）离子源、电子枪、高能粒子加速器；

（3）高电压的 X 光管、显像管；

（4）真空镀膜机；

（5）电子显微镜、电子束加工设备；

（6）高压真空电容器、高压真空开关等。

真空中电击穿有两种主要形式，即气体放电击穿与真空击穿。气体放电击穿的压力下限与气体的种类、电场强度和电极材料有关。气体放电击穿电压 U_{j} 取决于压力 p 和极间距离 d 的乘积，其关系式为

$$U_i = f\ (pd) \tag{8-1}$$

此式即为帕邢定律，其实验曲线示于图 8-1。它描绘了气体放电击穿电压 U_i 与气体压力 p、极间距离 d 的关系。击穿是由于极间带电粒子碰撞、气体电离及倍增（雪崩）过程所致，通常可用汤生理论描绘。

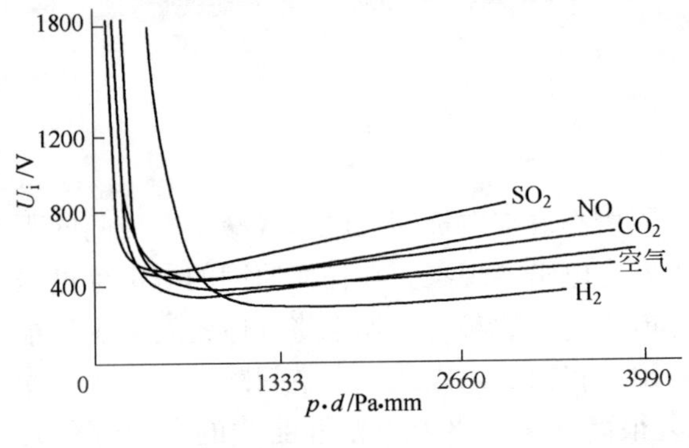

图 8-1　帕邢曲线

当极间电压低于气体击穿的压力下限时，在 10^{-3}～10^{-8} Pa 的典型压力范围内，也可以观察到放电现象，这种现象被称做真空击穿。这时空间气体密度很低，极间碰撞产生的气体电离的倍增作用不足以维持放电，所以真空击穿的触发源必然依赖于表面效应和电极间粒子交换过程。例如，发生真空击穿时，电极间往往有大电流通过，构成导电通路，极间带电粒子密度高达 10^{18} 个/cm^3 左右。

以电子管为例，若电子管封离时的真空度为 10^{-5} Pa，其室温下相应的气体密度只有 10^9 个/cm^3，此时气体分子的平均自由程 λ 具有几千米的量级，因而气体碰撞及碰撞电离的几率很小，碰撞电离引起的带电粒子的倍增作用几乎不存在。由此可见，由残余气体本身电离所形成的粒子繁流过程对击穿电流的贡献是微不足道的。真空击穿时带电粒子的密度比残余气体的密度约高 9 个数量级，而这样高密度的带电粒子只能来自电极本身。电极材料一般是金属的，金属密度约为 10^{23}～10^{24} 个原子/cm^3。因此，真空击穿中的大电流载体为足够数量的金属蒸气、气体或等离子体，它们来源于电极表面的局部过热和升华。

真空击穿与气体放电击穿在机理上存在着相当大的差异。真空击穿取决于电极表面效应和极间粒子交换过程；而气体放电的雪崩过程依赖于放电空间中带电粒子与残余气体的相互作用。因此一般认为，真空击穿是与压力无关的。但严格说来，真空击穿仍与压力有着一定的关系，因为影响真空击穿的一些效应，诸如表面吸附、正离子对阴极发射区的轰击、高能负离子的电荷剥离等现象都与压力有关，并影响到击穿电压与预击穿现象。

真空击穿取决于许多参量，如电极材料、表面状态、电压脉冲长度等。图 8-2 给出了击穿电压 V_j 随着间隙距离变化的一般关系。

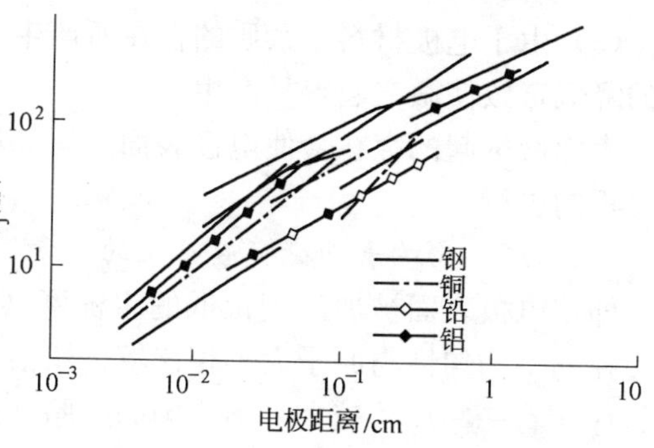

图 8-2 真空击穿电压-间隙曲线

图 8-2 中的曲线均为多次测量的平均值。由于电极表面的经历不同（例如，以前是否经过打火；每次击穿测定过程中，表面熔化及凝固等调理过程使表面状态发生变化），即使间隙距离一定，击穿电位也往往相差很大。

8.2 真空间隙的预击穿过程

研究表明在真空击穿之前存在着一个预击穿过程。真空预击穿过程中，存在着三种主要类型的电荷迁移现象，即：(1) 场致发射及有关的脉冲现象；(2) 微放电现象；(3) 微粒迁移现象。

8.2.1 真空中金属电极的表面过程

在深入研究各种因素对真空击穿的影响时发现，在真空间隙的击穿过程中，金属阴极的表面过程是很重要的，金属电极的表面过程经常是击穿的初始阶段。即使经过仔细加工处理的电极表面也会有微小的突点存在，在强电场的作用下，这些微小突点可能被破坏，但是在击穿过程中又会再产生出来新的微突点。这些微突点的产生和破坏条件，它们的熔化、汽化过程以及对其后的击穿发展的作用等对真空间隙击穿过程具有重要的影响。

8.2.1.1 电极表面微突起产生的原因

一般认为，微突起产生的基本原因可分为以下三种基本类型：

(1) 表面扩散（迁移）效应所引起的微尖端；

(2) 由于电弧损伤、局部焊缝裂纹或微粒轰击所引起的严重的面积变形；

(3) 由于电极材料中杂质的存在所产生。例如，杂质会引起表面张力的降低，致使微突起容易产生。

表面微突起的存在会使电极表面的局部场强大大提高，加速真空击穿过程的进行。

8.2.1.2 影响表面微突起产生的因素

即使电极表面被加工到很低的粗糙度（如进行研磨抛光加工），表面存在的不均匀性与原子大小相比较仍然很大。因此，原始电极表面上总是存在着一些尺寸较大、不均匀的胚胎微点，这些微点有时消失，有时又自然生长，而温度和电场是其最主要的影响因素。

A 无电场作用时的影响因素

a 温度对微突起的影响

由于表面张力的作用，电极表面的任何不均匀性在长时间的热作用下都有消失的趋势。这是因为微突起顶部原子的高自由能，会迫使其迁移至突起间的晶坑内，达到原子的稳定位置状态。由此，电极金属表面便产生了自发的均匀化过程。当然，有时在热作用下也会出现相反的过程，例如，在经过仔细研磨的多晶金属表面存在着粗糙性增加的趋势。这是因为多晶金属研磨时晶格边界被破坏，表面上形成了无定形原子层，它具有更高的自由能。当这种多晶金属被加热时，无定形的原子沿着表面迁移，它力图占据晶格内的空位，直到由于占据空位而减少的原子能量不能完全抵偿由于表面积增加而引起的表面能增加时，这种调整过程才可终止。

加工后的金属表面呈现天然的粗糙性，用普通光学显微镜就可以观察到金属表面呈现周期排列的沟痕，这些沟痕通常深为几纳米到几微米。当加热金属时，其表面粗糙性出现的更快。尤其当金属在其本身的蒸气中加热时，这一现象更为明显，例如，铜制零件放置于没有蒸气逸出的铜制的容器内加热到 950℃，5min 后便可发现在零件表面上产生了很大的粗糙性。而铜制零件在镍制的容器内加热时，由于镍能很好地吸附和溶解铜原子，因而在铜零件上不易观察到类似的粗糙性。

b 金属晶须的自发产生

电极表面上除了自发产生的微突起以外，金属表面也会自发产生针状结晶（即金属晶须），产生的条件是存在表面能的梯度。例如，经化学侵蚀活化的铜表面，在空气中加热到 120℃、24h 后便会产生直径约

2μm、长 0.1～0.2mm 的氧化铜针状结晶。将钯、铂、镍、铁或其他金属在空气中加热到 200～400℃时，也会产生晶须。一般情况下，易氧化的金属，其针状结晶从氧原子开始生长，而难氧化的金属如金、铂等，则从金属原子开始生长。如果有蒸气冷凝在冷金属表面时，则可促使针状晶体快速增长。

电真空器件零件的退火、焊接，尤其是真空排气、老炼及测试过程，都是产生针状晶体生长的合适条件。因为这时热区零件的挥发物蒸气压对冷区零件来说总是过饱和的，而且当极间存在电场时，晶体生长过程便会加速。对电真空器件而言，热阴极以及工作时承受带电粒子轰击的电极是蒸发物的主要来源。

B 在强电场作用下的影响因素

有强电场存在时，控制微突起生长或消失的主要因素取决于固体表面的张力 γ 及表面所加电场 E 之间的关系。表面张力趋向于使表面的不规则起伏平滑起来，当这种作用力平衡时，由表面张力 γ 所引起的突起表面内外两侧的压力差为

$$\Delta p = \frac{2\gamma}{R} \tag{8-2}$$

式中，R 是表面突起顶部的曲率半径。电场力 σ 与表面的任何机械应力对表面突起形状的影响由以下不等式判断

$$\left(\sigma - \frac{2\gamma}{R}\right) \leqslant 0 \text{ 或 } \geqslant 0 \tag{8-3}$$

如果不等式不等于 0，则在突起和表面之间存在着强烈的物质迁移现象，其物质扩散通量 j 为

$$j = \frac{D}{kT}\left(\sigma - \frac{2\gamma}{R}\right) \tag{8-4}$$

式中，D 为表面扩散系数；k 为玻耳兹曼常数；T 为绝对温度。

由电场所引起的应力为 $\sigma = \frac{E^2}{4\pi}$。如果电场力 $\sigma < 2\gamma/R$，则原子从突起顶部迁移到底部，使突起钝化消除。除了采取降低电场的措施以外，还可以采用加热表面或离子轰击的方法使突起钝化。当 $\sigma > 2\gamma/R$ 时，则微突起明显生长，相应的电场可用下式计算

$$E = \left(\frac{16\pi\gamma}{R}\right)^{1/2} \tag{8-5}$$

8.2.2 场致发射引发预击穿

当真空间隙小于5mm，极间电压特别高时，所产生的预击穿主要是由表面突起的场致发射引起的。但是在极间电场强度较低（低于标准场致发射定律式）时，也可以观察到预击穿现象，研究表明，此时的预击穿现象主要是由阴极发射增强效应所产生的。

根据阴极微突起理论，电极表面只要存在着微小突起，就能局部地增强电场，在阴极表面的微突起处，局部场强可提高β倍。对于均匀电场的电极系统来说，在计算阴极表面微突起处的场强E时，应用如下公式

$$E=\beta\frac{V}{d} \tag{8-6}$$

式中，E为阴极表面局部场强；β为阴极表面局部场强提高系数，β为该处电极表面实际电场强度与理想光滑表面的电场强度之比值；V为极间电压；d为极间距离。由阴极表面的不规则性所引起的局部逸出功或电场的微小变化，都会导致发射电流密度的很大变化。尤其是在高电流密度的情况下，由于在发射面外侧建立起了负空间电荷，也可能类似地引起局部场强的微小变化。

除了电极表面的微突起以外，可能使阴极发射增强的因素还有：（1）阴极低逸出功区域的场助热发射，即肖特基效应；（2）电极表面的局部热斑点；（3）阴极表面吸附了具有特殊能带结构的粒子，增强了电子的隧道效应；（4）金属表面的氧化膜及其俘获的表面正电荷。

场致发射预击穿现象的特点是出现了许多异常现象，尤其是电极表面覆盖有各种气体时，很难获得可重复的结果。例如，可能产生电流噪声、发射电流的瞬间变化、着火特性的迟滞现象等等。超高真空下的清洁表面场致发射电流是十分稳定的，反之，对于不够清洁的表面，场致发射电流不太稳定。对金属表面发射中心的分布和密度进行的测量表明，每$1cm^2$阴极表面一般存在着5～250个场致发射中心。

8.2.3 表面微放电预击穿现象

8.2.3.1 微放电现象

A 微放电现象的特点

在预击穿过程中，除了有上述场致发射电流起伏之外，还存在着与

电极表面吸附层有关的另一种预击穿现象，即微放电现象。这种放电过程是电荷的自限性猝发，它可在不同的阈值电压下发生，其值取决于电极表面的吸附及污染状况。图 8-3 给出了阈值电压与真空间隙的典型关系曲线。最下面曲线上带数字的点，表示所取得数据的次序，而实验前未作任何调理。随着调理程度的增加，阈值电压普遍升高。微放电过程中电流-时间波形是可变的。当表面状况一定时。它取决于电极面积及所用的测量系统。典型的微放电过程中电流-时间波形理论结果为对称性脉冲形状。但是实际上所观测到的经常为非对称性脉冲，其原因是因测量系统对微放电脉冲起了积分作用，或是出现了其他一些更复杂的现象。

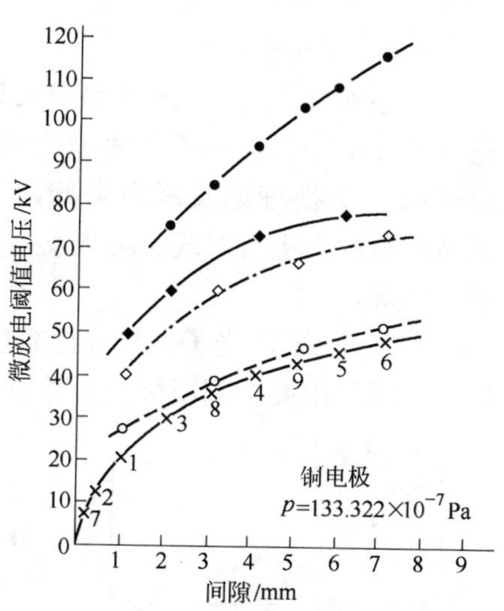

图 8-3 在不同调理（老炼）程度下出现微放电时，阈值电压与间隙距离之间关系

（调理程度按×、○、□、■、·而递增）

微放电过程总是伴随有气体猝发现象，此外，微放电现象还具有如下的特征：

（1）着火电压与是否有穿越间隙的电子存在无关；

（2）出现微放电时有发光现象，这表明放电有时扩散到了整个电极空间；

（3）检验微放电过程中流过的带电粒子表明，离子成分有负离子 H^-、O^-、C^-和正离子 H^+、Hg、H_2^+、H_3^+、CO^+，并观察到有大量较重的离子，而电子成分一般为离子的 3～10 倍；

（4）微放电的频率随电压增高而上升；

（5）放电可能包含有一个再生的离子链；

（6）当气体压力上升到 10^{-2} Pa 时，阈值电压上升，对各种气体的试验都可观测到这一现象；

（7）微放电频率增加，放电电流将成为直流。

B 粒子交换过程

上述列举的所有现象大致都可以用粒子交换理论来解释，尽管该理论目前并不完善。粒子交换理论是从早期的真空击穿理论——电子-正离子-光子交换理论发展而来的，并称之为正、负离子再生交换理论。天然放射性、宇宙射线、场致发射和场致脱附都有可能成为最初离子的引发来源。

电子-正离子-光子交换理论简述如下，假定开始时场致发射的某一电子从阴极出发打到阳极上，并撞击阳极所吸附的气体分子而产生了 A 个正离子和 C 个光子。当正离子和光子抵达阴极时，又导致阴极释放出二次电子，并假定一个正离子产生 B 个电子，而一个光子产生 D 个电子。如此循环，就出现了电流不断增长的过程。如图 8-4 所示，当 $AB+CD\geqslant 1$ 时，则电流连续增长，这个关系式也被视作为能否维持预击穿微放电的判据。此外，若一个正离子碰撞阴极，除了产生 B 个电子以外，还产生出 F 个负离子，而一个负离子在阳极上碰撞出 E 个正离子，则也可得到类似的判据，即 $AB+EF\geqslant 1$。显然当 $EF>1$ 时，离子流也连续增长。应当指出，在电流的增长过程中伴随有溅射现象，从而释放出大量气体；同时，气体被电离，形成大量正离子及电子；这些都对电荷转迁过程起着支配作用。由于释放出的离子具有高能量，所以微放电将蔓延到凡是能满足 $EF>1$ 的电极区域。系数 A、B、E、F 主要取决于所加电压、电极表面场强以及电极材料及其吸附物的特性。

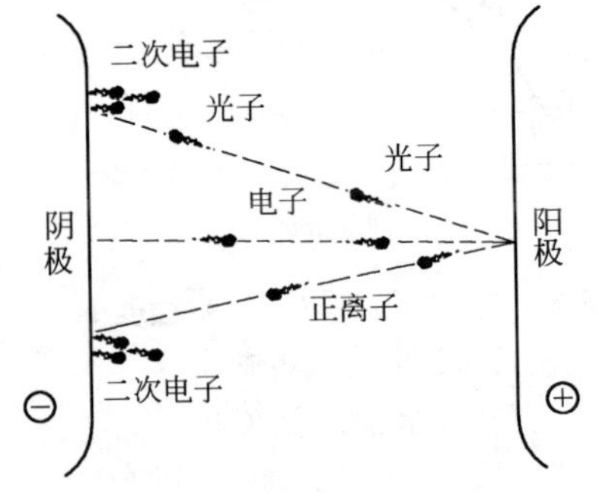

图 8-4 真空击穿中的电子-正离子-光子交换过程

8.2.4 微粒预击穿现象

8.2.4.1 微粒预击穿过程

微粒系指大小为 0.1～100μm 的金属或非金属的大原子团。如图 8-5所示，微粒可分为天然存在的一次微粒，它系指引起一连串过程后而最终导致击穿的离析粒子，它们多半是疏松粘附于电极表面或嵌入电极表面的杂质颗粒，或者是受电场力的作用而从电极表面拉出的颗粒。

研究表明，在微放电或击穿过程中会生成二次微粒，它系由电极材料局部熔化或由于一次微粒的 Cran-berg 型爆发式碰撞产生的液滴凝固而成。微粒从电极表面被拉出并通过极间间隙的运动称为小块现象或微粒现象。

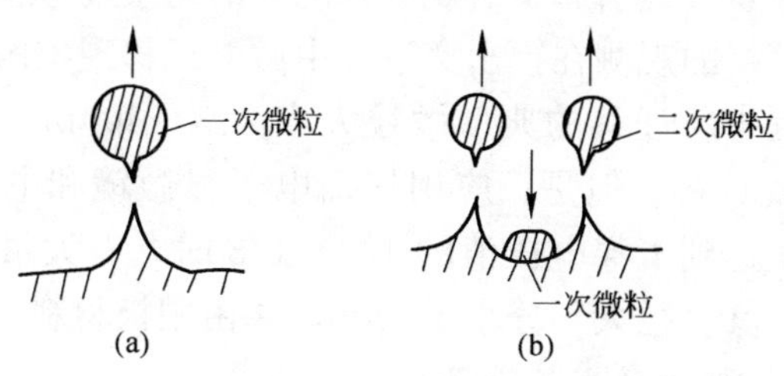

图 8-5 微粒产生过程的示意图

(a) 一次微粒被拉出电极表面；

(b) 二次微粒的产生

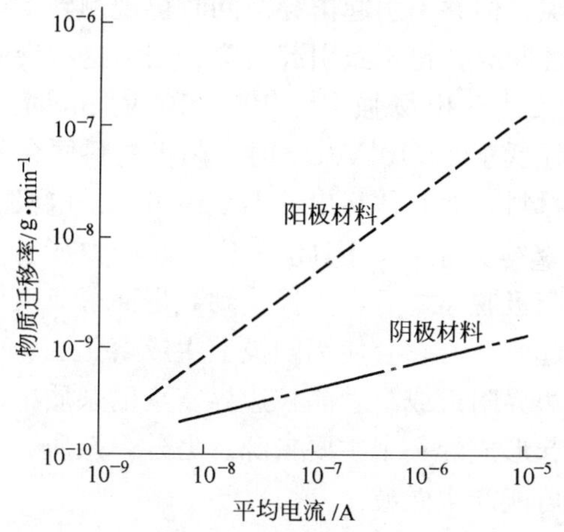

图 8-6 微粒预击穿过程中电极物质的迁移

(电极材料为铜、金、银和铝)

在大多数情况下，阳极物质的迁移率比阴极高 1～2 个数量级，但在某些情况下，阴极和阳极的物质迁移率大致相同。从图 8-6 中可见，典型的阳极物质迁移率为每个电子电荷迁移 1～5 个原子，这个比例关系可用前述的微放电的离子交换模型来解释。

实验表明，如果预击穿电荷流主要是由场致发射引发的，则一般不可能产生如此大的阳极物质迁移率。只有当阳极加热区的温度接近熔点而偶然地有液滴迸出时，才可能产生阳极物质的大量迁移，但并不发生击穿。如果不属上述原因，那么唯一的解释就是有许多微粒从电极上被拉出并通过间隙，于是引起了所观测到的大的物质迁移率。

一系列更直接的观测在预击穿过程中微粒迁移现象的试验表明，在微粒预击穿过程中所迁移的典型微粒大小为 3～40μm，其主要成分是杂质而并非电极材料。但是，应用扫描电子显微镜和电子探针检测表明，当施加电压达到击穿电压值的 1/2～1/3 时，有大量的小微粒通过真空间隙迁移，其直径大部分小于 3μm，并由阳极材料组成。

8.2.4.2 微粒的产生与迁移

微粒迁移现象更进一步的证据是来自对各种电极表面的研究。在试验中观测到，当电场为 2×10^{5} V/cm 时有阳极碎粒（直径约为 10μm）的分离并穿过间隙，但并不引起击穿。同时也观测到阳极表面微突起的增长，当它们被扯断时，也不致引起击穿。因为这些突起太小（高约为 1μm），它们往往发生于电场强度为 $10^{5}\sim10^{6}$ V/cm 时。不过也有实验证实，甚至当场强低于 4×10^{4} V/cm 时。阳极材料便会分离，有些分离物被鉴别为电极材料，而其他释出的聚集体可能是电极表面的杂质。阳极杂质区域处的束缚力很小，因此易于被电场力所分离。Little 证实了，继材料从铝阳极脱离之后，阴极受到轰击而形成痕坑。看来坑边正是场致发射微突起所在，它会使铝阳极上生成熔化区。而阳极上的微粒来源于位于晶粒边界附近或沿着晶粒边界富集的杂质中心。上述实验表明了微粒是微突起形成的一个主要来源。另外，杂质、弱键电极区或火花、电弧产物均可能产生微粒。

除了微粒穿过真空间隙产生的电荷迁移之外，微粒碰撞电极表面也可能释放出正电荷和负电荷。对于预计的微粒电荷与碰撞释放电荷之间进行比较表明，即使是像钼一样的丰富发射体，一般情况下，微粒电荷总是大于释放的电荷，除非碰撞速度超过 1～2km/s，但是除了在很高的间隙电压下，否则在真空击穿研究中是不可能达到这样高的速度的。试验发现，外加电压约为 10～100kV 时，人为地注入电极间隙的微粒速度为 1～20m/s，而天然产生的微粒，其速度约为 1m/s。

一般来说，很清洁的电极置于超高真空系统中时，若宏观的阴极场强超过（1～2）$\times10^{5}$ V/cm，就可观测到场致发射现象。如果间隙距离很大（$d>1cm$），表面又很清洁，预击穿场致发射电流则变得很低，而此时微粒过程可能是主要的。如表面存在大量的吸附物，即覆盖度很大，则容易出现微放电现象。

8.3 真空击穿过程及机理

8.3.1 真空击穿过程

当极间电压上升到超过预击穿起始电压值时，上述的预击穿过程均将强化。例如，在存在场致发射的间隙中，表现为电流上升，并在阳极上出现亮蓝色的光点，这种发光现象是电子束轰击阳极表面引起跃迁辐射所致。总之，在直流高压作用下，阳极本身（或局部加热区）能达到高温并伴随有热辐射，因而在任何情况下，间隙终将击穿，击穿时出现局部亮点，同时间隙电压很快地下降。

8.3.2 场致发射引发的电击穿

目前有两种场致发射引发击穿的基本理论，即：

（1）阴极引发——阴极微突起受焦耳热加热，为真空小间隙极间击穿的主要原因。

（2）阳极引发——阴极发射体发射的电子流轰击阳极，使阳极释放出大量气体和蒸气，这成为真空大间隙极间击穿的原因。因此，阳极引发电压比阴极引发电压低很多。

在很宽的真空间隙范围内测定击穿的实验时，发现大间隙产生击穿所需的阴极场强比小间隙要低许多。原因可归结为由阴极的冷发射致使阳极释放出离子并反过来轰击阴极，由于大间隙电压高，离子能量大，使得阴极在较低的电场作用下产生更为丰富的发射，H. W. Anderson 将这种效应称为“总电压”效应。

8.3.2.1 阴极微突起引发的击穿机理

假定间隙电压临近击穿电压，当阴极微突起的场致发射电流达到临界电流密度时，在微突起顶部由于该电流的电阻性加热，可使其顶部熔化或喷射，从而引发真空击穿，如图 8-7 所示。

实际上，阴极微突起除了受电阻性加热以外，还存在着由于场致发射所引起的另一种热效应，称之为诺丁汉姆（Nottingham）效应。诺

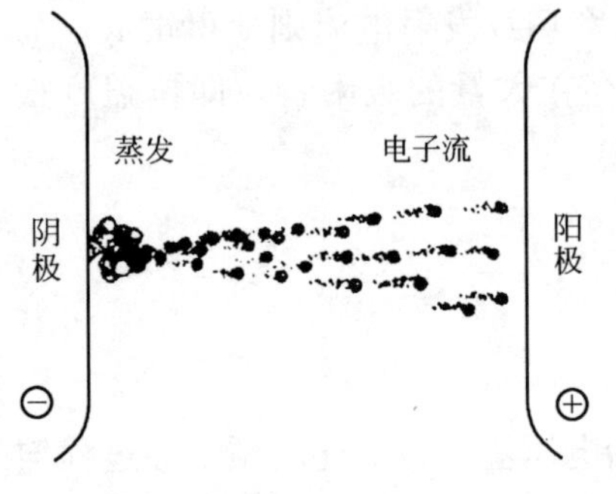

图 8-7 阴极引发击穿

丁汉姆热效应指的是，场致发射的电子离开阴极晶格时的平均能量与来自导带填补空位的电子的平均能量两者不同所产生的温度改变现象。这种效应会导致阴极加热或冷却，因此在计算阴极温度时，还应考虑到此效应的影响。在低温时，由于前者小于后者，因而使微突起发热。当微突起温升至高温以后，前者数值增高而后者仍大致恒定，则冷却效应是主要的。可见，存在着一个临界温度 T_c，当 $T>T_c$ 时发生冷却效应，当 $T<T_c$ 时，则发生加热效应。查特顿计算了诺丁汉姆加热所引起的附加效应，指出了对于低熔点材料的阴极而言，该效应是决定阴极温度的主要因素，而且在高温的情况下，由诺丁汉姆效应所引起的冷却作用可以忽略。

实验结果表明，在大面积电极上的小尖端的温度高于某一温度时(但仍远低于熔点)，阴极发射体均变得不稳定，一旦尖端温度达到某一临界温度时，就不可能利用外电阻来稳定电流。因此，可以认为阴极的这种不稳定性是造成清洁电极表面真空击穿的通常原因。

8.3.2.2 阳极引发击穿的机理

在实际应用中，真空器件内间隙的击穿可由任一电极所引发。如图 8-8 所示，阳极引发的击穿机理可以描述为：由阴极突起场致发射出来的电子，以狭窄的自聚焦的电子束轰击阳极，引起阳极个别微区的局部加热，造成阳极材料的原子蒸发和放气，在极间形成金属蒸气云。这些原子足以在阳极和阴极之间的空间里发展成为导电通路所必需的带电粒子密度。然而并不需要这样的带电粒子密度充满整个电极空间，只需在极间建立起狭窄的导电通路。狭窄导电通路的形成也同样依赖于如图 8-9 所示的自聚焦作用。聚束的原理是由于围绕着离子流所产生的磁场使得离子束本

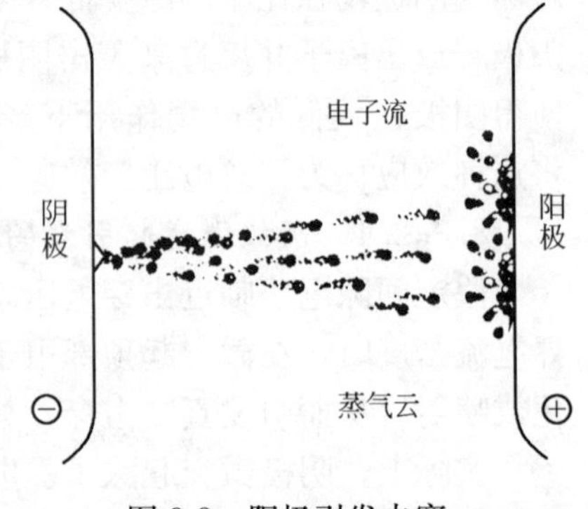

图 8-8 阳极引发击穿

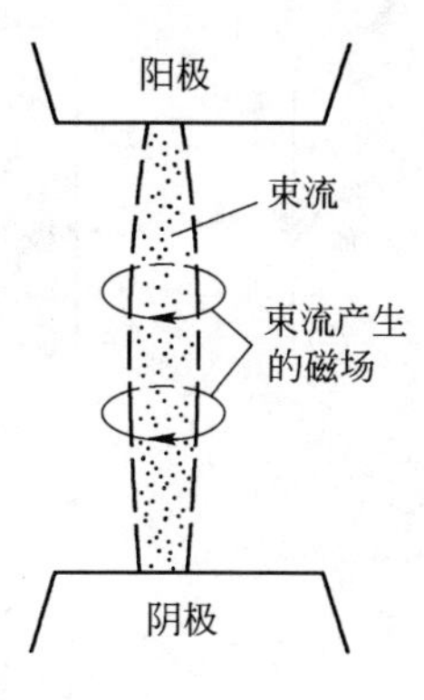

图 8-9 磁致聚束效应

身又被聚束到一个十分狭窄的通路里，这种现象称为磁致聚束效应。

8.3.2.3 优先引发击穿的电极

电极温度取决于微突起形状、电极不稳定温度和间隙距离 d。实验研究表明，无论是阴极或阳极，都可能变得不稳定而引发击穿，击穿的引发与微突起的形状关系甚大，对给定的电极系统而言，起决定性的量是场提高系数 β 和微突起的发射面积。

对于特定的电极系统及微突起形状，存在着一个 β 值，当超过该值时，阳极不可能先于阴极到达它的临界温度，查特顿等人对稳态阳极加热的计算指出，对于小 β 值的阴极，阳极引发的几率大于阴极。对于特定的间隙距离和突起形状，如果预计阳极熔化的电场低于预计阴极熔化的电场，则可以认为击穿是以阳极为主；反之，则以阴极为主。

如果电极上加的是脉冲电压（例如在电子注轰击阳极的瞬态情况下），一般而言，短脉冲时，阴极优先引发，而在长脉冲时可能更多地导致阳极的不稳定性，此外阴极和阳极的温度严格地取决于电极材料的热时间常数。一般阴极的热时间常数小，故可忽略。但是阳极达到稳态温度的时间很可观，这是不能不考虑的。

8.3.3 微粒引发的击穿理论

8.3.3.1 微粒击穿过程

根据前述，在真空电极系统中往往存在一些微粒（或称小块），它们可以是疏松地粘附于电极表面或飞入极间的外来材料，也可以是弱键的电极材料本身。在静电场的作用下，疏松粘附的带电微粒受感应而带电，从阳极脱出并被拉过间隙，以足够高的能量轰击相反极性的阴极并引起阴极发射，经过一系列微粒现象而最终导致电极之间的间隙击穿。图 8-10 表明了微粒引发击穿的大致过程。

8.3.3.2 微粒热斑击穿理论

如图 8-11 所示，当尺寸较大的自由微粒在强电场作用下趋近电极时，在微粒与电极间（尤其是阴极突起）的空间内形成一足够高的电场而引起真空触发放电，因之释出大量贮藏的静电能量，使电极和微粒间

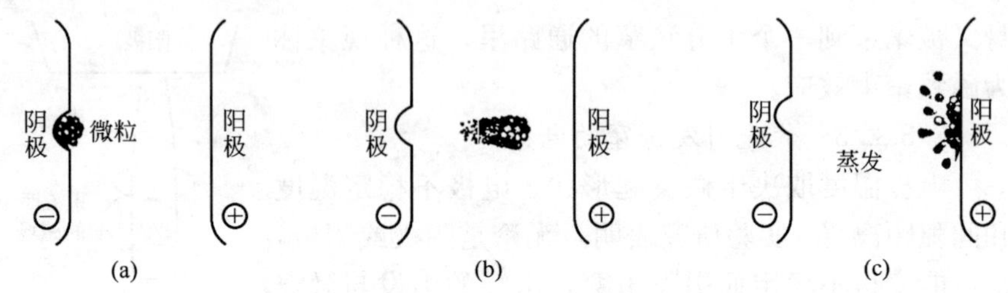

图 8-10 微粒引发击穿过程

(a) 疏松粘附于电极表面的微粒；(b) 微粒由阴极向阳极运动；(c) 微粒轰击阳极引起材料蒸发

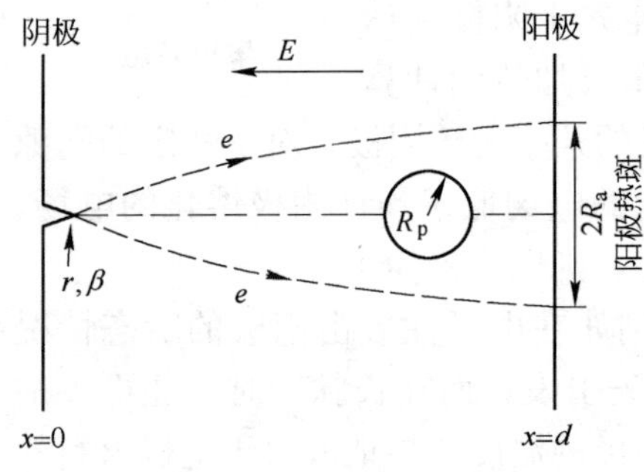

图 8-11 受热阳极-微粒引发击穿的模型

(图中所示理想型微粒球来源于阳极热斑，而阳极热斑是由电场增强系数为 β 的阴极微突起所发射出的电子形成的)

相距最近的部位生成热斑，热斑区的高热将使微粒被局部地熔化，甚至蒸发。微粒气化而成的气泡自由膨胀时即产生了微放电，它遵从帕邢放电曲线的规律。虽然持续膨胀使气泡内的压力不断降低，放电可能要熄灭，但由于已产生了足够数量的电离质点，它们加速后可导致电极局部过热而产生二次发射、气体脱附，甚至电极表面局部蒸发等现象。正是这些新产生的气体与蒸气，使放电得以发展，最后导致真空击穿。

8.3.3.3 微粒蒸发击穿理论

假定阴极表面有一微突起（见图 8-11），它的电场提高系数为 β，发射半径为 r，因此而导致阳极热斑。假设热不稳定性首先发生于阳极，阳极的半熔化滴点被电场拉出表面，其结构如图 8-5 所示，它获得一高的初始正电荷 Q_p，并在电场加速下飞向阴极。然而，这个微粒的运动迎着电子束方向，它将同时受到累积的电荷中和。这种中和作用起着延滞渡越时间的效果，从而使得微粒由于电子轰击加热而温度骤升并升华，结果使真空间隙内的局部蒸气密度增加，足以导致电子-原子碰撞及电离加剧而发生击穿。这个过程实际上就是前述的“阳极”引发击穿过程的发展，此处微粒的作用与阳极的作用类似。理论分析表明，当

微粒尺寸 $R_p \leqslant 3\mu m$ 时，可依上述机理发生击穿。

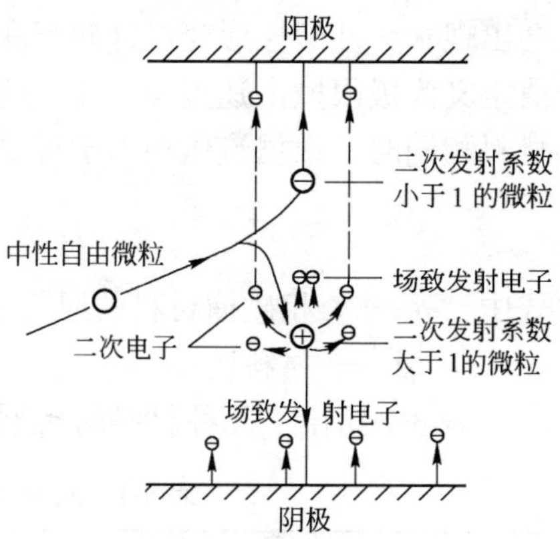

图 8-12 飞入电极空间的中性自由微粒的带电情况

值得指出，飞入极间的导电或不导电的自由微粒。在强电场作用下即成为带电微粒。Hurley 认为，微粒所带电荷的特性取决于它本身的二次发射系数。当二次发射系数小于 1 时，当它受到阴极场致发射电子的碰撞后就带负电而飞向阳极（见图 8-12）；若二次发射系数大于 1，则它将带正电并飞向阴极（例如，电子管常用材料云母、陶瓷、玻璃等材料的二次发射系数一般都大于 1；金属的二次发射系数为：铊 1.7，铂 1.5，银 1.4，钨 1.35，钼 1.3 等）。在第一种情况下，微粒距阳极的远近是重要因素，越远则与阳极碰撞时的能量越大。而在后一种情况下，距离并不是主要的因素，因为微粒的二次电子总是指向阳极，微粒的正电位最多达到阳极电位。只有当阴极表面的场强足够大时（或者在阴极表面存在尖端，在飞入微粒的轰击下，尖端的场致发射电子具有瞄准性），自由微粒才能促进击穿的发展，否则它不会引起击穿。

8.3.3.4 一次渡越碰撞击穿现象及理论

微粒和电极表面相互作用的物理性质主要取决于微粒碰撞及其最终速度 v，对于球形微粒碰撞时的速度可以由下式求出

$$v = \left(\frac{9.87\varepsilon_0 V^2}{R_p d\rho}\right)^{1/2} \tag{8-7}$$

式中 ε_0 ——自由空间介电常数，为 8.8×10^{-12} F/m；

V——外加电压，V；

R_p——球形微粒的半径，m；

d——间隙距离，m；

ρ——微粒密度，kg/m^3。

现在我们分三种情况讨论。

A 低撞击速度（$v \leqslant v_c$）

低撞击速度定义为：在此速度范围内，无论是入射微粒或电极都不

会出现永久性塑性形变，这属于非破坏性的半弹性碰撞。这时 v 的极限值定义为极限撞击速度 v_c，它与被撞击表面的材料常数有关。在二者材料相同时，根据流体动力学理论，有

$$v_c = \left(\frac{8\sigma_y}{\rho}\right)^{1/2} \tag{8-8}$$

式中 σ_y ——相碰撞材料的屈服强度；

ρ——材料密度。

表 8-1 给出了几种材料的 σ_y 值及由式（8-8）计算出的 v_c值。

表 8-1 几种材料的 σ_y 及 v_c 数值

材 料	$\sigma_y/\mathrm{N\cdot m^{-2}}$	$v_c/\mathrm{m\cdot s^{-1}}$
铜	5.5×10^7	约 200
不锈钢	2.8×10^8	约 500
钛	8×10^8	约 1000

由表 8-1 可以看出用钛作为高压电极材料的优异之处。需指出的是，上列数据比经典弹性碰撞理论所预测的 v_c值约高三个量级。这可解释为：由于从微观尺度上考虑，撞击涉及单晶碰撞，而在宏观尺度上，碰撞涉及的是多晶体系。

B 中撞击速度（$v_c \leqslant v \leqslant 5v_c$）

在此速度范围内，入射微粒的动能大部分不可逆转地消耗在被撞击表面的永久性机械变形上，这种撞击过程是高度非弹性的。这时，微粒撞击或焊牢在靶电极表面，将在表面生成弹坑或微突起。如果这一微粒是撞击在阴极上，则可能形成一个瞬间发射中心。当呈现弹坑时，则凹坑边缘将形成场致发射体，能够引发击穿，这也称做“凹坑理论”。在阳极上相应的撞击过程将形成相似的表面损伤，当然，这不会引起任何电子发射过程，因而从击穿的观点来看，阳极束缚的微粒引发击穿的危险性小。

假定在 $v > v_{el}$时可引发击穿（v_{el}为电极开始产生范性流变时的微粒速度），则其最低击穿电压 V_b可由下式得出

$$V_b = \left(\frac{0.1013\rho R_p v_{el}^2}{\varepsilon_0}\right)^{1/2} d^{1/2} = K_{el} d^{1/2} \tag{8-9}$$

式中 σ_y ——靶的屈服强度；

ρ——微粒密度；

$$v_{el}=\left(\frac{2\sigma_y}{\rho}\right)^{1/2}\frac{(\lambda\rho)^{1/2}+\rho_t^{1/2}}{(\rho\rho_t)^{1/4}\lambda^{3/4}};$$

ρ_t 为靶密度；$\lambda=1$（当微粒与靶材料相同时）。

如果 R_p 的取值约为 0.1μm，并计算出有关材料的 v_{el} 值，则可得到与实测击穿电压相当一致的结果。

表 8-2 给出了 K_{el} 的典型数值。从表中可以清楚地看出，像 Cu、Al 等材料导致微粒触发击穿的可能性比某些高强度材料如 W 要大得多。

表 8-2 不同材料的范性流变开始时的微粒速度和所导致的预测击穿电压

材 料	$V_{el}/m\cdot s^{-1}$	K_{el} ($R_p=0.1\mu m$)	V_B/kV	
			d=1mm	d=1cm
Ni	960	3.07×10^6	97	307
Cu	623	1.99×10^6	63	199
W	1276	1.34×10^7	425	1340
Al	839	1.35×10^6	43	135

C 高撞击速度（$v\geqslant5v_c$）

在这一速度范围，入射微粒动能不断增长的那一部分消耗在热过程中，特别是微粒或电极材料的蒸发。微粒完全蒸发的临界条件是

$$v\geqslant4\,(L_v)^{1/2} \tag{8-10}$$

式中，L_v 为被撞击电极材料的蒸发潜热，例如，钛的 L_v=7 MJ/kg，这相当于约 10km/s 的撞击速度。必须指出，引发击穿必需的蒸气压局部升高所要求的微粒撞击速度明显地低于 10 km/s，以难熔金属钼为例，临界速度约 5km/s，而铜却可以低到 1.5km/s。对电极进行的质谱分析表明，确实存在着微粒或电极材料的蒸发。

因此，高速撞击过程形成的局部金属蒸气云，在热和电场作用下迅速电离并在撞击区形成微等离子区，这个等离子区在电场作用下扩展到充满间隙，这就导致了极间电弧而引起击穿。此外，由于撞击作用在阴极上所生成的新发射中心的电子发射，有可能使维持微等离子区增长的再生电离过程进一步增强。

必须指出的是，在决定上述微粒引发击穿的临界条件中，间隙电压比电场更为重要。

8.3.3.5 多次渡越撞击击穿

实验证明了在高压真空间隙中存在着微粒弹跳（反弹）现象，在低于间隙击穿电压下，这些弹跳微粒在电极间来回振荡，从而引起外电路中的可量测电流。

微粒弹跳现象也可用作间隙中微粒动能增强的理论基础，尤其适用于微米和亚微米尺寸的微粒。这种能量增加的模式有两项基本要求，即在弹跳撞击时，微粒动量和微粒电荷二者都将有效地反向。这样，微粒才可能以高的初速投入第二次渡越，此外，这样的反射微粒将被电场再加速。

微粒撞击到电极上时，必然有一停留时间。当微粒在半弹性撞击时，在电极表面处于最大挤压状态的那一瞬间，亦即当微粒暂时停留下来时，接触表面将呈反向变形，如图 8-13 所示。以飞行速度 $v=50\text{m/}$

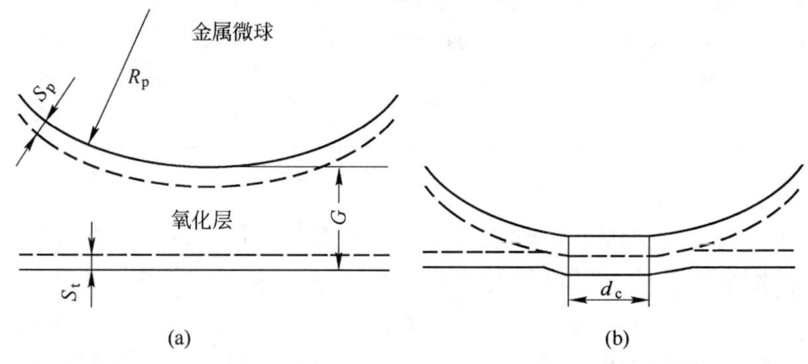

图 8-13 用于分析金属微球与靶平面相互作用的理想化模型

（金属球与靶的表面氧化膜厚度分别为 S_p 与 S_t，d_c为接触处的最大直径）

(a) 撞击前（$t<0$）；(b) 撞击时（$t\sim t_c/2$）

s，直径为 1μm 的球形铜微粒与铜电极相撞为例，典型的停留时间 t_c为 10^{-9}s 量级，接触处圆的半径约为 3×10^{-8} m，如果考虑到塑性变形，这两数值将更大。假设球形铜微粒和铜电极表面都是原子清洁的，则接触时的电荷交换只受金属的弛豫时间 τ 的限制，τ 的典型数值约为 10^{-14} s，因此 τ 远小于 t_c。但由于铜的表面总有着一层 3～5nm 厚的氧化膜，微粒与电极间通过氧化结而建立瞬间电接触，这时靠着多孔薄膜的直接电阻性传导或借助氧化结的隧道效应而使微粒与电极间交换电荷。

理论分析表明，具有高介质常数绝缘膜的表面（例如不锈钢）与具有低介质常数的半导体膜表面相比，前者由于电荷交换引起的连续性能量增强渡越而导致击穿的几率要比后者小得多。

8.4　影响真空电击穿的因素及预防措施

8.4.1　影响金属电极间真空绝缘的因素

实际的真空绝缘性能主要取决于组成真空绝缘系统的所有因素，只有详细地了解这些因素，才能成功地应用和控制真空绝缘。表 8-3 列出了其中的主要因素。

表 8-3　影响真空绝缘的重要因素

相对固定因素	可变因素
电极（阴极或阳极）	环境
材料	残余气体压力和组成
表面光洁度	污染
最终处理	磁场
烘烤	辐射
介质表面薄膜	外路电路阻抗
几何形状	能获得的能量和电流
形状	施加电压的速率
尺寸	电极温度
真空室	电极距离
材料（金属或介质）	老炼——由电极的电气应力所决定
形状、尺寸	
烘烤	

注：表中的“固定”因素为仅在绝缘系统建立时可予以改变的因素；“可变”因素是指通常在测试和运行中可以改变的因素。

表 8-3 中的各种因素是互相关联的。一个重要因素所产生的影响通常依赖于其他因素的状况或程度。例如，有时最后的真空烘烤或烧氢过程可能会增高、也可能会降低击穿电压，而结果要视电极材料、电极形状和尺寸以及电极距离而定。这种互作用的存在意味着用简单的措施来获得高击穿电压是很困难的。因此，在给定的情况下，需要仔细地考虑所有的因素，并且，可能还要经过试验和测试来达到最佳性能。

8.4.2　减少击穿的措施

8.4.2.1　老炼

在实际应用和实验中发现，在真空中电极的耐压能力可以用反复的击穿或通过相当大的预击穿电流来改进，这个过程称为老炼，老炼又常被称为调理，其作用类似于机械加工中的喷沙。

老炼工艺是真空绝缘研究应用中必不可少的工艺过程，老炼的目的是消除放电电极表面微小的不均匀性，其机理是：高电场可以造成机械变形；场致发射电子束轰击阳极；被电离的残余气体离子将阴极的微突起溅散；还有因静电场力的作用而使带电微粒从一个电极上脱出并被加速，从而越过间隙撞击另一个电极。最常用的老炼调理技术实际上是在间隙内重复地进行着允许程度的击穿。每次放电都必须串有高电阻（MΩ 数量级）以限制能量并保证电流在峰值以下。经过 10～100 次或更多次的击穿后，击穿电压即可以平滑地上升至一个稳定值。

过度的老炼处理会导致阳极上有烧伤、侵蚀和熔化的痕迹，在阴极上会呈现出喷口状凹坑，以及存在阳极材料的沉积。但如用很低能量进行放电调理时，则上千次击穿的效果也可能是用肉眼所难以觉察的。

许多高电压、高功率的真空管在工作时会出现这样的情况，即任何放电都能从外电路得到相当大的能量。因此，一次偶然击穿所造成的影响可能是灾难性的，它能导致器件具有低的击穿电压、高的预击穿电流、真空度降低或机械损伤等。但是要使高电压电子管长期工作在很低的电压下是不经济的，所以必须考虑高能量放电效应。

用一个铜阴极进行 8 次老炼击穿，取其击穿电压的平均值即可作为观察老炼性能的基本标准。在直径为 10.16cm、间隙为 0.75cm 的均匀电场下，受试电极采用铜阳极，阴极是 Ti-7Al-4Mo 合金，所得实验数据是：未经老炼的电极，其平均起始击穿电压大约为 140kV（187kV/cm）。用 30kΩ 串联电阻放电 90 次进行高阻抗老炼后，将平均击穿电压提高到 200kV，在老炼过程中，10^{-6} A 数量级的预击穿电流逐步减小。用 1kΩ 串联电阻和 0.15μF 储能电容所进行的中等能量老炼，将平均击穿电压降至 187kV，并且零散度（以标准偏离度来衡量）由高阻抗老炼的 4.5%增高到中等能量老炼的 14%。但是预击穿电流并未因放电能量的增加而受显著的影响。在高压端具有 0.15μF 电容和 25Ω 电阻的情况下，进行有限次数高能量放电，会大大地降低击穿电压，增加零散并且导致很高的预击穿电流。此时平均的击穿电压是 145kV，个别的数值可低到 35kV。此后，如用中等能量放电再老炼，则可将平均击穿电压提高至 201kV。具有储能的高阻抗老炼可获得很小的零散（标准偏离度小于 4%）及高的击穿电压平均值（220kV）。同时测定放电电流和间隙电压表明，电流增长很快（大于 2×10^{10} A/s），间隙电压下降较慢（对于 0.75cm 间隙，约为 100mμs）。因此，放电的初始阶段呈现出高阻抗（约为 1000Ω），大多数放电损伤发生于第一微秒。

在一系列阳极材料即 Cu、Al、Ni、Ti-7Al-4Mo 及 304 不锈钢的高能量放电中，曾用线性的多次回归分析来找出阳极材料物理性能与最大击穿电压的关系。在这些实验中，阴极材料多半为 Ti-7Al-4Mo。阳极材料的熔点、比热容及密度与最大击穿电压的关系和图 8-14 中曲线相符。根据曲线预计的 Pb 阳极的击穿电压为 72kV，而实验数值是 76kV。此曲线提供了在高电压应用时对阳极材料性能列出等级的一个方法。曲线采用了最大击穿电压，但平均的和最小的击穿电压有着相同的趋势。

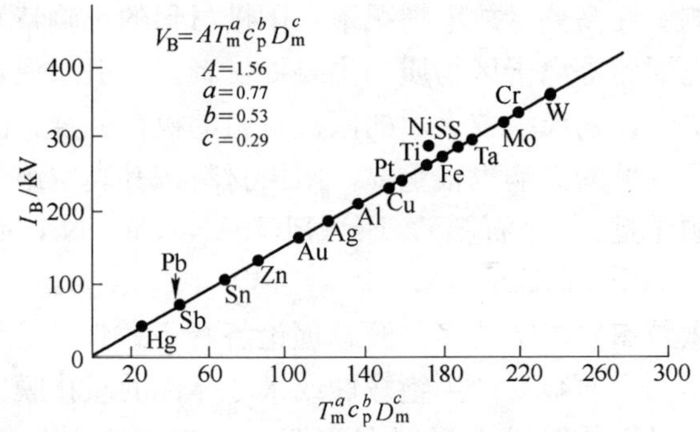

图 8-14 阳极材料物理性能与击穿电压的关系

T_m—熔点；c_p—比热容；D_m—密度

通常，显著的损伤发生在第一微秒，这意味着，若用串联电阻来保护真空间隙时应能很快地限制能量流动。增大电感或更多地串联电阻，会使能量输入明显地放慢，致使能在微秒量级时间内起到阻流作用。

上述的能量老炼过程中阳极材料性能的临界关系表明，其击穿机理主要是由于场致发射束与阳极表面的相互热作用。

除脉冲老炼之外，另一方法是采用低压强辉光放电，借离子轰击电极来改善击穿耐压。通常将 Ar、Ne 等惰性气体引入间隙，气体压力为 100Pa 以下，直流电压为 100～300V。其机理是：辉光放电时，有一层电离气体覆盖在阴极表面附近，而且大部分电压降落在这层气体上。因此，这些离子受到几乎是整个电压的加速并轰击阴极表面；此外，放电电流均匀分布在阴极面上，致使在辉光覆盖区内产生了电极表面的金属溅散，从而消除了表面的污染、微突起和杂质斑点。

一个真空间隙应能承受高能量的放电，而且无永久性的损坏。难熔材料的阳极尤其能承受高能量放电。阳极材料性能与击穿电压的这种密切关系提供了对阳极材料性能进行顺序排列的实际方法，并可估计出其高能量应用时所能承受的击穿电压值。

8.4.2.2 电极材料

各种电极材料在高真空中的耐高压能力有着很大不同，这是影响真空击穿的重要因素之一；电极材料的纯金属本身的体特性，氧化物生成类型、程度和速率，纯金属的熔点、蒸气压、允许的最高除气温度、加热经历、杂质含量等都对它有影响。因此，阳极材料和阴极材料都对真空击穿有影响。在高能量放电情况下，阳极材料的影响特别重要，因为它是建立导电通路等离子区物质的主要提供者。一般来说，真空间隙的耐压强度取决于以杨氏模数表示的阳极材料的机械强度，除此以外，它的硬度对击穿强度的影响也很重要。阳极材料按其真空绝缘性能递增而排列的大致顺序是：C（石墨），Be，Pb，Al，Cu，Ni，Ti，Fe，不锈钢，Ta，Mo，W（见图 8-14）。

可引用微粒引发击穿的多次渡越理论解释不锈钢较之 Cu 的性能优越，由于不锈钢表面容易产生绝缘性或半导体性的氧化膜，它能抑制微米或亚微米数量级的微粒在极间多次渡越过程中所引起的电荷极性反转，因此它比 Cu 更稳定。

对于电极材料真空绝缘性能的可靠性来说，当电极材料含有易挥发性的杂质时尤为有害，因为杂质在高温下易于从体内扩散到表面，从而促成击穿和打火。例如，W 虽是难熔的硬金属材料，却有人证实，当用 W 作阳极时，发现其表面侵蚀有时比不锈钢还严重，其原因可认为是 W 在加工时表面容易污染、氧化，而且 W 的氧化物很不牢固。

在真空击穿的实际研究中，已发现了许多优良的电极材料。例如，弥散铜（含有少量的活性金属氧化物添加剂，如氧化锆）是一种优良的电极材料，用来代替无氧铜作阳极，可以提高真空间隙的击穿强度。其原因是这种铜的硬度大，表面上不易形成微突起。如果进一步采用含有低蒸气压、难挥发元素的阴极（例如含有 Hf 或 Ta 的 W 合金），则可以大大减少电真空器件内的打火和击穿。此外，其他电极亦应采用发射特性较差（即逸出功较大）的材料制作，这可以提高耐击穿性能。例如，在磁控离子源的 Mo 屏如果用 Ta 取代，就可以改善其耐击穿性能。

在进一步研究电极材料的影响时发现真空绝缘性能还与表面光洁度、最终处理工艺以及烘烤有关。提高表面光洁度必须在提高电极表面清洁程度的条件下进行，否则不但无益，反而有害。例如，如果电极表面最后用油或抛光剂来处理，就会留下实际上不可能去除的有机污染。因此，最终处理应采取包括清洗及其在控制气氛下适当地进行热处理，它能稳定电极的气体含量及表面特性，以获得最佳的性能。实验发现，900℃以下的真空焙烧和氢气焙烧对电极都是有益的。

在装配真空绝缘系统时，要注意防止表面灰尘的沾污，在真空抽气时应进行烘烤，这对提高击穿电压及一致性都是有益的。

8.4.2.3 电极距离

对小的真空间隙（$d<5$mm），击穿电压 V_b 随电极距离 d 的变化关系大致是线性的。但是对于大的真空间隙（$d>5$mm）来说，当 d 增加时，V_b 不能保持直线增加，实际上，这时击穿场强值减小，形成一个由阴极场发射导致的阳极蒸发所产生的总电压效应（见 8.3.2 节），此效应即为 V_b 随 $d^{0.4\sim0.7}$ 变化。这表明，小间隙时，击穿机理是以阴极场致发射为主；而大间隙时，却以微粒引发击穿的可能性较大。根据这一结论，可以利用小间隙的高介质强度来增加击穿电压值。其方法是用金属等位面将总间隙分成几个小间隙。例如十个 1.0mm 的间隙能容易地使每个间隙耐压 50kV，而总的耐压可达 500kV。但是一个 10mm 的间隙，预计所能承受的电压不会高于 260～300kV。在类似于加速器的应用中，真空必须能绝缘高达百万伏数量级的电压，此时宜将极间距离分隔成几个小间隙。

8.4.2.4 电极几何形状

由电极形状和尺寸（即面积）所构成的电极几何因素是一个重要的影响因素。试图把面积和形状的影响分离开来，是困难的，但其普遍的趋势是小面积能比大面积承受更高的电应力。因此，在均匀场中，当电极面积增加时，击穿电压将减小，如图 8-15 所示。某些研究者指出，在间隙距 d 相同时，当增加球形电极的曲率时，虽然产生了更高的电应力，但因其面积也同时减小了，故仍然起到了提高击穿电压的作用。

在实验研究中发现，将电极面积缩为1/10，击穿电压会增加10%～20%。因此。得出真空绝缘的一个合理设计原则：尽量缩小电应力高的表面积，即使这会使电场强度增加。

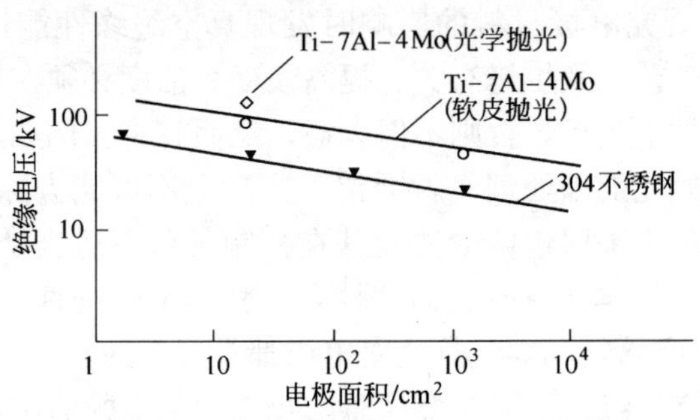

图 8-15 电极面积效应（d=1mm）

8.4.2.5 时间效应

到目前为止，大多数的真空绝缘研究是对直流电压而言，但是近来对脉冲电压的研究已受到了更大的关注。

在直流情况下，时间是个重要因素，因为对于一个给定的电极系统，在老炼的某一阶段，击穿率与电应力电平存在着一定的关系。如图8-16所示，在一个0.75cm的均匀间隙内，如果允许每1min有一次击穿，将能承受245kV。但是，如果要求在若干小时内不得发生击穿，

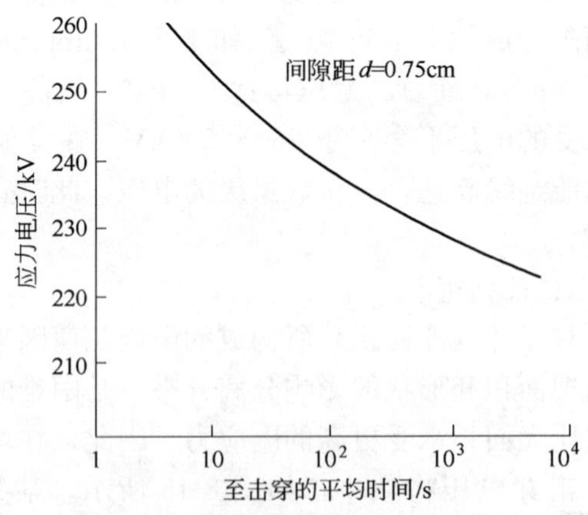

图 8-16 高阻抗老炼间隙（10.16cm
均匀镍电极）的典型耐压性能

则只能承受 220kV，这属连续应用的情况。

即便是在没有电应力的情况下，时间也是重要的因素。对大多数的真空系统或电真空器件来说，长期（几小时甚至几天）不存在电应力的话，则将导致电极失去调理，故需要一定程度的再老炼，以期恢复以前的耐压能力。

8.4.2.6 真空击穿中的环境效应

真空环境将直接影响到电极的表面状况。虽然看起来当压力低于 10^{-3}Pa 时，对真空击穿没有什么影响，但事实证明，即使电极表面上有轻微的有机污染，也是有害的，因此要避免真空击穿，应该使用无污染的真空系统。磁场是影响真空电击穿的另一个环境因素。在实验研究中发现，对于大于 1cm 的间隙，如果有垂直于电场方向的弱磁场存在，则有略为降低击穿电压的效应；对于小的间隙，则略有提高击穿电压的作用。

电真空器件内的真空环境可能存在污染源。例如，许多采用了氧化钡热阴极的高电压电子管，通常比采用其他类型阴极的电子管的工作电压要低。这是由于钡或氧化钡沉积在其他电极上，导致电极的逸出功降低，场致发射的增强，最后降低了真空击穿电压。由此可见，氧化钡阴极所造成的污染是关系到高电压电子管性能的一个重要因素。

钡污染是真空绝缘中的一个严重问题，在许多情况下，妥善地老炼能够减轻其危害。但是当高能量放电时，钡及其他形式的污染会造成真空绝缘性能永久性的破坏。

8.4.2.7 电极表面的介质层

妥善地应用阴极表面上的薄膜介质层，可显著地提高真空间隙的性能。此介质薄膜层的作用将抑制或降低阴极的场致发射电流，从而提高击穿电压。一个良好的涂层能承受火花，并能在火花老炼中使它的作用进一步增强。例如实验表明，在静电粒子分离器中采用了精制的阳极化的铝作阴极，使真空间隙能承受的有效场强增加了一倍。但是，阳极涂层通常是有害的。

8.4.2.8 真空绝缘中的气体压力效应

在压力低于 10^{-3}Pa 时，残余气体的压力和种类对真空击穿通常并没有什么影响。但是当气压刚好低于辉光放电的阈值时，则会出现真空

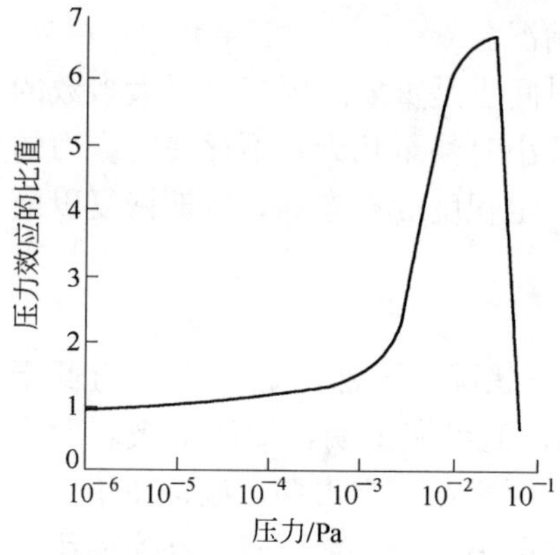

图 8-17 电极系统中的压力效应
（面积为 100cm² 的不锈钢阳极和阴极的平板系统，间隙为 2.5cm）

绝缘强度的峰值。图 8-17 示出了间隙一定时的压力效应（图中所示压力效应的比值表示击穿电压与高真空情况下击穿电压之比）。当气压接近 1Pa 时，击穿电压增加的系数是 1.5～7。除此以外，预击穿电流通常也降低了好几个数量级。

压力效应现象可解释为：残余气体被阴极发射尖端附近强电场中的电子所局部电离，由电离作用产生的离子轰击阴极并溅散它，使尖端钝化，因而导致阴极发射电流的降低和击穿电阻的增高。

8.4.2.9 电极温度

采用脉冲电压（脉宽 1.5～50μs）进行电极的加热效应的研究结果表明：电极温度直至约 400℃时对真空击穿并没有显著的影响。高于此温度时，阳极温升将降低击穿电压，但直至 800℃时，击穿电压的降低不超过 40%。曾有实验表明，将电极冷冻至低温，会降低预击穿电流及提高击穿电压。这是因为冷冻时金属表面凝结了一层薄膜，因此场提高系数 β 降低，并影响到发出功。

8.4.3 真空抽气技术对真空击穿的影响

为了提高高压电真空器件的击穿电压，应该注意真空抽气技术对器件真空击穿的影响。一般说来，当器件内的残余气体压力低于 10^{-3} Pa 时，对真空击穿没有什么影响。但是如果真空环境被污染，即电极表面存在微量有机污染物时，击穿电压会明显地下降。由于所用真空抽气技术的不同，直接决定了电真空器件真空环境质量的不同。

在实际生产过程中发现，用有油真空系统排气的高压真空器件的击穿电压低、不稳定，常伴随有零星打火、出现闪光等现象。在器件的工作过程中可以观察到，采用有油真空系统排气的电真空器件出现严重打火现象，电极表面出现了用肉眼可观察到的明显的斑点，而采用清洁真空系统排气的电真空器件则保持了原有的电极光洁程度。采用无油清洁真空系统排气的电真空器件电极打火次数及老炼调理所需的时间也明显地比有油系统排气的电真空器件少。

因此为了改善电真空器件的真空环境、降低污染、提高击穿电压，可采取如下措施：

（1）进行抽空排气前，对电真空器件的内部进行真空清洗去油污（如用丙酮去油），除去前道工序的污染；

（2）尽量采用无油清洁真空系统排气，以消除排气过程中的有机物污染。

8.4.4 电子管内真空击穿的特征

由于电子管等一些电真空器件内的电极并不是平板电极，所以电子管内的真空击穿过程即与上述以两平板电极系统为模型的理论息息相关，又具有某些独特性。

8.4.4.1 真空击穿的发生部位

由于电子管内阴极和几个正电极之间存在着电子流，所以电子管内的击穿有可能发生在阴极和任一正电极之间。但是如果阴极激活得很好，则沿整个阴极表面的发射很均匀，那么热阴极也可能并不是管内低击穿强度的起源。

实际上，通常击穿发生的主要部位如图 8-18 中的箭头所示。这些

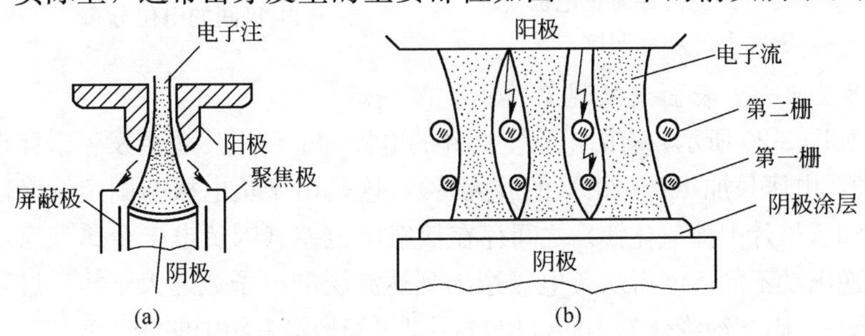

图 8-18 电子管内击穿的主要部位

（a）具有聚焦电子注的超高频管；（b）具有一般栅极的电子管

电极的表面上常有着能提高局部场强的微突起，而这些微突起又往往被热阴极的蒸发物所活化，从而大大地提高了这些电极表面发射电子的能力。因此，在这些电极之间便产生了分流电弧击穿。

8.4.4.2 击穿时的空心放电现象——正电极表面层的环形凹坑

如图 8-19 所示，击穿时在正电极表面上存在着的熔化斑或凹坑具有空心圆环的形式，好似空心圆柱形式的弧光放电聚焦柱。这种现象可作如下解释：阴极活性物质在负电极微突起处的沉积区域是在其底部而不是顶部，这是由于在强电场作用和离子轰击下，活性物质在微突起顶部停留不住而被释放出。由于微突起底部沉积有活性物质，逸出功降低，故在场致发射的作用下，导致了正电极与负电极微突起底部之间发生放电。而其顶部好像起着电子枪中空心电子注的聚焦极作用，聚焦从其底部发射出来的电子注。这些电子注将进一步发展成为击穿时的等离子体。

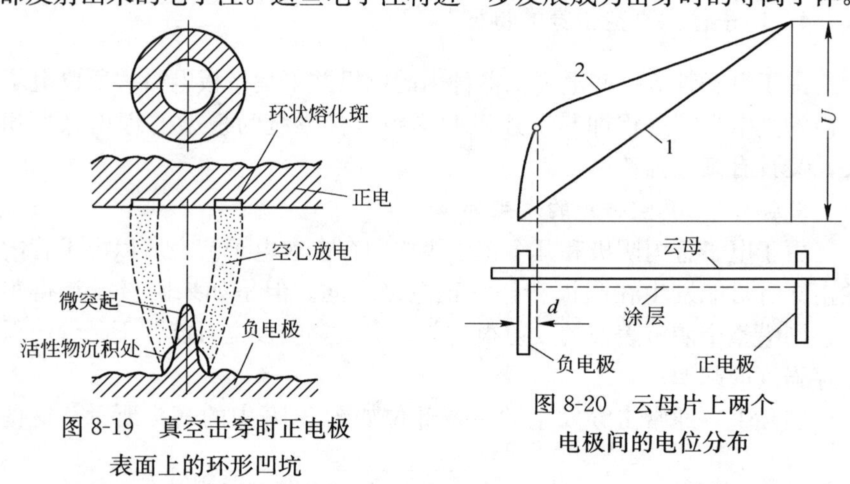

图 8-19 真空击穿时正电极表面上的环形凹坑

图 8-20 云母片上两个电极间的电位分布

8.4.4.3 表面飞弧现象

如图 8-20 所示，有时电真空器件的电极加上低电压也会发生击穿现象(例如，电压只加 100～200V 的放大管)，这是由于负电极与固定绝缘体薄膜（如云母片上涂氧化镁）之间存在接触电位差（因负电极金属和涂层薄膜的逸出功不同，使得从负电极逸出到达涂层的电子数远大于相反过程的电子数)。因此绝缘体的表面电位 U 不是平稳地沿着图中曲线 1 变化，而是如曲线 2 那样变化，在很小的区域 d 内接触电位差产生了如此大的场强，于是在 d 区便产生了击穿现象，紧接着将很快地把电离气体（压力约 10^{-1} Pa）的电弧输送到最近的正电极上去，这就是表面飞弧现象。

因此可见，负电极与绝缘子在接触处出现的电位剧烈变化是绝缘子表面飞弧发生的根本原因。

参 考 文 献

1 张树林主编．真空技术物理基础．沈阳：东北工学院出版社，1988

2 杨乃恒主编．真空获得设备．第2版．北京：冶金工业出版社，2001

3 郭鸿震主编．真空系统设计与计算．北京：冶金工业出版社，1986

4 Pulker HK. 玻璃镀膜．仲永安等译．北京：科学出版社，1988.5

5 谈凯声，李建平．紫外光/臭氧表面清洁仪及其应用．真空科学与技术，1986 (6)：42～49

6 冯广泽，洪文玉．对不锈钢表面的辉光放电清洗．真空科学与技术，1981，5：284～289

7 崔秀华．用氧化还原反应气体清洗不锈钢超高真空系统．真空，1993 (6)：10～14

8 Prengle H. W，et al. Hydrocarbon Processing. Oct，1975：80～90

9 高本辉，崔素言．真空物理．北京：科学出版社，1983

10 黑费尔 R A. 低温真空技术．李旺奎，李润田等译．北京：电子工业出版社，1985

11 高香院．现代低温泵．西安：西安交通大学出版社，1990

12 胡汉泉，王迁主编．真空物理与技术及其在电子器件中的应用（上）．北京：国防工业出版社，1982

13 胡汉泉，王迁主编．真空物理与技术及其在电子器件中的应用（下）．北京：国防工业出版社，1985

14 Weissler G L，Carlson R W. 真空物理和技术．国强，王宝霞等译．北京：原子能出版社，1990

15 达道安主编．真空设计手册．第3版．北京：国防工业出版社，2004

16 刘玉岱 主编．真空测量与检漏．北京：冶金工业出版社，1992.10

17 石志标，黄胜全．超声波技术在检测真空系统泄漏中的应用．真空，2004.2

18 张启亮，谷京华，朱秀珍等．正压氦质谱检漏灵敏度的校准和微流量的测量．真空，1996.2

19 刘玉魁．真空系统设计原理．北京：新时代出版社，1988.3

20 Santeler D J，J. Vac. Sci. Technol.，1971，299 (8)

21 孙企达，陈建中．真空测量与仪表．北京：机械工业出版社，1981

22 邱爱叶，邵建中．超高真空技术．杭州：浙江大学出版社，1991

23 谢俊秀．大型真空容器检漏与密封设计．真空，1985 (5)：62～70

24 范垂祯．再议质谱检漏技术中的喷吹法和吸入法．真空，1998 (1)：27～31

25 闻一之，万树德，邓必河．热阴极电离真空规测量故障分析和改进．真空，1997.1

26 张连柱，魏超鑫．氦质谱检漏仪维修探讨．真空，1995（5）
27 方善明．真空干燥罐的荧光法检漏．真空，1992（1）：34～36
28 郭君强，梁进忠，李树德．氦质谱正压检漏——吸枪积累法．真空，1997（6）
29 邹望钜，陆国柱．电阻真空计的误差分析．真空，1985（1）
30 张继玉．真空热处理炉的检漏．真空，1992（4）：49～53
31 Santeler D J，Holkeboer D H，Jones D W，et al. Vacuum Technology and Space Simulation. J. Vac. Sci. Technol，1979，16（1）
32 于炳琪．真空中尘埃运动的动力学分析和尘埃的防止与过滤．真空，1997（4）
33 孟梅英．冷规的使用和维护．真空，1991（4）：67～68
34 任家生．低温抽气与再生．真空，1987（4）：25～31
35 边绍雄，小型低温制冷机．北京：机械工业出版社，1983
36 任家生．制冷机低温泵中光屏蔽问题的探讨．真空，1989（3）：34～39
37 OHanlon J F. 真空技术实用指南．胡炳森，钦菊美，周兆萍等译．北京：国防工业出版社，1988
38 刘炳坤．制冷机低温泵中的残气分析．电子器件，1987（1）
39 申功烈．电离式锆铝吸气剂泵对甲烷的吸气作用．真空，1981（2）：22～27
40 任家生．制冷机工况变化对低温泵抽气特性的影响．真空科学与技术，1998（5）：377～382
41 王达元．平分法、替换法在检修真空设备中的应用．真空，1991（4）：47～50
42 乔保振，施东乾，裴阳等．大型机械真空泵的结构与防污染措施．真空，1991（4）：41～46
43 任家生．制冷机低温泵的故障及排除．真空，2001（6）
44 陈燕华．环境热辐射与安装方位对热偶真空规的影响．真空，1990（1）：51～54
45 罗根松，王小虎，王西龙等．防治喷油污染与电子油雾净化系统的技术原理．[J]．真空，2004（4）：106～109
46 Kubiak R A A，Leong W Y，King R M，et al. On baking a cryopumped UHV system . J. Vac. Sci. Technol. A，1983，A1（4）：1872～1873
47 赵清辉，梁月云．涡轮分子泵与钛升华泵的组合真空系统．真空，1991（4）：3～6
48 刘阳兴，富宏军．真空铝钎焊技术及应用研究．真空，1996（5）：33
49 沈玉成．真空设备的选择、焊接与检漏．真空，1988（6）
50 任耀文．真空钎焊工艺．北京：机械工业出版社，1993
51 Thwaites C J. Capillary，Joining-Brazing and soft-soldering，England，Research Studies Press，1982

52 美国焊接学会主编．钎焊手册（第Ⅲ版）．北京：国防工业出版社，1985
53 刘联宝．陶瓷-金属封接技术指南．北京：国防工业出版社，1990
54 Mizuhara H，Mally K. Ceramic-to-Metal Joining With Active Brazing Filler Metal. Welding Journal，1985（10）
55 Espe W，Materials of High Vacuum Technology. Pergamon Press，1968
56 Dayton B B. Trans 8th Na. Vac. Symp. and 2nd Internat. Congr. on Vac. Technol.，1961，Vol. 1：42. Pergamon Press，1962
57 Perkins W G. J. Vac. Sci. Technol.，1973，A10（7）：543
58 Weston G F. Ultrahigh Vacuum Practice. Butterworth，1985
59 刘联宝，戴昌鼎．电真空器的钎焊与陶瓷-金属封接．北京：国防工业出版社，1978
60 张云电．超声加工及其应用．北京：国防工业出版社，1995
61 栾桂冬，张金铎，王仁乾．压电换能器和换能器阵．北京：北京大学出版社，1990
62 张令山，马元．浅谈不锈钢超高真空容器的制造．真空，1982（2）：55～60
63 董宝明．真空扩散焊接设备与工艺技术．真空，1991（3）：51～55
64 Chatterton P A. Electrical Breakdown of Gases. Chapter 2，Vacuum Breakdown. Edited by Meek J M，Craggs J D，1978
65 拉弗蒂 J M. 真空电弧理论和应用．程积高，喻立贵译．北京：机械工业出版社，1985
66 黄理胜．四极滤质器定量分析的一种实验方法．真空，1981(5)：54～51

冶金工业出版社部分图书推荐

书　名	作　者	定价(元)
真空系统设计	张以忱　等编	48.00
真空材料	张以忱　等编	29.00
电子枪与离子束技术	张以忱　等编	29.00
真空镀膜设备	张以忱　等编	26.00
真空镀膜技术	张以忱　等编	59.00
真空技术(本科教材)	巴德纯　等编	50.00
真空低温技术与设备(第2版)	徐成海　主编	45.00
稀有金属真空熔铸技术及其设备设计	马开道　主编	79.00
有色金属材料的真空冶金	戴永年　著	55.00
机械振动学(第2版)(本科教材)	闻邦椿　主编	28.00
机电一体化技术基础与产品设计(第2版)(本科教材)	刘　杰　主编	46.00
现代机械设计方法(第2版)(本科教材)	臧　勇　主编	36.00
机械优化设计方法(第4版)	陈立周　等编	42.00
机械电子工程实验教程(本科教材)	宋伟刚　主编	29.00
液压与气压传动实验教程(本科教材)	韩学军　等编	25.00
电液比例与伺服控制(本科教材)	杨征瑞　等编	36.00
环保机械设备设计(本科教材)	江　晶　编著	45.00
机械工程实验综合教程(本科教材)	常秀辉　主编	32.00
机械制造工艺及专用夹具设计指导(第2版)	孙丽媛　主编	20.00
液压可靠性与故障诊断(第2版)	湛丛昌　等著	49.00
矫直原理与矫直机械(第2版)	崔　甫　著	42.00
带式输送机实用技术	金丰民　等著	59.00